丛书总主编　陈宜瑜
丛书副总主编　于贵瑞　何洪林

中国生态系统定位观测与研究数据集

农田生态系统卷

陕西长武站
（2009—2015）

郭胜利　张晓萍　朱元骏　姬洪飞　主编

中国农业出版社
北京

丛书指导委员会

丛书编委会

编 委 会

主　　编　郭胜利　张晓萍　朱元骏　姬洪飞

参编人员　（以姓氏笔画为序）

　　　　　王　颖　王　蕊　刘文兆　刘勇刚

　　　　　杜社妮　张万红　郝明德　党廷辉

　　　　　高长青　韩晓阳

进入 20 世纪 80 年代以来，生态系统对全球变化的反馈与响应、可持续发展成为生态系统生态学研究的热点，通过观测、分析、模拟生态系统的生态学过程，可为实现生态系统可持续发展提供管理与决策依据。长期监测数据的获取与开放共享已成为生态系统研究网络的长期性、基础性工作。

国际上，美国长期生态系统研究网络（US LTER）于 2004 年启动了 Eco Trends 项目，依托 US LTER 站点积累的观测数据，发表了生态系统（跨站点）长期变化趋势及其对全球变化响应的科学研究报告。英国环境变化网络（UK ECN）于 2016 年在 Ecological Indicators 发表专辑，系统报道了 UK ECN 的 20 年长期联网监测数据推动了生态系统稳定性和恢复力研究，并发表和出版了系列的数据集和数据论文。长期生态监测数据的开放共享、出版和挖掘越来越重要。

在国内，国家生态系统观测研究网络（National Ecosystem Research Network of China，简称 CNERN）及中国生态系统研究网络（Chinese Ecosystem Research Network，简称 CERN）的各野外站在长期的科学观测研究中积累了丰富的科学数据，这些数据是生态系统生态学研究领域的重要资产，特别是 CNERN/CERN 长达 20 年的生态系统长期联网监测数据不仅反映了中国各类生态站水分、土壤、大气、生物要素的长期变化趋势，同时也能为生态系统过程和功能动态研究提供数据支撑，为生态学模型的验证和发展、遥感产品地面真实性检验提供数据支撑。通过集成分析这些数据，CNERN/CERN 内外的科研人员发表了很多重要科研成果，支撑了国家生态文明建设的重大需求。

近年来，数据出版已成为国内外数据发布和共享，实现"可发现、可访问、可理解、可重用"（即 FAIR）目标的重要手段和渠道。CNERN/CERN 继 2011 年出版"中国生态系统定位观测与研究数据集"丛书后再次出版新一期数据集丛书，旨在以出版方式提升数据质量、明确数据知识产权，推动融合专业理论或知识的更高层级的数据产品的开发挖掘，促进 CNERN/CERN 开放共享由数据服务向知识服务转变。

该丛书包括农田生态系统、草地与荒漠生态系统、森林生态系统以及湖泊湿地海湾生态系统共 4 卷（51 册）以及森林生态系统图集 1 册，各册收集了野外台站的观测样地与观测设施信息，水分、土壤、大气和生物联网观测数据以及特色研究数据。本次数据出版工作必将促进 CNERN/CERN 数据的长期保存、开放共享，充分发挥生态长期监测数据的价值，支撑长期生态学以及生态系统生态学的科学研究工作，为国家生态文明建设提供支撑。

2021 年 7 月

　　科学数据是科学发现和知识创新的重要依据与基石。大数据时代，科技创新越来越依赖于科学数据综合分析。2018 年 3 月，国家颁布了《科学数据管理办法》，提出要进一步加强和规范科学数据管理，保障科学数据安全，提高开放共享水平，更好地为国家科技创新、经济社会发展提供支撑，标志着我国正式在国家层面加强和规范科学数据管理工作。

　　随着全球变化、区域可持续发展等生态问题的日趋严重以及物联网、大数据和云计算技术的发展，生态学进入"大科学、大数据"时代，生态数据开放共享已经成为推动生态学科发展创新的重要动力。

　　国家生态系统观测研究网络（National Ecosystem Research Network of China，简称 CNERN）是一个数据密集型的野外科技平台，各野外台站在长期的科学研究中，积累了丰富的科学数据。2011 年，CNERN 组织出版了"中国生态系统定位观测与研究数据集"丛书。该丛书共 4 卷、51 册，系统收集整理了 2008 年以前的各野外台站元数据，观测样地信息与水分、土壤、大气和生物监测以及相关研究成果的数据。该丛书的出版，拓展了 CNERN 生态数据资源共享模式，为我国生态系统研究、资源环境的保护利用与治理以及农、林、牧、渔业相关生产活动提供了重要的数据支撑。

　　2009 年以来，CNERN 又积累了 10 年的观测与研究数据，同时国家生态科学数据中心于 2019 年正式成立。中心以 CNERN 野外台站为基础，生态系统观测研究数据为核心，拓展部门台站、专项观测网络、科技计划项目、科研团队等数据来源渠道，推进生态科学数据开放共享、产品加工和分析应用。为了开发特色数据资源产品、整合与挖掘生态数据，国家生态科学数据中心立足国家野外生态观测台站长期监测数据，组织开展了新一版的观测与研究数据集的出版工作。

本次出版的数据集主要围绕"生态系统服务功能评估""生态系统过程与变化"等主题进行了指标筛选，规范了数据的质控、处理方法，并参考数据论文的体例进行编写，以翔实地展现数据产生过程，拓展数据的应用范围。

该丛书包括农田生态系统、草地与荒漠生态系统、森林生态系统以及湖泊湿地海湾生态系统共 4 卷（51 册）以及图集 1 本，各册收集了野外台站的观测样地与观测设施信息，水分、土壤、大气和生物联网观测数据以及特色研究数据。该套丛书的再一次出版，必将更好地发挥野外台站长期观测数据的价值，推动我国生态科学数据的开放共享和科研范式的转变，为国家生态文明建设提供支撑。

2021 年 8 月

　　陕西长武农田生态系统国家野外科学观测研究站（简称长武站）位于黄土高原南部高塬沟壑区的陕西省长武县洪家镇王东村，2005 年 12 月经科技部批准成立。长武站 1984 年由中国科学院水利部水土保持研究所建立，1991 年加入中国生态系统研究网络（CERN），为 CERN 首批野外站。2007 年入选水利部"水土保持科技示范园区"。2019 年成为农业农村部国家农业环境长武观测实验站。

　　长武站面向黄土高原南部，以旱作农田与果园为重点，以农业水土资源保持、利用与调控为主要内容，突出复合生态系统与适度生产力研究，建立环境友好型生态农业的理论与技术体系，为区域粮食增产、果业发展与生态环境建设服务。经过近 40 年的发展，长武站已初步建成了一个由试验观测场、观测样地与示范区组成的比较完整的监测-研究-示范体系，形成了包含农田-小流域-区域 3 个层面、不同立地条件和利用类型的全方位、系统化、网格式的样地和试验分布格局。长期以来，长武站坚持以监测、研究及示范推广工作作为主要任务，为区域水土流失治理、生态农业建设、流域生态系统恢复与管理提供理论依据和技术支撑。

　　长武站一直注重生态系统的要素监测，建站之初以长期试验为依托即开始系统的作物产量（生物量）、水分、土壤养分要素的监测和科学研究。1998 年，按照观测规范和要求，开展典型农田生态系统和典型流域的水分、土壤、气象、生物等生态要素观测任务。2003 年进入全面实施，通过不断完善场地布局与设施建设，加强数据的采集、保存和管理。长武站于2012年出版了1998—2008年数据集，为使长武站数据资源规范化保存，更好地服务于黄土高原水土保持与生态建设的科研与治理，促进区域数据资源的共享服务，以及跨台站、跨时间尺度的生态学联网观测研究，在国家科技基础条件平台建设项目："生态系统网络的联网观测研究及数据共享系统建设"支持下，按照农田生态系统研究站《野外台站科学观测与研究数据集》的编写指南，经过野外站科技与监测人员的多次讨论，共同编写完成了本数据集。

本书整编的数据主要包括两部分：一是CERN规定的2009—2015年生物、土壤、水分和气象长期定位监测数据；二是涵盖了科研人员和技术人员长期在黄土高原从事科学观测与研究的特色数据资源。在数据集完成之际，向所有为长武站发展及黄土高原水土保持与生态建设做出无私奉献的人们表示崇高的敬意与感谢！

本数据集中长武站简介由郭胜利、刘文兆、朱元骏、姬洪飞执笔整理；观测场地及方法由党廷辉、刘文兆、郭胜利执笔；生物、土壤、水分、气象监测和特色数据部分由张万红、张晓萍、姬洪飞、王颖、党廷辉、郝明德、刘勇刚、朱元骏、韩晓阳、王蕊执笔整理；田间监测与采样中高长青、李玉成和李宏刚等做了大量工作；长武站数据库建设由杜社妮和姬洪飞负责；全书由郭胜利负责审稿和定稿，由朱元骏和姬洪飞负责编辑和统筹。

本数据集可为从事水土保持、生态恢复、国土整治等相关领域的科研、技术及生产人员提供参考。凡引用本数据的人员，请遵循CERN的数据管理规定，并标明数据出处。由于编者水平所限，本书难免存在疏漏之处，敬请读者指正。

编辑委员会
2023年3月

CONTENTS 目 录

序一
序二
前言

第1章 长武站简介 ·· 1

1.1 区域生态环境特征 ·· 1

1.2 长武站历史沿革及站区简介 ·· 1

　1.2.1 历史沿革 ·· 1

　1.2.2 长武站简介 ··· 2

1.3 研究方向与任务 ··· 3

　1.3.1 研究方向 ·· 3

　1.3.2 研究任务 ·· 3

1.4 支撑条件 ·· 3

　1.4.1 人员结构 ·· 3

　1.4.2 基础设施条件 ·· 4

第2章 观测场地与方法 ·· 7

2.1 试验观测场概述 ··· 7

2.2 观测场介绍 ··· 10

　2.2.1 综合观测场（CWAZH01） ·· 10

　2.2.2 辅助观测场（CWAFZ） ··· 10

　2.2.3 站区调查点（CWAZQ） ··· 10

　2.2.4 综合气象要素观测场（CWAQX01） ·· 10

　2.2.5 站区水样采集点 ··· 11

　2.2.6 长期定位试验与大型观测设施 ··· 11

　2.2.7 辐射与通量观测系统 ·· 11

第3章 生物长期观测数据集 ·· 13

3.1 农田复种指数 ··· 13

　3.1.1 概述 ··· 13

　3.1.2 数据集的采集和处理方法 ·· 13

　3.1.3 数据质量控制和评估 ·· 13

　　　3.1.4　数据 ·· 14

　3.2　作物生育动态观测 ··· 15

　　　3.2.1　概述 ·· 15

　　　3.2.2　数据集的采集和处理方法 ·· 15

　　　3.2.3　数据质量控制和评估 ·· 15

　　　3.2.4　数据 ·· 15

　3.3　作物耕层生物量及根系分布 ·· 18

　　　3.3.1　概述 ·· 18

　　　3.3.2　数据集的采集和处理方法 ·· 18

　　　3.3.3　数据质量控制和评估 ·· 18

　　　3.3.4　数据 ·· 18

　3.4　主要作物收获期植株性状 ··· 22

　　　3.4.1　概述 ·· 22

　　　3.4.2　数据集的采集和处理方法 ·· 22

　　　3.4.3　数据质量控制和评估 ·· 22

　　　3.4.4　数据 ·· 22

　3.5　作物收获期测产 ··· 32

　　　3.5.1　概述 ·· 32

　　　3.5.2　数据集的采集和处理方法 ·· 32

　　　3.5.3　数据质量控制和评估 ·· 32

　　　3.5.4　数据 ·· 32

　3.6　元素含量与能值 ··· 42

　　　3.6.1　概述 ·· 42

　　　3.6.2　数据集的采集和处理方法 ·· 42

　　　3.6.3　数据质量控制和评估 ·· 42

　　　3.6.4　数据 ·· 43

第4章　土壤长期观测数据集 ·· 77

　4.1　土壤交换量 ··· 77

　　　4.1.1　概述 ·· 77

　　　4.1.2　数据采集和处理方法 ·· 77

　　　4.1.3　数据质量控制和评估 ·· 77

　　　4.1.4　数据价值/数据使用方法和建议 ··· 77

　　　4.1.5　数据 ·· 78

　4.2　土壤养分 ·· 79

　　　4.2.1　概述 ·· 79

　　　4.2.2　数据采集和处理方法 ·· 79

　　　4.2.3　数据质量控制和评估 ·· 79

　　　4.2.4　数据价值/数据使用方法和建议 ··· 79

　　　4.2.5　数据 ·· 80

　4.3　土壤速效微量元素 ·· 87

　　　4.3.1　概述 ·· 87

4.3.2 数据采集和处理方法 ……………………………………………………………… 87

4.3.3 数据质量控制和评估 ……………………………………………………………… 88

4.3.4 数据价值/数据使用方法和建议 ………………………………………………… 88

4.3.5 数据 ………………………………………………………………………………… 88

4.4 剖面土壤机械组成 …………………………………………………………………………… 90

4.4.1 概述 ………………………………………………………………………………… 90

4.4.2 数据采集和处理方法 ……………………………………………………………… 90

4.4.3 数据质量控制和评估 ……………………………………………………………… 90

4.4.4 数据价值/数据使用方法和建议 ………………………………………………… 90

4.4.5 数据 ………………………………………………………………………………… 90

4.5 剖面土壤容重 ………………………………………………………………………………… 92

4.5.1 概述 ………………………………………………………………………………… 92

4.5.2 数据采集和处理方法 ……………………………………………………………… 92

4.5.3 数据质量控制和评估 ……………………………………………………………… 92

4.5.4 数据价值/数据使用方法和建议 ………………………………………………… 92

4.5.5 数据 ………………………………………………………………………………… 93

4.6 剖面土壤重金属全量 ………………………………………………………………………… 94

4.6.1 概述 ………………………………………………………………………………… 94

4.6.2 数据采集和处理方法 ……………………………………………………………… 94

4.6.3 数据质量控制和评估 ……………………………………………………………… 95

4.6.4 数据价值/数据使用方法和建议 ………………………………………………… 95

4.6.5 数据 ………………………………………………………………………………… 95

4.7 剖面土壤微量元素 …………………………………………………………………………… 101

4.7.1 概述 ………………………………………………………………………………… 101

4.7.2 数据采集和处理方法 ……………………………………………………………… 101

4.7.3 数据质量控制和评估 ……………………………………………………………… 101

4.7.4 数据价值/数据使用方法和建议 ………………………………………………… 101

4.7.5 数据 ………………………………………………………………………………… 101

4.8 剖面土壤矿质全量 …………………………………………………………………………… 107

4.8.1 概述 ………………………………………………………………………………… 107

4.8.2 数据采集和处理方法 ……………………………………………………………… 107

4.8.3 数据质量控制和评估 ……………………………………………………………… 108

4.8.4 数据价值/数据使用方法和建议 ………………………………………………… 108

4.8.5 数据 ………………………………………………………………………………… 108

第5章 水分长期观测数据集 ……………………………………………………………………… 117

5.1 土壤含水量 …………………………………………………………………………………… 117

5.1.1 概述 ………………………………………………………………………………… 117

5.1.2 数据采集和处理方法 ……………………………………………………………… 117

5.1.3 数据质量控制和评估 ……………………………………………………………… 117

5.1.4 数据 ………………………………………………………………………………… 118

5.2 土壤质量含水量 ……………………………………………………………………………… 321

　　　5.2.1　概述 ··· 321
　　　5.2.2　数据采集和处理方法 ··· 322
　　　5.2.3　数据质量控制和评估 ··· 322
　　　5.2.4　数据 ··· 322
　　5.3　地表水和地下水水质状况 ··· 422
　　　5.3.1　概述 ··· 422
　　　5.3.2　数据采集和处理方法 ··· 422
　　　5.3.3　数据质量控制和评估 ··· 423
　　　5.3.4　数据 ··· 423
　　5.4　雨水水质 ··· 430
　　　5.4.1　概述 ··· 430
　　　5.4.2　数据采集和处理方法 ··· 430
　　　5.4.3　数据质量控制和评估 ··· 431
　　　5.4.4　数据 ··· 431
　　5.5　土壤水分常数 ··· 432
　　　5.5.1　概述 ··· 432
　　　5.5.2　数据采集和处理方法 ··· 432
　　　5.5.3　数据质量控制和评估 ··· 433
　　　5.5.4　数据 ··· 433
　　5.6　水面蒸发量 ··· 439
　　　5.6.1　概述 ··· 439
　　　5.6.2　数据采集和处理方法 ··· 439
　　　5.6.3　数据质量控制和评估 ··· 440
　　　5.6.4　数据 ··· 440
　　5.7　地下水位 ··· 443
　　　5.7.1　概述 ··· 443
　　　5.7.2　数据采集和处理方法 ··· 443
　　　5.7.3　数据质量控制和评估 ··· 443
　　　5.7.4　数据 ··· 443

第6章　气象长期观测数据 ··· 447

　　6.1　温度 ··· 447
　　　6.1.1　概述 ··· 447
　　　6.1.2　数据采集和处理方法 ··· 447
　　　6.1.3　数据质量控制和评估 ··· 447
　　　6.1.4　数据价值/数据使用方法和建议 ·· 447
　　　6.1.5　数据 ··· 448
　　6.2　相对湿度 ··· 450
　　　6.2.1　概述 ··· 450
　　　6.2.2　数据采集和处理方法 ··· 450
　　　6.2.3　数据质量控制和评估 ··· 450
　　　6.2.4　数据价值/数据使用方法和建议 ·· 450

6.2.5　数据 ······ 450

6.3　气压 ······ 451

　　6.3.1　概述 ······ 451

　　6.3.2　数据采集和处理方法 ······ 451

　　6.3.3　数据质量控制和评估 ······ 451

　　6.3.4　数据价值/数据使用方法和建议 ······ 452

　　6.3.5　数据 ······ 452

6.4　降水量 ······ 455

　　6.4.1　概述 ······ 455

　　6.4.2　数据采集和处理方法 ······ 455

　　6.4.3　数据质量控制和评估 ······ 455

　　6.4.4　数据价值/数据使用方法和建议 ······ 455

　　6.4.5　数据 ······ 456

6.5　风速和风向 ······ 456

　　6.5.1　概述 ······ 456

　　6.5.2　数据采集和处理方法 ······ 457

　　6.5.3　数据质量控制和评估 ······ 457

　　6.5.4　数据价值/数据使用方法和建议 ······ 457

　　6.5.5　数据 ······ 457

6.6　地表温度 ······ 461

　　6.6.1　概述 ······ 461

　　6.6.2　数据采集和处理方法 ······ 461

　　6.6.3　数据质量控制和评估 ······ 461

　　6.6.4　数据价值/数据使用方法和建议 ······ 461

　　6.6.5　数据 ······ 461

6.7　辐射 ······ 462

　　6.7.1　概述 ······ 462

　　6.7.2　数据采集和处理方法 ······ 463

　　6.7.3　数据质量控制和评估 ······ 463

　　6.7.4　数据价值/数据使用方法和建议 ······ 463

　　6.7.5　数据 ······ 463

第7章　台站特色数据集 ······ 465

7.1　概述 ······ 465

7.2　数据采集和处理方法 ······ 465

7.3　数据 ······ 466

参考文献 ······ 479

第1章

长武站简介

1.1 区域生态环境特征

陕西长武农田生态系统国家野外科学观测研究站（以下简称长武站）位于陕西省长武县洪家镇王东村，地貌类型属于黄土高塬沟壑区。高塬沟壑区是黄土高原两大主要地貌类型区之一，横跨晋、陕、甘三省，面积约 6.95 万 km^2。该地区农民农耕经验丰富，是我国历史悠久的旱作农业区，也是所在省份的主要粮食产区。由于区域气候适宜苹果生长，20 世纪 80 年代以来，发展成为我国最大的优质苹果产区。

高塬沟壑区海拔多在 800～1 200 m，降水量约 500～600 mm，但年际和季节间波动很大；光照资源充沛，昼夜温差大；土层深厚，质地适中，具有类似水库的水分调蓄能力，农田水分生产效率较高，形成独具特色的旱地农业生态系统，表现为：①豆禾轮作（豆科与禾本科）和农畜结合维持肥力平衡；②采用夏季休闲调蓄水分；③实施一整套耕耱耙压耕作技术，构成了我国传统农业的精髓，具有极高的典型性。

高塬沟壑区旱地农业历史悠久、农耕技术发达，但农田生产力依赖于降水、塬面农田轻度水蚀和沟壑重力侵蚀等问题给区域农业发展带来威胁。新中国成立以来，随着坡改梯和退耕还林草等流域综合治理措施的实施，区域生态环境已发生明显改观。与此同时，过去 30 多年随着优良作物品种的推广、化肥的持续投入和管理措施的不断优化，黄土高原地区粮食（冬小麦）单产一直呈现上升趋势，平均单产从 20 世纪 80 年代的 50～100 kg/亩提高到现在的 200～300 kg/亩；苹果种植面积发展到 1 000 多万亩。在作物产量和苹果园面积同时增加这一背景下，出现一些新的态势，如作物增产趋势放缓且产量波动加剧，生物利用型土壤干层加剧，化肥利用率降低，土壤氮磷残留量增加。当前作物产量需要适水、适土、适气，但高塬沟壑区适宜的土地生产力仍不明确。随着区域变暖和极端气候事件的增加，作物的水分、养分利用规律必将随之变化。维持农田生态系统生产力的稳定、实现水土资源的合理利用和保护是高塬沟壑区农业高质量发展的根本。

随着黄河流域生态保护与高质量发展战略的实施，国家对黄土高原生态环境建设与农业生产提出了新的更高的要求。黄土高塬沟壑区既是重要的粮食产区又是西部的生态屏障，还是承东启西的过渡地带，其经济发展、粮食生产和生态环境建设的意义与地位更显重要。

1.2 长武站历史沿革及站区简介

1.2.1 历史沿革

长武站于 1984 年由水利部西北水土保持研究所（现中国科学院水利部水土保持研究所）建立，于 1991 年加入中国生态系统研究网络（CERN），2005 年成为科技部农田生态系统国家野外科学观测研究站，2007 年入选水利部"国家水土保持科技示范园区"，2019 年成为农业农村部国家农业环境观测实验站，同时也是陕西省科普教育基地和西北农林科技大学野外科研教学基地。30 多年来，长武站作为 CERN 在黄土高塬沟壑区的唯一野外台站，针对区域典型生态系统开展生态系统要素的监测、试验、研究和示范，为区域农业持续发展、生态环境治理和乡村振兴做出了重要贡献。

1.2.2　长武站简介

长武站位于陕西省咸阳市长武县洪家镇王东村（图 1-1），距离西安市 200 km，地理坐标：N35°12′，E107°40′，现隶属于中国科学院水利部水土保持研究所和西北农林科技大学水土保持研究所（图 1-2）。

图 1-1　长武站站区

长武站代表黄土高原南部—汾渭河谷落叶阔叶林农业生态区，属暖温带半湿润大陆性季风气候，塬面海拔 1 200 m，年均气温 9.1 ℃，年均降水 580 mm，无霜期 171 天，地下水位 50～80 m，无灌溉条件，为典型的旱作雨养农业区。主要农作物有冬小麦、春玉米等。土壤为黑垆土，母质是深厚的中壤质马兰黄土。20 世纪 90 年代以来，作为苹果适生区和果业具有的产业优势，长武站所在地区苹果种植面积日益扩大。所在的王东沟小流域地貌类型以塬、梁、沟为主，塬、梁、沟面积各占约 1/3。深厚的土层和良好的土质给植物生长提供了有利条件，在农业生产与地貌-生态类型上具区域代表性。

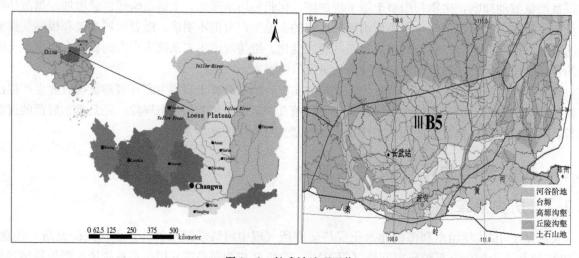

图 1-2　长武站地理区位

1.3　研究方向与任务

1.3.1　研究方向

立足于黄土高塬沟壑区，经过30多年的发展，长武站在旱作农田生态系统水分和养分迁移和转化规律，粮果复合生态系统过程与生产力稳定提升机制研究，探索粮果生态系统绿色生产过程与资源利用效率以及黄土塬区侵蚀环境演变特征等方面形成了特色鲜明的领域方向和研究内容。为该类型区水土资源保持与利用、农业可持续发展和生态系统管理提供了科学支撑。长武站王东沟流域如图1-3所示。

图1-3　长武站王东沟流域

1.3.2　研究任务

巩固已有优势领域：

（1）土壤-植物-大气连续体水分过程研究。立足于农业资源利用（一级学科），先后提出"土壤水库"概念、"以肥调水"观点，揭示黄土区土壤-植物系统水动力学与调控机制。未来，将在农田-果园深层土壤水分循环、包气带水文过程、流域水文生态方面取得进展；同时加强在多尺度（田块尺度、包气带、小流域等）水文过程与调控方面的研究，继续引领黄土区生态系统水文过程研究。

（2）旱地农田生态系统养分循环与高效利用。依据30多年农田生态系统轮作施肥试验的系列观测资料，初步揭示了旱塬农田生态系统中碳、氮、磷的转化特征与机理。尤其发现长期化肥投入条件下，旱地农田中硝态氮的深层积累。未来将聚焦于旱地农业如何以减少化肥投入、降低环境代价获得更高作物产量方面取得进展。

拓展新的领域方向：

基于高塬沟壑区塬面农田和居民区保护，构建生态宜居居住环境，保障粮果生态系统稳定和提质增效，拟在沟头溯源侵蚀方面加强观测和研究，为高塬沟壑区流域生态与管理学科做贡献，为固沟保塬工程提供科技支撑。

1.4　支撑条件

1.4.1　人员结构

长武站目前在编人员18人，其中研究员7人，副研究员4人，助理研究员3人，监测支撑人员4人。平均年龄45岁，35岁以下3人。长武站根据自身学科定位和优势特色，形成了"水

过程与循环""土壤碳氮循环""农果复合系统生产力"和"流域水土保持与生态治理"4个科
研团队。

1.4.2 基础设施条件

长武站地处陕甘交界处，附近有 G70（银福高速）和 312 国道，交通十分便利；自有土地面积
62 亩，包括 54 亩的科学试验场，8 亩的生活办公区；有实验办公楼 1 800 m²、餐厅 100 m²，建有土
壤样品库 110 m²、样品预处理室 1 200 m² 和化学分析实验室 120 m²，能够容纳 80 人同时在站开展科
研工作。长武站有室内仪器设备 10 台（套），野外观测设备 20 台（套），能够完成国家站和中国科学
院生态网络要求的全部观测项目。站区已接入国家电网，站内电力设施齐备，已开通 1 000 M 专线宽
带，同时中国移动、电信 4G 网络已覆盖，通信畅通。长武站内设备情况见图 1-4 至图 1-9。

图 1-4　长武站站区和住宿楼

图 1-5　餐厅和挂藏室

图 1-6 化学分析实验室和土壤样品库

图 1-7 大气边界层水气热观测系统和土壤含水量自动观测系统

图 1-8 气象辐射观测设备和径流泥沙自动监测仪

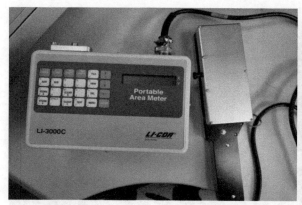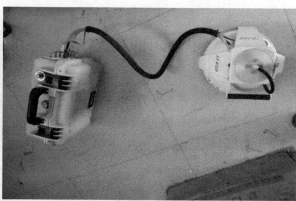

图1-9　植物叶面积测定仪和土壤碳通量测定仪

第2章

观测场地与方法

2.1 试验观测场概述

经过 30 多年的建设和发展，长武站针对黄土高塬沟壑区旱地农业生态系统中存在的问题，在塬、沟、坡 3 种典型地貌类型上建立了完备的观测样地。形成了以粮果农田生态系统要素观测研究为主，同时兼顾流域和沟头溯源侵蚀的试验观测体系。共布设 21 个标准观测样地、14 个试验观测场、3 个长期定位试验。初步建成由试验观测场、观测样地与示范区组成的完整的观测-研究-示范体系，形成了从农田-小流域-区域 3 个层面、不同立地条件和土地利用类型上的全方位、系统化、网格式的分布格局（图 2-1）。长武站地貌与试验观测场分布见图 2-2，样地和观测设施一览表见表 2-1、表 2-2。

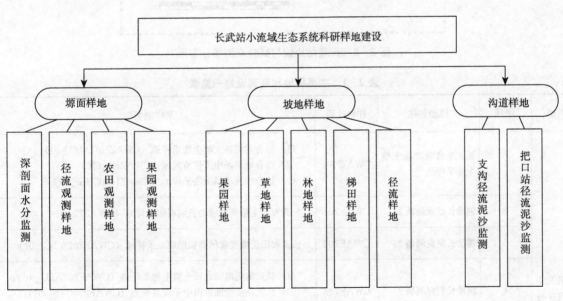

图 2-1 长武站样地布局

图 2-2　长武站地貌与试验观测场分布图

表 2-1　主要样地和观测设施一览表

类型	序号	样地名称	样地代码	采样地名称
CNERN 联网观测	1	长武综合观测场土壤生物采样地	CWAZH01	（1）综合观测场土壤生物采样地（CWAZH01ABC＿01）； （2）综合观测场中子仪监测地（CWAZH01CTS＿01）； （3）综合观测场烘干法采样地（CWAZH01CHG＿01）
	2	辅助长期观测场1	CWAFZ01	长武农田土壤要素辅助长期观测采样地（CWAFZ01ABC＿01）
	3	辅助长期观测场2	CWAFZ02	长武农田土壤要素辅助长期观测采样地（CWAFZ02A BC＿01）
	4	辅助长期观测场3	CWAFZ03	（1）长武站前塬面农田土壤生物采样地（CWAFZ03ABC＿01）； （2）长武站前塬面农田中子仪监测地（CWAFZ03CTS＿01）； （3）长武站前塬面农田烘干法采样地（CWAFZ03CHG＿01）
	5	辅助长期观测场4	CWAFZ04	（1）长武杜家坪梯田农地土壤生物采样地（CWAFZ04ABC＿01）； （2）长武杜家坪梯田农地中子仪监测地（CWAFZ04CTS＿01）
	6	站区调查点1	CWAZQ01	长武玉石塬面农田土壤生物采样地（CWAZQ01ABC＿01）
	7	站区调查点2	CWAZQ02	长武中台塬面农田土壤生物采样地（CWAZQ02ABC＿01）
	8	站区调查点3	CWAZQ03	长武枣泉塬面农田土壤生物采样地（CWAZQ03AB0＿01）

（续）

类型	序号	样地名称	样地代码	采样地名称
CNERN 联网观测	9	综合气象要素观测场	CWAQX01	(1) 长武综合气象要素观测场中子仪监测地 (CWAQX01CTS_01)； (2) 长武综合气象要素观测场 E601 蒸发皿 (CWAQX01CZF_01)； (3) 长武综合气象要素观测场雨水采集器 (CWAQX01CYS_01)； (4) 长武综合气象要素观测场土壤水观测点 (CWAQX01CDX_01)； (5) 长武综合气象要素观测场小型蒸发器 (CWAQX01CZF_02)； (6) 长武综合气象要素观测场人工气象观测场地 (CWAQX01DRG_01)； (7) 长武综合气象要素观测场自动气象观测场地 (CWAQX01DZD_01)
	10	站区水样监测点	CWAFZ	(1) 井水观测点 (CWAFZ10CDX_01)； (2) 泉水观测点 (CWAFZ11CDX_01)； (3) 黑河水观测点 (CWAFZ12CDB_01)
生态站长期观测	11	长期定位试验		长期轮作施肥定位试验场
	12			长期肥料定位试验场
	13			长期秸秆覆盖定位观测试验场
	14			长期覆盖观测试验场
	15			辐射与通量观测场
	16			塬面农田水土流失观测场
	17			深剖面土壤水热运动观测场
	18			坡地植被与水土流失关系观测场
	19			小流域径流泥沙把口观测站
	20			重力侵蚀观测场
	21			水分循环运动观测场
	22			塬面土壤侵蚀观测小区

表 2-2　主要观测设施一览表

类型	序号	观测设施名称	所在样地名称
CNERN 联网观测	1	土壤含水量自动观测系统、植物节律生长观测系统	长武综合观测场土壤生物采样地
	2	植物节律生长观测系统	长武农田土壤要素辅助长期观测采样地 (CK)
	3	土壤含水量自动观测系统、大型称重式农田蒸渗仪、植物节律生长观测系统	长武站前塬面农田土壤生物采样地
	4	土壤含水量自动观测系统	长武杜家坪梯田农地土壤生物采样地
	5	土壤含水量自动观测系统、气象辐射观测设备、E601 蒸发器、地面温度观测设备、雨水采集器、人工气象观测场地	综合气象要素观测场

（续）

类型	序号	观测设施名称	所在样地名称
CNERN 联网观测	6	气象观测设备、土壤含水量自动观测设备	长期轮作施肥定位试验场
	7	土壤温湿盐自动观测设备	长期秸秆覆盖定位观测试验场
	8	土壤含水量自动观测设备	长期覆盖观测试验场
生态站长期观测	9	涡度相关系统	辐射与通量观测场
	10	土壤含水量自动观测设备	深剖面土壤水热运动观测场
	11	径流流沙自动监测设备、水位计	小流域径流泥沙把口观测站
	12	雨量计	坡地植被与水土流失关系观测场
	13	摄像机	重力侵蚀观测场
	14	土壤含水量自动观测设备	水分循环运动观测场
	15	土壤含水量自动观测设备	塬面土壤侵蚀观测小区

2.2 观测场介绍

2.2.1 综合观测场（CWAZH01）

综合观测场（E 107°40′59″—E 107°41′1″，N 35°14′24″—N 35°14′25″）位于站区南边，与周边农田相接，代表了高塬沟壑区塬面农田生态系统。塬面海拔 1 220 m，地带性土壤为黑垆土，亚类为黏化黑垆土，肥力水平中等。农田土壤剖面分层有耕层、犁底层、古耕层、黑垆土层、石灰淀积层和母质层。农业以雨养为主，作物一年一熟或两年三熟，机耕和畜耕兼施，有机肥和化肥并用。

综合观测场约建于 1998 年，面积约 40 m×40 m。建场前 10 年间以小麦-玉米轮作为主，并由畜耕向畜耕和机耕兼施、由有机肥与化肥并用向以化肥为主转变，化肥又以氮肥、磷肥为主，钾肥基本不用。建场后采用小麦-小麦-玉米轮作，每年一熟，小型拖拉机耕作或畜耕，施用肥料主要为氮肥和磷肥，作物播种前施基肥（撒施），雨养为主，无灌溉。

2.2.2 辅助观测场（CWAFZ）

辅助观测场是综合观测场的补充和完善。长武站所在地王东沟流域的农田生态系统除塬面为主外，梁坡地逐步被改造成为梯田。因此，辅助观测场也把梯田纳入观测内容，共有 4 个观测场。辅助观测场 1、辅助观测场 2 和辅助观测场 3 紧邻综合观测场，其土壤、气象、水文特征与综合观测场一致，详情可参考综合观测场的介绍。辅助观测场 4 主要针对梯田进行观测。

2.2.3 站区调查点（CWAZQ）

在试验站周围选择耕作、轮作与主要长期采样地相似、有代表性的 3 个农户田块作为站区调查点。站区调查点的观测内容为生物和土壤养分，观测的频度与综合观测场长期采样地相同，在区域尺度上全面了解不同农田管理模式下土壤生物生态过程的演变规律与趋势，同时用于验证主要长期采样地中的观测结果。

2.2.4 综合气象要素观测场（CWAQX01）

综合气象要素观测场（中心点坐标：E 107°40′59.4″—E 41′00″，N 35°14′27″—N 14′27.5″）于

1986 年建立，介于综合观测场和辅助观测场 1～3 之间，海拔为 1 220 m，样地为长方形，面积为 25 m×20 m，设计使用 100 年以上。建场前为农田，建成后按地面气象观测规范要求运行，气象观测场四周开阔，距离最近的建筑物为试验站综合楼，楼高 12 m，距离气象场 90 m。基本情况同综合观测场，样地综合配置分布见图 2-12。自气象场建立以来，气象场的监测仪器设施和监测项目不断地增加和更新，目前主要的可观测项目有：辐射、大气温湿度、降水、日照时数、水面蒸发、土壤热通量、土壤温度、风速风向等。

2.2.5　站区水样采集点

站区水样采集点定期进行地表水、地下水水质、地下水水位和水同位素的监测，并配合前述雨水水质和水量、土壤水水质的观测，以全面了解流域水资源状况。常规水样采集点主要有：井水观测点（CWAFZ10CDX _ 01）、泉水观测点（CWAFZ11CDX _ 01）、黑河水观测点（CWAFZ12CDB _ 01）。

2.2.6　长期定位试验与大型观测设施

长期定位试验与大型观测设施包括水分养分平衡与作物效应试验场，塬面农田水土流失观测场，深剖面土壤水热运动观测场，保护性耕作试验场，小麦优良品种选育试验场，旱塬农田生态系统长期定位试验场（即长期轮作施肥定位试验场与长期肥料定位试验场），坡地植被与水土流失关系观测场，小流域径流泥沙把口观测站，雨水、土壤水、井水、泉水、河水监测网，通量与辐射观测系统等。

2.2.7　辐射与通量观测系统

涡度相关观测系统由三维超声风温计、红外开路 CO_2/H_2O 气体分析仪和气压计组成（图 2-14），分别用于快速测定垂直脉动风速和脉动温度、空气中水汽含量脉动和 CO_2 浓度的脉动量，通过

图 2-14　辐射与通量观测系统仪器配置空间示意

高速采集器进行数据采集和存储，以计算获得水热和 CO_2 通量。通量数据为每 30 分钟 1 次，设备采购于 2015 年 5 月。

常规气象要素观测，包括辐射部分和空气温度/湿度、风速/风向、降水量、土壤温度/湿度、土壤热通量等。辐射部分都保持水平，面向天空或地表。辐射采用 Campbell 数据采集器采集并储存。辐射数据为每 30 分钟 1 次，设备采购于 2015 年 5 月。

第3章

······················
生物长期观测数据集

长武站 2009—2015 年的监测数据选取连续性和完整性较好的数据作为出版数据。主要包括以下
数据集：农田复种指数、作物生育动态、作物根生物量、作物收获期植株形状、作物收获期测产和元
素含量与能值等数据集。

3.1 农田复种指数

3.1.1 概述

本数据集包括长武站 2009—2015 年 7 年长期监测样地的年尺度观测数据（农田类型、复种指数、
轮作体系、当年作物），其中"→"符号表示隔年种植，"—"表示年内种植，计量单位为百分比
（%）。观测在 6 个观测场进行，观测样地均为旱地，各观测场样地信息如表 3-1 所示。

表 3-1 长武站生物观测样地信息

样地名称	样地代码	样地经度	样地纬度
长武站综合观测场土壤生物采样地	CWAZH01ABC_01	E 107°40′59″—E 107°41′1″	N 35°14′24″—N 35°14′25′
长武站站前辅助观测场土壤生物采样地	CWAFZ03ABC_01	E 107°40′59.6″—E 107°41′2.4″	N 35°14′27.6″—N 35°14′28.8′
长武站杜家坪辅助观测场土壤生物采样地	CWAFZ04ABC_01	E 107°40′57.2″	N 35°12′47.6″
长武站旱圈站区调查点	CWAZQ03AB0_01	E 107°40′43″—E 107°40′50.2″	N 35°14′11.6″—N 35°14′12.7″
长武站中台站区调查点	CWAZQ02AB0_01	E 107°40′52.9″—E 107°40′54.6″	N 35°14′10.7″—N 35°14′17.2″
长武站玉石圪崂站区调查点	CWAZQ01AB0_01	E 107°40′47.1″—E 107°40′48.4″	N 35°14′27.6″—N 35°14′30.8″

3.1.2 数据集的采集和处理方法

调查在长武站所有生物观测样地中进行，调查时记录当年每块样地的总播种面积和播种作物品
种，然后根据以下公式计算复种指数并记录当年该样地的轮作体系。

$$复种指数 = \frac{全年播种的总面积}{耕地面积} \times 100\%$$

3.1.3 数据质量控制和评估

在记录数据前，制定记录表，记录表中列有播种作物的品种、播种面积、耕地面积、播种时间等
关键观测项。在进行调查时，严格按照记录表中的记录事项进行详细记录。为了避免农户的样地种植
结构发生变化造成种植面积也相应发生变化，采用实地和及时调查的方式进行，对于土地面积发生变
化的，用 GPS 及时进行土地面积测量，确定变化后的土地面积。

3.1.4 数据

农田复种指数如表 3-2 所示。

表 3-2 农田复种指数

年份	样地代码	复种指数（%）	轮作体系	当年作物
2009	CWAFZ03ABC_01	100	冬小麦	冬小麦
2009	CWAFZ04ABC_01	100	春玉米→冬小麦	冬小麦
2009	CWAZH01ABC_01	100	冬小麦	冬小麦
2009	CWAZQ01AB0_01	100	冬小麦	冬小麦
2009	CWAZQ02AB0_01	100	春玉米→冬小麦	冬小麦
2009	CWAZQ03AB0_01	100	油菜→冬小麦	冬小麦
2010	CWAFZ03ABC_01	100	冬小麦	冬小麦
2010	CWAFZ04ABC_01	100	冬小麦→春玉米	春玉米
2010	CWAZH01ABC_01	100	冬小麦→春玉米	春玉米
2010	CWAZQ01AB0_01	100	冬小麦	冬小麦
2010	CWAZQ02AB0_01	100	冬小麦→春玉米	春玉米
2010	CWAZQ03AB0_01	100	冬小麦	冬小麦
2011	CWAFZ03ABC_01	100	冬小麦→春玉米	春玉米
2011	CWAFZ04ABC_01	100	春玉米→冬小麦	冬小麦
2011	CWAZH01ABC_01	100	春玉米→冬小麦	冬小麦
2011	CWAZQ01AB0_01	100	冬小麦	冬小麦
2011	CWAZQ02AB0_01	100	冬小麦→春玉米	春玉米
2011	CWAZQ03AB0_01	100	冬小麦→春玉米	春玉米
2012	CWAFZ03ABC_01	100	春玉米→冬小麦	冬小麦
2012	CWAFZ04ABC_01	100	冬小麦	冬小麦
2012	CWAZH01ABC_01	100	冬小麦	冬小麦
2012	CWAZQ01AB0_01	100	冬小麦	冬小麦
2012	CWAZQ02AB0_01	100	春玉米	春玉米
2012	CWAZQ03AB0_01	100	春玉米	春玉米
2013	CWAFZ03ABC_01	100	冬小麦	冬小麦
2013	CWAFZ04ABC_01	100	冬小麦	冬小麦

（续）

年份	样地代码	复种指数（%）	轮作体系	当年作物
2013	CWAZH01ABC_01	100	冬小麦→春玉米	春玉米
2013	CWAZQ01AB0_01	100	冬小麦→春玉米	春玉米
2013	CWAZQ02AB0_01	100	春玉米	春玉米
2013	CWAZQ03AB0_01	100	春玉米	春玉米
2014	CWAFZ03ABC_01	100	冬小麦→春玉米	春玉米
2014	CWAFZ04ABC_01	100	冬小麦	冬小麦
2014	CWAZH01ABC_01	100	春玉米→冬小麦	冬小麦
2014	CWAZQ01AB0_01	100	春玉米	春玉米
2014	CWAZQ02AB0_01	100	春玉米	春玉米
2014	CWAZQ03AB0_01	100	春玉米	春玉米
2015	CWAFZ04ABC_01	100	冬小麦	冬小麦
2015	CWAFZ03ABC_01	100	冬小麦	冬小麦
2015	CWAZH01ABC_01	100	春玉米→冬小麦	冬小麦
2015	CWAZQ02AB0_01	100	春玉米	春玉米
2015	CWAZQ03AB0_01	100	春玉米	春玉米
2015	CWAZQ01AB0_01	100	春玉米	春玉米

3.2　作物生育动态观测

3.2.1　概述

作物生育动态观测数据来源于长武站全部生物观测样地的观测数据，时间跨度为 2009—2015 年。

3.2.2　数据集的采集和处理方法

播种后每隔 5d 观测 1 次，出苗后每隔 8~10d 观测 1 次，当作物群体出现显著形态变化的植株达到 50% 以上时确定为相应生育时期。

3.2.3　数据质量控制和评估

在作物生育动态观测时，所选观测点相对较固定，观察样点数多于 3 点。为了避免主观因素的影响，观测作物生育动态有两人分别进行观测，观测结束后，对两人的观测数据进行比对，如观测的作物生育期时间相对一致时，则确定此次观测。另外，观测数据产生后，根据多年数据进行阈值检查，对监测数据超出历史数据阈值范围的异常值进行核验。

3.2.4　数据

作物（小麦）生育动态时间如表 3-3 所示，作物（玉米）生育动态时间如表 3-4 所示。

表3-3 作物（小麦）生育动态时间

年份	样地代码	作物品种	播种期 (月/日/年)	出苗期 (月/日/年)	三叶期 (月/日/年)	分蘖期 (月/日/年)	返青期 (月/日/年)	拔节期 (月/日/年)	抽穗期 (月/日/年)	蜡熟期 (月/日/年)	收获期 (月/日/年)
2009	CWAZH01ABC_01	长旱58	09/17/2008	09/21/2008	10/03/2008	10/19/2008	03/10/2009	04/05/2009	05/06/2009	06/15/2009	06/22/2009
2009	CWAFZ03ABC_01	长旱58	09/20/2008	09/24/2008	10/05/2008	10/20/2008	03/12/2009	04/07/2009	05/09/2009	06/18/2009	06/23/2009
2009	CWAFZ04ABC_01	长旱58	09/14/2008	09/19/2008	09/29/2008	10/12/2008	03/06/2009	04/03/2009	05/04/2009	06/10/2009	06/17/2009
2010	CWAFZ03ABC_01	长旱58	09/26/2009	10/02/2009	10/12/2009	10/26/2009	03/15/2010	04/17/2010	05/15/2010	06/18/2010	06/24/2010
2011	CWAZH01ABC_01	长旱58	09/25/2010	10/01/2010	10/11/2010	10/25/2010	03/17/2011	04/21/2011	05/11/2011	06/20/2011	06/25/2011
2011	CWAFZ04ABC_01	长旱58	09/25/2010	10/01/2010	10/10/2010	10/23/2010	03/15/2011	04/19/2011	05/08/2011	06/18/2011	06/24/2011
2012	CWAFZ04ABC_01	长旱58	09/20/2011	09/27/2011	10/06/2011	10/19/2011	03/23/2012	04/16/2012	05/12/2012	06/17/2012	06/22/2012
2012	CWAFZ03ABC_01	长旱58	09/22/2011	09/28/2011	10/08/2011	10/22/2011	03/26/2012	04/19/2012	05/15/2012	06/21/2012	06/27/2012
2012	CWAZH01ABC_01	长旱58	09/23/2011	09/29/2011	10/09/2011	10/23/2011	03/26/2012	04/19/2012	05/15/2012	06/21/2012	06/27/2012
2013	CWAFZ04ABC_01	长旱58	09/25/2012	09/30/2012	10/09/2012	10/22/2012	03/23/2013	04/15/2013	05/06/2013	05/31/2013	06/03/2013
2013	CWAFZ03ABC_01	长旱58	09/26/2012	10/01/2012	10/08/2013	10/23/2012	03/25/2013	04/17/2013	05/08/2013	06/02/2013	06/06/2013
2014	CWAFZ04ABC_01	长旱58	09/24/2013	09/30/2013	10/08/2013	10/21/2013	03/20/2014	04/10/2014	05/12/2014	05/31/2014	06/05/2014
2014	CWAZH01ABC_01	长旱58	09/24/2013	10/01/2013	09/29/2014	10/20/2013	03/21/2014	04/11/2014	05/14/2014	06/01/2014	06/06/2014
2015	CWAFZ04ABC_01	长旱58	09/14/2014	09/21/2014	10/04/2014	10/12/2014	03/23/2015	04/14/2015	05/13/2015	06/19/2015	06/25/2015
2015	CWAZH01ABC_01	长旱58	09/19/2014	09/26/2014	10/04/2014	10/16/2014	03/26/2015	04/16/2015	05/17/2015	06/26/2015	07/03/2015
2015	CWAFZ03ABC_01	长旱58	09/27/2014	10/4/2014	10/13/2014	10/24/2014	04/01/2015	04/20/2015	05/22/2015	06/27/2015	07/04/2015

表 3 - 4 作物（玉米）生育动态时间

年份	样地代码	作物品种	播种期 （月/日/年）	出苗期 （月/日/年）	五叶期 （月/日/年）	拔节期 （月/日/年）	抽雄期 （月/日/年）	吐丝期 （月/日/年）	成熟期 （月/日/年）	收获期 （月/日/年）
2010	CWAZH01ABC_01	先玉335	04/24/2010	05/05/2010	06/02/2010	06/26/2010	07/19/2010	07/22/2010	09/08/2010	09/11/2010
2010	CWAFZ04ABC_01	沈丹10	04/22/2010	05/06/2010	06/01/2010	06/24/2010	07/19/2010	07/21/2010	09/07/2010	09/11/2010
2011	CWAFZ03ABC_01	先玉335	04/24/2011	05/06/2011	05/30/2011	06/25/2011	07/19/2011	07/21/2011	09/08/2011	09/12/2011
2012	CWAZQ02AB0_01	先玉335	04/20/2012	05/01/2012	05/26/2012	06/22/2012	07/16/2012	07/18/2012	09/06/2012	09/23/2012
2012	CWAZQ03AB0_01	榆单9	04/22/2012	05/04/2012	05/28/2012	06/24/2012	07/19/2012	07/21/2012	09/09/2012	09/22/2012
2013	CWAZH01ABC_01	榆单9	04/23/2013	05/05/2013	06/03/2013	06/28/2013	07/23/2013	07/25/2013	09/18/2013	09/23/2013
2014	CWAFZ03ABC_01	榆单9	04/21/2014	05/02/2014	05/29/2014	06/25/2014	07/22/2014	07/23/2014	09/15/2014	09/25/2014
2014	CWAZQ03AB0_01	先玉335	04/22/2014	05/02/2014	05/30/2014	06/25/2014	07/23/2014	07/24/2014	09/16/2014	09/26/2014
2015	CWAZQ01AB0_01	先玉335	04/09/2015	04/19/2015	05/15/2015	06/10/2015	07/07/2015	07/10/2015	08/27/2015	09/06/2015
2015	CWAZQ02AB0_01	先玉335	04/09/2015	04/19/2015	05/15/2015	06/10/2015	07/07/2015	07/10/2015	08/27/2015	09/06/2015
2015	CWAZQ03AB0_01	先玉335	04/08/2015	04/19/2015	05/14/2015	06/10/2015	07/06/2015	07/08/2015	08/28/2015	09/07/2015

3.3　作物耕层生物量及根系分布

3.3.1　概述

作物根层生物量及根系分布采集于长武站所有生物观测样地，数据时间范围为 2009—2015 年。

3.3.2　数据集的采集和处理方法

小麦耕作层作物根生物量测定方法：采用 S 形选取样方，在选定样株所属行中间用铁铲下铲深 30 cm，地上面积约 30 cm×20 cm 大小的样方植株根系及土块的混合体，再将采集到的植株根部与土块的混合体轻轻地转移到报纸上，用手捏碎土块，捡取小麦根系，并将含有微小根系的土粒导入细筛中，将细筛放入水盆中漂洗，将漂洗干净的根系用镊子转移到干净的塑料膜上放置在实验室内阴干水分，再将根系转入纸袋中放入烘箱，在 65℃下烘干至恒重，称量并记录数据。

玉米耕作层作物根生物量测定方法类似于小麦的测量方法。

玉米根系测定方法：首先用根钻在植株上 1/2 株距间、行中间靠近植株 1/4 处和远离待测植株 1/4 处分别采集 0~10 cm、10~20 cm、20~30 cm、30~40 cm、40~60 cm、60~80 cm、80~100 cm 土层深度的根样，然后将采集到的每个土层根样混合，最后筛选根样（筛选方法同耕作层作物根生物量测定方法）并将筛选到的根样装入纸袋中放入烘箱，在 65℃下烘干至恒重。

小麦根系测定方法：首先用根钻在垄上、垄间以及与垄相切的位置分别采集 0~10 cm、10~20 cm、20~30 cm、30~40 cm、40~60 cm、60~80 cm、80~100 cm 土层深度的根样，然后混合各层土样，再按照耕作层根生物量测定方法中筛选根样的方法筛选各土层根样，并在 65 ℃下烘干至恒重后称重。

3.3.3　数据质量控制和评估

为了清除根钻所取根土混合物中的杂草根，将根钻所取样品完全摊开放置在一张报纸上或别的平整的表面上，然后进行人工根样筛选。

为了防止细根的丢失，在筛选根样的过程中，使用直径较小的筛子。将尺寸较大的易分离的根先挑选出来，并按不同根样的深度装入有标记的纸袋中，将细小的很难与土块完全分离的根装入细筛中并一块放入盛水的脸盆，脸盆中水的高度不超过细筛的最高边缘（为了防止细根漂浮在水面并随泥水被倒掉），最后在水中轻轻摇晃筛子，并沥水，用镊子挑选细根，将挑选出的细根放在干燥柔软易吸水的纸上吸干水分，然后按不同根样深度装入有标记的纸袋中。

为了防止在烘箱中烘干根样时，细小的根样被鼓风吹出纸袋，将纸袋口封紧。烘干后的根重采用高精度天平测量。

数据中的"约占总根干重比例"相关数据为经验估算值。

3.3.4　数据

耕作层作物根生物量数据见表 3-5，作物根系分布数据见表 3-6。

表 3-5　耕作层作物根生物量

年份	月份	样地代码	作物名称	作物品种	作物生育期	样方面积 (cm×cm)	耕作层深度 (cm)	根干重 (g/m²)	约占总根干重比例（%）
2009	5	CWAZH01ABC_01	冬小麦	长旱58	抽穗期	100×100	20	84.90	52.8
2009	5	CWAZH01ABC_01	冬小麦	长旱58	抽穗期	100×100	20	97.77	57.3

（续）

年份	月份	样地代码	作物名称	作物品种	作物生育期	样方面积 (cm×cm)	耕作层深度 (cm)	根干重 (g/m²)	约占总根干重比例（%）
2009	5	CWAZH01ABC_01	冬小麦	长旱 58	抽穗期	100×100	20	170.95	68.8
2009	5	CWAZH01ABC_01	冬小麦	长旱 58	抽穗期	100×100	20	107.96	60.8
2009	5	CWAZH01ABC_01	冬小麦	长旱 58	抽穗期	100×100	20	103.63	55.8
2009	6	CWAZH01ABC_01	冬小麦	长旱 58	收获期	100×100	20	121.00	46.8
2009	6	CWAZH01ABC_01	冬小麦	长旱 58	收获期	100×100	20	139.92	62.5
2009	6	CWAZH01ABC_01	冬小麦	长旱 58	收获期	100×100	20	139.91	58.0
2009	6	CWAZH01ABC_01	冬小麦	长旱 58	收获期	100×100	20	117.34	52.1
2009	6	CWAZH01ABC_01	冬小麦	长旱 58	收获期	100×100	20	86.00	37.5
2010	7	CWAZH01ABC_01	春玉米	先玉 335	抽雄期	100×100	20	62.44	93.0
2010	7	CWAZH01ABC_01	春玉米	先玉 335	抽雄期	100×100	20	39.95	59.6
2010	7	CWAZH01ABC_01	春玉米	先玉 335	抽雄期	100×100	20	26.96	40.2
2010	7	CWAZH01ABC_01	春玉米	先玉 335	抽雄期	100×100	20	51.37	76.6
2010	7	CWAZH01ABC_01	春玉米	先玉 335	抽雄期	100×100	20	61.1	91.1
2010	7	CWAZH01ABC_01	春玉米	先玉 335	抽雄期	100×100	20	55.33	82.5
2010	9	CWAZH01ABC_01	春玉米	先玉 335	收获期	100×100	20	94.91	94.1
2010	9	CWAZH01ABC_01	春玉米	先玉 335	收获期	100×100	20	100.67	97.0
2010	9	CWAZH01ABC_01	春玉米	先玉 335	收获期	100×100	20	97.15	96.2
2010	9	CWAZH01ABC_01	春玉米	先玉 335	收获期	100×100	20	80.99	81.6
2010	9	CWAZH01ABC_01	春玉米	先玉 335	收获期	100×100	20	67.28	68.6
2010	9	CWAZH01ABC_01	春玉米	先玉 335	收获期	100×100	20	47.32	48.2
2011	5	CWAZH01ABC_01	冬小麦	长旱 58	抽穗期	100×100	20	51.21	73.0
2011	5	CWAZH01ABC_01	冬小麦	长旱 58	抽穗期	100×100	20	57.8	72.0
2011	5	CWAZH01ABC_01	冬小麦	长旱 58	抽穗期	100×100	20	63.5	73.0
2011	5	CWAZH01ABC_01	冬小麦	长旱 58	抽穗期	100×100	20	72.56	76.0
2011	5	CWAZH01ABC_01	冬小麦	长旱 58	抽穗期	100×100	20	75.06	75.0
2011	5	CWAZH01ABC_01	冬小麦	长旱 58	抽穗期	100×100	20	89.51	79.0
2011	6	CWAZH01ABC_01	冬小麦	长旱 58	收获期	100×100	20	25.37	70.0
2011	6	CWAZH01ABC_01	冬小麦	长旱 58	收获期	100×100	20	30.58	70.0
2011	6	CWAZH01ABC_01	冬小麦	长旱 58	收获期	100×100	20	34.06	73.0
2011	6	CWAZH01ABC_01	冬小麦	长旱 58	收获期	100×100	20	36.96	77.0
2011	6	CWAZH01ABC_01	冬小麦	长旱 58	收获期	100×100	20	53.98	75.0
2011	6	CWAZH01ABC_01	冬小麦	长旱 58	收获期	100×100	20	56.12	79.0
2012	5	CWAZH01ABC_01	冬小麦	长旱 58	抽穗期	100×100	20	99.22	86.0
2012	5	CWAZH01ABC_01	冬小麦	长旱 58	抽穗期	100×100	20	116.1	89.0
2012	5	CWAZH01ABC_01	冬小麦	长旱 58	抽穗期	100×100	20	107.62	88.0
2012	5	CWAZH01ABC_01	冬小麦	长旱 58	抽穗期	100×100	20	85.92	80.0
2012	5	CWAZH01ABC_01	冬小麦	长旱 58	抽穗期	100×100	20	78.99	78.0
2012	5	CWAZH01ABC_01	冬小麦	长旱 58	抽穗期	100×100	20	73.27	76.0
2012	6	CWAZH01ABC_01	冬小麦	长旱 58	收获期	100×100	20	103.6	86.0
2012	6	CWAZH01ABC_01	冬小麦	长旱 58	收获期	100×100	20	117.17	88.0

（续）

年份	月份	样地代码	作物名称	作物品种	作物生育期	样方面积（cm×cm）	耕作层深度（cm）	根干重（g/m²）	约占总根干重比例（%）
2012	6	CWAZH01ABC_01	冬小麦	长旱58	收获期	100×100	20	98.00	85.0
2012	6	CWAZH01ABC_01	冬小麦	长旱58	收获期	100×100	20	111.13	86.0
2012	6	CWAZH01ABC_01	冬小麦	长旱58	收获期	100×100	20	92.75	82.0
2012	6	CWAZH01ABC_01	冬小麦	长旱58	收获期	100×100	20	90.48	81.0
2013	7	CWAZH01ABC_01	春玉米	榆单9	抽雄期	100×100	20	71.70	75.0
2013	7	CWAZH01ABC_01	春玉米	榆单9	抽雄期	100×100	20	90.60	83.0
2013	7	CWAZH01ABC_01	春玉米	榆单9	抽雄期	100×100	20	96.81	84.0
2013	7	CWAZH01ABC_01	春玉米	榆单9	抽雄期	100×100	20	139.26	88.0
2013	7	CWAZH01ABC_01	春玉米	榆单9	抽雄期	100×100	20	105.30	86.0
2013	7	CWAZH01ABC_01	春玉米	榆单9	抽雄期	100×100	20	88.50	78.0
2013	9	CWAZH01ABC_01	春玉米	榆单9	收获期	100×100	20	101.36	85.0
2013	9	CWAZH01ABC_01	春玉米	榆单9	收获期	100×100	20	110.23	86.0
2013	9	CWAZH01ABC_01	春玉米	榆单9	收获期	100×100	20	98.98	83.0
2013	9	CWAZH01ABC_01	春玉米	榆单9	收获期	100×100	20	89.65	81.0
2013	9	CWAZH01ABC_01	春玉米	榆单9	收获期	100×100	20	85.63	78.0
2013	9	CWAZH01ABC_01	春玉米	榆单9	收获期	100×100	20	102.3	85.0
2014	5	CWAZH01ABC_01	冬小麦	长旱58	抽穗期	100×100	20	75.12	70.0
2014	5	CWAZH01ABC_01	冬小麦	长旱58	抽穗期	100×100	20	76.80	71.0
2014	5	CWAZH01ABC_01	冬小麦	长旱58	抽穗期	100×100	20	79.50	73.6
2014	5	CWAZH01ABC_01	冬小麦	长旱58	抽穗期	100×100	20	80.22	76.5
2014	5	CWAZH01ABC_01	冬小麦	长旱58	抽穗期	100×100	20	77.60	71.4
2014	5	CWAZH01ABC_01	冬小麦	长旱58	抽穗期	100×100	20	81.43	77.0
2014	6	CWAZH01ABC_01	冬小麦	长旱58	收获期	100×100	20	86.75	79.0
2014	6	CWAZH01ABC_01	冬小麦	长旱58	收获期	100×100	20	88.32	80.0
2014	6	CWAZH01ABC_01	冬小麦	长旱58	收获期	100×100	20	79.81	76.0
2014	6	CWAZH01ABC_01	冬小麦	长旱58	收获期	100×100	20	80.52	76.0
2014	6	CWAZH01ABC_01	冬小麦	长旱58	收获期	100×100	20	82.96	77.0
2014	6	CWAZH01ABC_01	冬小麦	长旱58	收获期	100×100	20	78.66	72.0
2015	5	CWAZH01ABC_01	冬小麦	长旱58	抽穗期	100×100	30	71.48	66.0
2015	5	CWAZH01ABC_01	冬小麦	长旱58	抽穗期	100×100	30	91.83	71.0
2015	5	CWAZH01ABC_01	冬小麦	长旱58	抽穗期	100×100	30	50.75	56.0
2015	5	CWAZH01ABC_01	冬小麦	长旱58	抽穗期	100×100	30	56.35	60.0
2015	5	CWAZH01ABC_01	冬小麦	长旱58	抽穗期	100×100	30	76.28	70.0
2015	5	CWAZH01ABC_01	冬小麦	长旱58	抽穗期	100×100	30	68.35	65.0
2015	7	CWAZH01ABC_01	冬小麦	长旱58	收获期	100×100	30	78.15	65.0
2015	7	CWAZH01ABC_01	冬小麦	长旱58	收获期	100×100	30	124.77	78.9
2015	7	CWAZH01ABC_01	冬小麦	长旱58	收获期	100×100	30	120.13	66.5
2015	7	CWAZH01ABC_01	冬小麦	长旱58	收获期	100×100	30	126.67	69.7
2015	7	CWAZH01ABC_01	冬小麦	长旱58	收获期	100×100	30	80.36	65.0
2015	7	CWAZH01ABC_01	冬小麦	长旱58	收获期	100×100	30	80.08	73.6

表 3 - 6　作物根系分布

年份	月份	样地代码	作物名称	作物品种	作物生育期	样方面积(cm×cm)	0~10 cm 根干重(g/m²)	10~20 cm 根干重(g/m²)	20~30 cm 根干重(g/m²)	30~40 cm 根干重(g/m²)	40~60 cm 根干重(g/m²)	60~80 cm 根干重(g/m²)	80~100 cm 根干重(g/m²)
2010	7	CWAZH01ABC_01	春玉米	先玉335	抽雄期	100×100	58.47	3.97	1.01	0.27	0.36	0.61	0.26
2010	7	CWAZH01ABC_01	春玉米	先玉335	抽雄期	100×100	36.80	3.16	1.63	0.82	0.43	0.23	0.38
2010	7	CWAZH01ABC_01	春玉米	先玉335	抽雄期	100×100	18.73	8.23	0.67	0.26	0.18	0.37	0.34
2010	7	CWAZH01ABC_01	春玉米	先玉335	抽雄期	100×100	48.42	2.95	2.48	1.25	0.26	0.43	0.21
2010	7	CWAZH01ABC_01	春玉米	先玉335	抽雄期	100×100	53.24	7.87	1.09	3.41	1.44	0.23	0.23
2010	7	CWAZH01ABC_01	春玉米	先玉335	抽雄期	100×100	44.56	10.77	1.42	0.52	1.42	0.29	0.26
2010	9	CWAZH01ABC_01	春玉米	先玉335	收获期	100×100	84.20	10.71	0.14	0.07	0.06	0.15	0.02
2010	9	CWAZH01ABC_01	春玉米	先玉335	收获期	100×100	88.00	12.68	0.06	0.05	0.03	0.04	0.05
2010	9	CWAZH01ABC_01	春玉米	先玉335	收获期	100×100	90.64	6.51	0.18	0.06	0.05	0.07	0.08
2010	9	CWAZH01ABC_01	春玉米	先玉335	收获期	100×100	74.72	6.26	0.26	0.07	0.08	0.05	0.07
2010	9	CWAZH01ABC_01	春玉米	先玉335	收获期	100×100	62.40	4.88	0.26	0.14	0.07	0.07	0.05
2010	9	CWAZH01ABC_01	春玉米	先玉335	收获期	100×100	44.45	2.87	0.11	0.02	0.10	0.10	0.06
2015	7	CWAZH01ABC_01	冬小麦	长旱58	收获期	100×100	37.28	19.81	21.06	12.31	9.81	6.19	13.56
2015	7	CWAZH01ABC_01	冬小麦	长旱58	收获期	100×100	61.94	30.64	32.19	11.90	9.40	6.84	5.23
2015	7	CWAZH01ABC_01	冬小麦	长旱58	收获期	100×100	40.25	39.69	40.19	16.00	13.69	17.88	13.06
2015	7	CWAZH01ABC_01	冬小麦	长旱58	收获期	100×100	54.84	38.78	33.05	12.36	14.30	10.42	17.94
2015	7	CWAZH01ABC_01	冬小麦	长旱58	收获期	100×100	39.21	21.32	19.83	13.36	10.50	7.86	11.30
2015	7	CWAZH01ABC_01	冬小麦	长旱58	收获期	100×100	43.51	23.82	20.75	10.82	8.50	6.34	5.98

3.4 主要作物收获期植株性状

3.4.1 概述

作物收获期植株性状数据基于长武站所有生物监测样地的观测数据，数据时间跨度为 2009—2015 年。

3.4.2 数据集的采集和处理方法

收获期在田间随机选取多个样点，首先在选取的样点内用直尺测定作物群体株高，并记录，然后用手轻拔的方式采集样方内的所有植株（针对小麦），并用人工计数的方式测定样方内的植株密度。将采集到的作物样本带回实验室进行其他植株性状的测定，具体的测定方法请参考"陆地生态系统生物观测规范"第 7 章相关内容。

3.4.3 数据质量控制和评估

测定密度时，所选植株为样方内的所有植株且植株是被轻轻拔出表层土壤，因此植株的表层根系保存较完整，这样在人工计数时只需计算根的数量就可以确定样方内的所有植株密度，避免了将地上部单茎的数量作为密度而造成密度计数误差（小麦植株有分蘖，通常一株植株会有多个茎）。

人工观测成熟期作物植株性状后，将产生的数据录入 Excel 表格，通过 Excel 散点图检查异常值。另外，在 Excel 表格中计算地上部总干重与籽粒干重的差值，如果差值大于零，则表示数据异常，检查异常数据。果穗长度与果穗结实长度的数据检验相似于地上部总干重与籽粒干重。

3.4.4 数据

作物收获期植株性状数据见表 3-7、表 3-8。

表 3-7　作物收获期植株性状 1

年份	月份	样地代码	作物品种	作物生育期	调查株数	株高 (cm)	单株总茎数	单株总穗数	每穗小穗数	每穗结实小穗数	每穗粒数	千粒重 (g)	地上部总干重 (g/株)	籽粒干重 (g/株)
2009	6	CWAFZ04ABC_01	长旱 58	收获期	20	72.0	2.1	2.0	14.8	13.2	24.5	43.22	4.39	2.40
2009	6	CWAFZ04ABC_01	长旱 58	收获期	20	69.0	2.1	2.0	14.8	13.0	23.8	44.68	4.05	2.05
2009	6	CWAFZ04ABC_01	长旱 58	收获期	20	71.0	2.8	2.0	14.2	12.6	22.0	44.07	4.12	2.02
2009	6	CWAFZ04ABC_01	长旱 58	收获期	20	70.0	2.2	2.0	14.2	12.5	20.0	43.84	4.00	1.96
2009	6	CWAFZ04ABC_01	长旱 58	收获期	20	65.0	1.7	1.0	13.3	10.7	17.9	43.66	2.81	1.34
2009	6	CWAFZ04ABC_01	长旱 58	收获期	20	59.5	2.2	2.0	14.1	12.6	21.7	45.05	3.70	1.90
2009	6	CWAZQ03AB0_01	长旱 58	收获期	20	77.3	2.6	2.0	15.9	13.8	27.3	47.53	7.06	3.02
2009	6	CWAZQ03AB0_01	长旱 58	收获期	20	72.8	2.5	2.0	15.2	13.0	24.4	46.82	7.67	2.50
2009	6	CWAZQ03AB0_01	长旱 58	收获期	20	68.0	2.8	2.0	14.9	12.8	24.1	45.40	5.85	2.61
2009	6	CWAZQ03AB0_01	长旱 58	收获期	20	74.0	3.1	3.0	15.2	13.0	25.7	47.69	7.00	2.76
2009	6	CWAZQ03AB0_01	长旱 58	收获期	20	71.7	2.5	2.0	15.8	13.8	24.3	45.23	5.32	2.29
2009	6	CWAZQ01AB0_01		收获期	135	71.0	2.4	2.0	15.5	14.1	27.1	44.87	6.07	2.91

（续）

年份	月份	样地代码	作物品种	作物生育期	调查株数	株高(cm)	单株总茎数	单株总穗数	每穗小穗数	每穗结实小穗数	每穗粒数	千粒重(g)	地上部总干重(g/株)	籽粒干重(g/株)
2009	6	CWAZQ01AB0_01	135	收获期	20	79.5	2.4	2.0	15.7	14.1	27.1	45.92	6.12	2.84
2009	6	CWAZQ01AB0_01	135	收获期	20	70.3	2.5	2.0	16.9	14.6	28.3	43.09	5.87	2.88
2009	6	CWAZQ01AB0_01	135	收获期	20	78.0	2.5	2.0	15.0	13.3	26.0	44.80	5.95	2.74
2009	6	CWAZQ01AB0_01	135	收获期	20	64.3	2.8	2.0	15.0	13.1	25.3	43.92	5.47	2.64
2009	6	CWAZQ02AB0_01	长武89134	收获期	20	86.0	2.4	2.0	13.7	12.5	23.9	43.40	5.77	2.50
2009	6	CWAZQ02AB0_01	长武89134	收获期	20	87.0	2.4	2.0	13.2	11.9	24.4	44.47	5.01	2.39
2009	6	CWAZQ02AB0_01	长武89134	收获期	20	84.1	2.5	2.0	14.7	13.2	28.1	45.66	6.20	2.53
2009	6	CWAZQ02AB0_01	长武89134	收获期	20	76.6	2.5	2.0	14.8	13.6	28.8	44.14	7.08	3.05
2009	6	CWAZQ02AB0_01	长武89134	收获期	20	90.0	2.5	2.0	14.2	12.9	25.6	43.09	5.00	2.14
2009	6	CWAZH01ABC_01	长旱58	收获期	20	83.0	2.8	2.0	15.1	13.6	26.5	43.92	6.59	3.21
2009	6	CWAZH01ABC_01	长旱58	收获期	20	82.5	2.7	2.0	13.8	12.2	22.0	45.87	5.47	2.37
2009	6	CWAZH01ABC_01	长旱58	收获期	20	82.0	2.6	2.0	14.4	12.8	24.6	44.30	5.90	2.73
2009	6	CWAZH01ABC_01	长旱58	收获期	20	78.0	2.7	2.0	15.8	14.2	27.6	46.16	6.00	3.07
2009	6	CWAZH01ABC_01	长旱58	收获期	20	80.0	2.7	2.0	13.7	12.1	20.7	46.32	4.95	2.38
2009	6	CWAZH01ABC_01	长旱58	收获期	20	82.0	2.5	2.0	16.2	14.4	29.4	44.98	6.01	3.11
2009	6	CWAFZ03ABC_01	长旱58	收获期	20	78.5	2.7	2.0	14.6	12.9	25.4	45.87	6.34	3.66
2009	6	CWAFZ03ABC_01	长旱58	收获期	20	76.0	3.5	3.0	14.4	11.4	24.9	46.62	7.12	3.51
2009	6	CWAFZ03ABC_01	长旱58	收获期	20	74.6	2.9	2.0	14.9	12.8	25.9	44.95	6.79	3.14
2009	6	CWAFZ03ABC_01	长旱58	收获期	20	67.0	3.0	3.0	15.1	13.3	25.4	44.69	6.92	3.49
2009	6	CWAFZ03ABC_01	长旱58	收获期	20	74.3	2.7	2.0	14.5	12.8	22.6	47.38	5.79	2.65
2009	6	CWAFZ03ABC_01	长旱58	收获期	20	75.6	2.0	2.0	10.1	8.1	15.2	47.03	6.05	4.14
2010	6	CWAZQ03AB0_01	长旱58	收获期	20	67.3	2.5	2.2	16.2	13.9	25.4	43.50	5.31	2.48
2010	6	CWAZQ03AB0_01	长旱58	收获期	20	72.3	2.7	2.3	17.0	14.5	28.4	40.99	5.70	2.69
2010	6	CWAZQ03AB0_01	长旱58	收获期	20	74.8	2.9	2.3	16.3	15.2	25.3	39.45	4.89	2.27
2010	6	CWAZQ03AB0_01	长旱58	收获期	20	67.6	2.4	2.2	15.0	12.9	24.3	40.72	4.53	2.05
2010	6	CWAZQ03AB0_01	长旱58	收获期	20	69.0	2.7	2.2	16.2	14.3	26.5	42.81	5.12	2.49
2010	6	CWAZQ03AB0_01	长旱58	收获期	20	74.5	2.8	2.3	17.0	15.4	32.5	41.70	5.93	3.16
2010	6	CWAZQ01AB0_01	长旱58	收获期	20	88.0	2.0	2.0	16.8	14.6	27.4	44.98	5.58	2.84
2010	6	CWAZQ01AB0_01	长旱58	收获期	20	70.3	2.4	2.3	18.0	16.7	34.2	46.99	6.92	3.67
2010	6	CWAZQ01AB0_01	长旱58	收获期	20	70.5	2.2	2.2	17.3	15.1	30.8	45.07	5.54	2.77

（续）

年份	月份	样地代码	作物品种	作物生育期	调查株数	株高(cm)	单株总茎数	单株总穗数	每穗小穗数	每穗结实小穗数	每穗粒数	千粒重(g)	地上部总干重(g/株)	籽粒干重(g/株)
2010	6	CWAZQ01AB0_01	长旱58	收获期	20	72.0	2.0	2.0	17.1	14.8	27.9	43.15	5.03	2.74
2010	6	CWAZQ01AB0_01	长旱58	收获期	20	76.3	2.4	2.1	16.3	13.9	26.7	41.41	4.67	2.27
2010	6	CWAZQ01AB0_01	长旱58	收获期	20	73.4	2.6	2.2	16.7	14.5	31.2	44.06	6.04	2.93
2010	6	CWAFZ03ABC_01	长旱58	收获期	20	76.1	2.6	2.2	17.5	15.8	29.8	40.08	5.37	2.65
2010	6	CWAFZ03ABC_01	长旱58	收获期	20	67.9	2.3	2.2	18.1	15.9	30.9	39.96	5.26	2.57
2010	6	CWAFZ03ABC_01	长旱58	收获期	20	73.0	2.3	2.1	17.2	15.2	26.7	40.66	4.75	2.20
2010	6	CWAFZ03ABC_01	长旱58	收获期	20	70.9	2.4	2.1	17.7	15.8	30.6	39.66	5.32	2.44
2010	6	CWAFZ03ABC_01	长旱58	收获期	20	71.7	2.4	2.1	16.3	14.3	22.9	42.90	4.67	2.00
2010	6	CWAFZ03ABC_01	长旱58	收获期	20	74.6	2.3	2.0	17.3	15.5	31.6	43.87	5.46	2.75
2011	6	CWAZH01ABC_01	长旱58	收获期	20	67.1	4.0	3.0	17.0	14.0	27.0	47.02	9.49	4.07
2011	6	CWAZH01ABC_01	长旱58	收获期	20	75.2	4.0	3.0	18.0	15.0	31.0	47.78	10.46	4.71
2011	6	CWAZH01ABC_01	长旱58	收获期	20	71.9	4.0	3.0	18.0	16.0	33.0	48.16	9.67	4.37
2011	6	CWAZH01ABC_01	长旱58	收获期	20	72.6	4.0	3.0	19.0	16.0	32.0	48.26	8.41	3.75
2011	6	CWAZH01ABC_01	长旱58	收获期	20	76.5	4.0	3.0	18.0	15.0	31.0	46.85	8.24	3.56
2011	6	CWAZH01ABC_01	长旱58	收获期	20	70.8	5.0	3.0	19.0	16.0	34.0	45.69	10.27	4.75
2011	6	CWAFZ04ABC_01	长旱58	收获期	20	65.1	4.0	2.0	18.0	15.0	28.0	47.82	5.80	2.78
2011	6	CWAFZ04ABC_01	长旱58	收获期	20	61.8	3.0	2.0	17.0	13.0	21.0	39.23	3.66	1.52
2011	6	CWAFZ04ABC_01	长旱58	收获期	20	60.9	4.0	2.0	18.0	14.0	23.0	49.49	3.66	2.30
2011	6	CWAFZ04ABC_01	长旱58	收获期	20	65.5	3.0	2.0	18.0	14.0	24.0	46.96	5.61	2.64
2011	6	CWAFZ04ABC_01	长旱58	收获期	20	65.0	4.0	2.0	18.0	14.0	26.0	43.43	5.00	2.38
2011	6	CWAFZ04ABC_01	长旱58	收获期	20	62.9	3.0	2.0	17.0	13.0	24.0	45.37	5.08	2.45
2011	6	CWAZQ01AB0_01	长旱58	收获期	20	77.1	5.0	3.0	19.0	16.0	32.0	37.64	8.80	3.96
2011	6	CWAZQ01AB0_01	长旱58	收获期	20	73.8	5.0	3.0	18.0	15.0	32.0	37.68	7.95	5.53
2011	6	CWAZQ01AB0_01	长旱58	收获期	20	69.5	4.0	2.0	18.0	14.0	28.0	36.60	5.75	2.47
2011	6	CWAZQ01AB0_01	长旱58	收获期	20	73.6	4.0	2.0	18.0	15.0	30.0	36.51	6.46	2.96
2011	6	CWAZQ01AB0_01	长旱58	收获期	20	75.9	5.0	3.0	19.0	15.0	31.0	40.91	7.94	3.60
2011	6	CWAZQ01AB0_01	长旱58	收获期	20	76.0	4.0	2.0	18.0	15.0	29.0	37.76	6.44	2.85
2012	6	CWAFZ04ABC_01	长旱58	收获期	20	78.0	2.8	2.1	17.2	15.3	28.1	46.84	5.78	2.64
2012	6	CWAFZ04ABC_01	长旱58	收获期	20	78.6	2.5	1.8	15.6	12.9	20.5	45.38	3.60	1.56
2012	6	CWAFZ04ABC_01	长旱58	收获期	20	77.0	1.5	1.4	16.4	14.1	26.7	46.36	3.59	1.70

（续）

年份	月份	样地代码	作物品种	作物生育期	调查株数	株高(cm)	单株总茎数	单株总穗数	每穗小穗数	每穗结实小穗数	每穗粒数	千粒重(g)	地上部总干重(g/株)	籽粒干重(g/株)
2012	6	CWAFZ04ABC_01	长旱58	收获期	20	77.6	2.5	2.0	15.8	13.3	22.9	47.38	4.03	1.81
2012	6	CWAFZ04ABC_01	长旱58	收获期	20	72.4	2.1	1.9	15.6	13.8	24.2	45.53	3.87	1.77
2012	6	CWAFZ04ABC_01	长旱58	收获期	20	77.6	2.5	2.1	16.1	14.2	25.3	47.31	4.40	2.01
2012	6	CWAFZ03ABC_01	长旱58	收获期	20	84.4	3.0	1.9	16.8	14.9	32.0	43.59	4.62	2.10
2012	6	CWAFZ03ABC_01	长旱58	收获期	20	78.7	3.2	2.1	16.9	15.1	31.3	43.00	6.05	2.84
2012	6	CWAFZ03ABC_01	长旱58	收获期	20	80.3	3.0	2.2	16.9	15.1	32.9	43.20	5.90	3.07
2012	6	CWAFZ03ABC_01	长旱58	收获期	20	80.0	2.8	2.2	17.2	15.5	34.3	42.01	5.38	2.70
2012	6	CWAFZ03ABC_01	长旱58	收获期	20	83.8	2.9	2.1	18.7	16.9	38.3	42.57	6.83	3.02
2012	6	CWAFZ03ABC_01	长旱58	收获期	20	73.0	2.7	2.1	15.5	13.8	27.2	44.09	4.93	2.58
2012	6	CWAZQ01AB0_01	长旱58	收获期	20	77.2	2.8	2.1	17.9	16.1	36.0	42.28	6.24	3.12
2012	6	CWAZQ01AB0_01	长旱58	收获期	20	79.7	2.5	2.2	19.2	17.7	41.4	41.16	7.01	3.52
2012	6	CWAZQ01AB0_01	长旱58	收获期	20	78.8	2.6	2.3	20.2	18.9	48.0	40.49	7.97	3.95
2012	6	CWAZQ01AB0_01	长旱58	收获期	20	76.4	2.5	2.1	18.7	16.7	37.0	39.51	6.15	2.68
2012	6	CWAZQ01AB0_01	长旱58	收获期	20	83.2	2.9	2.4	18.8	17.5	40.1	43.06	7.10	3.20
2012	6	CWAZQ01AB0_01	长旱58	收获期	20	80.3	2.2	2.0	18.8	17.3	43.6	45.36	6.67	3.51
2012	6	CWAZH01ABC_01	长旱58	收获期	20	80.7	3.0	2.3	17.3	15.8	30.0	43.29	5.62	2.72
2012	6	CWAZH01ABC_01	长旱58	收获期	20	80.5	2.7	2.3	16.0	14.2	28.3	43.57	5.43	2.66
2012	6	CWAZH01ABC_01	长旱58	收获期	20	78.4	2.5	2.2	16.4	14.9	28.9	48.54	5.92	2.89
2012	6	CWAZH01ABC_01	长旱58	收获期	20	83.4	2.7	2.4	15.8	14.0	23.5	47.24	5.83	2.77
2012	6	CWAZH01ABC_01	长旱58	收获期	20	80.1	2.5	2.3	16.3	14.6	28.1	44.43	4.55	2.34
2012	6	CWAZH01ABC_01	长旱58	收获期	20	81.1	2.7	2.3	16.3	14.5	26.4	46.52	5.34	2.55
2013	6	CWAFZ04ABC_01	长旱58	收获期	20	59.9	1.3	1.3	16.3	14.5	30.0	30.15	2.43	1.23
2013	6	CWAFZ04ABC_01	长旱58	收获期	20	56.9	2.0	1.9	17.3	15.9	38.3	35.44	5.40	2.83
2013	6	CWAFZ04ABC_01	长旱58	收获期	20	54.4	1.3	1.2	16.6	14.4	29.2	32.74	2.53	1.17
2013	6	CWAFZ04ABC_01	长旱58	收获期	20	55.2	1.8	1.6	16.8	15.3	31.0	36.42	3.91	2.06
2013	6	CWAFZ04ABC_01	长旱58	收获期	20	55.6	1.8	1.7	16.1	14.2	29.3	29.82	3.23	1.53
2013	6	CWAFZ04ABC_01	长旱58	收获期	20	56.8	1.5	1.4	15.6	13.8	29.8	24.39	2.76	1.21
2013	6	CWAFZ03ABC_01	长旱58	收获期	20	63.0	3.8	2.2	15.8	13.7	27.1	39.12	5.10	2.44
2013	6	CWAFZ03ABC_01	长旱58	收获期	20	64.3	3.6	2.1	17.1	15.2	33.0	38.39	5.90	2.90
2013	6	CWAFZ03ABC_01	长旱58	收获期	20	62.2	3.1	1.8	15.4	13.5	25.4	39.78	4.48	1.94

（续）

年份	月份	样地代码	作物品种	作物生育期	调查株数	株高(cm)	单株总茎数	单株总穗数	每穗小穗数	每穗结实小穗数	每穗粒数	千粒重(g)	地上部总干重(g/株)	籽粒干重(g/株)
2013	6	CWAFZ03ABC_01	长旱58	收获期	20	66.1	3.4	2.1	16.2	13.6	28.0	35.93	5.19	2.39
2013	6	CWAFZ03ABC_01	长旱58	收获期	20	61.0	3.1	2.0	16.0	14.0	27.7	37.19	4.78	2.23
2013	6	CWAFZ03ABC_01	长旱58	收获期	20	61.3	3.8	2.4	15.9	12.8	27.1	38.12	5.50	2.39
2014	6	CWAFZ04ABC_01	长旱58	收获期	20	87.1	3.5	2.5	18.3	15.8	30.3	45.22	7.73	3.06
2014	6	CWAFZ04ABC_01	长旱58	收获期	20	88.1	2.9	2.3	18.4	16.1	28.1	44.93	6.73	2.85
2014	6	CWAFZ04ABC_01	长旱58	收获期	20	83.4	2.9	2.2	17.6	15.3	25.5	43.12	5.73	2.40
2014	6	CWAFZ04ABC_01	长旱58	收获期	20	86.0	2.8	2.3	18.8	16.6	29.2	46.22	6.57	2.88
2014	6	CWAFZ04ABC_01	长旱58	收获期	20	81.5	3.1	2.4	18.0	16.4	29.2	43.03	6.74	2.95
2014	6	CWAFZ04ABC_01	长旱58	收获期	20	82.6	2.4	2.0	16.3	13.8	25.0	44.70	4.78	2.05
2014	6	CWAZH01ABC_01	长旱58	收获期	20	93.5	3.5	2.1	15.9	12.2	27.0	45.25	6.09	2.44
2014	6	CWAZH01ABC_01	长旱58	收获期	20	88.6	3.0	2.4	15.6	14.2	30.7	43.35	6.76	2.95
2014	6	CWAZH01ABC_01	长旱58	收获期	20	88.4	4.1	2.4	15.2	13.8	28.2	46.54	7.15	2.79
2014	6	CWAZH01ABC_01	长旱58	收获期	20	89.4	3.3	2.4	16.3	14.6	31.5	46.30	7.08	3.18
2014	6	CWAZH01ABC_01	长旱58	收获期	20	87.4	4.3	2.4	16.0	14.2	29.9	47.57	7.81	3.11
2014	6	CWAZH01ABC_01	长旱58	收获期	20	88.6	3.6	2.2	15.6	13.9	29.4	45.42	6.74	2.71
2015	6	CWAFZ04ABC_01	长旱58	收获期	20	73.4	2.4	1.6	14.9	13.2	20.6	47.99	3.54	1.35
2015	6	CWAFZ04ABC_01	长旱58	收获期	20	79.3	2.3	1.6	15.4	13.9	25.9	42.50	3.64	1.60
2015	6	CWAFZ04ABC_01	长旱58	收获期	20	72.9	2.1	1.6	15.2	13.5	23.5	38.57	3.59	1.45
2015	6	CWAFZ04ABC_01	长旱58	收获期	20	81.3	2.5	1.9	17.0	15.0	29.4	37.21	4.88	2.19
2015	6	CWAFZ04ABC_01	长旱58	收获期	20	74.6	2.3	1.7	15.7	13.8	25.6	40.72	4.22	1.83
2015	6	CWAFZ04ABC_01	长旱58	收获期	20	73.2	2.2	1.8	16.5	15.2	30.2	43.85	4.01	1.81
2015	7	CWAZH01ABC_01	长旱58	收获期	20	70.7	2.6	2.2	15.4	7.5	13.3	38.39	4.62	1.37
2015	7	CWAZH01ABC_01	长旱58	收获期	20	68.2	2.7	2.2	16.3	8.8	17.0	41.54	5.29	1.65
2015	7	CWAZH01ABC_01	长旱58	收获期	20	71.8	2.8	2.1	15.7	9.6	20.5	38.20	4.75	1.83
2015	7	CWAZH01ABC_01	长旱58	收获期	20	64.6	2.6	2.3	14.9	10.1	17.0	46.48	4.61	1.59
2015	7	CWAZH01ABC_01	长旱58	收获期	20	71.8	3.0	2.2	16.5	11.4	23.5	38.77	5.31	2.08
2015	7	CWAZH01ABC_01	长旱58	收获期	20	65.3	2.7	2.2	14.6	7.4	11.8	42.20	3.80	1.00
2015	7	CWAFZ03ABC_01	长旱58	收获期	20	77.3	2.8	2.3	16.6	9.1	17.1	41.60	6.00	1.84
2015	7	CWAFZ03ABC_01	长旱58	收获期	20	77.5	3.0	2.5	16.1	12.0	21.9	40.49	6.21	2.28
2015	7	CWAFZ03ABC_01	长旱58	收获期	20	75.9	3.3	2.4	15.3	4.9	9.4	37.56	5.36	1.03
2015	7	CWAFZ03ABC_01	长旱58	收获期	20	80.2	3.5	2.5	16.7	8.5	17.4	39.10	6.53	1.96
2015	7	CWAFZ03ABC_01	长旱58	收获期	20	79.9	2.8	2.3	16.7	11.1	23.4	37.65	5.43	1.95
2015	7	CWAFZ03ABC_01	长旱58	收获期	20	74.6	3.2	2.5	15.4	9.6	19.0	41.18	5.83	2.00

表 3-8　作物收获期植株性状 2

年份	月份	样地代码	作物品种	作物生育期	调查株数	株高 (cm)	结穗高度 (cm)	茎粗 (cm)	空秆率 (%)	果穗长度 (cm)	果穗结实长度 (cm)	穗粗 (cm)	穗行数	行粒数	百粒重 (g)	地上部总干重 (g/株)	籽粒干重 (g/株)
2010	9	CWAFZ04ABC_01	沈丹 10	收获期	5	238.0	77.0	2.0	0.0	18.7	16.4	5.9	17.6	32.2	22.00	195.1	115.1
2010	9	CWAFZ04ABC_01	沈丹 10	收获期	5	240.0	80.0	2.6	0.0	18.4	16.8	5.9	16.8	30.6	27.50	241	136.4
2010	9	CWAFZ04ABC_01	沈丹 10	收获期	5	242.0	72.0	2.0	0.0	16.8	15.3	6.0	17.6	30.1	25.00	170.3	97.4
2010	9	CWAFZ04ABC_01	沈丹 10	收获期	6	221.0	76.0	2.2	0.0	18.7	16.3	6.0	18.0	31.4	25.80	208.6	119.9
2010	9	CWAFZ04ABC_01	沈丹 10	收获期	6	236.0	91.0	2.6	0.0	21.4	19.1	6.3	19.7	35.3	29.80	326.5	180.4
2010	9	CWAFZ04ABC_01	沈丹 10	收获期	6	249.0	91.0	2.4	0.0	17.3	15.7	5.9	17.5	30.1	25.20	219.8	113.2
2010	9	CWAZH01ABC_01	先玉 335	收获期	5	237.0	95.0	2.6	0.0	21.2	19.5	6.1	16.6	36.0	32.00	356	199.5
2010	9	CWAZH01ABC_01	先玉 335	收获期	5	249.0	62.0	2.6	0.0	19.9	18.3	5.7	15.2	34.4	28.20	284.8	173.7
2010	9	CWAZH01ABC_01	先玉 335	收获期	5	251.0	64.0	2.8	0.0	21.1	19.2	6.0	16.4	35.5	29.60	328.5	198.0
2010	9	CWAZH01ABC_01	先玉 335	收获期	6	245.0	75.0	3.0	0.0	19.8	17.8	5.8	16.0	33.0	27.20	296.5	166.6
2010	9	CWAZH01ABC_01	先玉 335	收获期	6	253.0	66.0	2.8	0.0	21.3	19.7	5.9	16.0	34.0	32.00	339.1	203.4
2010	9	CWAZH01ABC_01	先玉 335	收获期	6	253.0	70.0	2.6	0.0	21.2	19.7	5.9	16.7	37.9	32.90	366.1	215.8
2010	9	CWAZQ02AB0_01	先玉 335	收获期	5	244.0	92.0	2.8	0.0	22.8	19.6	5.7	14.8	35.6	31.60	295	166.6
2010	9	CWAZQ02AB0_01	先玉 335	收获期	6	236.0	81.0	3.0	0.0	20.9	18.4	5.9	15.7	32.9	34.80	337.4	193.9
2010	9	CWAZQ02AB0_01	先玉 335	收获期	6	247.0	84.0	2.9	0.0	19.5	17.3	5.8	16.3	30.8	31.80	310.8	180.0
2010	9	CWAZQ02AB0_01	先玉 335	收获期	6	248.0	95.0	2.9	0.0	23.4	21.3	6.0	14.0	40.1	38.50	389.2	202.4
2010	9	CWAZQ02AB0_01	先玉 335	收获期	6	250.0	89.0	3.0	0.0	21.2	19.8	5.8	15.7	35.9	32.90	363.9	212.6
2010	9	CWAZQ02AB0_01	先玉 335	收获期	6	256.0	86.0	2.9	0.0	20.8	18.6	5.9	16.3	34.4	33.80	341.3	201.7
2011	9	CWAFZ03ABC_01	先玉 335	收获期	6	256.0	83.0	2.0	0.0	19.7	17.9	5.8	17.0	38.0	23.20	275.9	155.0
2011	9	CWAFZ03ABC_01	先玉 335	收获期	6	260.0	99.0	1.9	0.0	20.2	18.4	5.9	15.3	39.0	28.60	295.8	152.4
2011	9	CWAFZ03ABC_01	先玉 335	收获期	6	249.0	80.0	1.8	0.0	20.2	19.0	5.9	16.0	41.0	26.00	322.6	152.9
2011	9	CWAFZ03ABC_01	先玉 335	收获期	7	258.0	96.0	1.8	0.0	20.6	17.2	5.7	16.0	34.0	23.80	271.4	123.6

（续）

年份	月份	样地代码	作物品种	作物生育期	调查株数	株高(cm)	结穗高度(cm)	茎粗(cm)	空秆率(%)	果穗长度(cm)	果穗结实长度(cm)	穗粗(cm)	穗行数	行粒数	百粒重(g)	地上部总干重(g/株)	籽粒干重(g/株)
2011	9	CWAFZ03ABC_01	先玉335	收获期	6	265.0	85.0	2.2	0.0	21.2	19.1	6.1	15.0	42.0	28.20	305.6	169.0
2011	9	CWAFZ03ABC_01	先玉335	收获期	6	257.0	86.0	2.3	0.0	21.2	18.2	6.0	17.0	38.0	23.20	270	155.6
2011	9	CWAZQ02AB0_01	先玉335	收获期	6	254.0	104.0	2.5	0.0	21.2	18.6	6.0	16.0	40.0	26.20	277.4	168.0
2011	9	CWAZQ02AB0_01	先玉335	收获期	6	264.0	104.0	2.6	0.0	21.1	19.6	5.8	17.0	40.0	30.20	457	187.8
2011	9	CWAZQ02AB0_01	先玉335	收获期	6	268.0	109.0	2.3	0.0	21.5	18.5	5.9	17.0	38.0	28.20	337.5	170.2
2011	9	CWAZQ02AB0_01	先玉335	收获期	6	256.0	96.0	2.3	0.0	22.2	19.7	5.8	17.0	41.0	29.10	336.9	183.8
2011	9	CWAZQ02AB0_01	先玉335	收获期	6	249.0	90.0	2.1	0.0	19.6	17.8	6.2	17.0	34.0	30.60	339.9	147.9
2011	9	CWAZQ02AB0_01	先玉335	收获期	6	262.0	104.0	2.3	0.0	21.5	19.5	5.8	16.0	40.0	26.10	354.1	178.6
2011	9	CWAZQ03AB0_01	先玉335	收获期	6	272.0	93.0	2.0	0.0	20.2	16.6	6.2	17.0	35.0	24.60	260.5	150.3
2011	9	CWAZQ03AB0_01	先玉335	收获期	8	268.0	94.0	1.9	0.0	19.6	15.6	5.9	16.0	34.0	23.70	219.2	125.8
2011	9	CWAZQ03AB0_01	先玉335	收获期	6	270.0	94.0	2.1	0.0	21.0	17.9	6.0	17.0	40.0	26.00	281.4	170.8
2011	9	CWAZQ03AB0_01	先玉335	收获期	6	236.0	82.0	1.8	0.0	17.9	14.5	6.1	17.0	29.0	22.90	221.5	121.3
2011	9	CWAZQ03AB0_01	先玉335	收获期	5	256.0	83.0	1.8	0.0	20.0	16.0	5.6	16.0	34.0	23.70	249.2	127.3
2011	9	CWAZQ03AB0_01	先玉335	收获期	6	248.0	95.0	1.8	0.0	19.8	15.5	5.9	16.0	33.0	29.20	256	124.1
2012	9	CWAZQ03AB0_01	榆单9	收获期	6	296.0	108.0	3.1	0.0	19.4	19.3	5.0	15.0	41.0	32.00	325.7	187.3
2012	9	CWAZQ03AB0_01	榆单9	收获期	6	294.0	96.0	3.4	0.0	19.9	19.4	5.0	15.0	40.7	34.90	370	175.1
2012	9	CWAZQ03AB0_01	榆单9	收获期	6	289.0	96.0	2.9	0.0	19.3	19.1	5.3	17.0	40.7	34.20	359.4	193.7
2012	9	CWAZQ03AB0_01	榆单9	收获期	6	292.0	95.0	2.3	0.0	19.5	19.1	5.4	17.0	41.7	32.50	377.5	195.5
2012	9	CWAZQ03AB0_01	榆单9	收获期	6	297.0	100.0	3.0	0.0	19.2	18.6	5.0	16.7	38.8	28.10	364.4	194.6
2012	9	CWAZQ03AB0_01	榆单9	收获期	6	295.0	111.0	2.9	0.0	21.2	20.0	5.4	16.3	43.3	36.40	392.5	206.2
2012	9	CWAZQ02AB0_01	先玉335	收获期	6	283.0	86.0	3.0	0.0	20.2	18.8	4.8	16.0	42.0	36.60	321.8	181.5
2012	9	CWAZQ02AB0_01	先玉335	收获期	7	291.0	98.0	2.6	0.0	19.0	17.6	4.3	16.0	40.0	29.80	319.2	170.5

（续）

年份	月份	样地代码	作物品种	作物生育期	调查株数	株高 (cm)	结穗高度 (cm)	茎粗 (cm)	空秆率 (%)	果穗长度 (cm)	果穗结实长度 (cm)	穗粗 (cm)	穗行数	行粒数	百粒重 (g)	地上部总干重 (g/株)	籽粒干重 (g/株)
2012	9	CWAZQ02AB0_01	先玉 335	收获期	6	294.0	92.0	3.4	0.0	17.9	16.1	4.6	18.0	35.0	35.50	315.5	177.8
2012	9	CWAZQ02AB0_01	先玉 335	收获期	6	277.0	104.0	2.8	0.0	19.0	17.0	4.6	16.0	38.0	26.80	313.6	188.0
2012	9	CWAZQ02AB0_01	先玉 335	收获期	7	277.0	92.0	3.2	0.0	19.9	18.7	5.0	17.0	41.0	35.00	318.1	178.2
2012	9	CWAZQ02AB0_01	先玉 335	收获期	7	284.0	87.0	3.0	0.0	20.1	18.4	4.9	17.0	39.4	32.80	290.7	160.2
2013	9	CWAZQ01AB0_01	榆单 9	收获期	6	251.0	75.0	3.3	0.0	18.4	16.9	5.2	16.5	34.4	27.40	404.6	163.0
2013	9	CWAZQ01AB0_01	榆单 9	收获期	5	263.0	75.0	3.1	0.0	19.5	17.2	5.1	15.7	38.6	31.50	381.4	143.0
2013	9	CWAZQ01AB0_01	榆单 9	收获期	6	268.0	96.0	2.8	0.0	15.1	12.6	5.2	14.3	33.2	31.70	378.5	165.7
2013	9	CWAZQ01AB0_01	榆单 9	收获期	6	273.0	112.0	2.6	0.0	18.0	15.2	5.3	16.2	36.6	31.90	334.8	164.0
2013	9	CWAZQ01AB0_01	榆单 9	收获期	5	265.0	101.0	2.5	0.0	19.6	18.7	5.0	16.4	41.8	30.00	231.6	142.0
2013	9	CWAZQ01AB0_01	榆单 9	收获期	6	275.0	102.0	2.7	0.0	18.7	17.0	4.9	15.9	45.3	30.40	285.7	153.7
2013	9	CWAZQ02AB0_01	榆单 9	收获期	6	225.0	112.0	2.9	0.0	16.3	15.7	5.3	15.7	37.2	26.10	282.2	163.3
2013	9	CWAZQ02AB0_01	榆单 9	收获期	6	224.0	108.0	3.0	0.0	17.8	17.5	4.8	16.0	40.7	29.20	297.2	134.0
2013	9	CWAZQ02AB0_01	榆单 9	收获期	6	220.0	118.0	3.2	0.0	16.3	16.0	5.0	14.3	39.5	31.60	323.4	123.7
2013	9	CWAZQ02AB0_01	榆单 9	收获期	6	234.0	118.0	3.4	0.0	16.2	15.6	5.1	14.7	36.8	32.80	305.6	145.3
2013	9	CWAZQ02AB0_01	榆单 9	收获期	6	233.0	118.0	2.7	0.0	16.3	16.3	5.6	15.0	38.7	34.60	309.1	165.3
2013	9	CWAZQ02AB0_01	榆单 9	收获期	6	221.0	115.0	2.6	0.0	15.6	14.8	4.7	16.2	34.7	30.80	301.2	133.3
2013	9	CWAZH01ABC_01	榆单 9	收获期	6	234.0	86.0	3.4	0.0	17.5	16.7	4.9	15.8	39.2	28.60	330.5	146.0
2013	9	CWAZH01ABC_01	榆单 9	收获期	6	226.0	85.0	3.1	0.0	16.9	16.4	4.8	14.7	37.8	23.50	303.1	145.0
2013	9	CWAZH01ABC_01	榆单 9	收获期	6	231.0	95.0	3.2	0.0	16.8	16.7	4.6	15.0	40.2	23.80	288.4	132.3
2013	9	CWAZH01ABC_01	榆单 9	收获期	6	218.0	94.0	2.9	0.0	16.2	16.1	5.0	15.7	39.2	21.80	284.7	141.0
2013	9	CWAZH01ABC_01	榆单 9	收获期	6	236.0	104.0	2.3	0.0	14.5	13.9	5.1	15.2	34.2	31.70	298.5	129.0
2013	9	CWAZH01ABC_01	榆单 9	收获期	6	235.0	109.0	3.0	0.0	15.6	15.5	4.6	14.7	37.0	25.30	271.4	132.0

（续）

年份	月份	样地代码	作物品种	作物生育期	调查株数	株高 (cm)	结穗高度 (cm)	茎粗 (cm)	空秆率 (%)	果穗长度 (cm)	果穗结实长度 (cm)	穗粗 (cm)	穗行数	行粒数	百粒重 (g)	地上部总干重 (g/株)	籽粒干重 (g/株)
2013	9	CWAZQ03AB0_01	榆单9	收获期	6	238.0	102.0	3.5	0.0	17.8	17.8	4.5	15.7	41.5	28.50	340	120.3
2013	9	CWAZQ03AB0_01	榆单9	收获期	6	212.0	102.0	2.3	0.0	17.5	16.8	4.7	14.7	41.7	25.00	299.3	120.3
2013	9	CWAZQ03AB0_01	榆单9	收获期	6	219.0	98.0	2.5	0.0	18.7	18.5	4.9	15.3	44.7	24.40	328.6	129.0
2013	9	CWAZQ03AB0_01	榆单9	收获期	6	241.0	98.0	3.2	0.0	16.2	16.2	5.0	15.0	39.7	27.60	299.3	136.7
2013	9	CWAZQ03AB0_01	榆单9	收获期	6	228.0	101.0	3.0	0.0	15.6	15.5	4.8	16.3	39.0	21.80	307.5	120.7
2013	9	CWAZQ03AB0_01	榆单9	收获期	6	245.0	92.0	3.2	0.0	18.4	17.5	4.2	14.8	42.6	23.20	312.2	109.7
2014	9	CWAFZ03ABC_01	榆单9	收获期	6	272.0	108.0	2.4	0.0	15.3	12.9	5.1	16.2	27.3	33.70	279.9	148.4
2014	9	CWAFZ03ABC_01	榆单9	收获期	6	269.0	104.0	2.4	0.0	15.8	13.2	5.1	17.3	29.2	28.30	280.2	148.9
2014	9	CWAFZ03ABC_01	榆单9	收获期	6	288.0	108.0	2.7	0.0	17.8	15.9	5.0	15.7	34.3	27.60	299.7	147.6
2014	9	CWAFZ03ABC_01	榆单9	收获期	6	289.0	104.0	3.2	0.0	19.7	18.9	5.2	17.3	40.3	28.20	353	187.7
2014	9	CWAFZ03ABC_01	榆单9	收获期	6	292.0	118.0	3.0	0.0	18.6	17.8	4.9	18.3	38.5	25.70	362.6	181.3
2014	9	CWAFZ03ABC_01	榆单9	收获期	6	284.0	92.0	2.8	0.0	19.4	18.5	5.2	16.0	41.7	26.00	328.7	173.3
2014	9	CWAZQ01AB0_01	榆单9	收获期	6	287.0	108.0	3.1	0.0	20.3	20.0	5.3	16.8	41.1	28.40	363.9	185.4
2014	9	CWAZQ01AB0_01	榆单9	收获期	6	270.0	110.0	3.0	0.0	18.7	17.6	5.1	16.3	35.8	25.90	313	154.9
2014	9	CWAZQ01AB0_01	榆单9	收获期	6	271.0	99.0	3.0	0.0	19.3	18.8	4.8	15.7	39.7	28.40	315.2	165.9
2014	9	CWAZQ01AB0_01	榆单9	收获期	6	282.0	110.0	2.9	0.0	20.9	20.3	5.1	16.3	39.0	28.50	330	178.4
2014	9	CWAZQ01AB0_01	榆单9	收获期	6	289.0	100.0	3.1	0.0	20.0	18.8	5.0	16.0	39.7	28.70	342.4	180.2
2014	9	CWAZQ01AB0_01	榆单9	收获期	6	280.0	112.0	2.6	0.0	20.2	19.3	5.1	17.3	37.8	27.40	295.6	168.8
2014	9	CWAZQ02AB0_01	榆单9	收获期	6	304.0	109.0	3.2	0.0	21.8	20.4	5.3	17.0	43.7	26.60	401.2	197.6
2014	9	CWAZQ02AB0_01	榆单9	收获期	6	304.0	109.0	2.8	0.0	21.8	19.8	5.0	16.0	40.0	25.80	330.2	165.1
2014	9	CWAZQ02AB0_01	榆单9	收获期	6	303.0	104.0	3.0	0.0	20.0	19.3	5.2	16.3	42.0	25.10	327.4	172.8
2014	9	CWAZQ02AB0_01	榆单9	收获期	6	306.0	101.0	2.9	0.0	18.3	16.8	4.7	16.0	36.0	24.30	294	140.0

（续）

年份	月份	样地代码	作物品种	作物生育期	调查株数	株高(cm)	结穗高度(cm)	茎粗(cm)	空秆率(%)	果穗长度(cm)	果穗结实长度(cm)	穗粗(cm)	穗行数	行粒数	百粒重(g)	地上部总干重(g/株)	籽粒干重(g/株)
2014	9	CWAZQ02AB0_01	榆单9	收获期	6	274.0	94.0	3.2	0.0	19.5	17.7	4.8	15.7	37.3	26.40	290.6	154.6
2014	9	CWAZQ02AB0_01	榆单9	收获期	6	292.0	102.0	3.3	0.0	19.9	18.5	4.9	16.2	40.3	30.40	363	198.4
2014	9	CWAZQ03AB0_01	先玉335	收获期	6	231.0	69.0	2.6	0.0	16.3	13.1	4.5	16.0	28.5	24.50	227.7	111.7
2014	9	CWAZQ03AB0_01	先玉335	收获期	6	253.0	84.0	2.8	0.0	17.7	14.9	4.6	16.0	33.7	26.70	278.7	142.2
2014	9	CWAZQ03AB0_01	先玉335	收获期	6	238.0	78.0	2.7	0.0	17.9	15.3	4.3	14.8	31.5	28.60	279.2	147.7
2014	9	CWAZQ03AB0_01	先玉335	收获期	6	250.0	79.0	2.7	0.0	15.0	12.6	4.5	16.0	27.3	26.00	237.5	110.3
2014	9	CWAZQ03AB0_01	先玉335	收获期	6	245.0	75.0	3.1	0.0	19.8	18.1	5.0	16.3	39.8	30.60	354.7	188.5
2014	9	CWAZQ03AB0_01	先玉335	收获期	6	256.0	76.0	2.8	0.0	18.3	16.1	4.9	16.3	36.5	29.40	315.7	172.7
2015	9	CWAZQ01AB0_01	先玉335	收获期	6	302.0	114.0	2.2	0.0	22.1	19.8	5.2	16.3	40.0	39.20	467.3	249.8
2015	9	CWAZQ01AB0_01	先玉335	收获期	6	299.7	109.5	2.2	0.0	21.2	18.8	5.0	16.0	36.3	39.10	334.6	205.8
2015	9	CWAZQ01AB0_01	先玉335	收获期	6	294.8	107.7	2.4	0.0	20.3	18.0	5.2	16.7	34.3	38.10	335	215.5
2015	9	CWAZQ01AB0_01	先玉335	收获期	6	296.3	120.5	2.3	0.0	21.1	18.6	5.1	15.7	36.7	36.00	360.8	210.2
2015	9	CWAZQ01AB0_01	先玉335	收获期	6	312.2	113.2	2.5	0.0	22.8	21.7	5.1	16.7	41.7	44.10	521	246.7
2015	9	CWAZQ01AB0_01	先玉335	收获期	6	309.0	116.2	2.2	0.0	21.9	18.4	5.2	16.0	37.0	37.30	356.6	221.9
2015	9	CWAZQ02AB0_01	先玉335	收获期	6	286.8	86.3	2.5	0.0	22.4	20.9	5.4	17.7	40.8	36.90	405.2	251.9
2015	9	CWAZQ02AB0_01	先玉335	收获期	6	291.8	90.9	2.4	0.0	21.0	19.3	5.2	16.5	38.4	34.70	453.7	228.3
2015	9	CWAZQ02AB0_01	先玉335	收获期	6	278.2	86.8	2.4	0.0	21.5	20.1	5.2	16.0	42.0	36.70	419	238.7
2015	9	CWAZQ02AB0_01	先玉335	收获期	6	291.0	82.2	2.6	0.0	20.8	18.6	4.9	16.3	37.4	35.50	346.2	169.2
2015	9	CWAZQ02AB0_01	先玉335	收获期	5	293.8	90.2	2.7	0.0	22.2	20.7	5.2	15.6	41.6	38.40	428.3	245.9
2015	9	CWAZQ03AB0_01	先玉335	收获期	6	285.3	70.1	2.5	0.0	21.4	18.9	5.1	15.8	37.6	38.50	336.5	169.8
2015	9	CWAZQ03AB0_01	先玉335	收获期	6	293.0	97.3	1.8	0.0	21.5	18.7	5.0	15.0	38.7	39.40	378.8	224.6
2015	9	CWAZQ03AB0_01	先玉335	收获期	6	285.3	96.5	1.5	0.0	19.2	16.9	5.2	15.7	36.3	38.20	368	204.8
2015	9	CWAZQ03AB0_01	先玉335	收获期	6	276.0	71.7	2.1	0.0	22.7	21.1	5.2	15.0	42.2	40.30	464.3	247.2
2015	9	CWAZQ03AB0_01	先玉335	收获期	6	284.8	95.6	1.8	0.0	21.4	20.0	5.0	15.7	40.3	39.70	367.2	217.2
2015	9	CWAZQ03AB0_01	先玉335	收获期	6	261.7	77.7	1.8	0.0	22.2	20.2	5.1	16.0	40.7	34.10	312	201.4

3.5 作物收获期测产

3.5.1 概述

作物收获期测产数据基于长武站所有生物监测样地的观测数据，数据时间跨度为2009—2015年。

3.5.2 数据集的采集和处理方法

在样地中随机选取多个样点，并测量样点中的多个植株高度，计算植株高度的平均值，以此值作为群体高度值。穗数的测量是在人工收获所选样方中的所有植株后，通过人工计数的方法获得。密度的测量方法与收获期植株性状测定中的密度测定方法相似。其他观测指标的测定方法参见《陆地生态系统生物观测规范》第7章相关内容。

3.5.3 数据质量控制和评估

将采集的数据输入Excel表格中，制作相关数据的Excel散点图，检验异常值。

产量数据为作物籽粒风干后称重数据。

3.5.4 数据

作物收获期测产数据见表3-9。

表3-9 作物收获期测产数据

年份	月份	样地代码	作物名称	作物品种	样方面积 (m×m)	群体株高 (cm)	密度〔（株或穴）/m²〕	穗数 (穗/m²)	地上部总干重 (g/m²)	产量 (g/m²)
2009	6	CWAFZ04ABC_01	冬小麦	长旱58	1×1	72.0	305.0	610.0	1 338.95	335.36
2009	6	CWAFZ04ABC_01	冬小麦	长旱58	1×1	69.0	351.0	702.0	1 421.55	345.93
2009	6	CWAFZ04ABC_01	冬小麦	长旱58	1×1	71.0	389.0	778.0	1 598.79	328.52
2009	6	CWAFZ04ABC_01	冬小麦	长旱58	1×1	70.0	344.0	688.0	1 376.00	267.23
2009	6	CWAFZ04ABC_01	冬小麦	长旱58	1×1	65.0	302.0	302.0	848.62	187.94
2009	6	CWAFZ04ABC_01	冬小麦	长旱58	1×1	59.5	331.0	662.0	1 221.39	270.51
2009	6	CWAZQ03AB0_01	冬小麦	长旱58	1×1	77.3	217.0	434.0	1 532.24	588.24
2009	6	CWAZQ03AB0_01	冬小麦	长旱58	1×1	72.8	274.0	548.0	2 098.84	567.46
2009	6	CWAZQ03AB0_01	冬小麦	长旱58	1×1	68.0	247.0	494.0	1 444.95	646.82
2009	6	CWAZQ03AB0_01	冬小麦	长旱58	1×1	74.0	182.0	546.0	1 272.18	602.44
2009	6	CWAZQ03AB0_01	冬小麦	长旱58	1×1	71.7	287.0	574.0	1 526.84	495.68
2009	6	CWAZQ01AB0_01	冬小麦	135	1×1	71.0	204.0	408.0	1 238.28	501.48
2009	6	CWAZQ01AB0_01	冬小麦	135	1×1	79.5	221.0	442.0	1 350.31	467.82
2009	6	CWAZQ01AB0_01	冬小麦	135	1×1	70.3	197.0	394.0	1 154.42	534.57
2009	6	CWAZQ01AB0_01	冬小麦	135	1×1	78.0	209.0	418.0	1 243.55	583.11
2009	6	CWAZQ01AB0_01	冬小麦	135	1×1	64.3	187.0	374.0	1 022.89	547.86
2009	6	CWAZQ02AB0_01	冬小麦	长武89 134	1×1	86.0	349.0	798.0	2 010.24	549.35

（续）

年份	月份	样地代码	作物名称	作物品种	样方面积 (m×m)	群体株高 (cm)	密度［(株 或穴) /m²]	穗数 (穗/m²)	地上部总干重 (g/m²)	产量 (g/m²)
2009	6	CWAZQ02AB0_01	冬小麦	长武89 134	1×1	87.0	365.0	730.0	1 829.01	711.58
2009	6	CWAZQ02AB0_01	冬小麦	长武89 134	1×1	84.1	249.0	498.0	1 543.80	630.12
2009	6	CWAZQ02AB0_01	冬小麦	长武89 134	1×1	76.6	250.0	500.0	1 770.00	567.27
2009	6	CWAZQ02AB0_01	冬小麦	长武89 134	1×1	90.0	344.0	688.0	1 720.00	514.96
2009	6	CWAZH01ABC_01	冬小麦	长旱58	1×1	83.0	233.0	466.0	1 533.14	548.39
2009	6	CWAZH01ABC_01	冬小麦	长旱58	1×1	82.5	200.0	400.0	1 092.00	489.94
2009	6	CWAZH01ABC_01	冬小麦	长旱58	1×1	82.0	142.3	284.0	837.80	477.22
2009	6	CWAZH01ABC_01	冬小麦	长旱58	1×1	78.0	198.0	396.0	1 188.00	511.02
2009	6	CWAZH01ABC_01	冬小麦	长旱58	1×1	80.0	207.0	414.0	1 022.58	415.12
2009	6	CWAZH01ABC_01	冬小麦	长旱58	1×1	82.0	238.0	476.0	1 430.38	726.96
2009	6	CWAFZ03ABC_01	冬小麦	长旱58	1×1	78.5	206.0	412.0	1 306.04	509.13
2009	6	CWAFZ03ABC_01	冬小麦	长旱58	1×1	76.0	176.0	352.0	1 251.36	607.98
2009	6	CWAFZ03ABC_01	冬小麦	长旱58	1×1	74.6	220.0	440.0	1 491.60	680.87
2009	6	CWAFZ03ABC_01	冬小麦	长旱58	1×1	67.0	174.0	348.0	1 202.34	488.71
2009	6	CWAFZ03ABC_01	冬小麦	长旱58	1×1	74.3	175.0	350.0	1 011.50	450.53
2009	6	CWAFZ03ABC_01	冬小麦	长旱58	1×1	75.6	205.0	410.0	1 238.20	654.93
2010	6	CWAZQ03AB0_01	冬小麦	长旱58	1×1	67.3	144.0	214.0	764.64	193.10
2010	6	CWAZQ03AB0_01	冬小麦	长旱58	1×1	72.3	109.0	227.0	621.30	169.40
2010	6	CWAZQ03AB0_01	冬小麦	长旱58	1×1	74.8	194.0	274.0	948.66	174.80
2010	6	CWAZQ03AB0_01	冬小麦	长旱58	1×1	67.6	125.0	200.0	566.25	133.10
2010	6	CWAZQ03AB0_01	冬小麦	长旱58	1×1	69.0	79.0	171.0	404.48	140.50
2010	6	CWAZQ03AB0_01	冬小麦	长旱58	1×1	74.5	117.0	263.0	693.81	244.40
2010	6	CWAZQ01AB0_01	冬小麦	长旱58	1×1	88.0	233.0	381.0	1 300.14	317.80
2010	6	CWAZQ01AB0_01	冬小麦	长旱58	1×1	70.2	140.0	275.0	968.80	285.20
2010	6	CWAZQ01AB0_01	冬小麦	长旱58	1×1	70.5	171.0	298.0	947.34	272.00
2010	6	CWAZQ01AB0_01	冬小麦	长旱58	1×1	72.0	247.0	247.0	1 242.41	409.70
2010	6	CWAZQ01AB0_01	冬小麦	长旱58	1×1	76.3	255.0	494.0	1 190.85	397.90
2010	6	CWAZQ01AB0_01	冬小麦	长旱58	1×1	73.4	234.0	422.0	1 413.36	373.00
2010	6	CWAFZ03ABC_01	冬小麦	长旱58	1×1	76.1	161.0	374.0	864.57	389.00
2010	6	CWAFZ03ABC_01	冬小麦	长旱58	1×1	67.9	171.0	374.0	899.46	380.50
2010	6	CWAFZ03ABC_01	冬小麦	长旱58	1×1	73.0	279.0	493.0	1 325.25	471.70
2010	6	CWAFZ03ABC_01	冬小麦	长旱58	1×1	70.9	216.0	481.0	1 149.12	589.10

（续）

年份	月份	样地代码	作物名称	作物品种	样方面积 （m×m）	群体株高 （cm）	密度〔（株 或穴）/m²〕	穗数 （穗/m²）	地上部总干重 （g/m²）	产量 （g/m²）
2010	6	CWAFZ03ABC_01	冬小麦	长旱58	1×1	71.7	283.0	517.0	1 322.18	453.50
2010	6	CWAFZ03ABC_01	冬小麦	长旱58	1×1	74.6	271.0	519.0	1 478.85	524.80
2010	9	CWAFZ04ABC_01	春玉米	沈丹10	1×1	249.3	6.0	6.0	1 318.98	679.13
2010	9	CWAFZ04ABC_01	春玉米	沈丹10	1×1	238.4	5.0	5.0	975.40	575.42
2010	9	CWAFZ04ABC_01	春玉米	沈丹10	1×1	235.6	6.0	6.0	1 958.74	1 082.10
2010	9	CWAFZ04ABC_01	春玉米	沈丹10	1×1	220.7	6.0	6.0	1 251.49	719.26
2010	9	CWAFZ04ABC_01	春玉米	沈丹10	1×1	241.5	5.0	5.0	851.60	487.23
2010	9	CWAFZ04ABC_01	春玉米	沈丹10	1×1	240.4	5.0	5.0	1 205.22	682.18
2010	9	CWAZQ02AB0_01	春玉米	先玉335	1×1	247.6	6.0	6.0	2 335.21	1 214.22
2010	9	CWAZQ02AB0_01	春玉米	先玉335	1×1	256.3	6.0	6.0	2 047.91	1 210.31
2010	9	CWAZQ02AB0_01	春玉米	先玉335	1×1	249.6	6.0	6.0	2 183.49	1 275.83
2010	9	CWAZQ02AB0_01	春玉米	先玉335	1×1	235.9	6.0	6.0	2 024.59	1 163.34
2010	9	CWAZQ02AB0_01	春玉米	先玉335	1×1	246.7	6.0	6.0	1 846.66	1 080.16
2010	9	CWAZQ02AB0_01	春玉米	先玉335	1×1	243.6	5.0	5.0	1 474.94	832.73
2010	9	CWAZH01ABC_01	春玉米	先玉335	1×1	236.6	5.0	5.0	1 779.78	997.61
2010	9	CWAZH01ABC_01	春玉米	先玉335	1×1	245.3	6.0	6.0	1 778.82	999.78
2010	9	CWAZH01ABC_01	春玉米	先玉335	1×1	253.3	6.0	6.0	2 196.63	1 294.54
2010	9	CWAZH01ABC_01	春玉米	先玉335	1×1	248.9	5.0	5.0	1 424.07	868.56
2010	9	CWAZH01ABC_01	春玉米	先玉335	1×1	251.0	5.0	5.0	1 642.30	989.76
2010	9	CWAZH01ABC_01	春玉米	先玉335	1×1	253.1	6.0	6.0	2 034.49	1 220.52
2011	6	CWAZH01ABC_01	冬小麦	长旱58	1×1	67.1	127.0	386.0	629.56	270.00
2011	6	CWAZH01ABC_01	冬小麦	长旱58	1×1	75.2	129.0	389.0	910.53	410.00
2011	6	CWAZH01ABC_01	冬小麦	长旱58	1×1	71.9	131.0	314.0	785.55	355.00
2011	6	CWAZH01ABC_01	冬小麦	长旱58	1×1	72.6	139.0	369.0	829.79	370.00
2011	6	CWAZH01ABC_01	冬小麦	长旱58	1×1	76.5	154.0	353.0	856.40	370.00
2011	6	CWAZH01ABC_01	冬小麦	长旱58	1×1	70.8	93.0	254.0	475.66	220.00
2011	6	CWAFZ04ABC_01	冬小麦	长旱58	1×1	65.1	130.0	408.0	417.27	200.00
2011	6	CWAFZ04ABC_01	冬小麦	长旱58	1×1	61.8	165.0	418.0	409.34	170.00
2011	6	CWAFZ04ABC_01	冬小麦	长旱58	1×1	60.9	204.0	368.0	318.26	200.00
2011	6	CWAFZ04ABC_01	冬小麦	长旱58	1×1	65.5	201.0	405.0	563.12	265.00
2011	6	CWAFZ04ABC_01	冬小麦	长旱58	1×1	65.0	145.0	367.0	525.21	250.00
2011	6	CWAFZ04ABC_01	冬小麦	长旱58	1×1	62.9	219.0	341.0	311.02	150.00

（续）

年份	月份	样地代码	作物名称	作物品种	样方面积 （m×m）	群体株高 （cm）	密度 [（株 或穴）/m²]	穗数 （穗/m²）	地上部总干重 （g/m²）	产量 （g/m²）
2011	6	CWAZQ01AB0_01	冬小麦	长旱58	1×1	77.1	146.0	253.0	677.78	305.00
2011	6	CWAZQ01AB0_01	冬小麦	长旱58	1×1	73.8	257.0	322.0	810.76	360.00
2011	6	CWAZQ01AB0_01	冬小麦	长旱58	1×1	69.5	130.0	277.0	605.26	260.00
2011	6	CWAZQ01AB0_01	冬小麦	长旱58	1×1	73.6	253.0	351.0	774.76	355.00
2011	6	CWAZQ01AB0_01	冬小麦	长旱58	1×1	75.9	272.0	367.0	683.72	310.00
2011	6	CWAZQ01AB0_01	冬小麦	长旱58	1×1	76.0	173.0	232.0	790.88	350.00
2011	9	CWAFZ03ABC_01	春玉米	先玉335	1×1	256.3	6.0	6.0	1 655.64	930.24
2011	9	CWAFZ03ABC_01	春玉米	先玉335	1×1	259.5	6.0	6.0	1 774.62	914.58
2011	9	CWAFZ03ABC_01	春玉米	先玉335	1×1	249.2	6.0	6.0	1 935.42	917.64
2011	9	CWAFZ03ABC_01	春玉米	先玉335	1×1	258.4	7.0	7.0	1 899.87	865.20
2011	9	CWAFZ03ABC_01	春玉米	先玉335	1×1	265.0	6.0	6.0	1 833.36	1 013.76
2011	9	CWAFZ03ABC_01	春玉米	先玉335	1×1	256.8	6.0	6.0	1 620.06	933.90
2011	9	CWAFZ03ABC_01	春玉米	先玉335	1×1	257.4	6.0	6.0	1 952.60	923.58
2011	9	CWAFZ03ABC_01	春玉米	先玉335	1×1	260.6	6.0	6.0	1 834.80	935.75
2011	9	CWAFZ03ABC_01	春玉米	先玉335	1×1	255.8	6.0	6.0	1 858.77	910.80
2011	9	CWAFZ03ABC_01	春玉米	先玉335	1×1	258.4	6.0	6.0	1 715.01	908.96
2011	9	CWAZQ02AB0_01	春玉米	先玉335	1×1	254.2	6.0	6.0	1 664.58	1 008.18
2011	9	CWAZQ02AB0_01	春玉米	先玉335	1×1	264.2	6.0	6.0	2 742.30	1 127.10
2011	9	CWAZQ02AB0_01	春玉米	先玉335	1×1	268.3	6.0	6.0	2 025.18	1 021.44
2011	9	CWAZQ02AB0_01	春玉米	先玉335	1×1	256.2	6.0	6.0	2 021.34	1 102.80
2011	9	CWAZQ02AB0_01	春玉米	先玉335	1×1	248.7	6.0	6.0	2 039.64	887.34
2011	9	CWAZQ02AB0_01	春玉米	先玉335	1×1	262.2	6.0	6.0	2 124.60	1 071.48
2011	9	CWAZQ02AB0_01	春玉米	先玉335	1×1	259.4	6.0	6.0	2 296.06	1 033.23
2011	9	CWAZQ02AB0_01	春玉米	先玉335	1×1	265.8	6.0	6.0	1 890.36	869.57
2011	9	CWAZQ02AB0_01	春玉米	先玉335	1×1	253.6	6.0	6.0	2 359.29	1 108.87
2011	9	CWAZQ02AB0_01	春玉米	先玉335	1×1	260.1	6.0	6.0	2 101.92	1 008.92
2011	9	CWAZQ03AB0_01	春玉米	先玉335	1×1	271.8	6.0	6.0	1 563.00	902.04
2011	9	CWAZQ03AB0_01	春玉米	先玉335	1×1	267.6	8.0	8.0	1 753.60	1 006.00
2011	9	CWAZQ03AB0_01	春玉米	先玉335	1×1	270.0	6.0	6.0	1 688.70	1 025.10
2011	9	CWAZQ03AB0_01	春玉米	先玉335	1×1	236.5	6.0	6.0	1 328.88	727.92
2011	9	CWAZQ03AB0_01	春玉米	先玉335	1×1	256.2	5.0	5.0	1 245.80	636.35
2011	9	CWAZQ03AB0_01	春玉米	先玉335	1×1	248.0	6.0	6.0	1 536.12	744.36

（续）

年份	月份	样地代码	作物名称	作物品种	样方面积 （m×m）	群体株高 （cm）	密度［（株 或穴）/m²］	穗数 （穗/m²）	地上部总干重 （g/m²）	产量 （g/m²）
2011	9	CWAZQ03AB0＿01	春玉米	先玉335	1×1	240.6	6.0	6.0	1 612.70	806.35
2011	9	CWAZQ03AB0＿01	春玉米	先玉335	1×1	236.0	6.0	6.0	1 594.40	765.31
2011	9	CWAZQ03AB0＿01	春玉米	先玉335	1×1	251.5	6.0	6.0	1 535.92	798.68
2011	9	CWAZQ03AB0＿01	春玉米	先玉335	1×1	262.2	6.0	6.0	1 673.30	920.32
2012	6	CWAFZ04ABC＿01	冬小麦	长旱58	1×1	78.0	150.0	340.0	867.00	396.00
2012	6	CWAFZ04ABC＿01	冬小麦	长旱58	1×1	78.6	184.0	348.0	662.40	287.04
2012	6	CWAFZ04ABC＿01	冬小麦	长旱58	1×1	77.0	162.0	248.0	581.58	275.40
2012	6	CWAFZ04ABC＿01	冬小麦	长旱58	1×1	77.6	180.0	343.0	725.40	325.80
2012	6	CWAFZ04ABC＿01	冬小麦	长旱58	1×1	72.4	202.0	395.0	781.74	357.54
2012	6	CWAFZ04ABC＿01	冬小麦	长旱58	1×1	77.6	190.0	394.0	836.00	381.90
2012	6	CWAFZ03ABC＿01	冬小麦	长旱58	1×1	84.4	234.0	498.0	1 081.08	491.40
2012	6	CWAFZ03ABC＿01	冬小麦	长旱58	1×1	78.6	180.0	367.0	1 089.00	511.20
2012	6	CWAFZ03ABC＿01	冬小麦	长旱58	1×1	80.3	200.0	449.0	1 180.00	614.00
2012	6	CWAFZ03ABC＿01	冬小麦	长旱58	1×1	80.0	196.0	440.0	1 054.48	529.20
2012	6	CWAFZ03ABC＿01	冬小麦	长旱58	1×1	83.8	217.0	451.0	1 482.11	655.34
2012	6	CWAFZ03ABC＿01	冬小麦	长旱58	1×1	73.0	220.0	465.0	1 084.60	567.60
2012	6	CWAZQ01AB0＿01	冬小麦	长旱58	1×1	77.2	136.0	359.0	848.64	424.32
2012	6	CWAZQ01AB0＿01	冬小麦	长旱58	1×1	79.7	120.0	267.0	841.20	422.40
2012	6	CWAZQ01AB0＿01	冬小麦	长旱58	1×1	78.8	144.0	243.0	1 147.68	568.80
2012	6	CWAZQ01AB0＿01	冬小麦	长旱58	1×1	76.4	155.0	330.0	953.25	415.40
2012	6	CWAZQ01AB0＿01	冬小麦	长旱58	1×1	83.2	143.0	360.0	1 015.30	457.60
2012	6	CWAZQ01AB0＿01	冬小麦	长旱58	1×1	80.3	138.0	325.0	920.46	484.38
2012	6	CWAZH01ABC＿01	冬小麦	长旱58	1×1	80.6	204.0	485.0	1 146.48	554.88
2012	6	CWAZH01ABC＿01	冬小麦	长旱58	1×1	80.5	196.0	480.0	1 064.28	521.36
2012	6	CWAZH01ABC＿01	冬小麦	长旱58	1×1	78.4	189.0	430.0	1 118.88	546.21
2012	6	CWAZH01ABC＿01	冬小麦	长旱58	1×1	83.4	225.0	565.0	1 311.75	623.25
2012	6	CWAZH01ABC＿01	冬小麦	长旱58	1×1	80.0	207.0	500.0	941.85	484.38
2012	6	CWAZH01ABC＿01	冬小麦	长旱58	1×1	81.0	228.0	532.0	1 217.52	581.40
2012	9	CWAZQ03AB0＿01	春玉米	榆单9	1×1	296.0	6.0	6.0	1 954.14	1 123.74
2012	9	CWAZQ03AB0＿01	春玉米	榆单9	1×1	294.2	6.0	6.0	2 220.00	1 050.72
2012	9	CWAZQ03AB0＿01	春玉米	榆单9	1×1	289.3	6.0	6.0	2 156.46	1 162.38
2012	9	CWAZQ03AB0＿01	春玉米	榆单9	1×1	292.3	6.0	6.0	2 264.88	1 173.30

（续）

年份	月份	样地代码	作物名称	作物品种	样方面积 (m×m)	群体株高 (cm)	密度［（株 或穴）/m²］	穗数 (穗/m²)	地上部总干重 (g/m²)	产量 (g/m²)
2012	9	CWAZQ03AB0_01	春玉米	榆单 9	1×1	297.3	6.0	6.0	2 186.64	1 167.36
2012	9	CWAZQ03AB0_01	春玉米	榆单 9	1×1	295.0	6.0	6.0	2 354.76	1 236.96
2012	9	CWAZQ02AB0_01	春玉米	先玉 335	1×1	283.3	6.0	6.0	1 930.80	1 089.00
2012	9	CWAZQ02AB0_01	春玉米	先玉 335	1×1	291.0	7.0	7.0	2 234.40	1 193.50
2012	9	CWAZQ02AB0_01	春玉米	先玉 335	1×1	293.6	6.0	6.0	1 893.00	1 066.80
2012	9	CWAZQ02AB0_01	春玉米	先玉 335	1×1	277.1	6.0	6.0	1 881.60	1 128.00
2012	9	CWAZQ02AB0_01	春玉米	先玉 335	1×1	277.4	7.0	7.0	2 226.70	1 247.40
2012	9	CWAZQ02AB0_01	春玉米	先玉 335	1×1	284.4	7.0	7.0	2 034.90	1 121.40
2013	6	CWAFZ04ABC_01	冬小麦	长旱 58	1×1	59.9	96.0	107.0	230.40	62.92
2013	6	CWAFZ04ABC_01	冬小麦	长旱 58	1×1	56.9	64.0	87.0	345.60	53.63
2013	6	CWAFZ04ABC_01	冬小麦	长旱 58	1×1	54.4	77.0	98.0	192.50	41.21
2013	6	CWAFZ04ABC_01	冬小麦	长旱 58	1×1	55.2	64.0	75.0	249.60	44.34
2013	6	CWAFZ04ABC_01	冬小麦	长旱 58	1×1	55.6	108.0	111.0	345.60	52.37
2013	6	CWAFZ04ABC_01	冬小麦	长旱 58	1×1	56.8	126.0	147.0	352.80	57.65
2013	6	CWAFZ03ABC_01	冬小麦	长旱 58	1×1	63.0	175.0	266.0	892.50	291.19
2013	6	CWAFZ03ABC_01	冬小麦	长旱 58	1×1	64.2	158.0	248.0	932.20	350.24
2013	6	CWAFZ03ABC_01	冬小麦	长旱 58	1×1	62.2	177.0	299.0	796.50	275.80
2013	6	CWAFZ03ABC_01	冬小麦	长旱 58	1×1	66.1	129.0	305.0	670.80	307.15
2013	6	CWAFZ03ABC_01	冬小麦	长旱 58	1×1	61.0	172.0	307.0	825.60	300.38
2013	6	CWAFZ03ABC_01	冬小麦	长旱 58	1×1	61.3	118.0	293.0	649.00	293.62
2013	9	CWAZQ01AB0_01	春玉米	榆单 9	1×1	250.5	6.0	10.0	2 427.60	978.00
2013	9	CWAZQ01AB0_01	春玉米	榆单 9	1×1	263.4	5.0	8.0	1 907.00	715.00
2013	9	CWAZQ01AB0_01	春玉米	榆单 9	1×1	268.0	6.0	11.0	2 271.00	994.20
2013	9	CWAZQ01AB0_01	春玉米	榆单 9	1×1	272.8	6.0	9.0	2 008.80	984.00
2013	9	CWAZQ01AB0_01	春玉米	榆单 9	1×1	265.0	5.0	5.0	1 158.00	710.00
2013	9	CWAZQ01AB0_01	春玉米	榆单 9	1×1	274.8	6.0	8.0	1 714.20	922.20
2013	9	CWAZQ01AB0_01	春玉米	榆单 9	1×1	270.0	6.0	8.0	1 992.00	996.00
2013	9	CWAZQ01AB0_01	春玉米	榆单 9	1×1	258.0	6.0	9.0	2 367.00	1 018.00
2013	9	CWAZQ01AB0_01	春玉米	榆单 9	1×1	269.0	6.0	6.0	1 757.69	914.00
2013	9	CWAZQ01AB0_01	春玉米	榆单 9	1×1	262.0	5.0	9.0	2 707.50	1 083.00
2013	9	CWAZQ02AB0_01	春玉米	榆单 9	1×1	225.3	6.0	6.0	1 693.20	979.80
2013	9	CWAZQ02AB0_01	春玉米	榆单 9	1×1	223.8	6.0	6.0	1 783.20	804.00

（续）

年份	月份	样地代码	作物名称	作物品种	样方面积 （m×m）	群体株高 （cm）	密度〔（株 或穴）/m²〕	穗数 （穗/m²）	地上部总干重 （g/m²）	产量 （g/m²）
2013	9	CWAZQ02AB0_01	春玉米	榆单9	1×1	219.8	6.0	6.0	1 940.00	742.20
2013	9	CWAZQ02AB0_01	春玉米	榆单9	1×1	234.2	6.0	6.0	1 833.60	871.80
2013	9	CWAZQ02AB0_01	春玉米	榆单9	1×1	232.5	6.0	6.0	1 854.60	991.80
2013	9	CWAZQ02AB0_01	春玉米	榆单9	1×1	220.8	6.0	7.0	1 807.80	799.80
2013	9	CWAZQ02AB0_01	春玉米	榆单9	1×1	224.0	6.0	6.0	1 950.98	995.00
2013	9	CWAZQ02AB0_01	春玉米	榆单9	1×1	219.0	6.0	6.0	1 956.36	1 076.00
2013	9	CWAZQ02AB0_01	春玉米	榆单9	1×1	230.0	6.0	6.0	1 653.44	959.00
2013	9	CWAZQ02AB0_01	春玉米	榆单9	1×1	228.0	6.0	6.0	1 984.31	1 012.00
2013	9	CWAZH01ABC_01	春玉米	榆单9	1×1	233.7	6.0	7.0	1 983.00	876.00
2013	9	CWAZH01ABC_01	春玉米	榆单9	1×1	226.0	6.0	7.0	1 818.60	870.00
2013	9	CWAZH01ABC_01	春玉米	榆单9	1×1	230.8	6.0	6.0	1 730.00	793.80
2013	9	CWAZH01ABC_01	春玉米	榆单9	1×1	218.3	6.0	6.0	1 708.20	846.00
2013	9	CWAZH01ABC_01	春玉米	榆单9	1×1	236.0	6.0	9.0	1 791.00	774.00
2013	9	CWAZH01ABC_01	春玉米	榆单9	1×1	234.5	6.0	7.0	1 682.00	792.00
2013	9	CWAZH01ABC_01	春玉米	榆单9	1×1	221.0	6.0	6.0	1 842.22	829.00
2013	9	CWAZH01ABC_01	春玉米	榆单9	1×1	216.0	6.0	7.0	2 527.27	1 390.00
2013	9	CWAZH01ABC_01	春玉米	榆单9	1×1	225.0	6.0	6.0	2 011.00	905.00
2013	9	CWAZH01ABC_01	春玉米	榆单9	1×1	230.0	6.0	6.0	1 629.16	782.00
2013	9	CWAZQ03AB0_01	春玉米	榆单9	1×1	238.0	6.0	6.0	2 040.00	721.80
2013	9	CWAZQ03AB0_01	春玉米	榆单9	1×1	212.2	6.0	6.0	1 795.80	721.80
2013	9	CWAZQ03AB0_01	春玉米	榆单9	1×1	219.2	6.0	6.0	1 971.60	774.00
2013	9	CWAZQ03AB0_01	春玉米	榆单9	1×1	240.8	6.0	6.0	1 795.80	820.20
2013	9	CWAZQ03AB0_01	春玉米	榆单9	1×1	228.0	6.0	6.0	1 845.00	724.20
2013	9	CWAZQ03AB0_01	春玉米	榆单9	1×1	244.6	5.0	5.0	1 561.00	548.50
2013	9	CWAZQ03AB0_01	春玉米	榆单9	1×1	222.0	6.0	6.0	2 066.00	930.00
2013	9	CWAZQ03AB0_01	春玉米	榆单9	1×1	231.0	6.0	6.0	2 100.00	945.00
2013	9	CWAZQ03AB0_01	春玉米	榆单9	1×1	226.0	6.0	6.0	1 950.00	936.00
2013	9	CWAZQ03AB0_01	春玉米	榆单9	1×1	218.0	6.0	6.0	2 019.00	929.00
2014	6	CWAFZ04ABC_01	冬小麦	长旱58	1×1	87.1	164.0	308.0	1 267.72	307.25
2014	6	CWAFZ04ABC_01	冬小麦	长旱58	1×1	88.1	234.0	479.0	1 574.82	501.38
2014	6	CWAFZ04ABC_01	冬小麦	长旱58	1×1	83.4	246.0	482.0	1 409.58	436.00
2014	6	CWAFZ04ABC_01	冬小麦	长旱58	1×1	86.0	242.0	454.0	1 589.94	409.56

（续）

年份	月份	样地代码	作物名称	作物品种	样方面积 (m×m)	群体株高 (cm)	密度[（株或穴）/m²]	穗数 (穗/m²)	地上部总干重 (g/m²)	产量 (g/m²)
2014	6	CWAFZ04ABC_01	冬小麦	长旱 58	1×1	81.5	195.0	358.0	1 314.30	392.12
2014	6	CWAFZ04ABC_01	冬小麦	长旱 58	1×1	82.6	197.0	327.0	927.32	312.16
2014	6	CWAZH01ABC_01	冬小麦	长旱 58	1×1	93.5	198.0	560.0	1 205.82	621.01
2014	6	CWAZH01ABC_01	冬小麦	长旱 58	1×1	88.6	212.0	677.0	1 433.12	802.21
2014	6	CWAZH01ABC_01	冬小麦	长旱 58	1×1	88.4	195.0	504.0	1 394.25	553.33
2014	6	CWAZH01ABC_01	冬小麦	长旱 58	1×1	89.4	221.0	528.0	1 564.68	538.63
2014	6	CWAZH01ABC_01	冬小麦	长旱 58	1×1	87.4	215.0	540.0	1 679.15	608.40
2014	6	CWAZH01ABC_01	冬小麦	长旱 58	1×1	88.6	211.0	535.0	1 422.14	520.17
2014	9	CWAFZ03ABC_01	春玉米	榆单 9	1×1	272.2	6.0	6.0	1 679.22	890.39
2014	9	CWAFZ03ABC_01	春玉米	榆单 9	1×1	268.8	6.0	6.0	1 681.44	893.22
2014	9	CWAFZ03ABC_01	春玉米	榆单 9	1×1	288.3	6.0	6.0	1 798.02	885.78
2014	9	CWAFZ03ABC_01	春玉米	榆单 9	1×1	289.3	6.0	6.0	2 117.70	1 126.44
2014	9	CWAFZ03ABC_01	春玉米	榆单 9	1×1	292.2	6.0	6.0	2 175.60	1 087.68
2014	9	CWAFZ03ABC_01	春玉米	榆单 9	1×1	284.2	6.0	6.0	1 972.20	1 039.62
2014	9	CWAFZ03ABC_01	春玉米	榆单 9	1×1	261.6	6.0	6.0	1 700.31	939.40
2014	9	CWAFZ03ABC_01	春玉米	榆单 9	1×1	275.7	6.0	6.0	1 643.25	918.02
2014	9	CWAFZ03ABC_01	春玉米	榆单 9	1×1	281.4	6.0	6.0	1 698.63	970.64
2014	9	CWAFZ03ABC_01	春玉米	榆单 9	1×1	278.9	6.0	6.0	1 801.75	968.66
2014	9	CWAZQ01AB0_01	春玉米	榆单 9	1×1	287.3	6.0	6.0	2 183.34	1 112.22
2014	9	CWAZQ01AB0_01	春玉米	榆单 9	1×1	269.5	6.0	6.0	1 877.82	929.52
2014	9	CWAZQ01AB0_01	春玉米	榆单 9	1×1	270.7	6.0	7.0	1 891.26	995.28
2014	9	CWAZQ01AB0_01	春玉米	榆单 9	1×1	282.2	6.0	7.0	1 980.24	1 070.52
2014	9	CWAZQ01AB0_01	春玉米	榆单 9	1×1	288.7	6.0	9.0	2 054.28	1 081.20
2014	9	CWAZQ01AB0_01	春玉米	榆单 9	1×1	280.2	6.0	8.0	1 773.42	1 013.10
2014	9	CWAZQ01AB0_01	春玉米	榆单 9	1×1	265.1	6.0	7.0	1 892.76	1 023.11
2014	9	CWAZQ01AB0_01	春玉米	榆单 9	1×1	279.9	6.0	7.0	1 977.40	1 051.80
2014	9	CWAZQ01AB0_01	春玉米	榆单 9	1×1	281.3	6.0	6.0	1 963.90	1 007.12
2014	9	CWAZQ01AB0_01	春玉米	榆单 9	1×1	275.8	6.0	7.0	1 900.01	984.46
2014	9	CWAZQ02AB0_01	春玉米	榆单 9	1×1	297.7	6.0	7.0	1 905.27	1 097.92
2014	9	CWAZQ02AB0_01	春玉米	榆单 9	1×1	289.9	6.0	6.0	1 981.16	992.50
2014	9	CWAZQ02AB0_01	春玉米	榆单 9	1×1	300.5	6.0	8.0	1 963.34	1 002.80
2014	9	CWAZQ02AB0_01	春玉米	榆单 9	1×1	291.1	6.0	6.0	1 764.17	839.82

（续）

年份	月份	样地代码	作物名称	作物品种	样方面积（m×m）	群体株高（cm）	密度［（株或穴）/m²］	穗数（穗/m²）	地上部总干重（g/m²）	产量（g/m²）
2014	9	CWAZQ02AB0_01	春玉米	榆单9	1×1	304.5	6.0	7.0	1 743.84	927.66
2014	9	CWAZQ02AB0_01	春玉米	榆单9	1×1	304.3	6.0	7.0	1 981.20	990.72
2014	9	CWAZQ02AB0_01	春玉米	榆单9	1×1	303.2	6.0	6.0	1 964.34	1 036.98
2014	9	CWAZQ02AB0_01	春玉米	榆单9	1×1	306.3	6.0	9.0	1 764.00	839.82
2014	9	CWAZQ02AB0_01	春玉米	榆单9	1×1	274.2	6.0	7.0	1 743.84	927.60
2014	9	CWAZQ02AB0_01	春玉米	榆单9	1×1	291.8	6.0	7.0	2 177.94	1 190.40
2014	9	CWAZQ03AB0_01	春玉米	先玉335	1×1	230.8	6.0	6.0	1 366.26	670.32
2014	9	CWAZQ03AB0_01	春玉米	先玉335	1×1	253.0	6.0	6.0	1 672.26	853.38
2014	9	CWAZQ03AB0_01	春玉米	先玉335	1×1	238.5	6.0	6.0	1 674.90	886.14
2014	9	CWAZQ03AB0_01	春玉米	先玉335	1×1	250.0	6.0	6.0	1 425.00	661.68
2014	9	CWAZQ03AB0_01	春玉米	先玉335	1×1	245.3	6.0	6.0	2 128.02	1 131.30
2014	9	CWAZQ03AB0_01	春玉米	先玉335	1×1	255.5	6.0	6.0	1 894.02	1 036.44
2014	9	CWAZQ03AB0_01	春玉米	先玉335	1×1	235.6	6.0	6.0	1 589.59	854.61
2014	9	CWAZQ03AB0_01	春玉米	先玉335	1×1	248.2	6.0	6.0	1 652.39	869.67
2014	9	CWAZQ03AB0_01	春玉米	先玉335	1×1	252.4	6.0	6.0	1 723.23	968.11
2014	9	CWAZQ03AB0_01	春玉米	先玉335	1×1	249.7	6.0	6.0	1 386.97	749.71
2015	6	CWAFZ04ABC_01	冬小麦	长旱58	1×1	73.4	133.0	187.0	470.82	179.55
2015	6	CWAFZ04ABC_01	冬小麦	长旱58	1×1	79.3	174.0	241.0	633.36	278.40
2015	6	CWAFZ04ABC_01	冬小麦	长旱58	1×1	72.9	126.0	180.0	452.34	182.70
2015	6	CWAFZ04ABC_01	冬小麦	长旱58	1×1	81.3	130.0	229.0	634.40	284.70
2015	6	CWAFZ04ABC_01	冬小麦	长旱58	1×1	74.6	146.0	248.0	616.12	267.18
2015	6	CWAFZ04ABC_01	冬小麦	长旱58	1×1	73.2	142.0	283.0	569.42	257.02
2015	7	CWAZH01ABC_01	冬小麦	长旱58	1×1	70.7	190.0	509.0	877.80	260.30
2015	7	CWAZH01ABC_01	冬小麦	长旱58	1×1	68.2	156.0	338.0	825.24	257.40
2015	7	CWAZH01ABC_01	冬小麦	长旱58	1×1	71.8	160.0	374.0	760.00	292.80
2015	7	CWAZH01ABC_01	冬小麦	长旱58	1×1	64.6	158.0	395.0	728.38	251.22
2015	7	CWAZH01ABC_01	冬小麦	长旱58	1×1	71.8	182.0	388.0	966.42	378.56
2015	7	CWAZH01ABC_01	冬小麦	长旱58	1×1	65.2	169.0	340.0	642.20	169.00
2015	7	CWAFZ03ABC_01	冬小麦	长旱58	1×1	77.2	133.0	308.0	798.00	244.72
2015	7	CWAFZ03ABC_02	冬小麦	长旱58	1×1	77.5	168.0	420.0	1 043.28	383.04
2015	7	CWAFZ03ABC_03	冬小麦	长旱58	1×1	75.9	130.0	341.0	696.80	133.90
2015	7	CWAFZ03ABC_04	冬小麦	长旱58	1×1	80.2	170.0	380.0	1 110.10	333.20

（续）

年份	月份	样地代码	作物名称	作物品种	样方面积 (m×m)	群体株高 (cm)	密度 [（株 或穴）/m²]	穗数 (穗/m²)	地上部总干重 (g/m²)	产量 (g/m²)
2015	7	CWAFZ03ABC＿05	冬小麦	长旱58	1×1	79.9	125.0	315.0	678.75	243.75
2015	7	CWAFZ03ABC＿06	冬小麦	长旱58	1×1	74.6	131.0	343.0	763.73	262.00
2015	9	CWAZQ01AB0＿01	春玉米	先玉335	1×1	302.0	6.0	6.0	3 088.61	1 498.80
2015	9	CWAZQ01AB0＿01	春玉米	先玉335	1×1	299.7	6.0	6.0	2 210.98	1 234.56
2015	9	CWAZQ01AB0＿01	春玉米	先玉335	1×1	294.8	6.0	7.0	2 174.58	1 508.50
2015	9	CWAZQ01AB0＿01	春玉米	先玉335	1×1	296.3	6.0	6.0	2 405.74	1 261.44
2015	9	CWAZQ01AB0＿01	春玉米	先玉335	1×1	312.2	6.0	6.0	3 390.40	1 480.20
2015	9	CWAZQ01AB0＿01	春玉米	先玉335	1×1	309.0	6.0	6.0	2 393.34	1 331.64
2015	9	CWAZQ01AB0＿01	春玉米	先玉335	1×1	300.0	6.0	6.0	2 900.00	1 450.00
2015	9	CWAZQ01AB0＿01	春玉米	先玉335	1×1	291.0	6.0	6.0	1 950.62	1 000.00
2015	9	CWAZQ01AB0＿01	春玉米	先玉335	1×1	298.0	6.0	6.0	2 640.82	1 200.00
2015	9	CWAZQ01AB0＿01	春玉米	先玉335	1×1	296.6	6.0	6.0	2 327.10	1 300.00
2015	9	CWAZQ02AB0＿01	春玉米	先玉335	1×1	286.8	6.0	6.0	2 431.02	1 511.34
2015	9	CWAZQ02AB0＿01	春玉米	先玉335	1×1	291.8	6.0	7.0	3 027.97	1 598.17
2015	9	CWAZQ02AB0＿01	春玉米	先玉335	1×1	278.2	6.0	6.0	2 541.36	1 432.32
2015	9	CWAZQ02AB0＿01	春玉米	先玉335	1×1	291.0	6.0	8.0	2 888.16	1 353.20
2015	9	CWAZQ02AB0＿01	春玉米	先玉335	1×1	293.8	5.0	5.0	2 260.45	1 229.65
2015	9	CWAZQ02AB0＿01	春玉米	先玉335	1×1	285.3	6.0	8.0	2 836.92	1 358.24
2015	9	CWAZQ02AB0＿01	春玉米	先玉335	1×1	282.7	6.0	6.0	2 362.50	1 250.00
2015	9	CWAZQ02AB0＿01	春玉米	先玉335	1×1	292.6	6.0	6.0	2 556.43	1 200.00
2015	9	CWAZQ02AB0＿01	春玉米	先玉335	1×1	290.3	6.0	6.0	1 840.00	1 000.00
2015	9	CWAZQ02AB0＿01	春玉米	先玉335	1×1	289.31	6.0	6.0	3 344.02	1 600.00
2015	9	CWAZQ03AB0＿01	春玉米	先玉335	1×1	293.0	6.0	6.0	2 403.78	1 347.63
2015	9	CWAZQ03AB0＿01	春玉米	先玉335	1×1	285.3	6.0	6.0	2 326.92	1 228.56
2015	9	CWAZQ03AB0＿01	春玉米	先玉335	1×1	276.0	6.0	7.0	3 162.37	1 730.26
2015	9	CWAZQ03AB0＿01	春玉米	先玉335	1×1	284.8	6.0	6.0	2 421.67	1 302.90
2015	9	CWAZQ03AB0＿01	春玉米	先玉335	1×1	261.7	6.0	6.0	2 091.56	1 208.70
2015	9	CWAZQ03AB0＿01	春玉米	先玉335	1×1	280.3	7.0	7.0	2 625.07	1 336.93
2015	9	CWAZQ03AB0＿01	春玉米	先玉335	1×1	260.6	6.0	6.0	1 682.10	890.00
2015	9	CWAZQ03AB0＿01	春玉米	先玉335	1×1	271.3	6.0	6.0	1 674.00	900.00
2015	9	CWAZQ03AB0＿01	春玉米	先玉335	1×1	259.9	6.0	6.0	1 958.85	1 100.00
2015	9	CWAZQ03AB0＿01	春玉米	先玉335	1×1	281.2	6.0	6.0	2 076.63	1 200.00

3.6　元素含量与能值

3.6.1　概述

元素含量与能值数据基于长武站所有生物样地中的作物籽粒、茎秆和根的化学测试结果，数据范围为 2009—2015 年。

3.6.2　数据集的采集和处理方法

在作物收获期，分别采集作物的籽粒、茎秆和根样，将采集到的植物样品进行干燥处理后进行粉碎，并按不同的作物器官来源装入不同的样品袋，然后进行化学元素分析，各元素具体分析方法如表 3－10 所示。

表 3－10　元素含量与能值分析方法说明

分析项目名称	分析方法名称
全碳	元素分析仪
全氮	元素分析仪
全磷	酸溶-钼锑抗比色法
全钾	硝酸-高氯酸-氢氟酸消煮-ICP-AES 法
全硫	元素分析仪
全钙	硝酸-高氯酸-氢氟酸消煮-ICP-AES 法
全镁	硝酸-高氯酸-氢氟酸消煮-ICP-AES 法
全铁	硝酸-高氯酸-氢氟酸消煮-ICP-AES 法
全锰	硝酸-高氯酸-氢氟酸消煮-ICP-AES 法
全铜	原子吸收分光光度法
全锌	硝酸-高氯酸-氢氟酸消煮-ICP-AES 法
全钼	硝酸-高氯酸-氢氟酸消煮-ICP-AES 法
全硼	硝酸-高氯酸-氢氟酸消煮-ICP-AES 法
全硅	灼烧-质量法
干重热值	热值仪法
灰分	干灰化法

3.6.3　数据质量控制和评估

在样品前处理阶段，为了防止土壤颗粒混入粉碎后的根样中导致测量数据产生误差，在采集根样后，用水冲洗作物根样，清洗干净根样后，晾干，然后再对根样品进行粉碎处理。

化学分析作物元素之前，对试管和量杯等量器先用自来水冲洗，然后用蒸馏水清洗多遍，晾干水分后备用。化学分析过程中，对每个指标测量 3 次。化学分析结束后，以 3 次重复的平均值作为测量值，并立即进行数据记录，记录时对每个样地的数据按照籽粒、茎秆、根的顺序进行记录（为了防止误记、漏记和错记数据现象发生）。

获取数据后，对每个指标的测量值用 Excel 做散点图，观察散点中的数据分布，检查异常值。

3.6.4　数据

2009—2015 年元素含量与能值（全碳、全氮、全磷、全钾）数据见表 3-11，2010 年作物元素含量与能值（全钙、全镁、全铁、全锰、全铜、全锌、灰分）数据见表 3-12，2015 年作物元素含量与能值（全硫、全钙、全镁、全铁、全锰、全铜）数据见表 3-13，2015 年农田作物元素含量与能值（全锌、全钼、全硼、全硅、干重热值、灰分）数据见表 3-14。

表 3-11　2009—2015 年元素含量与能值（全碳、全氮、全磷、全钾）

年份	月份	样地代码	作物名称	作物品种	作物生育期	采样部位	全碳(g/kg)	全氮(g/kg)	全磷(g/kg)	全钾(g/kg)
2009	6	CWAFZ04ABC_01	冬小麦	长旱 58	收获期	籽粒	539.99	22.97	1.48	3.02
2009	6	CWAFZ04ABC_01	冬小麦	长旱 58	收获期	籽粒	509.86	25.63	1.88	3.20
2009	6	CWAFZ04ABC_01	冬小麦	长旱 58	收获期	籽粒	565.69	24.32	2.05	3.03
2009	6	CWAFZ04ABC_01	冬小麦	长旱 58	收获期	籽粒	555.27	21.07	1.67	2.90
2009	6	CWAFZ04ABC_01	冬小麦	长旱 58	收获期	籽粒	516.56	23.31	1.07	3.00
2009	6	CWAFZ04ABC_01	冬小麦	长旱 58	收获期	籽粒	485.02	21.87	1.64	2.92
2009	6	CWAFZ04ABC_01	冬小麦	长旱 58	收获期	茎秆	504.79	5.09	0.64	8.24
2009	6	CWAFZ04ABC_01	冬小麦	长旱 58	收获期	茎秆	594.40	5.36	0.71	8.07
2009	6	CWAFZ04ABC_01	冬小麦	长旱 58	收获期	茎秆	452.57	4.02	0.53	8.61
2009	6	CWAFZ04ABC_01	冬小麦	长旱 58	收获期	茎秆	498.09	4.96	0.67	8.37
2009	6	CWAFZ04ABC_01	冬小麦	长旱 58	收获期	茎秆	474.60	4.45	0.84	8.96
2009	6	CWAFZ04ABC_01	冬小麦	长旱 58	收获期	茎秆	448.70	5.31	0.70	8.52
2009	6	CWAFZ04ABC_01	冬小麦	长旱 58	收获期	根	323.10	9.03	1.24	8.33
2009	6	CWAFZ04ABC_01	冬小麦	长旱 58	收获期	根	249.10	7.73	1.11	8.38
2009	6	CWAFZ04ABC_01	冬小麦	长旱 58	收获期	根	264.00	7.19	1.23	8.79
2009	6	CWAFZ04ABC_01	冬小麦	长旱 58	收获期	根	362.90	7.92	1.14	8.25
2009	6	CWAFZ04ABC_01	冬小麦	长旱 58	收获期	根	313.00	10.30	1.14	8.27
2009	6	CWAFZ04ABC_01	冬小麦	长旱 58	收获期	根	318.30	9.01	0.93	8.22
2009	6	CWAZQ03AB0_01	冬小麦	长旱 58	收获期	籽粒	518.50	20.17	1.68	3.35
2009	6	CWAZQ03AB0_01	冬小麦	长旱 58	收获期	籽粒	498.10	15.33	1.77	3.27
2009	6	CWAZQ03AB0_01	冬小麦	长旱 58	收获期	籽粒	462.00	17.26	1.72	3.47
2009	6	CWAZQ03AB0_01	冬小麦	长旱 58	收获期	籽粒	499.10	19.23	2.07	3.25
2009	6	CWAZQ03AB0_01	冬小麦	长旱 58	收获期	籽粒	593.40	15.86	1.64	3.30
2009	6	CWAZQ03AB0_01	冬小麦	长旱 58	收获期	茎秆	473.50	4.94	1.11	9.14
2009	6	CWAZQ03AB0_01	冬小麦	长旱 58	收获期	茎秆	450.60	4.23	0.76	9.95
2009	6	CWAZQ03AB0_01	冬小麦	长旱 58	收获期	茎秆	480.40	4.83	0.81	9.37
2009	6	CWAZQ03AB0_01	冬小麦	长旱 58	收获期	茎秆	510.90	4.80	0.79	8.90
2009	6	CWAZQ03AB0_01	冬小麦	长旱 58	收获期	茎秆	486.80	4.79	1.20	8.51

（续）

年份	月份	样地代码	作物名称	作物品种	作物生育期	采样部位	全碳(g/kg)	全氮(g/kg)	全磷(g/kg)	全钾(g/kg)
2009	6	CWAZQ03AB0_01	冬小麦	长旱58	收获期	根	374.50	6.21	1.13	10.30
2009	6	CWAZQ03AB0_01	冬小麦	长旱58	收获期	根	453.60	8.37	1.27	7.30
2009	6	CWAZQ03AB0_01	冬小麦	长旱58	收获期	根	357.90	5.15	1.48	7.10
2009	6	CWAZQ03AB0_01	冬小麦	长旱58	收获期	根	335.90	6.05	1.33	8.50
2009	6	CWAZQ03AB0_01	冬小麦	长旱58	收获期	根	319.30	6.41	1.13	7.26
2009	6	CWAZQ01AB0_01	冬小麦	135	收获期	籽粒	177.30	19.58	2.13	3.37
2009	6	CWAZQ01AB0_01	冬小麦	135	收获期	籽粒	421.50	18.12	2.65	3.41
2009	6	CWAZQ01AB0_01	冬小麦	135	收获期	籽粒	462.50	23.48	2.11	3.53
2009	6	CWAZQ01AB0_01	冬小麦	135	收获期	籽粒	482.80	23.18	1.43	2.26
2009	6	CWAZQ01AB0_01	冬小麦	135	收获期	籽粒	449.90	23.18	1.91	3.72
2009	6	CWAZQ01AB0_01	冬小麦	135	收获期	茎秆	507.70	5.94	1.31	10.89
2009	6	CWAZQ01AB0_01	冬小麦	135	收获期	茎秆	367.70	4.27	0.92	10.18
2009	6	CWAZQ01AB0_01	冬小麦	135	收获期	茎秆	477.10	6.81	1.04	11.76
2009	6	CWAZQ01AB0_01	冬小麦	135	收获期	茎秆	524.10	5.32	1.14	10.88
2009	6	CWAZQ01AB0_01	冬小麦	135	收获期	茎秆	502.90	3.84	1.23	12.10
2009	6	CWAZQ01AB0_01	冬小麦	135	收获期	根	339.10	6.70	1.01	5.23
2009	6	CWAZQ01AB0_01	冬小麦	135	收获期	根	361.20	6.25	1.68	8.57
2009	6	CWAZQ01AB0_01	冬小麦	135	收获期	根	337.90	10.38	1.55	9.69
2009	6	CWAZQ01AB0_01	冬小麦	135	收获期	根	337.40	8.32	1.49	8.51
2009	6	CWAZQ01AB0_01	冬小麦	135	收获期	根	285.10	9.13	1.42	9.18
2009	6	CWAZQ02AB0_01	冬小麦	长武89134	收获期	籽粒	400.90	22.13	2.15	3.43
2009	6	CWAZQ02AB0_01	冬小麦	长武89134	收获期	籽粒	622.00	22.19	1.60	2.63
2009	6	CWAZQ02AB0_01	冬小麦	长武89134	收获期	籽粒	564.30	23.94	1.70	2.35
2009	6	CWAZQ02AB0_01	冬小麦	长武89134	收获期	籽粒	529.70	23.94	1.44	2.40
2009	6	CWAZQ02AB0_01	冬小麦	长武89134	收获期	籽粒	519.60	21.58	1.46	2.37
2009	6	CWAZQ02AB0_01	冬小麦	长武89134	收获期	茎秆	426.40	3.91	0.66	9.90
2009	6	CWAZQ02AB0_01	冬小麦	长武89134	收获期	茎秆	486.60	4.19	0.88	11.04
2009	6	CWAZQ02AB0_01	冬小麦	长武89134	收获期	茎秆	465.70	4.27	0.99	10.64
2009	6	CWAZQ02AB0_01	冬小麦	长武89134	收获期	茎秆	461.60	4.06	1.00	10.50
2009	6	CWAZQ02AB0_01	冬小麦	长武89134	收获期	茎秆	514.00	6.05	1.18	10.42
2009	6	CWAZQ02AB0_01	冬小麦	长武89134	收获期	根	391.80	6.47	0.85	10.68
2009	6	CWAZQ02AB0_01	冬小麦	长武89134	收获期	根	235.00	5.41	0.82	11.09

（续）

年份	月份	样地代码	作物名称	作物品种	作物生育期	采样部位	全碳(g/kg)	全氮(g/kg)	全磷(g/kg)	全钾(g/kg)
2009	6	CWAZQ02AB0_01	冬小麦	长武89134	收获期	根	356.80	5.71	1.03	11.45
2009	6	CWAZQ02AB0_01	冬小麦	长武89134	收获期	根	240.80	6.50	1.15	11.64
2009	6	CWAZQ02AB0_01	冬小麦	长武89134	收获期	根	257.80	7.17	0.79	10.55
2009	6	CWAZH01ABC_01	冬小麦	长旱58	收获期	籽粒	509.00	25.25	1.87	3.24
2009	6	CWAZH01ABC_01	冬小麦	长旱58	收获期	籽粒	513.60	21.29	1.78	2.50
2009	6	CWAZH01ABC_01	冬小麦	长旱58	收获期	籽粒	697.20	20.81	2.18	3.10
2009	6	CWAZH01ABC_01	冬小麦	长旱58	收获期	籽粒	502.30	19.47	2.04	2.75
2009	6	CWAZH01ABC_01	冬小麦	长旱58	收获期	籽粒	512.90	17.00	2.55	3.26
2009	6	CWAZH01ABC_01	冬小麦	长旱58	收获期	籽粒	564.00	20.68	2.35	2.99
2009	6	CWAZH01ABC_01	冬小麦	长旱58	收获期	茎秆	452.10	6.36	0.46	7.96
2009	6	CWAZH01ABC_01	冬小麦	长旱58	收获期	茎秆	433.00	6.76	0.64	7.69
2009	6	CWAZH01ABC_01	冬小麦	长旱58	收获期	茎秆	481.80	6.43	0.63	8.23
2009	6	CWAZH01ABC_01	冬小麦	长旱58	收获期	茎秆	411.50	6.08	0.74	7.25
2009	6	CWAZH01ABC_01	冬小麦	长旱58	收获期	茎秆	375.50	3.50	0.77	7.99
2009	6	CWAZH01ABC_01	冬小麦	长旱58	收获期	茎秆	529.40	6.80	0.75	9.26
2009	6	CWAZH01ABC_01	冬小麦	长旱58	收获期	根	343.00	9.76	1.13	9.29
2009	6	CWAZH01ABC_01	冬小麦	长旱58	收获期	根	319.90	9.60	1.29	9.11
2009	6	CWAZH01ABC_01	冬小麦	长旱58	收获期	根	314.80	8.88	0.87	9.99
2009	6	CWAZH01ABC_01	冬小麦	长旱58	收获期	根	539.60	8.20	0.88	9.35
2009	6	CWAZH01ABC_01	冬小麦	长旱58	收获期	根	202.00	5.64	1.17	9.73
2009	6	CWAZH01ABC_01	冬小麦	长旱58	收获期	根	261.10	8.28	0.94	9.64
2009	6	CWAFZ03ABC_01	冬小麦	长旱58	收获期	籽粒	556.70	21.28	1.94	3.50
2009	6	CWAFZ03ABC_01	冬小麦	长旱58	收获期	籽粒	594.90	19.15	2.08	3.00
2009	6	CWAFZ03AB0_01	冬小麦	长旱58	收获期	籽粒	478.20	19.76	2.38	3.20
2009	6	CWAFZ03ABC_01	冬小麦	长旱58	收获期	籽粒	473.80	20.86	1.12	3.35
2009	6	CWAFZ03ABC_01	冬小麦	长旱58	收获期	籽粒	524.20	19.38	1.98	3.50
2009	6	CWAFZ03ABC_01	冬小麦	长旱58	收获期	籽粒	545.80	23.55	1.94	3.14
2009	6	CWAFZ03ABC_01	冬小麦	长旱58	收获期	茎秆	500.60	4.88	0.70	9.37
2009	6	CWAFZ03ABC_01	冬小麦	长旱58	收获期	茎秆	514.60	6.00	0.68	9.78
2009	6	CWAFZ03ABC_01	冬小麦	长旱58	收获期	茎秆	515.10	3.95	0.68	7.50
2009	6	CWAFZ03ABC_01	冬小麦	长旱58	收获期	茎秆	557.20	3.77	0.98	9.23
2009	6	CWAFZ03ABC_01	冬小麦	长旱58	收获期	茎秆	456.30	4.95	0.76	8.90

（续）

年份	月份	样地代码	作物名称	作物品种	作物生育期	采样部位	全碳（g/kg）	全氮（g/kg）	全磷（g/kg）	全钾（g/kg）
2009	6	CWAFZ03ABC_01	冬小麦	长旱58	收获期	茎秆	427.80	7.09	0.83	8.50
2009	6	CWAFZ03ABC_01	冬小麦	长旱58	收获期	根	231.40	1.44	1.03	10.14
2009	6	CWAFZ03ABC_01	冬小麦	长旱58	收获期	根	314.70	9.57	1.16	10.77
2009	6	CWAFZ03ABC_01	冬小麦	长旱58	收获期	根	320.40	6.53	0.80	9.05
2009	6	CWAFZ03ABC_01	冬小麦	长旱58	收获期	根	219.90	6.79	1.12	10.67
2009	6	CWAFZ03ABC_01	冬小麦	长旱58	收获期	根	210.60	6.42	1.13	9.46
2009	6	CWAFZ03ABC_01	冬小麦	长旱58	收获期	根	272.20	11.22	1.26	10.19
2010	6	CWAZQ03AB0_01	冬小麦	长旱58	收获期	籽粒	430.00	17.02	2.84	4.08
2010	6	CWAZQ03AB0_01	冬小麦	长旱58	收获期	籽粒	433.00	18.58	2.56	3.88
2010	6	CWAZQ03AB0_01	冬小麦	长旱58	收获期	籽粒	425.00	18.82	2.53	4.04
2010	6	CWAZQ03AB0_01	冬小麦	长旱58	收获期	籽粒	429.00	18.70	2.56	3.90
2010	6	CWAZQ03AB0_01	冬小麦	长旱58	收获期	籽粒	429.00	20.13	2.65	3.85
2010	6	CWAZQ03AB0_01	冬小麦	长旱58	收获期	籽粒	427.00	20.56	2.80	3.92
2010	6	CWAZQ03AB0_01	冬小麦	长旱58	收获期	茎秆	441.00	3.87	0.32	14.40
2010	6	CWAZQ03AB0_01	冬小麦	长旱58	收获期	茎秆	437.00	4.61	0.76	15.92
2010	6	CWAZQ03AB0_01	冬小麦	长旱58	收获期	茎秆	441.00	4.61	0.54	13.82
2010	6	CWAZQ03AB0_01	冬小麦	长旱58	收获期	茎秆	439.00	5.12	0.57	14.49
2010	6	CWAZQ03AB0_01	冬小麦	长旱58	收获期	茎秆	435.00	5.17	0.58	16.25
2010	6	CWAZQ03AB0_01	冬小麦	长旱58	收获期	茎秆	441.00	5.17	0.49	14.52
2010	6	CWAZQ03AB0_01	冬小麦	长旱58	收获期	根	381.00	6.55	0.77	12.35
2010	6	CWAZQ03AB0_01	冬小麦	长旱58	收获期	根	375.00	7.98	0.65	12.50
2010	6	CWAZQ03AB0_01	冬小麦	长旱58	收获期	根	311.00	8.30	0.64	12.54
2010	6	CWAZQ03AB0_01	冬小麦	长旱58	收获期	根	318.00	8.02	0.80	12.33
2010	6	CWAZQ03AB0_01	冬小麦	长旱58	收获期	根	368.00	9.39	0.65	13.25
2010	6	CWAZQ03AB0_01	冬小麦	长旱58	收获期	根	307.00	8.86	0.57	11.70
2010	6	CWAZQ01AB0_01	冬小麦	长旱58	收获期	籽粒	431.00	22.75	2.84	4.14
2010	6	CWAZQ01AB0_01	冬小麦	长旱58	收获期	籽粒	432.00	21.80	2.52	3.70
2010	6	CWAZQ01AB0_01	冬小麦	长旱58	收获期	籽粒	431.00	23.80	2.75	3.68
2010	6	CWAZQ01AB0_01	冬小麦	长旱58	收获期	籽粒	432.00	20.99	2.91	4.06
2010	6	CWAZQ01AB0_01	冬小麦	长旱58	收获期	籽粒	433.00	22.30	2.63	3.55
2010	6	CWAZQ01AB0_01	冬小麦	长旱58	收获期	籽粒	431.00	22.03	2.54	3.93
2010	6	CWAZQ01AB0_01	冬小麦	长旱58	收获期	茎秆	435.00	4.89	0.54	17.39

（续）

年份	月份	样地代码	作物名称	作物品种	作物生育期	采样部位	全碳（g/kg）	全氮（g/kg）	全磷（g/kg）	全钾（g/kg）
2010	6	CWAZQ01AB0_01	冬小麦	长旱 58	收获期	茎秆	425.00	6.50	0.65	18.81
2010	6	CWAZQ01AB0_01	冬小麦	长旱 58	收获期	茎秆	429.00	5.37	0.67	19.34
2010	6	CWAZQ01AB0_01	冬小麦	长旱 58	收获期	茎秆	426.00	6.53	0.53	20.83
2010	6	CWAZQ01AB0_01	冬小麦	长旱 58	收获期	茎秆	429.00	5.17	0.51	14.70
2010	6	CWAZQ01AB0_01	冬小麦	长旱 58	收获期	茎秆	425.00	4.85	0.48	19.83
2010	6	CWAZQ01AB0_01	冬小麦	长旱 58	收获期	根	251.00	6.83	0.74	13.55
2010	6	CWAZQ01AB0_01	冬小麦	长旱 58	收获期	根	309.00	8.29	0.81	13.17
2010	6	CWAZQ01AB0_01	冬小麦	长旱 58	收获期	根	294.00	6.95	0.78	13.69
2010	6	CWAZQ01AB0_01	冬小麦	长旱 58	收获期	根	310.00	8.44	0.92	13.10
2010	6	CWAZQ01AB0_01	冬小麦	长旱 58	收获期	根	311.00	7.73	0.72	11.88
2010	6	CWAZQ01AB0_01	冬小麦	长旱 58	收获期	根	255.00	7.23	0.67	13.28
2010	9	CWAFZ03ABC_01	冬小麦	长旱 58	收获期	籽粒	429.00	17.70	3.06	4.64
2010	9	CWAFZ03ABC_01	冬小麦	长旱 58	收获期	籽粒	428.00	16.89	2.86	4.36
2010	9	CWAFZ03ABC_01	冬小麦	长旱 58	收获期	籽粒	428.00	16.41	3.17	4.38
2010	9	CWAFZ03ABC_01	冬小麦	长旱 58	收获期	籽粒	427.00	19.33	2.90	4.23
2010	9	CWAFZ03ABC_01	冬小麦	长旱 58	收获期	籽粒	427.00	14.88	3.07	4.13
2010	9	CWAFZ03ABC_01	冬小麦	长旱 58	收获期	籽粒	427.00	16.79	2.77	3.89
2010	9	CWAFZ03ABC_01	冬小麦	长旱 58	收获期	茎秆	434.00	3.47	0.24	16.76
2010	9	CWAFZ03ABC_01	冬小麦	长旱 58	收获期	茎秆	436.00	2.13	0.43	15.22
2010	9	CWAFZ03ABC_01	冬小麦	长旱 58	收获期	茎秆	434.00	3.31	0.43	14.44
2010	9	CWAFZ03ABC_01	冬小麦	长旱 58	收获期	茎秆	430.00	4.15	0.57	18.10
2010	9	CWAFZ03ABC_01	冬小麦	长旱 58	收获期	茎秆	435.00	2.62	0.57	14.84
2010	9	CWAFZ03ABC_01	冬小麦	长旱 58	收获期	茎秆	436.00	3.47	0.57	15.62
2010	9	CWAFZ03ABC_01	冬小麦	长旱 58	收获期	根	298.00	6.52	0.62	14.01
2010	9	CWAFZ03ABC_01	冬小麦	长旱 58	收获期	根	303.00	5.56	0.70	13.55
2010	9	CWAFZ03ABC_01	冬小麦	长旱 58	收获期	根	283.00	6.04	0.77	12.70
2010	9	CWAFZ03ABC_01	冬小麦	长旱 58	收获期	根	297.00	6.95	0.73	12.96
2010	9	CWAFZ03ABC_01	冬小麦	长旱 58	收获期	根	265.00	4.74	0.89	11.54
2010	9	CWAFZ03ABC_01	冬小麦	长旱 58	收获期	根	311.00	6.58	0.67	11.68
2010	9	CWAFZ04ABC_01	春玉米	沈丹 10	收获期	籽粒	441.00	11.98	3.05	5.10
2010	9	CWAFZ04ABC_01	春玉米	沈丹 10	收获期	籽粒	440.00	11.26	2.39	4.13
2010	9	CWAFZ04ABC_01	春玉米	沈丹 10	收获期	籽粒	440.00	10.95	2.02	3.31

（续）

年份	月份	样地代码	作物名称	作物品种	作物生育期	采样部位	全碳(g/kg)	全氮(g/kg)	全磷(g/kg)	全钾(g/kg)
2010	9	CWAFZ04ABC_01	春玉米	沈丹10	收获期	籽粒	443.00	11.11	2.27	4.07
2010	9	CWAFZ04ABC_01	春玉米	沈丹10	收获期	籽粒	440.00	13.07	2.03	3.98
2010	9	CWAFZ04ABC_01	春玉米	沈丹10	收获期	籽粒	438.00	10.51	2.06	3.87
2010	9	CWAFZ04ABC_01	春玉米	沈丹10	收获期	茎秆	434.00	5.35	0.70	13.60
2010	9	CWAFZ04ABC_01	春玉米	沈丹10	收获期	茎秆	430.00	7.25	0.55	17.10
2010	9	CWAFZ04ABC_01	春玉米	沈丹10	收获期	茎秆	429.00	8.04	0.78	14.42
2010	9	CWAFZ04ABC_01	春玉米	沈丹10	收获期	茎秆	434.00	4.65	0.35	12.13
2010	9	CWAFZ04ABC_01	春玉米	沈丹10	收获期	茎秆	429.00	7.53	0.83	13.26
2010	9	CWAFZ04ABC_01	春玉米	沈丹10	收获期	茎秆	432.00	5.74	0.51	14.26
2010	9	CWAFZ04ABC_01	春玉米	沈丹10	收获期	根	280.00	3.98	0.85	9.85
2010	9	CWAFZ04ABC_01	春玉米	沈丹10	收获期	根	305.00	5.15	0.95	8.49
2010	9	CWAFZ04ABC_01	春玉米	沈丹10	收获期	根	395.00	4.79	0.96	9.89
2010	9	CWAFZ04ABC_01	春玉米	沈丹10	收获期	根	325.00	3.82	0.93	9.37
2010	9	CWAFZ04ABC_01	春玉米	沈丹10	收获期	根	368.00	5.66	0.98	9.45
2010	9	CWAFZ04ABC_01	春玉米	沈丹10	收获期	根	414.00	4.36	0.86	10.42
2010	9	CWAZQ02AB0_01	春玉米	先玉335	收获期	籽粒	440.00	16.38	2.57	3.29
2010	9	CWAZQ02AB0_01	春玉米	先玉335	收获期	籽粒	441.00	14.48	2.71	3.96
2010	9	CWAZQ02AB0_01	春玉米	先玉335	收获期	籽粒	439.00	14.57	2.81	3.34
2010	9	CWAZQ02AB0_01	春玉米	先玉335	收获期	籽粒	439.00	15.73	2.83	3.25
2010	9	CWAZQ02AB0_01	春玉米	先玉335	收获期	籽粒	440.00	14.37	2.73	3.25
2010	9	CWAZQ02AB0_01	春玉米	先玉335	收获期	籽粒	438.00	14.53	2.66	3.00
2010	9	CWAZQ02AB0_01	春玉米	先玉335	收获期	茎秆	430.00	7.49	0.74	14.19
2010	9	CWAZQ02AB0_01	春玉米	先玉335	收获期	茎秆	434.00	5.47	0.85	13.71
2010	9	CWAZQ02AB0_01	春玉米	先玉335	收获期	茎秆	434.00	5.52	0.73	15.22
2010	9	CWAZQ02AB0_01	春玉米	先玉335	收获期	茎秆	426.00	5.42	0.66	13.19
2010	9	CWAZQ02AB0_01	春玉米	先玉335	收获期	茎秆	420.00	5.97	0.64	17.08
2010	9	CWAZQ02AB0_01	春玉米	先玉335	收获期	茎秆	429.00	6.38	0.68	12.78
2010	9	CWAZQ02AB0_01	春玉米	先玉335	收获期	根	413.00	6.23	0.42	14.31
2010	9	CWAZQ02AB0_01	春玉米	先玉335	收获期	根	404.00	4.87	0.36	12.10
2010	9	CWAZQ02AB0_01	春玉米	先玉335	收获期	根	346.00	6.13	0.90	12.69
2010	9	CWAZQ02AB0_01	春玉米	先玉335	收获期	根	400.00	6.03	0.66	12.67
2010	9	CWAZQ02AB0_01	春玉米	先玉335	收获期	根	421.00	5.36	0.58	11.81

（续）

年份	月份	样地代码	作物名称	作物品种	作物生育期	采样部位	全碳(g/kg)	全氮(g/kg)	全磷(g/kg)	全钾(g/kg)
2010	9	CWAZQ02AB0_01	春玉米	先玉335	收获期	根	385.00	6.11	0.66	12.68
2010	9	CWAZH01ABC_01	春玉米	先玉335	收获期	籽粒	440.00	13.42	2.03	2.51
2010	9	CWAZH01ABC_01	春玉米	先玉335	收获期	籽粒	438.00	11.67	2.25	3.13
2010	9	CWAZH01ABC_01	春玉米	先玉335	收获期	籽粒	439.00	14.32	2.79	3.15
2010	9	CWAZH01ABC_01	春玉米	先玉335	收获期	籽粒	440.00	13.89	2.90	3.59
2010	9	CWAZH01ABC_01	春玉米	先玉335	收获期	籽粒	439.00	12.23	2.19	2.97
2010	9	CWAZH01ABC_01	春玉米	先玉335	收获期	籽粒	430.00	11.44	2.69	3.29
2010	9	CWAZH01ABC_01	春玉米	先玉335	收获期	茎秆	437.00	5.66	0.49	12.01
2010	9	CWAZH01ABC_01	春玉米	先玉335	收获期	茎秆	429.00	5.74	0.44	15.37
2010	9	CWAZH01ABC_01	春玉米	先玉335	收获期	茎秆	429.00	6.39	0.59	10.40
2010	9	CWAZH01ABC_01	春玉米	先玉335	收获期	茎秆	435.00	7.91	0.58	11.41
2010	9	CWAZH01ABC_01	春玉米	先玉335	收获期	茎秆	425.00	5.34	0.40	13.28
2010	9	CWAZH01ABC_01	春玉米	先玉335	收获期	茎秆	432.00	4.81	1.14	12.99
2010	9	CWAZH01ABC_01	春玉米	先玉335	收获期	根	349.00	6.99	0.99	7.62
2010	9	CWAZH01ABC_01	春玉米	先玉335	收获期	根	369.00	5.99	0.97	4.85
2010	9	CWAZH01ABC_01	春玉米	先玉335	收获期	根	395.00	5.69	1.14	6.44
2010	9	CWAZH01ABC_01	春玉米	先玉335	收获期	根	329.00	5.19	0.75	3.89
2010	9	CWAZH01ABC_01	春玉米	先玉335	收获期	根	413.00	5.10	1.21	3.38
2010	9	CWAZH01ABC_01	春玉米	先玉335	收获期	根	380.00	6.48	1.03	3.82
2011	6	CWAFZ04ABC_01	冬小麦	长旱58	收获期	籽粒	422.19	20.17	3.74	3.42
2011	6	CWAFZ04ABC_01	冬小麦	长旱58	收获期	籽粒	432.83	20.13	3.66	3.48
2011	6	CWAFZ04ABC_01	冬小麦	长旱58	收获期	籽粒	437.42	20.20	3.46	3.32
2011	6	CWAFZ04ABC_01	冬小麦	长旱58	收获期	籽粒	434.48	20.08	3.59	3.49
2011	6	CWAFZ04ABC_01	冬小麦	长旱58	收获期	籽粒	433.47	20.17	3.71	3.45
2011	6	CWAFZ04ABC_01	冬小麦	长旱58	收获期	籽粒	435.76	20.05	3.63	3.43
2011	6	CWAFZ04ABC_01	冬小麦	长旱58	收获期	茎秆	430.78	4.46	0.26	13.56
2011	6	CWAFZ04ABC_01	冬小麦	长旱58	收获期	茎秆	476.60	2.71	0.41	9.36
2011	6	CWAFZ04ABC_01	冬小麦	长旱58	收获期	茎秆	448.51	3.86	0.43	12.63
2011	6	CWAFZ04ABC_01	冬小麦	长旱58	收获期	茎秆	455.12	3.92	0.40	11.44
2011	6	CWAFZ04ABC_01	冬小麦	长旱58	收获期	茎秆	462.44	3.87	0.42	12.01
2011	6	CWAFZ04ABC_01	冬小麦	长旱58	收获期	茎秆	452.67	4.02	0.40	11.62
2011	6	CWAFZ04ABC_01	冬小麦	长旱58	收获期	根	317.57	7.26	0.83	7.33

（续）

年份	月份	样地代码	作物名称	作物品种	作物生育期	采样部位	全碳 (g/kg)	全氮 (g/kg)	全磷 (g/kg)	全钾 (g/kg)
2011	6	CWAFZ04ABC_01	冬小麦	长旱58	收获期	根	311.65	5.76	0.97	7.26
2011	6	CWAFZ04ABC_01	冬小麦	长旱58	收获期	根	314.14	6.49	1.00	7.35
2011	6	CWAFZ04ABC_01	冬小麦	长旱58	收获期	根	310.60	6.32	0.85	7.06
2011	6	CWAFZ04ABC_01	冬小麦	长旱58	收获期	根	312.77	6.43	0.89	7.24
2011	6	CWAFZ04ABC_01	冬小麦	长旱58	收获期	根	314.56	6.62	0.93	7.22
2011	6	CWAZQ01AB0_01	冬小麦	长旱58	收获期	籽粒	428.00	18.87	3.60	3.55
2011	6	CWAZQ01AB0_01	冬小麦	长旱58	收获期	籽粒	423.44	20.51	3.70	3.55
2011	6	CWAZQ01AB0_01	冬小麦	长旱58	收获期	籽粒	443.06	22.53	3.64	3.44
2011	6	CWAZQ01AB0_01	冬小麦	长旱58	收获期	籽粒	444.62	22.56	3.53	3.44
2011	6	CWAZQ01AB0_01	冬小麦	长旱58	收获期	籽粒	442.35	21.66	3.62	3.53
2011	6	CWAZQ01AB0_01	冬小麦	长旱58	收获期	籽粒	440.86	22.38	3.66	3.47
2011	6	CWAZQ01AB0_01	冬小麦	长旱58	收获期	茎秆	427.66	4.65	0.30	14.25
2011	6	CWAZQ01AB0_01	冬小麦	长旱58	收获期	茎秆	448.01	4.47	0.30	11.33
2011	6	CWAZQ01AB0_01	冬小麦	长旱58	收获期	茎秆	443.93	4.52	0.32	12.83
2011	6	CWAZQ01AB0_01	冬小麦	长旱58	收获期	茎秆	439.93	5.58	0.32	12.62
2011	6	CWAZQ01AB0_01	冬小麦	长旱58	收获期	茎秆	441.37	4.71	0.31	12.81
2011	6	CWAZQ01AB0_01	冬小麦	长旱58	收获期	茎秆	445.27	4.91	0.31	13.03
2011	6	CWAZQ01AB0_01	冬小麦	长旱58	收获期	根	195.54	4.79	1.04	10.63
2011	6	CWAZQ01AB0_01	冬小麦	长旱58	收获期	根	175.26	5.94	1.06	12.36
2011	6	CWAZQ01AB0_01	冬小麦	长旱58	收获期	根	300.77	7.74	1.25	10.30
2011	6	CWAZQ01AB0_01	冬小麦	长旱58	收获期	根	267.08	8.43	1.01	10.30
2011	6	CWAZQ01AB0_01	冬小麦	长旱58	收获期	根	283.13	8.15	1.07	10.87
2011	6	CWAZQ01AB0_01	冬小麦	长旱58	收获期	根	264.79	7.25	1.05	10.72
2011	6	CWAZH01ABC_01	冬小麦	长旱58	收获期	籽粒	435.40	20.05	3.52	3.40
2011	6	CWAZH01ABC_01	冬小麦	长旱58	收获期	籽粒	434.47	19.89	3.70	3.64
2011	6	CWAZH01ABC_01	冬小麦	长旱58	收获期	籽粒	441.91	19.46	3.49	3.38
2011	6	CWAZH01ABC_01	冬小麦	长旱58	收获期	籽粒	432.90	19.62	3.44	3.33
2011	6	CWAZH01ABC_01	冬小麦	长旱58	收获期	籽粒	438.24	19.85	3.51	3.43
2011	6	CWAZH01ABC_01	冬小麦	长旱58	收获期	籽粒	440.13	19.58	3.49	3.39
2011	6	CWAZH01ABC_01	冬小麦	长旱58	收获期	茎秆	375.87	6.05	0.36	12.07
2011	6	CWAZH01ABC_01	冬小麦	长旱58	收获期	茎秆	414.93	6.57	0.36	11.27
2011	6	CWAZH01ABC_01	冬小麦	长旱58	收获期	茎秆	432.80	8.19	0.54	11.52

（续）

年份	月份	样地代码	作物名称	作物品种	作物生育期	采样部位	全碳 (g/kg)	全氮 (g/kg)	全磷 (g/kg)	全钾 (g/kg)
2011	6	CWAZH01ABC_01	冬小麦	长旱58	收获期	茎秆	445.02	7.43	0.50	12.60
2011	6	CWAZH01ABC_01	冬小麦	长旱58	收获期	茎秆	434.03	7.23	0.47	12.06
2011	6	CWAZH01ABC_01	冬小麦	长旱58	收获期	茎秆	436.35	7.92	0.49	12.54
2011	6	CWAZH01ABC_01	冬小麦	长旱58	收获期	根	254.43	5.93	0.97	10.75
2011	6	CWAZH01ABC_01	冬小麦	长旱58	收获期	根	166.28	4.87	0.90	11.33
2011	6	CWAZH01ABC_01	冬小麦	长旱58	收获期	根	363.88	9.20	0.94	8.72
2011	6	CWAZH01ABC_01	冬小麦	长旱58	收获期	根	222.25	6.50	0.86	10.36
2011	6	CWAZH01ABC_01	冬小麦	长旱58	收获期	根	264.32	5.82	0.93	10.38
2011	6	CWAZH01ABC_01	冬小麦	长旱58	收获期	根	234.87	6.53	0.89	10.62
2011	9	CWAFZ03ABC_01	春玉米	先玉335	收获期	籽粒	468.31	13.72	2.65	2.94
2011	9	CWAFZ03ABC_01	春玉米	先玉335	收获期	籽粒	463.90	13.28	2.78	3.05
2011	9	CWAFZ03ABC_01	春玉米	先玉335	收获期	籽粒	477.21	13.61	2.71	2.98
2011	9	CWAFZ03ABC_01	春玉米	先玉335	收获期	籽粒	466.36	13.91	2.62	2.92
2011	9	CWAFZ03ABC_01	春玉米	先玉335	收获期	籽粒	465.87	13.55	2.69	2.96
2011	9	CWAFZ03ABC_01	春玉米	先玉335	收获期	籽粒	464.24	13.73	2.65	2.97
2011	9	CWAFZ03ABC_01	春玉米	先玉335	收获期	茎秆	437.43	7.78	0.67	8.52
2011	9	CWAFZ03ABC_01	春玉米	先玉335	收获期	茎秆	442.07	7.88	0.63	12.55
2011	9	CWAFZ03ABC_01	春玉米	先玉335	收获期	茎秆	430.63	7.71	0.68	9.62
2011	9	CWAFZ03ABC_01	春玉米	先玉335	收获期	茎秆	441.89	9.62	0.56	11.46
2011	9	CWAFZ03ABC_01	春玉米	先玉335	收获期	茎秆	439.93	8.24	0.59	10.82
2011	9	CWAFZ03ABC_01	春玉米	先玉335	收获期	茎秆	440.15	8.77	0.65	10.23
2011	9	CWAFZ03ABC_01	春玉米	先玉335	收获期	根	336.50	2.81	0.59	6.22
2011	9	CWAFZ03ABC_01	春玉米	先玉335	收获期	根	324.21	3.07	0.68	10.00
2011	9	CWAFZ03ABC_01	春玉米	先玉335	收获期	根	242.38	2.74	0.70	7.26
2011	9	CWAFZ03ABC_01	春玉米	先玉335	收获期	根	331.77	1.98	0.82	8.78
2011	9	CWAFZ03ABC_01	春玉米	先玉335	收获期	根	328.56	2.93	0.68	9.16
2011	9	CWAFZ03ABC_01	春玉米	先玉335	收获期	根	289.76	2.78	0.71	7.95
2011	9	CWAZQ02AB0_01	春玉米	先玉335	收获期	籽粒	476.98	12.56	2.63	2.94
2011	9	CWAZQ02AB0_01	春玉米	先玉335	收获期	籽粒	474.16	13.37	2.58	2.91
2011	9	CWAZQ02AB0_01	春玉米	先玉335	收获期	籽粒	466.23	13.06	2.71	3.00
2011	9	CWAZQ02AB0_01	春玉米	先玉335	收获期	籽粒	476.57	13.63	2.63	2.95
2011	9	CWAZQ02AB0_01	春玉米	先玉335	收获期	籽粒	473.56	13.51	2.69	2.96

（续）

年份	月份	样地代码	作物名称	作物品种	作物生育期	采样部位	全碳(g/kg)	全氮(g/kg)	全磷(g/kg)	全钾(g/kg)
2011	9	CWAZQ02AB0_01	春玉米	先玉335	收获期	籽粒	472.87	13.48	2.75	2.94
2011	9	CWAZQ02AB0_01	春玉米	先玉335	收获期	茎秆	426.36	6.23	0.43	17.82
2011	9	CWAZQ02AB0_01	春玉米	先玉335	收获期	茎秆	429.13	6.34	0.42	18.41
2011	9	CWAZQ02AB0_01	春玉米	先玉335	收获期	茎秆	460.29	11.73	0.48	14.35
2011	9	CWAZQ02AB0_01	春玉米	先玉335	收获期	茎秆	466.94	5.00	0.25	23.27
2011	9	CWAZQ02AB0_01	春玉米	先玉335	收获期	茎秆	431.57	6.72	0.46	18.72
2011	9	CWAZQ02AB0_01	春玉米	先玉335	收获期	茎秆	445.62	7.89	0.45	19.02
2011	9	CWAZQ02AB0_01	春玉米	先玉335	收获期	根	392.99	3.07	0.60	7.49
2011	9	CWAZQ02AB0_01	春玉米	先玉335	收获期	根	305.04	3.33	0.64	9.83
2011	9	CWAZQ02AB0_01	春玉米	先玉335	收获期	根	286.63	2.52	0.54	8.07
2011	9	CWAZQ02AB0_01	春玉米	先玉335	收获期	根	296.91	2.56	0.58	6.80
2011	9	CWAZQ02AB0_01	春玉米	先玉335	收获期	根	304.13	2.86	0.60	7.83
2011	9	CWAZQ02AB0_01	春玉米	先玉335	收获期	根	303.98	2.79	0.59	8.27
2011	9	CWAZQ03AB0_01	春玉米	先玉335	收获期	籽粒	472.58	13.51	2.59	2.83
2011	9	CWAZQ03AB0_01	春玉米	先玉335	收获期	籽粒	469.78	13.06	2.62	2.89
2011	9	CWAZQ03AB0_01	春玉米	先玉335	收获期	籽粒	454.22	13.33	2.62	2.93
2011	9	CWAZQ03AB0_01	春玉米	先玉335	收获期	籽粒	470.76	13.37	2.64	2.88
2011	9	CWAZQ03AB0_01	春玉米	先玉335	收获期	籽粒	462.67	13.42	2.65	2.92
2011	9	CWAZQ03AB0_01	春玉米	先玉335	收获期	籽粒	468.34	13.32	2.63	2.89
2011	9	CWAZQ03AB0_01	春玉米	先玉335	收获期	茎秆	422.09	7.77	0.72	19.41
2011	9	CWAZQ03AB0_01	春玉米	先玉335	收获期	茎秆	388.80	8.26	0.56	11.68
2011	9	CWAZQ03AB0_01	春玉米	先玉335	收获期	茎秆	474.73	7.07	0.43	14.39
2011	9	CWAZQ03AB0_01	春玉米	先玉335	收获期	茎秆	440.45	9.83	0.78	11.76
2011	9	CWAZQ03AB0_01	春玉米	先玉335	收获期	茎秆	432.65	7.65	0.68	13.42
2011	9	CWAZQ03AB0_01	春玉米	先玉335	收获期	茎秆	453.15	8.53	0.74	16.71
2011	9	CWAZQ03AB0_01	春玉米	先玉335	收获期	根	259.33	5.15	0.50	11.19
2011	9	CWAZQ03AB0_01	春玉米	先玉335	收获期	根	251.39	3.77	0.56	7.18
2011	9	CWAZQ03AB0_01	春玉米	先玉335	收获期	根	217.11	2.28	0.75	10.78
2011	9	CWAZQ03AB0_01	春玉米	先玉335	收获期	根	261.30	2.74	0.54	6.66
2011	9	CWAZQ03AB0_01	春玉米	先玉335	收获期	根	254.78	4.36	0.60	8.54
2011	9	CWAZQ03AB0_01	春玉米	先玉335	收获期	根	258.12	3.57	0.66	7.93
2011	6	CWAFZ02B00_01	冬小麦	长旱58	收获期	茎秆	458.36	3.92	0.58	12.83

（续）

年份	月份	样地代码	作物名称	作物品种	作物生育期	采样部位	全碳(g/kg)	全氮(g/kg)	全磷(g/kg)	全钾(g/kg)
2012	6	CWAFZ04ABC_01	冬小麦	长旱58	收获期	籽粒	445.63	22.40	3.27	3.96
2012	6	CWAFZ04ABC_01	冬小麦	长旱58	收获期	籽粒	444.70	22.24	3.44	4.20
2012	6	CWAFZ04ABC_01	冬小麦	长旱58	收获期	籽粒	452.15	21.82	3.25	3.94
2012	6	CWAFZ04ABC_01	冬小麦	长旱58	收获期	籽粒	443.13	21.98	3.21	3.89
2012	6	CWAFZ04ABC_01	冬小麦	长旱58	收获期	籽粒	448.47	22.21	3.26	3.99
2012	6	CWAFZ04ABC_01	冬小麦	长旱58	收获期	籽粒	450.36	21.94	3.25	3.95
2012	6	CWAFZ04ABC_01	冬小麦	长旱58	收获期	茎秆	446.53	5.94	0.39	12.90
2012	6	CWAFZ04ABC_01	冬小麦	长旱58	收获期	茎秆	445.59	6.46	0.35	9.97
2012	6	CWAFZ04ABC_01	冬小麦	长旱58	收获期	茎秆	443.45	8.07	0.39	11.48
2012	6	CWAFZ04ABC_01	冬小麦	长旱58	收获期	茎秆	455.67	7.31	0.31	11.26
2012	6	CWAFZ04ABC_01	冬小麦	长旱58	收获期	茎秆	444.69	7.12	0.33	11.46
2012	6	CWAFZ04ABC_01	冬小麦	长旱58	收获期	茎秆	447.00	7.81	0.39	11.68
2012	6	CWAFZ04ABC_01	冬小麦	长旱58	收获期	根	246.37	8.00	1.25	10.86
2012	6	CWAFZ04ABC_01	冬小麦	长旱58	收获期	根	334.09	9.15	1.19	10.43
2012	6	CWAFZ04ABC_01	冬小麦	长旱58	收获期	根	252.26	7.95	1.23	10.83
2012	6	CWAFZ04ABC_01	冬小麦	长旱58	收获期	根	224.56	8.65	1.15	9.46
2012	6	CWAFZ04ABC_01	冬小麦	长旱58	收获期	根	321.35	8.36	1.21	8.48
2012	6	CWAFZ04ABC_01	冬小麦	长旱58	收获期	根	282.55	7.46	1.18	10.33
2012	6	CWAFZ03ABC_01	冬小麦	长旱58	收获期	籽粒	427.51	20.11	3.35	4.11
2012	6	CWAFZ03ABC_01	冬小麦	长旱58	收获期	籽粒	438.15	19.17	3.43	4.12
2012	6	CWAFZ03ABC_01	冬小麦	长旱58	收获期	籽粒	442.74	19.50	3.38	4.00
2012	6	CWAFZ03ABC_01	冬小麦	长旱58	收获期	籽粒	439.80	18.62	3.29	4.00
2012	6	CWAFZ03ABC_01	冬小麦	长旱58	收获期	籽粒	438.79	19.44	3.37	4.09
2012	6	CWAFZ03ABC_01	冬小麦	长旱58	收获期	籽粒	441.09	19.62	3.40	4.03
2012	6	CWAFZ03ABC_01	冬小麦	长旱58	收获期	茎秆	460.99	5.51	0.32	19.41
2012	6	CWAFZ03ABC_01	冬小麦	长旱58	收获期	茎秆	476.82	5.33	0.44	13.68
2012	6	CWAFZ03ABC_01	冬小麦	长旱58	收获期	茎秆	438.29	5.39	0.46	14.39
2012	6	CWAFZ03ABC_01	冬小麦	长旱58	收获期	茎秆	465.33	4.71	0.46	11.76
2012	6	CWAFZ03ABC_01	冬小麦	长旱58	收获期	茎秆	452.22	5.57	0.29	13.42
2012	6	CWAFZ03ABC_01	冬小麦	长旱58	收获期	茎秆	462.89	5.78	0.45	16.71
2012	6	CWAFZ03ABC_01	冬小麦	长旱58	收获期	根	327.66	7.75	1.25	12.86
2012	6	CWAFZ03ABC_01	冬小麦	长旱58	收获期	根	207.38	6.70	1.19	13.43

（续）

年份	月份	样地代码	作物名称	作物品种	作物生育期	采样部位	全碳 (g/kg)	全氮 (g/kg)	全磷 (g/kg)	全钾 (g/kg)
2012	6	CWAFZ03ABC_01	冬小麦	长旱58	收获期	根	312.89	9.20	1.23	10.83
2012	6	CWAFZ03ABC_01	冬小麦	长旱58	收获期	根	299.20	8.32	1.15	12.46
2012	6	CWAFZ03ABC_01	冬小麦	长旱58	收获期	根	315.25	7.64	1.21	12.48
2012	6	CWAFZ03ABC_01	冬小麦	长旱58	收获期	根	326.91	8.35	1.18	12.73
2012	6	CWAZQ01AB0_01	冬小麦	长旱58	收获期	籽粒	439.74	9.30	3.36	3.56
2012	6	CWAZQ01AB0_01	冬小麦	长旱58	收获期	籽粒	445.33	16.93	2.81	3.36
2012	6	CWAZQ01AB0_01	冬小麦	长旱58	收获期	籽粒	438.68	18.96	3.01	3.60
2012	6	CWAZQ01AB0_01	冬小麦	长旱58	收获期	籽粒	446.24	18.98	3.27	3.47
2012	6	CWAZQ01AB0_01	冬小麦	长旱58	收获期	籽粒	440.50	18.08	2.93	3.69
2012	6	CWAZQ01AB0_01	冬小麦	长旱58	收获期	籽粒	444.11	18.80	3.29	3.52
2012	6	CWAZQ01AB0_01	冬小麦	长旱58	收获期	茎秆	437.87	4.74	0.43	14.73
2012	6	CWAZQ01AB0_01	冬小麦	长旱58	收获期	茎秆	437.80	4.84	0.42	12.77
2012	6	CWAZQ01AB0_01	冬小麦	长旱58	收获期	茎秆	433.72	4.68	0.60	10.83
2012	6	CWAZQ01AB0_01	冬小麦	长旱58	收获期	茎秆	429.72	6.59	0.57	12.67
2012	6	CWAZQ01AB0_01	冬小麦	长旱58	收获期	茎秆	431.16	5.21	0.54	12.03
2012	6	CWAZQ01AB0_01	冬小麦	长旱58	收获期	茎秆	435.06	5.74	0.56	11.44
2012	6	CWAZQ01AB0_01	冬小麦	长旱58	收获期	根	259.33	6.69	0.82	9.94
2012	6	CWAZQ01AB0_01	冬小麦	长旱58	收获期	根	251.39	5.55	0.90	8.73
2012	6	CWAZQ01AB0_01	冬小麦	长旱58	收获期	根	317.11	6.62	0.92	10.98
2012	6	CWAZQ01AB0_01	冬小麦	长旱58	收获期	根	261.30	7.21	0.89	10.51
2012	6	CWAZQ01AB0_01	冬小麦	长旱58	收获期	根	254.78	5.17	0.57	12.03
2012	6	CWAZQ01AB0_01	冬小麦	长旱58	收获期	根	258.12	7.02	0.79	8.09
2012	6	CWAZH01ABC_01	冬小麦	长旱58	收获期	籽粒	443.32	22.03	3.47	3.99
2012	6	CWAZH01ABC_01	冬小麦	长旱58	收获期	籽粒	413.11	21.98	3.39	4.04
2012	6	CWAZH01ABC_01	冬小麦	长旱58	收获期	籽粒	432.74	22.06	3.23	3.88
2012	6	CWAZH01ABC_01	冬小麦	长旱58	收获期	籽粒	434.29	21.94	3.34	4.05
2012	6	CWAZH01ABC_01	冬小麦	长旱58	收获期	籽粒	432.02	22.02	3.44	4.01
2012	6	CWAZH01ABC_01	冬小麦	长旱58	收获期	籽粒	430.54	21.90	3.37	3.99
2012	6	CWAZH01ABC_01	冬小麦	长旱58	收获期	茎秆	442.75	7.02	0.35	14.39
2012	6	CWAZH01ABC_01	冬小麦	长旱58	收获期	茎秆	447.40	5.28	0.37	13.19
2012	6	CWAZH01ABC_01	冬小麦	长旱58	收获期	茎秆	435.95	6.43	0.38	14.46
2012	6	CWAZH01ABC_01	冬小麦	长旱58	收获期	茎秆	447.22	6.49	0.36	13.27

（续）

年份	月份	样地代码	作物名称	作物品种	作物生育期	采样部位	全碳 (g/kg)	全氮 (g/kg)	全磷 (g/kg)	全钾 (g/kg)
2012	6	CWAZH01ABC_01	冬小麦	长旱58	收获期	茎秆	455.25	6.44	0.37	13.84
2012	6	CWAZH01ABC_01	冬小麦	长旱58	收获期	茎秆	445.47	6.59	0.36	13.46
2012	6	CWAZH01ABC_01	冬小麦	长旱58	收获期	根	284.00	7.02	0.94	10.18
2012	6	CWAZH01ABC_01	冬小麦	长旱58	收获期	根	291.08	5.52	1.06	10.12
2012	6	CWAZH01ABC_01	冬小麦	长旱58	收获期	根	283.58	6.25	1.09	10.20
2012	6	CWAZH01ABC_01	冬小麦	长旱58	收获期	根	287.03	6.08	0.96	9.91
2012	6	CWAZH01ABC_01	冬小麦	长旱58	收获期	根	289.20	6.19	0.99	10.10
2012	6	CWAZH01ABC_01	冬小麦	长旱58	收获期	根	288.00	6.38	1.03	10.07
2012	6	CWAFZ02B00_01	冬小麦	长旱58	收获期	茎秆	457.98	4.16	0.60	12.98
2012	9	CWAZQ03AB0_01	春玉米	榆单9	收获期	籽粒	461.04	18.72	2.48	2.31
2012	9	CWAZQ03AB0_01	春玉米	榆单9	收获期	籽粒	458.24	18.27	2.51	2.37
2012	9	CWAZQ03AB0_01	春玉米	榆单9	收获期	籽粒	442.67	18.53	2.51	3.45
2012	9	CWAZQ03AB0_01	春玉米	榆单9	收获期	籽粒	457.22	16.58	2.53	2.36
2012	9	CWAZQ03AB0_01	春玉米	榆单9	收获期	籽粒	449.13	18.63	2.54	2.90
2012	9	CWAZQ03AB0_01	春玉米	榆单9	收获期	籽粒	454.80	18.53	2.52	2.37
2012	9	CWAZQ03AB0_01	春玉米	榆单9	收获期	茎秆	435.31	7.23	0.62	19.85
2012	9	CWAZQ03AB0_01	春玉米	榆单9	收获期	茎秆	438.08	7.34	0.61	20.44
2012	9	CWAZQ03AB0_01	春玉米	榆单9	收获期	茎秆	469.25	10.73	0.69	16.38
2012	9	CWAZQ03AB0_01	春玉米	榆单9	收获期	茎秆	475.90	6.00	0.67	20.96
2012	9	CWAZQ03AB0_01	春玉米	榆单9	收获期	茎秆	440.52	7.73	0.65	20.75
2012	9	CWAZQ03AB0_01	春玉米	榆单9	收获期	茎秆	454.57	18.89	0.64	21.06
2012	9	CWAZQ03AB0_01	春玉米	榆单9	收获期	根	282.45	2.98	0.77	9.50
2012	9	CWAZQ03AB0_01	春玉米	榆单9	收获期	根	294.49	3.24	0.80	9.10
2012	9	CWAZQ03AB0_01	春玉米	榆单9	收获期	根	276.08	3.50	0.72	10.07
2012	9	CWAZQ03AB0_01	春玉米	榆单9	收获期	根	266.36	3.54	0.75	8.80
2012	9	CWAZQ03AB0_01	春玉米	榆单9	收获期	根	293.58	3.84	0.77	9.83
2012	9	CWAZQ03AB0_01	春玉米	榆单9	收获期	根	298.44	3.78	0.76	9.27
2012	9	CWAZQ02AB0_01	春玉米	先玉335	收获期	籽粒	498.52	12.68	2.25	3.07
2012	9	CWAZQ02AB0_01	春玉米	先玉335	收获期	籽粒	485.70	13.49	2.21	3.04
2012	9	CWAZQ02AB0_01	春玉米	先玉335	收获期	籽粒	477.78	13.18	2.32	3.12
2012	9	CWAZQ02AB0_01	春玉米	先玉335	收获期	籽粒	488.11	13.75	2.34	3.08
2012	9	CWAZQ02AB0_01	春玉米	先玉335	收获期	籽粒	485.10	13.63	2.31	3.08

（续）

年份	月份	样地代码	作物名称	作物品种	作物生育期	采样部位	全碳(g/kg)	全氮(g/kg)	全磷(g/kg)	全钾(g/kg)
2012	9	CWAZQ02AB0_01	春玉米	先玉335	收获期	籽粒	484.42	13.60	2.16	3.07
2012	9	CWAZQ02AB0_01	春玉米	先玉335	收获期	茎秆	442.45	9.77	0.65	12.29
2012	9	CWAZQ02AB0_01	春玉米	先玉335	收获期	茎秆	429.15	10.27	0.51	18.80
2012	9	CWAZQ02AB0_01	春玉米	先玉335	收获期	茎秆	464.38	9.07	0.39	21.51
2012	9	CWAZQ02AB0_01	春玉米	先玉335	收获期	茎秆	452.80	7.83	0.66	18.88
2012	9	CWAZQ02AB0_01	春玉米	先玉335	收获期	茎秆	445.00	9.65	0.57	20.54
2012	9	CWAZQ02AB0_01	春玉米	先玉335	收获期	茎秆	465.50	10.54	0.62	23.83
2012	9	CWAZQ02AB0_01	春玉米	先玉335	收获期	根	279.44	5.15	0.42	9.56
2012	9	CWAZQ02AB0_01	春玉米	先玉335	收获期	根	271.50	4.35	0.47	9.81
2012	9	CWAZQ02AB0_01	春玉米	先玉335	收获期	根	237.22	3.86	0.64	9.15
2012	9	CWAZQ02AB0_01	春玉米	先玉335	收获期	根	281.41	3.32	0.46	10.29
2012	9	CWAZQ02AB0_01	春玉米	先玉335	收获期	根	274.89	4.94	0.51	10.17
2012	9	CWAZQ02AB0_01	春玉米	先玉335	收获期	根	278.23	4.15	0.56	9.56
2013	6	CWAFZ04ABC_01	冬小麦	长旱58	收获期	籽粒	510.40	17.84	4.06	2.23
2013	6	CWAFZ04ABC_01	冬小麦	长旱58	收获期	籽粒	486.20	17.66	3.86	2.50
2013	6	CWAFZ04ABC_01	冬小麦	长旱58	收获期	籽粒	497.20	17.06	4.16	2.56
2013	6	CWAFZ04ABC_01	冬小麦	长旱58	收获期	籽粒	490.60	15.74	4.23	2.50
2013	6	CWAFZ04ABC_01	冬小麦	长旱58	收获期	籽粒	470.80	14.26	3.78	2.23
2013	6	CWAFZ04ABC_01	冬小麦	长旱58	收获期	籽粒	481.80	10.67	3.51	1.70
2013	6	CWAFZ04ABC_01	冬小麦	长旱58	收获期	茎秆	442.20	5.36	0.68	7.39
2013	6	CWAFZ04ABC_01	冬小麦	长旱58	收获期	茎秆	440.00	6.28	0.77	8.94
2013	6	CWAFZ04ABC_01	冬小麦	长旱58	收获期	茎秆	448.80	5.42	0.69	8.94
2013	6	CWAFZ04ABC_01	冬小麦	长旱58	收获期	茎秆	459.80	5.24	0.95	6.99
2013	6	CWAFZ04ABC_01	冬小麦	长旱58	收获期	茎秆	415.80	5.38	1.22	6.11
2013	6	CWAFZ04ABC_01	冬小麦	长旱58	收获期	茎秆	429.00	8.68	1.15	8.34
2013	6	CWAFZ04ABC_01	冬小麦	长旱58	收获期	根	484.00	8.06	1.24	5.48
2013	6	CWAFZ04ABC_01	冬小麦	长旱58	收获期	根	380.60	5.75	1.40	6.59
2013	6	CWAFZ04ABC_01	冬小麦	长旱58	收获期	根	374.00	6.69	1.21	5.20
2013	6	CWAFZ04ABC_01	冬小麦	长旱58	收获期	根	396.00	5.67	1.60	6.75
2013	6	CWAFZ04ABC_01	冬小麦	长旱58	收获期	根	389.40	5.53	1.55	6.35
2013	6	CWAFZ04ABC_01	冬小麦	长旱58	收获期	根	332.20	4.06	1.13	4.17
2013	6	CWAFZ03ABC_01	冬小麦	长旱58	收获期	籽粒	486.20	8.13	3.36	2.37

（续）

年份	月份	样地代码	作物名称	作物品种	作物生育期	采样部位	全碳(g/kg)	全氮(g/kg)	全磷(g/kg)	全钾(g/kg)
2013	6	CWAFZ03ABC_01	冬小麦	长旱58	收获期	籽粒	457.60	9.47	3.85	2.76
2013	6	CWAFZ03ABC_01	冬小麦	长旱58	收获期	籽粒	459.80	9.41	3.89	2.63
2013	6	CWAFZ03ABC_01	冬小麦	长旱58	收获期	籽粒	451.00	9.72	4.11	2.70
2013	6	CWAFZ03ABC_01	冬小麦	长旱58	收获期	籽粒	462.00	7.24	3.37	2.23
2013	6	CWAFZ03ABC_01	冬小麦	长旱58	收获期	籽粒	477.40	9.12	4.02	2.63
2013	6	CWAFZ03ABC_01	冬小麦	长旱58	收获期	茎秆	360.80	13.09	1.20	8.82
2013	6	CWAFZ03ABC_01	冬小麦	长旱58	收获期	茎秆	437.80	13.57	1.42	6.91
2013	6	CWAFZ03ABC_01	冬小麦	长旱58	收获期	茎秆	464.20	8.91	1.23	11.13
2013	6	CWAFZ03ABC_01	冬小麦	长旱58	收获期	茎秆	402.60	17.43	1.67	9.29
2013	6	CWAFZ03ABC_01	冬小麦	长旱58	收获期	茎秆	404.80	15.36	1.80	7.63
2013	6	CWAFZ03ABC_01	冬小麦	长旱58	收获期	茎秆	391.60	15.20	1.77	8.10
2013	6	CWAFZ03ABC_01	冬小麦	长旱58	收获期	根	330.00	6.13	1.27	8.50
2013	6	CWAFZ03ABC_01	冬小麦	长旱58	收获期	根	319.00	3.90	1.05	4.60
2013	6	CWAFZ03ABC_01	冬小麦	长旱58	收获期	根	354.20	6.36	1.44	7.39
2013	6	CWAFZ03ABC_01	冬小麦	长旱58	收获期	根	371.80	6.97	1.28	6.00
2013	6	CWAFZ03ABC_01	冬小麦	长旱58	收获期	根	349.80	5.57	1.12	5.64
2013	6	CWAFZ03ABC_01	冬小麦	长旱58	收获期	根	202.40	3.06	1.21	5.48
2013	9	CWAZQ01AB0_01	春玉米	榆单9	收获期	籽粒	517.00	5.61	2.28	1.57
2013	9	CWAZQ01AB0_01	春玉米	榆单9	收获期	籽粒	490.60	7.24	2.54	1.70
2013	9	CWAZQ01AB0_01	春玉米	榆单9	收获期	籽粒	517.00	9.35	2.96	1.70
2013	9	CWAZQ01AB0_01	春玉米	榆单9	收获期	籽粒	488.40	8.00	2.69	1.37
2013	9	CWAZQ01AB0_01	春玉米	榆单9	收获期	籽粒	567.60	9.14	3.20	1.83
2013	9	CWAZQ01AB0_01	春玉米	榆单9	收获期	籽粒	528.00	8.97	3.23	1.70
2013	9	CWAZQ01AB0_01	春玉米	榆单9	收获期	茎秆	477.40	6.73	0.94	10.41
2013	9	CWAZQ01AB0_01	春玉米	榆单9	收获期	茎秆	464.20	5.33	0.89	4.44
2013	9	CWAZQ01AB0_01	春玉米	榆单9	收获期	茎秆	477.40	13.07	1.32	8.82
2013	9	CWAZQ01AB0_01	春玉米	榆单9	收获期	茎秆	501.60	9.70	1.17	10.09
2013	9	CWAZQ01AB0_01	春玉米	榆单9	收获期	茎秆	514.80	10.78	1.19	9.06
2013	9	CWAZQ01AB0_01	春玉米	榆单9	收获期	茎秆	446.60	10.65	1.26	9.70
2013	9	CWAZQ01AB0_01	春玉米	榆单9	收获期	根	450.30	3.21	1.02	6.43
2013	9	CWAZQ01AB0_01	春玉米	榆单9	收获期	根	492.80	4.53	1.16	8.34
2013	9	CWAZQ01AB0_01	春玉米	榆单9	收获期	根	448.80	4.48	0.93	8.18

（续）

年份	月份	样地代码	作物名称	作物品种	作物生育期	采样部位	全碳(g/kg)	全氮(g/kg)	全磷(g/kg)	全钾(g/kg)
2013	9	CWAZQ01AB0_01	春玉米	榆单9	收获期	根	398.20	1.25	0.74	1.58
2013	9	CWAZQ01AB0_01	春玉米	榆单9	收获期	根	389.40	5.17	1.04	5.00
2013	9	CWAZQ01AB0_01	春玉米	榆单9	收获期	根	411.40	6.54	1.57	9.46
2013	9	CWAZQ02AB0_01	春玉米	榆单9	收获期	籽粒	299.20	10.38	3.45	2.76
2013	9	CWAZQ02AB0_01	春玉米	榆单9	收获期	籽粒	299.20	7.85	3.02	2.23
2013	9	CWAZQ02AB0_01	春玉米	榆单9	收获期	籽粒	248.60	6.26	3.42	1.83
2013	9	CWAZQ02AB0_01	春玉米	榆单9	收获期	籽粒	264.00	9.89	3.23	2.23
2013	9	CWAZQ02AB0_01	春玉米	榆单9	收获期	籽粒	393.80	10.08	3.36	2.23
2013	9	CWAZQ02AB0_01	春玉米	榆单9	收获期	籽粒	429.00	8.77	3.17	1.83
2013	9	CWAZQ02AB0_01	春玉米	榆单9	收获期	茎秆	411.40	12.09	1.37	9.86
2013	9	CWAZQ02AB0_01	春玉米	榆单9	收获期	茎秆	310.20	13.46	1.49	10.57
2013	9	CWAZQ02AB0_01	春玉米	榆单9	收获期	茎秆	292.60	10.37	1.36	7.79
2013	9	CWAZQ02AB0_01	春玉米	榆单9	收获期	茎秆	272.80	7.67	0.90	5.96
2013	9	CWAZQ02AB0_01	春玉米	榆单9	收获期	茎秆	237.60	14.94	1.29	7.75
2013	9	CWAZQ02AB0_01	春玉米	榆单9	收获期	茎秆	398.20	7.93	1.49	8.18
2013	9	CWAZQ02AB0_01	春玉米	榆单9	收获期	根	393.80	6.72	1.41	4.52
2013	9	CWAZQ02AB0_01	春玉米	榆单9	收获期	根	154.00	5.07	1.41	5.72
2013	9	CWAZQ02AB0_01	春玉米	榆单9	收获期	根	224.40	8.11	1.53	6.04
2013	9	CWAZQ02AB0_01	春玉米	榆单9	收获期	根	145.20	6.04	1.06	6.19
2013	9	CWAZQ02AB0_01	春玉米	榆单9	收获期	根	187.00	6.30	1.26	7.95
2013	9	CWAZQ02AB0_01	春玉米	榆单9	收获期	根	308.00	5.55	1.75	7.47
2013	9	CWAZH01ABC_01	春玉米	榆单9	收获期	籽粒	448.80	5.21	1.77	1.17
2013	9	CWAZH01ABC_01	春玉米	榆单9	收获期	籽粒	435.60	9.40	2.39	2.37
2013	9	CWAZH01ABC_01	春玉米	榆单9	收获期	籽粒	536.80	10.24	2.15	2.10
2013	9	CWAZH01ABC_01	春玉米	榆单9	收获期	籽粒	338.90	9.86	2.42	1.97
2013	9	CWAZH01ABC_01	春玉米	榆单9	收获期	籽粒	428.00	9.29	2.22	2.23
2013	9	CWAZH01ABC_01	春玉米	榆单9	收获期	籽粒	530.20	8.05	2.22	2.10
2013	9	CWAZH01ABC_01	春玉米	榆单9	收获期	茎秆	393.80	14.08	1.16	9.46
2013	9	CWAZH01ABC_01	春玉米	榆单9	收获期	茎秆	398.20	12.99	1.30	9.54
2013	9	CWAZH01ABC_01	春玉米	榆单9	收获期	茎秆	446.60	9.49	0.82	11.77
2013	9	CWAZH01ABC_01	春玉米	榆单9	收获期	茎秆	409.20	14.90	0.83	11.93
2013	9	CWAZH01ABC_01	春玉米	榆单9	收获期	茎秆	437.80	12.21	1.02	12.32

（续）

年份	月份	样地代码	作物名称	作物品种	作物生育期	采样部位	全碳(g/kg)	全氮(g/kg)	全磷(g/kg)	全钾(g/kg)
2013	9	CWAZH01ABC_01	春玉米	榆单9	收获期	茎秆	484.00	9.51	0.68	9.30
2013	9	CWAZH01ABC_01	春玉米	榆单9	收获期	根	323.40	7.19	0.94	6.75
2013	9	CWAZH01ABC_01	春玉米	榆单9	收获期	根	191.40	7.34	1.02	6.43
2013	9	CWAZH01ABC_01	春玉米	榆单9	收获期	根	215.60	7.62	0.75	6.55
2013	9	CWAZH01ABC_01	春玉米	榆单9	收获期	根	495.00	7.87	0.81	5.40
2013	9	CWAZH01ABC_01	春玉米	榆单9	收获期	根	231.00	6.09	0.90	7.07
2013	9	CWAZH01ABC_01	春玉米	榆单9	收获期	根	257.40	5.53	0.93	6.04
2013	9	CWAZQ03AB0_01	春玉米	榆单9	收获期	籽粒	497.20	15.15	4.53	2.50
2013	9	CWAZQ03AB0_01	春玉米	榆单9	收获期	籽粒	437.80	16.61	4.45	2.23
2013	9	CWAZQ03AB0_01	春玉米	榆单9	收获期	籽粒	435.60	16.48	4.39	2.23
2013	9	CWAZQ03AB0_01	春玉米	榆单9	收获期	籽粒	398.20	16.63	4.50	2.50
2013	9	CWAZQ03AB0_01	春玉米	榆单9	收获期	籽粒	435.60	16.88	4.82	2.37
2013	9	CWAZQ03AB0_01	春玉米	榆单9	收获期	籽粒	451.00	17.63	4.62	2.37
2013	9	CWAZQ03AB0_01	春玉米	榆单9	收获期	茎秆	444.40	6.39	1.07	6.19
2013	9	CWAZQ03AB0_01	春玉米	榆单9	收获期	茎秆	420.20	11.63	1.44	9.22
2013	9	CWAZQ03AB0_01	春玉米	榆单9	收获期	茎秆	440.00	10.96	1.66	8.98
2013	9	CWAZQ03AB0_01	春玉米	榆单9	收获期	茎秆	396.00	9.35	1.25	9.94
2013	9	CWAZQ03AB0_01	春玉米	榆单9	收获期	茎秆	418.00	9.96	1.23	8.50
2013	9	CWAZQ03AB0_01	春玉米	榆单9	收获期	茎秆	435.60	6.60	1.09	9.46
2013	9	CWAZQ03AB0_01	春玉米	榆单9	收获期	根	398.20	4.55	1.22	2.85
2013	9	CWAZQ03AB0_01	春玉米	榆单9	收获期	根	365.20	14.97	1.72	4.20
2013	9	CWAZQ03AB0_01	春玉米	榆单9	收获期	根	297.00	10.86	1.79	4.36
2013	9	CWAZQ03AB0_01	春玉米	榆单9	收获期	根	396.00	6.76	1.57	4.60
2013	9	CWAZQ03AB0_01	春玉米	榆单9	收获期	根	277.20	12.73	1.90	3.73
2013	9	CWAZQ03AB0_01	春玉米	榆单9	收获期	根	266.20	8.28	1.55	4.13
2014	6	CWAFZ04ABC_01	冬小麦	长旱58	收获期	籽粒	470.80	20.39	1.61	1.74
2014	6	CWAFZ04ABC_01	冬小麦	长旱58	收获期	籽粒	463.47	24.12	1.88	1.94
2014	6	CWAFZ04ABC_01	冬小麦	长旱58	收获期	籽粒	504.53	24.32	2.16	2.01
2014	6	CWAFZ04ABC_01	冬小麦	长旱58	收获期	籽粒	470.80	23.34	1.92	1.94
2014	6	CWAFZ04ABC_01	冬小麦	长旱58	收获期	籽粒	453.20	20.61	2.25	2.15
2014	6	CWAFZ04ABC_01	冬小麦	长旱58	收获期	籽粒	508.93	20.51	1.88	2.15
2014	6	CWAFZ04ABC_01	冬小麦	长旱58	收获期	茎秆	501.60	3.48	0.38	6.40

（续）

年份	月份	样地代码	作物名称	作物品种	作物生育期	采样部位	全碳 (g/kg)	全氮 (g/kg)	全磷 (g/kg)	全钾 (g/kg)
2014	6	CWAFZ04ABC_01	冬小麦	长旱58	收获期	茎秆	453.20	4.35	0.43	7.43
2014	6	CWAFZ04ABC_01	冬小麦	长旱58	收获期	茎秆	473.73	5.14	0.47	6.88
2014	6	CWAFZ04ABC_01	冬小麦	长旱58	收获期	茎秆	494.27	4.02	0.59	6.20
2014	6	CWAFZ04ABC_01	冬小麦	长旱58	收获期	茎秆	423.87	4.11	0.39	6.20
2014	6	CWAFZ04ABC_01	冬小麦	长旱58	收获期	茎秆	489.87	4.03	0.44	6.27
2014	6	CWAFZ04ABC_01	冬小麦	长旱58	收获期	根	344.67	8.15	1.86	6.68
2014	6	CWAFZ04ABC_01	冬小麦	长旱58	收获期	根	288.93	8.54	1.65	5.65
2014	6	CWAFZ04ABC_01	冬小麦	长旱58	收获期	根	206.80	8.16	1.82	7.30
2014	6	CWAFZ04ABC_01	冬小麦	长旱58	收获期	根	269.87	8.22	1.64	5.10
2014	6	CWAFZ04ABC_01	冬小麦	长旱58	收获期	根	265.47	7.97	1.62	5.92
2014	6	CWAFZ04ABC_01	冬小麦	长旱58	收获期	根	310.93	8.26	1.79	6.34
2014	6	CWAZH01ABC_01	冬小麦	长旱58	收获期	籽粒	450.27	22.99	1.49	2.01
2014	6	CWAZH01ABC_01	冬小麦	长旱58	收获期	籽粒	420.93	24.20	1.48	1.94
2014	6	CWAZH01ABC_01	冬小麦	长旱58	收获期	籽粒	445.87	18.89	1.65	2.08
2014	6	CWAZH01ABC_01	冬小麦	长旱58	收获期	籽粒	420.93	21.69	1.78	2.08
2014	6	CWAZH01ABC_01	冬小麦	长旱58	收获期	籽粒	432.67	22.89	1.82	2.08
2014	6	CWAZH01ABC_01	冬小麦	长旱58	收获期	籽粒	428.27	24.25	2.08	2.01
2014	6	CWAZH01ABC_01	冬小麦	长旱58	收获期	茎秆	440.00	4.53	0.35	9.22
2014	6	CWAZH01ABC_01	冬小麦	长旱58	收获期	茎秆	413.60	4.63	0.30	7.16
2014	6	CWAZH01ABC_01	冬小麦	长旱58	收获期	茎秆	434.13	3.36	0.33	6.68
2014	6	CWAZH01ABC_01	冬小麦	长旱58	收获期	茎秆	434.13	3.47	0.32	8.74
2014	6	CWAZH01ABC_01	冬小麦	长旱58	收获期	茎秆	476.67	3.10	0.37	6.20
2014	6	CWAZH01ABC_01	冬小麦	长旱58	收获期	茎秆	385.73	3.12	0.34	7.16
2014	6	CWAZH01ABC_01	冬小麦	长旱58	收获期	根	268.40	7.63	1.21	8.19
2014	6	CWAZH01ABC_01	冬小麦	长旱58	收获期	根	283.07	6.93	1.43	8.33
2014	6	CWAZH01ABC_01	冬小麦	长旱58	收获期	根	287.47	6.83	1.71	7.64
2014	6	CWAZH01ABC_01	冬小麦	长旱58	收获期	根	280.13	6.94	1.62	6.88
2014	6	CWAZH01ABC_01	冬小麦	长旱58	收获期	根	313.87	7.16	2.02	7.71
2014	6	CWAZH01ABC_01	冬小麦	长旱58	收获期	根	294.80	6.54	1.12	9.22
2014	9	CWAFZ03ABC_01	春玉米	榆单9	收获期	籽粒	463.47	23.33	1.11	1.81
2014	9	CWAFZ03ABC_01	春玉米	榆单9	收获期	籽粒	506.00	12.55	1.24	1.33
2014	9	CWAFZ03ABC_01	春玉米	榆单9	收获期	籽粒	547.07	16.17	1.34	1.53

（续）

年份	月份	样地代码	作物名称	作物品种	作物生育期	采样部位	全碳(g/kg)	全氮(g/kg)	全磷(g/kg)	全钾(g/kg)
2014	9	CWAFZ03ABC_01	春玉米	榆单9	收获期	籽粒	607.20	16.39	1.39	1.60
2014	9	CWAFZ03ABC_01	春玉米	榆单9	收获期	籽粒	560.27	16.62	1.27	1.46
2014	9	CWAFZ03ABC_01	春玉米	榆单9	收获期	籽粒	580.80	16.59	1.24	1.26
2014	9	CWAFZ03ABC_01	春玉米	榆单9	收获期	茎秆	544.13	5.60	0.27	7.43
2014	9	CWAFZ03ABC_01	春玉米	榆单9	收获期	茎秆	476.67	4.29	0.17	7.85
2014	9	CWAFZ03ABC_01	春玉米	榆单9	收获期	茎秆	486.93	3.56	0.34	9.01
2014	9	CWAFZ03ABC_01	春玉米	榆单9	收获期	茎秆	520.67	5.02	0.35	8.74
2014	9	CWAFZ03ABC_01	春玉米	榆单9	收获期	茎秆	638.00	4.09	0.28	8.60
2014	9	CWAFZ03ABC_01	春玉米	榆单9	收获期	茎秆	572.00	4.50	0.12	6.20
2014	9	CWAFZ03ABC_01	春玉米	榆单9	收获期	根	363.73	7.67	1.92	6.40
2014	9	CWAFZ03ABC_01	春玉米	榆单9	收获期	根	397.47	7.04	0.95	7.30
2014	9	CWAFZ03ABC_01	春玉米	榆单9	收获期	根	425.33	8.68	0.46	5.79
2014	9	CWAFZ03ABC_01	春玉米	榆单9	收获期	根	548.53	5.69	0.43	6.34
2014	9	CWAFZ03ABC_01	春玉米	榆单9	收获期	根	407.73	3.85	0.45	5.10
2014	9	CWAFZ03ABC_01	春玉米	榆单9	收获期	根	369.60	6.69	0.43	5.37
2014	9	CWAZQ02AB0_01	春玉米	榆单9	收获期	籽粒	489.87	21.33	1.74	1.39
2014	9	CWAZQ02AB0_01	春玉米	榆单9	收获期	籽粒	500.13	17.96	1.63	1.46
2014	9	CWAZQ02AB0_01	春玉米	榆单9	收获期	籽粒	460.53	19.45	1.52	1.26
2014	9	CWAZQ02AB0_01	春玉米	榆单9	收获期	籽粒	447.33	19.84	1.88	1.39
2014	9	CWAZQ02AB0_01	春玉米	榆单9	收获期	籽粒	460.53	21.96	1.85	1.12
2014	9	CWAZQ02AB0_01	春玉米	榆单9	收获期	籽粒	460.53	26.60	1.45	1.33
2014	9	CWAZQ02AB0_01	春玉米	榆单9	收获期	茎秆	450.27	16.11	0.95	6.20
2014	9	CWAZQ02AB0_01	春玉米	榆单9	收获期	茎秆	481.07	12.29	0.42	6.20
2014	9	CWAZQ02AB0_01	春玉米	榆单9	收获期	茎秆	438.53	5.60	0.55	5.03
2014	9	CWAZQ02AB0_01	春玉米	榆单9	收获期	茎秆	464.93	6.35	0.47	6.88
2014	9	CWAZQ02AB0_01	春玉米	榆单9	收获期	茎秆	412.13	9.39	0.39	3.93
2014	9	CWAZQ02AB0_01	春玉米	榆单9	收获期	茎秆	437.07	6.42	0.45	4.83
2014	9	CWAZQ02AB0_01	春玉米	榆单9	收获期	根	467.87	6.48	0.65	8.46
2014	9	CWAZQ02AB0_01	春玉米	榆单9	收获期	根	412.13	5.87	0.70	8.60
2014	9	CWAZQ02AB0_01	春玉米	榆单9	收获期	根	450.27	6.34	0.62	8.33
2014	9	CWAZQ02AB0_01	春玉米	榆单9	收获期	根	442.93	8.75	0.66	7.50
2014	9	CWAZQ02AB0_01	春玉米	榆单9	收获期	根	406.27	7.00	0.81	5.10

（续）

年份	月份	样地代码	作物名称	作物品种	作物生育期	采样部位	全碳(g/kg)	全氮(g/kg)	全磷(g/kg)	全钾(g/kg)
2014	9	CWAZQ02AB0_01	春玉米	榆单9	收获期	根	363.73	8.90	0.70	9.36
2014	9	CWAZQ01AB0_01	春玉米	榆单9	收获期	籽粒	416.53	23.34	2.04	2.15
2014	9	CWAZQ01AB0_01	春玉米	榆单9	收获期	籽粒	488.40	25.98	1.82	1.26
2014	9	CWAZQ01AB0_01	春玉米	榆单9	收获期	籽粒	519.20	24.22	1.61	1.12
2014	9	CWAZQ01AB0_01	春玉米	榆单9	收获期	籽粒	488.40	28.14	1.96	1.53
2014	9	CWAZQ01AB0_01	春玉米	榆单9	收获期	籽粒	511.87	23.53	1.72	1.67
2014	9	CWAZQ01AB0_01	春玉米	榆单9	收获期	籽粒	491.33	25.53	1.57	1.60
2014	9	CWAZQ01AB0_01	春玉米	榆单9	收获期	茎秆	444.40	7.01	0.50	9.15
2014	9	CWAZQ01AB0_01	春玉米	榆单9	收获期	茎秆	459.07	10.61	0.50	5.03
2014	9	CWAZQ01AB0_01	春玉米	榆单9	收获期	茎秆	463.47	15.21	0.93	2.97
2014	9	CWAZQ01AB0_01	春玉米	榆单9	收获期	茎秆	460.53	12.03	1.07	7.71
2014	9	CWAZQ01AB0_01	春玉米	榆单9	收获期	茎秆	324.13	10.56	0.92	4.41
2014	9	CWAZQ01AB0_01	春玉米	榆单9	收获期	茎秆	492.80	20.45	0.97	5.37
2014	9	CWAZQ01AB0_01	春玉米	榆单9	收获期	根	203.87	7.28	2.05	9.15
2014	9	CWAZQ01AB0_01	春玉米	榆单9	收获期	根	142.27	6.38	1.62	9.70
2014	9	CWAZQ01AB0_01	春玉米	榆单9	收获期	根	428.27	12.17	3.01	9.84
2014	9	CWAZQ01AB0_01	春玉米	榆单9	收获期	根	293.33	7.41	1.13	11.55
2014	9	CWAZQ01AB0_01	春玉米	榆单9	收获期	根	331.47	8.79	1.17	11.21
2014	9	CWAZQ01AB0_01	春玉米	榆单9	收获期	根	396.00	11.57	1.19	10.93
2014	9	CWAZQ03AB0_01	春玉米	先玉335	收获期	籽粒	513.33	14.74	0.66	1.12
2014	9	CWAZQ03AB0_01	春玉米	先玉335	收获期	籽粒	459.07	19.46	1.03	1.39
2014	9	CWAZQ03AB0_01	春玉米	先玉335	收获期	籽粒	431.20	15.89	0.94	1.05
2014	9	CWAZQ03AB0_01	春玉米	先玉335	收获期	籽粒	434.13	16.70	1.17	0.91
2014	9	CWAZQ03AB0_01	春玉米	先玉335	收获期	籽粒	460.53	21.36	1.28	1.39
2014	9	CWAZQ03AB0_01	春玉米	先玉335	收获期	籽粒	434.13	15.29	4.03	0.84
2014	9	CWAZQ03AB0_01	春玉米	先玉335	收获期	茎秆	425.33	4.83	0.36	9.70
2014	9	CWAZQ03AB0_01	春玉米	先玉335	收获期	茎秆	514.80	8.50	0.39	7.57
2014	9	CWAZQ03AB0_01	春玉米	先玉335	收获期	茎秆	459.07	5.95	0.24	10.04
2014	9	CWAZQ03AB0_01	春玉米	先玉335	收获期	茎秆	444.40	5.41	0.31	8.46
2014	9	CWAZQ03AB0_01	春玉米	先玉335	收获期	茎秆	422.40	5.65	0.23	9.36
2014	9	CWAZQ03AB0_01	春玉米	先玉335	收获期	茎秆	435.60	4.46	0.22	10.32
2014	9	CWAZQ03AB0_01	春玉米	先玉335	收获期	根	183.33	6.95	2.35	6.34

（续）

年份	月份	样地代码	作物名称	作物品种	作物生育期	采样部位	全碳（g/kg）	全氮（g/kg）	全磷（g/kg）	全钾（g/kg）
2014	9	CWAZQ03AB0_01	春玉米	先玉335	收获期	根	231.73	8.40	2.15	4.96
2014	9	CWAZQ03AB0_01	春玉米	先玉335	收获期	根	343.20	9.74	2.09	3.86
2014	9	CWAZQ03AB0_01	春玉米	先玉335	收获期	根	269.87	8.02	1.67	4.89
2014	9	CWAZQ03AB0_01	春玉米	先玉335	收获期	根	240.53	8.00	1.67	6.54
2014	9	CWAZQ03AB0_01	春玉米	先玉335	收获期	根	224.40	7.34	2.04	7.57
2015	6	CWAFZ04ABC_01	冬小麦	长旱58	收获期	籽粒	409.97	15.95	3.16	4.62
2015	6	CWAFZ04ABC_01	冬小麦	长旱58	收获期	籽粒	411.43	17.12	3.02	4.73
2015	6	CWAFZ04ABC_01	冬小麦	长旱58	收获期	籽粒	410.19	15.46	3.40	5.04
2015	6	CWAFZ04ABC_01	冬小麦	长旱58	收获期	籽粒	414.26	20.10	2.59	4.43
2015	6	CWAFZ04ABC_01	冬小麦	长旱58	收获期	籽粒	408.25	16.87	3.07	4.86
2015	6	CWAFZ04ABC_01	冬小麦	长旱58	收获期	籽粒	410.86	19.77	3.16	5.52
2015	6	CWAFZ04ABC_01	冬小麦	长旱58	收获期	茎秆	436.52	2.34	0.49	11.60
2015	6	CWAFZ04ABC_01	冬小麦	长旱58	收获期	茎秆	439.81	3.10	0.26	10.92
2015	6	CWAFZ04ABC_01	冬小麦	长旱58	收获期	茎秆	428.16	2.81	0.30	11.98
2015	6	CWAFZ04ABC_01	冬小麦	长旱58	收获期	茎秆	435.72	4.84	0.32	11.22
2015	6	CWAFZ04ABC_01	冬小麦	长旱58	收获期	茎秆	433.88	3.46	0.45	11.63
2015	6	CWAFZ04ABC_01	冬小麦	长旱58	收获期	茎秆	435.64	6.87	0.47	12.52
2015	6	CWAFZ04ABC_01	冬小麦	长旱58	收获期	根	312.67	7.25	1.10	8.44
2015	6	CWAFZ04ABC_01	冬小麦	长旱58	收获期	根	299.72	10.58	2.21	5.64
2015	6	CWAFZ04ABC_01	冬小麦	长旱58	收获期	根	351.36	7.73	1.79	6.94
2015	6	CWAFZ04ABC_01	冬小麦	长旱58	收获期	根	275.65	10.56	0.89	6.70
2015	6	CWAFZ04ABC_01	冬小麦	长旱58	收获期	根	324.87	11.33	1.88	4.88
2015	6	CWAFZ04ABC_01	冬小麦	长旱58	收获期	根	355.29	11.37	1.88	5.54
2015	7	CWAZH01ABC_01	冬小麦	长旱58	收获期	籽粒	422.44	22.30	3.52	5.38
2015	7	CWAZH01ABC_01	冬小麦	长旱58	收获期	籽粒	422.40	22.79	4.19	6.09
2015	7	CWAZH01ABC_01	冬小麦	长旱58	收获期	籽粒	422.77	23.93	3.76	5.92
2015	7	CWAZH01ABC_01	冬小麦	长旱58	收获期	籽粒	421.99	22.29	3.61	5.31
2015	7	CWAZH01ABC_01	冬小麦	长旱58	收获期	籽粒	423.66	24.95	3.87	6.15
2015	7	CWAZH01ABC_01	冬小麦	长旱58	收获期	籽粒	419.18	24.91	3.79	5.45
2015	7	CWAZH01ABC_01	冬小麦	长旱58	收获期	茎秆	409.24	11.55	1.02	16.18
2015	7	CWAZH01ABC_01	冬小麦	长旱58	收获期	茎秆	433.17	6.69	0.70	15.84
2015	7	CWAZH01ABC_01	冬小麦	长旱58	收获期	茎秆	408.21	10.06	0.89	14.93

（续）

年份	月份	样地代码	作物名称	作物品种	作物生育期	采样部位	全碳（g/kg）	全氮（g/kg）	全磷（g/kg）	全钾（g/kg）
2015	7	CWAZH01ABC_01	冬小麦	长旱58	收获期	茎秆	436.04	9.03	0.70	14.51
2015	7	CWAZH01ABC_01	冬小麦	长旱58	收获期	茎秆	442.23	169.19	1.12	17.72
2015	7	CWAZH01ABC_01	冬小麦	长旱58	收获期	茎秆	429.26	12.78	1.13	14.83
2015	7	CWAZH01ABC_01	冬小麦	长旱58	收获期	根	347.92	14.02	1.60	7.28
2015	7	CWAZH01ABC_01	冬小麦	长旱58	收获期	根	349.79	12.25	1.62	6.54
2015	7	CWAZH01ABC_01	冬小麦	长旱58	收获期	根	356.09	12.71	1.50	8.01
2015	7	CWAZH01ABC_01	冬小麦	长旱58	收获期	根	327.73	12.68	1.85	6.68
2015	7	CWAZH01ABC_01	冬小麦	长旱58	收获期	根	272.65	11.75	2.53	6.12
2015	7	CWAZH01ABC_01	冬小麦	长旱58	收获期	根	322.75	12.88	1.98	5.67
2015	7	CWAFZ03ABC_01	冬小麦	长旱58	收获期	籽粒	410.64	23.22	3.24	4.73
2015	7	CWAFZ03ABC_01	冬小麦	长旱58	收获期	籽粒	411.55	22.27	3.33	4.90
2015	7	CWAFZ03ABC_01	冬小麦	长旱58	收获期	籽粒	418.31	23.90	3.45	4.88
2015	7	CWAFZ03ABC_01	冬小麦	长旱58	收获期	籽粒	408.31	23.10	3.76	5.51
2015	7	CWAFZ03ABC_01	冬小麦	长旱58	收获期	籽粒	421.87	24.16	3.52	5.39
2015	7	CWAFZ03ABC_01	冬小麦	长旱58	收获期	籽粒	421.22	24.02	4.13	5.81
2015	7	CWAFZ03ABC_01	冬小麦	长旱58	收获期	茎秆	438.81	7.30	0.83	14.87
2015	7	CWAFZ03ABC_01	冬小麦	长旱58	收获期	茎秆	436.07	10.11	0.86	13.56
2015	7	CWAFZ03ABC_01	冬小麦	长旱58	收获期	茎秆	431.18	9.81	0.81	15.50
2015	7	CWAFZ03ABC_01	冬小麦	长旱58	收获期	茎秆	437.07	11.54	0.91	14.43
2015	7	CWAFZ03ABC_01	冬小麦	长旱58	收获期	茎秆	435.87	12.23	1.17	16.73
2015	7	CWAFZ03ABC_01	冬小麦	长旱58	收获期	茎秆	430.13	9.57	0.79	14.64
2015	7	CWAFZ03ABC_01	冬小麦	长旱58	收获期	根	326.98	11.57	1.44	7.66
2015	7	CWAFZ03ABC_01	冬小麦	长旱58	收获期	根	353.78	10.06	0.81	8.40
2015	7	CWAFZ03ABC_01	冬小麦	长旱58	收获期	根	384.58	11.59	0.76	8.51
2015	7	CWAFZ03ABC_01	冬小麦	长旱58	收获期	根	357.84	10.57	1.13	6.98
2015	7	CWAFZ03ABC_01	冬小麦	长旱58	收获期	根	378.07	12.33	1.73	8.83
2015	7	CWAFZ03ABC_01	冬小麦	长旱58	收获期	根	303.99	10.31	1.03	9.23
2015	9	CWAZQ02AB0_01	春玉米	先玉335	收获期	籽粒	423.02	14.70	1.90	3.21
2015	9	CWAZQ02AB0_01	春玉米	先玉335	收获期	籽粒	426.23	13.94	2.00	3.64
2015	9	CWAZQ02AB0_01	春玉米	先玉335	收获期	籽粒	426.28	13.90	2.16	3.67
2015	9	CWAZQ02AB0_01	春玉米	先玉335	收获期	籽粒	426.63	14.30	2.06	3.55
2015	9	CWAZQ02AB0_01	春玉米	先玉335	收获期	籽粒	410.84	15.52	2.04	3.20

（续）

年份	月份	样地代码	作物名称	作物品种	作物生育期	采样部位	全碳(g/kg)	全氮(g/kg)	全磷(g/kg)	全钾(g/kg)
2015	9	CWAZQ02AB0_01	春玉米	先玉 335	收获期	籽粒	427.59	15.62	2.21	3.54
2015	9	CWAZQ02AB0_01	春玉米	先玉 335	收获期	茎秆	425.88	9.98	0.50	11.26
2015	9	CWAZQ02AB0_01	春玉米	先玉 335	收获期	茎秆	416.47	14.77	0.72	9.69
2015	9	CWAZQ02AB0_01	春玉米	先玉 335	收获期	茎秆	419.67	12.77	0.73	11.72
2015	9	CWAZQ02AB0_01	春玉米	先玉 335	收获期	茎秆	419.76	11.34	0.46	10.14
2015	9	CWAZQ02AB0_01	春玉米	先玉 335	收获期	茎秆	427.71	8.41	0.42	10.37
2015	9	CWAZQ02AB0_01	春玉米	先玉 335	收获期	茎秆	426.85	11.48	0.70	11.73
2015	9	CWAZQ02AB0_01	春玉米	先玉 335	收获期	根	395.60	5.53	0.38	13.02
2015	9	CWAZQ02AB0_01	春玉米	先玉 335	收获期	根	420.51	4.58	0.29	10.61
2015	9	CWAZQ02AB0_01	春玉米	先玉 335	收获期	根	415.23	5.60	0.28	9.94
2015	9	CWAZQ02AB0_01	春玉米	先玉 335	收获期	根	402.46	5.48	0.38	12.50
2015	9	CWAZQ02AB0_01	春玉米	先玉 335	收获期	根	415.76	5.51	0.31	9.67
2015	9	CWAZQ02AB0_01	春玉米	先玉 335	收获期	根	419.06	5.68	0.32	11.05
2015	9	CWAZQ01AB0_01	春玉米	先玉 335	收获期	籽粒	427.10	14.86	2.50	3.64
2015	9	CWAZQ01AB0_01	春玉米	先玉 335	收获期	籽粒	429.18	14.23	2.58	3.78
2015	9	CWAZQ01AB0_01	春玉米	先玉 335	收获期	籽粒	424.94	14.67	2.23	3.24
2015	9	CWAZQ01AB0_01	春玉米	先玉 335	收获期	籽粒	425.00	14.31	2.58	4.08
2015	9	CWAZQ01AB0_01	春玉米	先玉 335	收获期	籽粒	425.32	16.43	2.93	4.10
2015	9	CWAZQ01AB0_01	春玉米	先玉 335	收获期	籽粒	427.25	13.59	2.13	3.29
2015	9	CWAZQ01AB0_01	春玉米	先玉 335	收获期	茎秆	425.21	11.82	0.67	14.27
2015	9	CWAZQ01AB0_01	春玉米	先玉 335	收获期	茎秆	419.14	13.36	0.79	14.07
2015	9	CWAZQ01AB0_01	春玉米	先玉 335	收获期	茎秆	422.81	10.87	0.71	13.78
2015	9	CWAZQ01AB0_01	春玉米	先玉 335	收获期	茎秆	422.86	12.51	0.65	13.24
2015	9	CWAZQ01AB0_01	春玉米	先玉 335	收获期	茎秆	419.65	12.43	0.79	13.52
2015	9	CWAZQ01AB0_01	春玉米	先玉 335	收获期	茎秆	425.44	13.59	0.79	20.97
2015	9	CWAZQ01AB0_01	春玉米	先玉 335	收获期	根	409.11	7.35	0.33	12.90
2015	9	CWAZQ01AB0_01	春玉米	先玉 335	收获期	根	364.18	6.57	0.37	8.61
2015	9	CWAZQ01AB0_01	春玉米	先玉 335	收获期	根	373.55	9.17	0.46	13.72
2015	9	CWAZQ01AB0_01	春玉米	先玉 335	收获期	根	286.36	6.94	0.47	14.38
2015	9	CWAZQ01AB0_01	春玉米	先玉 335	收获期	根	380.71	9.52	0.42	13.32
2015	9	CWAZQ01AB0_01	春玉米	先玉 335	收获期	根	403.95	8.34	0.40	13.94
2015	9	CWAZQ03AB0_01	春玉米	先玉 335	收获期	籽粒	419.65	15.59	2.66	3.96

（续）

年份	月份	样地代码	作物名称	作物品种	作物生育期	采样部位	全碳(g/kg)	全氮(g/kg)	全磷(g/kg)	全钾(g/kg)
2015	9	CWAZQ03AB0_01	春玉米	先玉335	收获期	籽粒	426.27	14.78	2.21	3.32
2015	9	CWAZQ03AB0_01	春玉米	先玉335	收获期	籽粒	420.67	16.13	3.14	4.49
2015	9	CWAZQ03AB0_01	春玉米	先玉335	收获期	籽粒	412.83	14.50	2.60	3.75
2015	9	CWAZQ03AB0_01	春玉米	先玉335	收获期	籽粒	422.33	15.57	2.62	4.11
2015	9	CWAZQ03AB0_01	春玉米	先玉335	收获期	籽粒	418.94	14.93	2.10	3.17
2015	9	CWAZQ03AB0_01	春玉米	先玉335	收获期	茎秆	425.10	13.89	0.85	12.94
2015	9	CWAZQ03AB0_01	春玉米	先玉335	收获期	茎秆	430.05	12.16	0.80	12.46
2015	9	CWAZQ03AB0_01	春玉米	先玉335	收获期	茎秆	411.98	10.33	0.69	15.50
2015	9	CWAZQ03AB0_01	春玉米	先玉335	收获期	茎秆	425.87	11.75	0.83	12.88
2015	9	CWAZQ03AB0_01	春玉米	先玉335	收获期	茎秆	425.32	10.86	0.69	12.87
2015	9	CWAZQ03AB0_01	春玉米	先玉335	收获期	茎秆	419.50	12.23	0.74	14.96
2015	9	CWAZQ03AB0_01	春玉米	先玉335	收获期	根	337.45	7.88	0.54	10.82
2015	9	CWAZQ03AB0_01	春玉米	先玉335	收获期	根	413.54	6.64	0.40	10.87
2015	9	CWAZQ03AB0_01	春玉米	先玉335	收获期	根	364.50	5.45	0.47	11.04
2015	9	CWAZQ03AB0_01	春玉米	先玉335	收获期	根	406.21	6.13	0.31	9.60
2015	9	CWAZQ03AB0_01	春玉米	先玉335	收获期	根	416.03	6.77	0.38	12.17
2015	9	CWAZQ03AB0_01	春玉米	先玉335	收获期	根	425.07	6.85	0.41	12.55

表3-12　2010年作物元素含量与能值（全钙、全镁、全铁、全锰、全铜、全锌、灰分）

年份	月份	样地代码	作物名称	作物品种	作物生育期	采样部位	全钙(g/kg)	全镁(g/kg)	全铁(g/kg)	全锰(mg/kg)	全铜(mg/kg)	全锌(mg/kg)	灰分(%)
2010	6	CWAZQ03AB0_01	冬小麦	长旱58	收获期	籽粒	0.28	1.28	34.12	36.22	6.27	18.74	1.31
2010	6	CWAZQ03AB0_01	冬小麦	长旱58	收获期	籽粒	0.55	1.36	44.17	37.26	7.38	19.92	1.30
2010	6	CWAZQ03AB0_01	冬小麦	长旱58	收获期	籽粒	0.22	1.19	32.36	37.77	6.39	17.80	1.27
2010	6	CWAZQ03AB0_01	冬小麦	长旱58	收获期	籽粒	0.55	1.29	39.75	35.61	6.47	23.43	1.29
2010	6	CWAZQ03AB0_01	冬小麦	长旱58	收获期	籽粒	0.19	1.28	42.52	37.30	7.53	23.55	1.35
2010	6	CWAZQ03AB0_01	冬小麦	长旱58	收获期	籽粒	0.15	1.10	37.69	28.85	6.42	16.49	1.28
2010	6	CWAZQ03AB0_01	冬小麦	长旱58	收获期	茎秆	4.90	1.12	266.54	42.74	3.89	6.40	5.08
2010	6	CWAZQ03AB0_01	冬小麦	长旱58	收获期	茎秆	5.01	1.23	276.52	38.92	4.39	12.78	4.91
2010	6	CWAZQ03AB0_01	冬小麦	长旱58	收获期	茎秆	4.75	1.07	250.50	32.85	4.89	6.99	4.35
2010	6	CWAZQ03AB0_01	冬小麦	长旱58	收获期	茎秆	6.22	1.43	484.36	49.36	6.38	10.93	5.95
2010	6	CWAZQ03AB0_01	冬小麦	长旱58	收获期	茎秆	3.46	0.98	522.38	55.63	6.12	10.95	7.75
2010	6	CWAZQ03AB0_01	冬小麦	长旱58	收获期	茎秆	2.87	0.83	337.96	42.38	6.66	10.32	5.50
2010	6	CWAZQ03AB0_01	冬小麦	长旱58	收获期	根	10.25	1.26	976.35	104.29	6.24	17.88	13.51

（续）

年份	月份	样地代码	作物名称	作物品种	作物生育期	采样部位	全钙 (g/kg)	全镁 (g/kg)	全铁 (g/kg)	全锰 (mg/kg)	全铜 (mg/kg)	全锌 (mg/kg)	灰分 (%)
2010	6	CWAZQ03AB0_01	冬小麦	长旱58	收获期	根	13.31	1.40	1 023.12	118.56	4.32	18.83	17.99
2010	6	CWAZQ03AB0_01	冬小麦	长旱58	收获期	根	13.37	1.47	1 107.35	128.64	5.40	20.23	19.06
2010	6	CWAZQ03AB0_01	冬小麦	长旱58	收获期	根	13.15	1.32	1 013.62	108.93	8.39	30.78	19.53
2010	6	CWAZQ03AB0_01	冬小麦	长旱58	收获期	根	15.05	1.62	1 171.86	138.25	6.79	20.70	22.51
2010	6	CWAZQ03AB0_01	冬小麦	长旱58	收获期	根	14.43	1.61	1 126.54	126.46	5.96	22.46	23.10
2010	6	CWAZQ01AB0_01	冬小麦	长旱58	收获期	籽粒	0.41	1.17	40.00	34.00	7.09	17.26	1.19
2010	6	CWAZQ01AB0_01	冬小麦	长旱58	收获期	籽粒	0.31	1.35	46.36	39.74	7.71	17.91	1.76
2010	6	CWAZQ01AB0_01	冬小麦	长旱58	收获期	籽粒	0.26	1.26	41.34	41.83	7.55	17.80	1.69
2010	6	CWAZQ01AB0_01	冬小麦	长旱58	收获期	籽粒	0.32	1.31	46.44	36.10	7.21	18.13	1.92
2010	6	CWAZQ01AB0_01	冬小麦	长旱58	收获期	籽粒	0.33	1.34	33.01	37.70	6.69	14.00	1.50
2010	6	CWAZQ01AB0_01	冬小麦	长旱58	收获期	籽粒	0.48	1.20	37.99	32.09	7.82	19.28	1.42
2010	6	CWAZQ01AB0_01	冬小麦	长旱58	收获期	茎秆	5.83	1.23	359.75	46.81	5.11	4.21	7.28
2010	6	CWAZQ01AB0_01	冬小麦	长旱58	收获期	茎秆	7.15	1.53	501.55	64.55	5.50	5.15	8.80
2010	6	CWAZQ01AB0_01	冬小麦	长旱58	收获期	茎秆	5.26	1.28	387.48	50.84	4.84	4.16	7.71
2010	6	CWAZQ01AB0_01	冬小麦	长旱58	收获期	茎秆	6.12	1.31	401.10	53.89	4.41	4.81	7.63
2010	6	CWAZQ01AB0_01	冬小麦	长旱58	收获期	茎秆	5.74	1.39	537.16	61.14	4.11	2.98	7.43
2010	6	CWAZQ01AB0_01	冬小麦	长旱58	收获期	茎秆	5.72	1.40	468.59	49.49	3.47	3.83	7.92
2010	6	CWAZQ01AB0_01	冬小麦	长旱58	收获期	根	24.60	2.66	1 430.68	214.58	9.50	28.38	40.06
2010	6	CWAZQ01AB0_01	冬小麦	长旱58	收获期	根	20.72	2.18	1 300.05	173.39	8.15	22.26	33.66
2010	6	CWAZQ01AB0_01	冬小麦	长旱58	收获期	根	21.53	2.48	1 380.10	190.31	7.50	24.11	35.52
2010	6	CWAZQ01AB0_01	冬小麦	长旱58	收获期	根	21.93	2.18	1 300.12	173.12	10.18	20.74	35.57
2010	6	CWAZQ01AB0_01	冬小麦	长旱58	收获期	根	19.17	2.12	1 276.16	173.73	3.97	21.35	32.25
2010	6	CWAZQ01AB0_01	冬小麦	长旱58	收获期	根	25.46	2.76	1 399.52	209.32	7.58	26.33	43.11
2010	9	CWAFZ03ABC_01	冬小麦	长旱58	收获期	籽粒	0.15	1.18	35.81	35.81	5.74	17.99	1.53
2010	9	CWAFZ03ABC_01	冬小麦	长旱58	收获期	籽粒	0.33	1.27	28.84	38.57	5.95	19.33	1.51
2010	9	CWAFZ03ABC_01	冬小麦	长旱58	收获期	籽粒	0.95	1.42	37.95	38.85	7.39	17.39	1.42
2010	9	CWAFZ03ABC_01	冬小麦	长旱58	收获期	籽粒	0.24	1.19	33.13	33.23	6.49	14.26	1.44
2010	9	CWAFZ03ABC_01	冬小麦	长旱58	收获期	籽粒	0.13	1.06	30.67	33.64	5.11	13.56	1.52
2010	9	CWAFZ03ABC_01	冬小麦	长旱58	收获期	籽粒	0.44	1.24	35.98	36.47	6.04	15.10	1.38
2010	9	CWAFZ03ABC_01	冬小麦	长旱58	收获期	茎秆	2.78	0.73	247.26	44.63	4.64	4.83	6.24
2010	9	CWAFZ03ABC_01	冬小麦	长旱58	收获期	茎秆	1.73	0.63	261.42	40.76	4.59	5.08	5.87
2010	9	CWAFZ03ABC_01	冬小麦	长旱58	收获期	茎秆	1.55	0.76	272.09	43.18	5.12	3.37	6.25

（续）

年份	月份	样地代码	作物名称	作物品种	作物生育期	采样部位	全钙(g/kg)	全镁(g/kg)	全铁(g/kg)	全锰(mg/kg)	全铜(mg/kg)	全锌(mg/kg)	灰分(%)
2010	9	CWAFZ03ABC_01	冬小麦	长旱58	收获期	茎秆	4.84	1.18	290.08	44.83	6.81	2.12	6.94
2010	9	CWAFZ03ABC_01	冬小麦	长旱58	收获期	茎秆	3.80	1.03	279.04	48.23	3.49	3.19	6.27
2010	9	CWAFZ03ABC_01	冬小麦	长旱58	收获期	茎秆	4.46	1.22	263.13	44.02	3.07	2.39	6.06
2010	9	CWAFZ03ABC_01	冬小麦	长旱58	收获期	根	20.13	2.11	1 222.49	176.14	6.37	26.06	34.10
2010	9	CWAFZ03ABC_01	冬小麦	长旱58	收获期	根	15.07	1.67	1 213.45	156.39	9.36	19.58	25.35
2010	9	CWAFZ03ABC_01	冬小麦	长旱58	收获期	根	24.00	2.61	1 407.15	215.77	9.71	30.60	39.90
2010	9	CWAFZ03ABC_01	冬小麦	长旱58	收获期	根	25.54	2.73	1 419.30	225.58	8.59	33.44	40.93
2010	9	CWAFZ03ABC_01	冬小麦	长旱58	收获期	根	23.95	2.44	1 383.84	212.83	8.43	26.94	43.11
2010	9	CWAFZ03ABC_01	冬小麦	长旱58	收获期	根	18.46	2.06	1 307.68	168.33	10.21	18.84	26.68
2010	9	CWAFZ04ABC_01	春玉米	沈丹10	收获期	籽粒	0.33	1.20	33.08	2.10	5.81	12.46	1.22
2010	9	CWAFZ04ABC_01	春玉米	沈丹10	收获期	籽粒	0.23	1.19	65.94	2.10	4.64	13.38	1.14
2010	9	CWAFZ04ABC_01	春玉米	沈丹10	收获期	籽粒	0.16	1.20	35.37	0.03	4.89	11.00	1.14
2010	9	CWAFZ04ABC_01	春玉米	沈丹10	收获期	籽粒		1.16	35.13	2.27	4.20	11.61	0.99
2010	9	CWAFZ04ABC_01	春玉米	沈丹10	收获期	籽粒		1.24	56.99	0.85	4.50	14.08	1.17
2010	9	CWAFZ04ABC_01	春玉米	沈丹10	收获期	籽粒		1.16	24.38	2.08	3.29	13.36	1.20
2010	9	CWAFZ04ABC_01	春玉米	沈丹10	收获期	茎秆	5.95	2.18	458.27	33.00	7.60	6.74	5.44
2010	9	CWAFZ04ABC_01	春玉米	沈丹10	收获期	茎秆	7.86	2.30	270.05	46.89	11.71	10.18	6.20
2010	9	CWAFZ04ABC_01	春玉米	沈丹10	收获期	茎秆	8.68	3.02	130.70	42.86	8.93	5.87	5.71
2010	9	CWAFZ04ABC_01	春玉米	沈丹10	收获期	茎秆	6.14	2.84	145.33	37.56	6.05	9.73	5.03
2010	9	CWAFZ04ABC_01	春玉米	沈丹10	收获期	茎秆	11.09	3.37	241.26	61.10	11.40	10.01	6.72
2010	9	CWAFZ04ABC_01	春玉米	沈丹10	收获期	茎秆	7.65	2.69	194.37	37.25	8.13	5.13	5.79
2010	9	CWAFZ04ABC_01	春玉米	沈丹10	收获期	根	18.79	2.39	1 233.72	127.42	7.56	16.49	28.21
2010	9	CWAFZ04ABC_01	春玉米	沈丹10	收获期	根	23.36	2.88	1 265.30	157.16	8.60	11.33	30.22
2010	9	CWAFZ04ABC_01	春玉米	沈丹10	收获期	根	12.26	2.12	1 093.46	74.65	7.72	16.17	12.55
2010	9	CWAFZ04ABC_01	春玉米	沈丹10	收获期	根	23.82	2.99	1 284.01	160.23	7.09	19.26	28.97
2010	9	CWAFZ04ABC_01	春玉米	沈丹10	收获期	根	16.90	2.42	1 217.44	103.68	6.57	15.12	18.25
2010	9	CWAFZ04ABC_01	春玉米	沈丹10	收获期	根	12.73	1.93	1 078.56	69.56	5.15	20.58	13.18
2010	9	CWAZQ02AB0_01	春玉米	先玉335	收获期	籽粒		1.14	27.47	3.64	4.74	13.65	1.32
2010	9	CWAZQ02AB0_01	春玉米	先玉335	收获期	籽粒		1.04	26.85	2.68	4.63	11.92	1.24
2010	9	CWAZQ02AB0_01	春玉米	先玉335	收获期	籽粒		1.30	19.77	4.10	4.11	12.10	1.33
2010	9	CWAZQ02AB0_01	春玉米	先玉335	收获期	籽粒	0.00	0.94	42.74	5.29	2.14	11.38	1.42
2010	9	CWAZQ02AB0_01	春玉米	先玉335	收获期	籽粒		1.15	20.13	2.99	3.29	11.42	1.17

（续）

年份	月份	样地代码	作物名称	作物品种	作物生育期	采样部位	全钙(g/kg)	全镁(g/kg)	全铁(g/kg)	全锰(mg/kg)	全铜(mg/kg)	全锌(mg/kg)	灰分(%)
2010	9	CWAZQ02AB0_01	春玉米	先玉335	收获期	籽粒	0.00	1.20	28.73	3.01	3.75	13.56	1.17
2010	9	CWAZQ02AB0_01	春玉米	先玉335	收获期	茎秆	10.15	2.87	102.80	63.21	15.16	3.09	6.73
2010	9	CWAZQ02AB0_01	春玉米	先玉335	收获期	茎秆	5.95	2.53	219.72	38.50	7.00	4.80	5.64
2010	9	CWAZQ02AB0_01	春玉米	先玉335	收获期	茎秆	5.08	2.27	119.94	34.41	5.61	6.67	5.27
2010	9	CWAZQ02AB0_01	春玉米	先玉335	收获期	茎秆	6.40	2.18	156.55	50.08	6.88	4.27	5.70
2010	9	CWAZQ02AB0_01	春玉米	先玉335	收获期	茎秆	8.86	2.67	199.31	65.80	7.10	6.44	7.60
2010	9	CWAZQ02AB0_01	春玉米	先玉335	收获期	茎秆	6.92	2.31	176.68	52.95	7.07	4.36	5.22
2010	9	CWAZQ02AB0_01	春玉米	先玉335	收获期	根	8.96	2.41	1 074.18	57.03	5.90	15.72	10.22
2010	9	CWAZQ02AB0_01	春玉米	先玉335	收获期	根	12.29	2.31	1 148.38	68.54	5.75	7.90	12.90
2010	9	CWAZQ02AB0_01	春玉米	先玉335	收获期	根	15.50	2.82	1 342.04	145.84	9.98	13.47	27.91
2010	9	CWAZQ02AB0_01	春玉米	先玉335	收获期	根	10.37	2.51	1 109.58	74.84	5.67	15.73	12.33
2010	9	CWAZQ02AB0_01	春玉米	先玉335	收获期	根	7.46	1.82	941.22	51.14	5.06	17.75	8.62
2010	9	CWAZQ02AB0_01	春玉米	先玉335	收获期	根	11.51	2.59	1 202.26	81.11	4.63	12.50	15.90
2010	9	CWAZH01ABC_01	春玉米	先玉335	收获期	籽粒	0.06	1.17	63.20	3.43	4.42	12.06	1.21
2010	9	CWAZH01ABC_01	春玉米	先玉335	收获期	籽粒	0.22	1.25	39.73	2.65	5.46	10.89	1.05
2010	9	CWAZH01ABC_01	春玉米	先玉335	收获期	籽粒	0.28	1.33	36.06	2.62	4.52	11.21	1.22
2010	9	CWAZH01ABC_01	春玉米	先玉335	收获期	籽粒	0.29	1.22	25.15	2.99	4.60	9.20	1.08
2010	9	CWAZH01ABC_01	春玉米	先玉335	收获期	籽粒	0.04	1.34	39.35	5.09	5.09	11.98	1.12
2010	9	CWAZH01ABC_01	春玉米	先玉335	收获期	籽粒	0.16	1.29	27.11	5.75	5.36	11.00	1.16
2010	9	CWAZH01ABC_01	春玉米	先玉335	收获期	茎秆	4.48	2.38	87.21	34.61	5.76	5.70	4.68
2010	9	CWAZH01ABC_01	春玉米	先玉335	收获期	茎秆	6.08	2.43	143.31	44.90	8.02	6.34	5.94
2010	9	CWAZH01ABC_01	春玉米	先玉335	收获期	茎秆	7.36	2.81	253.17	51.02	8.10	3.34	5.86
2010	9	CWAZH01ABC_01	春玉米	先玉335	收获期	茎秆	6.66	2.59	162.95	43.43	6.69	5.06	4.81
2010	9	CWAZH01ABC_01	春玉米	先玉335	收获期	茎秆	6.45	2.66	76.58	49.47	7.67	4.19	5.32
2010	9	CWAZH01ABC_01	春玉米	先玉335	收获期	茎秆	4.85	1.83	70.87	28.89	6.16	3.33	5.63
2010	9	CWAZH01ABC_01	春玉米	先玉335	收获期	根	14.35	2.66	1 244.22	121.10	9.06	14.19	21.75
2010	9	CWAZH01ABC_01	春玉米	先玉335	收获期	根	15.57	2.13	1 172.40	115.46	6.95	12.56	18.37
2010	9	CWAZH01ABC_01	春玉米	先玉335	收获期	根	10.55	2.09	1 128.38	81.53	6.98	19.79	13.01
2010	9	CWAZH01ABC_01	春玉米	先玉335	收获期	根	8.94	1.86	1 112.58	80.74	4.90	13.63	11.82
2010	9	CWAZH01ABC_01	春玉米	先玉335	收获期	根	8.16	1.59	1 012.54	68.76	6.44	13.49	9.61
2010	9	CWAZH01ABC_01	春玉米	先玉335	收获期	根	11.91	1.95	1 124.73	101.51	5.61	11.35	16.87

表 3 - 13　2015 年作物元素含量与能值（全硫、全钙、全镁、全铁、全锰、全铜）

年份	月份	样地代码	作物名称	作物品种	作物生育期	采样部位	全硫(g/kg)	全钙(g/kg)	全镁(g/kg)	全铁(g/kg)	全锰(mg/kg)	全铜(mg/kg)
2015	6	CWAFZ04ABC_01	冬小麦	长旱58	收获期	籽粒	0.86	0.59	1.37	0.13	47.56	5.34
2015	6	CWAFZ04ABC_01	冬小麦	长旱58	收获期	籽粒	0.98	0.69	1.36	0.11	46.85	5.91
2015	6	CWAFZ04ABC_01	冬小麦	长旱58	收获期	籽粒	1.00	0.61	1.43	0.10	46.03	5.02
2015	6	CWAFZ04ABC_01	冬小麦	长旱58	收获期	籽粒	1.21	0.70	1.22	0.16	44.04	6.53
2015	6	CWAFZ04ABC_01	冬小麦	长旱58	收获期	籽粒	1.05	0.63	1.28	0.12	49.34	5.72
2015	6	CWAFZ04ABC_01	冬小麦	长旱58	收获期	籽粒	1.00	0.78	1.49	0.15	50.74	7.41
2015	6	CWAFZ04ABC_01	冬小麦	长旱58	收获期	茎秆	1.40	3.27	0.90	0.50	49.55	1.47
2015	6	CWAFZ04ABC_01	冬小麦	长旱58	收获期	茎秆	1.06	4.10	1.03	0.63	49.23	1.69
2015	6	CWAFZ04ABC_01	冬小麦	长旱58	收获期	茎秆	0.95	4.96	1.18	0.74	60.08	1.83
2015	6	CWAFZ04ABC_01	冬小麦	长旱58	收获期	茎秆	1.38	5.40	1.22	1.12	58.70	2.91
2015	6	CWAFZ04ABC_01	冬小麦	长旱58	收获期	茎秆	1.01	3.93	1.11	0.56	49.62	1.49
2015	6	CWAFZ04ABC_01	冬小麦	长旱58	收获期	茎秆	1.38	5.79	1.63	0.81	75.72	3.00
2015	6	CWAFZ04ABC_01	冬小麦	长旱58	收获期	根	1.09	29.05	4.97	11.05	297.48	20.32
2015	6	CWAFZ04ABC_01	冬小麦	长旱58	收获期	根	1.46	47.75	5.22	11.70	327.85	40.94
2015	6	CWAFZ04ABC_01	冬小麦	长旱58	收获期	根	1.15	29.70	4.58	9.57	256.81	25.88
2015	6	CWAFZ04ABC_01	冬小麦	长旱58	收获期	根	1.55	52.98	5.80	11.30	293.46	19.66
2015	6	CWAFZ04ABC_01	冬小麦	长旱58	收获期	根	1.25	40.34	4.12	8.68	241.92	26.23
2015	6	CWAFZ04ABC_01	冬小麦	长旱58	收获期	根	1.40	28.49	3.86	8.19	226.79	32.82
2015	7	CWAZH01ABC_01	冬小麦	长旱58	收获期	籽粒	1.32	0.72	1.56	0.20	43.85	7.40
2015	7	CWAZH01ABC_01	冬小麦	长旱58	收获期	籽粒	1.42	0.79	1.73	0.19	49.23	8.78
2015	7	CWAZH01ABC_01	冬小麦	长旱58	收获期	籽粒	1.33	0.77	1.55	0.16	45.66	8.09
2015	7	CWAZH01ABC_01	冬小麦	长旱58	收获期	籽粒	1.39	0.76	1.51	0.18	44.06	7.73
2015	7	CWAZH01ABC_01	冬小麦	长旱58	收获期	籽粒	1.41	0.78	1.66	0.08	44.98	8.63
2015	7	CWAZH01ABC_01	冬小麦	长旱58	收获期	籽粒	1.47	0.65	1.58	0.10	45.75	8.06
2015	7	CWAZH01ABC_01	冬小麦	长旱58	收获期	茎秆	1.66	4.90	1.33	0.58	71.51	5.07
2015	7	CWAZH01ABC_01	冬小麦	长旱58	收获期	茎秆	1.45	3.63	1.04	0.59	51.82	3.67
2015	7	CWAZH01ABC_01	冬小麦	长旱58	收获期	茎秆	1.82	4.06	1.14	0.51	59.95	4.33
2015	7	CWAZH01ABC_01	冬小麦	长旱58	收获期	茎秆	1.67	4.28	1.08	0.71	52.50	4.67
2015	7	CWAZH01ABC_01	冬小麦	长旱58	收获期	茎秆	3.65	6.48	1.50	0.80	65.88	6.52
2015	7	CWAZH01ABC_01	冬小麦	长旱58	收获期	茎秆	1.75	4.59	1.26	0.99	65.86	5.94
2015	7	CWAZH01ABC_01	冬小麦	长旱58	收获期	根	1.49	19.96	3.34	6.78	198.90	24.78
2015	7	CWAZH01ABC_01	冬小麦	长旱58	收获期	根	1.46	22.82	3.41	6.73	198.78	37.21
2015	7	CWAZH01ABC_01	冬小麦	长旱58	收获期	根	1.46	20.44	3.76	7.89	219.53	26.71

（续）

年份	月份	样地代码	作物名称	作物品种	作物生育期	采样部位	全硫 (g/kg)	全钙 (g/kg)	全镁 (g/kg)	全铁 (g/kg)	全锰 (mg/kg)	全铜 (mg/kg)
2015	7	CWAZH01ABC_01	冬小麦	长旱58	收获期	根	1.62	23.10	3.75	7.72	211.37	30.75
2015	7	CWAZH01ABC_01	冬小麦	长旱58	收获期	根	1.33	47.27	5.26	11.61	290.88	33.19
2015	7	CWAZH01ABC_01	冬小麦	长旱58	收获期	根	1.58	27.61	3.68	7.19	223.81	35.37
2015	7	CWAFZ03ABC_01	冬小麦	长旱58	收获期	籽粒	1.22	0.63	1.35	0.13	41.33	5.92
2015	7	CWAFZ03ABC_01	冬小麦	长旱58	收获期	籽粒	1.49	0.71	1.45	0.18	43.58	6.29
2015	7	CWAFZ03ABC_01	冬小麦	长旱58	收获期	籽粒	1.44	0.70	1.49	0.21	46.65	5.92
2015	7	CWAFZ03ABC_01	冬小麦	长旱58	收获期	籽粒	1.43	0.83	1.55	0.16	49.15	6.63
2015	7	CWAFZ03ABC_01	冬小麦	长旱58	收获期	籽粒	1.30	0.78	1.48	0.12	45.05	6.46
2015	7	CWAFZ03ABC_01	冬小麦	长旱58	收获期	籽粒	1.44	0.78	1.78	0.16	54.37	7.78
2015	7	CWAFZ03ABC_01	冬小麦	长旱58	收获期	茎秆	1.55	4.52	1.02	0.90	56.63	4.50
2015	7	CWAFZ03ABC_01	冬小麦	长旱58	收获期	茎秆	1.59	4.25	1.11	0.65	59.80	3.63
2015	7	CWAFZ03ABC_01	冬小麦	长旱58	收获期	茎秆	1.57	4.06	1.18	0.77	61.44	3.85
2015	7	CWAFZ03ABC_01	冬小麦	长旱58	收获期	茎秆	1.80	4.45	1.08	0.58	55.32	3.84
2015	7	CWAFZ03ABC_01	冬小麦	长旱58	收获期	茎秆	1.74	6.29	1.53	1.17	77.07	6.42
2015	7	CWAFZ03ABC_01	冬小麦	长旱58	收获期	茎秆	1.57	4.42	1.25	0.73	69.59	4.24
2015	7	CWAFZ03ABC_01	冬小麦	长旱58	收获期	根	1.18	23.65	3.33	7.33	202.12	26.35
2015	7	CWAFZ03ABC_01	冬小麦	长旱58	收获期	根	1.66	20.19	3.36	7.24	204.26	20.09
2015	7	CWAFZ03ABC_01	冬小麦	长旱58	收获期	根	1.74	12.19	2.45	4.71	172.37	11.13
2015	7	CWAFZ03ABC_01	冬小麦	长旱58	收获期	根	1.60	16.90	3.03	6.47	175.08	17.34
2015	7	CWAFZ03ABC_01	冬小麦	长旱58	收获期	根	1.54	21.54	2.39	4.72	148.34	28.04
2015	7	CWAFZ03ABC_01	冬小麦	长旱58	收获期	根	1.49	22.11	3.78	8.87	246.54	25.45
2015	9	CWAZQ02AB0_01	春玉米	先玉335	收获期	籽粒	1.33	0.12	1.08	0.07	5.80	0.72
2015	9	CWAZQ02AB0_01	春玉米	先玉335	收获期	籽粒	1.27	0.14	1.24	0.07	6.53	1.15
2015	9	CWAZQ02AB0_01	春玉米	先玉335	收获期	籽粒	1.33	0.17	1.29	0.04	9.16	0.85
2015	9	CWAZQ02AB0_01	春玉米	先玉335	收获期	籽粒	1.27	0.15	1.20	0.10	7.43	0.96
2015	9	CWAZQ02AB0_01	春玉米	先玉335	收获期	籽粒	1.49	0.12	1.18	0.04	8.26	0.80
2015	9	CWAZQ02AB0_01	春玉米	先玉335	收获期	籽粒	1.32	0.14	1.25	0.04	8.08	0.56
2015	9	CWAZQ02AB0_01	春玉米	先玉335	收获期	茎秆	1.09	8.46	3.47	0.32	81.22	13.12
2015	9	CWAZQ02AB0_01	春玉米	先玉335	收获期	茎秆	1.42	10.56	3.20	0.28	88.33	18.44
2015	9	CWAZQ02AB0_01	春玉米	先玉335	收获期	茎秆	1.28	11.08	4.08	0.39	81.46	15.39
2015	9	CWAZQ02AB0_01	春玉米	先玉335	收获期	茎秆	1.28	9.44	3.92	0.39	89.29	15.89
2015	9	CWAZQ02AB0_01	春玉米	先玉335	收获期	茎秆	0.99	8.66	3.20	0.22	77.13	11.60

（续）

年份	月份	样地代码	作物名称	作物品种	作物生育期	采样部位	全硫(g/kg)	全钙(g/kg)	全镁(g/kg)	全铁(g/kg)	全锰(mg/kg)	全铜(mg/kg)
2015	9	CWAZQ02AB0_01	春玉米	先玉335	收获期	茎秆	1.17	9.99	3.64	0.34	94.10	16.66
2015	9	CWAZQ02AB0_01	春玉米	先玉335	收获期	根	1.36	8.41	2.89	4.54	109.70	9.61
2015	9	CWAZQ02AB0_01	春玉米	先玉335	收获期	根	1.18	6.07	2.20	2.56	70.37	9.94
2015	9	CWAZQ02AB0_01	春玉米	先玉335	收获期	根	1.26	5.78	2.43	2.46	66.30	10.95
2015	9	CWAZQ02AB0_01	春玉米	先玉335	收获期	根	1.24	7.14	2.49	2.87	81.20	11.06
2015	9	CWAZQ02AB0_01	春玉米	先玉335	收获期	根	1.38	6.71	2.42	2.93	78.67	9.29
2015	9	CWAZQ02AB0_01	春玉米	先玉335	收获期	根	1.35	6.89	2.47	3.19	83.16	11.28
2015	9	CWAZQ01AB0_01	春玉米	先玉335	收获期	籽粒	1.20	0.16	1.39	0.05	6.46	1.44
2015	9	CWAZQ01AB0_01	春玉米	先玉335	收获期	籽粒	0.96	0.15	1.37	0.08	6.73	1.48
2015	9	CWAZQ01AB0_01	春玉米	先玉335	收获期	籽粒	1.13	0.19	1.19	0.05	6.06	0.96
2015	9	CWAZQ01AB0_01	春玉米	先玉335	收获期	籽粒	1.17	0.19	1.34	0.05	5.78	4.79
2015	9	CWAZQ01AB0_01	春玉米	先玉335	收获期	籽粒	1.15	0.13	1.49	0.04	6.83	0.97
2015	9	CWAZQ01AB0_01	春玉米	先玉335	收获期	籽粒	1.32	0.13	1.24	0.04	5.30	1.18
2015	9	CWAZQ01AB0_01	春玉米	先玉335	收获期	茎秆	1.31	8.76	2.90	0.44	72.47	11.09
2015	9	CWAZQ01AB0_01	春玉米	先玉335	收获期	茎秆	1.39	9.01	3.49	0.58	76.85	11.00
2015	9	CWAZQ01AB0_01	春玉米	先玉335	收获期	茎秆	1.22	11.61	3.02	0.56	104.12	14.82
2015	9	CWAZQ01AB0_01	春玉米	先玉335	收获期	茎秆	1.87	10.91	3.72	0.58	96.11	15.33
2015	9	CWAZQ01AB0_01	春玉米	先玉335	收获期	茎秆	1.55	11.10	3.31	0.56	93.16	15.31
2015	9	CWAZQ01AB0_01	春玉米	先玉335	收获期	茎秆	1.52	9.79	3.36	0.49	80.30	11.65
2015	9	CWAZQ01AB0_01	春玉米	先玉335	收获期	根	1.01	6.81	2.18	2.49	68.27	11.29
2015	9	CWAZQ01AB0_01	春玉米	先玉335	收获期	根	1.06	10.07	3.13	5.16	120.40	12.69
2015	9	CWAZQ01AB0_01	春玉米	先玉335	收获期	根	1.22	10.04	3.43	4.63	114.99	13.11
2015	9	CWAZQ01AB0_01	春玉米	先玉335	收获期	根	0.99	13.89	3.78	6.80	158.50	16.14
2015	9	CWAZQ01AB0_01	春玉米	先玉335	收获期	根	1.41	10.04	3.03	4.28	106.98	16.08
2015	9	CWAZQ01AB0_01	春玉米	先玉335	收获期	根	1.03	8.59	2.60	3.33	85.31	13.44
2015	9	CWAZQ03AB0_01	春玉米	先玉335	收获期	籽粒	0.92	0.33	1.31	0.10	6.66	1.43
2015	9	CWAZQ03AB0_01	春玉米	先玉335	收获期	籽粒	1.00	0.34	1.13	0.10	6.19	1.10
2015	9	CWAZQ03AB0_01	春玉米	先玉335	收获期	籽粒	1.11	0.26	1.51	0.13	7.87	1.25
2015	9	CWAZQ03AB0_01	春玉米	先玉335	收获期	籽粒	0.94	0.32	1.38	0.13	8.07	1.10
2015	9	CWAZQ03AB0_01	春玉米	先玉335	收获期	籽粒	0.81	0.32	1.43	0.09	7.39	1.23
2015	9	CWAZQ03AB0_01	春玉米	先玉335	收获期	籽粒	0.76	0.24	1.13	0.09	6.66	1.06
2015	9	CWAZQ03AB0_01	春玉米	先玉335	收获期	茎秆	1.41	11.80	3.54	0.48	116.88	18.28

（续）

年份	月份	样地代码	作物名称	作物品种	作物生育期	采样部位	全硫(g/kg)	全钙(g/kg)	全镁(g/kg)	全铁(g/kg)	全锰(mg/kg)	全铜(mg/kg)
2015	9	CWAZQ03AB0_01	春玉米	先玉335	收获期	茎秆	1.08	11.11	3.65	0.51	104.24	13.30
2015	9	CWAZQ03AB0_01	春玉米	先玉335	收获期	茎秆	1.05	11.01	3.03	0.46	114.63	10.23
2015	9	CWAZQ03AB0_01	春玉米	先玉335	收获期	茎秆	1.01	11.73	3.71	0.44	112.94	17.24
2015	9	CWAZQ03AB0_01	春玉米	先玉335	收获期	茎秆	1.08	11.65	3.95	0.56	105.75	15.06
2015	9	CWAZQ03AB0_01	春玉米	先玉335	收获期	茎秆	1.63	9.52	3.15	0.53	80.53	12.06
2015	9	CWAZQ03AB0_01	春玉米	先玉335	收获期	根	1.42	12.34	3.86	6.69	157.73	23.55
2015	9	CWAZQ03AB0_01	春玉米	先玉335	收获期	根	1.17	6.95	2.44	3.45	88.22	11.96
2015	9	CWAZQ03AB0_01	春玉米	先玉335	收获期	根	1.42	9.88	3.10	5.41	125.96	16.48
2015	9	CWAZQ03AB0_01	春玉米	先玉335	收获期	根	1.37	6.25	2.38	3.00	76.69	11.87
2015	9	CWAZQ03AB0_01	春玉米	先玉335	收获期	根	1.39	8.00	2.71	3.83	94.82	13.76
2015	9	CWAZQ03AB0_01	春玉米	先玉335	收获期	根	1.35	6.83	2.26	2.87	73.79	16.33

表 3-14　2015 年农田作物元素含量与能值（全锌、全钼、全硼、全硅、干重热值、灰分）

年份	月份	样地代码	作物名称	作物品种	作物生育期	采样部位	全锌(mg/kg)	全钼(mg/kg)	全硼(mg/kg)	全硅(g/kg)	干重热值(MJ/kg)	灰分(%)
2015	6	CWAFZ04ABC_01	冬小麦	长旱58	收获期	籽粒	19.46	0.15	4.25	0.89	18.12	1.78
2015	6	CWAFZ04ABC_01	冬小麦	长旱58	收获期	籽粒	17.98	0.15	3.78	1.38	18.06	1.54
2015	6	CWAFZ04ABC_01	冬小麦	长旱58	收获期	籽粒	20.56	0.15	3.96	1.76	18.23	1.74
2015	6	CWAFZ04ABC_01	冬小麦	长旱58	收获期	籽粒	18.60	0.14	4.43	2.16	18.06	1.49
2015	6	CWAFZ04ABC_01	冬小麦	长旱58	收获期	籽粒	19.03	0.14	4.24	0.95	17.99	1.75
2015	6	CWAFZ04ABC_01	冬小麦	长旱58	收获期	籽粒	18.74	0.14	3.86	1.53	18.21	1.57
2015	6	CWAFZ04ABC_01	冬小麦	长旱58	收获期	茎秆	14.07	0.15	5.07	16.43	17.31	6.07
2015	6	CWAFZ04ABC_01	冬小麦	长旱58	收获期	茎秆	13.76	0.16	5.33	12.98	17.34	5.75
2015	6	CWAFZ04ABC_01	冬小麦	长旱58	收获期	茎秆	13.97	0.16	5.24	14.74	17.16	5.89
2015	6	CWAFZ04ABC_01	冬小麦	长旱58	收获期	茎秆	14.41	0.15	5.74	16.44	17.00	7.11
2015	6	CWAFZ04ABC_01	冬小麦	长旱58	收获期	茎秆	11.80	0.14	4.94	14.95	17.46	7.04
2015	6	CWAFZ04ABC_01	冬小麦	长旱58	收获期	茎秆	17.39	0.13	7.06	15.79	17.57	6.14
2015	6	CWAFZ04ABC_01	冬小麦	长旱58	收获期	根	32.30	0.32	26.58	110.47	12.97	37.33
2015	6	CWAFZ04ABC_01	冬小麦	长旱58	收获期	根	36.57	0.36	28.49	109.63	13.84	39.20
2015	6	CWAFZ04ABC_01	冬小麦	长旱58	收获期	根	32.50	0.30	22.97	78.41	14.56	27.79
2015	6	CWAFZ04ABC_01	冬小麦	长旱58	收获期	根	31.74	0.34	26.91	159.84	14.72	45.37
2015	6	CWAFZ04ABC_01	冬小麦	长旱58	收获期	根	26.72	0.33	21.65	90.08	14.66	32.34
2015	6	CWAFZ04ABC_01	冬小麦	长旱58	收获期	根	24.82	0.28	19.14	83.37	13.98	28.27
2015	7	CWAZH01ABC_01	冬小麦	长旱58	收获期	籽粒	27.10	0.16	4.95	1.47	18.78	1.65

（续）

年份	月份	样地代码	作物名称	作物品种	作物生育期	采样部位	全锌（mg/kg）	全钼（mg/kg）	全硼（mg/kg）	全硅（g/kg）	干重热值（MJ/kg）	灰分（%）
2015	7	CWAZH01ABC_01	冬小麦	长旱58	收获期	籽粒	31.37	0.17	3.89	1.62	18.96	1.70
2015	7	CWAZH01ABC_01	冬小麦	长旱58	收获期	籽粒	28.63	0.15	4.70	0.64	18.53	1.70
2015	7	CWAZH01ABC_01	冬小麦	长旱58	收获期	籽粒	33.03	0.16	4.28	1.57	18.61	1.82
2015	7	CWAZH01ABC_01	冬小麦	长旱58	收获期	籽粒	33.70	0.12	3.96	1.85	18.90	1.68
2015	7	CWAZH01ABC_01	冬小麦	长旱58	收获期	籽粒	29.08	0.16	3.78	0.90	18.25	1.70
2015	7	CWAZH01ABC_01	冬小麦	长旱58	收获期	茎秆	13.32	0.17	5.93	17.28	17.31	8.11
2015	7	CWAZH01ABC_01	冬小麦	长旱58	收获期	茎秆	12.68	0.14	5.35	16.91	16.78	7.28
2015	7	CWAZH01ABC_01	冬小麦	长旱58	收获期	茎秆	13.32	0.17	6.29	18.13	17.01	7.38
2015	7	CWAZH01ABC_01	冬小麦	长旱58	收获期	茎秆	15.41	0.17	6.17	18.85	16.99	7.60
2015	7	CWAZH01ABC_01	冬小麦	长旱58	收获期	茎秆	16.71	0.18	6.61	18.79	17.26	8.76
2015	7	CWAZH01ABC_01	冬小麦	长旱58	收获期	茎秆	16.83	0.13	5.32	17.76	16.56	9.42
2015	7	CWAZH01ABC_01	冬小麦	长旱58	收获期	根	21.19	0.30	15.61	74.35	13.33	25.73
2015	7	CWAZH01ABC_01	冬小麦	长旱58	收获期	根	28.46	0.31	15.58	87.28	12.63	28.93
2015	7	CWAZH01ABC_01	冬小麦	长旱58	收获期	根	23.84	0.29	18.88	49.81	12.78	30.99
2015	7	CWAZH01ABC_01	冬小麦	长旱58	收获期	根	23.05	0.31	18.25	90.45	13.40	29.07
2015	7	CWAZH01ABC_01	冬小麦	长旱58	收获期	根	29.20	0.41	27.78	102.69	14.34	48.95
2015	7	CWAZH01ABC_01	冬小麦	长旱58	收获期	根	24.18	0.31	16.78	91.28	14.06	29.37
2015	7	CWAFZ03ABC_01	冬小麦	长旱58	收获期	籽粒	18.03	0.14	4.06	1.24	17.87	1.45
2015	7	CWAFZ03ABC_01	冬小麦	长旱58	收获期	籽粒	17.64	0.14	4.82	0.47	18.02	1.70
2015	7	CWAFZ03ABC_01	冬小麦	长旱58	收获期	籽粒	20.35	0.11	4.23	1.78	17.98	1.72
2015	7	CWAFZ03ABC_01	冬小麦	长旱58	收获期	籽粒	20.12	0.13	4.74	1.90	18.30	1.74
2015	7	CWAFZ03ABC_01	冬小麦	长旱58	收获期	籽粒	25.92	0.14	4.55	1.69	18.33	1.70
2015	7	CWAFZ03ABC_01	冬小麦	长旱58	收获期	籽粒	22.92	0.14	4.28	1.41	18.80	1.09
2015	7	CWAFZ03ABC_01	冬小麦	长旱58	收获期	茎秆	15.81	0.14	6.15	15.88	17.51	5.89
2015	7	CWAFZ03ABC_01	冬小麦	长旱58	收获期	茎秆	9.77	0.15	5.76	15.50	16.98	7.58
2015	7	CWAFZ03ABC_01	冬小麦	长旱58	收获期	茎秆	11.73	0.16	5.60	14.65	17.53	7.66
2015	7	CWAFZ03ABC_01	冬小麦	长旱58	收获期	茎秆	10.38	0.14	6.84	12.79	17.03	6.71
2015	7	CWAFZ03ABC_01	冬小麦	长旱58	收获期	茎秆	14.81	0.17	5.45	17.01	17.00	8.44
2015	7	CWAFZ03ABC_01	冬小麦	长旱58	收获期	茎秆	13.58	0.15	5.99	15.12	17.92	7.69
2015	7	CWAFZ03ABC_01	冬小麦	长旱58	收获期	根	23.19	0.28	17.22	82.32	15.87	28.14
2015	7	CWAFZ03ABC_01	冬小麦	长旱58	收获期	根	22.61	0.28	16.98	99.85	10.93	32.44
2015	7	CWAFZ03ABC_01	冬小麦	长旱58	收获期	根	19.27	0.24	11.12	59.98	12.43	18.67

（续）

年份	月份	样地代码	作物名称	作物品种	作物生育期	采样部位	全锌(mg/kg)	全钼(mg/kg)	全硼(mg/kg)	全硅(g/kg)	干重热值(MJ/kg)	灰分(%)
2015	7	CWAFZ03ABC_01	冬小麦	长旱58	收获期	根	20.93	0.29	14.99	77.01	13.27	25.50
2015	7	CWAFZ03ABC_01	冬小麦	长旱58	收获期	根	15.74	0.29	11.45	73.01	13.52	18.85
2015	7	CWAFZ03ABC_01	冬小麦	长旱58	收获期	根	22.88	0.36	20.78	100.86	14.55	36.24
2015	9	CWAZQ02AB0_01	春玉米	先玉335	收获期	籽粒	13.14	0.13	5.62	1.22	18.11	0.98
2015	9	CWAZQ02AB0_01	春玉米	先玉335	收获期	籽粒	12.83	0.12	6.25	0.82	18.09	0.89
2015	9	CWAZQ02AB0_01	春玉米	先玉335	收获期	籽粒	18.42	0.13	6.88	0.64	18.10	0.98
2015	9	CWAZQ02AB0_01	春玉米	先玉335	收获期	籽粒	14.99	0.14	6.61	0.19	18.53	1.00
2015	9	CWAZQ02AB0_01	春玉米	先玉335	收获期	籽粒	14.24	0.11	6.20	0.65	18.36	0.49
2015	9	CWAZQ02AB0_01	春玉米	先玉335	收获期	籽粒	17.40	0.10	6.83	0.90	18.07	1.65
2015	9	CWAZQ02AB0_01	春玉米	先玉335	收获期	茎秆	40.87	0.23	10.49	19.91	17.59	8.76
2015	9	CWAZQ02AB0_01	春玉米	先玉335	收获期	茎秆	61.85	0.25	12.50	28.89	17.45	10.03
2015	9	CWAZQ02AB0_01	春玉米	先玉335	收获期	茎秆	46.71	0.26	11.14	23.16	17.32	9.61
2015	9	CWAZQ02AB0_01	春玉米	先玉335	收获期	茎秆	46.16	0.22	9.32	25.48	17.86	9.40
2015	9	CWAZQ02AB0_01	春玉米	先玉335	收获期	茎秆	32.68	0.19	8.80	14.19	17.42	8.24
2015	9	CWAZQ02AB0_01	春玉米	先玉335	收获期	茎秆	49.99	0.22	12.59	22.32	17.19	9.27
2015	9	CWAZQ02AB0_01	春玉米	先玉335	收获期	根	19.05	0.29	11.61	28.66	16.51	17.86
2015	9	CWAZQ02AB0_01	春玉米	先玉335	收获期	根	12.88	0.18	6.73	33.53	14.80	22.36
2015	9	CWAZQ02AB0_01	春玉米	先玉335	收获期	根	16.07	0.20	6.39	33.83	15.22	10.87
2015	9	CWAZQ02AB0_01	春玉米	先玉335	收获期	根	13.53	0.19	7.48	37.70	15.67	13.56
2015	9	CWAZQ02AB0_01	春玉米	先玉335	收获期	根	12.98	0.19	7.84	36.26	14.44	13.15
2015	9	CWAZQ02AB0_01	春玉米	先玉335	收获期	根	13.63	0.20	8.08	35.04	14.83	11.93
2015	9	CWAZQ01AB0_01	春玉米	先玉335	收获期	籽粒	16.03	0.13	5.50	1.44	18.17	1.02
2015	9	CWAZQ01AB0_01	春玉米	先玉335	收获期	籽粒	14.98	0.14	5.19	0.73	18.25	1.06
2015	9	CWAZQ01AB0_01	春玉米	先玉335	收获期	籽粒	12.59	0.12	4.75	0.52	18.31	1.17
2015	9	CWAZQ01AB0_01	春玉米	先玉335	收获期	籽粒	15.37	0.12	5.32	1.15	18.06	1.12
2015	9	CWAZQ01AB0_01	春玉米	先玉335	收获期	籽粒	16.72	0.12	5.91	0.54	18.22	1.14
2015	9	CWAZQ01AB0_01	春玉米	先玉335	收获期	籽粒	12.58	0.11	4.96	0.76	17.61	0.98
2015	9	CWAZQ01AB0_01	春玉米	先玉335	收获期	茎秆	25.16	0.16	9.91	11.85	17.74	8.98
2015	9	CWAZQ01AB0_01	春玉米	先玉335	收获期	茎秆	25.87	0.16	9.34	22.61	17.39	8.91
2015	9	CWAZQ01AB0_01	春玉米	先玉335	收获期	茎秆	30.90	0.17	12.67	24.76	17.26	10.34
2015	9	CWAZQ01AB0_01	春玉米	先玉335	收获期	茎秆	22.75	0.22	10.88	21.67	17.64	13.38
2015	9	CWAZQ01AB0_01	春玉米	先玉335	收获期	茎秆	29.56	0.20	10.33	24.55	17.31	9.94

（续）

年份	月份	样地代码	作物名称	作物品种	作物生育期	采样部位	全锌 (mg/kg)	全钼 (mg/kg)	全硼 (mg/kg)	全硅 (g/kg)	干重热值 (MJ/kg)	灰分 (%)
2015	9	CWAZQ01AB0_01	春玉米	先玉335	收获期	茎秆	31.63	0.18	9.09	16.62	16.63	8.41
2015	9	CWAZQ01AB0_01	春玉米	先玉335	收获期	根	13.06	0.19	6.19	29.73	15.42	13.21
2015	9	CWAZQ01AB0_01	春玉米	先玉335	收获期	根	23.84	0.23	12.31	66.00	15.82	16.90
2015	9	CWAZQ01AB0_01	春玉米	先玉335	收获期	根	23.18	0.62	10.98	41.32	15.57	21.96
2015	9	CWAZQ01AB0_01	春玉米	先玉335	收获期	根	27.23	0.26	15.91	98.54	15.62	29.08
2015	9	CWAZQ01AB0_01	春玉米	先玉335	收获期	根	18.35	0.23	10.17	85.75	16.10	25.25
2015	9	CWAZQ01AB0_01	春玉米	先玉335	收获期	根	14.62	0.19	7.93	40.94	15.39	15.69
2015	9	CWAZQ03AB0_01	春玉米	先玉335	收获期	籽粒	12.15	0.14	6.30	0.84	18.65	1.14
2015	9	CWAZQ03AB0_01	春玉米	先玉335	收获期	籽粒	14.19	0.14	5.61	0.75	18.29	1.10
2015	9	CWAZQ03AB0_01	春玉米	先玉335	收获期	籽粒	13.59	0.14	6.02	0.37	18.73	1.27
2015	9	CWAZQ03AB0_01	春玉米	先玉335	收获期	籽粒	12.12	0.13	6.24	1.21	18.35	1.09
2015	9	CWAZQ03AB0_01	春玉米	先玉335	收获期	籽粒	13.69	0.14	9.23	2.05	18.18	1.09
2015	9	CWAZQ03AB0_01	春玉米	先玉335	收获期	籽粒	9.87	0.14	7.42	1.68	17.66	1.18
2015	9	CWAZQ03AB0_01	春玉米	先玉335	收获期	茎秆	35.02	0.20	15.43	23.91	17.23	9.85
2015	9	CWAZQ03AB0_01	春玉米	先玉335	收获期	茎秆	22.74	0.17	12.07	19.04	17.09	8.25
2015	9	CWAZQ03AB0_01	春玉米	先玉335	收获期	茎秆	15.86	0.19	11.93	27.44	16.65	11.08
2015	9	CWAZQ03AB0_01	春玉米	先玉335	收获期	茎秆	28.10	0.21	16.44	16.53	17.05	3.23
2015	9	CWAZQ03AB0_01	春玉米	先玉335	收获期	茎秆	24.75	0.19	11.65	20.16	17.33	9.59
2015	9	CWAZQ03AB0_01	春玉米	先玉335	收获期	茎秆	25.73	0.16	11.12	19.81	16.47	10.65
2015	9	CWAZQ03AB0_01	春玉米	先玉335	收获期	根	19.60	0.26	16.11	51.75	15.65	31.01
2015	9	CWAZQ03AB0_01	春玉米	先玉335	收获期	根	12.22	0.21	8.67	42.19	16.10	13.99
2015	9	CWAZQ03AB0_01	春玉米	先玉335	收获期	根	17.19	0.25	12.90	60.35	15.33	29.84
2015	9	CWAZQ03AB0_01	春玉米	先玉335	收获期	根	15.45	0.19	7.39	35.31	15.00	13.50
2015	9	CWAZQ03AB0_01	春玉米	先玉335	收获期	根	15.11	0.19	9.28	54.08	15.67	17.64
2015	9	CWAZQ03AB0_01	春玉米	先玉335	收获期	根	15.32	0.20	7.12	29.35	15.15	11.98

第4章

□□□□□□□□□□□□□□□□□□□□□□□□□□□□

土壤长期观测数据集

4.1 土壤交换量

4.1.1 概述

本数据集为长武站 8 个长期监测样地 2005 年、2010 年和 2015 年土壤表层（0～20 cm）土壤的交换量数据，长武站监测项目为阳离子交换量。

4.1.2 数据采集和处理方法

4.1.2.1 观测样地

按照 CERN 长期观测规范，土壤的交换量的监测频率为每 5 年 1 次。8 个长期监测样地包括：长武综合观测场（CWAZH01ABC_01）、长武农田土壤要素辅助长期观测采样地（CK）（CWAFZ01ABC_01）、长武农田土壤要素辅助长期观测采样地（CWAFZ02ABC_01）、长武站前塬面农田土壤生物采样地（CWAFZ03ABC_01）、长武杜家坪梯田农地土壤生物采样地（CWAFZ04ABC_01）、长武玉石塬面农田土壤生物采样地（CWAZQ01ABC_01）、长武中台塬面农田土壤生物采样地（CWAZQ02ABC_01）和长武枣泉塬面农田土壤生物采样地（CWAZQ03ABC_01）。

4.1.2.2 采样方法

2005 年、2010 年和 2015 年夏季或秋季作物收获后，在采样点用土钻取 0～20 cm 的土壤，装入棉质土袋中，取回的土样置于干净的白纸上风干，挑除根系和石子，四分法取适量碾磨后，过 2 mm 尼龙筛，再四分法取适量碾磨后，过 0.149 mm 尼龙筛，装入广口瓶备用。

4.1.2.3 分析方法

2005 年、2010 年和 2015 年长武站土壤交换量采用的是氯化铵-乙酸铵交换法。

4.1.3 数据质量控制和评估

（1）测定时插入国家标准样品进行质量控制。

（2）分析时进行 3 次平行样品测定。

（3）利用校验软件检查每个监测数据是否超出相同土壤类型和采样深度的历史数据阈值范围、每个观测场监测项目均值是否超出该样地相同深度历史数据均值的 2 倍标准差、每个观测场监测项目标准差是否超出该样地相同深度历史数据的 2 倍标准差或者样地空间变异调查的 2 倍标准差等。对于超出范围的数据进行核实或再次测定。

4.1.4 数据价值/数据使用方法和建议

土壤是环境中污染物迁移、转换的重要场所，土壤胶体以其巨大的比表面积和带点性而使土壤具有吸附性。土壤的吸附性和离子交换性能又使它成为重金属类污染物的主要归属。土壤阳离子交换性能对于研究污染物的环境行为有重大意义，它能调节土壤溶液的浓度，保证土壤溶液成分的多样性，因而保证了土壤溶液的"生理平衡"，同时还可以保持养分免于被雨水淋失。同时土壤 CEC 的大小，基本上代表了土壤可能保持的养分数量，即保肥性的高低。阳离子交换量的大小，可以作为评价土壤保肥能力的指标。阳离子交换量是土壤缓冲性能的主要来源，是改良土壤和合理施肥的重要依据。

该数据集中，长武站加入了 2005 年的土壤阳离子交换量，故 3 次土壤交换量的数据具有较好的可比性。

4.1.5 数据

长武站土壤阳离子交换量数据见表 4-1。

表 4-1 长武站土壤阳离子交换量

年份	月份	样地代码	观测层次（cm）	阳离子交换量（mmol/kg）		
				平均值	重复数	标准差
2005	7	CWAZH01ABC_01	0～20	103.7	6	2.1
2010	9	CWAZH01ABC_01	0～20	106.9	6	4.2
2015	7	CWAZH01ABC_01	0～20	125.6	6	3.9
2005	7	CWAFZ01ABC_01	0～20	97.2	3	0.2
2010	7	CWAFZ01ABC_01	0～20	99.4	3	2.8
2015	7	CWAFZ01ABC_01	0～20	117.3	3	0.9
2005	7	CWAFZ02ABC_01	0～20	100.0	3	2.4
2010	7	CWAFZ02ABC_01	0～20	100.0	3	1.9
2015	7	CWAFZ02ABC_01	0～20	117.4	3	1.8
2005	7	CWAFZ03ABC_01	0～20	94.1	3	1.6
2010	7	CWAFZ03ABC_01	0～20	102.8	3	1.3
2015	7	CWAFZ03ABC_01	0～20	122.4	3	3.8
2005	7	CWAFZ04ABC_01	0～20	77.5	3	1.0
2010	9	CWAFZ04ABC_01	0～20	81.7	3	4.4
2015	7	CWAFZ04ABC_01	0～20	106.1	3	7.6
2005	7	CWAZQ01ABC_01	0～20	101.6	3	2.0
2010	7	CWAZQ01ABC_01	0～20	99.6	3	7.6
2015	9	CWAZQ01ABC_01	0～20	113.3	3	2.5
2005	7	CWAZQ02ABC_01	0～20	92.3	3	1.6
2010	9	CWAZQ02ABC_01	0～20	103.2	3	2.4
2015	9	CWAZQ02ABC_01	0～20	117.7	3	1.6
2005	7	CWAZQ03ABC_01	0～20	95.9	3	1.9
2010	7	CWAZQ03ABC_01	0～20	96.6	3	5.4
2015	9	CWAZQ03ABC_01	0～20	110.6	3	2.1

4.2　土壤养分

4.2.1　概述

本数据集为长武站 8 个长期监测样地 2009—2015 年土壤表层（0～20 cm）土壤有机质、全氮、速效氮（碱解氮）、有效磷、速效钾和水溶液浸提 pH 数据。

4.2.2　数据采集和处理方法

4.2.2.1　观测样地

按照 CERN 长期观测规范，农田站土壤有机质、全氮、速效氮（碱解氮）、有效磷、速效钾和水溶液浸提 pH 的监测频率为 1 次/年。8 个长期监测样地包括：长武综合观测场（CWAZH01ABC_01）、长武农田土壤要素辅助长期观测采样地（CK）（CWAFZ01ABC_01）、长武农田土壤要素辅助长期观测采样地（CWAFZ02ABC_01）、长武前塬面农田土壤生物采样地（CWAFZ03ABC_01）、长武杜家坪梯田农地土壤生物采样地（CWAFZ04ABC_01）、长武玉石塬面农田土壤生物采样地（CWAZQ01ABC_01）、长武中台塬面农田土壤生物采样地（CWAZQ02ABC_01）和长武枣泉塬面农田土壤生物采样地（CWAZQ03ABC_01）。

4.2.2.2　采样方法

2009—2015 年夏季或秋季作物收获后，在采样点用土钻钻取 0～20 cm 的土壤，装入棉质土袋中，取回的土样置于干净的白纸上风干，挑除根系和石子，四分法取适量碾磨后，过 2 mm 尼龙筛，再四分法取适量碾磨后，过 0.149 mm 尼龙筛，装入广口瓶备用。

4.2.2.3　分析方法

2009—2015 年长武站土壤有机质采用的是重铬酸钾氧化法，全氮采用的是凯式定氮法、速效氮（碱解氮）采用的是碱扩散法、有效磷采用的是碳酸氢钠浸提-钼锑抗比色法、速效钾采用的是乙酸铵浸提-火焰光度法、水溶液浸提 pH 采用的是电位法。

4.2.3　数据质量控制和评估

（1）测定时插入国家标准样品进行质量控制。

（2）分析时进行 3 次平行样品测定。

（3）利用校验软件检查每个监测数据是否超出相同土壤类型和采样深度的历史数据阈值范围、每个观测场监测项目均值是否超出该样地相同深度历史数据均值的 2 倍标准差、每个观测场监测项目标准差是否超出该样地相同深度历史数据的 2 倍标准差或者样地空间变异调查的 2 倍标准差等。对于超出范围的数据进行核实或再次测定。

4.2.4　数据价值/数据使用方法和建议

土壤有机质是泛指土壤中来源于生命的物质。土壤有机质是土壤固相部分的重要组成成分，是植物营养的主要来源之一，能促进植物的生长发育，改善土壤的物理性质，促进微生物和土壤生物的活动，促进土壤中营养元素的分解，提高土壤的保肥性和缓冲性的作用。它与土壤的结构性、通气性、渗透性、吸附性、缓冲性有密切的关系，通常在其他条件相同或相近的情况下，在一定含量范围内，有机质的含量与土壤肥力水平呈正相关。

土壤全氮是指土壤中各种形态氮素含量之和。包括有机态氮和无机态氮，但不包括土壤空气中的分子态氮。土壤全氮含量随土壤深度的增加而急剧降低。土壤全氮含量处于动态变化之中，它的消长取决于氮的积累和消耗的相对多寡，特别是取决于土壤有机质的生物积累和水解作用。对于自然土壤来说，达到稳定水平时，其全氮含量的平衡值是气候、地形或地貌、植被和生物、母质以及成土年龄或时间的函数。

土壤碱解氮也称为有效氮，能反映土壤近期内氮素的供应情况，包括无机态氮（铵态氮、硝态氮）及易水解的有机态氮（氨基酸、酰胺和易水解蛋白质）。土壤有效氮量与作物生长关系密切，因此，它在推荐施肥中意义重大。土壤碱解氮＜45 mg/kg 为缺乏，45～100 mg/kg 为良好，＞100 mg/kg 为丰富。

土壤有效磷是指土壤中可被植物吸收利用的磷的总称。它包括全部水溶性磷、部分吸附态磷、一部分微溶性的无机磷和易矿化的有机磷等，只是后两者需要经过一定的转化过程后方能被植物直接吸收。在农业生产中一般采用土壤有效磷的指标来指导施用磷肥。土壤有效磷含量是决定磷肥有无效果以及效果大小的主要因素，所以能否用好磷肥必须根据土壤有效磷的含量区别对待。

土壤速效钾是指土壤中易被作物吸收利用的钾素。包括土壤溶液钾及土壤交换性钾。速效钾含量是表征土壤钾素供应状况的重要指标之一。及时测定和了解土壤速效钾含量及其变化，对指导钾肥的施用是十分必要的。

土壤酸碱度亦称"土壤 pH"，是土壤酸度和碱度的总称。通常用以衡量土壤酸碱反应的强弱，同时对于指导田间施肥具有重要的指导意义。

该数据集中收录了长武站 2009—2015 年 7 年的土壤养分数据，采用了相同的实验方法进行的化学分析，故土壤养分数据具有较好的连续性和对比性。

4.2.5 数据

综合观测场土壤养分数据见表 4-2 至表 4-4，辅助观测场采样地土壤养分数据见表 4-5 至表 4-10，站前塬面、杜家坪、玉石塬面站区、中台塬面站区、枣泉塬面站区各观测场土壤养分数据见表 4-11 至表 4-25。

表 4-2 综合观测场土壤养分（土壤有机质、全氮和全磷）

年份	月份	观测层次（cm）	土壤有机质（g/kg）		全氮（g/kg）		全磷（g/kg）		重复数
			平均值	标准差	平均值	标准差	平均值	标准差	
2009	6	0～20	12.1	3.1	1.1	0.1	0.7	0.0	6
2010	9	0～20	15.2	0.4	0.9	0.1	—	—	6
2011	7	0～20	13.9	0.6	—	—	—	—	6
2012	6	0～20	14.5	0.5	1.0	0.0	—	—	6
2013	9	0～20	15.4	0.5	1.0	0.0	—	—	6
2014	6	0～20	14.5	0.5	—	—	—	—	6
2015	7	0～20	14.9	0.8	1.0	0.1	0.9	0.0	6

表 4-3 综合观测场土壤养分（全钾、速效氮和有效磷）

年份	月份	观测层次（cm）	全钾（g/kg）		速效氮（mg/kg）		有效磷（mg/kg）		重复数
			平均值	标准差	平均值	标准差	平均值	标准差	
2009	6	0～20	19.7	2.1	75.9	12.6	15.8	2.2	6
2010	9	0～20	—	—	73.5	9.2	16.7	2.5	6
2011	7	0～20	—	—	70.6	12.2	13.8	1.7	6

（续）

年份	月份	观测层次（cm）	全钾（g/kg）		速效氮（mg/kg）		有效磷（mg/kg）		重复数
			平均值	标准差	平均值	标准差	平均值	标准差	
2012	6	0～20	—	—	63.8	3.5	14.3	2.0	6
2013	9	0～20	—	—	69.7	7.5	19.6	1.0	6
2014	6	0～20	—	—	74.9	5.6	14.8	2.4	6
2015	7	0～20	19.9	0.1	72.3	2.6	18.2	6.7	6

表 4-4　综合观测场土壤养分（速效钾、缓效钾和水溶液浸提 pH）

年份	月份	观测层次（cm）	速效钾（mg/kg）		缓效钾（mg/kg）		水溶液浸提 pH		重复数
			平均值	标准差	平均值	标准差	平均值	标准差	
2009	6	0～20	144.6	9.8	1 534.2	115.2	8.3	0.1	6
2010	9	0～20	116.5	7.8	1 133.8	68.8	8.2	0.1	6
2011	7	0～20	107.0	3.6	—	—	8.4	0.1	6
2012	6	0～20	133.3	8.3	—	—	8.5	0.0	6
2013	9	0～20	145.0	8.0	1 225.5	30.6	8.5	0.1	6
2014	6	0～20	144.7	12.7	—	—	8.3	0.0	6
2015	7	0～20	144.6	9.8	1 534.2	115.2	8.3	0.1	6

表 4-5　辅助观测场采样地（CK）土壤养分（土壤有机质、全氮和全磷）

年份	月份	观测层次（cm）	土壤有机质（g/kg）		全氮（g/kg）		全磷（g/kg）		重复数
			平均值	标准差	平均值	标准差	平均值	标准差	
2009	6	0～20	12.1	0.6	0.9	0.2	0.7	0.1	3
2010	9	0～20	14.4	0.5	0.8	0.0			3
2011	7	0～20	12.8	0.2	0.9	0.0			3
2012	6	0～20	13.6	0.4	0.9	0.0			3
2013	9	0～20	12.9	0.2	0.9	0.0			3
2014	6	0～20	13.3	0.5	0.9	0.0			3
2015	7	0～20	13.6	1.0	0.9	0.0	0.8	0.0	3

表 4-6　辅助观测场采样地（CK）土壤养分（全钾、速效氮和有效磷）

年份	月份	观测层次（cm）	全钾（g/kg）		速效氮（mg/kg）		有效磷（mg/kg）		重复数
			平均值	标准差	平均值	标准差	平均值	标准差	
2009	6	0～20	19.6	2.2	72.4	5.4	16.0	0.3	3
2010	9	0～20	—	—	61.0	3.4	10.0	1.1	3
2011	7	0～20	—	—	57.4	1.7	9.0	1.5	3
2012	6	0～20	—	—	59.3	2.2	8.7	1.4	3
2013	9	0～20	—	—	58.7	1.9	12.2	1.2	3
2014	6	0～20	—	—	63.8	2.0	11.1	2.3	3
2015	7	0～20	19.3	0.3	61.0	2.3	11.5	0.5	3

82

表 4-7　辅助观测场采样地（CK）土壤养分（速效钾、缓效钾和水溶液浸提 pH）

年份	月份	观测层次（cm）	速效钾（mg/kg）		缓效钾（mg/kg）		水溶液浸提 pH		重复数
			平均值	标准差	平均值	标准差	平均值	标准差	
2009	6	0～20	149.1	4.1	1 914.9	61.8	8.4	0.1	3
2010	9	0～20	124.7	7.1	1 200.0	28.8	8.8	0.1	3
2011	7	0～20	122.1	13.4	—	—	8.5	0.0	3
2012	6	0～20	142.8	6.3	—	—	8.4	0.1	3
2013	9	0～20	123.4	5.1	1 307.5	19.7	8.4	0.0	3
2014	6	0～20	143.3	2.8	—	—	8.4	0.0	3
2015	7	0～20	138.8	4.0	1 311.3	47.3	8.5	0.0	3

表 4-8　辅助观测场采样地（NP+M）土壤养分（土壤有机质、全氮和全磷）

年份	月份	观测层次（cm）	土壤有机质（g/kg）		全氮（g/kg）		全磷（g/kg）		重复数
			平均值	标准差	平均值	标准差	平均值	标准差	
2009	6	0～20	12.2	0.2	1.0	0.0	0.7	0.0	3
2010	9	0～20	14.9	0.2	0.9	0.0	—	—	3
2011	7	0～20	13.5	0.8	—	—	—	—	3
2012	6	0～20	14.3	0.6	1.0	0.0	—	—	3
2013	9	0～20	14.2	0.7	1.0	0.0	—	—	3
2014	6	0～20	13.5	0.2	0.9	0.0	—	—	3
2015	7	0～20	14.3	0.2	1.0	0.0	0.9	0.0	3

表 4-9　辅助观测场采样地（NP+M）土壤养分（全钾、速效氮和有效磷）

年份	月份	观测层次（cm）	全钾（g/kg）		速效氮（mg/kg）		有效磷（mg/kg）		重复数
			平均值	标准差	平均值	标准差	平均值	标准差	
2009	6	0～20	20.9	0.5	70.3	5.2	12.8	0.1	3
2010	9	0～20	—	—	58.5	7.3	10.7	1.9	3
2011	7	0～20	—	—	62.0	6.2	12.6	0.1	3
2012	6	0～20	—	—	62.3	6.7	12.6	2.2	3
2013	9	0～20	—	—	56.3	6.7	9.6	0.5	3
2014	6	0～20	—	—	67.5	5.1	19.2	3.3	3
2015	7	0～20	19.7	0.5	63.3	1.9	21.3	4.8	3

表 4-10　辅助观测场采样地（NP+M）土壤养分（速效钾、缓效钾和水溶液浸提 pH）

年份	月份	观测层次（cm）	速效钾（mg/kg）		缓效钾（mg/kg）		水溶液浸提 pH		重复数
			平均值	标准差	平均值	标准差	平均值	标准差	
2009	6	0～20	153.8	16.3	1 575.3	109.4	8.3	0.1	3
2010	9	0～20	123.0	6.9	1 198.7	83.4	8.8	0.0	3
2011	7	0～20	147.0	18.9	—	—	8.4	0.1	3
2012	6	0～20	168.8	26.2	—	—	8.3	0.0	3

（续）

年份	月份	观测层次（cm）	速效钾（mg/kg）		缓效钾（mg/kg）		水溶液浸提 pH		重复数
			平均值	标准差	平均值	标准差	平均值	标准差	
2013	9	0~20	146.0	17.8	1 246.7	15.2	8.2	0.0	3
2014	6	0~20	146.2	5.1	—	—	8.3	0.0	3
2015	7	0~20	180.0	19.2	1 278.8	47.5	8.4	0.0	3

表 4 - 11　站前塬面辅助观测场土壤养分（土壤有机质、全氮和全磷）

年份	月份	观测层次（cm）	土壤有机质（g/kg）		全氮（g/kg）		全磷（g/kg）		重复数
			平均值	标准差	平均值	标准差	平均值	标准差	
2009	6	0~20	12.6	1.3	1.0	0.1	0.8	0.1	3
2010	9	0~20	15.3	0.3	0.9	0.0	—	—	3
2011	7	0~20	13.4	0.6	—	—	—	—	3
2012	6	0~20	14.4	0.7	0.8	0.0	—	—	3
2013	9	0~20	12.5	0.6	0.9	0.1	—	—	3
2014	6	0~20	13.9	0.2	1.0	0.0	—	—	3
2015	7	0~20	14.4	0.6	1.0	0.0	0.9	0.1	3

表 4 - 12　站前塬面辅助观测场土壤养分（全钾、速效氮和有效磷）

年份	月份	观测层次（cm）	全钾（g/kg）		速效氮（mg/kg）		有效磷（mg/kg）		重复数
			平均值	标准差	平均值	标准差	平均值	标准差	
2009	6	0~20	18.2	1.5	74.6	3.3	22.4	4.3	3
2010	9	0~20	—	—	60.9	8.7	19.3	3.6	3
2011	7	0~20	—	—	67.5	9.2	14.1	1.1	3
2012	6	0~20	—	—	64.8	8.8	11.5	0.9	3
2013	9	0~20	—	—	72.1	3.6	21.5	0.8	3
2014	6	0~20	—	—	62.9	2.6	16.2	2.1	3
2015	7	0~20	19.7	0.1	71.5	13.3	14.9	1.5	3

表 4 - 13　站前塬面辅助观测场土壤养分（速效钾、缓效钾和水溶液浸提 pH）

年份	月份	观测层次（cm）	速效钾（mg/kg）		缓效钾（mg/kg）		水溶液浸提 pH		重复数
			平均值	标准差	平均值	标准差	平均值	标准差	
2009	6	0~20	146.7	8.7	1 810.9	59.3	8.3	0.1	3
2010	9	0~20	132.0	5.3	1 224.0	39.5	8.8	0.0	3
2011	7	0~20	137.8	17.9	—	—	8.4	0.1	3
2012	6	0~20	162.6	21.1	—	—	8.4	0.0	3
2013	9	0~20	130.8	9.5	1 331.7	73.1	8.7	0.0	3
2014	6	0~20	184.1	8.1	—	—	8.3	0.0	3
2015	7	0~20	146.1	8.6	1 354.6	79.9	8.4	0.0	3

表 4-14 杜家坪辅助观测场土壤养分（土壤有机质、全氮和全磷）

年份	月份	观测层次（cm）	土壤有机质（g/kg）		全氮（g/kg）		全磷（g/kg）		重复数
			平均值	标准差	平均值	标准差	平均值	标准差	
2009	6	0～20	8.8	0.4	0.8	0.2	0.6	0.0	3
2010	9	0～20	12.1	0.5	0.7	0.0	—	—	3
2011	7	0～20	10.4	0.1	—	—	—	—	3
2012	6	0～20	12.8	0.9	0.8	0.0	—	—	3
2013	9	0～20	12.1	0.5	0.8	0.0	—	—	3
2014	6	0～20	12.5	0.3	0.8	0.0	—	—	3
2015	7	0—20	12.3	0.5	0.9	0.0	0.8	0.1	3

表 4-15 杜家坪辅助观测场土壤养分（全钾、速效氮和有效磷）

年份	月份	观测层次（cm）	全钾（g/kg）		速效氮（mg/kg）		有效磷（mg/kg）		重复数
			平均值	标准差	平均值	标准差	平均值	标准差	
2009	6	0～20	18.6	0.2	62.3	2.7	12.7	0.6	3
2010	9	0～20	—	—	64.2	3.5	19.7	5.8	3
2011	7	0～20	—	—	49.9	1.8	10.4	1.2	3
2012	6	0～20	—	—	47.4	0.6	10.7	2.5	3
2013	9	0～20	—	—	53.4	2.0	24.1	3.7	3
2014	6	0～20	—	—	63.8	0.7	14.6	1.1	3
2015	7	0～20	18.1	0.4	59.3	3.4	14.0	0.3	3

表 4-16 杜家坪辅助观测场土壤养分（速效钾、缓效钾和水溶液浸提 pH）

年份	月份	观测层次（cm）	速效钾（mg/kg）		缓效钾（mg/kg）		水溶液浸提 pH		重复数
			平均值	标准差	平均值	标准差	平均值	标准差	
2009	6	0～20	97.6	4.5	1 063.5	59.9	8.4	0.0	3
2010	9	0～20	79.7	4.7	877.3	52.5	8.3	0.1	3
2011	7	0～20	75.9	0.9	—	—	8.3	0.1	3
2012	6	0～20	102.6	4.4	—	—	8.5	0.1	3
2013	9	0～20	84.2	2.2	1 078.3	21.2	8.4	0.1	3
2014	6	0～20	101.2	1.1	—	—	8.3	0.0	3
2015	7	0～20	106.3	3.9	1000.9	30.4	8.5	0.0	3

表 4-17 玉石塬面站区观测场土壤养分（土壤有机质、全氮和全磷）

年份	月份	观测层次（cm）	土壤有机质（g/kg）		全氮（g/kg）		全磷（g/kg）		重复数
			平均值	标准差	平均值	标准差	平均值	标准差	
2009	6	0～20	16.0	1.1	1.1	0.1	0.7	0.0	3
2010	9	0～20	16.8	1.1	1.0	0.1	—	—	3
2011	7	0～20	17.1	0.4	—	—	—	—	3
2012	6	0～20	18.1	0.6	1.2	0.0	—	—	3

（续）

年份	月份	观测层次（cm）	土壤有机质（g/kg）		全氮（g/kg）		全磷（g/kg）		重复数
			平均值	标准差	平均值	标准差	平均值	标准差	
2013	9	0～20	16.3	0.1	1.1	0.0	—	—	3
2014	6	0～20	16.4	0.4	1.1	0.0	—	—	3
2015	7	0～20	16.8	0.8	1.1	0.0	1.0	0.0	3

表 4-18　玉石塬面站区观测场土壤养分（全钾、速效氮和有效磷）

年份	月份	观测层次（cm）	全钾（g/kg）		速效氮（mg/kg）		有效磷（mg/kg）		重复数
			平均值	标准差	平均值	标准差	平均值	标准差	
2009	6	0～20	21.1	0.3	79.1	0.3	21.6	8.6	3
2010	9	0～20	—	—	67.7	4.1	32.3	5.4	3
2011	7	0～20	—	—	83.1	2.3	21.5	0.9	3
2012	6	0～20	—	—	68.0	2.0	20.6	3.9	3
2013	9	0～20	—	—	65.1	3.4	23.3	3.4	3
2014	6	0～20	—	—	75.3	2.8	30.0	2.1	3
2015	7	0～20	19.5	0.8	74.4	3.3	21.7	1.6	3

表 4-19　玉石塬面站区观测场土壤养分（速效钾、缓效钾和水溶液浸提 pH）

年份	月份	观测层次（cm）	速效钾（mg/kg）		缓效钾（mg/kg）		水溶液浸提 pH		重复数
			平均值	标准差	平均值	标准差	平均值	标准差	
2009	6	0～20	266.8	33.9	1 694.7	33.0	8.3	0.0	3
2010	9	0～20	263.3	58.6	1 239.0	49.1	8.6	0.0	3
2011	7	0～20	231.7	16.3	—	—	8.3	0.1	3
2012	6	0～20	253.7	38.1	—	—	8.4	0.0	3
2013	9	0～20	268.6	12.7	1 390.6	26.2	8.6	0.0	3
2014	6	0～20	299.9	15.2	—	—	8.3	0.0	3
2015	7	0～20	291.2	9.8	1 403.5	40.0	8.3	0.0	3

表 4-20　中台塬面站区观测场土壤养分（土壤有机质、全氮和全磷）

年份	月份	观测层次（cm）	土壤有机质（g/kg）		全氮（g/kg）		全磷（g/kg）		重复数
			平均值	标准差	平均值	标准差	平均值	标准差	
2009	6	0～20	13.4	1.4	1.0	0.1	0.7	0.1	3
2010	9	0～20	14.6	0.3	0.9	0.0	—	—	3
2011	7	0～20	13.6	0.2	—	—	—	—	3
2012	6	0～20	15.5	0.3	1.1	0.1	—	—	3
2013	9	0～20	14.8	0.6	1.0	0.1	—	—	3
2014	6	0～20	14.3	0.6	1.0	0.0	—	—	3
2015	7	0～20	14.8	0.4	1.0	0.0	0.8	0.1	3

表 4-21 中台塬面站区观测场土壤养分（全钾、速效氮和有效磷）

年份	月份	观测层次（cm）	全钾（g/kg）		速效氮（mg/kg）		有效磷（mg/kg）		重复数
			平均值	标准差	平均值	标准差	平均值	标准差	
2009	6	0~20	20.7	0.2	72.9	2.0	15.3	2.4	3
2010	9	0~20	—	—	61.5	2.3	13.0	2.1	3
2011	7	0~20	—	—	58.7	3.3	9.9	1.4	3
2012	6	0~20	—	—	61.8	2.0	10.0	2.6	3
2013	9	0~20	—	—	61.8	2.0	16.1	0.9	3
2014	6	0~20	—	—	69.4	2.8	16.2	2.1	3
2015	7	0~20	19.7	1.3	69.7	4.1	15.2	2.4	3

表 4-22 中台塬面站区观测场土壤养分（速效钾、缓效钾和水溶液浸提 pH）

年份	月份	观测层次（cm）	速效钾（mg/kg）		缓效钾（mg/kg）		水溶液浸提 pH		重复数
			平均值	标准差	平均值	标准差	平均值	标准差	
2009	6	0~20	159.3	17.5	1 482.7	72.2	8.4	0.1	3
2010	9	0~20	124.7	15.5	1 158.3	61.8	8.7	0.1	3
2011	7	0~20	139.0	7.9	—	—	8.3	0.0	3
2012	6	0~20	180.7	9.5	—	—	8.3	0.1	3
2013	9	0~20	148.9	11.5	1 350.8	74.3	8.7	0.0	3
2014	6	0~20	173.3	2.8	—	—	8.4	0.0	3
2015	7	0~20	165.5	9.7	1 336.1	16.0	8.2	0.2	3

表 4-23 枣泉塬面站区观测场土壤养分（土壤有机质、全氮和全磷）

年份	月份	观测层次（cm）	土壤有机质（g/kg）		全氮（g/kg）		全磷（g/kg）		重复数
			平均值	标准差	平均值	标准差	平均值	标准差	
2009	6	0~20	13.5	1.0	0.9	0.0	0.7	0.0	3
2010	9	0~20	13.7	0.8	0.9	0.0	—	—	3
2011	7	0~20	12.9	0.3			—	—	3
2012	6	0~20	15.2	0.3	1.0	0.0	—	—	3
2013	9	0~20	13.9	0.5			—	—	3
2014	6	0~20	12.5	0.2	0.9	0.0	—	—	3
2015	7	0~20	13.1	1.0	1.0	0.0	0.9	0.1	3

表 4-24 枣泉塬面站区观测场土壤养分（全钾、速效氮和有效磷）

年份	月份	观测层次（cm）	全钾（g/kg）		速效氮（mg/kg）		有效磷（mg/kg）		重复数
			平均值	标准差	平均值	标准差	平均值	标准差	
2009	6	0~20	20.3	0.6	67.6	0.8	14.9	1.4	3
2010	9	0~20	—	—	55.2	8.5	11.6	1.0	3
2011	7	0~20	—	—	52.7	2.6	7.7	1.4	3
2012	6	0~20	—	—	58.4	2.6	7.5	1.6	3

(续)

年份	月份	观测层次（cm）	全钾（g/kg）		速效氮（mg/kg）		有效磷（mg/kg）		重复数
			平均值	标准差	平均值	标准差	平均值	标准差	
2013	9	0～20	—	—	55.3	2.9	15.0	1.1	3
2014	6	0～20	—	—	61.0	2.8	13.6	2.8	3
2015	7	0～20	19.3	0.5	58.5	7.5	12.3	1.2	3

表 4-25　枣泉塬面站区观测场土壤养分（速效钾、缓效钾和水溶液浸提 pH）

年份	月份	观测层次（cm）	速效钾（mg/kg）		缓效钾（mg/kg）		水溶液浸提 pH		重复数
			平均值	标准差	平均值	标准差	平均值	标准差	
2009	6	0～20	144.5	5.5	1 374.5	143.3	8.3	0.0	3
2010	9	0～20	124.7	7.1	1 165.0	3.5	8.7	0.0	3
2011	7	0～20	140.7	5.4	—		8.3	0.1	3
2012	6	0～20	145.4	4.5	—		8.3	0.0	3
2013	9	0～20	140.2	17.9	1 346.6	54.4	8.2	0.1	3
2014	6	0～20	151.8	1.6	—		8.4	0.0	3
2015	7	0～20	153.4	9.6	1 383.1	33.0	8.5	0.0	3

4.3　土壤速效微量元素

4.3.1　概述

本数据集为长武站 8 个长期监测样地 2010 年和 2015 年土壤表层（0～20 cm）土壤速效微量元素中有效锌、有效锰、有效铁和有效铜的数据。

4.3.2　数据采集和处理方法

4.3.2.1　观测样地

按照 CERN 长期观测规范要求，长武站土壤有效硼、有效锌、有效锰、有效铁、有效铜和有效硫的监测频率为每 5 年 1 次。8 个长期监测样地包括：长武综合观测场（CWAZH01ABC_01）、长武农田土壤要素辅助长期观测采样地（CK）（CWAFZ01ABC_01）、长武农田土壤要素辅助长期观测采样地（CWAFZ02ABC_01）、长武站前塬面农田土壤生物采样地（CWAFZ03ABC_01）、长武杜家坪梯田农地土壤生物采样地（CWAFZ04ABC_01）、长武玉石塬面农田土壤生物采样地（CWAZQ01ABC_01）、长武中台塬面农田土壤生物采样地（CWAZQ02ABC_01）和长武枣泉塬面农田土壤生物采样地（CWAZQ03ABC_01）。

4.3.2.2　采样方法

2010 年和 2015 年夏季或秋季作物收获后，在采样点用土钻钻取 0～20 cm 的土壤，装入棉质土袋中，取回的土样置于干净白纸上风干，挑除根系和石子，四分法取适量碾磨后，过 2 mm 尼龙筛，再四分法取适量碾磨后，过 0.149 mm 尼龙筛，装入广口瓶备用。

4.3.2.3　分析方法

2010 年和 2015 年长武站有效硼采用的是沸水提取-ICP 检测法，有效锌、有效锰、有效铁和有效铜采用的是 DTPA 提取-AA 检测法，有效硫采用的是 $CaCl_2$ 提取-ICP 检测法。

4.3.3　数据质量控制和评估

（1）测定时插入国家标准样品进行质量控制。

（2）分析时进行 3 次平行样品测定。

（3）利用校验软件检查每个监测数据是否超出相同土壤类型和采样深度的历史数据阈值范围、每个观测场监测项目均值是否超出该样地相同深度历史数据均值的 2 倍标准差、每个观测场监测项目标准差是否超出该样地相同深度历史数据的 2 倍标准差或者样地空间变异调查的 2 倍标准差等。对于超出范围的数据进行核实或再次测定。

4.3.4　数据价值/数据使用方法和建议

锌、铜、铁、锰是植物必需的微量元素，在植物体中主要是生命活动的活化剂以及组成酶、辅酶的成分，它们的作用较多且专一性很强，如果缺乏这些微量元素就可能成为限制因子影响农作物的产量和品质。植物所利用的微量元素主要来自土壤，因此能够及时根据土壤养分状况合理施肥就显得尤为重要，而进行土壤有效养分的测定正是合理施肥的基础。

4.3.5　数据

长武站土壤速效微量元素数据见表 4-26 至表 4-28。

表 4-26　长武站土壤速效微量元素（有效铁和有效铜）

| 年份 | 月份 | 样地代码 | 观测层次 | 有效铁（mg/kg） | | 有效铜（mg/kg） | | 重复数 |
				平均值	标准差	平均值	标准差	
2010	9	CWAZH01ABC_01	0～20	6.7	0.4	0.8	0.4	6
2015	7	CWAZH01ABC_01	0～20	8.2	0.6	1.1	0.0	6
2010	7	CWAFZ01ABC_01	0～20	5.9	0.2	1.1	0.0	3
2015	7	CWAFZ01ABC_01	0～20	6.5	0.5	1.2	0.0	3
2010	7	CWAFZ02ABC_01	0～20	6.0	0.3	1.1	0.0	3
2015	7	CWAFZ02ABC_01	0～20	7.9	0.2	1.1	0.0	3
2010	7	CWAFZ03ABC_01	0～20	6.1	0.0	1.0	0.0	3
2015	7	CWAFZ03ABC_01	0～20	6.9	0.2	1.1	0.0	3
2010	9	CWAFZ04ABC_01	0～20	6.7	0.4	0.8	0.0	3
2015	6	CWAFZ04ABC_01	0～20	6.7	0.5	1.2	0.1	3
2010	7	CWAZQ01ABC_01	0～20	6.6	0.4	1.2	0.0	3
2015	9	CWAZQ01ABC_01	0～20	6.7	0.1	1.2	0.0	3
2010	9	CWAZQ02ABC_01	0～20	7.1	0.4	1.0	0.0	3
2015	9	CWAZQ02ABC_01	0～20	6.7	1.0	1.2	0.1	3
2010	7	CWAZQ03ABC_01	0～20	5.7	0.1	1.0	0.0	3
2015	9	CWAZQ03ABC_01	0～20	7.1	0.5	1.2	0.2	3

表 4 - 27　长武站土壤速效微量元素（有效硼和有效锰）

年份	月份	样地代码	观测层次	有效硼（mg/kg）		有效锰（mg/kg）		重复数
				平均值	标准差	平均值	标准差	
2010	9	CWAZH01ABC_01	0～20	0.2	0.1	117.4	90.1	6
2015	7	CWAZH01ABC_01	0～20	0.6	0.1	9.8	1.0	6
2010	7	CWAFZ01ABC_01	0～20	0.2	0.0	157.9	1.2	3
2015	7	CWAFZ01ABC_01	0～20	0.4	0.1	8.5	1.0	3
2010	7	CWAFZ02ABC_01	0～20	0.2	0.0	165.0	10.1	3
2015	7	CWAFZ02ABC_01	0～20	0.5	0.0	9.4	0.3	3
2010	7	CWAFZ03ABC_01	0～20	0.2	0.0	163.5	4.6	3
2015	7	CWAFZ03ABC_01	0～20	0.5	0.0	8.7	0.5	3
2010	9	CWAFZ04ABC_01	0～20	0.2	0.0	68.7	58.3	3
2015	6	CWAFZ04ABC_01	0～20	0.9	0.1	9.4	0.7	3
2010	7	CWAZQ01ABC_01	0～20	0.3	0.0	165.1	7.5	3
2015	9	CWAZQ01ABC_01	0～20	0.8	0.0	9.4	0.4	3
2010	9	CWAZQ02ABC_01	0～20	0.3	0.0	1.3	0.1	3
2015	9	CWAZQ02ABC_01	0～20	0.5	0.0	9.0	1.0	3
2010	7	CWAZQ03ABC_01	0～20	0.1	0.0	161.2	3.4	3
2015	9	CWAZQ03ABC_01	0～20	0.5	0.0	8.0	0.7	3

表 4 - 28　长武站土壤速效微量元素（有效锌和有效硫）

年份	月份	样地代码	观测层次	有效锌（mg/kg）		有效硫（mg/kg）		重复数
				平均值	标准差	平均值	标准差	
2010	9	CWAZH01ABC_01	0～20	0.5	0.0	35.8	0.5	6
2015	7	CWAZH01ABC_01	0～20	0.6	0.1	5.8	1.3	6
2010	7	CWAFZ01ABC_01	0～20	0.7	0.1	36.3	1.0	3
2015	7	CWAFZ01ABC_01	0～20	0.6	0.0	4.7	2.8	3
2010	7	CWAFZ02ABC_01	0～20	0.7	0.1	36.4	1.7	3
2015	7	CWAFZ02ABC_01	0～20	0.9	0.2	9.1	0.8	3
2010	7	CWAFZ03ABC_01	0～20	1.5	1.2	35.7	1.8	3
2015	7	CWAFZ03ABC_01	0～20	0.9	0.1	7.3	1.2	3
2010	9	CWAFZ04ABC_01	0～20	0.5	0.1	36.2	0.9	3
2015	6	CWAFZ04ABC_01	0～20	1.1	0.2	7.1	0.4	3
2010	7	CWAZQ01ABC_01	0～20	1.1	0.3	36.3	0.7	3
2015	9	CWAZQ01ABC_01	0～20	1.1	0.1	16.5	3.0	3
2010	9	CWAZQ02ABC_01	0～20	0.6	0.0	35.6	0.7	3
2015	9	CWAZQ02ABC_01	0～20	0.6	0.2	15.0	7.6	3
2010	7	CWAZQ03ABC_01	0～20	0.6	0.1	37.8	0.9	3
2015	9	CWAZQ03ABC_01	0～20	0.6	0.1	5.6	1.6	3

4.4　剖面土壤机械组成

4.4.1　概述

本数据集为长武站 8 个长期监测样地 2015 年剖面土壤（0～10 cm、10～20 cm、20～40 cm、40～60 cm、60～80 cm 和 80～100 cm）机械组成的数据。

4.4.2　数据采集和处理方法

4.4.2.1　观测样地

按照 CERN 长期观测规范要求，长武站剖面土壤机械组成的监测频率为每 10 年 1 次。8 个长期监测样地包括：长武综合观测场（CWAZH01ABC_01）、长武农田土壤要素辅助长期观测采样地（CK）（CWAFZ01ABC_01）、长武农田土壤要素辅助长期观测采样地（CWAFZ02ABC_01）、长武站前塬面农田土壤生物采样地（CWAFZ03ABC_01）、长武杜家坪梯田农地土壤生物采样地（CWAFZ04ABC_01）、长武玉石塬面农田土壤生物采样地（CWAZQ01ABC_01）、长武中台塬面农田土壤生物采样地（CWAZQ02ABC_01）和长武枣泉塬面农田土壤生物采样地（CWAZQ03ABC_01）。

4.4.2.2　采样方法

2015 年夏季或秋季作物收获后，在采样点用土钻钻取 0～10 cm、10～20 cm、20～40 cm、40～60 cm、60～80 cm 和 80～100 cm 的土壤，装入棉质土袋中，取回的土样置于干净的白纸上风干，挑除根系和石子，四分法取适量碾磨后，过 2 mm 筛备用。

4.4.2.3　分析方法

2015 年长武站剖面土壤的机械组成采用的是激光粒度仪法。

4.4.3　数据质量控制和评估

（1）测定时插入国家标准样品进行质量控制。

（2）分析时进行 3 次平行样品测定。

（3）利用校验软件检查每个监测数据是否超出相同土壤类型和采样深度的历史数据阈值范围、每个观测场监测项目均值是否超出该样地相同深度历史数据均值的 2 倍标准差、每个观测场监测项目标准差是否超出该样地相同深度历史数据的 2 倍标准差或者样地空间变异调查的 2 倍标准差等。对于超出范围的数据进行核实或再次测定。

4.4.4　数据价值/数据使用方法和建议

自然土壤的矿物质都是由大小不同的土粒组成的，各个粒级在土壤中所占的相对比例或质量分数，称为土壤机械组成，也称为土壤质地。土壤机械组成不仅是土壤分类的重要诊断指标，也是影响土壤水、肥、气、热状况，物质迁移转化及土壤退化过程研究的重要因素，还是土壤地理研究、与农业生产相关的土壤改良、土建工程和区域水分循环过程等研究的重要内容。

4.4.5　数据

长武站剖面土壤机械组成见表 4-29。

表 4-29　长武站剖面土壤机械组成

年份	月份	样地代码	观测层次 (cm)	0.05~2 mm 沙粒百分率		0.002~0.05 mm 粉粒百分率		小于 0.002 mm 黏粒百分率		重复数	土壤质地名称
				平均值	标准差	平均值	标准差	平均值	标准差		
2015	7	CWAZH01ABC_01	0~10	14.3	1.5	70.3	0.5	15.5	1.6	3	粉壤土
2015	7	CWAZH01ABC_01	10~20	11.4	0.2	71.7	1.3	16.9	1.5	3	粉壤土
2015	7	CWAZH01ABC_01	20~40	11.3	2.2	72.3	0.8	16.4	1.5	3	粉壤土
2015	7	CWAZH01ABC_01	40~60	10.5	2.6	72.6	1.2	16.9	2.7	3	粉壤土
2015	7	CWAZH01ABC_01	60~100	11.6	4.5	74.3	2.1	14.1	2.6	3	粉壤土
2015	7	CWAFZ01ABC_01	0~10	10.6	1.3	73.0	0.8	16.4	0.9	3	粉壤土
2015	7	CWAFZ01ABC_01	10~20	9.8	1.3	73.0	0.7	17.2	0.8	3	粉壤土
2015	7	CWAFZ01ABC_01	20~40	10.6	0.4	72.2	0.8	17.2	0.7	3	粉壤土
2015	7	CWAFZ01ABC_01	40~60	9.3	1.1	74.0	1.3	16.7	2.3	3	粉壤土
2015	7	CWAFZ01ABC_01	60~100	10.4	5.6	73.8	2.2	15.8	3.4	3	粉壤土
2015	7	CWAFZ02ABC_01	0~10	9.3	3.5	73.1	2.7	17.6	0.9	3	粉壤土
2015	7	CWAFZ02ABC_01	10~20	10.2	0.6	72.1	0.4	17.7	0.1	3	粉壤土
2015	7	CWAFZ02ABC_01	20~40	7.1	1.1	73.5	0.2	19.4	1.1	3	粉壤土
2015	7	CWAFZ02ABC_01	40~60	7.6	0.1	74.2	0.5	18.2	0.5	3	粉壤土
2015	7	CWAFZ02ABC_01	60~100	7.2	2.2	75.9	1.2	16.9	1.0	3	粉壤土
2015	6	CWAFZ04ABC_01	0~10	13.5	1.6	69.6	1.7	16.9	0.3	3	粉壤土
2015	6	CWAFZ04ABC_01	10~20	14.5	1.2	69.2	0.3	16.3	1.1	3	粉壤土
2015	6	CWAFZ04ABC_01	20~40	10.6	0.1	71.5	0.9	17.9	0.4	3	粉壤土
2015	6	CWAFZ04ABC_01	40~60	10.6	3.2	71.9	1.9	17.5	1.5	3	粉壤土
2015	6	CWAFZ04ABC_01	60~100	7.7	1.5	74.6	1.4	17.6	0.6	3	粉壤土
2015	9	CWAZQ01ABC_01	0~10	13.7	0.3	69.7	0.8	16.6	0.5	3	粉壤土
2015	9	CWAZQ01ABC_01	10~20	12.3	2.2	70.5	2.8	17.1	0.6	3	粉壤土
2015	9	CWAZQ01ABC_01	20~40	10.4	1.3	72.3	1.9	17.3	0.7	3	粉壤土
2015	9	CWAZQ01ABC_01	40~60	7.1	2.6	73.7	1.3	19.2	1.8	3	粉壤土
2015	9	CWAZQ01ABC_01	60~100	6.4	2.6	73.1	0.9	20.5	1.6	3	粉壤土
2015	9	CWAZQ02ABC_01	0~10	10.8	1.5	70.7	0.7	18.5	1.0	3	粉壤土
2015	9	CWAZQ02ABC_01	10~20	11.1	0.6	71.4	0.6	17.5	0.4	3	粉壤土
2015	9	CWAZQ02ABC_01	20~40	9.3	0.5	72.3	0.9	18.5	0.7	3	粉壤土
2015	9	CWAZQ02ABC_01	40~60	8.2	0.9	74.1	0.7	17.7	0.9	3	粉壤土
2015	9	CWAZQ02ABC_01	60~100	9.6	1.4	74.9	0.4	15.5	1.4	3	粉壤土
2015	9	CWAZQ03ABC_01	0~10	11.0	2.6	71.8	1.8	17.3	0.9	3	粉壤土
2015	9	CWAZQ03ABC_01	10~20	10.6	1.1	71.4	1.1	18.0	1.8	3	粉壤土

（续）

年份	月份	样地代码	观测层次 (cm)	0.05~2 mm 沙粒百分率		0.002~0.05 mm 粉粒百分率		小于 0.002 mm 黏粒百分率		重复数	土壤质地名称
				平均值	标准差	平均值	标准差	平均值	标准差		
2015	9	CWAZQ03ABC_01	20~40	9.1	2.5	72.5	1.8	18.4	1.9	3	粉壤土
2015	9	CWAZQ03ABC_01	40~60	8.9	0.5	73.0	0.9	18.1	0.5	3	粉壤土
2015	9	CWAZQ03ABC_01	60~100	8.2	0.6	73.8	1.0	17.9	1.6	3	粉壤土

4.5　剖面土壤容重

4.5.1　概述

本数据集为长武站 8 个长期监测样地 2010 年土壤表层（0~20 cm）和 2015 年剖面土壤（0~10 cm、10~20 cm、20~40 cm、40~60 cm、60~80 cm 和 80~100 cm）土壤容重的数据。

4.5.2　数据采集和处理方法

4.5.2.1　观测样地

按照 CERN 长期观测规范要求，长武站剖面土壤容重的监测频率为每 10 年 1 次。8 个长期监测样地包括：长武综合观测场（CWAZH01ABC_01）、长武农田土壤要素辅助长期观测采样地（CK）（CWAFZ01ABC_01）、长武农田土壤要素辅助长期观测采样地（CWAFZ02ABC_01）、长武站前塬面农田土壤生物采样地（CWAFZ03ABC_01）、长武杜家坪梯田农地土壤生物采样地（CWAFZ04ABC_01）、长武玉石塬面农田土壤生物采样地（CWAZQ01ABC_01）、长武中台塬面农田土壤生物采样地（CWAZQ02ABC_01）和长武枣泉塬面农田土壤生物采样地（CWAZQ03ABC_01）。

4.5.2.2　采样方法

2015 年夏季或秋季作物收获后，在采样点挖取土壤剖面，然后用环刀取 0~10 cm、10~20 cm、20~40 cm、40~60 cm、60~80 cm 和 80~100 cm 的土壤，并计算土壤的容重。

4.5.2.3　分析方法

2015 年长武站剖面土壤容重采用的是环刀法。

4.5.3　数据质量控制和评估

（1）测定时插入国家标准样品进行质量控制。

（2）分析时进行 3 次平行样品测定。

（3）利用校验软件检查每个监测数据是否超出相同土壤类型和采样深度的历史数据阈值范围、每个观测场监测项目均值是否超出该样地相同深度历史数据均值的 2 倍标准差、每个观测场监测项目标准差是否超出该样地相同深度历史数据的 2 倍标准差或者样地空间变异调查的 2 倍标准差等。对于超出范围的数据进行核实或再次测定。

4.5.4　数据价值/数据使用方法和建议

自然土壤的矿物质都是由大小不同的土粒组成的，各个粒级在土壤中所占的相对比例或质量分数，称为土壤机械组成，也称为土壤质地。土壤机械组成不仅是土壤分类的重要诊断指标，也是影响土壤水、肥、气、热状况，物质迁移转化及土壤退化过程研究的重要因素，还是土壤地理研究、与农业生产相关的土壤改良、土建工程和区域水分循环过程等研究的重要内容。

4.5.5　数据

长武站剖面土壤容重数据见表 4-30。

表 4-30　长武站剖面土壤容重

年份	月份	样地代码	观测层次 (cm)	土壤容重（g/m³）		重复数
				平均值	标准差	
2010	7	CWAFZ01ABC_01	0~20	1.18	0.10	6
2010	7	CWAFZ02ABC_01	0~20	1.19	0.08	6
2010	7	CWAFZ03ABC_01	0~20	1.11	0.04	6
2010	9	CWAFZ04ABC_01	0~20	1.09	0.05	6
2010	9	CWAZH01ABC_01	0~20	1.21	0.06	6
2010	7	CWAZQ01ABC_01	0~20	1.13	0.09	6
2010	9	CWAZQ02ABC_01	0~20	1.14	0.08	6
2010	7	CWAZQ03ABC_01	0~20	1.12	0.05	6
2015	7	CWAZH01ABC_01	0~10	1.27	0.06	3
2015	7	CWAZH01ABC_01	10~20	1.35	0.04	3
2015	7	CWAZH01ABC_01	20~40	1.43	0.05	3
2015	7	CWAZH01ABC_01	40~60	1.42	0.07	3
2015	7	CWAZH01ABC_01	60~100	1.31	0.03	3
2015	7	CWAFZ01ABC_01	0~10	1.42	0.01	3
2015	7	CWAFZ01ABC_01	10~20	1.41	0.03	3
2015	7	CWAFZ01ABC_01	20~40	1.38	0.07	3
2015	7	CWAFZ01ABC_01	40~60	1.44	0.06	3
2015	7	CWAFZ01ABC_01	60~100	1.41	0.04	3
2015	7	CWAFZ02ABC_01	0~10	1.39	0.03	3
2015	7	CWAFZ02ABC_01	10~20	1.35	0.04	3
2015	7	CWAFZ02ABC_01	20~40	1.43	0.03	3
2015	7	CWAFZ02ABC_01	40~60	1.34	0.02	3
2015	7	CWAFZ02ABC_01	60~100	1.44	0.01	3
2015	7	CWAFZ03ABC_01	0~10	1.28	0.05	3
2015	7	CWAFZ03ABC_01	10~20	1.27	0.03	3
2015	7	CWAFZ03ABC_01	20~40	1.29	0.03	3
2015	7	CWAFZ03ABC_01	40~60	1.34	0.03	3
2015	7	CWAFZ03ABC_01	60~100	1.34	0.06	3

（续）

年份	月份	样地代码	观测层次（cm）	土壤容重（g/m³）		重复数
				平均值	标准差	
2015	6	CWAFZ04ABC_01	0～10	1.26	0.01	3
2015	6	CWAFZ04ABC_01	10～20	1.21	0.05	3
2015	6	CWAFZ04ABC_01	20～40	1.32	0.07	3
2015	6	CWAFZ04ABC_01	40～60	1.30	0.06	3
2015	6	CWAFZ04ABC_01	60～100	1.22	0.04	3
2015	9	CWAZQ01ABC_01	0～10	1.30	0.02	3
2015	9	CWAZQ01ABC_01	10～20	1.28	0.03	3
2015	9	CWAZQ01ABC_01	20～40	1.40	0.05	3
2015	9	CWAZQ01ABC_01	40～60	1.33	0.04	3
2015	9	CWAZQ01ABC_01	60～100	1.48	0.07	3
2015	9	CWAZQ02ABC_01	0～10	1.19	0.02	3
2015	9	CWAZQ02ABC_01	10～20	1.27	0.01	3
2015	9	CWAZQ02ABC_01	20～40	1.47	0.01	3
2015	9	CWAZQ02ABC_01	40～60	1.29	0.03	3
2015	9	CWAZQ02ABC_01	60～100	1.41	0.03	3
2015	9	CWAZQ03ABC_01	0～10	1.26	0.05	3
2015	9	CWAZQ03ABC_01	10～20	1.35	0.04	3
2015	9	CWAZQ03ABC_01	20～40	1.38	0.01	3
2015	9	CWAZQ03ABC_01	40～60	1.40	0.03	3
2015	9	CWAZQ03ABC_01	60～100	1.36	0.14	3

4.6　剖面土壤重金属全量

4.6.1　概述

　　本数据集为长武站 8 个长期监测样地 2010 年和 2015 年剖面土壤（0～10 cm、10～20 cm、20～40 cm、40～60 cm 和 60～100 cm）重金属中全量铅、铬、镍、镉、砷、汞和硒的数据。

4.6.2　数据采集和处理方法

4.6.2.1　观测样地

　　按照 CERN 长期观测规范要求，长武站剖面土壤重金属全量的监测频率为每 10 年 1 次。8 个长期监测样地包括：长武综合观测场（CWAZH01ABC_01）、长武农田土壤要素辅助长期观测采样地（CK）（CWAFZ01ABC_01）、长武农田土壤要素辅助长期观测采样地（CWAFZ02ABC_01）、长武站前塬面农田土壤生物采样地（CWAFZ03ABC_01）、长武杜家坪梯田农地土壤生物采样地（CWAFZ04ABC_01）、长武玉石塬面农田土壤生物采样地（CWAZQ01ABC_01）、长武中台塬面农田土壤生物采样地（CWAZQ02ABC_01）和长武枣泉塬面农田土壤生物采样地（CWAZQ03ABC_01）。

4.6.2.2　采样方法

　　2010 年夏季或秋季作物收获后，在采样点挖取土壤剖面，然后用环刀取 0～10 cm、10～20 cm、

20~40 cm、40~60 cm、60~100 cm 的土壤，装入棉质土袋中，取回的土样置于干净的白纸上风干，挑除根系和石子，四分法取适量碾磨后，过 2 mm 尼龙筛，再四分法取适量碾磨后，过 0.149 mm 尼龙筛，装入广口瓶备用。

4.6.2.3　分析方法

2010 年长武站土壤重金属铅、铬、镍、镉采用的是盐酸-硝酸-氢氟酸-高氯酸消煮-ICP－AES法，硒、砷和汞采用的是王水消解-原子荧光光谱法。

4.6.3　数据质量控制和评估

（1）测定时插入国家标准样品进行质量控制。

（2）分析时进行 3 次平行样品测定。

（3）利用校验软件检查每个监测数据是否超出相同土壤类型和采样深度的历史数据阈值范围、每个观测场监测项目均值是否超出该样地相同深度历史数据均值的 2 倍标准差、每个观测场监测项目标准差是否超出该样地相同深度历史数据的 2 倍标准差或者样地空间变异调查的 2 倍标准差等。对于超出范围的数据进行核实或再次测定。

4.6.4　数据价值/数据使用方法和建议

土壤重金属污染物主要有汞、镉、铅、铬、砷、镍和硒等，砷虽不属于重金属，但因其行为与来源以及危害都与重金属相似，故通常列入重金属类进行讨论。在土壤中一般不易随水淋溶，不能被土壤微生物分解；相反，生物体可以富集重金属，常常使重金属在土壤环境中逐渐积累，甚至某些重金属元素在土壤中还可以转化为毒性更大的甲基化合物，还有的通过食物链以有害浓度在人体内蓄积，严重危害人体健康。重金属对土壤环境的污染与对水环境的污染相比，其治理难度更大，污染危害更大。

4.6.5　数据

综合观测场和辅助观测场剖面土壤重金属数据见表 4-31 至表 4-36，站前塬面、杜家坪、玉石塬面、中台塬面、枣泉塬面观测场剖面土壤重金属数据见表 4-37 至表 4-46。

表 4-31　综合观测场剖面土壤重金属（全硒、全镉和全铅）

年份	月份	观测层次 (cm)	硒 (mg/kg)		镉 (mg/kg)		铅 (mg/kg)		重复数
			平均值	标准差	平均值	标准差	平均值	标准差	
2010	9	0~10	0.2	0.0	0.2	0.0	23.5	3.0	3
2010	9	10~20	0.1	0.0	0.2	0.1	25.9	1.7	3
2010	9	20~40	0.1	0.0	0.1	0.0	24.0	0.2	3
2010	9	40~60	0.1	0.0	0.1	0.0	25.4	1.8	3
2010	9	60~100	0.1	0.0	0.1	0.0	21.7	6.0	3
2015	7	0~10	0.2	0.0	0.2	0.0	22.9	0.9	3
2015	7	10~20	0.2	0.0	0.2	0.0	22.9	0.3	3
2015	7	20~40	0.2	0.0	0.1	0.0	22.3	0.3	3
2015	7	40~60	0.2	0.0	0.1	0.0	22.7	0.9	3
2015	7	60~100	0.2	0.0	0.1	0.0	23.5	1.4	3

表 4-32 综合观测场剖面土壤重金属（全铬、全镍、全汞和全砷）

年份	月份	观测层次(cm)	铬（mg/kg）		镍（mg/kg）		汞（mg/kg）		砷（mg/kg）		重复数
			平均值	标准差	平均值	标准差	平均值	标准差	平均值	标准差	
2010	9	0~10	69.1	5.3	32.5	4.0	0.1	0.0	13.0	0.3	3
2010	9	10~20	78.7	7.8	34.1	1.3	0.1	0.0	12.9	0.4	3
2010	9	20~40	74.8	5.1	34.6	0.6	0.1	0.1	12.9	0.4	3
2010	9	40~60	78.9	8.6	36.3	3.7	0.1	0.0	12.5	1.3	3
2010	9	60~100	64.8	20.4	32.2	9.5	0.0	0.0	14.0	1.1	3
2015	7	0~10	67.0	6.0	31.7	1.0	0.1	0.0	12.3	0.6	3
2015	7	10~20	69.5	2.2	32.5	2.1	0.1	0.0	12.4	0.4	3
2015	7	20~40	68.1	7.3	32.5	1.6	0.1	0.0	12.1	0.4	3
2015	7	40~60	68.8	1.6	32.7	1.5	0.1	0.0	13.3	0.7	3
2015	7	60~100	69.6	5.9	34.7	2.0	0.0	0.0	13.6	0.9	3

表 4-33 辅助观测场采样地（CK）剖面土壤重金属（全硒、全镉和全铅）

年份	月份	观测层次(cm)	硒（mg/kg）		镉（mg/kg）		铅（mg/kg）		重复数
			平均值	标准差	平均值	标准差	平均值	标准差	
2010	7	0~10	0.1	0.0	0.2	0.0	29.2	0.4	3
2010	7	10~20	0.1	0.0	0.2	0.0	28.9	0.2	3
2010	7	20~40	0.1	0.0	0.1	0.0	28.3	1.1	3
2010	7	40~60	0.1	0.0	0.2	0.0	29.0	0.1	3
2010	7	60~100	0.1	0.0	0.1	0.1	24.2	8.2	3
2015	7	0~10	0.2	0.0	0.2	0.0	22.5	2.2	3
2015	7	10~20	0.2	0.0	0.2	0.0	21.9	0.3	3
2015	7	20~40	0.2	0.0	0.1	0.0	21.4	0.3	3
2015	7	40~60	0.2	0.0	0.1	0.0	21.9	0.6	3
2015	7	60~100	0.2	0.0	0.1	0.0	22.0	0.5	3

表 4-34 辅助观测场采样地（CK）剖面土壤重金属（全铬、全镍、全汞和全砷）

年份	月份	观测层次(cm)	铬（mg/kg）		镍（mg/kg）		汞（mg/kg）		砷（mg/kg）		重复数
			平均值	标准差	平均值	标准差	平均值	标准差	平均值	标准差	
2010	7	0~10	68.2	8.2	35.1	0.4	0.1	0.0	12.5	1.2	3
2010	7	10~20	78.1	0.9	35.6	1.7	0.1	0.0	12.2	0.4	3
2010	7	20~40	71.0	6.7	35.1	1.3	0.1	0.0	12.4	0.3	3
2010	7	40~60	79.4	2.2	36.9	0.8	0.1	0.0	12.9	0.3	3
2010	7	60~100	58.7	17.0	31.6	9.9	0.0	0.0	14.9	1.4	3
2015	7	0~10	64.0	10.6	32.1	3.7	0.1	0.0	12.2	0.6	3
2015	7	10~20	65.2	0.7	30.2	0.9	0.1	0.0	12.1	0.0	3
2015	7	20~40	63.0	2.7	30.2	0.3	0.0	0.0	12.6	0.6	3
2015	7	40~60	62.5	4.6	31.2	0.9	0.0	0.0	13.0	0.2	3
2015	7	60~100	69.2	4.8	32.1	1.7	0.0	0.0	12.5	1.1	3

表 4 - 35　辅助观测场采样地（NP＋M）剖面土壤重金属（全硒、全镉和全铅）

年份	月份	观测层次（cm）	硒（mg/kg）		镉（mg/kg）		铅（mg/kg）		重复数
			平均值	标准差	平均值	标准差	平均值	标准差	
2010	7	0～10	0.1	0.0	0.3	0.1	34.4	6.9	3
2010	7	10～20	0.1	0.0	0.3	0.1	38.1	14.4	3
2010	7	20～40	0.1	0.0	0.2	0.0	28.8	0.9	3
2010	7	40～60	0.1	0.0	0.2	0.1	32.4	1.5	3
2010	7	60～100	0.1	0.0	0.2	0.1	30.9	1.6	3
2015	7	0～10	0.2	0.0	0.2	0.0	21.8	0.2	3
2015	7	10～20	0.2	0.0	0.2	0.0	22.8	0.6	3
2015	7	20～40	0.2	0.0	0.1	0.0	22.8	1.2	3
2015	7	40～60	0.2	0.0	0.1	0.0	22.9	0.8	3
2015	7	60～100	0.1	0.0	0.1	0.0	23.1	0.4	3

表 4 - 36　辅助观测场采样地（NP＋M）剖面土壤重金属（全铬、全镍、全汞和全砷）

年份	月份	观测层次（cm）	铬（mg/kg）		镍（mg/kg）		汞（mg/kg）		砷（mg/kg）		重复数
			平均值	标准差	平均值	标准差	平均值	标准差	平均值	标准差	
2010	7	0～10	103.8	42.5	45.9	19.2	0.1	0.0	12.6	0.7	3
2010	7	10～20	101.1	32.7	45.7	16.8	0.1	0.0	12.5	0.1	3
2010	7	20～40	77.0	2.1	35.6	1.5	0.0	0.0	13.0	0.4	3
2010	7	40～60	78.3	15.0	40.9	1.1	0.0	0.0	14.6	0.5	3
2010	7	60～100	83.6	2.9	38.7	1.6	0.0	0.0	14.2	0.5	3
2015	7	0～10	62.3	2.8	29.5	0.3	0.1	0.1	11.4	0.6	3
2015	7	10～20	66.6	2.6	30.8	0.8	0.1	0.0	11.7	0.2	3
2015	7	20～40	64.8	3.3	30.3	0.2	0.1	0.0	12.2	0.2	3
2015	7	40～60	68.8	3.3	32.8	1.5	0.1	0.0	12.9	0.4	3
2015	7	60～100	72.6	3.1	34.7	0.6	0.1	0.0	13.0	0.7	3

表 4 - 37　站前塬面辅助观测场剖面土壤重金属（全硒、全镉和全铅）

年份	月份	观测层次（cm）	硒（mg/kg）		镉（mg/kg）		铅（mg/kg）		重复数
			平均值	标准差	平均值	标准差	平均值	标准差	
2010	7	0～10	0.1	0.0	0.2	0.0	29.8	3.1	3
2010	7	10～20	0.1	0.0	0.2	0.0	27.3	3.1	3
2010	7	20～40	0.1	0.0	0.2	0.1	28.5	6.7	3
2010	7	40～60	0.1	0.0	0.1	0.0	26.1	4.0	3
2010	7	60～100	0.1	0.0	0.1	0.0	25.3	2.7	3
2015	7	0～10	0.1	0.0	0.2	0.0	22.4	1.1	3
2015	7	10～20	0.1	0.0	0.2	0.0	21.6	0.5	3
2015	7	20～40	0.1	0.0	0.2	0.0	22.0	0.1	3
2015	7	40～60	0.1	0.0	0.1	0.0	22.1	0.4	3
2015	7	60～100	0.1	0.0	0.1	0.0	22.2	0.9	3

表 4 - 38   站前塬面辅助观测场剖面土壤重金属（全铬、全镍、全汞和全砷）

年份	月份	观测层次（cm）	铬（mg/kg）		镍（mg/kg）		汞（mg/kg）		砷（mg/kg）		重复数
			平均值	标准差	平均值	标准差	平均值	标准差	平均值	标准差	
2010	7	0～10	77.6	3.0	35.0	1.4	0.0	0.0	12.7	0.5	3
2010	7	10～20	70.2	2.9	33.6	0.3	0.0	0.0	12.9	0.6	3
2010	7	20～40	78.1	1.7	36.1	0.6	0.1	0.0	12.8	0.2	3
2010	7	40～60	78.5	10.5	36.4	0.8	0.0	0.0	13.4	0.3	3
2010	7	60～100	75.8	8.8	37.2	0.3	0.1	0.0	14.0	0.5	3
2015	7	0～10	61.5	4.1	29.2	0.7	0.0	0.0	11.2	1.2	3
2015	7	10～20	62.6	4.1	29.4	0.7	0.0	0.0	11.8	0.0	3
2015	7	20～40	64.3	2.9	30.1	0.4	0.0	0.0	11.8	0.4	3
2015	7	40～60	64.9	6.2	31.4	1.6	0.0	0.0	12.2	0.7	3
2015	7	60～100	69.2	6.0	32.6	1.4	0.0	0.0	13.1	0.9	3

表 4 - 39   杜家坪辅助观测场剖面土壤重金属（全硒、全镉和全铅）

年份	月份	观测层次（cm）	硒（mg/kg）		镉（mg/kg）		铅（mg/kg）		重复数
			平均值	标准差	平均值	标准差	平均值	标准差	
2010	9	0～10	0.1	0.0	0.1	0.1	15.9	11.9	3
2010	9	10～20	0.1	0.0	0.2	0.0	22.4	0.7	3
2010	9	20～40	0.1	0.0	0.2	0.0	21.9	1.1	3
2010	9	40～60	0.1	0.0	0.1	0.0	21.9	0.9	3
2010	9	60～100	0.1	0.0	0.1	0.0	22.0	0.6	3
2015	6	0～10	0.2	0.0	0.2	0.0	21.3	0.6	3
2015	6	10～20	0.1	0.0	0.2	0.0	21.2	0.2	3
2015	6	20～40	0.1	0.0	0.1	0.0	26.1	11.8	3
2015	6	40～60	0.1	0.0	0.1	0.0	19.7	0.5	3
2015	6	60～100	0.1	0.0	0.1	0.0	20.2	0.4	3

表 4 - 40   杜家坪辅助观测场剖面土壤重金属（全铬、全镍、全汞和全砷）

年份	月份	观测层次（cm）	铬（mg/kg）		镍（mg/kg）		汞（mg/kg）		砷（mg/kg）		重复数
			平均值	标准差	平均值	标准差	平均值	标准差	平均值	标准差	
2010	9	0～10	51.9	38.4	23.7	16.1	0.1	0.0	12.7	0.4	3
2010	9	10～20	74.9	1.3	32.7	0.8	0.1	0.0	12.7	0.4	3
2010	9	20～40	67.2	10.9	32.2	0.8	0.1	0.0	12.4	0.9	3
2010	9	40～60	76.2	3.7	32.6	0.6	0.0	0.0	12.4	0.2	3
2010	9	60～100	77.6	2.9	33.7	0.5	0.0	0.0	12.9	0.2	3
2015	6	0～10	63.2	0.6	28.7	0.9	0.1	0.0	12.3	1.0	3
2015	6	10～20	61.2	1.9	29.0	0.9	0.1	0.0	13.0	1.5	3
2015	6	20～40	61.9	4.7	27.6	0.9	0.1	0.0	14.3	5.5	3
2015	6	40～60	61.6	2.9	28.4	0.6	0.0	0.0	13.5	3.4	3
2015	6	60～100	60.4	2.4	29.2	1.3	0.1	0.0	13.0	1.6	3

表 4 - 41　玉石塬面站区观测场剖面土壤重金属（全硒、全镉和全铅）

年份	月份	观测层次 (cm)	硒（mg/kg）		镉（mg/kg）		铅（mg/kg）		重复数
			平均值	标准差	平均值	标准差	平均值	标准差	
2010	7	0～10	0.1	0.0	0.2	0.0	25.1	0.9	3
2010	7	10～20	0.1	0.0	0.2	0.1	22.3	4.3	3
2010	7	20～40	0.1	0.0	0.2	0.1	31.2	11.0	3
2010	7	40～60	0.1	0.0	0.2	0.1	32.4	13.3	3
2010	7	60～100	0.1	0.0	0.2	0.1	33.4	11.3	3
2015	9	0～10	0.2	0.0	0.2	0.0	22.6	0.7	3
2015	9	10～20	0.2	0.0	0.2	0.0	23.8	1.0	3
2015	9	20～40	0.1	0.0	0.2	0.0	22.8	0.6	3
2015	9	40～60	0.0	0.0	0.1	0.0	22.3	0.6	3
2015	9	60～100	0.2	0.0	0.2	0.0	26.9	4.2	3

表 4 - 42　玉石塬面站区观测场剖面土壤重金属（全铬、全镍、全汞和全砷）

年份	月份	观测层次 (cm)	铬（mg/kg）		镍（mg/kg）		汞（mg/kg）		砷（mg/kg）		重复数
			平均值	标准差	平均值	标准差	平均值	标准差	平均值	标准差	
2010	7	0～10	72.1	1.0	33.5	0.7	0.1	0.0	15.0	5.1	3
2010	7	10～20	66.2	14.1	30.5	6.4	0.1	0.0	12.7	0.3	3
2010	7	20～40	91.6	46.5	43.8	15.2	0.1	0.0	12.8	0.4	3
2010	7	40～60	95.3	30.1	46.0	18.0	0.1	0.0	13.4	0.9	3
2010	7	60～100	89.3	50.2	50.6	18.3	0.1	0.0	17.8	4.9	3
2015	9	0～10	63.4	2.6	29.5	1.1	0.1	0.0	12.9	1.6	3
2015	9	10～20	65.2	1.9	30.5	1.3	0.1	0.0	13.7	0.9	3
2015	9	20～40	65.4	6.2	30.0	0.9	0.1	0.0	14.1	1.1	3
2015	9	40～60	63.7	3.2	30.9	0.9	0.1	0.0	13.7	0.8	3
2015	9	60～100	67.4	5.2	33.7	1.4	0.0	0.0	14.8	0.7	3

表 4 - 43　中台塬面站区观测场剖面土壤重金属（全硒、全镉和全铅）

年份	月份	观测层次 (cm)	硒（mg/kg）		镉（mg/kg）		铅（mg/kg）		重复数
			平均值	标准差	平均值	标准差	平均值	标准差	
2010	9	0～10	0.1	0.0	0.2	0.0	24.6	0.9	3
2010	9	10～20	0.1	0.0	0.2	0.0	25.5	0.4	3
2010	9	20～40	0.1	0.0	0.2	0.0	24.5	1.2	3
2010	9	40～60	0.1	0.0	0.2	0.0	24.8	0.6	3
2010	9	60～100	0.1	0.0	0.2	0.0	24.5	0.8	3
2015	9	0～10	0.1	0.0	0.2	0.0	22.2	0.7	3
2015	9	10～20	0.2	0.1	0.2	0.0	22.4	0.2	3
2015	9	20～40	0.2	0.1	0.2	0.1	21.4	0.6	3
2015	9	40～60	0.2	0.0	0.2	0.0	22.2	0.3	3
2015	9	60～100	0.2	0.0	0.1	0.0	22.6	0.9	3

表4-44　中台塬面站区观测场剖面土壤重金属（全铬、全镍、全汞和全砷）

年份	月份	观测层次(cm)	铬（mg/kg）		镍（mg/kg）		汞（mg/kg）		砷（mg/kg）		重复数
			平均值	标准差	平均值	标准差	平均值	标准差	平均值	标准差	
2010	9	0～10	65.2	10.8	33.1	1.0	0.1	0.0	12.6	12.4	3
2010	9	10～20	72.8	5.5	34.7	1.2	0.1	0.0	12.5	12.4	3
2010	9	20～40	61.9	17.5	33.7	2.0	0.1	0.0	13.5	12.8	3
2010	9	40～60	69.2	6.1	35.0	0.5	0.1	0.0	12.6	12.3	3
2010	9	60～100	68.5	9.1	35.9	0.8	0.1	0.0	13.7	14.0	3
2015	9	0～10	62.8	1.1	31.4	2.3	0.1	0.0	13.5	14.9	3
2015	9	10～20	61.7	3.9	29.8	0.2	0.1	0.0	13.7	13.9	3
2015	9	20～40	61.4	1.4	29.5	1.0	0.1	0.0	14.0	14.1	3
2015	9	40～60	64.9	1.2	30.7	0.5	0.1	0.0	14.7	14.5	3
2015	9	60～100	62.7	5.0	31.0	2.4	0.1	0.0	14.5	14.4	3

表4-45　枣泉塬面站区观测场剖面土壤重金属（全硒、全镉和全铅）

年份	月份	观测层次(cm)	硒（mg/kg）		镉（mg/kg）		铅（mg/kg）		重复数
			平均值	标准差	平均值	标准差	平均值	标准差	
2010	7	0～10	0.2	0.0	0.1	0.0	25.7	0.8	3
2010	7	10～20	0.2	0.0	0.1	0.0	25.8	1.1	3
2010	7	20～40	0.1	0.0	0.1	0.0	25.3	1.9	3
2010	7	40～60	0.1	0.0	0.1	0.0	26.7	1.6	3
2010	7	60～100	0.1	0.0	0.1	0.0	25.4	0.9	3
2015	9	0～10	0.2	0.0	0.2	0.0	22.6	0.4	3
2015	9	10～20	0.1	0.0	0.2	0.0	22.9	0.7	3
2015	9	20～40	0.1	0.0	0.1	0.0	21.2	0.6	3
2015	9	40～60	0.1	0.0	0.1	0.0	22.0	0.1	3
2015	9	60～100	0.1	0.0	0.1	0.0	22.6	1.0	3

表4-46　枣泉塬面站区观测场剖面土壤重金属（全铬、全镍、全汞和全砷）

年份	月份	观测层次(cm)	铬（mg/kg）		镍（mg/kg）		汞（mg/kg）		砷（mg/kg）		重复数
			平均值	标准差	平均值	标准差	平均值	标准差	平均值	标准差	
2010	7	0～10	68.6	1.8	33.2	1.0	0.1	0.0	12.9	1.0	3
2010	7	10～20	72.4	4.2	33.7	0.7	0.1	0.0	12.4	0.9	3
2010	7	20～40	67.4	5.3	32.8	0.5	0.1	0.0	12.1	0.5	3
2010	7	40～60	74.1	4.8	35.1	1.2	0.0	0.0	13.3	0.5	3
2010	7	60～100	72.4	1.9	34.9	0.9	0.1	0.0	12.6	0.3	3
2015	9	0～10	61.7	5.1	29.0	0.6	0.1	0.1	13.9	0.7	3
2015	9	10～20	64.6	0.2	29.1	1.1	0.1	0.0	13.5	0.5	3
2015	9	20～40	61.5	0.9	28.1	1.1	0.1	0.0	13.4	1.0	3
2015	9	40～60	65.0	0.9	29.6	0.8	0.1	0.0	16.3	3.5	3
2015	9	60～100	65.5	2.5	30.5	0.5	0.1	0.0	15.1	2.0	3

4.7　剖面土壤微量元素

4.7.1　概述

本数据集为长武站 8 个长期监测样地 2010 年剖面土壤（0～10 cm、10～20 cm、20～40 cm、40～60 cm 和 60～100 cm）微量元素中全硼、全钼、全锰、全锌、全铜和全铁的数据。

4.7.2　数据采集和处理方法

4.7.2.1　观测样地

按照 CERN 长期观测规范要求，长武站剖面土壤微量元素的监测频率为每 10 年 1 次。8 个长期监测样地包括：长武综合观测场（CWAZH01ABC_01）、长武农田土壤要素辅助长期观测采样地（CK）（CWAFZ01ABC_01）、长武农田土壤要素辅助长期观测采样地（CWAFZ02ABC_01）、长武站前塬面农田土壤生物采样地（CWAFZ03ABC_01）、长武杜家坪梯田农地土壤生物采样地（CWAFZ04ABC_01）、长武玉石塬面农田土壤生物采样地（CWAZQ01ABC_01）、长武中台塬面农田土壤生物采样地（CWAZQ02ABC_01）和长武枣泉塬面农田土壤生物采样地（CWAZQ03ABC_01）。

4.7.2.2　采样方法

2010 年夏季或秋季作物收获后，在采样点挖取土壤剖面，然后用环刀取 0～10 cm、10～20 cm、20～40 cm、40～60 cm、60～100 cm 的土壤，装入棉质土袋中，取回的土样置于干净的白纸上风干，挑除根系和石子，四分法取适量碾磨后，过 2 mm 尼龙筛，再四分法取适量碾磨后，过 0.149 mm 尼龙筛，装入广口瓶备用。

4.7.2.3　分析方法

2010 年长武站剖面土壤微量元素全硼、全钼、全锰、全锌、全铜和全铁采用的都是盐酸-硝酸-氢氟酸-高氯酸消煮-ICP-MS 法。

4.7.3　数据质量控制和评估

（1）测定时插入国家标准样品进行质量控制。

（2）分析时进行 3 次平行样品测定。

（3）利用校验软件检查每个监测数据是否超出相同土壤类型和采样深度的历史数据阈值范围、每个观测场监测项目均值是否超出该样地相同深度历史数据均值的 2 倍标准差、每个观测场监测项目标准差是否超出该样地相同深度历史数据的 2 倍标准差或者样地空间变异调查的 2 倍标准差等。对于超出范围的数据进行核实或再次测定。

4.7.4　数据价值/数据使用方法和建议

剖面土壤微量元素中全硼、全钼、全锰、全锌、全铜和全铁的含量相对较少，但他们同为土壤重金属污染物。在土壤中一般不易随水淋溶，不能被土壤微生物分解；相反，生物体可以富集重金属，常常使重金属在土壤环境中逐渐积累，甚至某些重金属元素在土壤中还可以转化为毒性更大的甲基化合物，还有的通过食物链以有害浓度在人体内蓄积，严重危害人体健康。重金属对土壤环境的污染与对水环境的污染相比，其治理难度更大，污染危害更大。

4.7.5　数据

综合观测场、辅助观测场剖面土壤重金属数据见表 4 - 47 至表 4 - 52，站前塬面、杜家坪、玉石塬面、中台塬面、枣泉塬面观测场剖面土壤重金属数据见表 4-53 至表 4-62。

表 4-47　综合观测场剖面土壤重金属（全硼、全钼和全锰）

年份	月份	观测层次 (cm)	硼（mg/kg）		钼（mg/kg）		锰（mg/kg）		重复数
			平均值	标准差	平均值	标准差	平均值	标准差	
2010	9	0～10	49.1	10.0	0.7	0.2	706.7	96.1	3
2010	9	10～20	47.2	3.9	0.8	0.1	735.7	11.7	3
2010	9	20～40	47.7	2.7	0.6	0.1	735.3	21.1	3
2010	9	40～60	49.0	1.1	0.7	0.0	765.7	45.8	3
2010	9	60～100	50.9	1.6	0.7	0.3	684.7	207.6	3
2015	7	0～10	62.5	8.8	0.9	0.1	705.2	24.6	3
2015	7	10～20	62.3	8.2	1.1	0.3	700.8	16.1	3
2015	7	20～40	57.0	4.9	1.2	0.6	705.9	25.0	3
2015	7	40～60	57.0	2.1	0.9	0.1	730.5	34.7	3
2015	7	60～100	62.1	4.2	0.9	0.0	777.4	46.6	3

表 4-48　综合观测场剖面土壤重金属（全锌、全铜和全铁）

年份	月份	观测层次 (cm)	锌（mg/kg）		铜（mg/kg）		铁（mg/kg）		重复数
			平均值	标准差	平均值	标准差	平均值	标准差	
2010	9	0～10	70.3	10.2	24.9	3.1	34 526.3	3 729.5	3
2010	9	10～20	75.0	5.9	26.6	2.1	35 784.3	628.7	3
2010	9	20～40	73.9	1.2	26.8	0.4	36 169.7	537.2	3
2010	9	40～60	74.8	5.7	27.0	2.0	37 356	1 864.9	3
2010	9	60～100	66.7	17.8	24.6	6.8	32 997.7	9 795.3	3
2015	7	0～10	68.9	3.6	25.3	2.1	31 003.1	711.5	3
2015	7	10～20	68.8	1.9	25.7	0.8	32 261.3	1 549.7	3
2015	7	20～40	67.2	2.3	25.6	0.7	31 950.8	1 637.9	3
2015	7	40～60	68.2	3.1	27.2	3.9	32 188.5	1 410.5	3
2015	7	60～100	72.6	4.9	28.7	2.6	31 870.3	1 252.2	3

表 4-49　辅助观测场采样地（CK）剖面土壤重金属（全硼、全钼和全锰）

年份	月份	观测层次 (cm)	硼（mg/kg）		钼（mg/kg）		锰（mg/kg）		重复数
			平均值	标准差	平均值	标准差	平均值	标准差	
2010	7	0～10	39.0	2.6	0.9	0.1	751.7	30.0	3
2010	7	10～20	38.0	2.4	0.8	0.1	714.0	16.5	3
2010	7	20～40	39.8	2.6	0.7	0.2	731.0	34.2	3
2010	7	40～60	49.5	5.5	0.9	0.0	746.7	35.7	3
2010	7	60～100	52.6	4.7	0.7	0.3	663.3	247.1	3
2015	7	0～10	57.1	2.5	0.9	0.0	693.6	69.7	3
2015	7	10～20	54.1	2.7	0.9	0.1	668.9	5.5	3
2015	7	20～40	54.8	4.8	0.8	0.0	669.4	4.0	3

（续）

年份	月份	观测层次 (cm)	硼（mg/kg）		钼（mg/kg）		锰（mg/kg）		重复数
			平均值	标准差	平均值	标准差	平均值	标准差	
2015	7	40~60	57.7	1.6	0.8	0.0	706.8	48.7	3
2015	7	60~100	56.2	1.9	0.8	0.1	708.9	19.3	3

表 4-50　辅助观测场采样地（CK）剖面土壤重金属（全锌、全铜和全铁）

年份	月份	观测层次 (cm)	锌（mg/kg）		铜（mg/kg）		铁（mg/kg）		重复数
			平均值	标准差	平均值	标准差	平均值	标准差	
2010	7	0~10	75.4	1.1	26.5	0.3	34 615.3	1 046.3	3
2010	7	10~20	75.6	1.1	26.8	0.5	33 564.0	375.9	3
2010	7	20~40	75.0	4.3	26.1	1.3	34 317.7	944.0	3
2010	7	40~60	77.8	1.2	28.1	1.3	34 589.7	682.9	3
2010	7	60~100	65.3	21.7	24.0	7.6	31 168.0	10 661.6	3
2015	7	0~10	67.8	5.8	25.9	4.1	31 383.5	2 105.3	3
2015	7	10~20	67.1	1.7	24.8	1.5	31 306.8	1 744.1	3
2015	7	20~40	65.3	3.1	23.8	0.7	30 356.2	289.2	3
2015	7	40~60	65.6	3.4	24.2	1.2	30 586.2	1 477.3	3
2015	7	60~100	67.2	4.8	25.2	1.6	32 065.8	1 365.0	3

表 4-51　辅助观测场采样地（NP+M）剖面土壤重金属（全硼、全钼和全锰）

年份	月份	观测层次 (cm)	硼（mg/kg）		钼（mg/kg）		锰（mg/kg）		重复数
			平均值	标准差	平均值	标准差	平均值	标准差	
2010	7	0~10	49.0	5.4	1.2	0.5	941.0	382.3	3
2010	7	10~20	45.0	5.5	1.1	0.4	961.7	386.5	3
2010	7	20~40	48.7	2.0	0.8	0.1	741.0	47.7	3
2010	7	40~60	55.6	8.9	0.9	0.2	810.3	14.0	3
2010	7	60~100	52.0	9.4	0.9	0.0	820.7	87.0	3
2015	7	0~10	58.5	1.8	0.9	0.1	673.9	10.5	3
2015	7	10~20	54.4	4.5	0.9	0.1	702.9	19.4	3
2015	7	20~40	55.7	3.6	0.8	0.0	684.2	5.7	3
2015	7	40~60	57.6	2.9	0.9	0.0	743.3	31.5	3
2015	7	60~100	60.0	5.4	0.9	0.0	774.8	8.1	3

表 4-52　辅助观测场采样地（NP+M）剖面土壤重金属（全锌、全铜和全铁）

年份	月份	观测层次 (cm)	锌（mg/kg）		铜（mg/kg）		铁（mg/kg）		重复数
			平均值	标准差	平均值	标准差	平均值	标准差	
2010	7	0~10	99.4	35.5	33.7	12.9	43 534.0	16 723.8	3
2010	7	10~20	98.3	38.1	33.3	12.1	43 902.0	16 687.5	3
2010	7	20~40	75.9	3.6	27.2	0.7	34 886.3	1 265.5	3

（续）

年份	月份	观测层次 (cm)	锌 (mg/kg)		铜 (mg/kg)		铁 (mg/kg)		重复数
			平均值	标准差	平均值	标准差	平均值	标准差	
2010	7	40～60	88.7	6.5	30.4	1.5	38 293.7	1 144.3	3
2010	7	60～100	82.2	5.0	29.3	1.4	37 537.0	2 234.4	3
2015	7	0～10	65.1	1.5	23.2	1.5	29 478.3	289.2	3
2015	7	10～20	67.7	0.9	24.6	1.1	31 483.2	1 859.7	3
2015	7	20～40	65.3	0.8	24.0	0.4	31 625.0	2 507.9	3
2015	7	40～60	67.9	2.9	25.1	1.0	32 146.3	1 768.9	3
2015	7	60～100	70.4	2.3	26.4	0.9	33 277.2	1 762.5	3

表 4-53 站前塬面辅助观测场剖面土壤重金属（全硼、全钼和全锰）

年份	月份	观测层次 (cm)	硼 (mg/kg)		钼 (mg/kg)		锰 (mg/kg)		重复数
			平均值	标准差	平均值	标准差	平均值	标准差	
2010	7	0～10	45.0	4.2	0.9	0.0	759.7	32.3	3
2010	7	10～20	48.5	0.7	0.9	0.2	717.3	26.0	3
2010	7	20～40	50.4	3.0	0.8	0.1	764.7	57.5	3
2010	7	40～60	54.9	7.3	0.7	0.1	760.7	3.2	3
2010	7	60～100	52.8	3.6	0.8	0.0	769.3	22.7	3
2015	7	0～10	57.3	3.0	0.8	0.1	661.5	18.7	3
2015	7	10～20	58.4	1.2	0.9	0.0	661.8	11.4	3
2015	7	20～40	57.5	1.8	1.0	0.2	671.6	13.7	3
2015	7	40～60	58.9	2.2	0.9	0.0	702.7	27.2	3
2015	7	60～100	59.0	1.3	0.8	0.1	720.1	22.6	3

表 4-54 站前塬面辅助观测场剖面土壤重金属（全锌、全铜和全铁）

年份	月份	观测层次 (cm)	锌 (mg/kg)		铜 (mg/kg)		铁 (mg/kg)		重复数
			平均值	标准差	平均值	标准差	平均值	标准差	
2010	7	0～10	77.0	3.0	26.8	1.3	36 281.7	1 950.1	3
2010	7	10～20	72.3	0.4	25.7	0.7	34 939.3	1 533.8	3
2010	7	20～40	79.1	4.7	27.7	1.6	37 109.7	3 099.8	3
2010	7	40～60	76.7	3.1	27.7	0.8	36 675.3	693.9	3
2010	7	60～100	74.5	0.2	28.2	0.6	37 783.3	1 520.1	3
2015	7	0～10	64.5	2.0	23.1	1.3	30 409.8	507.1	3
2015	7	10～20	63.0	1.5	22.7	0.9	31 939.3	733.6	3
2015	7	20～40	67.1	4.8	26.4	4.3	32 111.8	1 287.7	3
2015	7	40～60	65.7	1.6	23.9	0.8	31 644.2	1 678.5	3
2 015	7	60～100	66.6	2.9	25.0	1.3	32 579.5	1 243.4	3

表 4 - 55　杜家坪辅助观测场剖面土壤重金属（全硼、全钼和全锰）

年份	月份	观测层次（cm）	硼（mg/kg）		钼（mg/kg）		锰（mg/kg）		重复数
			平均值	标准差	平均值	标准差	平均值	标准差	
2010	9	0～10	42.0	1.3	0.7	0.1	685.3	31.2	3
2010	9	10～20	41.3	2.6	0.8	0.1	703.3	18.2	3
2010	9	20～40	42.0	4.4	0.6	0.2	689.0	21.1	3
2010	9	40～60	47.9	8.5	0.7	0.0	702.0	7.9	3
2010	9	60～100	45.7	5.5	0.7	0.1	721.7	9.8	3
2015	6	0～10	54.2	0.9	1.0	0.3	630.9	23.7	3
2015	6	10～20	55.0	3.8	0.9	0.1	638.0	12.0	3
2015	6	20～40	54.4	4.3	0.8	0.0	613.6	16.7	3
2015	6	40～60	54.3	1.7	0.9	0.0	621.6	12.1	3
2015	6	60～100	53.4	3.2	0.9	0.1	641.1	22.9	3

表 4 - 56　杜家坪辅助观测场剖面土壤重金属（全锌、全铜和全铁）

年份	月份	观测层次（cm）	锌（mg/kg）		铜（mg/kg）		铁（mg/kg）		重复数
			平均值	标准差	平均值	标准差	平均值	标准差	
2010	9	0～10	70.7	0.5	24.6	0.6	34 083.0	1 221.1	3
2010	9	10～20	70.1	1.7	24.9	0.7	34 729.7	799.1	3
2010	9	20～40	67.2	2.6	23.9	1.0	33 783.3	304.6	3
2010	9	40～60	69.2	3.1	24.3	1.0	34 595.0	1 052.8	3
2010	9	60～100	69.2	1.4	24.9	0.6	35 414.3	453.5	3
2015	6	0～10	62.9	2.0	22.3	1.8	29 271.3	446.2	3
2015	6	10～20	68.0	5.6	23.8	0.9	28 830.5	219.4	3
2015	6	20～40	59.6	3.4	21.1	0.7	29 294.3	157.0	3
2015	6	40～60	60.7	0.7	22.9	2.8	29 965.2	215.9	3
2015	6	60～100	65.9	1.2	23.4	1.8	29 842.5	738.4	3

表 4 - 57　玉石塆面站区观测场剖面土壤重金属（全硼、全钼和全锰）

年份	月份	观测层次（cm）	硼（mg/kg）		钼（mg/kg）		锰（mg/kg）		重复数
			平均值	标准差	平均值	标准差	平均值	标准差	
2010	7	0～10	53.4	4.3	0.8	0.0	729.0	21.5	3
2010	7	10～20	48.5	2.4	0.8	0.3	658.7	119.3	3
2010	7	20～40	47.3	4.9	1.2	0.5	969.3	337.7	3
2010	7	40～60	52.7	0.7	1.1	0.5	1 016.0	428.2	3
2010	7	60～100	65.6	3.8	1.1	0.4	1 117.7	396.0	3
2015	9	0～10	60.1	3.2	0.9	0.0	685.7	28.2	3
2015	9	10～20	57.7	0.9	0.9	0.1	708.8	22.8	3
2015	9	20～40	58.2	0.7	1.0	0.1	689.4	14.2	3
2015	9	40～60	58.9	3.6	0.9	0.0	704.6	25.5	3
2015	9	60～100	61.5	0.2	0.9	0.1	809.6	11.1	3

表 4 - 58　玉石塬面站区观测场剖面土壤重金属（全锌、全铜和全铁）

年份	月份	观测层次(cm)	锌 (mg/kg)		铜 (mg/kg)		铁 (mg/kg)		重复数
			平均值	标准差	平均值	标准差	平均值	标准差	
2010	7	0~10	75.9	0.9	26.3	0.4	36 432.3	966.2	3
2010	7	10~20	68.6	14.1	24.1	4.6	32 997.7	6 186.7	3
2010	7	20~40	95.5	31.5	34.3	12.6	45 029.3	12 536.3	3
2010	7	40~60	97.6	35.9	35.8	13.1	46 129.3	15 292.3	3
2010	7	60~100	103.6	33.3	38.9	12.1	49 972.3	16 036.4	3
2015	9	0~10	68.5	2.5	23.9	0.9	30 478.8	258.8	3
2015	9	10~20	74.5	6.9	26.1	2.2	32 433.8	2 016.3	3
2015	9	20~40	66.6	0.7	24.7	1.9	31 590.5	870.1	3
2015	9	40~60	66.2	2.6	24.5	1.8	32 414.7	2 762.9	3
2015	9	60~100	78.3	3.2	29.7	2.8	31 709.3	1 195.9	3

表 4 - 59　中台塬面站区观测场剖面土壤重金属（全硼、全钼和全锰）

年份	月份	观测层次(cm)	硼 (mg/kg)		钼 (mg/kg)		锰 (mg/kg)		重复数
			平均值	标准差	平均值	标准差	平均值	标准差	
2010	9	0~10	47.0	2.6	0.8	0.1	738.7	2.9	3
2010	9	10~20	49.2	5.3	0.8	0.1	777.3	34.6	3
2010	9	20~40	56.4	2.0	0.7	0.2	742.7	45.1	3
2010	9	40~60	60.5	4.3	0.8	0.1	745.7	40.5	3
2010	9	60~100	60.0	11.6	0.7	0.0	747.3	14.0	3
2015	9	0~10	58.6	2.2	0.9	0.1	685.4	48.3	3
2015	9	10~20	55.6	0.2	0.9	0.0	682.7	4.1	3
2015	9	20~40	56.9	1.7	0.9	0.1	676.3	15.6	3
2015	9	40~60	58.4	2.3	0.9	0.0	699.3	12.6	3
2015	9	60~100	58.3	1.5	0.9	0.1	707.4	35.5	3

表 4 - 60　中台塬面站区观测场剖面土壤重金属（全锌、全铜和全铁）

年份	月份	观测层次(cm)	锌 (mg/kg)		铜 (mg/kg)		铁 (mg/kg)		重复数
			平均值	标准差	平均值	标准差	平均值	标准差	
2010	9	0~10	74.1	3.9	26.9	3.3	36 366.3	429.4	3
2010	9	10~20	76.8	3.3	26.6	0.5	37 425.0	1 182.5	3
2010	9	20~40	73.7	4.4	26.0	1.4	35 771.3	856.3	3
2010	9	40~60	74.2	0.7	27.0	0.4	36 296.7	1 724.9	3
2010	9	60~100	76.2	4.0	27.7	0.4	36 895.0	1 097.3	3
2015	9	0~10	69.3	5.5	23.0	1.2	30 904.3	242.4	3
2015	9	10~20	65.9	0.6	23.3	0.9	32 913.0	1 516.6	3
2015	9	20~40	63.9	4.2	22.7	0.9	31 939.3	1 484.4	3
2015	9	40~60	65.9	2.2	23.7	0.9	31 582.8	426.3	3
2 015	9	60~100	65.5	1.5	23.5	1.8	32 207.7	1 707.8	3

表 4 - 61　枣泉塬面站区观测场剖面土壤重金属（全硼、全钼和全锰）

年份	月份	观测层次 (cm)	硼 (mg/kg)		钼 (mg/kg)		锰 (mg/kg)		重复数
			平均值	标准差	平均值	标准差	平均值	标准差	
2010	7	0～10	56.2	0.8	0.6	0.2	758.3	29.0	3
2010	7	10～20	58.2	7.8	0.5	0.0	777.7	27.8	3
2010	7	20～40	54.8	6.5	0.6	0.1	762.3	48.8	3
2010	7	40～60	58.9	3.9	0.5	0.0	825.3	47.2	3
2010	7	60～100	59.2	4.3	0.5	0.0	828.3	12.5	3
2015	9	0～10	55.3	1.0	0.9	0.1	658.4	7.6	3
2015	9	10～20	78.1	38.7	0.9	0.1	662.8	13.2	3
2015	9	20～40	57.6	1.9	0.9	0.1	639.7	13.0	3
2015	9	40～60	52.7	5.5	0.9	0.1	658.5	11.4	3
2015	9	60～100	56.6	1.1	0.9	0.0	699.5	15.6	3

表 4 - 62　枣泉塬面站区观测场剖面土壤重金属（全锌、全铜和全铁）

年份	月份	观测层次 (cm)	锌 (mg/kg)		铜 (mg/kg)		铁 (mg/kg)		重复数
			平均值	标准差	平均值	标准差	平均值	标准差	
2010	7	0～10	69.9	5.4	25.2	0.3	35 599.0	1 092.8	3
2010	7	10～20	78.1	14.9	26.5	1.7	36 039.3	1 502.7	3
2010	7	20～40	66.3	3.2	24.7	0.1	36 081.0	694.0	3
2010	7	40～60	69.0	3.2	26.7	1.0	37 089.3	2 323.6	3
2010	7	60～100	66.9	2.3	26.1	0.8	37 354.0	577.3	3
2015	9	0～10	64.7	1.1	26.4	2.6	30 026.5	508.7	3
2015	9	10～20	65.0	2.6	23.5	1.4	31 590.3	1 521.3	3
2015	9	20～40	62.5	5.3	22.7	0.8	30 839.2	799.6	3
2015	9	40～60	63.4	2.3	24.4	0.7	31 703.9	1 767.6	3
2015	9	60～100	67.1	10.1	23.7	0.5	33 862.4	1 191.8	3

4.8　剖面土壤矿质全量

4.8.1　概述

　　本数据集为长武站 8 个长期监测样地 2015 年剖面土壤（0～10 cm、10～20 cm、20～40 cm、40～60 cm 和 60～100 cm）矿质全量中 SiO_2、Fe_2O_3、MnO、TiO_2、Al_2O_3、CaO、MgO、K_2O、Na_2O、P_2O_5、LOI（烧失量）和 S。

4.8.2　数据采集和处理方法

4.8.2.1　观测样地

　　按照 CERN 长期观测规范要求，长武站剖面土壤矿质全量的监测频率为每 10 年 1 次。8 个长期监测样地包括：长武综合观测场（CWAZH01ABC_01）、长武农田土壤要素辅助长期观测采样地（CK）（CWAFZ01ABC_01）、长武农田土壤要素辅助长期观测采样地（CWAFZ02ABC_01）、长武站前塬面农田土壤生物采样地（CWAFZ03ABC＿01）、长武杜家坪梯田农地土壤生物采样地（CWAFZ04ABC＿01）、长武玉石塬面农田土壤生物采样地（CWAZQ01ABC＿01）、长武中台塬面农田土壤生物采样地（CWAZQ02ABC＿01）和长武枣泉塬面农田土壤生物采样地（CWAZQ03ABC＿01）。

4.8.2.2　采样方法

2015年夏季或秋季作物收获后，在采样点挖取土壤剖面，然后用环刀取0～10 cm、10～20 cm、20～40 cm、40～60 cm、60～100 cm的土壤，装入棉质土袋中，取回的土样置于干净的白纸上风干，挑除根系和石子，四分法取适量碾磨后，过2 mm筛备用。

4.8.2.3　分析方法

2015年长武站剖面土壤矿质全量中 SiO_2、Fe_2O_3、MnO、TiO_2、Al_2O_3、CaO、MgO、K_2O、Na_2O 和 P_2O_5 采用的都是偏硼酸锂熔融-ICP-AES法，LOI采用的是减重法，S采用的是燃烧法。

4.8.3　数据质量控制和评估

（1）测定时插入国家标准样品进行质量控制。

（2）分析时进行3次平行样品测定。

（3）利用校验软件检查每个监测数据是否超出相同土壤类型和采样深度的历史数据阈值范围、每个观测场监测项目均值是否超出该样地相同深度历史数据均值的2倍标准差、每个观测场监测项目标准差是否超出该样地相同深度历史数据的2倍标准差或者样地空间变异调查的2倍标准差等。对于超出范围的数据进行核实或再次测定。

4.8.4　数据价值/数据使用方法和建议

分析土壤中矿质全量成分，了解土壤矿质元素的迁移变化情况，阐明土壤化学组成在土壤发育发生过程中的演变规律，了解土壤肥力状况等都具有非常重要的意义。

4.8.5　数据

长武站剖面土壤矿质全量数据见表4-63至表4-68。

表4-63　长武站剖面土壤矿质全量（SiO_2 和 Fe_2O_3）

年份	月份	样地代码	观测层次（cm）	SiO_2（%）		Fe_2O_3（%）		重复数
				平均值	标准差	平均值	标准差	
2015	7	CWAZH01ABC＿01	0～10	62.32	0.37	4.65	0.03	3
2015	7	CWAZH01ABC＿01	10～20	63.21	0.46	4.72	0.04	3
2015	7	CWAZH01ABC＿01	20～40	63.74	0.33	4.76	0.03	3
2015	7	CWAZH01ABC＿01	40～60	63.66	0.54	4.92	0.14	3
2015	7	CWAZH01ABC＿01	60～100	63.69	1.07	5.16	0.05	3
2015	7	CWAFZ01ABC＿01	0～10	62.23	0.91	4.58	0.03	3
2015	7	CWAFZ01ABC＿01	10～20	62.68	0.77	4.62	0.06	3
2015	7	CWAFZ01ABC＿01	20～40	63.02	0.57	4.62	0.02	3
2015	7	CWAFZ01ABC＿01	40～60	65.45	0.48	4.97	0.41	3
2015	7	CWAFZ01ABC＿01	60～100	63.83	0.42	4.87	0.15	3
2015	7	CWAFZ02ABC＿01	0～10	62.99	0.77	4.60	0.07	3

（续）

年份	月份	样地代码	观测层次（cm）	SiO₂（%）		Fe₂O₃（%）		重复数
				平均值	标准差	平均值	标准差	
2015	7	CWAFZ02ABC_01	10~20	63.50	0.33	4.68	0.08	3
2015	7	CWAFZ02ABC_01	20~40	64.80	1.35	4.77	0.07	3
2015	7	CWAFZ02ABC_01	40~60	64.81	1.54	5.02	0.18	3
2015	7	CWAFZ02ABC_01	60~100	63.14	0.86	5.09	0.13	3
2015	7	CWAFZ03ABC_01	0~10	62.05	0.57	4.51	0.10	3
2015	7	CWAFZ03ABC_01	10~20	63.69	0.97	4.56	0.04	3
2015	7	CWAFZ03ABC_01	20~40	64.33	0.66	4.62	0.06	3
2015	7	CWAFZ03ABC_01	40~60	64.33	0.52	4.74	0.12	3
2015	7	CWAFZ03ABC_01	60~100	63.42	1.09	4.93	0.06	3
2015	6	CWAFZ04ABC_01	0~10	59.46	0.37	4.40	0.09	3
2015	6	CWAFZ04ABC_01	10~20	59.26	1.27	4.40	0.03	3
2015	6	CWAFZ04ABC_01	20~40	58.98	0.74	4.41	0.03	3
2015	6	CWAFZ04ABC_01	40~60	57.72	0.97	4.40	0.03	3
2015	6	CWAFZ04ABC_01	60~100	58.84	0.62	4.54	0.14	3
2015	9	CWAZQ01ABC_01	0~10	61.78	0.84	4.59	0.06	3
2015	9	CWAZQ01ABC_01	10~20	63.16	0.56	4.66	0.05	3
2015	9	CWAZQ01ABC_01	20~40	62.68	0.76	4.61	0.05	3
2015	9	CWAZQ01ABC_01	40~60	62.59	0.66	4.76	0.25	3
2015	9	CWAZQ01ABC_01	60~100	63.49	0.46	5.08	0.21	3
2015	9	CWAZQ02ABC_01	0~10	62.49	0.69	4.63	0.02	3
2015	9	CWAZQ02ABC_01	10~20	62.63	1.22	4.65	0.09	3
2015	9	CWAZQ02ABC_01	20~40	62.22	0.71	4.66	0.08	3
2015	9	CWAZQ02ABC_01	40~60	63.45	0.63	4.72	0.05	3
2015	9	CWAZQ02ABC_01	60~100	65.72	0.77	5.01	0.10	3
2015	9	CWAZQ03ABC_01	0~10	63.86	0.92	4.57	0.10	3
2015	9	CWAZQ03ABC_01	10~20	63.54	0.46	4.56	0.13	3
2015	9	CWAZQ03ABC_01	20~40	63.89	0.76	4.60	0.13	3
2015	9	CWAZQ03ABC_01	40~60	65.51	1.55	4.67	0.19	3
2015	9	CWAZQ03ABC_01	60~100	65.26	0.33	4.88	0.17	3

表 4-64　长武站剖面土壤矿质全量（MnO 和 TiO₂）

年份	月份	样地代码	观测层次（cm）	MnO（%）		TiO₂（%）		重复数
				平均值	标准差	平均值	标准差	
2015	7	CWAZH01ABC_01	0~10	0.09	0.00	0.65	0.00	3
2015	7	CWAZH01ABC_01	10~20	0.09	0.00	0.67	0.00	3
2015	7	CWAZH01ABC_01	20~40	0.09	0.00	0.67	0.01	3
2015	7	CWAZH01ABC_01	40~60	0.09	0.00	0.68	0.01	3

（续）

年份	月份	样地代码	观测层次（cm）	MnO（%）		TiO₂（%）		重复数
				平均值	标准差	平均值	标准差	
2015	7	CWAZH01ABC_01	60～100	0.10	0.00	0.69	0.01	3
2015	7	CWAFZ01ABC_01	0～10	0.09	0.00	0.65	0.01	3
2015	7	CWAFZ01ABC_01	10～20	0.09	0.00	0.66	0.01	3
2015	7	CWAFZ01ABC_01	20～40	0.09	0.00	0.66	0.00	3
2015	7	CWAFZ01ABC_01	40～60	0.09	0.01	0.69	0.02	3
2015	7	CWAFZ01ABC_01	60～100	0.09	0.00	0.68	0.01	3
2015	7	CWAFZ02ABC_01	0～10	0.09	0.00	0.65	0.01	3
2015	7	CWAFZ02ABC_01	10～20	0.09	0.00	0.67	0.02	3
2015	7	CWAFZ02ABC_01	20～40	0.09	0.00	0.68	0.01	3
2015	7	CWAFZ02ABC_01	40～60	0.10	0.00	0.69	0.02	3
2015	7	CWAFZ02ABC_01	60～100	0.10	0.00	0.68	0.01	3
2015	7	CWAFZ03ABC_01	0～10	0.09	0.00	0.64	0.01	3
2015	7	CWAFZ03ABC_01	10～20	0.09	0.00	0.66	0.00	3
2015	7	CWAFZ03ABC_01	20～40	0.09	0.00	0.66	0.01	3
2015	7	CWAFZ03ABC_01	40～60	0.09	0.00	0.67	0.01	3
2015	7	CWAFZ03ABC_01	60～100	0.09	0.00	0.68	0.01	3
2015	6	CWAFZ04ABC_01	0～10	0.08	0.00	0.62	0.01	3
2015	6	CWAFZ04ABC_01	10～20	0.08	0.00	0.62	0.00	3
2015	6	CWAFZ04ABC_01	20～40	0.08	0.00	0.62	0.00	3
2015	6	CWAFZ04ABC_01	40～60	0.08	0.00	0.62	0.01	3
2015	6	CWAFZ04ABC_01	60～100	0.08	0.00	0.63	0.00	3
2015	9	CWAZQ01ABC_01	0～10	0.09	0.00	0.64	0.00	3
2015	9	CWAZQ01ABC_01	10～20	0.09	0.00	0.66	0.00	3
2015	9	CWAZQ01ABC_01	20～40	0.09	0.00	0.65	0.00	3
2015	9	CWAZQ01ABC_01	40～60	0.09	0.00	0.65	0.00	3
2015	9	CWAZQ01ABC_01	60～100	0.10	0.00	0.67	0.02	3
2015	9	CWAZQ02ABC_01	0～10	0.09	0.00	0.64	0.00	3
2015	9	CWAZQ02ABC_01	10～20	0.09	0.00	0.65	0.02	3
2015	9	CWAZQ02ABC_01	20～40	0.09	0.00	0.65	0.01	3
2015	9	CWAZQ02ABC_01	40～60	0.09	0.00	0.65	0.00	3
2015	9	CWAZQ02ABC_01	60～100	0.09	0.00	0.69	0.00	3
2015	9	CWAZQ03ABC_01	0～10	0.09	0.00	0.65	0.01	3
2015	9	CWAZQ03ABC_01	10～20	0.09	0.00	0.64	0.01	3
2015	9	CWAZQ03ABC_01	20～40	0.09	0.00	0.65	0.01	3
2015	9	CWAZQ03ABC_01	40～60	0.09	0.00	0.67	0.01	3
2015	9	CWAZQ03ABC_01	60～100	0.09	0.00	0.67	0.01	3

表 4 - 65　长武站剖面土壤矿质全量（Al_2O_3 和 CaO）

年份	月份	样地代码	观测层次（cm）	Al_2O_3（%）		CaO（%）		重复数
				平均值	标准差	平均值	标准差	
2015	7	CWAZH01ABC_01	0~10	12.50	0.05	5.52	0.32	3
2015	7	CWAZH01ABC_01	10~20	12.71	0.08	5.57	0.19	3
2015	7	CWAZH01ABC_01	20~40	12.80	0.01	5.41	0.56	3
2015	7	CWAZH01ABC_01	40~60	13.09	0.27	4.38	0.79	3
2015	7	CWAZH01ABC_01	60~100	13.57	0.18	4.05	0.97	3
2015	7	CWAFZ01ABC_01	0~10	12.33	0.13	5.64	0.24	3
2015	7	CWAFZ01ABC_01	10~20	12.48	0.16	5.58	0.19	3
2015	7	CWAFZ01ABC_01	20~40	12.49	0.07	5.67	0.34	3
2015	7	CWAFZ01ABC_01	40~60	13.28	0.83	3.73	0.91	3
2015	7	CWAFZ01ABC_01	60~100	13.03	0.28	4.23	0.25	3
2015	7	CWAFZ02ABC_01	0~10	12.46	0.16	5.59	0.09	3
2015	7	CWAFZ02ABC_01	10~20	12.60	0.16	5.64	0.09	3
2015	7	CWAFZ02ABC_01	20~40	12.84	0.19	5.24	0.40	3
2015	7	CWAFZ02ABC_01	40~60	13.35	0.43	3.74	0.75	3
2015	7	CWAFZ02ABC_01	60~100	13.38	0.28	4.40	1.14	3
2015	7	CWAFZ03ABC_01	0~10	12.10	0.12	5.52	0.38	3
2015	7	CWAFZ03ABC_01	10~20	12.50	0.20	5.65	0.37	3
2015	7	CWAFZ03ABC_01	20~40	12.49	0.12	5.20	0.49	3
2015	7	CWAFZ03ABC_01	40~60	12.77	0.20	4.33	0.63	3
2015	7	CWAFZ03ABC_01	60~100	13.04	0.19	4.62	0.42	3
2015	6	CWAFZ04ABC_01	0~10	11.78	0.16	8.60	0.16	3
2015	6	CWAFZ04ABC_01	10~20	11.78	0.11	8.77	0.04	3
2015	6	CWAFZ04ABC_01	20~40	11.74	0.05	9.06	0.02	3
2015	6	CWAFZ04ABC_01	40~60	11.65	0.07	9.17	0.22	3
2015	6	CWAFZ04ABC_01	60~100	11.98	0.27	9.20	0.13	3
2015	9	CWAZQ01ABC_01	0~10	12.25	0.05	6.31	0.36	3
2015	9	CWAZQ01ABC_01	10~20	12.42	0.09	6.23	0.02	3
2015	9	CWAZQ01ABC_01	20~40	12.30	0.04	6.32	0.15	3
2015	9	CWAZQ01ABC_01	40~60	12.36	0.18	4.87	0.05	3
2015	9	CWAZQ01ABC_01	60~100	13.18	0.43	4.18	0.70	3
2015	9	CWAZQ02ABC_01	0~10	12.37	0.13	6.04	0.30	3
2015	9	CWAZQ02ABC_01	10~20	12.42	0.14	5.25	1.23	3

(续)

年份	月份	样地代码	观测层次 (cm)	Al₂O₃ (%)		CaO (%)		重复数
				平均值	标准差	平均值	标准差	
2015	9	CWAZQ02ABC_01	20~40	12.31	0.12	6.13	0.12	3
2015	9	CWAZQ02ABC_01	40~60	12.51	0.10	5.45	0.56	3
2015	9	CWAZQ02ABC_01	60~100	13.16	0.23	3.23	0.14	3
2015	9	CWAZQ03ABC_01	0~10	12.19	0.21	5.80	0.01	3
2015	9	CWAZQ03ABC_01	10~20	12.15	0.21	5.80	0.17	3
2015	9	CWAZQ03ABC_01	20~40	12.26	0.25	5.85	0.27	3
2015	9	CWAZQ03ABC_01	40~60	12.45	0.32	4.35	0.50	3
2015	9	CWAZQ03ABC_01	60~100	12.84	0.33	3.55	0.51	3

表 4-66 长武站剖面土壤矿质全量 (MgO 和 K₂O)

年份	月份	样地代码	观测层次 (cm)	MgO (%)		K₂O (%)		重复数
				平均值	标准差	平均值	标准差	
2015	7	CWAZH01ABC_01	0~10	2.13	0.01	2.43	0.02	3
2015	7	CWAZH01ABC_01	10~20	2.16	0.01	2.46	0.01	3
2015	7	CWAZH01ABC_01	20~40	2.16	0.03	2.49	0.01	3
2015	7	CWAZH01ABC_01	40~60	2.12	0.06	2.52	0.04	3
2015	7	CWAZH01ABC_01	60~100	2.05	0.07	2.56	0.02	3
2015	7	CWAFZ01ABC_01	0~10	2.09	0.01	2.37	0.01	3
2015	7	CWAFZ01ABC_01	10~20	2.10	0.04	2.39	0.03	3
2015	7	CWAFZ01ABC_01	20~40	2.12	0.04	2.40	0.03	3
2015	7	CWAFZ01ABC_01	40~60	2.07	0.07	2.52	0.15	3
2015	7	CWAFZ01ABC_01	60~100	2.00	0.05	2.47	0.03	3
2015	7	CWAFZ02ABC_01	0~10	2.12	0.03	2.41	0.03	3
2015	7	CWAFZ02ABC_01	10~20	2.15	0.03	2.43	0.04	3
2015	7	CWAFZ02ABC_01	20~40	2.15	0.00	2.47	0.02	3
2015	7	CWAFZ02ABC_01	40~60	2.10	0.04	2.56	0.11	3
2015	7	CWAFZ02ABC_01	60~100	2.03	0.03	2.51	0.06	3
2015	7	CWAFZ03ABC_01	0~10	2.03	0.05	2.34	0.04	3
2015	7	CWAFZ03ABC_01	10~20	2.10	0.06	2.41	0.04	3
2015	7	CWAFZ03ABC_01	20~40	2.05	0.05	2.39	0.02	3
2015	7	CWAFZ03ABC_01	40~60	2.02	0.05	2.44	0.05	3
2015	7	CWAFZ03ABC_01	60~100	2.05	0.16	2.45	0.02	3
2015	6	CWAFZ04ABC_01	0~10	2.26	0.03	2.20	0.04	3

（续）

年份	月份	样地代码	观测层次（cm）	MgO（%）		K₂O（%）		重复数
				平均值	标准差	平均值	标准差	
2015	6	CWAFZ04ABC_01	10～20	2.26	0.02	2.18	0.03	3
2015	6	CWAFZ04ABC_01	20～40	2.26	0.02	2.17	0.01	3
2015	6	CWAFZ04ABC_01	40～60	2.28	0.05	2.18	0.06	3
2015	6	CWAFZ04ABC_01	60～100	2.34	0.10	2.23	0.07	3
2015	9	CWAZQ01ABC_01	0～10	2.14	0.01	2.43	0.07	3
2015	9	CWAZQ01ABC_01	10～20	2.15	0.02	2.43	0.03	3
2015	9	CWAZQ01ABC_01	20～40	2.13	0.02	2.39	0.02	3
2015	9	CWAZQ01ABC_01	40～60	2.06	0.04	2.39	0.03	3
2015	9	CWAZQ01ABC_01	60～100	2.09	0.06	2.55	0.08	3
2015	9	CWAZQ02ABC_01	0～10	2.13	0.02	2.39	0.05	3
2015	9	CWAZQ02ABC_01	10～20	2.08	0.09	2.39	0.02	3
2015	9	CWAZQ02ABC_01	20～40	2.12	0.02	2.36	0.02	3
2015	9	CWAZQ02ABC_01	40～60	2.09	0.07	2.39	0.04	3
2015	9	CWAZQ02ABC_01	60～100	1.95	0.01	2.45	0.05	3
2015	9	CWAZQ03ABC_01	0～10	2.11	0.04	2.34	0.04	3
2015	9	CWAZQ03ABC_01	10～20	2.09	0.05	2.34	0.08	3
2015	9	CWAZQ03ABC_01	20～40	2.10	0.07	2.34	0.06	3
2015	9	CWAZQ03ABC_01	40～60	2.01	0.08	2.36	0.06	3
2015	9	CWAZQ03ABC_01	60～100	1.95	0.07	2.41	0.08	3

表 4-67　长武站剖面土壤矿质全量（Na₂O 和 P₂O₅）

年份	月份	样地代码	观测层次（cm）	Na₂O（%）		P₂O₅（%）		重复数
				平均值	标准差	平均值	标准差	
2015	7	CWAZH01ABC_01	0～10	1.80	0.01	0.21	0.01	3
2015	7	CWAZH01ABC_01	10～20	1.83	0.02	0.20	0.01	3
2015	7	CWAZH01ABC_01	20～40	1.84	0.02	0.18	0.02	3
2015	7	CWAZH01ABC_01	40～60	1.80	0.03	0.16	0.01	3
2015	7	CWAZH01ABC_01	60～100	1.73	0.01	0.15	0.02	3
2015	7	CWAFZ01ABC_01	0～10	1.79	0.02	0.18	0.01	3
2015	7	CWAFZ01ABC_01	10～20	1.78	0.02	0.18	0.01	3
2015	7	CWAFZ01ABC_01	20～40	1.80	0.03	0.17	0.01	3
2015	7	CWAFZ01ABC_01	40～60	1.81	0.05	0.14	0.01	3
2015	7	CWAFZ01ABC_01	60～100	1.76	0.05	0.14	0.01	3

（续）

年份	月份	样地代码	观测层次（cm）	Na₂O（%）		P₂O₅（%）		重复数
				平均值	标准差	平均值	标准差	
2015	7	CWAFZ02ABC_01	0~10	1.80	0.01	0.20	0.02	3
2015	7	CWAFZ02ABC_01	10~20	1.83	0.06	0.19	0.01	3
2015	7	CWAFZ02ABC_01	20~40	1.86	0.04	0.16	0.01	3
2015	7	CWAFZ02ABC_01	40~60	1.83	0.03	0.14	0.01	3
2015	7	CWAFZ02ABC_01	60~100	1.70	0.07	0.15	0.01	3
2015	7	CWAFZ03ABC_01	0~10	1.76	0.05	0.20	0.02	3
2015	7	CWAFZ03ABC_01	10~20	1.79	0.03	0.20	0.02	3
2015	7	CWAFZ03ABC_01	20~40	1.79	0.01	0.18	0.02	3
2015	7	CWAFZ03ABC_01	40~60	1.78	0.06	0.16	0.03	3
2015	7	CWAFZ03ABC_01	60~100	1.70	0.06	0.14	0.02	3
2015	6	CWAFZ04ABC_01	0~10	1.71	0.01	0.18	0.01	3
2015	6	CWAFZ04ABC_01	10~20	1.71	0.03	0.17	0.01	3
2015	6	CWAFZ04ABC_01	20~40	1.69	0.02	0.15	0.01	3
2015	6	CWAFZ04ABC_01	40~60	1.69	0.05	0.15	0.00	3
2015	6	CWAFZ04ABC_01	60~100	1.68	0.03	0.15	0.00	3
2015	9	CWAZQ01ABC_01	0~10	1.73	0.02	0.24	0.02	3
2015	9	CWAZQ01ABC_01	10~20	1.74	0.02	0.23	0.01	3
2015	9	CWAZQ01ABC_01	20~40	1.74	0.03	0.19	0.00	3
2015	9	CWAZQ01ABC_01	40~60	1.70	0.03	0.17	0.00	3
2015	9	CWAZQ01ABC_01	60~100	1.64	0.00	0.24	0.03	3
2015	9	CWAZQ02ABC_01	0~10	1.75	0.03	0.20	0.02	3
2015	9	CWAZQ02ABC_01	10~20	1.74	0.03	0.18	0.04	3
2015	9	CWAZQ02ABC_01	20~40	1.74	0.06	0.17	0.01	3
2015	9	CWAZQ02ABC_01	40~60	1.73	0.02	0.17	0.03	3
2015	9	CWAZQ02ABC_01	60~100	1.72	0.01	0.13	0.01	3
2015	9	CWAZQ03ABC_01	0~10	1.75	0.03	0.20	0.03	3
2015	9	CWAZQ03ABC_01	10~20	1.76	0.02	0.19	0.02	3
2015	9	CWAZQ03ABC_01	20~40	1.76	0.05	0.17	0.01	3
2015	9	CWAZQ03ABC_01	40~60	1.77	0.04	0.14	0.01	3
2015	9	CWAZQ03ABC_01	60~100	1.71	0.01	0.13	0.01	3

表 4-68　长武站剖面土壤矿质全量（LOI 和 S）

年份	月份	样地代码	观测层次（cm）	LOI（%）		S（g/kg）		重复数
				平均值	标准差	平均值	标准差	
2015	7	CWAZH01ABC_01	0～10	7.66	0.85	0.18	0.01	3
2015	7	CWAZH01ABC_01	10～20	7.68	0.78	0.18	0.02	3
2015	7	CWAZH01ABC_01	20～40	7.50	0.91	0.15	0.01	3
2015	7	CWAZH01ABC_01	40～60	7.90	0.24	0.13	0.00	3
2015	7	CWAZH01ABC_01	60～100	7.72	0.50	0.12	0.01	3
2015	7	CWAFZ01ABC_01	0～10	8.31	0.15	0.14	0.03	3
2015	7	CWAFZ01ABC_01	10～20	8.46	0.21	0.14	0.01	3
2015	7	CWAFZ01ABC_01	20～40	8.25	0.18	0.13	0.01	3
2015	7	CWAFZ01ABC_01	40～60	7.10	0.32	0.09	0.01	3
2015	7	CWAFZ01ABC_01	60～100	7.45	0.28	0.13	0.03	3
2015	7	CWAFZ02ABC_01	0～10	7.87	0.93	0.16	0.01	3
2015	7	CWAFZ02ABC_01	10～20	7.78	1.10	0.15	0.01	3
2015	7	CWAFZ02ABC_01	20～40	7.21	1.04	0.14	0.01	3
2015	7	CWAFZ02ABC_01	40～60	7.23	0.74	0.12	0.02	3
2015	7	CWAFZ02ABC_01	60～100	7.40	0.37	0.15	0.03	3
2015	7	CWAFZ03ABC_01	0～10	8.15	0.99	0.15	0.01	3
2015	7	CWAFZ03ABC_01	10～20	7.93	0.77	0.16	0.06	3
2015	7	CWAFZ03ABC_01	20～40	7.22	0.60	0.17	0.05	3
2015	7	CWAFZ03ABC_01	40～60	7.53	0.03	0.14	0.02	3
2015	7	CWAFZ03ABC_01	60～100	7.96	0.88	0.12	0.02	3
2015	6	CWAFZ04ABC_01	0～10	10.69	0.28	0.13	0.00	3
2015	6	CWAFZ04ABC_01	10～20	10.49	0.38	0.12	0.01	3
2015	6	CWAFZ04ABC_01	20～40	10.55	0.27	0.13	0.02	3
2015	6	CWAFZ04ABC_01	40～60	10.57	0.08	0.11	0.00	3
2015	6	CWAFZ04ABC_01	60～100	10.21	0.23	0.12	0.03	3
2015	9	CWAZQ01ABC_01	0～10	8.76	0.48	0.19	0.02	3
2015	9	CWAZQ01ABC_01	10～20	9.09	0.50	0.19	0.00	3
2015	9	CWAZQ01ABC_01	20～40	8.58	0.75	0.17	0.02	3
2015	9	CWAZQ01ABC_01	40～60	8.49	0.39	0.12	0.02	3
2015	9	CWAZQ01ABC_01	60～100	8.26	0.05	0.17	0.06	3
2015	9	CWAZQ02ABC_01	0～10	8.88	0.05	0.21	0.08	3
2015	9	CWAZQ02ABC_01	10～20	9.05	0.08	0.21	0.03	3

（续）

年份	月份	样地代码	观测层次（cm）	LOI（%）		S（g/kg）		重复数
				平均值	标准差	平均值	标准差	
2015	9	CWAZQ02ABC_01	20~40	8.88	0.15	0.23	0.13	3
2015	9	CWAZQ02ABC_01	40~60	7.98	0.46	0.17	0.04	3
2015	9	CWAZQ02ABC_01	60~100	7.18	0.07	0.18	0.06	3
2015	9	CWAZQ03ABC_01	0~10	8.26	0.12	0.18	0.03	3
2015	9	CWAZQ03ABC_01	10~20	8.35	0.20	0.14	0.02	3
2015	9	CWAZQ03ABC_01	20~40	8.14	0.17	0.16	0.05	3
2015	9	CWAZQ03ABC_01	40~60	6.85	0.52	0.13	0.00	3
2015	9	CWAZQ03ABC_01	60~100	6.65	0.47	0.13	0.02	3

第5章

□□□□□□□□□□□□□□□□□□□□□□□□

水分长期观测数据集

5.1 土壤含水量

5.1.1 概述

本数据集收录了长武站 2009—2015 年综合观测场（样地代码 CWAZH01CHG_01）、辅助观测场（样地代码 CWAZH01CHG_01）、气象观测场（样地代码 CWAQX01CTS_01）、杜家坪辅助观测场（样地代码 CWAFZ04CTS_01）等 4 块监测样地的土壤含水量。剖面观测层次分别为 0～10 cm、10～20 cm、20～30 cm、30～40 cm、40～50 cm、50～60 cm、60～70 cm、70～80 cm、80～90 cm、90～100 cm、100～120 cm、120～140 cm、140～160 cm、160～180 cm、180～200 cm、200～220 cm、220～240 cm、240～260 cm、260～280 cm、280～300 cm。

5.1.2 数据采集和处理方法

（1）观测样地

按照 CERN 长期观测规范，对综合观测场、气象观测场、辅助观测场土壤水分监测频率 3—11 月为 5d/次，12 月至翌年 2 月为 10d/次。杜家坪辅助观测场为 10d/次。样地分别是综合观测场（样地代码 CWAZH01CHG_01）、辅助观测场（样地代码 CWAZH01CHG_01）、气象观测场（样地代码 CWAQX01CTS_01）、杜家坪辅助观测场（样地代码 CWAFZ04CTS_01）。

（2）采样方法

土壤含水量（中子仪法）用 CNCDR503 型智能中子水分测定仪测定，每个场地设置 3 根中子管进行测定。

（3）数据产品处理方法

根据质控后的数据按样地计算月平均数据，方法为：在水分分中心的水分 AC01 表的基础上，将每个样地各层次观测值取月平均值，标准差是每样地 3 根管，每根管每月做标准差，3 个标准差取平均值作为本数据产品的结果数据。

5.1.3 数据质量控制和评估

长武站对野外监测观测数据的数据质量高度重视，为确保数据监测的连续与可靠，专门成立由站长负责的数据监测质量评估小组对数据监测来源进行上报，以做质量控制和评估。

（1）参考《中国生态系统研究网络（CERN）长期观测质量管理规范》丛书《陆地生态系统水环境观测质量保证与质量控制》第三篇数据检验与评估。

（2）参考《中国生态系统研究网络（CERN）长期观测质量管理规范》丛书《陆地生态系统水环境观测质量保证与质量控制》第三篇阈值法、过程趋势法检验数据准确性，比对法（有条件的补充校正实验结果）、统计法检验数据的合理性。

5.1.4 数据

土壤体积含水量月值见表 5-1。

表 5-1 土壤体积含水量月值（中子管法）

年份	月份	样地代码	作物名称	观测层次（cm）	体积含水量（%）	重复数	标准差
2009	1	CWAZH01CHG_01	冬小麦	10	13.5	9	2.0
2009	1	CWAZH01CHG_01	冬小麦	20	23.0	9	1.5
2009	1	CWAZH01CHG_01	冬小麦	30	24.3	9	0.7
2009	1	CWAZH01CHG_01	冬小麦	40	21.8	9	0.7
2009	1	CWAZH01CHG_01	冬小麦	50	21.3	9	0.6
2009	1	CWAZH01CHG_01	冬小麦	60	21.8	9	0.8
2009	1	CWAZH01CHG_01	冬小麦	70	22.1	9	0.8
2009	1	CWAZH01CHG_01	冬小麦	80	22.4	9	0.6
2009	1	CWAZH01CHG_01	冬小麦	90	22.4	9	0.6
2009	1	CWAZH01CHG_01	冬小麦	100	22.3	9	0.5
2009	1	CWAZH01CHG_01	冬小麦	120	21.5	9	0.7
2009	1	CWAZH01CHG_01	冬小麦	140	19.1	9	1.2
2009	1	CWAZH01CHG_01	冬小麦	160	17.4	9	1.1
2009	1	CWAZH01CHG_01	冬小麦	180	16.2	9	0.8
2009	1	CWAZH01CHG_01	冬小麦	200	15.3	9	0.4
2009	1	CWAZH01CHG_01	冬小麦	220	15.1	9	0.2
2009	1	CWAZH01CHG_01	冬小麦	240	15.2	9	0.3
2009	1	CWAZH01CHG_01	冬小麦	260	15.6	9	0.3
2009	1	CWAZH01CHG_01	冬小麦	280	17.0	9	0.4
2009	1	CWAZH01CHG_01	冬小麦	300	19.1	9	0.4
2009	2	CWAZH01CHG_01	冬小麦	10	13.4	9	2.5
2009	2	CWAZH01CHG_01	冬小麦	20	17.3	9	1.8
2009	2	CWAZH01CHG_01	冬小麦	30	18.8	9	1.6
2009	2	CWAZH01CHG_01	冬小麦	40	17.3	9	1.4
2009	2	CWAZH01CHG_01	冬小麦	50	16.7	9	1.4
2009	2	CWAZH01CHG_01	冬小麦	60	17.1	9	1.7
2009	2	CWAZH01CHG_01	冬小麦	70	17.4	9	2.0
2009	2	CWAZH01CHG_01	冬小麦	80	17.6	9	1.8
2009	2	CWAZH01CHG_01	冬小麦	90	17.6	9	1.7
2009	2	CWAZH01CHG_01	冬小麦	100	17.6	9	1.6

（续）

年份	月份	样地代码	作物名称	观测层次（cm）	体积含水量（%）	重复数	标准差
2009	2	CWAZH01CHG_01	冬小麦	120	17.2	9	1.4
2009	2	CWAZH01CHG_01	冬小麦	140	15.3	9	1.3
2009	2	CWAZH01CHG_01	冬小麦	160	13.7	9	1.1
2009	2	CWAZH01CHG_01	冬小麦	180	13.3	9	1.2
2009	2	CWAZH01CHG_01	冬小麦	200	12.4	9	1.1
2009	2	CWAZH01CHG_01	冬小麦	220	12.0	9	1.0
2009	2	CWAZH01CHG_01	冬小麦	240	12.2	9	1.1
2009	2	CWAZH01CHG_01	冬小麦	260	12.4	9	1.1
2009	2	CWAZH01CHG_01	冬小麦	280	13.6	9	1.2
2009	2	CWAZH01CHG_01	冬小麦	300	15.0	9	1.3
2009	3	CWAZH01CHG_01	冬小麦	10	15.2	18	1.7
2009	3	CWAZH01CHG_01	冬小麦	20	18.7	18	1.8
2009	3	CWAZH01CHG_01	冬小麦	30	19.6	18	1.5
2009	3	CWAZH01CHG_01	冬小麦	40	18.5	18	0.8
2009	3	CWAZH01CHG_01	冬小麦	50	18.5	18	0.7
2009	3	CWAZH01CHG_01	冬小麦	60	19.1	18	1.2
2009	3	CWAZH01CHG_01	冬小麦	70	19.3	18	1.2
2009	3	CWAZH01CHG_01	冬小麦	80	19.4	18	1.0
2009	3	CWAZH01CHG_01	冬小麦	90	19.3	18	1.0
2009	3	CWAZH01CHG_01	冬小麦	100	19.2	18	0.9
2009	3	CWAZH01CHG_01	冬小麦	120	18.5	18	1.2
2009	3	CWAZH01CHG_01	冬小麦	140	16.9	18	1.4
2009	3	CWAZH01CHG_01	冬小麦	160	15.7	18	1.4
2009	3	CWAZH01CHG_01	冬小麦	180	15.0	18	1.3
2009	3	CWAZH01CHG_01	冬小麦	200	14.3	18	1.0
2009	3	CWAZH01CHG_01	冬小麦	220	14.1	18	0.8
2009	3	CWAZH01CHG_01	冬小麦	240	14.0	18	0.6
2009	3	CWAZH01CHG_01	冬小麦	260	14.4	18	0.8
2009	3	CWAZH01CHG_01	冬小麦	280	15.4	18	0.9
2009	3	CWAZH01CHG_01	冬小麦	300	17.1	18	0.8
2009	4	CWAZH01CHG_01	冬小麦	10	11.2	18	0.7
2009	4	CWAZH01CHG_01	冬小麦	20	13.8	18	0.9
2009	4	CWAZH01CHG_01	冬小麦	30	15.7	18	1.0

（续）

年份	月份	样地代码	作物名称	观测层次（cm）	体积含水量（％）	重复数	标准差
2009	4	CWAZH01CHG_01	冬小麦	40	15.7	18	0.5
2009	4	CWAZH01CHG_01	冬小麦	50	16.9	18	0.9
2009	4	CWAZH01CHG_01	冬小麦	60	17.9	18	1.1
2009	4	CWAZH01CHG_01	冬小麦	70	18.3	18	1.0
2009	4	CWAZH01CHG_01	冬小麦	80	18.4	18	0.8
2009	4	CWAZH01CHG_01	冬小麦	90	18.5	18	0.5
2009	4	CWAZH01CHG_01	冬小麦	100	18.4	18	0.5
2009	4	CWAZH01CHG_01	冬小麦	120	18.1	18	0.8
2009	4	CWAZH01CHG_01	冬小麦	140	17.3	18	0.7
2009	4	CWAZH01CHG_01	冬小麦	160	16.6	18	0.7
2009	4	CWAZH01CHG_01	冬小麦	180	16.2	18	0.8
2009	4	CWAZH01CHG_01	冬小麦	200	15.7	18	0.4
2009	4	CWAZH01CHG_01	冬小麦	220	15.5	18	0.3
2009	4	CWAZH01CHG_01	冬小麦	240	15.6	18	0.2
2009	4	CWAZH01CHG_01	冬小麦	260	15.8	18	0.4
2009	4	CWAZH01CHG_01	冬小麦	280	17.0	18	0.3
2009	4	CWAZH01CHG_01	冬小麦	300	18.5	18	0.4
2009	5	CWAZH01CHG_01	冬小麦	10	14.6	18	0.7
2009	5	CWAZH01CHG_01	冬小麦	20	15.2	18	0.6
2009	5	CWAZH01CHG_01	冬小麦	30	14.6	18	0.4
2009	5	CWAZH01CHG_01	冬小麦	40	13.7	18	0.1
2009	5	CWAZH01CHG_01	冬小麦	50	14.3	18	0.4
2009	5	CWAZH01CHG_01	冬小麦	60	15.2	18	0.6
2009	5	CWAZH01CHG_01	冬小麦	70	15.5	18	1.0
2009	5	CWAZH01CHG_01	冬小麦	80	15.6	18	0.7
2009	5	CWAZH01CHG_01	冬小麦	90	15.7	18	0.4
2009	5	CWAZH01CHG_01	冬小麦	100	15.9	18	0.4
2009	5	CWAZH01CHG_01	冬小麦	120	16.2	18	0.2
2009	5	CWAZH01CHG_01	冬小麦	140	16.0	18	0.2
2009	5	CWAZH01CHG_01	冬小麦	160	15.9	18	0.4
2009	5	CWAZH01CHG_01	冬小麦	180	15.9	18	0.5
2009	5	CWAZH01CHG_01	冬小麦	200	15.6	18	0.4
2009	5	CWAZH01CHG_01	冬小麦	220	15.6	18	0.3

（续）

年份	月份	样地代码	作物名称	观测层次（cm）	体积含水量（%）	重复数	标准差
2009	5	CWAZH01CHG_01	冬小麦	240	15.6	18	0.2
2009	5	CWAZH01CHG_01	冬小麦	260	15.8	18	0.4
2009	5	CWAZH01CHG_01	冬小麦	280	17.0	18	0.4
2009	5	CWAZH01CHG_01	冬小麦	300	18.5	18	0.3
2009	6	CWAZH01CHG_01	冬小麦	10	7.2	18	0.9
2009	6	CWAZH01CHG_01	冬小麦	20	10.0	18	0.5
2009	6	CWAZH01CHG_01	冬小麦	30	12.6	18	0.2
2009	6	CWAZH01CHG_01	冬小麦	40	13.0	18	0.4
2009	6	CWAZH01CHG_01	冬小麦	50	13.4	18	0.7
2009	6	CWAZH01CHG_01	冬小麦	60	14.5	18	0.7
2009	6	CWAZH01CHG_01	冬小麦	70	14.9	18	1.0
2009	6	CWAZH01CHG_01	冬小麦	80	15.1	18	0.6
2009	6	CWAZH01CHG_01	冬小麦	90	15.3	18	0.3
2009	6	CWAZH01CHG_01	冬小麦	100	15.4	18	0.3
2009	6	CWAZH01CHG_01	冬小麦	120	15.6	18	0.3
2009	6	CWAZH01CHG_01	冬小麦	140	15.6	18	0.5
2009	6	CWAZH01CHG_01	冬小麦	160	15.7	18	0.6
2009	6	CWAZH01CHG_01	冬小麦	180	15.7	18	0.4
2009	6	CWAZH01CHG_01	冬小麦	200	15.7	18	0.5
2009	6	CWAZH01CHG_01	冬小麦	220	15.9	18	0.4
2009	6	CWAZH01CHG_01	冬小麦	240	16.0	18	0.4
2009	6	CWAZH01CHG_01	冬小麦	260	16.7	18	0.6
2009	6	CWAZH01CHG_01	冬小麦	280	18.1	18	0.7
2009	6	CWAZH01CHG_01	冬小麦	300	20.1	18	0.5
2009	7	CWAZH01CHG_01	麦闲地	10	18.2	18	0.8
2009	7	CWAZH01CHG_01	麦闲地	20	21.0	18	1.1
2009	7	CWAZH01CHG_01	麦闲地	30	19.9	18	0.4
2009	7	CWAZH01CHG_01	麦闲地	40	16.0	18	0.5
2009	7	CWAZH01CHG_01	麦闲地	50	14.7	18	0.7
2009	7	CWAZH01CHG_01	麦闲地	60	14.8	18	1.3
2009	7	CWAZH01CHG_01	麦闲地	70	14.8	18	1.2
2009	7	CWAZH01CHG_01	麦闲地	80	15.0	18	0.9
2009	7	CWAZH01CHG_01	麦闲地	90	15.2	18	0.6

（续）

年份	月份	样地代码	作物名称	观测层次（cm）	体积含水量（%）	重复数	标准差
2009	7	CWAZH01CHG_01	麦闲地	100	15.2	18	0.3
2009	7	CWAZH01CHG_01	麦闲地	120	15.4	18	0.5
2009	7	CWAZH01CHG_01	麦闲地	140	15.2	18	0.4
2009	7	CWAZH01CHG_01	麦闲地	160	15.5	18	0.6
2009	7	CWAZH01CHG_01	麦闲地	180	15.6	18	0.5
2009	7	CWAZH01CHG_01	麦闲地	200	15.7	18	0.4
2009	7	CWAZH01CHG_01	麦闲地	220	15.7	18	0.2
2009	7	CWAZH01CHG_01	麦闲地	240	16.1	18	0.3
2009	7	CWAZH01CHG_01	麦闲地	260	16.7	18	0.3
2009	7	CWAZH01CHG_01	麦闲地	280	18.4	18	0.6
2009	7	CWAZH01CHG_01	麦闲地	300	20.1	18	0.4
2009	8	CWAZH01CHG_01	麦闲地	10	24.8	18	1.0
2009	8	CWAZH01CHG_01	麦闲地	20	29.7	18	0.8
2009	8	CWAZH01CHG_01	麦闲地	30	30.4	18	0.5
2009	8	CWAZH01CHG_01	麦闲地	40	29.0	18	0.4
2009	8	CWAZH01CHG_01	麦闲地	50	26.2	18	0.9
2009	8	CWAZH01CHG_01	麦闲地	60	23.1	18	1.3
2009	8	CWAZH01CHG_01	麦闲地	70	19.5	18	1.3
2009	8	CWAZH01CHG_01	麦闲地	80	17.0	18	1.1
2009	8	CWAZH01CHG_01	麦闲地	90	15.5	18	0.6
2009	8	CWAZH01CHG_01	麦闲地	100	15.1	18	0.4
2009	8	CWAZH01CHG_01	麦闲地	120	15.5	18	0.5
2009	8	CWAZH01CHG_01	麦闲地	140	15.3	18	0.4
2009	8	CWAZH01CHG_01	麦闲地	160	15.7	18	0.5
2009	8	CWAZH01CHG_01	麦闲地	180	15.8	18	0.4
2009	8	CWAZH01CHG_01	麦闲地	200	15.7	18	0.3
2009	8	CWAZH01CHG_01	麦闲地	220	16.0	18	0.3
2009	8	CWAZH01CHG_01	麦闲地	240	16.2	18	0.4
2009	8	CWAZH01CHG_01	麦闲地	260	16.8	18	0.3
2009	8	CWAZH01CHG_01	麦闲地	280	18.3	18	0.4
2009	8	CWAZH01CHG_01	麦闲地	300	20.2	18	0.4
2009	9	CWAZH01CHG_01	麦闲地	10	23.3	18	1.2
2009	9	CWAZH01CHG_01	麦闲地	20	28.4	18	1.6

（续）

年份	月份	样地代码	作物名称	观测层次（cm）	体积含水量（%）	重复数	标准差
2009	9	CWAZH01CHG_01	麦闲地	30	31.1	18	0.8
2009	9	CWAZH01CHG_01	麦闲地	40	30.6	18	0.5
2009	9	CWAZH01CHG_01	麦闲地	50	29.3	18	0.6
2009	9	CWAZH01CHG_01	麦闲地	60	28.6	18	1.1
2009	9	CWAZH01CHG_01	麦闲地	70	27.7	18	0.8
2009	9	CWAZH01CHG_01	麦闲地	80	26.6	18	0.9
2009	9	CWAZH01CHG_01	麦闲地	90	24.6	18	1.1
2009	9	CWAZH01CHG_01	麦闲地	100	21.8	18	1.4
2009	9	CWAZH01CHG_01	麦闲地	120	16.7	18	0.6
2009	9	CWAZH01CHG_01	麦闲地	140	15.5	18	0.6
2009	9	CWAZH01CHG_01	麦闲地	160	15.6	18	0.5
2009	9	CWAZH01CHG_01	麦闲地	180	15.8	18	0.5
2009	9	CWAZH01CHG_01	麦闲地	200	15.7	18	0.4
2009	9	CWAZH01CHG_01	麦闲地	220	16.0	18	0.4
2009	9	CWAZH01CHG_01	麦闲地	240	16.2	18	0.3
2009	9	CWAZH01CHG_01	麦闲地	260	16.8	18	0.3
2009	9	CWAZH01CHG_01	麦闲地	280	18.3	18	0.4
2009	9	CWAZH01CHG_01	麦闲地	300	20.5	18	0.5
2009	10	CWAZH01CHG_01	麦闲地	10	15.8	18	0.4
2009	10	CWAZH01CHG_01	麦闲地	20	22.7	18	0.6
2009	10	CWAZH01CHG_01	麦闲地	30	25.5	18	0.7
2009	10	CWAZH01CHG_01	麦闲地	40	25.6	18	0.6
2009	10	CWAZH01CHG_01	麦闲地	50	25.2	18	0.7
2009	10	CWAZH01CHG_01	麦闲地	60	25.8	18	0.8
2009	10	CWAZH01CHG_01	麦闲地	70	25.7	18	1.0
2009	10	CWAZH01CHG_01	麦闲地	80	25.6	18	0.7
2009	10	CWAZH01CHG_01	麦闲地	90	25.4	18	0.6
2009	10	CWAZH01CHG_01	麦闲地	100	24.4	18	0.6
2009	10	CWAZH01CHG_01	麦闲地	120	20.5	18	0.9
2009	10	CWAZH01CHG_01	麦闲地	140	16.5	18	0.4
2009	10	CWAZH01CHG_01	麦闲地	160	15.7	18	0.5
2009	10	CWAZH01CHG_01	麦闲地	180	15.9	18	0.4
2009	10	CWAZH01CHG_01	麦闲地	200	15.7	18	0.4

（续）

年份	月份	样地代码	作物名称	观测层次（cm）	体积含水量（%）	重复数	标准差
2009	10	CWAZH01CHG_01	麦闲地	220	16.0	18	0.2
2009	10	CWAZH01CHG_01	麦闲地	240	16.3	18	0.2
2009	10	CWAZH01CHG_01	麦闲地	260	16.8	18	0.3
2009	10	CWAZH01CHG_01	麦闲地	280	18.3	18	0.7
2009	10	CWAZH01CHG_01	麦闲地	300	20.2	18	0.3
2009	11	CWAZH01CHG_01	麦闲地	10	24.0	18	0.8
2009	11	CWAZH01CHG_01	麦闲地	20	26.5	18	0.7
2009	11	CWAZH01CHG_01	麦闲地	30	26.5	18	0.7
2009	11	CWAZH01CHG_01	麦闲地	40	24.6	18	0.4
2009	11	CWAZH01CHG_01	麦闲地	50	23.7	18	0.5
2009	11	CWAZH01CHG_01	麦闲地	60	24.1	18	0.9
2009	11	CWAZH01CHG_01	麦闲地	70	24.4	18	1.5
2009	11	CWAZH01CHG_01	麦闲地	80	24.0	18	0.8
2009	11	CWAZH01CHG_01	麦闲地	90	24.2	18	0.6
2009	11	CWAZH01CHG_01	麦闲地	100	23.3	18	0.7
2009	11	CWAZH01CHG_01	麦闲地	120	20.9	18	0.5
2009	11	CWAZH01CHG_01	麦闲地	140	17.5	18	0.6
2009	11	CWAZH01CHG_01	麦闲地	160	16.3	18	0.5
2009	11	CWAZH01CHG_01	麦闲地	180	16.0	18	0.4
2009	11	CWAZH01CHG_01	麦闲地	200	15.9	18	0.3
2009	11	CWAZH01CHG_01	麦闲地	220	15.9	18	0.3
2009	11	CWAZH01CHG_01	麦闲地	240	16.1	18	0.3
2009	11	CWAZH01CHG_01	麦闲地	260	16.6	18	0.3
2009	11	CWAZH01CHG_01	麦闲地	280	17.9	18	0.4
2009	11	CWAZH01CHG_01	麦闲地	300	20.0	18	0.2
2009	12	CWAZH01CHG_01	麦闲地	10	23.6	9	0.9
2009	12	CWAZH01CHG_01	麦闲地	20	26.3	9	0.4
2009	12	CWAZH01CHG_01	麦闲地	30	26.5	9	1.5
2009	12	CWAZH01CHG_01	麦闲地	40	24.7	9	2.1
2009	12	CWAZH01CHG_01	麦闲地	50	23.7	9	1.9
2009	12	CWAZH01CHG_01	麦闲地	60	24.4	9	3.4
2009	12	CWAZH01CHG_01	麦闲地	70	24.6	9	2.6
2009	12	CWAZH01CHG_01	麦闲地	80	24.1	9	2.7

（续）

年份	月份	样地代码	作物名称	观测层次（cm）	体积含水量（%）	重复数	标准差
2009	12	CWAZH01CHG_01	麦闲地	90	23.2	9	1.5
2009	12	CWAZH01CHG_01	麦闲地	100	22.3	9	1.3
2009	12	CWAZH01CHG_01	麦闲地	120	20.3	9	1.3
2009	12	CWAZH01CHG_01	麦闲地	140	17.2	9	0.9
2009	12	CWAZH01CHG_01	麦闲地	160	15.9	9	0.5
2009	12	CWAZH01CHG_01	麦闲地	180	15.8	9	0.6
2009	12	CWAZH01CHG_01	麦闲地	200	15.6	9	0.7
2009	12	CWAZH01CHG_01	麦闲地	220	15.7	9	0.6
2009	12	CWAZH01CHG_01	麦闲地	240	15.6	9	0.3
2009	12	CWAZH01CHG_01	麦闲地	260	16.4	9	0.8
2009	12	CWAZH01CHG_01	麦闲地	280	17.6	9	1.1
2009	12	CWAZH01CHG_01	麦闲地	300	19.4	9	0.5
2009	1	CWAFZ04CTS_01	冬小麦	10	12.5	9	2.2
2009	1	CWAFZ04CTS_01	冬小麦	20	21.9	9	1.4
2009	1	CWAFZ04CTS_01	冬小麦	30	23.5	9	0.5
2009	1	CWAFZ04CTS_01	冬小麦	40	22.2	9	1.3
2009	1	CWAFZ04CTS_01	冬小麦	50	20.8	9	1.4
2009	1	CWAFZ04CTS_01	冬小麦	60	21.0	9	0.9
2009	1	CWAFZ04CTS_01	冬小麦	70	21.6	9	0.4
2009	1	CWAFZ04CTS_01	冬小麦	80	20.7	9	3.7
2009	1	CWAFZ04CTS_01	冬小麦	90	22.2	9	0.7
2009	1	CWAFZ04CTS_01	冬小麦	100	22.5	9	0.6
2009	1	CWAFZ04CTS_01	冬小麦	120	22.5	9	0.7
2009	1	CWAFZ04CTS_01	冬小麦	140	21.6	9	1.4
2009	1	CWAFZ04CTS_01	冬小麦	160	20.5	9	1.5
2009	1	CWAFZ04CTS_01	冬小麦	180	19.3	9	1.4
2009	1	CWAFZ04CTS_01	冬小麦	200	18.4	9	1.3
2009	1	CWAFZ04CTS_01	冬小麦	220	17.4	9	1.0
2009	1	CWAFZ04CTS_01	冬小麦	240	16.9	9	1.2
2009	1	CWAFZ04CTS_01	冬小麦	260	17.6	9	1.3
2009	1	CWAFZ04CTS_01	冬小麦	280	19.0	9	1.1
2009	1	CWAFZ04CTS_01	冬小麦	300	20.2	9	0.7
2009	2	CWAFZ04CTS_01	冬小麦	10	14.0	9	3.4

（续）

年份	月份	样地代码	作物名称	观测层次（cm）	体积含水量（%）	重复数	标准差
2009	2	CWAFZ04CTS_01	冬小麦	20	17.5	9	2.7
2009	2	CWAFZ04CTS_01	冬小麦	30	19.3	9	2.4
2009	2	CWAFZ04CTS_01	冬小麦	40	18.7	9	2.8
2009	2	CWAFZ04CTS_01	冬小麦	50	18.0	9	2.9
2009	2	CWAFZ04CTS_01	冬小麦	60	17.7	9	2.5
2009	2	CWAFZ04CTS_01	冬小麦	70	18.2	9	2.3
2009	2	CWAFZ04CTS_01	冬小麦	80	18.3	9	2.4
2009	2	CWAFZ04CTS_01	冬小麦	90	18.6	9	2.3
2009	2	CWAFZ04CTS_01	冬小麦	100	18.9	9	2.5
2009	2	CWAFZ04CTS_01	冬小麦	120	19.3	9	2.6
2009	2	CWAFZ04CTS_01	冬小麦	140	18.9	9	2.6
2009	2	CWAFZ04CTS_01	冬小麦	160	17.6	9	2.7
2009	2	CWAFZ04CTS_01	冬小麦	180	16.9	9	2.7
2009	2	CWAFZ04CTS_01	冬小麦	200	16.1	9	2.3
2009	2	CWAFZ04CTS_01	冬小麦	220	15.6	9	1.8
2009	2	CWAFZ04CTS_01	冬小麦	240	14.9	9	1.7
2009	2	CWAFZ04CTS_01	冬小麦	260	15.5	9	1.3
2009	2	CWAFZ04CTS_01	冬小麦	280	16.5	9	1.6
2009	2	CWAFZ04CTS_01	冬小麦	300	18.2	9	1.2
2009	3	CWAFZ04CTS_01	冬小麦	10	15.4	18	1.2
2009	3	CWAFZ04CTS_01	冬小麦	20	19.5	18	1.2
2009	3	CWAFZ04CTS_01	冬小麦	30	20.1	18	0.8
2009	3	CWAFZ04CTS_01	冬小麦	40	19.6	18	1.1
2009	3	CWAFZ04CTS_01	冬小麦	50	19.1	18	1.5
2009	3	CWAFZ04CTS_01	冬小麦	60	19.1	18	1.1
2009	3	CWAFZ04CTS_01	冬小麦	70	19.3	18	0.8
2009	3	CWAFZ04CTS_01	冬小麦	80	19.4	18	0.9
2009	3	CWAFZ04CTS_01	冬小麦	90	19.6	18	1.0
2009	3	CWAFZ04CTS_01	冬小麦	100	19.6	18	1.0
2009	3	CWAFZ04CTS_01	冬小麦	120	19.8	18	0.8
2009	3	CWAFZ04CTS_01	冬小麦	140	19.4	18	1.2
2009	3	CWAFZ04CTS_01	冬小麦	160	18.5	18	1.4
2009	3	CWAFZ04CTS_01	冬小麦	180	17.8	18	1.5

（续）

年份	月份	样地代码	作物名称	观测层次（cm）	体积含水量（%）	重复数	标准差
2009	3	CWAFZ04CTS_01	冬小麦	200	17.0	18	1.3
2009	3	CWAFZ04CTS_01	冬小麦	220	16.3	18	1.1
2009	3	CWAFZ04CTS_01	冬小麦	240	15.5	18	1.3
2009	3	CWAFZ04CTS_01	冬小麦	260	16.2	18	1.2
2009	3	CWAFZ04CTS_01	冬小麦	280	17.2	18	1.3
2009	3	CWAFZ04CTS_01	冬小麦	300	17.6	18	2.0
2009	4	CWAFZ04CTS_01	冬小麦	10	11.2	18	0.4
2009	4	CWAFZ04CTS_01	冬小麦	20	15.5	18	2.1
2009	4	CWAFZ04CTS_01	冬小麦	30	16.1	18	0.4
2009	4	CWAFZ04CTS_01	冬小麦	40	17.1	18	0.4
2009	4	CWAFZ04CTS_01	冬小麦	50	17.7	18	0.9
2009	4	CWAFZ04CTS_01	冬小麦	60	18.2	18	0.4
2009	4	CWAFZ04CTS_01	冬小麦	70	18.6	18	0.3
2009	4	CWAFZ04CTS_01	冬小麦	80	18.9	18	0.2
2009	4	CWAFZ04CTS_01	冬小麦	90	19.3	18	0.4
2009	4	CWAFZ04CTS_01	冬小麦	100	19.3	18	0.5
2009	4	CWAFZ04CTS_01	冬小麦	120	19.5	18	0.5
2009	4	CWAFZ04CTS_01	冬小麦	140	19.2	18	0.9
2009	4	CWAFZ04CTS_01	冬小麦	160	18.6	18	1.0
2009	4	CWAFZ04CTS_01	冬小麦	180	18.4	18	1.2
2009	4	CWAFZ04CTS_01	冬小麦	200	17.8	18	1.2
2009	4	CWAFZ04CTS_01	冬小麦	220	17.3	18	0.8
2009	4	CWAFZ04CTS_01	冬小麦	240	16.6	18	1.1
2009	4	CWAFZ04CTS_01	冬小麦	260	17.0	18	1.2
2009	4	CWAFZ04CTS_01	冬小麦	280	18.2	18	1.1
2009	4	CWAFZ04CTS_01	冬小麦	300	19.4	18	0.8
2009	5	CWAFZ04CTS_01	冬小麦	10	13.1	18	1.9
2009	5	CWAFZ04CTS_01	冬小麦	20	14.1	18	1.5
2009	5	CWAFZ04CTS_01	冬小麦	30	13.7	18	1.3
2009	5	CWAFZ04CTS_01	冬小麦	40	13.8	18	1.1
2009	5	CWAFZ04CTS_01	冬小麦	50	14.1	18	1.3
2009	5	CWAFZ04CTS_01	冬小麦	60	14.4	18	1.1
2009	5	CWAFZ04CTS_01	冬小麦	70	14.9	18	1.4

（续）

年份	月份	样地代码	作物名称	观测层次（cm）	体积含水量（%）	重复数	标准差
2009	5	CWAFZ04CTS_01	冬小麦	80	15.1	18	1.3
2009	5	CWAFZ04CTS_01	冬小麦	90	15.5	18	1.4
2009	5	CWAFZ04CTS_01	冬小麦	100	15.8	18	1.4
2009	5	CWAFZ04CTS_01	冬小麦	120	16.3	18	1.4
2009	5	CWAFZ04CTS_01	冬小麦	140	16.4	18	1.4
2009	5	CWAFZ04CTS_01	冬小麦	160	16.2	18	1.4
2009	5	CWAFZ04CTS_01	冬小麦	180	16.4	18	1.6
2009	5	CWAFZ04CTS_01	冬小麦	200	16.2	18	1.5
2009	5	CWAFZ04CTS_01	冬小麦	220	15.8	18	1.5
2009	5	CWAFZ04CTS_01	冬小麦	240	15.5	18	1.7
2009	5	CWAFZ04CTS_01	冬小麦	260	16.0	18	1.9
2009	5	CWAFZ04CTS_01	冬小麦	280	17.2	18	1.9
2009	5	CWAFZ04CTS_01	冬小麦	300	18.3	18	1.9
2009	6	CWAFZ04CTS_01	冬小麦	10	6.7	18	0.4
2009	6	CWAFZ04CTS_01	冬小麦	20	9.7	18	0.2
2009	6	CWAFZ04CTS_01	冬小麦	30	12.3	18	0.7
2009	6	CWAFZ04CTS_01	冬小麦	40	13.1	18	0.2
2009	6	CWAFZ04CTS_01	冬小麦	50	13.5	18	0.4
2009	6	CWAFZ04CTS_01	冬小麦	60	13.9	18	0.3
2009	6	CWAFZ04CTS_01	冬小麦	70	14.6	18	0.5
2009	6	CWAFZ04CTS_01	冬小麦	80	15.0	18	0.5
2009	6	CWAFZ04CTS_01	冬小麦	90	15.6	18	0.5
2009	6	CWAFZ04CTS_01	冬小麦	100	16.0	18	0.7
2009	6	CWAFZ04CTS_01	冬小麦	120	16.5	18	0.8
2009	6	CWAFZ04CTS_01	冬小麦	140	16.5	18	0.7
2009	6	CWAFZ04CTS_01	冬小麦	160	16.3	18	0.7
2009	6	CWAFZ04CTS_01	冬小麦	180	16.7	18	0.3
2009	6	CWAFZ04CTS_01	冬小麦	200	16.9	18	0.5
2009	6	CWAFZ04CTS_01	冬小麦	220	16.7	18	0.6
2009	6	CWAFZ04CTS_01	冬小麦	240	16.5	18	0.7
2009	6	CWAFZ04CTS_01	冬小麦	260	17.3	18	0.9
2009	6	CWAFZ04CTS_01	冬小麦	280	18.8	18	1.1
2009	6	CWAFZ04CTS_01	冬小麦	300	20.8	18	0.9

（续）

年份	月份	样地代码	作物名称	观测层次（cm）	体积含水量（%）	重复数	标准差
2009	7	CWAFZ04CTS_01	麦茬地	10	16.9	18	1.0
2009	7	CWAFZ04CTS_01	麦茬地	20	21.0	18	1.0
2009	7	CWAFZ04CTS_01	麦茬地	30	20.0	18	0.8
2009	7	CWAFZ04CTS_01	麦茬地	40	17.2	18	0.6
2009	7	CWAFZ04CTS_01	麦茬地	50	15.0	18	0.9
2009	7	CWAFZ04CTS_01	麦茬地	60	14.2	18	0.4
2009	7	CWAFZ04CTS_01	麦茬地	70	14.3	18	0.2
2009	7	CWAFZ04CTS_01	麦茬地	80	15.5	18	1.2
2009	7	CWAFZ04CTS_01	麦茬地	90	15.3	18	0.2
2009	7	CWAFZ04CTS_01	麦茬地	100	15.7	18	0.4
2009	7	CWAFZ04CTS_01	麦茬地	120	16.3	18	0.5
2009	7	CWAFZ04CTS_01	麦茬地	140	16.2	18	0.6
2009	7	CWAFZ04CTS_01	麦茬地	160	16.1	18	0.6
2009	7	CWAFZ04CTS_01	麦茬地	180	16.5	18	0.4
2009	7	CWAFZ04CTS_01	麦茬地	200	16.8	18	0.4
2009	7	CWAFZ04CTS_01	麦茬地	220	16.6	18	0.4
2009	7	CWAFZ04CTS_01	麦茬地	240	16.4	18	0.8
2009	7	CWAFZ04CTS_01	麦茬地	260	17.5	18	1.2
2009	7	CWAFZ04CTS_01	麦茬地	280	19.4	18	1.3
2009	7	CWAFZ04CTS_01	麦茬地	300	20.8	18	0.6
2009	8	CWAFZ04CTS_01	麦闲地	10	22.6	18	2.3
2009	8	CWAFZ04CTS_01	麦闲地	20	29.1	18	0.8
2009	8	CWAFZ04CTS_01	麦闲地	30	30.2	18	0.5
2009	8	CWAFZ04CTS_01	麦闲地	40	28.6	18	0.5
2009	8	CWAFZ04CTS_01	麦闲地	50	26.7	18	0.8
2009	8	CWAFZ04CTS_01	麦闲地	60	24.2	18	0.7
2009	8	CWAFZ04CTS_01	麦闲地	70	20.8	18	0.6
2009	8	CWAFZ04CTS_01	麦闲地	80	17.9	18	0.5
2009	8	CWAFZ04CTS_01	麦闲地	90	16.4	18	0.5
2009	8	CWAFZ04CTS_01	麦闲地	100	15.9	18	0.5
2009	8	CWAFZ04CTS_01	麦闲地	120	16.2	18	0.4
2009	8	CWAFZ04CTS_01	麦闲地	140	16.3	18	0.6
2009	8	CWAFZ04CTS_01	麦闲地	160	16.3	18	0.5

（续）

年份	月份	样地代码	作物名称	观测层次（cm）	体积含水量（%）	重复数	标准差
2009	8	CWAFZ04CTS_01	麦闲地	180	16.7	18	0.4
2009	8	CWAFZ04CTS_01	麦闲地	200	16.8	18	0.6
2009	8	CWAFZ04CTS_01	麦闲地	220	16.7	18	0.4
2009	8	CWAFZ04CTS_01	麦闲地	240	16.5	18	0.9
2009	8	CWAFZ04CTS_01	麦闲地	260	17.6	18	1.0
2009	8	CWAFZ04CTS_01	麦闲地	280	19.6	18	1.1
2009	8	CWAFZ04CTS_01	麦闲地	300	21.3	18	0.7
2009	9	CWAFZ04CTS_01	麦闲地	10	22.8	18	3.5
2009	9	CWAFZ04CTS_01	麦闲地	20	29.7	18	1.0
2009	9	CWAFZ04CTS_01	麦闲地	30	30.8	18	0.4
2009	9	CWAFZ04CTS_01	麦闲地	40	29.8	18	0.2
2009	9	CWAFZ04CTS_01	麦闲地	50	28.8	18	0.5
2009	9	CWAFZ04CTS_01	麦闲地	60	28.1	18	0.6
2009	9	CWAFZ04CTS_01	麦闲地	70	27.5	18	0.6
2009	9	CWAFZ04CTS_01	麦闲地	80	26.4	18	0.6
2009	9	CWAFZ04CTS_01	麦闲地	90	24.7	18	1.0
2009	9	CWAFZ04CTS_01	麦闲地	100	21.9	18	1.0
2009	9	CWAFZ04CTS_01	麦闲地	120	18.0	18	0.7
2009	9	CWAFZ04CTS_01	麦闲地	140	16.4	18	0.5
2009	9	CWAFZ04CTS_01	麦闲地	160	16.5	18	0.5
2009	9	CWAFZ04CTS_01	麦闲地	180	16.7	18	0.5
2009	9	CWAFZ04CTS_01	麦闲地	200	16.9	18	0.4
2009	9	CWAFZ04CTS_01	麦闲地	220	16.7	18	0.6
2009	9	CWAFZ04CTS_01	麦闲地	240	16.8	18	1.1
2009	9	CWAFZ04CTS_01	麦闲地	260	17.7	18	1.0
2009	9	CWAFZ04CTS_01	麦闲地	280	19.4	18	1.0
2009	9	CWAFZ04CTS_01	麦闲地	300	21.3	18	0.6
2009	10	CWAFZ04CTS_01	冬小麦	10	19.2	18	2.3
2009	10	CWAFZ04CTS_01	冬小麦	20	25.7	18	0.8
2009	10	CWAFZ04CTS_01	冬小麦	30	27.0	18	0.2
2009	10	CWAFZ04CTS_01	冬小麦	40	26.6	18	0.6
2009	10	CWAFZ04CTS_01	冬小麦	50	26.2	18	0.8
2009	10	CWAFZ04CTS_01	冬小麦	60	25.7	18	0.5

（续）

年份	月份	样地代码	作物名称	观测层次（cm）	体积含水量（%）	重复数	标准差
2009	10	CWAFZ04CTS_01	冬小麦	70	25.5	18	0.3
2009	10	CWAFZ04CTS_01	冬小麦	80	25.5	18	0.3
2009	10	CWAFZ04CTS_01	冬小麦	90	25.3	18	0.6
2009	10	CWAFZ04CTS_01	冬小麦	100	24.6	18	0.7
2009	10	CWAFZ04CTS_01	冬小麦	120	22.3	18	1.1
2009	10	CWAFZ04CTS_01	冬小麦	140	17.9	18	1.0
2009	10	CWAFZ04CTS_01	冬小麦	160	16.7	18	0.5
2009	10	CWAFZ04CTS_01	冬小麦	180	16.7	18	0.6
2009	10	CWAFZ04CTS_01	冬小麦	200	16.9	18	0.5
2009	10	CWAFZ04CTS_01	冬小麦	220	16.8	18	0.6
2009	10	CWAFZ04CTS_01	冬小麦	240	16.4	18	1.1
2009	10	CWAFZ04CTS_01	冬小麦	260	17.9	18	1.0
2009	10	CWAFZ04CTS_01	冬小麦	280	19.3	18	1.0
2009	10	CWAFZ04CTS_01	冬小麦	300	21.4	18	0.5
2009	11	CWAFZ04CTS_01	冬小麦	10	24.9	18	1.6
2009	11	CWAFZ04CTS_01	冬小麦	20	27.9	18	0.5
2009	11	CWAFZ04CTS_01	冬小麦	30	27.3	18	0.4
2009	11	CWAFZ04CTS_01	冬小麦	40	26.1	18	0.5
2009	11	CWAFZ04CTS_01	冬小麦	50	25.2	18	0.6
2009	11	CWAFZ04CTS_01	冬小麦	60	24.6	18	0.7
2009	11	CWAFZ04CTS_01	冬小麦	70	24.2	18	0.4
2009	11	CWAFZ04CTS_01	冬小麦	80	24.2	18	0.3
2009	11	CWAFZ04CTS_01	冬小麦	90	24.4	18	0.9
2009	11	CWAFZ04CTS_01	冬小麦	100	24.4	18	1.3
2009	11	CWAFZ04CTS_01	冬小麦	120	22.7	18	0.8
2009	11	CWAFZ04CTS_01	冬小麦	140	19.7	18	1.5
2009	11	CWAFZ04CTS_01	冬小麦	160	17.5	18	0.9
2009	11	CWAFZ04CTS_01	冬小麦	180	17.8	18	1.5
2009	11	CWAFZ04CTS_01	冬小麦	200	16.8	18	
2009	11	CWAFZ04CTS_01	冬小麦	220	16.8	18	0.6
2009	11	CWAFZ04CTS_01	冬小麦	240	16.4	18	0.9
2009	11	CWAFZ04CTS_01	冬小麦	260	17.6	18	1.2
2009	11	CWAFZ04CTS_01	冬小麦	280	19.4	18	1.1

（续）

年份	月份	样地代码	作物名称	观测层次（cm）	体积含水量（%）	重复数	标准差
2009	11	CWAFZ04CTS_01	冬小麦	300	21.1	18	0.8
2009	12	CWAFZ04CTS_01	冬小麦	10	24.4	9	1.2
2009	12	CWAFZ04CTS_01	冬小麦	20	27.3	9	1.1
2009	12	CWAFZ04CTS_01	冬小麦	30	26.6	9	2.3
2009	12	CWAFZ04CTS_01	冬小麦	40	25.2	9	2.6
2009	12	CWAFZ04CTS_01	冬小麦	50	24.7	9	2.0
2009	12	CWAFZ04CTS_01	冬小麦	60	24.2	9	1.5
2009	12	CWAFZ04CTS_01	冬小麦	70	24.0	9	1.3
2009	12	CWAFZ04CTS_01	冬小麦	80	23.8	9	1.2
2009	12	CWAFZ04CTS_01	冬小麦	90	23.6	9	1.4
2009	12	CWAFZ04CTS_01	冬小麦	100	23.3	9	1.6
2009	12	CWAFZ04CTS_01	冬小麦	120	21.6	9	1.0
2009	12	CWAFZ04CTS_01	冬小麦	140	19.2	9	1.2
2009	12	CWAFZ04CTS_01	冬小麦	160	17.3	9	1.0
2009	12	CWAFZ04CTS_01	冬小麦	180	17.0	9	0.8
2009	12	CWAFZ04CTS_01	冬小麦	200	16.7	9	1.0
2009	12	CWAFZ04CTS_01	冬小麦	220	16.4	9	0.7
2009	12	CWAFZ04CTS_01	冬小麦	240	15.9	9	1.0
2009	12	CWAFZ04CTS_01	冬小麦	260	17.3	9	1.4
2009	12	CWAFZ04CTS_01	冬小麦	280	18.6	9	1.1
2009	12	CWAFZ04CTS_01	冬小麦	300	20.1	9	1.3
2009	1	CWAQX01CTS_01	自然植被	10	17.9	3	0.6
2009	1	CWAQX01CTS_01	自然植被	20	25.3	3	0.2
2009	1	CWAQX01CTS_01	自然植被	30	25.8	3	0.7
2009	1	CWAQX01CTS_01	自然植被	40	24.1	3	1.2
2009	1	CWAQX01CTS_01	自然植被	50	21.8	3	0.3
2009	1	CWAQX01CTS_01	自然植被	60	21.7	3	0.7
2009	1	CWAQX01CTS_01	自然植被	70	23.3	3	0.3
2009	1	CWAQX01CTS_01	自然植被	80	23.4	3	0.3
2009	1	CWAQX01CTS_01	自然植被	90	23.0	3	0.2
2009	1	CWAQX01CTS_01	自然植被	100	22.8	3	0.1
2009	1	CWAQX01CTS_01	自然植被	120	23.4	3	0.2
2009	1	CWAQX01CTS_01	自然植被	140	22.9	3	0.3

（续）

年份	月份	样地代码	作物名称	观测层次（cm）	体积含水量（%）	重复数	标准差
2009	1	CWAQX01CTS_01	自然植被	160	22.6	3	0.2
2009	1	CWAQX01CTS_01	自然植被	180	21.8	3	0.2
2009	1	CWAQX01CTS_01	自然植被	200	21.2	3	0.2
2009	1	CWAQX01CTS_01	自然植被	220	20.7	3	0.2
2009	1	CWAQX01CTS_01	自然植被	240	20.4	3	0.1
2009	1	CWAQX01CTS_01	自然植被	260	20.2	3	0.3
2009	1	CWAQX01CTS_01	自然植被	280	21.8	3	0.2
2009	1	CWAQX01CTS_01	自然植被	300	24.4	3	0.2
2009	2	CWAQX01CTS_01	自然植被	10	20.2	3	0.2
2009	2	CWAQX01CTS_01	自然植被	20	23.8	3	1.0
2009	2	CWAQX01CTS_01	自然植被	30	24.7	3	1.4
2009	2	CWAQX01CTS_01	自然植被	40	23.2	3	1.2
2009	2	CWAQX01CTS_01	自然植被	50	21.4	3	0.8
2009	2	CWAQX01CTS_01	自然植被	60	20.7	3	0.7
2009	2	CWAQX01CTS_01	自然植被	70	21.5	3	1.4
2009	2	CWAQX01CTS_01	自然植被	80	22.1	3	0.9
2009	2	CWAQX01CTS_01	自然植被	90	21.9	3	1.1
2009	2	CWAQX01CTS_01	自然植被	100	21.6	3	1.2
2009	2	CWAQX01CTS_01	自然植被	120	21.9	3	1.9
2009	2	CWAQX01CTS_01	自然植被	140	21.2	3	1.3
2009	2	CWAQX01CTS_01	自然植被	160	21.6	3	1.3
2009	2	CWAQX01CTS_01	自然植被	180	21.1	3	1.2
2009	2	CWAQX01CTS_01	自然植被	200	20.2	3	1.2
2009	2	CWAQX01CTS_01	自然植被	220	19.7	3	1.3
2009	2	CWAQX01CTS_01	自然植被	240	19.5	3	1.3
2009	2	CWAQX01CTS_01	自然植被	260	19.6	3	1.2
2009	2	CWAQX01CTS_01	自然植被	280	21.0	3	1.3
2009	2	CWAQX01CTS_01	自然植被	300	22.8	3	1.8
2009	3	CWAQX01CTS_01	自然植被	10	20.9	6	1.8
2009	3	CWAQX01CTS_01	自然植被	20	23.5	6	1.5
2009	3	CWAQX01CTS_01	自然植被	30	23.7	6	2.2
2009	3	CWAQX01CTS_01	自然植被	40	23.0	6	1.2
2009	3	CWAQX01CTS_01	自然植被	50	22.0	6	1.0

（续）

年份	月份	样地代码	作物名称	观测层次（cm）	体积含水量（%）	重复数	标准差
2009	3	CWAQX01CTS_01	自然植被	60	21.5	6	0.7
2009	3	CWAQX01CTS_01	自然植被	70	21.9	6	0.8
2009	3	CWAQX01CTS_01	自然植被	80	22.0	6	0.5
2009	3	CWAQX01CTS_01	自然植被	90	21.8	6	0.7
2009	3	CWAQX01CTS_01	自然植被	100	21.5	6	0.7
2009	3	CWAQX01CTS_01	自然植被	120	21.8	6	0.9
2009	3	CWAQX01CTS_01	自然植被	140	21.5	6	0.8
2009	3	CWAQX01CTS_01	自然植被	160	21.3	6	0.5
2009	3	CWAQX01CTS_01	自然植被	180	20.8	6	0.6
2009	3	CWAQX01CTS_01	自然植被	200	19.8	6	0.7
2009	3	CWAQX01CTS_01	自然植被	220	19.8	6	0.8
2009	3	CWAQX01CTS_01	自然植被	240	19.5	6	0.6
2009	3	CWAQX01CTS_01	自然植被	260	19.2	6	0.6
2009	3	CWAQX01CTS_01	自然植被	280	20.9	6	0.5
2009	3	CWAQX01CTS_01	自然植被	300	22.6	6	1.0
2009	4	CWAQX01CTS_01	自然植被	10	15.0	6	2.5
2009	4	CWAQX01CTS_01	自然植被	20	17.5	6	2.4
2009	4	CWAQX01CTS_01	自然植被	30	19.2	6	1.9
2009	4	CWAQX01CTS_01	自然植被	40	20.0	6	1.5
2009	4	CWAQX01CTS_01	自然植被	50	20.4	6	0.9
2009	4	CWAQX01CTS_01	自然植被	60	20.3	6	0.5
2009	4	CWAQX01CTS_01	自然植被	70	21.4	6	0.4
2009	4	CWAQX01CTS_01	自然植被	80	21.4	6	0.6
2009	4	CWAQX01CTS_01	自然植被	90	21.1	6	0.4
2009	4	CWAQX01CTS_01	自然植被	100	21.4	6	0.3
2009	4	CWAQX01CTS_01	自然植被	120	21.8	6	0.3
2009	4	CWAQX01CTS_01	自然植被	140	21.4	6	0.3
2009	4	CWAQX01CTS_01	自然植被	160	21.5	6	0.3
2009	4	CWAQX01CTS_01	自然植被	180	20.9	6	0.4
2009	4	CWAQX01CTS_01	自然植被	200	20.2	6	0.3
2009	4	CWAQX01CTS_01	自然植被	220	19.7	6	0.3
2009	4	CWAQX01CTS_01	自然植被	240	19.7	6	0.3
2009	4	CWAQX01CTS_01	自然植被	260	19.3	6	0.1

（续）

年份	月份	样地代码	作物名称	观测层次（cm）	体积含水量（%）	重复数	标准差
2009	4	CWAQX01CTS_01	自然植被	280	20.7	6	0.2
2009	4	CWAQX01CTS_01	自然植被	300	22.6	6	0.3
2009	5	CWAQX01CTS_01	自然植被	10	16.4	6	4.5
2009	5	CWAQX01CTS_01	自然植被	20	16.2	6	2.7
2009	5	CWAQX01CTS_01	自然植被	30	15.9	6	1.1
2009	5	CWAQX01CTS_01	自然植被	40	16.7	6	0.7
2009	5	CWAQX01CTS_01	自然植被	50	17.8	6	0.6
2009	5	CWAQX01CTS_01	自然植被	60	18.7	6	0.7
2009	5	CWAQX01CTS_01	自然植被	70	20.6	6	0.7
2009	5	CWAQX01CTS_01	自然植被	80	21.0	6	0.6
2009	5	CWAQX01CTS_01	自然植被	90	21.0	6	0.6
2009	5	CWAQX01CTS_01	自然植被	100	21.1	6	0.9
2009	5	CWAQX01CTS_01	自然植被	120	22.0	6	0.9
2009	5	CWAQX01CTS_01	自然植被	140	21.7	6	0.9
2009	5	CWAQX01CTS_01	自然植被	160	21.6	6	0.9
2009	5	CWAQX01CTS_01	自然植被	180	21.2	6	1.1
2009	5	CWAQX01CTS_01	自然植被	200	20.5	6	1.0
2009	5	CWAQX01CTS_01	自然植被	220	20.3	6	1.0
2009	5	CWAQX01CTS_01	自然植被	240	20.0	6	0.8
2009	5	CWAQX01CTS_01	自然植被	260	19.6	6	0.8
2009	5	CWAQX01CTS_01	自然植被	280	20.8	6	1.1
2009	5	CWAQX01CTS_01	自然植被	300	22.4	6	1.1
2009	6	CWAQX01CTS_01	自然植被	10	8.0	6	1.4
2009	6	CWAQX01CTS_01	自然植被	20	10.0	6	1.5
2009	6	CWAQX01CTS_01	自然植被	30	12.7	6	1.5
2009	6	CWAQX01CTS_01	自然植被	40	14.5	6	1.8
2009	6	CWAQX01CTS_01	自然植被	50	16.4	6	1.4
2009	6	CWAQX01CTS_01	自然植被	60	18.3	6	1.0
2009	6	CWAQX01CTS_01	自然植被	70	20.7	6	0.5
2009	6	CWAQX01CTS_01	自然植被	80	22.3	6	1.7
2009	6	CWAQX01CTS_01	自然植被	90	21.8	6	0.5
2009	6	CWAQX01CTS_01	自然植被	100	22.2	6	0.6
2009	6	CWAQX01CTS_01	自然植被	120	22.9	6	0.4

（续）

年份	月份	样地代码	作物名称	观测层次（cm）	体积含水量（%）	重复数	标准差
2009	6	CWAQX01CTS_01	自然植被	140	23.2	6	0.2
2009	6	CWAQX01CTS_01	自然植被	160	23.3	6	0.4
2009	6	CWAQX01CTS_01	自然植被	180	23.3	6	0.3
2009	6	CWAQX01CTS_01	自然植被	200	22.8	6	0.4
2009	6	CWAQX01CTS_01	自然植被	220	22.2	6	0.3
2009	6	CWAQX01CTS_01	自然植被	240	22.0	6	0.2
2009	6	CWAQX01CTS_01	自然植被	260	21.7	6	0.3
2009	6	CWAQX01CTS_01	自然植被	280	22.9	6	0.6
2009	6	CWAQX01CTS_01	自然植被	300	24.8	6	0.9
2009	7	CWAQX01CTS_01	自然植被	10	16.9	6	5.7
2009	7	CWAQX01CTS_01	自然植被	20	18.2	6	5.2
2009	7	CWAQX01CTS_01	自然植被	30	16.1	6	3.5
2009	7	CWAQX01CTS_01	自然植被	40	14.1	6	1.5
2009	7	CWAQX01CTS_01	自然植被	50	14.7	6	0.7
2009	7	CWAQX01CTS_01	自然植被	60	16.8	6	1.0
2009	7	CWAQX01CTS_01	自然植被	70	18.9	6	0.5
2009	7	CWAQX01CTS_01	自然植被	80	19.8	6	0.4
2009	7	CWAQX01CTS_01	自然植被	90	20.3	6	0.5
2009	7	CWAQX01CTS_01	自然植被	100	20.8	6	0.4
2009	7	CWAQX01CTS_01	自然植被	120	22.3	6	0.2
2009	7	CWAQX01CTS_01	自然植被	140	22.6	6	0.4
2009	7	CWAQX01CTS_01	自然植被	160	23.2	6	0.2
2009	7	CWAQX01CTS_01	自然植被	180	22.8	6	0.1
2009	7	CWAQX01CTS_01	自然植被	200	22.3	6	0.2
2009	7	CWAQX01CTS_01	自然植被	220	21.8	6	0.2
2009	7	CWAQX01CTS_01	自然植被	240	21.2	6	1.4
2009	7	CWAQX01CTS_01	自然植被	260	21.7	6	0.1
2009	7	CWAQX01CTS_01	自然植被	280	23.0	6	0.3
2009	7	CWAQX01CTS_01	自然植被	300	24.6	6	1.1
2009	8	CWAQX01CTS_01	自然植被	10	25.8	6	5.6
2009	8	CWAQX01CTS_01	自然植被	20	26.5	6	3.6
2009	8	CWAQX01CTS_01	自然植被	30	27.1	6	2.9
2009	8	CWAQX01CTS_01	自然植被	40	24.8	6	3.1

（续）

年份	月份	样地代码	作物名称	观测层次（cm）	体积含水量（%）	重复数	标准差
2009	8	CWAQX01CTS_01	自然植被	50	21.5	6	3.6
2009	8	CWAQX01CTS_01	自然植被	60	19.4	6	2.3
2009	8	CWAQX01CTS_01	自然植被	70	19.8	6	1.0
2009	8	CWAQX01CTS_01	自然植被	80	20.1	6	0.5
2009	8	CWAQX01CTS_01	自然植被	90	20.1	6	0.2
2009	8	CWAQX01CTS_01	自然植被	100	20.5	6	0.3
2009	8	CWAQX01CTS_01	自然植被	120	21.8	6	0.2
2009	8	CWAQX01CTS_01	自然植被	140	22.4	6	0.3
2009	8	CWAQX01CTS_01	自然植被	160	22.5	6	0.1
2009	8	CWAQX01CTS_01	自然植被	180	22.6	6	0.4
2009	8	CWAQX01CTS_01	自然植被	200	22.2	6	0.3
2009	8	CWAQX01CTS_01	自然植被	220	21.8	6	0.4
2009	8	CWAQX01CTS_01	自然植被	240	21.0	6	1.4
2009	8	CWAQX01CTS_01	自然植被	260	21.8	6	0.4
2009	8	CWAQX01CTS_01	自然植被	280	23.0	6	0.3
2009	8	CWAQX01CTS_01	自然植被	300	25.6	6	0.3
2009	9	CWAQX01CTS_01	自然植被	10	27.0	6	4.0
2009	9	CWAQX01CTS_01	自然植被	20	29.3	6	2.8
2009	9	CWAQX01CTS_01	自然植被	30	30.3	6	2.4
2009	9	CWAQX01CTS_01	自然植被	40	29.4	6	2.1
2009	9	CWAQX01CTS_01	自然植被	50	28.9	6	2.1
2009	9	CWAQX01CTS_01	自然植被	60	27.7	6	2.0
2009	9	CWAQX01CTS_01	自然植被	70	26.3	6	2.3
2009	9	CWAQX01CTS_01	自然植被	80	24.9	6	2.2
2009	9	CWAQX01CTS_01	自然植被	90	23.6	6	2.1
2009	9	CWAQX01CTS_01	自然植被	100	22.7	6	1.8
2009	9	CWAQX01CTS_01	自然植被	120	22.2	6	0.4
2009	9	CWAQX01CTS_01	自然植被	140	22.5	6	0.1
2009	9	CWAQX01CTS_01	自然植被	160	22.6	6	0.3
2009	9	CWAQX01CTS_01	自然植被	180	22.7	6	0.2
2009	9	CWAQX01CTS_01	自然植被	200	22.0	6	0.2
2009	9	CWAQX01CTS_01	自然植被	220	21.7	6	0.2
2009	9	CWAQX01CTS_01	自然植被	240	20.7	6	1.3

（续）

年份	月份	样地代码	作物名称	观测层次（cm）	体积含水量（%）	重复数	标准差
2009	9	CWAQX01CTS_01	自然植被	260	21.7	6	0.1
2009	9	CWAQX01CTS_01	自然植被	280	23.1	6	0.1
2009	9	CWAQX01CTS_01	自然植被	300	25.8	6	0.4
2009	10	CWAQX01CTS_01	自然植被	10	18.3	6	2.7
2009	10	CWAQX01CTS_01	自然植被	20	21.6	6	1.7
2009	10	CWAQX01CTS_01	自然植被	30	23.8	6	0.9
2009	10	CWAQX01CTS_01	自然植被	40	24.9	6	0.9
2009	10	CWAQX01CTS_01	自然植被	50	25.0	6	0.7
2009	10	CWAQX01CTS_01	自然植被	60	24.9	6	0.6
2009	10	CWAQX01CTS_01	自然植被	70	25.5	6	0.7
2009	10	CWAQX01CTS_01	自然植被	80	25.4	6	0.4
2009	10	CWAQX01CTS_01	自然植被	90	24.7	6	0.9
2009	10	CWAQX01CTS_01	自然植被	100	24.1	6	0.3
2009	10	CWAQX01CTS_01	自然植被	120	23.8	6	0.5
2009	10	CWAQX01CTS_01	自然植被	140	22.9	6	0.4
2009	10	CWAQX01CTS_01	自然植被	160	22.8	6	0.3
2009	10	CWAQX01CTS_01	自然植被	180	22.5	6	0.2
2009	10	CWAQX01CTS_01	自然植被	200	21.9	6	0.4
2009	10	CWAQX01CTS_01	自然植被	220	21.7	6	0.5
2009	10	CWAQX01CTS_01	自然植被	240	21.2	6	0.2
2009	10	CWAQX01CTS_01	自然植被	260	21.4	6	0.2
2009	10	CWAQX01CTS_01	自然植被	280	22.6	6	0.8
2009	10	CWAQX01CTS_01	自然植被	300	25.2	6	0.9
2009	11	CWAQX01CTS_01	自然植被	10	25.4	6	5.3
2009	11	CWAQX01CTS_01	自然植被	20	24.6	6	3.8
2009	11	CWAQX01CTS_01	自然植被	30	24.2	6	2.7
2009	11	CWAQX01CTS_01	自然植被	40	23.2	6	1.0
2009	11	CWAQX01CTS_01	自然植被	50	22.9	6	0.4
2009	11	CWAQX01CTS_01	自然植被	60	22.9	6	0.5
2009	11	CWAQX01CTS_01	自然植被	70	23.7	6	0.3
2009	11	CWAQX01CTS_01	自然植被	80	23.9	6	0.4
2009	11	CWAQX01CTS_01	自然植被	90	24.4	6	0.7
2009	11	CWAQX01CTS_01	自然植被	100	24.6	6	1.7

（续）

年份	月份	样地代码	作物名称	观测层次（cm）	体积含水量（%）	重复数	标准差
2009	11	CWAQX01CTS_01	自然植被	120	24.4	6	1.7
2009	11	CWAQX01CTS_01	自然植被	140	24.2	6	1.7
2009	11	CWAQX01CTS_01	自然植被	160	24.0	6	1.9
2009	11	CWAQX01CTS_01	自然植被	180	23.0	6	0.8
2009	11	CWAQX01CTS_01	自然植被	200	22.0	6	0.3
2009	11	CWAQX01CTS_01	自然植被	220	21.4	6	0.3
2009	11	CWAQX01CTS_01	自然植被	240	21.6	6	0.2
2009	11	CWAQX01CTS_01	自然植被	260	21.2	6	0.3
2009	11	CWAQX01CTS_01	自然植被	280	23.0	6	0.3
2009	11	CWAQX01CTS_01	自然植被	300	25.1	6	0.4
2009	12	CWAQX01CTS_01	自然植被	10	27.7	3	0.8
2009	12	CWAQX01CTS_01	自然植被	20	26.2	3	0.5
2009	12	CWAQX01CTS_01	自然植被	30	25.3	3	1.5
2009	12	CWAQX01CTS_01	自然植被	40	24.2	3	2.4
2009	12	CWAQX01CTS_01	自然植被	50	23.1	3	1.3
2009	12	CWAQX01CTS_01	自然植被	60	22.8	3	1.5
2009	12	CWAQX01CTS_01	自然植被	70	23.5	3	1.1
2009	12	CWAQX01CTS_01	自然植被	80	23.3	3	0.7
2009	12	CWAQX01CTS_01	自然植被	90	22.8	3	1.4
2009	12	CWAQX01CTS_01	自然植被	100	22.9	3	1.1
2009	12	CWAQX01CTS_01	自然植被	120	22.4	3	1.0
2009	12	CWAQX01CTS_01	自然植被	140	22.3	3	1.0
2009	12	CWAQX01CTS_01	自然植被	160	22.7	3	1.1
2009	12	CWAQX01CTS_01	自然植被	180	22.5	3	1.4
2009	12	CWAQX01CTS_01	自然植被	200	21.2	3	1.1
2009	12	CWAQX01CTS_01	自然植被	220	20.8	3	0.9
2009	12	CWAQX01CTS_01	自然植被	240	20.4	3	0.8
2009	12	CWAQX01CTS_01	自然植被	260	20.2	3	0.9
2009	12	CWAQX01CTS_01	自然植被	280	22.1	3	0.7
2009	12	CWAQX01CTS_01	自然植被	300	24.5	3	1.4
2009	1	CWAFZ04CTS_01	冬小麦	10	13.1	9	1.1
2009	1	CWAFZ04CTS_01	冬小麦	20	20.8	9	0.5
2009	1	CWAFZ04CTS_01	冬小麦	30	21.6	9	0.8

（续）

年份	月份	样地代码	作物名称	观测层次（cm）	体积含水量（%）	重复数	标准差
2009	1	CWAFZ04CTS_01	冬小麦	40	19.2	9	0.8
2009	1	CWAFZ04CTS_01	冬小麦	50	18.5	9	1.2
2009	1	CWAFZ04CTS_01	冬小麦	60	19.0	9	0.9
2009	1	CWAFZ04CTS_01	冬小麦	70	19.5	9	1.0
2009	1	CWAFZ04CTS_01	冬小麦	80	19.6	9	0.8
2009	1	CWAFZ04CTS_01	冬小麦	90	19.6	9	0.9
2009	1	CWAFZ04CTS_01	冬小麦	100	19.5	9	1.4
2009	1	CWAFZ04CTS_01	冬小麦	120	20.2	9	1.9
2009	1	CWAFZ04CTS_01	冬小麦	140	21.0	9	2.2
2009	1	CWAFZ04CTS_01	冬小麦	160	21.4	9	2.4
2009	1	CWAFZ04CTS_01	冬小麦	180	21.9	9	2.9
2009	1	CWAFZ04CTS_01	冬小麦	200	21.3	9	1.8
2009	1	CWAFZ04CTS_01	冬小麦	220	21.4	9	1.4
2009	1	CWAFZ04CTS_01	冬小麦	240	22.0	9	0.9
2009	1	CWAFZ04CTS_01	冬小麦	260	22.6	9	0.4
2009	1	CWAFZ04CTS_01	冬小麦	280	23.1	9	0.3
2009	1	CWAFZ04CTS_01	冬小麦	300	23.1	9	0.3
2009	2	CWAFZ04CTS_01	冬小麦	10	11.9	9	2.2
2009	2	CWAFZ04CTS_01	冬小麦	20	14.6	9	1.8
2009	2	CWAFZ04CTS_01	冬小麦	30	15.5	9	1.2
2009	2	CWAFZ04CTS_01	冬小麦	40	14.2	9	1.1
2009	2	CWAFZ04CTS_01	冬小麦	50	13.6	9	0.9
2009	2	CWAFZ04CTS_01	冬小麦	60	13.8	9	0.8
2009	2	CWAFZ04CTS_01	冬小麦	70	14.4	9	1.0
2009	2	CWAFZ04CTS_01	冬小麦	80	14.4	9	1.2
2009	2	CWAFZ04CTS_01	冬小麦	90	14.3	9	1.2
2009	2	CWAFZ04CTS_01	冬小麦	100	14.3	9	1.6
2009	2	CWAFZ04CTS_01	冬小麦	120	14.7	9	2.0
2009	2	CWAFZ04CTS_01	冬小麦	140	15.4	9	2.0
2009	2	CWAFZ04CTS_01	冬小麦	160	16.0	9	2.3
2009	2	CWAFZ04CTS_01	冬小麦	180	16.6	9	2.5
2009	2	CWAFZ04CTS_01	冬小麦	200	16.5	9	2.3
2009	2	CWAFZ04CTS_01	冬小麦	220	16.2	9	1.8

（续）

年份	月份	样地代码	作物名称	观测层次（cm）	体积含水量（%）	重复数	标准差
2009	2	CWAFZ04CTS_01	冬小麦	240	16.5	9	1.4
2009	2	CWAFZ04CTS_01	冬小麦	260	17.2	9	1.2
2009	2	CWAFZ04CTS_01	冬小麦	280	17.2	9	1.2
2009	2	CWAFZ04CTS_01	冬小麦	300	18.0	9	1.1
2009	3	CWAFZ04CTS_01	冬小麦	10	10.7	9	5.7
2009	3	CWAFZ04CTS_01	冬小麦	20	12.8	9	5.7
2009	3	CWAFZ04CTS_01	冬小麦	30	13.4	9	6.0
2009	3	CWAFZ04CTS_01	冬小麦	40	13.0	9	5.9
2009	3	CWAFZ04CTS_01	冬小麦	50	12.7	9	5.9
2009	3	CWAFZ04CTS_01	冬小麦	60	13.3	9	6.2
2009	3	CWAFZ04CTS_01	冬小麦	70	13.2	9	6.1
2009	3	CWAFZ04CTS_01	冬小麦	80	13.2	9	6.0
2009	3	CWAFZ04CTS_01	冬小麦	90	13.1	9	5.9
2009	3	CWAFZ04CTS_01	冬小麦	100	13.1	9	5.9
2009	3	CWAFZ04CTS_01	冬小麦	120	13.7	9	6.1
2009	3	CWAFZ04CTS_01	冬小麦	140	14.6	9	6.5
2009	3	CWAFZ04CTS_01	冬小麦	160	14.7	9	6.5
2009	3	CWAFZ04CTS_01	冬小麦	180	15.0	9	6.3
2009	3	CWAFZ04CTS_01	冬小麦	200	14.9	9	6.3
2009	3	CWAFZ04CTS_01	冬小麦	220	15.1	9	6.6
2009	3	CWAFZ04CTS_01	冬小麦	240	15.5	9	6.7
2009	3	CWAFZ04CTS_01	冬小麦	260	15.9	9	7.0
2009	3	CWAFZ04CTS_01	冬小麦	280	16.2	9	7.1
2009	3	CWAFZ04CTS_01	冬小麦	300	16.3	9	7.2
2009	4	CWAFZ04CTS_01	冬小麦	10	9.8	9	0.7
2009	4	CWAFZ04CTS_01	冬小麦	20	12.3	9	0.9
2009	4	CWAFZ04CTS_01	冬小麦	30	13.9	9	1.2
2009	4	CWAFZ04CTS_01	冬小麦	40	14.3	9	1.3
2009	4	CWAFZ04CTS_01	冬小麦	50	15.0	9	1.3
2009	4	CWAFZ04CTS_01	冬小麦	60	15.6	9	1.2
2009	4	CWAFZ04CTS_01	冬小麦	70	16.1	9	1.0
2009	4	CWAFZ04CTS_01	冬小麦	80	16.5	9	0.7
2009	4	CWAFZ04CTS_01	冬小麦	90	16.8	9	0.8

（续）

年份	月份	样地代码	作物名称	观测层次（cm）	体积含水量（%）	重复数	标准差
2009	4	CWAFZ04CTS_01	冬小麦	100	17.3	9	0.7
2009	4	CWAFZ04CTS_01	冬小麦	120	18.1	9	1.1
2009	4	CWAFZ04CTS_01	冬小麦	140	19.1	9	1.3
2009	4	CWAFZ04CTS_01	冬小麦	160	19.8	9	1.6
2009	4	CWAFZ04CTS_01	冬小麦	180	20.7	9	2.0
2009	4	CWAFZ04CTS_01	冬小麦	200	20.3	9	1.4
2009	4	CWAFZ04CTS_01	冬小麦	220	20.6	9	1.0
2009	4	CWAFZ04CTS_01	冬小麦	240	20.7	9	1.0
2009	4	CWAFZ04CTS_01	冬小麦	260	21.5	9	0.7
2009	4	CWAFZ04CTS_01	冬小麦	280	22.0	9	0.4
2009	4	CWAFZ04CTS_01	冬小麦	300	22.3	9	0.2
2009	5	CWAFZ04CTS_01	冬小麦	10	13.9	9	1.1
2009	5	CWAFZ04CTS_01	冬小麦	20	14.2	9	2.2
2009	5	CWAFZ04CTS_01	冬小麦	30	13.2	9	1.4
2009	5	CWAFZ04CTS_01	冬小麦	40	12.6	9	0.7
2009	5	CWAFZ04CTS_01	冬小麦	50	12.8	9	0.6
2009	5	CWAFZ04CTS_01	冬小麦	60	13.4	9	0.3
2009	5	CWAFZ04CTS_01	冬小麦	70	13.9	9	0.5
2009	5	CWAFZ04CTS_01	冬小麦	80	14.3	9	0.5
2009	5	CWAFZ04CTS_01	冬小麦	90	14.7	9	0.5
2009	5	CWAFZ04CTS_01	冬小麦	100	15.3	9	0.8
2009	5	CWAFZ04CTS_01	冬小麦	120	16.7	9	1.3
2009	5	CWAFZ04CTS_01	冬小麦	140	18.0	9	1.4
2009	5	CWAFZ04CTS_01	冬小麦	160	19.0	9	1.6
2009	5	CWAFZ04CTS_01	冬小麦	180	20.2	9	2.2
2009	5	CWAFZ04CTS_01	冬小麦	200	20.1	9	1.5
2009	5	CWAFZ04CTS_01	冬小麦	220	20.3	9	1.4
2009	5	CWAFZ04CTS_01	冬小麦	240	21.2	9	1.5
2009	5	CWAFZ04CTS_01	冬小麦	260	21.7	9	1.1
2009	5	CWAFZ04CTS_01	冬小麦	280	22.3	9	1.2
2009	5	CWAFZ04CTS_01	冬小麦	300	22.7	9	0.9
2009	6	CWAFZ04CTS_01	冬小麦	10	8.2	9	1.6
2009	6	CWAFZ04CTS_01	冬小麦	20	10.1	9	0.7

（续）

年份	月份	样地代码	作物名称	观测层次（cm）	体积含水量（%）	重复数	标准差
2009	6	CWAFZ04CTS_01	冬小麦	30	11.9	9	0.6
2009	6	CWAFZ04CTS_01	冬小麦	40	12.1	9	0.5
2009	6	CWAFZ04CTS_01	冬小麦	50	12.3	9	0.4
2009	6	CWAFZ04CTS_01	冬小麦	60	12.8	9	0.5
2009	6	CWAFZ04CTS_01	冬小麦	70	13.1	9	0.5
2009	6	CWAFZ04CTS_01	冬小麦	80	13.5	9	0.6
2009	6	CWAFZ04CTS_01	冬小麦	90	13.8	9	0.7
2009	6	CWAFZ04CTS_01	冬小麦	100	14.7	9	0.9
2009	6	CWAFZ04CTS_01	冬小麦	120	16.8	9	1.6
2009	6	CWAFZ04CTS_01	冬小麦	140	18.5	9	1.8
2009	6	CWAFZ04CTS_01	冬小麦	160	19.5	9	1.5
2009	6	CWAFZ04CTS_01	冬小麦	180	21.2	9	2.1
2009	6	CWAFZ04CTS_01	冬小麦	200	20.9	9	1.5
2009	6	CWAFZ04CTS_01	冬小麦	220	21.7	9	1.0
2009	6	CWAFZ04CTS_01	冬小麦	240	22.5	9	0.7
2009	6	CWAFZ04CTS_01	冬小麦	260	23.5	9	0.4
2009	6	CWAFZ04CTS_01	冬小麦	280	23.7	9	1.2
2009	6	CWAFZ04CTS_01	冬小麦	300	24.1	9	0.6
2009	7	CWAFZ04CTS_01	麦茬地	10	19.7	9	1.4
2009	7	CWAFZ04CTS_01	麦茬地	20	20.8	9	3.9
2009	7	CWAFZ04CTS_01	麦茬地	30	18.8	9	5.4
2009	7	CWAFZ04CTS_01	麦茬地	40	16.3	9	5.2
2009	7	CWAFZ04CTS_01	麦茬地	50	14.7	9	4.1
2009	7	CWAFZ04CTS_01	麦茬地	60	14.3	9	3.5
2009	7	CWAFZ04CTS_01	麦茬地	70	13.9	9	2.4
2009	7	CWAFZ04CTS_01	麦茬地	80	13.6	9	1.2
2009	7	CWAFZ04CTS_01	麦茬地	90	14.0	9	1.0
2009	7	CWAFZ04CTS_01	麦茬地	100	14.3	9	1.0
2009	7	CWAFZ04CTS_01	麦茬地	120	16.2	9	1.3
2009	7	CWAFZ04CTS_01	麦茬地	140	17.9	9	1.0
2009	7	CWAFZ04CTS_01	麦茬地	160	19.7	9	2.0
2009	7	CWAFZ04CTS_01	麦茬地	180	20.6	9	1.8
2009	7	CWAFZ04CTS_01	麦茬地	200	20.8	9	1.1

（续）

年份	月份	样地代码	作物名称	观测层次（cm）	体积含水量（%）	重复数	标准差
2009	7	CWAFZ04CTS_01	麦茬地	220	21.4	9	1.1
2009	7	CWAFZ04CTS_01	麦茬地	240	22.5	9	0.7
2009	7	CWAFZ04CTS_01	麦茬地	260	23.4	9	0.5
2009	7	CWAFZ04CTS_01	麦茬地	280	24.0	9	0.4
2009	7	CWAFZ04CTS_01	麦茬地	300	24.3	9	0.3
2009	8	CWAFZ04CTS_01	麦闲地	10	24.4	9	2.2
2009	8	CWAFZ04CTS_01	麦闲地	20	26.6	9	2.6
2009	8	CWAFZ04CTS_01	麦闲地	30	26.6	9	3.0
2009	8	CWAFZ04CTS_01	麦闲地	40	24.8	9	2.8
2009	8	CWAFZ04CTS_01	麦闲地	50	23.5	9	3.2
2009	8	CWAFZ04CTS_01	麦闲地	60	22.5	9	4.1
2009	8	CWAFZ04CTS_01	麦闲地	70	21.6	9	5.1
2009	8	CWAFZ04CTS_01	麦闲地	80	20.0	9	5.0
2009	8	CWAFZ04CTS_01	麦闲地	90	19.1	9	4.8
2009	8	CWAFZ04CTS_01	麦闲地	100	18.1	9	4.1
2009	8	CWAFZ04CTS_01	麦闲地	120	19.4	9	4.2
2009	8	CWAFZ04CTS_01	麦闲地	140	21.5	9	5.1
2009	8	CWAFZ04CTS_01	麦闲地	160	22.8	9	5.7
2009	8	CWAFZ04CTS_01	麦闲地	180	23.7	9	6.3
2009	8	CWAFZ04CTS_01	麦闲地	200	23.3	9	4.7
2009	8	CWAFZ04CTS_01	麦闲地	220	23.2	9	3.3
2009	8	CWAFZ04CTS_01	麦闲地	240	23.8	9	2.4
2009	8	CWAFZ04CTS_01	麦闲地	260	24.2	9	1.4
2009	8	CWAFZ04CTS_01	麦闲地	280	24.5	9	0.5
2009	8	CWAFZ04CTS_01	麦闲地	300	24.4	9	0.5
2009	9	CWAFZ04CTS_01	麦闲地	10	23.8	9	3.8
2009	9	CWAFZ04CTS_01	麦闲地	20	27.1	9	2.5
2009	9	CWAFZ04CTS_01	麦闲地	30	27.5	9	1.7
2009	9	CWAFZ04CTS_01	麦闲地	40	26.5	9	2.0
2009	9	CWAFZ04CTS_01	麦闲地	50	26.1	9	2.2
2009	9	CWAFZ04CTS_01	麦闲地	60	26.0	9	2.2
2009	9	CWAFZ04CTS_01	麦闲地	70	25.3	9	3.8
2009	9	CWAFZ04CTS_01	麦闲地	80	23.6	9	4.6

（续）

年份	月份	样地代码	作物名称	观测层次（cm）	体积含水量（%）	重复数	标准差
2009	9	CWAFZ04CTS_01	麦闲地	90	22.0	9	5.1
2009	9	CWAFZ04CTS_01	麦闲地	100	20.7	9	4.9
2009	9	CWAFZ04CTS_01	麦闲地	120	20.6	9	4.7
2009	9	CWAFZ04CTS_01	麦闲地	140	21.8	9	4.9
2009	9	CWAFZ04CTS_01	麦闲地	160	22.9	9	5.4
2009	9	CWAFZ04CTS_01	麦闲地	180	23.8	9	6.0
2009	9	CWAFZ04CTS_01	麦闲地	200	23.2	9	4.6
2009	9	CWAFZ04CTS_01	麦闲地	220	23.6	9	4.1
2009	9	CWAFZ04CTS_01	麦闲地	240	24.2	9	3.3
2009	9	CWAFZ04CTS_01	麦闲地	260	24.8	9	1.8
2009	9	CWAFZ04CTS_01	麦闲地	280	25.2	9	1.0
2009	9	CWAFZ04CTS_01	麦闲地	300	25.2	9	0.9
2009	10	CWAFZ04CTS_01	麦闲地	10	19.2	9	3.4
2009	10	CWAFZ04CTS_01	麦闲地	20	22.2	9	2.2
2009	10	CWAFZ04CTS_01	麦闲地	30	22.3	9	2.0
2009	10	CWAFZ04CTS_01	麦闲地	40	23.0	9	1.7
2009	10	CWAFZ04CTS_01	麦闲地	50	23.1	9	1.4
2009	10	CWAFZ04CTS_01	麦闲地	60	23.3	9	1.4
2009	10	CWAFZ04CTS_01	麦闲地	70	23.6	9	1.2
2009	10	CWAFZ04CTS_01	麦闲地	80	22.9	9	1.7
2009	10	CWAFZ04CTS_01	麦闲地	90	22.0	9	2.7
2009	10	CWAFZ04CTS_01	麦闲地	100	21.2	9	3.1
2009	10	CWAFZ04CTS_01	麦闲地	120	21.3	9	3.8
2009	10	CWAFZ04CTS_01	麦闲地	140	22.5	9	4.4
2009	10	CWAFZ04CTS_01	麦闲地	160	22.9	9	5.0
2009	10	CWAFZ04CTS_01	麦闲地	180	23.3	9	5.1
2009	10	CWAFZ04CTS_01	麦闲地	200	23.7	9	4.4
2009	10	CWAFZ04CTS_01	麦闲地	220	23.8	9	4.1
2009	10	CWAFZ04CTS_01	麦闲地	240	24.3	9	3.1
2009	10	CWAFZ04CTS_01	麦闲地	260	24.8	9	2.3
2009	10	CWAFZ04CTS_01	麦闲地	280	25.1	9	1.5
2009	10	CWAFZ04CTS_01	麦闲地	300	25.2	9	1.3
2009	11	CWAFZ04CTS_01	麦闲地	10	25.9	9	2.0

（续）

年份	月份	样地代码	作物名称	观测层次（cm）	体积含水量（%）	重复数	标准差
2009	11	CWAFZ04CTS_01	麦闲地	20	25.8	9	1.2
2009	11	CWAFZ04CTS_01	麦闲地	30	25.1	9	2.0
2009	11	CWAFZ04CTS_01	麦闲地	40	23.3	9	1.5
2009	11	CWAFZ04CTS_01	麦闲地	50	22.4	9	1.8
2009	11	CWAFZ04CTS_01	麦闲地	60	23.0	9	1.5
2009	11	CWAFZ04CTS_01	麦闲地	70	22.6	9	1.6
2009	11	CWAFZ04CTS_01	麦闲地	80	22.0	9	1.9
2009	11	CWAFZ04CTS_01	麦闲地	90	21.4	9	2.4
2009	11	CWAFZ04CTS_01	麦闲地	100	20.5	9	2.4
2009	11	CWAFZ04CTS_01	麦闲地	120	21.4	9	3.7
2009	11	CWAFZ04CTS_01	麦闲地	140	22.3	9	4.4
2009	11	CWAFZ04CTS_01	麦闲地	160	22.9	9	4.7
2009	11	CWAFZ04CTS_01	麦闲地	180	23.9	9	5.2
2009	11	CWAFZ04CTS_01	麦闲地	200	23.1	9	4.4
2009	11	CWAFZ04CTS_01	麦闲地	220	23.5	9	3.9
2009	11	CWAFZ04CTS_01	麦闲地	240	24.1	9	3.3
2009	11	CWAFZ04CTS_01	麦闲地	260	24.4	9	2.3
2009	11	CWAFZ04CTS_01	麦闲地	280	24.9	9	1.2
2009	11	CWAFZ04CTS_01	麦闲地	300	25.0	9	1.3
2009	12	CWAFZ04CTS_01	麦闲地	10	18.9	9	7.4
2009	12	CWAFZ04CTS_01	麦闲地	20	19.4	9	7.0
2009	12	CWAFZ04CTS_01	麦闲地	30	19.1	9	7.9
2009	12	CWAFZ04CTS_01	麦闲地	40	17.7	9	8.3
2009	12	CWAFZ04CTS_01	麦闲地	50	17.7	9	8.3
2009	12	CWAFZ04CTS_01	麦闲地	60	17.4	9	7.8
2009	12	CWAFZ04CTS_01	麦闲地	70	17.6	9	7.6
2009	12	CWAFZ04CTS_01	麦闲地	80	17.1	9	7.4
2009	12	CWAFZ04CTS_01	麦闲地	90	16.4	9	7.5
2009	12	CWAFZ04CTS_01	麦闲地	100	15.9	9	7.0
2009	12	CWAFZ04CTS_01	麦闲地	120	16.1	9	7.2
2009	12	CWAFZ04CTS_01	麦闲地	140	16.9	9	7.8
2009	12	CWAFZ04CTS_01	麦闲地	160	17.7	9	8.1
2009	12	CWAFZ04CTS_01	麦闲地	180	18.2	9	8.5

（续）

年份	月份	样地代码	作物名称	观测层次（cm）	体积含水量（%）	重复数	标准差
2009	12	CWAFZ04CTS_01	麦闲地	200	17.6	9	8.3
2009	12	CWAFZ04CTS_01	麦闲地	220	18.1	9	8.1
2009	12	CWAFZ04CTS_01	麦闲地	240	18.4	9	8.1
2009	12	CWAFZ04CTS_01	麦闲地	260	19.1	9	8.4
2009	12	CWAFZ04CTS_01	麦闲地	280	19.2	9	8.1
2009	12	CWAFZ04CTS_01	麦闲地	300	19.3	9	7.9
2010	1	CWAZH01CHG_01	麦闲地	10	19.8	9	1.0
2010	1	CWAZH01CHG_01	麦闲地	20	26.1	9	0.8
2010	1	CWAZH01CHG_01	麦闲地	30	26.5	9	0.9
2010	1	CWAZH01CHG_01	麦闲地	40	22.2	9	1.4
2010	1	CWAZH01CHG_01	麦闲地	50	20.1	9	0.5
2010	1	CWAZH01CHG_01	麦闲地	60	20.8	9	0.8
2010	1	CWAZH01CHG_01	麦闲地	70	21.2	9	1.0
2010	1	CWAZH01CHG_01	麦闲地	80	21.3	9	0.9
2010	1	CWAZH01CHG_01	麦闲地	90	21.3	9	0.6
2010	1	CWAZH01CHG_01	麦闲地	100	21.0	9	0.7
2010	1	CWAZH01CHG_01	麦闲地	120	19.1	9	0.6
2010	1	CWAZH01CHG_01	麦闲地	140	16.7	9	0.6
2010	1	CWAZH01CHG_01	麦闲地	160	15.4	9	0.1
2010	1	CWAZH01CHG_01	麦闲地	180	15.4	9	0.5
2010	1	CWAZH01CHG_01	麦闲地	200	14.9	9	0.3
2010	1	CWAZH01CHG_01	麦闲地	220	15.1	9	0.4
2010	1	CWAZH01CHG_01	麦闲地	240	15.3	9	0.4
2010	1	CWAZH01CHG_01	麦闲地	260	15.5	9	0.3
2010	1	CWAZH01CHG_01	麦闲地	280	16.7	9	0.4
2010	1	CWAZH01CHG_01	麦闲地	300	18.5	9	0.4
2010	2	CWAZH01CHG_01	麦闲地	10	25.1	9	3.7
2010	2	CWAZH01CHG_01	麦闲地	20	26.1	9	1.0
2010	2	CWAZH01CHG_01	麦闲地	30	23.3	9	2.4
2010	2	CWAZH01CHG_01	麦闲地	40	21.4	9	1.0
2010	2	CWAZH01CHG_01	麦闲地	50	21.7	9	0.9
2010	2	CWAZH01CHG_01	麦闲地	60	21.1	9	0.7
2010	2	CWAZH01CHG_01	麦闲地	70	20.9	9	1.0

（续）

年份	月份	样地代码	作物名称	观测层次（cm）	体积含水量（%）	重复数	标准差
2010	2	CWAZH01CHG_01	麦闲地	80	20.6	9	0.8
2010	2	CWAZH01CHG_01	麦闲地	90	19.8	9	0.9
2010	2	CWAZH01CHG_01	麦闲地	100	19.7	9	1.2
2010	2	CWAZH01CHG_01	麦闲地	120	19.0	9	1.3
2010	2	CWAZH01CHG_01	麦闲地	140	16.7	9	0.8
2010	2	CWAZH01CHG_01	麦闲地	160	15.9	9	0.4
2010	2	CWAZH01CHG_01	麦闲地	180	14.9	9	0.4
2010	2	CWAZH01CHG_01	麦闲地	200	15.5	9	0.2
2010	2	CWAZH01CHG_01	麦闲地	220	15.4	9	0.2
2010	2	CWAZH01CHG_01	麦闲地	240	15.7	9	0.8
2010	2	CWAZH01CHG_01	麦闲地	260	16.7	9	0.3
2010	2	CWAZH01CHG_01	麦闲地	280	17.5	9	0.7
2010	2	CWAZH01CHG_01	麦闲地	300	19.2	9	0.3
2010	3	CWAZH01CHG_01	麦闲地	10	19.3	18	0.4
2010	3	CWAZH01CHG_01	麦闲地	20	23.3	18	0.5
2010	3	CWAZH01CHG_01	麦闲地	30	23.3	18	0.9
2010	3	CWAZH01CHG_01	麦闲地	40	22.6	18	0.6
2010	3	CWAZH01CHG_01	麦闲地	50	22.4	18	0.8
2010	3	CWAZH01CHG_01	麦闲地	60	22.3	18	0.9
2010	3	CWAZH01CHG_01	麦闲地	70	21.9	18	1.0
2010	3	CWAZH01CHG_01	麦闲地	80	21.8	18	0.7
2010	3	CWAZH01CHG_01	麦闲地	90	21.2	18	0.6
2010	3	CWAZH01CHG_01	麦闲地	100	20.6	18	0.8
2010	3	CWAZH01CHG_01	麦闲地	120	18.9	18	0.8
2010	3	CWAZH01CHG_01	麦闲地	140	17.2	18	0.6
2010	3	CWAZH01CHG_01	麦闲地	160	16.4	18	0.4
2010	3	CWAZH01CHG_01	麦闲地	180	15.9	18	0.3
2010	3	CWAZH01CHG_01	麦闲地	200	15.7	18	0.3
2010	3	CWAZH01CHG_01	麦闲地	220	15.9	18	0.5
2010	3	CWAZH01CHG_01	麦闲地	240	16.0	18	0.2
2010	3	CWAZH01CHG_01	麦闲地	260	16.6	18	0.3
2010	3	CWAZH01CHG_01	麦闲地	280	17.7	18	0.5
2010	3	CWAZH01CHG_01	麦闲地	300	19.1	18	0.5

（续）

年份	月份	样地代码	作物名称	观测层次（cm）	体积含水量（%）	重复数	标准差
2010	4	CWAZH01CHG_01	玉米地	10	18.3	18	1.0
2010	4	CWAZH01CHG_01	玉米地	20	25.0	18	1.2
2010	4	CWAZH01CHG_01	玉米地	30	26.5	18	1.4
2010	4	CWAZH01CHG_01	玉米地	40	24.5	18	1.7
2010	4	CWAZH01CHG_01	玉米地	50	24.1	18	1.6
2010	4	CWAZH01CHG_01	玉米地	60	23.7	18	1.4
2010	4	CWAZH01CHG_01	玉米地	70	23.1	18	1.4
2010	4	CWAZH01CHG_01	玉米地	80	22.9	18	0.9
2010	4	CWAZH01CHG_01	玉米地	90	22.8	18	0.6
2010	4	CWAZH01CHG_01	玉米地	100	22.0	18	0.6
2010	4	CWAZH01CHG_01	玉米地	120	20.5	18	0.5
2010	4	CWAZH01CHG_01	玉米地	140	18.1	18	0.6
2010	4	CWAZH01CHG_01	玉米地	160	17.1	18	0.2
2010	4	CWAZH01CHG_01	玉米地	180	16.7	18	0.4
2010	4	CWAZH01CHG_01	玉米地	200	16.2	18	0.3
2010	4	CWAZH01CHG_01	玉米地	220	16.3	18	0.3
2010	4	CWAZH01CHG_01	玉米地	240	16.4	18	0.2
2010	4	CWAZH01CHG_01	玉米地	260	16.7	18	0.4
2010	4	CWAZH01CHG_01	玉米地	280	18.2	18	0.4
2010	4	CWAZH01CHG_01	玉米地	300	19.9	18	0.2
2010	5	CWAZH01CHG_01	玉米地	10	16.7	18	1.5
2010	5	CWAZH01CHG_01	玉米地	20	23.8	18	1.6
2010	5	CWAZH01CHG_01	玉米地	30	25.7	18	1.3
2010	5	CWAZH01CHG_01	玉米地	40	24.7	18	0.8
2010	5	CWAZH01CHG_01	玉米地	50	24.1	18	0.9
2010	5	CWAZH01CHG_01	玉米地	60	24.1	18	1.4
2010	5	CWAZH01CHG_01	玉米地	70	23.7	18	1.4
2010	5	CWAZH01CHG_01	玉米地	80	23.4	18	0.8
2010	5	CWAZH01CHG_01	玉米地	90	22.8	18	0.7
2010	5	CWAZH01CHG_01	玉米地	100	22.0	18	0.5
2010	5	CWAZH01CHG_01	玉米地	120	20.5	18	0.7
2010	5	CWAZH01CHG_01	玉米地	140	18.4	18	0.8
2010	5	CWAZH01CHG_01	玉米地	160	17.3	18	0.3

（续）

年份	月份	样地代码	作物名称	观测层次（cm）	体积含水量（%）	重复数	标准差
2010	5	CWAZH01CHG_01	玉米地	180	17.0	18	0.5
2010	5	CWAZH01CHG_01	玉米地	200	16.5	18	0.4
2010	5	CWAZH01CHG_01	玉米地	220	16.4	18	0.3
2010	5	CWAZH01CHG_01	玉米地	240	16.5	18	0.2
2010	5	CWAZH01CHG_01	玉米地	260	16.9	18	0.3
2010	5	CWAZH01CHG_01	玉米地	280	18.1	18	0.4
2010	5	CWAZH01CHG_01	玉米地	300	20.1	18	0.3
2010	6	CWAZH01CHG_01	玉米地	10	14.7	18	1.0
2010	6	CWAZH01CHG_01	玉米地	20	21.4	18	1.1
2010	6	CWAZH01CHG_01	玉米地	30	23.4	18	1.3
2010	6	CWAZH01CHG_01	玉米地	40	22.7	18	0.9
2010	6	CWAZH01CHG_01	玉米地	50	23.0	18	1.0
2010	6	CWAZH01CHG_01	玉米地	60	23.2	18	1.2
2010	6	CWAZH01CHG_01	玉米地	70	23.1	18	1.0
2010	6	CWAZH01CHG_01	玉米地	80	22.8	18	0.8
2010	6	CWAZH01CHG_01	玉米地	90	22.3	18	0.9
2010	6	CWAZH01CHG_01	玉米地	100	21.3	18	0.7
2010	6	CWAZH01CHG_01	玉米地	120	19.7	18	1.0
2010	6	CWAZH01CHG_01	玉米地	140	18.1	18	0.7
2010	6	CWAZH01CHG_01	玉米地	160	17.5	18	0.5
2010	6	CWAZH01CHG_01	玉米地	180	16.7	18	0.3
2010	6	CWAZH01CHG_01	玉米地	200	16.8	18	0.2
2010	6	CWAZH01CHG_01	玉米地	220	16.6	18	0.3
2010	6	CWAZH01CHG_01	玉米地	240	17.0	18	0.5
2010	6	CWAZH01CHG_01	玉米地	260	17.6	18	0.7
2010	6	CWAZH01CHG_01	玉米地	280	18.6	18	0.7
2010	6	CWAZH01CHG_01	玉米地	300	20.1	18	0.6
2010	7	CWAZH01CHG_01	玉米地	10	17.2	18	0.8
2010	7	CWAZH01CHG_01	玉米地	20	21.1	18	0.9
2010	7	CWAZH01CHG_01	玉米地	30	22.3	18	0.5
2010	7	CWAZH01CHG_01	玉米地	40	21.8	18	0.4
2010	7	CWAZH01CHG_01	玉米地	50	22.0	18	1.1
2010	7	CWAZH01CHG_01	玉米地	60	22.6	18	1.2

（续）

年份	月份	样地代码	作物名称	观测层次（cm）	体积含水量（%）	重复数	标准差
2010	7	CWAZH01CHG_01	玉米地	70	22.4	18	1.3
2010	7	CWAZH01CHG_01	玉米地	80	22.0	18	1.2
2010	7	CWAZH01CHG_01	玉米地	90	21.7	18	1.2
2010	7	CWAZH01CHG_01	玉米地	100	20.9	18	0.9
2010	7	CWAZH01CHG_01	玉米地	120	19.3	18	0.7
2010	7	CWAZH01CHG_01	玉米地	140	18.5	18	0.4
2010	7	CWAZH01CHG_01	玉米地	160	17.7	18	0.5
2010	7	CWAZH01CHG_01	玉米地	180	17.4	18	0.5
2010	7	CWAZH01CHG_01	玉米地	200	17.0	18	0.3
2010	7	CWAZH01CHG_01	玉米地	220	16.9	18	0.3
2010	7	CWAZH01CHG_01	玉米地	240	16.5	18	0.4
2010	7	CWAZH01CHG_01	玉米地	260	17.1	18	0.5
2010	7	CWAZH01CHG_01	玉米地	280	18.3	18	0.6
2010	7	CWAZH01CHG_01	玉米地	300	19.8	18	0.4
2010	8	CWAZH01CHG_01	玉米地	10	27.1	18	0.7
2010	8	CWAZH01CHG_01	玉米地	20	31.5	18	0.6
2010	8	CWAZH01CHG_01	玉米地	30	32.5	18	0.5
2010	8	CWAZH01CHG_01	玉米地	40	31.1	18	0.6
2010	8	CWAZH01CHG_01	玉米地	50	30.0	18	0.6
2010	8	CWAZH01CHG_01	玉米地	60	29.8	18	0.7
2010	8	CWAZH01CHG_01	玉米地	70	29.4	18	0.5
2010	8	CWAZH01CHG_01	玉米地	80	29.6	18	0.5
2010	8	CWAZH01CHG_01	玉米地	90	29.2	18	0.6
2010	8	CWAZH01CHG_01	玉米地	100	28.4	18	1.0
2010	8	CWAZH01CHG_01	玉米地	120	26.6	18	1.3
2010	8	CWAZH01CHG_01	玉米地	140	23.2	18	1.5
2010	8	CWAZH01CHG_01	玉米地	160	21.5	18	1.1
2010	8	CWAZH01CHG_01	玉米地	180	19.3	18	1.1
2010	8	CWAZH01CHG_01	玉米地	200	17.9	18	0.9
2010	8	CWAZH01CHG_01	玉米地	220	17.3	18	0.5
2010	8	CWAZH01CHG_01	玉米地	240	17.0	18	0.3
2010	8	CWAZH01CHG_01	玉米地	260	17.1	18	0.2
2010	8	CWAZH01CHG_01	玉米地	280	18.5	18	0.3

（续）

年份	月份	样地代码	作物名称	观测层次（cm）	体积含水量（%）	重复数	标准差
2010	8	CWAZH01CHG_01	玉米地	300	20.2	18	0.3
2010	9	CWAZH01CHG_01	玉米地	10	26.7	18	1.4
2010	9	CWAZH01CHG_01	玉米地	20	32.0	18	0.9
2010	9	CWAZH01CHG_01	玉米地	30	32.7	18	0.6
2010	9	CWAZH01CHG_01	玉米地	40	30.9	18	0.6
2010	9	CWAZH01CHG_01	玉米地	50	29.6	18	0.7
2010	9	CWAZH01CHG_01	玉米地	60	28.9	18	0.9
2010	9	CWAZH01CHG_01	玉米地	70	28.8	18	0.6
2010	9	CWAZH01CHG_01	玉米地	80	28.8	18	0.4
2010	9	CWAZH01CHG_01	玉米地	90	29.3	18	0.4
2010	9	CWAZH01CHG_01	玉米地	100	29.1	18	0.4
2010	9	CWAZH01CHG_01	玉米地	120	29.2	18	0.3
2010	9	CWAZH01CHG_01	玉米地	140	28.4	18	0.8
2010	9	CWAZH01CHG_01	玉米地	160	28.8	18	0.3
2010	9	CWAZH01CHG_01	玉米地	180	27.5	18	1.3
2010	9	CWAZH01CHG_01	玉米地	200	25.4	18	1.7
2010	9	CWAZH01CHG_01	玉米地	220	21.6	18	2.7
2010	9	CWAZH01CHG_01	玉米地	240	18.5	18	1.4
2010	9	CWAZH01CHG_01	玉米地	260	17.5	18	0.6
2010	9	CWAZH01CHG_01	玉米地	280	18.6	18	0.2
2010	9	CWAZH01CHG_01	玉米地	300	20.5	18	0.4
2010	10	CWAZH01CHG_01	冬小麦	10	22.5	18	1.4
2010	10	CWAZH01CHG_01	冬小麦	20	27.9	18	1.0
2010	10	CWAZH01CHG_01	冬小麦	30	29.1	18	0.5
2010	10	CWAZH01CHG_01	冬小麦	40	28.1	18	0.5
2010	10	CWAZH01CHG_01	冬小麦	50	27.5	18	0.9
2010	10	CWAZH01CHG_01	冬小麦	60	27.4	18	0.9
2010	10	CWAZH01CHG_01	冬小麦	70	27.5	18	0.7
2010	10	CWAZH01CHG_01	冬小麦	80	27.7	18	0.5
2010	10	CWAZH01CHG_01	冬小麦	90	28.1	18	0.5
2010	10	CWAZH01CHG_01	冬小麦	100	27.9	18	0.6
2010	10	CWAZH01CHG_01	冬小麦	120	28.1	18	0.4
2010	10	CWAZH01CHG_01	冬小麦	140	27.8	18	0.8

（续）

年份	月份	样地代码	作物名称	观测层次（cm）	体积含水量（%）	重复数	标准差
2010	10	CWAZH01CHG_01	冬小麦	160	28.1	18	0.4
2010	10	CWAZH01CHG_01	冬小麦	180	27.1	18	1.1
2010	10	CWAZH01CHG_01	冬小麦	200	26.3	18	1.1
2010	10	CWAZH01CHG_01	冬小麦	220	24.7	18	1.6
2010	10	CWAZH01CHG_01	冬小麦	240	22.6	18	2.1
2010	10	CWAZH01CHG_01	冬小麦	260	20.1	18	2.1
2010	10	CWAZH01CHG_01	冬小麦	280	19.3	18	1.0
2010	10	CWAZH01CHG_01	冬小麦	300	20.4	18	0.4
2010	11	CWAZH01CHG_01	冬小麦	10	17.0	18	0.8
2010	11	CWAZH01CHG_01	冬小麦	20	23.4	18	0.7
2010	11	CWAZH01CHG_01	冬小麦	30	25.8	18	0.3
2010	11	CWAZH01CHG_01	冬小麦	40	25.3	18	0.9
2010	11	CWAZH01CHG_01	冬小麦	50	25.5	18	1.1
2010	11	CWAZH01CHG_01	冬小麦	60	25.8	18	1.0
2010	11	CWAZH01CHG_01	冬小麦	70	25.8	18	0.9
2010	11	CWAZH01CHG_01	冬小麦	80	26.4	18	0.6
2010	11	CWAZH01CHG_01	冬小麦	90	26.8	18	0.5
2010	11	CWAZH01CHG_01	冬小麦	100	26.8	18	0.6
2010	11	CWAZH01CHG_01	冬小麦	120	26.9	18	0.6
2010	11	CWAZH01CHG_01	冬小麦	140	26.2	18	0.7
2010	11	CWAZH01CHG_01	冬小麦	160	27.0	18	0.3
2010	11	CWAZH01CHG_01	冬小麦	180	26.5	18	1.0
2010	11	CWAZH01CHG_01	冬小麦	200	25.9	18	1.0
2010	11	CWAZH01CHG_01	冬小麦	220	25.0	18	1.3
2010	11	CWAZH01CHG_01	冬小麦	240	23.7	18	1.4
2010	11	CWAZH01CHG_01	冬小麦	260	22.1	18	2.0
2010	11	CWAZH01CHG_01	冬小麦	280	21.1	18	1.6
2010	11	CWAZH01CHG_01	冬小麦	300	21.3	18	0.6
2010	12	CWAZH01CHG_01	冬小麦	10	14.1	9	0.9
2010	12	CWAZH01CHG_01	冬小麦	20	21.8	9	0.5
2010	12	CWAZH01CHG_01	冬小麦	30	23.4	9	0.4
2010	12	CWAZH01CHG_01	冬小麦	40	23.1	9	1.0
2010	12	CWAZH01CHG_01	冬小麦	50	23.8	9	1.1

（续）

年份	月份	样地代码	作物名称	观测层次（cm）	体积含水量（%）	重复数	标准差
2010	12	CWAZH01CHG_01	冬小麦	60	24.5	9	1.1
2010	12	CWAZH01CHG_01	冬小麦	70	24.8	9	0.9
2010	12	CWAZH01CHG_01	冬小麦	80	24.9	9	0.8
2010	12	CWAZH01CHG_01	冬小麦	90	25.4	9	0.6
2010	12	CWAZH01CHG_01	冬小麦	100	25.5	9	0.7
2010	12	CWAZH01CHG_01	冬小麦	120	25.8	9	0.8
2010	12	CWAZH01CHG_01	冬小麦	140	25.2	9	0.7
2010	12	CWAZH01CHG_01	冬小麦	160	26.1	9	0.4
2010	12	CWAZH01CHG_01	冬小麦	180	25.7	9	0.8
2010	12	CWAZH01CHG_01	冬小麦	200	25.4	9	1.0
2010	12	CWAZH01CHG_01	冬小麦	220	24.6	9	1.3
2010	12	CWAZH01CHG_01	冬小麦	240	23.8	9	1.1
2010	12	CWAZH01CHG_01	冬小麦	260	22.6	9	1.3
2010	12	CWAZH01CHG_01	冬小麦	280	21.9	9	1.5
2010	12	CWAZH01CHG_01	冬小麦	300	22.2	9	0.9
2010	1	CWAFZ04CTS_01	冬小麦	10	22.1	9	2.1
2010	1	CWAFZ04CTS_01	冬小麦	20	28.5	9	1.0
2010	1	CWAFZ04CTS_01	冬小麦	30	25.9	9	0.4
2010	1	CWAFZ04CTS_01	冬小麦	40	21.3	9	0.7
2010	1	CWAFZ04CTS_01	冬小麦	50	20.6	9	1.1
2010	1	CWAFZ04CTS_01	冬小麦	60	21.2	9	0.5
2010	1	CWAFZ04CTS_01	冬小麦	70	21.4	9	0.3
2010	1	CWAFZ04CTS_01	冬小麦	80	21.2	9	0.3
2010	1	CWAFZ04CTS_01	冬小麦	90	21.3	9	0.5
2010	1	CWAFZ04CTS_01	冬小麦	100	21.3	9	0.4
2010	1	CWAFZ04CTS_01	冬小麦	120	20.2	9	0.3
2010	1	CWAFZ04CTS_01	冬小麦	140	18.4	9	0.7
2010	1	CWAFZ04CTS_01	冬小麦	160	16.8	9	0.8
2010	1	CWAFZ04CTS_01	冬小麦	180	16.4	9	0.5
2010	1	CWAFZ04CTS_01	冬小麦	200	16.2	9	0.5
2010	1	CWAFZ04CTS_01	冬小麦	220	15.9	9	0.5
2010	1	CWAFZ04CTS_01	冬小麦	240	15.3	9	0.8
2010	1	CWAFZ04CTS_01	冬小麦	260	16.5	9	1.0

（续）

年份	月份	样地代码	作物名称	观测层次（cm）	体积含水量（%）	重复数	标准差
2010	1	CWAFZ04CTS_01	冬小麦	280	17.8	9	0.9
2010	1	CWAFZ04CTS_01	冬小麦	300	19.1	9	0.3
2010	2	CWAFZ04CTS_01	冬小麦	10	25.1	9	1.3
2010	2	CWAFZ04CTS_01	冬小麦	20	26.1	9	0.8
2010	2	CWAFZ04CTS_01	冬小麦	30	23.3	9	0.7
2010	2	CWAFZ04CTS_01	冬小麦	40	21.4	9	1.0
2010	2	CWAFZ04CTS_01	冬小麦	50	21.7	9	1.1
2010	2	CWAFZ04CTS_01	冬小麦	60	21.1	9	0.7
2010	2	CWAFZ04CTS_01	冬小麦	70	20.9	9	0.4
2010	2	CWAFZ04CTS_01	冬小麦	80	20.6	9	0.4
2010	2	CWAFZ04CTS_01	冬小麦	90	19.8	9	0.5
2010	2	CWAFZ04CTS_01	冬小麦	100	19.7	9	0.5
2010	2	CWAFZ04CTS_01	冬小麦	120	19.0	9	0.4
2010	2	CWAFZ04CTS_01	冬小麦	140	16.7	9	0.9
2010	2	CWAFZ04CTS_01	冬小麦	160	15.9	9	0.7
2010	2	CWAFZ04CTS_01	冬小麦	180	14.9	9	0.7
2010	2	CWAFZ04CTS_01	冬小麦	200	15.5	9	0.6
2010	2	CWAFZ04CTS_01	冬小麦	220	15.4	9	0.5
2010	2	CWAFZ04CTS_01	冬小麦	240	15.7	9	0.8
2010	2	CWAFZ04CTS_01	冬小麦	260	16.7	9	0.9
2010	2	CWAFZ04CTS_01	冬小麦	280	17.5	9	0.8
2010	2	CWAFZ04CTS_01	冬小麦	300	19.2	9	0.6
2010	3	CWAFZ04CTS_01	冬小麦	10	21.1	18	1.6
2010	3	CWAFZ04CTS_01	冬小麦	20	24.4	18	0.6
2010	3	CWAFZ04CTS_01	冬小麦	30	24.1	18	0.6
2010	3	CWAFZ04CTS_01	冬小麦	40	23.2	18	0.6
2010	3	CWAFZ04CTS_01	冬小麦	50	22.5	18	0.7
2010	3	CWAFZ04CTS_01	冬小麦	60	22.4	18	0.5
2010	3	CWAFZ04CTS_01	冬小麦	70	22.3	18	0.3
2010	3	CWAFZ04CTS_01	冬小麦	80	22.0	18	0.4
2010	3	CWAFZ04CTS_01	冬小麦	90	21.8	18	0.5
2010	3	CWAFZ04CTS_01	冬小麦	100	21.3	18	0.3
2010	3	CWAFZ04CTS_01	冬小麦	120	20.4	18	0.6

（续）

年份	月份	样地代码	作物名称	观测层次（cm）	体积含水量（%）	重复数	标准差
2010	3	CWAFZ04CTS_01	冬小麦	140	19.0	18	0.9
2010	3	CWAFZ04CTS_01	冬小麦	160	17.7	18	0.7
2010	3	CWAFZ04CTS_01	冬小麦	180	17.2	18	0.7
2010	3	CWAFZ04CTS_01	冬小麦	200	16.8	18	0.6
2010	3	CWAFZ04CTS_01	冬小麦	220	16.4	18	0.6
2010	3	CWAFZ04CTS_01	冬小麦	240	16.4	18	0.9
2010	3	CWAFZ04CTS_01	冬小麦	260	17.4	18	0.9
2010	3	CWAFZ04CTS_01	冬小麦	280	18.6	18	0.9
2010	3	CWAFZ04CTS_01	冬小麦	300	20.2	18	0.3
2010	4	CWAFZ04CTS_01	冬小麦	10	18.3	18	1.6
2010	4	CWAFZ04CTS_01	冬小麦	20	22.5	18	0.7
2010	4	CWAFZ04CTS_01	冬小麦	30	22.3	18	0.5
2010	4	CWAFZ04CTS_01	冬小麦	40	22.0	18	0.9
2010	4	CWAFZ04CTS_01	冬小麦	50	21.9	18	1.3
2010	4	CWAFZ04CTS_01	冬小麦	60	22.0	18	0.7
2010	4	CWAFZ04CTS_01	冬小麦	70	22.0	18	0.5
2010	4	CWAFZ04CTS_01	冬小麦	80	22.2	18	0.3
2010	4	CWAFZ04CTS_01	冬小麦	90	22.3	18	0.7
2010	4	CWAFZ04CTS_01	冬小麦	100	22.3	18	0.7
2010	4	CWAFZ04CTS_01	冬小麦	120	21.4	18	0.8
2010	4	CWAFZ04CTS_01	冬小麦	140	20.0	18	1.1
2010	4	CWAFZ04CTS_01	冬小麦	160	18.6	18	1.0
2010	4	CWAFZ04CTS_01	冬小麦	180	18.0	18	0.9
2010	4	CWAFZ04CTS_01	冬小麦	200	17.4	18	0.8
2010	4	CWAFZ04CTS_01	冬小麦	220	17.1	18	0.7
2010	4	CWAFZ04CTS_01	冬小麦	240	16.9	18	1.1
2010	4	CWAFZ04CTS_01	冬小麦	260	17.9	18	0.9
2010	4	CWAFZ04CTS_01	冬小麦	280	19.3	18	1.0
2010	4	CWAFZ04CTS_01	冬小麦	300	20.9	18	0.5
2010	5	CWAFZ04CTS_01	冬小麦	10	10.3	18	1.3
2010	5	CWAFZ04CTS_01	冬小麦	20	13.4	18	0.6
2010	5	CWAFZ04CTS_01	冬小麦	30	15.3	18	0.4
2010	5	CWAFZ04CTS_01	冬小麦	40	16.6	18	0.9

（续）

年份	月份	样地代码	作物名称	观测层次（cm）	体积含水量（%）	重复数	标准差
2010	5	CWAFZ04CTS_01	冬小麦	50	17.4	18	1.5
2010	5	CWAFZ04CTS_01	冬小麦	60	18.2	18	0.9
2010	5	CWAFZ04CTS_01	冬小麦	70	18.6	18	0.7
2010	5	CWAFZ04CTS_01	冬小麦	80	19.2	18	0.9
2010	5	CWAFZ04CTS_01	冬小麦	90	19.6	18	1.3
2010	5	CWAFZ04CTS_01	冬小麦	100	19.6	18	1.1
2010	5	CWAFZ04CTS_01	冬小麦	120	19.5	18	1.2
2010	5	CWAFZ04CTS_01	冬小麦	140	18.8	18	1.5
2010	5	CWAFZ04CTS_01	冬小麦	160	18.1	18	1.2
2010	5	CWAFZ04CTS_01	冬小麦	180	17.7	18	0.9
2010	5	CWAFZ04CTS_01	冬小麦	200	17.5	18	0.9
2010	5	CWAFZ04CTS_01	冬小麦	220	17.4	18	0.6
2010	5	CWAFZ04CTS_01	冬小麦	240	16.9	18	1.0
2010	5	CWAFZ04CTS_01	冬小麦	260	18.0	18	0.8
2010	5	CWAFZ04CTS_01	冬小麦	280	19.5	18	0.9
2010	5	CWAFZ04CTS_01	冬小麦	300	21.2	18	0.6
2010	6	CWAFZ04CTS_01	冬小麦	10	10.8	18	2.6
2010	6	CWAFZ04CTS_01	冬小麦	20	12.5	18	0.5
2010	6	CWAFZ04CTS_01	冬小麦	30	13.6	18	0.8
2010	6	CWAFZ04CTS_01	冬小麦	40	13.4	18	0.8
2010	6	CWAFZ04CTS_01	冬小麦	50	13.8	18	0.8
2010	6	CWAFZ04CTS_01	冬小麦	60	14.6	18	0.5
2010	6	CWAFZ04CTS_01	冬小麦	70	15.2	18	0.5
2010	6	CWAFZ04CTS_01	冬小麦	80	15.9	18	0.8
2010	6	CWAFZ04CTS_01	冬小麦	90	16.3	18	0.9
2010	6	CWAFZ04CTS_01	冬小麦	100	16.7	18	1.0
2010	6	CWAFZ04CTS_01	冬小麦	120	16.8	18	1.5
2010	6	CWAFZ04CTS_01	冬小麦	140	16.8	18	1.6
2010	6	CWAFZ04CTS_01	冬小麦	160	16.8	18	1.4
2010	6	CWAFZ04CTS_01	冬小麦	180	16.6	18	1.7
2010	6	CWAFZ04CTS_01	冬小麦	200	17.0	18	1.2
2010	6	CWAFZ04CTS_01	冬小麦	220	16.8	18	1.0
2010	6	CWAFZ04CTS_01	冬小麦	240	16.9	18	0.8

158

（续）

年份	月份	样地代码	作物名称	观测层次（cm）	体积含水量（%）	重复数	标准差
2010	6	CWAFZ04CTS_01	冬小麦	260	17.9	18	0.6
2010	6	CWAFZ04CTS_01	冬小麦	280	18.9	18	0.6
2010	6	CWAFZ04CTS_01	冬小麦	300	20.4	18	0.3
2010	7	CWAFZ04CTS_01	麦茬地	10	17.1	18	1.4
2010	7	CWAFZ04CTS_01	麦茬地	20	19.2	18	0.5
2010	7	CWAFZ04CTS_01	麦茬地	30	19.5	18	0.5
2010	7	CWAFZ04CTS_01	麦茬地	40	19.0	18	0.4
2010	7	CWAFZ04CTS_01	麦茬地	50	18.7	18	0.7
2010	7	CWAFZ04CTS_01	麦茬地	60	18.6	18	0.5
2010	7	CWAFZ04CTS_01	麦茬地	70	18.0	18	0.8
2010	7	CWAFZ04CTS_01	麦茬地	80	17.1	18	1.0
2010	7	CWAFZ04CTS_01	麦茬地	90	16.7	18	1.1
2010	7	CWAFZ04CTS_01	麦茬地	100	16.7	18	1.4
2010	7	CWAFZ04CTS_01	麦茬地	120	17.0	18	1.7
2010	7	CWAFZ04CTS_01	麦茬地	140	16.3	18	1.5
2010	7	CWAFZ04CTS_01	麦茬地	160	16.5	18	1.4
2010	7	CWAFZ04CTS_01	麦茬地	180	16.8	18	1.1
2010	7	CWAFZ04CTS_01	麦茬地	200	16.6	18	1.2
2010	7	CWAFZ04CTS_01	麦茬地	220	16.5	18	1.0
2010	7	CWAFZ04CTS_01	麦茬地	240	16.6	18	0.9
2010	7	CWAFZ04CTS_01	麦茬地	260	17.6	18	1.2
2010	7	CWAFZ04CTS_01	麦茬地	280	18.7	18	1.2
2010	7	CWAFZ04CTS_01	麦茬地	300	20.6	18	0.6
2010	8	CWAFZ04CTS_01	麦茬地	10	27.3	18	1.3
2010	8	CWAFZ04CTS_01	麦茬地	20	32.4	18	0.6
2010	8	CWAFZ04CTS_01	麦茬地	30	32.6	18	0.7
2010	8	CWAFZ04CTS_01	麦茬地	40	31.3	18	0.5
2010	8	CWAFZ04CTS_01	麦茬地	50	30.6	18	0.3
2010	8	CWAFZ04CTS_01	麦茬地	60	29.8	18	0.3
2010	8	CWAFZ04CTS_01	麦茬地	70	29.3	18	0.3
2010	8	CWAFZ04CTS_01	麦茬地	80	29.2	18	0.4
2010	8	CWAFZ04CTS_01	麦茬地	90	28.8	18	0.7
2010	8	CWAFZ04CTS_01	麦茬地	100	27.6	18	1.6

（续）

年份	月份	样地代码	作物名称	观测层次（cm）	体积含水量（%）	重复数	标准差
2010	8	CWAFZ04CTS_01	麦茬地	120	24.9	18	1.9
2010	8	CWAFZ04CTS_01	麦茬地	140	22.4	18	1.9
2010	8	CWAFZ04CTS_01	麦茬地	160	20.2	18	1.9
2010	8	CWAFZ04CTS_01	麦茬地	180	18.4	18	1.4
2010	8	CWAFZ04CTS_01	麦茬地	200	17.2	18	1.5
2010	8	CWAFZ04CTS_01	麦茬地	220	16.8	18	0.9
2010	8	CWAFZ04CTS_01	麦茬地	240	16.5	18	1.0
2010	8	CWAFZ04CTS_01	麦茬地	260	17.8	18	1.1
2010	8	CWAFZ04CTS_01	麦茬地	280	19.0	18	1.0
2010	8	CWAFZ04CTS_01	麦茬地	300	20.8	18	0.6
2010	9	CWAFZ04CTS_01	麦闲地	10	26.2	18	2.3
2010	9	CWAFZ04CTS_01	麦闲地	20	31.4	18	0.6
2010	9	CWAFZ04CTS_01	麦闲地	30	31.4	18	0.9
2010	9	CWAFZ04CTS_01	麦闲地	40	30.0	18	0.2
2010	9	CWAFZ04CTS_01	麦闲地	50	29.0	18	0.4
2010	9	CWAFZ04CTS_01	麦闲地	60	28.3	18	0.2
2010	9	CWAFZ04CTS_01	麦闲地	70	27.9	18	0.4
2010	9	CWAFZ04CTS_01	麦闲地	80	28.0	18	0.2
2010	9	CWAFZ04CTS_01	麦闲地	90	28.2	18	0.4
2010	9	CWAFZ04CTS_01	麦闲地	100	28.6	18	0.4
2010	9	CWAFZ04CTS_01	麦闲地	120	29.0	18	0.3
2010	9	CWAFZ04CTS_01	麦闲地	140	29.4	18	0.8
2010	9	CWAFZ04CTS_01	麦闲地	160	28.3	18	0.7
2010	9	CWAFZ04CTS_01	麦闲地	180	26.8	18	1.1
2010	9	CWAFZ04CTS_01	麦闲地	200	23.5	18	2.1
2010	9	CWAFZ04CTS_01	麦闲地	220	20.1	18	2.7
2010	9	CWAFZ04CTS_01	麦闲地	240	17.7	18	1.7
2010	9	CWAFZ04CTS_01	麦闲地	260	17.7	18	1.1
2010	9	CWAFZ04CTS_01	麦闲地	280	19.2	18	0.1
2010	9	CWAFZ04CTS_01	麦闲地	300	21.1	18	0.1
2010	10	CWAFZ04CTS_01	麦闲地	10	22.9	18	2.6
2010	10	CWAFZ04CTS_01	麦闲地	20	27.7	18	0.9
2010	10	CWAFZ04CTS_01	麦闲地	30	29.1	18	0.5

（续）

年份	月份	样地代码	作物名称	观测层次（cm）	体积含水量（%）	重复数	标准差
2010	10	CWAFZ04CTS_01	麦闲地	40	28.3	18	0.3
2010	10	CWAFZ04CTS_01	麦闲地	50	27.4	18	0.5
2010	10	CWAFZ04CTS_01	麦闲地	60	26.8	18	0.3
2010	10	CWAFZ04CTS_01	麦闲地	70	26.5	18	0.2
2010	10	CWAFZ04CTS_01	麦闲地	80	27.0	18	0.3
2010	10	CWAFZ04CTS_01	麦闲地	90	27.0	18	0.3
2010	10	CWAFZ04CTS_01	麦闲地	100	27.3	18	0.4
2010	10	CWAFZ04CTS_01	麦闲地	120	27.8	18	0.3
2010	10	CWAFZ04CTS_01	麦闲地	140	28.2	18	0.5
2010	10	CWAFZ04CTS_01	麦闲地	160	27.6	18	0.6
2010	10	CWAFZ04CTS_01	麦闲地	180	27.1	18	0.8
2010	10	CWAFZ04CTS_01	麦闲地	200	26.2	18	0.8
2010	10	CWAFZ04CTS_01	麦闲地	220	24.2	18	1.6
2010	10	CWAFZ04CTS_01	麦闲地	240	21.3	18	2.7
2010	10	CWAFZ04CTS_01	麦闲地	260	19.3	18	2.0
2010	10	CWAFZ04CTS_01	麦闲地	280	19.4	18	1.3
2010	10	CWAFZ04CTS_01	麦闲地	300	20.9	18	0.6
2010	11	CWAFZ04CTS_01	麦闲地	10	18.6	18	3.1
2010	11	CWAFZ04CTS_01	麦闲地	20	25.0	18	0.8
2010	11	CWAFZ04CTS_01	麦闲地	30	26.7	18	0.4
2010	11	CWAFZ04CTS_01	麦闲地	40	26.2	18	0.3
2010	11	CWAFZ04CTS_01	麦闲地	50	26.0	18	0.5
2010	11	CWAFZ04CTS_01	麦闲地	60	25.6	18	0.4
2010	11	CWAFZ04CTS_01	麦闲地	70	25.5	18	0.2
2010	11	CWAFZ04CTS_01	麦闲地	80	25.8	18	0.3
2010	11	CWAFZ04CTS_01	麦闲地	90	26.0	18	0.4
2010	11	CWAFZ04CTS_01	麦闲地	100	26.2	18	0.6
2010	11	CWAFZ04CTS_01	麦闲地	120	26.9	18	0.3
2010	11	CWAFZ04CTS_01	麦闲地	140	27.3	18	0.4
2010	11	CWAFZ04CTS_01	麦闲地	160	27.0	18	0.5
2010	11	CWAFZ04CTS_01	麦闲地	180	26.4	18	0.6
2010	11	CWAFZ04CTS_01	麦闲地	200	25.7	18	0.7
2010	11	CWAFZ04CTS_01	麦闲地	220	24.5	18	1.3

（续）

年份	月份	样地代码	作物名称	观测层次（cm）	体积含水量（%）	重复数	标准差
2010	11	CWAFZ04CTS_01	麦闲地	240	22.3	18	2.0
2010	11	CWAFZ04CTS_01	麦闲地	260	20.9	18	2.3
2010	11	CWAFZ04CTS_01	麦闲地	280	20.1	18	0.1
2010	11	CWAFZ04CTS_01	麦闲地	300	21.1	18	0.1
2010	12	CWAFZ04CTS_01	麦闲地	10	17.2	9	2.9
2010	12	CWAFZ04CTS_01	麦闲地	20	23.1	9	1.2
2010	12	CWAFZ04CTS_01	麦闲地	30	24.7	9	0.8
2010	12	CWAFZ04CTS_01	麦闲地	40	24.5	9	0.2
2010	12	CWAFZ04CTS_01	麦闲地	50	24.3	9	0.9
2010	12	CWAFZ04CTS_01	麦闲地	60	24.6	9	0.5
2010	12	CWAFZ04CTS_01	麦闲地	70	24.3	9	0.1
2010	12	CWAFZ04CTS_01	麦闲地	80	24.6	9	0.3
2010	12	CWAFZ04CTS_01	麦闲地	90	25.1	9	0.4
2010	12	CWAFZ04CTS_01	麦闲地	100	25.3	9	0.5
2010	12	CWAFZ04CTS_01	麦闲地	120	25.8	9	0.3
2010	12	CWAFZ04CTS_01	麦闲地	140	26.5	9	0.5
2010	12	CWAFZ04CTS_01	麦闲地	160	26.1	9	0.5
2010	12	CWAFZ04CTS_01	麦闲地	180	25.7	9	0.8
2010	12	CWAFZ04CTS_01	麦闲地	200	25.6	9	0.7
2010	12	CWAFZ04CTS_01	麦闲地	220	24.2	9	1.2
2010	12	CWAFZ04CTS_01	麦闲地	240	22.5	9	1.7
2010	12	CWAFZ04CTS_01	麦闲地	260	22.0	9	2.2
2010	12	CWAFZ04CTS_01	麦闲地	280	20.4	9	1.9
2010	12	CWAFZ04CTS_01	麦闲地	300	21.4	9	1.7
2010	1	CWAQX01CTS_01	自然植被	10	25.2	3	0.6
2010	1	CWAQX01CTS_01	自然植被	20	26.9	3	0.3
2010	1	CWAQX01CTS_01	自然植被	30	24.7	3	1.1
2010	1	CWAQX01CTS_01	自然植被	40	20.6	3	0.5
2010	1	CWAQX01CTS_01	自然植被	50	19.4	3	0.4
2010	1	CWAQX01CTS_01	自然植被	60	20.1	3	0.4
2010	1	CWAQX01CTS_01	自然植被	70	21.4	3	0.3
2010	1	CWAQX01CTS_01	自然植被	80	21.6	3	0.4
2010	1	CWAQX01CTS_01	自然植被	90	21.2	3	0.2

（续）

年份	月份	样地代码	作物名称	观测层次（cm）	体积含水量（%）	重复数	标准差
2010	1	CWAQX01CTS_01	自然植被	100	20.9	3	0.2
2010	1	CWAQX01CTS_01	自然植被	120	21.2	3	0.2
2010	1	CWAQX01CTS_01	自然植被	140	20.9	3	0.3
2010	1	CWAQX01CTS_01	自然植被	160	20.8	3	0.3
2010	1	CWAQX01CTS_01	自然植被	180	20.2	3	0.5
2010	1	CWAQX01CTS_01	自然植被	200	19.8	3	0.7
2010	1	CWAQX01CTS_01	自然植被	220	19.7	3	0.2
2010	1	CWAQX01CTS_01	自然植被	240	19.3	3	0.2
2010	1	CWAQX01CTS_01	自然植被	260	19.3	3	0.1
2010	1	CWAQX01CTS_01	自然植被	280	20.6	3	0.2
2010	1	CWAQX01CTS_01	自然植被	300	22.5	3	0.3
2010	2	CWAQX01CTS_01	自然植被	10	27.6	3	3.1
2010	2	CWAQX01CTS_01	自然植被	20	27.0	3	1.0
2010	2	CWAQX01CTS_01	自然植被	30	25.0	3	1.5
2010	2	CWAQX01CTS_01	自然植被	40	20.5	3	0.5
2010	2	CWAQX01CTS_01	自然植被	50	19.7	3	0.1
2010	2	CWAQX01CTS_01	自然植被	60	20.4	3	0.5
2010	2	CWAQX01CTS_01	自然植被	70	21.2	3	0.2
2010	2	CWAQX01CTS_01	自然植被	80	20.9	3	0.4
2010	2	CWAQX01CTS_01	自然植被	90	21.0	3	0.2
2010	2	CWAQX01CTS_01	自然植被	100	21.3	3	0.6
2010	2	CWAQX01CTS_01	自然植被	120	21.1	3	0.2
2010	2	CWAQX01CTS_01	自然植被	140	21.0	3	0.3
2010	2	CWAQX01CTS_01	自然植被	160	20.7	3	0.2
2010	2	CWAQX01CTS_01	自然植被	180	20.5	3	0.2
2010	2	CWAQX01CTS_01	自然植被	200	19.9	3	0.1
2010	2	CWAQX01CTS_01	自然植被	220	19.9	3	0.3
2010	2	CWAQX01CTS_01	自然植被	240	19.3	3	0.2
2010	2	CWAQX01CTS_01	自然植被	260	19.7	3	0.4
2010	2	CWAQX01CTS_01	自然植被	280	21.0	3	0.8
2010	2	CWAQX01CTS_01	自然植被	300	23.1	3	0.7
2010	3	CWAQX01CTS_01	自然植被	10	24.3	6	2.8
2010	3	CWAQX01CTS_01	自然植被	20	25.3	6	1.0

（续）

年份	月份	样地代码	作物名称	观测层次（cm）	体积含水量（%）	重复数	标准差
2010	3	CWAQX01CTS_01	自然植被	30	24.8	6	1.2
2010	3	CWAQX01CTS_01	自然植被	40	23.1	6	2.6
2010	3	CWAQX01CTS_01	自然植被	50	22.8	6	1.6
2010	3	CWAQX01CTS_01	自然植被	60	22.9	6	1.0
2010	3	CWAQX01CTS_01	自然植被	70	22.8	6	1.6
2010	3	CWAQX01CTS_01	自然植被	80	22.7	6	1.6
2010	3	CWAQX01CTS_01	自然植被	90	22.5	6	1.5
2010	3	CWAQX01CTS_01	自然植被	100	22.4	6	1.3
2010	3	CWAQX01CTS_01	自然植被	120	22.2	6	1.4
2010	3	CWAQX01CTS_01	自然植被	140	22.0	6	1.3
2010	3	CWAQX01CTS_01	自然植被	160	22.0	6	1.5
2010	3	CWAQX01CTS_01	自然植被	180	21.3	6	1.7
2010	3	CWAQX01CTS_01	自然植被	200	20.9	6	1.3
2010	3	CWAQX01CTS_01	自然植被	220	20.6	6	1.1
2010	3	CWAQX01CTS_01	自然植被	240	20.2	6	1.2
2010	3	CWAQX01CTS_01	自然植被	260	20.8	6	0.6
2010	3	CWAQX01CTS_01	自然植被	280	22.3	6	0.8
2010	3	CWAQX01CTS_01	自然植被	300	23.6	6	1.5
2010	4	CWAQX01CTS_01	自然植被	10	20.5	6	4.7
2010	4	CWAQX01CTS_01	自然植被	20	24.6	6	3.4
2010	4	CWAQX01CTS_01	自然植被	30	25.5	6	1.8
2010	4	CWAQX01CTS_01	自然植被	40	24.3	6	0.9
2010	4	CWAQX01CTS_01	自然植被	50	23.7	6	0.4
2010	4	CWAQX01CTS_01	自然植被	60	23.3	6	0.4
2010	4	CWAQX01CTS_01	自然植被	70	24.0	6	0.3
2010	4	CWAQX01CTS_01	自然植被	80	24.3	6	0.3
2010	4	CWAQX01CTS_01	自然植被	90	23.9	6	0.1
2010	4	CWAQX01CTS_01	自然植被	100	23.5	6	0.2
2010	4	CWAQX01CTS_01	自然植被	120	23.6	6	0.3
2010	4	CWAQX01CTS_01	自然植被	140	23.4	6	0.2
2010	4	CWAQX01CTS_01	自然植被	160	23.1	6	0.3
2010	4	CWAQX01CTS_01	自然植被	180	22.9	6	0.3
2010	4	CWAQX01CTS_01	自然植被	200	22.3	6	0.3

（续）

年份	月份	样地代码	作物名称	观测层次（cm）	体积含水量（%）	重复数	标准差
2010	4	CWAQX01CTS_01	自然植被	220	21.6	6	0.3
2010	4	CWAQX01CTS_01	自然植被	240	21.5	6	0.2
2010	4	CWAQX01CTS_01	自然植被	260	21.2	6	0.2
2010	4	CWAQX01CTS_01	自然植被	280	22.8	6	0.2
2010	4	CWAQX01CTS_01	自然植被	300	24.8	6	0.4
2010	5	CWAQX01CTS_01	自然植被	10	13.8	6	3.7
2010	5	CWAQX01CTS_01	自然植被	20	15.5	6	2.5
2010	5	CWAQX01CTS_01	自然植被	30	18.5	6	2.6
2010	5	CWAQX01CTS_01	自然植被	40	20.7	6	1.9
2010	5	CWAQX01CTS_01	自然植被	50	21.2	6	1.3
2010	5	CWAQX01CTS_01	自然植被	60	22.1	6	0.7
2010	5	CWAQX01CTS_01	自然植被	70	23.3	6	0.9
2010	5	CWAQX01CTS_01	自然植被	80	23.5	6	0.6
2010	5	CWAQX01CTS_01	自然植被	90	23.5	6	0.5
2010	5	CWAQX01CTS_01	自然植被	100	22.8	6	0.9
2010	5	CWAQX01CTS_01	自然植被	120	23.5	6	0.2
2010	5	CWAQX01CTS_01	自然植被	140	23.6	6	0.2
2010	5	CWAQX01CTS_01	自然植被	160	23.2	6	0.3
2010	5	CWAQX01CTS_01	自然植被	180	23.1	6	0.2
2010	5	CWAQX01CTS_01	自然植被	200	22.3	6	0.4
2010	5	CWAQX01CTS_01	自然植被	220	21.7	6	0.2
2010	5	CWAQX01CTS_01	自然植被	240	21.5	6	0.4
2010	5	CWAQX01CTS_01	自然植被	260	21.5	6	0.7
2010	5	CWAQX01CTS_01	自然植被	280	23.0	6	0.5
2010	5	CWAQX01CTS_01	自然植被	300	25.4	6	0.6
2010	6	CWAQX01CTS_01	自然植被	10	10.9	6	4.8
2010	6	CWAQX01CTS_01	自然植被	20	12.8	6	2.8
2010	6	CWAQX01CTS_01	自然植被	30	15.2	6	1.8
2010	6	CWAQX01CTS_01	自然植被	40	17.2	6	1.2
2010	6	CWAQX01CTS_01	自然植被	50	18.7	6	1.2
2010	6	CWAQX01CTS_01	自然植被	60	21.3	6	1.2
2010	6	CWAQX01CTS_01	自然植被	70	22.1	6	0.7
2010	6	CWAQX01CTS_01	自然植被	80	22.0	6	0.7

（续）

年份	月份	样地代码	作物名称	观测层次（cm）	体积含水量（%）	重复数	标准差
2010	6	CWAQX01CTS_01	自然植被	90	22.2	6	0.4
2010	6	CWAQX01CTS_01	自然植被	100	22.4	6	0.3
2010	6	CWAQX01CTS_01	自然植被	120	22.9	6	0.2
2010	6	CWAQX01CTS_01	自然植被	140	23.2	6	0.5
2010	6	CWAQX01CTS_01	自然植被	160	23.3	6	0.1
2010	6	CWAQX01CTS_01	自然植被	180	22.5	6	0.5
2010	6	CWAQX01CTS_01	自然植被	200	22.3	6	0.6
2010	6	CWAQX01CTS_01	自然植被	220	22.1	6	0.2
2010	6	CWAQX01CTS_01	自然植被	240	21.4	6	0.6
2010	6	CWAQX01CTS_01	自然植被	260	21.9	6	0.6
2010	6	CWAQX01CTS_01	自然植被	280	22.7	6	1.0
2010	6	CWAQX01CTS_01	自然植被	300	24.8	6	1.7
2010	7	CWAQX01CTS_01	自然植被	10	16.5	6	8.4
2010	7	CWAQX01CTS_01	自然植被	20	17.9	6	9.9
2010	7	CWAQX01CTS_01	自然植被	30	19.3	6	9.5
2010	7	CWAQX01CTS_01	自然植被	40	20.4	6	8.2
2010	7	CWAQX01CTS_01	自然植被	50	21.3	6	6.5
2010	7	CWAQX01CTS_01	自然植被	60	21.6	6	4.3
2010	7	CWAQX01CTS_01	自然植被	70	22.1	6	2.2
2010	7	CWAQX01CTS_01	自然植被	80	21.6	6	1.6
2010	7	CWAQX01CTS_01	自然植被	90	21.6	6	0.7
2010	7	CWAQX01CTS_01	自然植被	100	22.0	6	0.6
2010	7	CWAQX01CTS_01	自然植被	120	22.5	6	0.4
2010	7	CWAQX01CTS_01	自然植被	140	23.1	6	0.3
2010	7	CWAQX01CTS_01	自然植被	160	23.2	6	0.3
2010	7	CWAQX01CTS_01	自然植被	180	22.8	6	0.4
2010	7	CWAQX01CTS_01	自然植被	200	22.2	6	0.5
2010	7	CWAQX01CTS_01	自然植被	220	22.2	6	0.6
2010	7	CWAQX01CTS_01	自然植被	240	21.7	6	0.2
2010	7	CWAQX01CTS_01	自然植被	260	21.6	6	0.7
2010	7	CWAQX01CTS_01	自然植被	280	21.9	6	1.1
2010	7	CWAQX01CTS_01	自然植被	300	23.8	6	1.3
2010	8	CWAQX01CTS_01	自然植被	10	29.5	6	2.4

（续）

年份	月份	样地代码	作物名称	观测层次（cm）	体积含水量（%）	重复数	标准差
2010	8	CWAQX01CTS_01	自然植被	20	31.6	6	2.7
2010	8	CWAQX01CTS_01	自然植被	30	32.3	6	2.5
2010	8	CWAQX01CTS_01	自然植被	40	31.7	6	2.2
2010	8	CWAQX01CTS_01	自然植被	50	31.2	6	2.1
2010	8	CWAQX01CTS_01	自然植被	60	30.4	6	2.1
2010	8	CWAQX01CTS_01	自然植被	70	29.7	6	2.0
2010	8	CWAQX01CTS_01	自然植被	80	28.8	6	2.3
2010	8	CWAQX01CTS_01	自然植被	90	28.2	6	2.9
2010	8	CWAQX01CTS_01	自然植被	100	27.9	6	3.6
2010	8	CWAQX01CTS_01	自然植被	120	26.9	6	4.0
2010	8	CWAQX01CTS_01	自然植被	140	26.3	6	4.2
2010	8	CWAQX01CTS_01	自然植被	160	25.7	6	3.9
2010	8	CWAQX01CTS_01	自然植被	180	24.6	6	3.1
2010	8	CWAQX01CTS_01	自然植被	200	23.3	6	2.5
2010	8	CWAQX01CTS_01	自然植被	220	22.3	6	1.2
2010	8	CWAQX01CTS_01	自然植被	240	21.5	6	0.4
2010	8	CWAQX01CTS_01	自然植被	260	21.5	6	0.6
2010	8	CWAQX01CTS_01	自然植被	280	23.3	6	0.8
2010	8	CWAQX01CTS_01	自然植被	300	25.4	6	0.4
2010	9	CWAQX01CTS_01	自然植被	10	29.6	6	3.3
2010	9	CWAQX01CTS_01	自然植被	20	31.4	6	2.3
2010	9	CWAQX01CTS_01	自然植被	30	31.7	6	1.9
2010	9	CWAQX01CTS_01	自然植被	40	30.9	6	1.2
2010	9	CWAQX01CTS_01	自然植被	50	29.4	6	1.0
2010	9	CWAQX01CTS_01	自然植被	60	29.0	6	1.1
2010	9	CWAQX01CTS_01	自然植被	70	28.5	6	0.6
2010	9	CWAQX01CTS_01	自然植被	80	28.5	6	0.6
2010	9	CWAQX01CTS_01	自然植被	90	29.0	6	0.7
2010	9	CWAQX01CTS_01	自然植被	100	29.0	6	0.5
2010	9	CWAQX01CTS_01	自然植被	120	29.7	6	0.6
2010	9	CWAQX01CTS_01	自然植被	140	30.8	6	0.6
2010	9	CWAQX01CTS_01	自然植被	160	30.8	6	0.3
2010	9	CWAQX01CTS_01	自然植被	180	30.2	6	0.3

（续）

年份	月份	样地代码	作物名称	观测层次（cm）	体积含水量（%）	重复数	标准差
2010	9	CWAQX01CTS_01	自然植被	200	29.2	6	0.2
2010	9	CWAQX01CTS_01	自然植被	220	27.4	6	0.7
2010	9	CWAQX01CTS_01	自然植被	240	26.1	6	1.7
2010	9	CWAQX01CTS_01	自然植被	260	23.9	6	1.9
2010	9	CWAQX01CTS_01	自然植被	280	23.8	6	0.8
2010	9	CWAQX01CTS_01	自然植被	300	25.6	6	0.9
2010	10	CWAQX01CTS_01	自然植被	10	27.1	6	1.5
2010	10	CWAQX01CTS_01	自然植被	20	27.9	6	1.0
2010	10	CWAQX01CTS_01	自然植被	30	28.3	6	1.0
2010	10	CWAQX01CTS_01	自然植被	40	28.5	6	1.1
2010	10	CWAQX01CTS_01	自然植被	50	27.8	6	0.9
2010	10	CWAQX01CTS_01	自然植被	60	27.4	6	0.5
2010	10	CWAQX01CTS_01	自然植被	70	27.4	6	0.4
2010	10	CWAQX01CTS_01	自然植被	80	27.2	6	0.6
2010	10	CWAQX01CTS_01	自然植被	90	27.4	6	0.4
2010	10	CWAQX01CTS_01	自然植被	100	27.8	6	0.7
2010	10	CWAQX01CTS_01	自然植被	120	28.6	6	0.2
2010	10	CWAQX01CTS_01	自然植被	140	29.0	6	0.5
2010	10	CWAQX01CTS_01	自然植被	160	29.5	6	0.2
2010	10	CWAQX01CTS_01	自然植被	180	29.4	6	0.5
2010	10	CWAQX01CTS_01	自然植被	200	28.5	6	0.3
2010	10	CWAQX01CTS_01	自然植被	220	27.5	6	0.3
2010	10	CWAQX01CTS_01	自然植被	240	27.4	6	0.3
2010	10	CWAQX01CTS_01	自然植被	260	26.8	6	0.2
2010	10	CWAQX01CTS_01	自然植被	280	26.6	6	0.5
2010	10	CWAQX01CTS_01	自然植被	300	27.2	6	0.8
2010	11	CWAQX01CTS_01	自然植被	10	21.5	6	1.3
2010	11	CWAQX01CTS_01	自然植被	20	24.1	6	1.4
2010	11	CWAQX01CTS_01	自然植被	30	25.6	6	0.8
2010	11	CWAQX01CTS_01	自然植被	40	26.0	6	0.8
2010	11	CWAQX01CTS_01	自然植被	50	25.6	6	0.5
2010	11	CWAQX01CTS_01	自然植被	60	25.7	6	0.6
2010	11	CWAQX01CTS_01	自然植被	70	26.3	6	0.7

（续）

年份	月份	样地代码	作物名称	观测层次（cm）	体积含水量（%）	重复数	标准差
2010	11	CWAQX01CTS_01	自然植被	80	26.5	6	0.3
2010	11	CWAQX01CTS_01	自然植被	90	26.5	6	0.5
2010	11	CWAQX01CTS_01	自然植被	100	26.9	6	0.7
2010	11	CWAQX01CTS_01	自然植被	120	27.7	6	0.3
2010	11	CWAQX01CTS_01	自然植被	140	28.1	6	0.6
2010	11	CWAQX01CTS_01	自然植被	160	28.8	6	0.6
2010	11	CWAQX01CTS_01	自然植被	180	28.6	6	0.3
2010	11	CWAQX01CTS_01	自然植被	200	27.8	6	0.3
2010	11	CWAQX01CTS_01	自然植被	220	26.9	6	0.2
2010	11	CWAQX01CTS_01	自然植被	240	26.9	6	0.5
2010	11	CWAQX01CTS_01	自然植被	260	26.7	6	0.3
2010	11	CWAQX01CTS_01	自然植被	280	27.2	6	0.2
2010	11	CWAQX01CTS_01	自然植被	300	28.3	6	0.6
2010	12	CWAQX01CTS_01	自然植被	10	19.7	3	1.3
2010	12	CWAQX01CTS_01	自然植被	20	23.0	3	0.5
2010	12	CWAQX01CTS_01	自然植被	30	23.5	3	0.7
2010	12	CWAQX01CTS_01	自然植被	40	24.6	3	0.1
2010	12	CWAQX01CTS_01	自然植被	50	23.8	3	0.6
2010	12	CWAQX01CTS_01	自然植被	60	23.8	3	0.9
2010	12	CWAQX01CTS_01	自然植被	70	25.0	3	0.9
2010	12	CWAQX01CTS_01	自然植被	80	25.3	3	0.8
2010	12	CWAQX01CTS_01	自然植被	90	26.0	3	0.3
2010	12	CWAQX01CTS_01	自然植被	100	25.9	3	0.4
2010	12	CWAQX01CTS_01	自然植被	120	26.4	3	0.3
2010	12	CWAQX01CTS_01	自然植被	140	27.3	3	0.3
2010	12	CWAQX01CTS_01	自然植被	160	27.8	3	0.4
2010	12	CWAQX01CTS_01	自然植被	180	27.5	3	0.4
2010	12	CWAQX01CTS_01	自然植被	200	27.4	3	0.5
2010	12	CWAQX01CTS_01	自然植被	220	26.4	3	0.5
2010	12	CWAQX01CTS_01	自然植被	240	26.7	3	0.4
2010	12	CWAQX01CTS_01	自然植被	260	26.2	3	0.5
2010	12	CWAQX01CTS_01	自然植被	280	26.9	3	0.1
2010	12	CWAQX01CTS_01	自然植被	300	28.0	3	0.3

（续）

年份	月份	样地代码	作物名称	观测层次（cm）	体积含水量（%）	重复数	标准差
2010	1	CWAFZ04CTS_01	麦闲地	10	21.2	9	0.8
2010	1	CWAFZ04CTS_01	麦闲地	20	25.3	9	0.5
2010	1	CWAFZ04CTS_01	麦闲地	30	24.1	9	0.5
2010	1	CWAFZ04CTS_01	麦闲地	40	19.8	9	0.4
2010	1	CWAFZ04CTS_01	麦闲地	50	19.2	9	1.5
2010	1	CWAFZ04CTS_01	麦闲地	60	18.9	9	1.2
2010	1	CWAFZ04CTS_01	麦闲地	70	19.4	9	1.1
2010	1	CWAFZ04CTS_01	麦闲地	80	19.4	9	1.2
2010	1	CWAFZ04CTS_01	麦闲地	90	19.0	9	1.3
2010	1	CWAFZ04CTS_01	麦闲地	100	19.1	9	1.8
2010	1	CWAFZ04CTS_01	麦闲地	120	19.5	9	2.4
2010	1	CWAFZ04CTS_01	麦闲地	140	20.4	9	2.9
2010	1	CWAFZ04CTS_01	麦闲地	160	21.3	9	3.6
2010	1	CWAFZ04CTS_01	麦闲地	180	22.0	9	4.3
2010	1	CWAFZ04CTS_01	麦闲地	200	21.3	9	3.2
2010	1	CWAFZ04CTS_01	麦闲地	220	21.3	9	2.8
2010	1	CWAFZ04CTS_01	麦闲地	240	21.8	9	2.2
2010	1	CWAFZ04CTS_01	麦闲地	260	22.3	9	1.6
2010	1	CWAFZ04CTS_01	麦闲地	280	22.6	9	1.0
2010	1	CWAFZ04CTS_01	麦闲地	300	22.7	9	1.0
2010	2	CWAFZ04CTS_01	麦闲地	10	23.4	9	1.3
2010	2	CWAFZ04CTS_01	麦闲地	20	25.0	9	1.7
2010	2	CWAFZ04CTS_01	麦闲地	30	23.5	9	1.2
2010	2	CWAFZ04CTS_01	麦闲地	40	19.8	9	0.8
2010	2	CWAFZ04CTS_01	麦闲地	50	18.8	9	1.3
2010	2	CWAFZ04CTS_01	麦闲地	60	18.9	9	0.9
2010	2	CWAFZ04CTS_01	麦闲地	70	19.0	9	0.9
2010	2	CWAFZ04CTS_01	麦闲地	80	19.0	9	1.1
2010	2	CWAFZ04CTS_01	麦闲地	90	19.0	9	1.1
2010	2	CWAFZ04CTS_01	麦闲地	100	18.7	9	1.5
2010	2	CWAFZ04CTS_01	麦闲地	120	19.3	9	2.4
2010	2	CWAFZ04CTS_01	麦闲地	140	20.3	9	2.9
2010	2	CWAFZ04CTS_01	麦闲地	160	21.5	9	3.5

（续）

年份	月份	样地代码	作物名称	观测层次（cm）	体积含水量（%）	重复数	标准差
2010	2	CWAFZ04CTS_01	麦闲地	180	21.7	9	3.9
2010	2	CWAFZ04CTS_01	麦闲地	200	21.3	9	3.1
2010	2	CWAFZ04CTS_01	麦闲地	220	21.3	9	2.7
2010	2	CWAFZ04CTS_01	麦闲地	240	22.0	9	2.1
2010	2	CWAFZ04CTS_01	麦闲地	260	22.2	9	1.5
2010	2	CWAFZ04CTS_01	麦闲地	280	22.7	9	0.9
2010	2	CWAFZ04CTS_01	麦闲地	300	22.7	9	0.8
2010	3	CWAFZ04CTS_01	麦闲地	10	19.7	9	0.8
2010	3	CWAFZ04CTS_01	麦闲地	20	22.5	9	0.4
2010	3	CWAFZ04CTS_01	麦闲地	30	22.9	9	0.6
2010	3	CWAFZ04CTS_01	麦闲地	40	21.6	9	1.2
2010	3	CWAFZ04CTS_01	麦闲地	50	21.3	9	1.2
2010	3	CWAFZ04CTS_01	麦闲地	60	21.2	9	1.0
2010	3	CWAFZ04CTS_01	麦闲地	70	20.9	9	0.9
2010	3	CWAFZ04CTS_01	麦闲地	80	20.7	9	1.2
2010	3	CWAFZ04CTS_01	麦闲地	90	20.2	9	1.6
2010	3	CWAFZ04CTS_01	麦闲地	100	20.2	9	1.9
2010	3	CWAFZ04CTS_01	麦闲地	120	20.8	9	2.6
2010	3	CWAFZ04CTS_01	麦闲地	140	21.5	9	3.1
2010	3	CWAFZ04CTS_01	麦闲地	160	22.6	9	3.5
2010	3	CWAFZ04CTS_01	麦闲地	180	23.6	9	4.1
2010	3	CWAFZ04CTS_01	麦闲地	200	22.7	9	3.3
2010	3	CWAFZ04CTS_01	麦闲地	220	22.0	9	3.4
2010	3	CWAFZ04CTS_01	麦闲地	240	23.5	9	2.4
2010	3	CWAFZ04CTS_01	麦闲地	260	23.6	9	1.6
2010	3	CWAFZ04CTS_01	麦闲地	280	24.0	9	0.9
2010	3	CWAFZ04CTS_01	麦闲地	300	24.0	9	0.8
2010	4	CWAFZ04CTS_01	玉米地	10	14.5	9	1.0
2010	4	CWAFZ04CTS_01	玉米地	20	20.4	9	0.4
2010	4	CWAFZ04CTS_01	玉米地	30	22.6	9	0.6
2010	4	CWAFZ04CTS_01	玉米地	40	22.0	9	1.4
2010	4	CWAFZ04CTS_01	玉米地	50	21.9	9	1.4
2010	4	CWAFZ04CTS_01	玉米地	60	21.9	9	1.0

（续）

年份	月份	样地代码	作物名称	观测层次（cm）	体积含水量（%）	重复数	标准差
2010	4	CWAFZ04CTS_01	玉米地	70	22.1	9	1.0
2010	4	CWAFZ04CTS_01	玉米地	80	21.6	9	1.0
2010	4	CWAFZ04CTS_01	玉米地	90	21.3	9	1.3
2010	4	CWAFZ04CTS_01	玉米地	100	20.9	9	1.6
2010	4	CWAFZ04CTS_01	玉米地	120	21.4	9	2.6
2010	4	CWAFZ04CTS_01	玉米地	140	22.4	9	3.1
2010	4	CWAFZ04CTS_01	玉米地	160	23.4	9	3.8
2010	4	CWAFZ04CTS_01	玉米地	180	24.0	9	4.4
2010	4	CWAFZ04CTS_01	玉米地	200	23.3	9	3.4
2010	4	CWAFZ04CTS_01	玉米地	220	23.5	9	3.2
2010	4	CWAFZ04CTS_01	玉米地	240	23.8	9	2.5
2010	4	CWAFZ04CTS_01	玉米地	260	24.5	9	1.4
2010	4	CWAFZ04CTS_01	玉米地	280	24.9	9	1.0
2010	4	CWAFZ04CTS_01	玉米地	300	24.8	9	0.5
2010	5	CWAFZ04CTS_01	玉米地	10	13.1	9	1.2
2010	5	CWAFZ04CTS_01	玉米地	20	18.0	9	1.4
2010	5	CWAFZ04CTS_01	玉米地	30	19.9	9	1.9
2010	5	CWAFZ04CTS_01	玉米地	40	20.5	9	2.3
2010	5	CWAFZ04CTS_01	玉米地	50	21.1	9	1.9
2010	5	CWAFZ04CTS_01	玉米地	60	21.4	9	1.3
2010	5	CWAFZ04CTS_01	玉米地	70	21.7	9	0.9
2010	5	CWAFZ04CTS_01	玉米地	80	21.2	9	1.1
2010	5	CWAFZ04CTS_01	玉米地	90	20.8	9	1.4
2010	5	CWAFZ04CTS_01	玉米地	100	21.2	9	1.6
2010	5	CWAFZ04CTS_01	玉米地	120	21.9	9	2.0
2010	5	CWAFZ04CTS_01	玉米地	140	22.6	9	2.9
2010	5	CWAFZ04CTS_01	玉米地	160	23.6	9	3.9
2010	5	CWAFZ04CTS_01	玉米地	180	23.9	9	4.4
2010	5	CWAFZ04CTS_01	玉米地	200	23.3	9	3.4
2010	5	CWAFZ04CTS_01	玉米地	220	23.6	9	2.9
2010	5	CWAFZ04CTS_01	玉米地	240	24.1	9	2.4
2010	5	CWAFZ04CTS_01	玉米地	260	24.5	9	1.2
2010	5	CWAFZ04CTS_01	玉米地	280	25.1	9	0.7

（续）

年份	月份	样地代码	作物名称	观测层次（cm）	体积含水量（%）	重复数	标准差
2010	5	CWAFZ04CTS_01	玉米地	300	24.6	9	0.5
2010	6	CWAFZ04CTS_01	玉米地	10	13.3	9	0.8
2010	6	CWAFZ04CTS_01	玉米地	20	17.4	9	1.0
2010	6	CWAFZ04CTS_01	玉米地	30	18.9	9	1.1
2010	6	CWAFZ04CTS_01	玉米地	40	19.2	9	1.8
2010	6	CWAFZ04CTS_01	玉米地	50	19.7	9	1.4
2010	6	CWAFZ04CTS_01	玉米地	60	20.7	9	1.4
2010	6	CWAFZ04CTS_01	玉米地	70	20.5	9	1.6
2010	6	CWAFZ04CTS_01	玉米地	80	20.8	9	1.2
2010	6	CWAFZ04CTS_01	玉米地	90	20.9	9	1.7
2010	6	CWAFZ04CTS_01	玉米地	100	20.9	9	1.8
2010	6	CWAFZ04CTS_01	玉米地	120	21.9	9	2.6
2010	6	CWAFZ04CTS_01	玉米地	140	23.0	9	3.1
2010	6	CWAFZ04CTS_01	玉米地	160	24.3	9	4.2
2010	6	CWAFZ04CTS_01	玉米地	180	24.4	9	3.8
2010	6	CWAFZ04CTS_01	玉米地	200	23.0	9	3.4
2010	6	CWAFZ04CTS_01	玉米地	220	23.9	9	2.5
2010	6	CWAFZ04CTS_01	玉米地	240	23.8	9	2.6
2010	6	CWAFZ04CTS_01	玉米地	260	24.3	9	1.5
2010	6	CWAFZ04CTS_01	玉米地	280	24.9	9	0.9
2010	6	CWAFZ04CTS_01	玉米地	300	25.2	9	0.7
2010	7	CWAFZ04CTS_01	玉米地	10	14.9	9	1.5
2010	7	CWAFZ04CTS_01	玉米地	20	17.3	9	1.4
2010	7	CWAFZ04CTS_01	玉米地	30	18.5	9	0.8
2010	7	CWAFZ04CTS_01	玉米地	40	18.6	9	1.0
2010	7	CWAFZ04CTS_01	玉米地	50	19.2	9	0.8
2010	7	CWAFZ04CTS_01	玉米地	60	20.2	9	1.3
2010	7	CWAFZ04CTS_01	玉米地	70	20.8	9	1.2
2010	7	CWAFZ04CTS_01	玉米地	80	20.6	9	1.5
2010	7	CWAFZ04CTS_01	玉米地	90	20.1	9	1.6
2010	7	CWAFZ04CTS_01	玉米地	100	19.9	9	1.7
2010	7	CWAFZ04CTS_01	玉米地	120	21.2	9	2.0
2010	7	CWAFZ04CTS_01	玉米地	140	22.5	9	2.4

（续）

年份	月份	样地代码	作物名称	观测层次（cm）	体积含水量（%）	重复数	标准差
2010	7	CWAFZ04CTS_01	玉米地	160	23.7	9	3.1
2010	7	CWAFZ04CTS_01	玉米地	180	24.2	9	3.7
2010	7	CWAFZ04CTS_01	玉米地	200	24.0	9	3.4
2010	7	CWAFZ04CTS_01	玉米地	220	23.9	9	2.7
2010	7	CWAFZ04CTS_01	玉米地	240	24.2	9	2.2
2010	7	CWAFZ04CTS_01	玉米地	260	24.7	9	1.6
2010	7	CWAFZ04CTS_01	玉米地	280	25.1	9	0.9
2010	7	CWAFZ04CTS_01	玉米地	300	25.1	9	0.6
2010	8	CWAFZ04CTS_01	玉米地	10	27.4	9	1.6
2010	8	CWAFZ04CTS_01	玉米地	20	30.2	9	0.9
2010	8	CWAFZ04CTS_01	玉米地	30	30.0	9	1.1
2010	8	CWAFZ04CTS_01	玉米地	40	28.3	9	1.8
2010	8	CWAFZ04CTS_01	玉米地	50	27.9	9	1.7
2010	8	CWAFZ04CTS_01	玉米地	60	28.4	9	1.5
2010	8	CWAFZ04CTS_01	玉米地	70	28.0	9	1.8
2010	8	CWAFZ04CTS_01	玉米地	80	27.6	9	1.3
2010	8	CWAFZ04CTS_01	玉米地	90	26.7	9	1.2
2010	8	CWAFZ04CTS_01	玉米地	100	25.6	9	1.4
2010	8	CWAFZ04CTS_01	玉米地	120	24.8	9	2.4
2010	8	CWAFZ04CTS_01	玉米地	140	25.5	9	2.9
2010	8	CWAFZ04CTS_01	玉米地	160	25.8	9	3.8
2010	8	CWAFZ04CTS_01	玉米地	180	25.2	9	4.2
2010	8	CWAFZ04CTS_01	玉米地	200	24.1	9	3.8
2010	8	CWAFZ04CTS_01	玉米地	220	24.2	9	3.5
2010	8	CWAFZ04CTS_01	玉米地	240	24.3	9	2.3
2010	8	CWAFZ04CTS_01	玉米地	260	24.8	9	1.4
2010	8	CWAFZ04CTS_01	玉米地	280	22.3	9	4.5
2010	8	CWAFZ04CTS_01	玉米地	300	22.3	9	4.4
2010	9	CWAFZ04CTS_01	玉米地	10	27.0	9	1.5
2010	9	CWAFZ04CTS_01	玉米地	20	29.3	9	1.0
2010	9	CWAFZ04CTS_01	玉米地	30	29.4	9	1.0
2010	9	CWAFZ04CTS_01	玉米地	40	27.9	9	1.8
2010	9	CWAFZ04CTS_01	玉米地	50	28.2	9	1.6

（续）

年份	月份	样地代码	作物名称	观测层次（cm）	体积含水量（%）	重复数	标准差
2010	9	CWAFZ04CTS_01	玉米地	60	28.5	9	1.7
2010	9	CWAFZ04CTS_01	玉米地	70	28.6	9	1.5
2010	9	CWAFZ04CTS_01	玉米地	80	28.4	9	1.2
2010	9	CWAFZ04CTS_01	玉米地	90	27.9	9	0.4
2010	9	CWAFZ04CTS_01	玉米地	100	28.0	9	0.6
2010	9	CWAFZ04CTS_01	玉米地	120	29.0	9	1.4
2010	9	CWAFZ04CTS_01	玉米地	140	30.4	9	2.0
2010	9	CWAFZ04CTS_01	玉米地	160	30.5	9	3.2
2010	9	CWAFZ04CTS_01	玉米地	180	28.5	9	4.1
2010	9	CWAFZ04CTS_01	玉米地	200	26.9	9	3.9
2010	9	CWAFZ04CTS_01	玉米地	220	25.9	9	4.2
2010	9	CWAFZ04CTS_01	玉米地	240	25.6	9	3.4
2010	9	CWAFZ04CTS_01	玉米地	260	25.3	9	2.0
2010	9	CWAFZ04CTS_01	玉米地	280	25.6	9	1.6
2010	9	CWAFZ04CTS_01	玉米地	300	25.4	9	1.1
2010	10	CWAFZ04CTS_01	冬小麦	10	23.4	9	2.1
2010	10	CWAFZ04CTS_01	冬小麦	20	26.1	9	1.1
2010	10	CWAFZ04CTS_01	冬小麦	30	26.6	9	1.1
2010	10	CWAFZ04CTS_01	冬小麦	40	25.8	9	1.9
2010	10	CWAFZ04CTS_01	冬小麦	50	25.9	9	1.6
2010	10	CWAFZ04CTS_01	冬小麦	60	26.8	9	1.4
2010	10	CWAFZ04CTS_01	冬小麦	70	27.1	9	1.2
2010	10	CWAFZ04CTS_01	冬小麦	80	26.8	9	1.1
2010	10	CWAFZ04CTS_01	冬小麦	90	26.6	9	0.5
2010	10	CWAFZ04CTS_01	冬小麦	100	26.9	9	0.5
2010	10	CWAFZ04CTS_01	冬小麦	120	27.4	9	1.2
2010	10	CWAFZ04CTS_01	冬小麦	140	29.6	9	1.3
2010	10	CWAFZ04CTS_01	冬小麦	160	30.5	9	2.5
2010	10	CWAFZ04CTS_01	冬小麦	180	29.9	9	2.9
2010	10	CWAFZ04CTS_01	冬小麦	200	28.8	9	2.4
2010	10	CWAFZ04CTS_01	冬小麦	220	27.1	9	2.5
2010	10	CWAFZ04CTS_01	冬小麦	240	26.6	9	2.7
2010	10	CWAFZ04CTS_01	冬小麦	260	26.5	9	2.1

（续）

年份	月份	样地代码	作物名称	观测层次（cm）	体积含水量（%）	重复数	标准差
2010	10	CWAFZ04CTS_01	冬小麦	280	26.5	9	1.6
2010	10	CWAFZ04CTS_01	冬小麦	300	26.4	9	1.6
2010	11	CWAFZ04CTS_01	冬小麦	10	17.7	9	2.0
2010	11	CWAFZ04CTS_01	冬小麦	20	21.9	9	0.9
2010	11	CWAFZ04CTS_01	冬小麦	30	22.5	9	2.7
2010	11	CWAFZ04CTS_01	冬小麦	40	23.6	9	1.8
2010	11	CWAFZ04CTS_01	冬小麦	50	24.0	9	1.8
2010	11	CWAFZ04CTS_01	冬小麦	60	24.8	9	1.4
2010	11	CWAFZ04CTS_01	冬小麦	70	25.2	9	1.1
2010	11	CWAFZ04CTS_01	冬小麦	80	25.2	9	0.7
2010	11	CWAFZ04CTS_01	冬小麦	90	25.6	9	0.3
2010	11	CWAFZ04CTS_01	冬小麦	100	25.5	9	0.4
2010	11	CWAFZ04CTS_01	冬小麦	120	27.1	9	1.1
2010	11	CWAFZ04CTS_01	冬小麦	140	28.8	9	1.6
2010	11	CWAFZ04CTS_01	冬小麦	160	29.9	9	2.1
2010	11	CWAFZ04CTS_01	冬小麦	180	29.9	9	2.8
2010	11	CWAFZ04CTS_01	冬小麦	200	28.7	9	1.9
2010	11	CWAFZ04CTS_01	冬小麦	220	27.7	9	2.0
2010	11	CWAFZ04CTS_01	冬小麦	240	27.4	9	1.9
2010	11	CWAFZ04CTS_01	冬小麦	260	27.2	9	1.7
2010	11	CWAFZ04CTS_01	冬小麦	280	27.1	9	1.3
2010	11	CWAFZ04CTS_01	冬小麦	300	26.9	9	1.6
2010	12	CWAFZ04CTS_01	冬小麦	10	15.1	9	1.2
2010	12	CWAFZ04CTS_01	冬小麦	20	20.2	9	0.8
2010	12	CWAFZ04CTS_01	冬小麦	30	22.1	9	0.8
2010	12	CWAFZ04CTS_01	冬小麦	40	22.1	9	1.4
2010	12	CWAFZ04CTS_01	冬小麦	50	22.6	9	1.6
2010	12	CWAFZ04CTS_01	冬小麦	60	23.2	9	1.1
2010	12	CWAFZ04CTS_01	冬小麦	70	23.9	9	1.2
2010	12	CWAFZ04CTS_01	冬小麦	80	23.8	9	0.8
2010	12	CWAFZ04CTS_01	冬小麦	90	24.4	9	0.3
2010	12	CWAFZ04CTS_01	冬小麦	100	25.0	9	0.6
2010	12	CWAFZ04CTS_01	冬小麦	120	26.2	9	1.6

（续）

年份	月份	样地代码	作物名称	观测层次（cm）	体积含水量（%）	重复数	标准差
2010	12	CWAFZ04CTS_01	冬小麦	140	28.0	9	1.6
2010	12	CWAFZ04CTS_01	冬小麦	160	29.4	9	2.0
2010	12	CWAFZ04CTS_01	冬小麦	180	29.3	9	2.6
2010	12	CWAFZ04CTS_01	冬小麦	200	28.4	9	1.8
2010	12	CWAFZ04CTS_01	冬小麦	220	27.6	9	1.3
2010	12	CWAFZ04CTS_01	冬小麦	240	27.3	9	1.4
2010	12	CWAFZ04CTS_01	冬小麦	260	27.6	9	1.2
2010	12	CWAFZ04CTS_01	冬小麦	280	27.4	9	1.2
2010	12	CWAFZ04CTS_01	冬小麦	300	27.1	9	1.0
2011	1	CWAZH01CHG_01	冬小麦	10	13.7	9	1.6
2011	1	CWAZH01CHG_01	冬小麦	20	22.6	9	1.4
2011	1	CWAZH01CHG_01	冬小麦	30	25.7	9	0.5
2011	1	CWAZH01CHG_01	冬小麦	40	24.5	9	1.2
2011	1	CWAZH01CHG_01	冬小麦	50	23.7	9	1.2
2011	1	CWAZH01CHG_01	冬小麦	60	24.3	9	0.8
2011	1	CWAZH01CHG_01	冬小麦	70	23.4	9	0.9
2011	1	CWAZH01CHG_01	冬小麦	80	24.2	9	0.6
2011	1	CWAZH01CHG_01	冬小麦	90	24.6	9	0.6
2011	1	CWAZH01CHG_01	冬小麦	100	24.8	9	0.7
2011	1	CWAZH01CHG_01	冬小麦	120	25.0	9	0.8
2011	1	CWAZH01CHG_01	冬小麦	140	24.6	9	0.8
2011	1	CWAZH01CHG_01	冬小麦	160	25.3	9	0.5
2011	1	CWAZH01CHG_01	冬小麦	180	25.4	9	0.8
2011	1	CWAZH01CHG_01	冬小麦	200	24.9	9	0.6
2011	1	CWAZH01CHG_01	冬小麦	220	24.4	9	1.0
2011	1	CWAZH01CHG_01	冬小麦	240	23.6	9	1.0
2011	1	CWAZH01CHG_01	冬小麦	260	22.7	9	1.4
2011	1	CWAZH01CHG_01	冬小麦	280	22.4	9	1.0
2011	1	CWAZH01CHG_01	冬小麦	300	22.5	9	0.8
2011	2	CWAZH01CHG_01	冬小麦	10	15.9	9	1.6
2011	2	CWAZH01CHG_01	冬小麦	20	23.1	9	0.7
2011	2	CWAZH01CHG_01	冬小麦	30	25.5	9	0.6
2011	2	CWAZH01CHG_01	冬小麦	40	24.8	9	0.9

（续）

年份	月份	样地代码	作物名称	观测层次（cm）	体积含水量（%）	重复数	标准差
2011	2	CWAZH01CHG_01	冬小麦	50	25.8	9	1.1
2011	2	CWAZH01CHG_01	冬小麦	60	24.5	9	1.1
2011	2	CWAZH01CHG_01	冬小麦	70	23.3	9	0.7
2011	2	CWAZH01CHG_01	冬小麦	80	23.5	9	0.7
2011	2	CWAZH01CHG_01	冬小麦	90	24.4	9	0.7
2011	2	CWAZH01CHG_01	冬小麦	100	24.4	9	0.7
2011	2	CWAZH01CHG_01	冬小麦	120	24.7	9	0.9
2011	2	CWAZH01CHG_01	冬小麦	140	24.3	9	0.7
2011	2	CWAZH01CHG_01	冬小麦	160	25.0	9	0.4
2011	2	CWAZH01CHG_01	冬小麦	180	25.0	9	0.8
2011	2	CWAZH01CHG_01	冬小麦	200	24.6	9	0.9
2011	2	CWAZH01CHG_01	冬小麦	220	24.0	9	0.9
2011	2	CWAZH01CHG_01	冬小麦	240	23.7	9	1.1
2011	2	CWAZH01CHG_01	冬小麦	260	22.9	9	1.4
2011	2	CWAZH01CHG_01	冬小麦	280	22.4	9	1.2
2011	2	CWAZH01CHG_01	冬小麦	300	22.8	9	0.8
2011	3	CWAZH01CHG_01	冬小麦	10	17.6	18	1.1
2011	3	CWAZH01CHG_01	冬小麦	20	23.0	18	0.7
2011	3	CWAZH01CHG_01	冬小麦	30	24.5	18	0.3
2011	3	CWAZH01CHG_01	冬小麦	40	24.0	18	1.0
2011	3	CWAZH01CHG_01	冬小麦	50	23.8	18	1.1
2011	3	CWAZH01CHG_01	冬小麦	60	24.2	18	1.0
2011	3	CWAZH01CHG_01	冬小麦	70	23.7	18	0.9
2011	3	CWAZH01CHG_01	冬小麦	80	24.1	18	0.6
2011	3	CWAZH01CHG_01	冬小麦	90	24.6	18	0.5
2011	3	CWAZH01CHG_01	冬小麦	100	24.6	18	0.8
2011	3	CWAZH01CHG_01	冬小麦	120	24.6	18	0.6
2011	3	CWAZH01CHG_01	冬小麦	140	24.1	18	0.6
2011	3	CWAZH01CHG_01	冬小麦	160	24.5	18	0.3
2011	3	CWAZH01CHG_01	冬小麦	180	24.7	18	0.7
2011	3	CWAZH01CHG_01	冬小麦	200	24.5	18	0.7
2011	3	CWAZH01CHG_01	冬小麦	220	23.9	18	1.1
2011	3	CWAZH01CHG_01	冬小麦	240	23.0	18	0.8

（续）

年份	月份	样地代码	作物名称	观测层次（cm）	体积含水量（%）	重复数	标准差
2011	3	CWAZH01CHG_01	冬小麦	260	22.5	18	1.0
2011	3	CWAZH01CHG_01	冬小麦	280	22.5	18	1.0
2011	3	CWAZH01CHG_01	冬小麦	300	22.9	18	0.6
2011	4	CWAZH01CHG_01	冬小麦	10	10.5	18	1.1
2011	4	CWAZH01CHG_01	冬小麦	20	17.2	18	1.0
2011	4	CWAZH01CHG_01	冬小麦	30	20.1	18	0.4
2011	4	CWAZH01CHG_01	冬小麦	40	20.6	18	0.7
2011	4	CWAZH01CHG_01	冬小麦	50	21.7	18	1.0
2011	4	CWAZH01CHG_01	冬小麦	60	22.7	18	1.2
2011	4	CWAZH01CHG_01	冬小麦	70	22.9	18	1.1
2011	4	CWAZH01CHG_01	冬小麦	80	23.4	18	0.6
2011	4	CWAZH01CHG_01	冬小麦	90	24.0	18	0.6
2011	4	CWAZH01CHG_01	冬小麦	100	24.1	18	0.6
2011	4	CWAZH01CHG_01	冬小麦	120	24.4	18	0.6
2011	4	CWAZH01CHG_01	冬小麦	140	23.7	18	0.5
2011	4	CWAZH01CHG_01	冬小麦	160	24.4	18	0.3
2011	4	CWAZH01CHG_01	冬小麦	180	24.2	18	0.7
2011	4	CWAZH01CHG_01	冬小麦	200	24.1	18	0.8
2011	4	CWAZH01CHG_01	冬小麦	220	23.5	18	1.0
2011	4	CWAZH01CHG_01	冬小麦	240	23.0	18	0.8
2011	4	CWAZH01CHG_01	冬小麦	260	22.3	18	0.9
2011	4	CWAZH01CHG_01	冬小麦	280	22.5	18	1.0
2011	4	CWAZH01CHG_01	冬小麦	300	22.9	18	0.5
2011	5	CWAZH01CHG_01	冬小麦	10	17.8	18	1.0
2011	5	CWAZH01CHG_01	冬小麦	20	19.3	18	1.0
2011	5	CWAZH01CHG_01	冬小麦	30	17.9	18	1.2
2011	5	CWAZH01CHG_01	冬小麦	40	16.3	18	0.8
2011	5	CWAZH01CHG_01	冬小麦	50	17.6	18	1.3
2011	5	CWAZH01CHG_01	冬小麦	60	19.3	18	1.7
2011	5	CWAZH01CHG_01	冬小麦	70	20.1	18	1.2
2011	5	CWAZH01CHG_01	冬小麦	80	20.9	18	0.8
2011	5	CWAZH01CHG_01	冬小麦	90	21.7	18	0.5
2011	5	CWAZH01CHG_01	冬小麦	100	22.2	18	0.6

（续）

年份	月份	样地代码	作物名称	观测层次（cm）	体积含水量（%）	重复数	标准差
2011	5	CWAZH01CHG_01	冬小麦	120	22.9	18	0.5
2011	5	CWAZH01CHG_01	冬小麦	140	22.8	18	0.4
2011	5	CWAZH01CHG_01	冬小麦	160	23.4	18	0.3
2011	5	CWAZH01CHG_01	冬小麦	180	23.5	18	0.7
2011	5	CWAZH01CHG_01	冬小麦	200	23.5	18	0.8
2011	5	CWAZH01CHG_01	冬小麦	220	23.2	18	1.1
2011	5	CWAZH01CHG_01	冬小麦	240	22.6	18	0.9
2011	5	CWAZH01CHG_01	冬小麦	260	22.0	18	1.0
2011	5	CWAZH01CHG_01	冬小麦	280	22.2	18	0.9
2011	5	CWAZH01CHG_01	冬小麦	300	23.0	18	0.4
2011	6	CWAZH01CHG_01	冬小麦	10	8.1	18	0.8
2011	6	CWAZH01CHG_01	冬小麦	20	11.6	18	0.7
2011	6	CWAZH01CHG_01	冬小麦	30	13.4	18	0.9
2011	6	CWAZH01CHG_01	冬小麦	40	13.7	18	0.6
2011	6	CWAZH01CHG_01	冬小麦	50	15.1	18	1.9
2011	6	CWAZH01CHG_01	冬小麦	60	16.3	18	2.1
2011	6	CWAZH01CHG_01	冬小麦	70	16.8	18	1.9
2011	6	CWAZH01CHG_01	冬小麦	80	17.6	18	1.1
2011	6	CWAZH01CHG_01	冬小麦	90	18.0	18	0.8
2011	6	CWAZH01CHG_01	冬小麦	100	18.8	18	0.7
2011	6	CWAZH01CHG_01	冬小麦	120	20.2	18	0.6
2011	6	CWAZH01CHG_01	冬小麦	140	20.5	18	0.6
2011	6	CWAZH01CHG_01	冬小麦	160	21.6	18	0.8
2011	6	CWAZH01CHG_01	冬小麦	180	21.9	18	0.8
2011	6	CWAZH01CHG_01	冬小麦	200	22.0	18	0.9
2011	6	CWAZH01CHG_01	冬小麦	220	22.0	18	1.0
2011	6	CWAZH01CHG_01	冬小麦	240	21.8	18	0.8
2011	6	CWAZH01CHG_01	冬小麦	260	21.4	18	1.0
2011	6	CWAZH01CHG_01	冬小麦	280	21.3	18	1.0
2011	6	CWAZH01CHG_01	冬小麦	300	22.7	18	0.6
2011	7	CWAZH01CHG_01	麦茬地	10	16.0	18	0.9
2011	7	CWAZH01CHG_01	麦茬地	20	19.4	18	0.7
2011	7	CWAZH01CHG_01	麦茬地	30	18.1	18	0.7

（续）

年份	月份	样地代码	作物名称	观测层次（cm）	体积含水量（%）	重复数	标准差
2011	7	CWAZH01CHG_01	麦茬地	40	16.1	18	0.9
2011	7	CWAZH01CHG_01	麦茬地	50	15.7	18	1.5
2011	7	CWAZH01CHG_01	麦茬地	60	17.0	18	2.4
2011	7	CWAZH01CHG_01	麦茬地	70	16.5	18	1.5
2011	7	CWAZH01CHG_01	麦茬地	80	17.1	18	1.0
2011	7	CWAZH01CHG_01	麦茬地	90	17.7	18	0.5
2011	7	CWAZH01CHG_01	麦茬地	100	18.4	18	0.5
2011	7	CWAZH01CHG_01	麦茬地	120	19.6	18	0.4
2011	7	CWAZH01CHG_01	麦茬地	140	20.1	18	0.4
2011	7	CWAZH01CHG_01	麦茬地	160	20.9	18	0.6
2011	7	CWAZH01CHG_01	麦茬地	180	21.3	18	0.6
2011	7	CWAZH01CHG_01	麦茬地	200	21.5	18	0.7
2011	7	CWAZH01CHG_01	麦茬地	220	21.6	18	0.9
2011	7	CWAZH01CHG_01	麦茬地	240	21.3	18	0.7
2011	7	CWAZH01CHG_01	麦茬地	260	21.3	18	1.2
2011	7	CWAZH01CHG_01	麦茬地	280	21.4	18	0.9
2011	7	CWAZH01CHG_01	麦茬地	300	22.5	18	0.4
2011	8	CWAZH01CHG_01	麦闲地	10	20.0	18	1.8
2011	8	CWAZH01CHG_01	麦闲地	20	27.5	18	1.0
2011	8	CWAZH01CHG_01	麦闲地	30	29.6	18	0.9
2011	8	CWAZH01CHG_01	麦闲地	40	28.1	18	1.0
2011	8	CWAZH01CHG_01	麦闲地	50	26.1	18	1.7
2011	8	CWAZH01CHG_01	麦闲地	60	24.1	18	2.5
2011	8	CWAZH01CHG_01	麦闲地	70	22.0	18	2.1
2011	8	CWAZH01CHG_01	麦闲地	80	20.1	18	1.6
2011	8	CWAZH01CHG_01	麦闲地	90	19.2	18	1.1
2011	8	CWAZH01CHG_01	麦闲地	100	19.0	18	0.7
2011	8	CWAZH01CHG_01	麦闲地	120	19.8	18	0.8
2011	8	CWAZH01CHG_01	麦闲地	140	20.2	18	0.5
2011	8	CWAZH01CHG_01	麦闲地	160	21.0	18	0.7
2011	8	CWAZH01CHG_01	麦闲地	180	21.4	18	0.8
2011	8	CWAZH01CHG_01	麦闲地	200	21.5	18	0.8
2011	8	CWAZH01CHG_01	麦闲地	220	21.4	18	0.8

（续）

年份	月份	样地代码	作物名称	观测层次（cm）	体积含水量（%）	重复数	标准差
2011	8	CWAZH01CHG_01	麦闲地	240	21.2	18	0.8
2011	8	CWAZH01CHG_01	麦闲地	260	20.8	18	1.0
2011	8	CWAZH01CHG_01	麦闲地	280	21.3	18	0.8
2011	8	CWAZH01CHG_01	麦闲地	300	22.4	18	0.5
2011	9	CWAZH01CHG_01	冬小麦	10	26.0	18	1.5
2011	9	CWAZH01CHG_01	冬小麦	20	33.3	18	0.9
2011	9	CWAZH01CHG_01	冬小麦	30	35.0	18	0.6
2011	9	CWAZH01CHG_01	冬小麦	40	33.1	18	0.6
2011	9	CWAZH01CHG_01	冬小麦	50	31.9	18	0.8
2011	9	CWAZH01CHG_01	冬小麦	60	31.3	18	1.1
2011	9	CWAZH01CHG_01	冬小麦	70	31.4	18	0.8
2011	9	CWAZH01CHG_01	冬小麦	80	32.0	18	0.6
2011	9	CWAZH01CHG_01	冬小麦	90	31.6	18	1.0
2011	9	CWAZH01CHG_01	冬小麦	100	31.2	18	1.1
2011	9	CWAZH01CHG_01	冬小麦	120	29.2	18	1.1
2011	9	CWAZH01CHG_01	冬小麦	140	27.2	18	1.0
2011	9	CWAZH01CHG_01	冬小麦	160	27.0	18	1.0
2011	9	CWAZH01CHG_01	冬小麦	180	26.5	18	0.9
2011	9	CWAZH01CHG_01	冬小麦	200	25.7	18	1.1
2011	9	CWAZH01CHG_01	冬小麦	220	23.8	18	1.2
2011	9	CWAZH01CHG_01	冬小麦	240	22.8	18	1.0
2011	9	CWAZH01CHG_01	冬小麦	260	21.4	18	1.1
2011	9	CWAZH01CHG_01	冬小麦	280	21.0	18	0.7
2011	9	CWAZH01CHG_01	冬小麦	300	21.8	18	0.3
2011	10	CWAZH01CHG_01	冬小麦	10	23.8	18	1.0
2011	10	CWAZH01CHG_01	冬小麦	20	30.0	18	0.8
2011	10	CWAZH01CHG_01	冬小麦	30	31.1	18	0.5
2011	10	CWAZH01CHG_01	冬小麦	40	29.7	18	0.5
2011	10	CWAZH01CHG_01	冬小麦	50	28.8	18	0.8
2011	10	CWAZH01CHG_01	冬小麦	60	28.4	18	0.9
2011	10	CWAZH01CHG_01	冬小麦	70	28.5	18	0.6
2011	10	CWAZH01CHG_01	冬小麦	80	28.7	18	0.5
2011	10	CWAZH01CHG_01	冬小麦	90	29.1	18	0.4

（续）

年份	月份	样地代码	作物名称	观测层次（cm）	体积含水量（%）	重复数	标准差
2011	10	CWAZH01CHG _ 01	冬小麦	100	28.9	18	0.7
2011	10	CWAZH01CHG _ 01	冬小麦	120	29.1	18	0.5
2011	10	CWAZH01CHG _ 01	冬小麦	140	28.3	18	0.5
2011	10	CWAZH01CHG _ 01	冬小麦	160	29.3	18	0.3
2011	10	CWAZH01CHG _ 01	冬小麦	180	29.4	18	0.8
2011	10	CWAZH01CHG _ 01	冬小麦	200	29.5	18	0.7
2011	10	CWAZH01CHG _ 01	冬小麦	220	29.2	18	0.8
2011	10	CWAZH01CHG _ 01	冬小麦	240	28.4	18	0.6
2011	10	CWAZH01CHG _ 01	冬小麦	260	28.0	18	0.8
2011	10	CWAZH01CHG _ 01	冬小麦	280	27.2	18	0.8
2011	10	CWAZH01CHG _ 01	冬小麦	300	26.4	18	0.7
2011	11	CWAZH01CHG _ 01	冬小麦	10	26.9	18	1.0
2011	11	CWAZH01CHG _ 01	冬小麦	20	32.0	18	0.8
2011	11	CWAZH01CHG _ 01	冬小麦	30	32.8	18	0.3
2011	11	CWAZH01CHG _ 01	冬小麦	40	31.2	18	0.5
2011	11	CWAZH01CHG _ 01	冬小麦	50	30.0	18	0.8
2011	11	CWAZH01CHG _ 01	冬小麦	60	29.5	18	0.8
2011	11	CWAZH01CHG _ 01	冬小麦	70	29.3	18	0.4
2011	11	CWAZH01CHG _ 01	冬小麦	80	29.6	18	0.5
2011	11	CWAZH01CHG _ 01	冬小麦	90	29.8	18	0.4
2011	11	CWAZH01CHG _ 01	冬小麦	100	29.6	18	0.5
2011	11	CWAZH01CHG _ 01	冬小麦	120	29.1	18	0.6
2011	11	CWAZH01CHG _ 01	冬小麦	140	28.5	18	0.5
2011	11	CWAZH01CHG _ 01	冬小麦	160	29.1	18	0.3
2011	11	CWAZH01CHG _ 01	冬小麦	180	29.2	18	0.9
2011	11	CWAZH01CHG _ 01	冬小麦	200	29.2	18	0.9
2011	11	CWAZH01CHG _ 01	冬小麦	220	28.7	18	0.9
2011	11	CWAZH01CHG _ 01	冬小麦	240	28.3	18	0.7
2011	11	CWAZH01CHG _ 01	冬小麦	260	28.2	18	0.7
2011	11	CWAZH01CHG _ 01	冬小麦	280	28.4	18	0.5
2011	11	CWAZH01CHG _ 01	冬小麦	300	28.8	18	0.3
2011	12	CWAZH01CHG _ 01	冬小麦	10	28.7	9	0.4
2011	12	CWAZH01CHG _ 01	冬小麦	20	29.4	9	0.5

（续）

年份	月份	样地代码	作物名称	观测层次（cm）	体积含水量（%）	重复数	标准差
2011	12	CWAZH01CHG_01	冬小麦	30	28.9	9	0.3
2011	12	CWAZH01CHG_01	冬小麦	40	28.4	9	0.6
2011	12	CWAZH01CHG_01	冬小麦	50	27.8	9	0.9
2011	12	CWAZH01CHG_01	冬小麦	60	28.0	9	0.8
2011	12	CWAZH01CHG_01	冬小麦	70	28.3	9	0.7
2011	12	CWAZH01CHG_01	冬小麦	80	28.7	9	0.6
2011	12	CWAZH01CHG_01	冬小麦	90	28.8	9	0.7
2011	12	CWAZH01CHG_01	冬小麦	100	28.9	9	0.7
2011	12	CWAZH01CHG_01	冬小麦	120	28.7	9	0.8
2011	12	CWAZH01CHG_01	冬小麦	140	28.2	9	0.5
2011	12	CWAZH01CHG_01	冬小麦	160	28.2	9	1.3
2011	12	CWAZH01CHG_01	冬小麦	180	29.1	9	0.7
2011	12	CWAZH01CHG_01	冬小麦	200	29.1	9	0.9
2011	12	CWAZH01CHG_01	冬小麦	220	28.7	9	0.6
2011	12	CWAZH01CHG_01	冬小麦	240	28.8	9	0.6
2011	12	CWAZH01CHG_01	冬小麦	260	28.5	9	0.9
2011	12	CWAZH01CHG_01	冬小麦	280	29.2	9	0.1
2011	12	CWAZH01CHG_01	冬小麦	300	30.0	9	0.2
2011	1	CWAFZ04CTS_01	麦闲地	10	17.7	9	3.4
2011	1	CWAFZ04CTS_01	麦闲地	20	25.1	9	1.0
2011	1	CWAFZ04CTS_01	麦闲地	30	27.2	9	0.7
2011	1	CWAFZ04CTS_01	麦闲地	40	26.0	9	0.8
2011	1	CWAFZ04CTS_01	麦闲地	50	24.5	9	1.1
2011	1	CWAFZ04CTS_01	麦闲地	60	23.3	9	0.7
2011	1	CWAFZ04CTS_01	麦闲地	70	23.0	9	0.3
2011	1	CWAFZ04CTS_01	麦闲地	80	23.4	9	0.3
2011	1	CWAFZ04CTS_01	麦闲地	90	24.0	9	0.4
2011	1	CWAFZ04CTS_01	麦闲地	100	24.3	9	0.4
2011	1	CWAFZ04CTS_01	麦闲地	120	25.1	9	0.2
2011	1	CWAFZ04CTS_01	麦闲地	140	25.7	9	0.8
2011	1	CWAFZ04CTS_01	麦闲地	160	25.5	9	0.6
2011	1	CWAFZ04CTS_01	麦闲地	180	25.1	9	0.5
2011	1	CWAFZ04CTS_01	麦闲地	200	25.2	9	0.8

（续）

年份	月份	样地代码	作物名称	观测层次（cm）	体积含水量（%）	重复数	标准差
2011	1	CWAFZ04CTS_01	麦闲地	220	23.8	9	0.9
2011	1	CWAFZ04CTS_01	麦闲地	240	22.2	9	1.4
2011	1	CWAFZ04CTS_01	麦闲地	260	22.1	9	1.6
2011	1	CWAFZ04CTS_01	麦闲地	280	20.8	9	1.9
2011	1	CWAFZ04CTS_01	麦闲地	300	21.9	9	1.8
2011	2	CWAFZ04CTS_01	麦闲地	10	18.9	9	3.2
2011	2	CWAFZ04CTS_01	麦闲地	20	25.4	9	1.0
2011	2	CWAFZ04CTS_01	麦闲地	30	26.8	9	0.8
2011	2	CWAFZ04CTS_01	麦闲地	40	26.7	9	0.7
2011	2	CWAFZ04CTS_01	麦闲地	50	25.7	9	0.9
2011	2	CWAFZ04CTS_01	麦闲地	60	24.4	9	0.6
2011	2	CWAFZ04CTS_01	麦闲地	70	22.9	9	0.5
2011	2	CWAFZ04CTS_01	麦闲地	80	22.9	9	0.2
2011	2	CWAFZ04CTS_01	麦闲地	90	23.6	9	0.4
2011	2	CWAFZ04CTS_01	麦闲地	100	23.8	9	0.5
2011	2	CWAFZ04CTS_01	麦闲地	120	24.8	9	0.3
2011	2	CWAFZ04CTS_01	麦闲地	140	25.3	9	0.5
2011	2	CWAFZ04CTS_01	麦闲地	160	24.4	9	1.0
2011	2	CWAFZ04CTS_01	麦闲地	180	24.6	9	0.8
2011	2	CWAFZ04CTS_01	麦闲地	200	24.6	9	0.6
2011	2	CWAFZ04CTS_01	麦闲地	220	23.4	9	1.1
2011	2	CWAFZ04CTS_01	麦闲地	240	22.3	9	1.4
2011	2	CWAFZ04CTS_01	麦闲地	260	21.9	9	1.5
2011	2	CWAFZ04CTS_01	麦闲地	280	21.2	9	1.9
2011	2	CWAFZ04CTS_01	麦闲地	300	22.3	9	1.3
2011	3	CWAFZ04CTS_01	麦闲地	10	19.7	18	2.4
2011	3	CWAFZ04CTS_01	麦闲地	20	24.8	18	1.5
2011	3	CWAFZ04CTS_01	麦闲地	30	26.1	18	0.9
2011	3	CWAFZ04CTS_01	麦闲地	40	25.7	18	0.3
2011	3	CWAFZ04CTS_01	麦闲地	50	25.0	18	0.5
2011	3	CWAFZ04CTS_01	麦闲地	60	24.2	18	0.4
2011	3	CWAFZ04CTS_01	麦闲地	70	23.4	18	0.3
2011	3	CWAFZ04CTS_01	麦闲地	80	23.6	18	0.2

（续）

年份	月份	样地代码	作物名称	观测层次（cm）	体积含水量（%）	重复数	标准差
2011	3	CWAFZ04CTS_01	麦闲地	90	24.3	18	0.7
2011	3	CWAFZ04CTS_01	麦闲地	100	24.1	18	0.4
2011	3	CWAFZ04CTS_01	麦闲地	120	24.7	18	0.2
2011	3	CWAFZ04CTS_01	麦闲地	140	25.0	18	0.5
2011	3	CWAFZ04CTS_01	麦闲地	160	24.9	18	0.8
2011	3	CWAFZ04CTS_01	麦闲地	180	24.6	18	0.8
2011	3	CWAFZ04CTS_01	麦闲地	200	24.4	18	0.8
2011	3	CWAFZ04CTS_01	麦闲地	220	23.4	18	1.2
2011	3	CWAFZ04CTS_01	麦闲地	240	22.1	18	1.5
2011	3	CWAFZ04CTS_01	麦闲地	260	21.7	18	1.5
2011	3	CWAFZ04CTS_01	麦闲地	280	21.4	18	1.6
2011	3	CWAFZ04CTS_01	麦闲地	300	22.3	18	1.5
2011	4	CWAFZ04CTS_01	玉米地	10	16.4	18	3.5
2011	4	CWAFZ04CTS_01	玉米地	20	22.9	18	1.1
2011	4	CWAFZ04CTS_01	玉米地	30	24.7	18	0.8
2011	4	CWAFZ04CTS_01	玉米地	40	24.6	18	0.3
2011	4	CWAFZ04CTS_01	玉米地	50	24.1	18	0.6
2011	4	CWAFZ04CTS_01	玉米地	60	23.8	18	0.3
2011	4	CWAFZ04CTS_01	玉米地	70	23.7	18	0.3
2011	4	CWAFZ04CTS_01	玉米地	80	23.8	18	0.2
2011	4	CWAFZ04CTS_01	玉米地	90	24.1	18	0.3
2011	4	CWAFZ04CTS_01	玉米地	100	24.3	18	0.3
2011	4	CWAFZ04CTS_01	玉米地	120	24.9	18	0.3
2011	4	CWAFZ04CTS_01	玉米地	140	25.1	18	0.5
2011	4	CWAFZ04CTS_01	玉米地	160	24.7	18	0.7
2011	4	CWAFZ04CTS_01	玉米地	180	24.7	18	0.6
2011	4	CWAFZ04CTS_01	玉米地	200	24.3	18	0.5
2011	4	CWAFZ04CTS_01	玉米地	220	23.6	18	1.0
2011	4	CWAFZ04CTS_01	玉米地	240	22.2	18	1.3
2011	4	CWAFZ04CTS_01	玉米地	260	21.8	18	1.3
2011	4	CWAFZ04CTS_01	玉米地	280	21.5	18	1.5
2011	4	CWAFZ04CTS_01	玉米地	300	22.5	18	1.6
2011	5	CWAFZ04CTS_01	玉米地	10	22.7	18	2.6

（续）

年份	月份	样地代码	作物名称	观测层次（cm）	体积含水量（%）	重复数	标准差
2011	5	CWAFZ04CTS_01	玉米地	20	28.5	18	1.0
2011	5	CWAFZ04CTS_01	玉米地	30	29.4	18	0.5
2011	5	CWAFZ04CTS_01	玉米地	40	27.9	18	1.0
2011	5	CWAFZ04CTS_01	玉米地	50	26.0	18	1.1
2011	5	CWAFZ04CTS_01	玉米地	60	25.2	18	0.9
2011	5	CWAFZ04CTS_01	玉米地	70	24.7	18	0.5
2011	5	CWAFZ04CTS_01	玉米地	80	24.4	18	0.4
2011	5	CWAFZ04CTS_01	玉米地	90	24.6	18	0.7
2011	5	CWAFZ04CTS_01	玉米地	100	24.9	18	0.5
2011	5	CWAFZ04CTS_01	玉米地	120	25.1	18	0.3
2011	5	CWAFZ04CTS_01	玉米地	140	25.3	18	0.6
2011	5	CWAFZ04CTS_01	玉米地	160	24.8	18	0.6
2011	5	CWAFZ04CTS_01	玉米地	180	24.6	18	0.8
2011	5	CWAFZ04CTS_01	玉米地	200	24.4	18	0.6
2011	5	CWAFZ04CTS_01	玉米地	220	23.5	18	1.1
2011	5	CWAFZ04CTS_01	玉米地	240	22.2	18	1.5
2011	5	CWAFZ04CTS_01	玉米地	260	22.4	18	1.7
2011	5	CWAFZ04CTS_01	玉米地	280	22.0	18	1.2
2011	5	CWAFZ04CTS_01	玉米地	300	22.4	18	1.6
2011	6	CWAFZ04CTS_01	玉米地	10	13.6	18	2.2
2011	6	CWAFZ04CTS_01	玉米地	20	19.2	18	0.8
2011	6	CWAFZ04CTS_01	玉米地	30	21.5	18	0.6
2011	6	CWAFZ04CTS_01	玉米地	40	22.4	18	0.7
2011	6	CWAFZ04CTS_01	玉米地	50	22.5	18	1.6
2011	6	CWAFZ04CTS_01	玉米地	60	22.9	18	0.9
2011	6	CWAFZ04CTS_01	玉米地	70	23.2	18	0.6
2011	6	CWAFZ04CTS_01	玉米地	80	23.4	18	0.4
2011	6	CWAFZ04CTS_01	玉米地	90	23.9	18	0.4
2011	6	CWAFZ04CTS_01	玉米地	100	24.0	18	0.5
2011	6	CWAFZ04CTS_01	玉米地	120	24.5	18	0.3
2011	6	CWAFZ04CTS_01	玉米地	140	24.6	18	0.7
2011	6	CWAFZ04CTS_01	玉米地	160	24.2	18	0.6
2011	6	CWAFZ04CTS_01	玉米地	180	24.1	18	0.8

（续）

年份	月份	样地代码	作物名称	观测层次（cm）	体积含水量（%）	重复数	标准差
2011	6	CWAFZ04CTS_01	玉米地	200	23.6	18	0.7
2011	6	CWAFZ04CTS_01	玉米地	220	23.0	18	1.4
2011	6	CWAFZ04CTS_01	玉米地	240	21.6	18	1.3
2011	6	CWAFZ04CTS_01	玉米地	260	21.5	18	1.5
2011	6	CWAFZ04CTS_01	玉米地	280	21.7	18	1.6
2011	6	CWAFZ04CTS_01	玉米地	300	22.9	18	1.7
2011	7	CWAFZ04CTS_01	玉米地	10	14.4	18	2.1
2011	7	CWAFZ04CTS_01	玉米地	20	18.8	18	1.4
2011	7	CWAFZ04CTS_01	玉米地	30	19.3	18	1.3
2011	7	CWAFZ04CTS_01	玉米地	40	18.9	18	1.7
2011	7	CWAFZ04CTS_01	玉米地	50	18.6	18	2.6
2011	7	CWAFZ04CTS_01	玉米地	60	18.7	18	2.0
2011	7	CWAFZ04CTS_01	玉米地	70	19.1	18	1.4
2011	7	CWAFZ04CTS_01	玉米地	80	19.5	18	1.1
2011	7	CWAFZ04CTS_01	玉米地	90	20.0	18	1.4
2011	7	CWAFZ04CTS_01	玉米地	100	20.8	18	1.5
2011	7	CWAFZ04CTS_01	玉米地	120	22.1	18	0.9
2011	7	CWAFZ04CTS_01	玉米地	140	23.3	18	1.0
2011	7	CWAFZ04CTS_01	玉米地	160	23.8	18	0.8
2011	7	CWAFZ04CTS_01	玉米地	180	23.6	18	0.5
2011	7	CWAFZ04CTS_01	玉米地	200	23.8	18	0.6
2011	7	CWAFZ04CTS_01	玉米地	220	23.0	18	1.2
2011	7	CWAFZ04CTS_01	玉米地	240	21.9	18	1.4
2011	7	CWAFZ04CTS_01	玉米地	260	21.9	18	1.3
2011	7	CWAFZ04CTS_01	玉米地	280	22.2	18	1.3
2011	7	CWAFZ04CTS_01	玉米地	300	23.2	18	1.2
2011	8	CWAFZ04CTS_01	玉米地	10	17.4	18	1.3
2011	8	CWAFZ04CTS_01	玉米地	20	23.6	18	0.8
2011	8	CWAFZ04CTS_01	玉米地	30	25.6	18	2.1
2011	8	CWAFZ04CTS_01	玉米地	40	24.6	18	2.4
2011	8	CWAFZ04CTS_01	玉米地	50	22.9	18	3.4
2011	8	CWAFZ04CTS_01	玉米地	60	20.6	18	3.6
2011	8	CWAFZ04CTS_01	玉米地	70	18.9	18	3.0

（续）

年份	月份	样地代码	作物名称	观测层次（cm）	体积含水量（%）	重复数	标准差
2011	8	CWAFZ04CTS_01	玉米地	80	18.3	18	2.4
2011	8	CWAFZ04CTS_01	玉米地	90	18.3	18	2.0
2011	8	CWAFZ04CTS_01	玉米地	100	18.6	18	1.9
2011	8	CWAFZ04CTS_01	玉米地	120	19.4	18	1.5
2011	8	CWAFZ04CTS_01	玉米地	140	20.4	18	1.5
2011	8	CWAFZ04CTS_01	玉米地	160	21.5	18	1.2
2011	8	CWAFZ04CTS_01	玉米地	180	21.9	18	0.9
2011	8	CWAFZ04CTS_01	玉米地	200	22.1	18	1.0
2011	8	CWAFZ04CTS_01	玉米地	220	22.6	18	1.4
2011	8	CWAFZ04CTS_01	玉米地	240	21.3	18	1.3
2011	8	CWAFZ04CTS_01	玉米地	260	21.5	18	1.7
2011	8	CWAFZ04CTS_01	玉米地	280	21.9	18	1.4
2011	8	CWAFZ04CTS_01	玉米地	300	23.1	18	1.4
2011	9	CWAFZ04CTS_01	玉米地	10	25.0	18	1.1
2011	9	CWAFZ04CTS_01	玉米地	20	31.4	18	2.2
2011	9	CWAFZ04CTS_01	玉米地	30	33.6	18	3.1
2011	9	CWAFZ04CTS_01	玉米地	40	32.1	18	3.1
2011	9	CWAFZ04CTS_01	玉米地	50	30.4	18	3.0
2011	9	CWAFZ04CTS_01	玉米地	60	29.1	18	3.9
2011	9	CWAFZ04CTS_01	玉米地	70	28.2	18	3.7
2011	9	CWAFZ04CTS_01	玉米地	80	27.9	18	2.7
2011	9	CWAFZ04CTS_01	玉米地	90	28.1	18	2.9
2011	9	CWAFZ04CTS_01	玉米地	100	27.7	18	2.8
2011	9	CWAFZ04CTS_01	玉米地	120	26.6	18	2.1
2011	9	CWAFZ04CTS_01	玉米地	140	26.6	18	2.5
2011	9	CWAFZ04CTS_01	玉米地	160	26.4	18	2.3
2011	9	CWAFZ04CTS_01	玉米地	180	24.6	18	1.7
2011	9	CWAFZ04CTS_01	玉米地	200	24.7	18	1.1
2011	9	CWAFZ04CTS_01	玉米地	220	24.4	18	2.0
2011	9	CWAFZ04CTS_01	玉米地	240	22.0	18	2.3
2011	9	CWAFZ04CTS_01	玉米地	260	21.6	18	1.8
2011	9	CWAFZ04CTS_01	玉米地	280	21.6	18	1.5
2011	9	CWAFZ04CTS_01	玉米地	300	22.9	18	1.5

（续）

年份	月份	样地代码	作物名称	观测层次（cm）	体积含水量（%）	重复数	标准差
2011	10	CWAFZ04CTS_01	冬小麦	10	22.9	18	2.3
2011	10	CWAFZ04CTS_01	冬小麦	20	28.8	18	2.1
2011	10	CWAFZ04CTS_01	冬小麦	30	29.5	18	2.6
2011	10	CWAFZ04CTS_01	冬小麦	40	28.6	18	2.9
2011	10	CWAFZ04CTS_01	冬小麦	50	27.5	18	2.6
2011	10	CWAFZ04CTS_01	冬小麦	60	26.9	18	2.9
2011	10	CWAFZ04CTS_01	冬小麦	70	26.8	18	2.4
2011	10	CWAFZ04CTS_01	冬小麦	80	27.3	18	1.8
2011	10	CWAFZ04CTS_01	冬小麦	90	27.8	18	1.4
2011	10	CWAFZ04CTS_01	冬小麦	100	28.5	18	1.5
2011	10	CWAFZ04CTS_01	冬小麦	120	28.7	18	1.8
2011	10	CWAFZ04CTS_01	冬小麦	140	29.1	18	1.7
2011	10	CWAFZ04CTS_01	冬小麦	160	29.5	18	1.6
2011	10	CWAFZ04CTS_01	冬小麦	180	29.0	18	0.8
2011	10	CWAFZ04CTS_01	冬小麦	200	29.7	18	0.8
2011	10	CWAFZ04CTS_01	冬小麦	220	29.1	18	1.5
2011	10	CWAFZ04CTS_01	冬小麦	240	27.9	18	2.2
2011	10	CWAFZ04CTS_01	冬小麦	260	27.2	18	2.5
2011	10	CWAFZ04CTS_01	冬小麦	280	26.6	18	2.8
2011	10	CWAFZ04CTS_01	冬小麦	300	27.2	18	2.9
2011	11	CWAFZ04CTS_01	冬小麦	10	25.6	18	0.9
2011	11	CWAFZ04CTS_01	冬小麦	20	30.3	18	1.9
2011	11	CWAFZ04CTS_01	冬小麦	30	30.5	18	2.4
2011	11	CWAFZ04CTS_01	冬小麦	40	29.4	18	2.6
2011	11	CWAFZ04CTS_01	冬小麦	50	28.5	18	2.3
2011	11	CWAFZ04CTS_01	冬小麦	60	27.8	18	2.5
2011	11	CWAFZ04CTS_01	冬小麦	70	27.6	18	2.0
2011	11	CWAFZ04CTS_01	冬小麦	80	27.6	18	1.4
2011	11	CWAFZ04CTS_01	冬小麦	90	28.0	18	1.3
2011	11	CWAFZ04CTS_01	冬小麦	100	28.6	18	1.4
2011	11	CWAFZ04CTS_01	冬小麦	120	28.4	18	1.2
2011	11	CWAFZ04CTS_01	冬小麦	140	28.6	18	1.4
2011	11	CWAFZ04CTS_01	冬小麦	160	28.9	18	1.0

（续）

年份	月份	样地代码	作物名称	观测层次（cm）	体积含水量（%）	重复数	标准差
2011	11	CWAFZ04CTS_01	冬小麦	180	28.5	18	0.5
2011	11	CWAFZ04CTS_01	冬小麦	200	29.1	18	0.5
2011	11	CWAFZ04CTS_01	冬小麦	220	28.7	18	1.1
2011	11	CWAFZ04CTS_01	冬小麦	240	28.0	18	1.4
2011	11	CWAFZ04CTS_01	冬小麦	260	28.3	18	1.0
2011	11	CWAFZ04CTS_01	冬小麦	280	28.5	18	1.5
2011	11	CWAFZ04CTS_01	冬小麦	300	29.2	18	1.9
2011	12	CWAFZ04CTS_01	冬小麦	10	26.3	9	0.8
2011	12	CWAFZ04CTS_01	冬小麦	20	27.0	9	1.8
2011	12	CWAFZ04CTS_01	冬小麦	30	27.3	9	2.3
2011	12	CWAFZ04CTS_01	冬小麦	40	27.0	9	2.5
2011	12	CWAFZ04CTS_01	冬小麦	50	26.4	9	2.4
2011	12	CWAFZ04CTS_01	冬小麦	60	25.9	9	2.2
2011	12	CWAFZ04CTS_01	冬小麦	70	26.3	9	2.0
2011	12	CWAFZ04CTS_01	冬小麦	80	27.0	9	1.5
2011	12	CWAFZ04CTS_01	冬小麦	90	27.4	9	1.4
2011	12	CWAFZ04CTS_01	冬小麦	100	27.9	9	1.4
2011	12	CWAFZ04CTS_01	冬小麦	120	27.6	9	1.1
2011	12	CWAFZ04CTS_01	冬小麦	140	28.4	9	1.5
2011	12	CWAFZ04CTS_01	冬小麦	160	28.6	9	1.0
2011	12	CWAFZ04CTS_01	冬小麦	180	28.2	9	0.6
2011	12	CWAFZ04CTS_01	冬小麦	200	28.8	9	0.8
2011	12	CWAFZ04CTS_01	冬小麦	220	28.6	9	1.0
2011	12	CWAFZ04CTS_01	冬小麦	240	28.0	9	0.8
2011	12	CWAFZ04CTS_01	冬小麦	260	28.5	9	0.7
2011	12	CWAFZ04CTS_01	冬小麦	280	29.4	9	1.1
2011	12	CWAFZ04CTS_01	冬小麦	300	29.7	9	0.8
2011	1	CWAQX01CTS_01	自然植被	10	20.2	3	1.5
2011	1	CWAQX01CTS_01	自然植被	20	23.5	3	1.4
2011	1	CWAQX01CTS_01	自然植被	30	26.8	3	0.6
2011	1	CWAQX01CTS_01	自然植被	40	26.1	3	1.0
2011	1	CWAQX01CTS_01	自然植被	50	24.0	3	1.4
2011	1	CWAQX01CTS_01	自然植被	60	23.2	3	1.0

（续）

年份	月份	样地代码	作物名称	观测层次（cm）	体积含水量（%）	重复数	标准差
2011	1	CWAQX01CTS_01	自然植被	70	24.0	3	0.8
2011	1	CWAQX01CTS_01	自然植被	80	24.4	3	0.4
2011	1	CWAQX01CTS_01	自然植被	90	24.7	3	0.2
2011	1	CWAQX01CTS_01	自然植被	100	25.4	3	0.6
2011	1	CWAQX01CTS_01	自然植被	120	25.9	3	0.6
2011	1	CWAQX01CTS_01	自然植被	140	26.6	3	0.5
2011	1	CWAQX01CTS_01	自然植被	160	27.2	3	0.3
2011	1	CWAQX01CTS_01	自然植被	180	27.2	3	0.2
2011	1	CWAQX01CTS_01	自然植被	200	26.5	3	0.2
2011	1	CWAQX01CTS_01	自然植被	220	25.8	3	0.2
2011	1	CWAQX01CTS_01	自然植被	240	26.2	3	0.6
2011	1	CWAQX01CTS_01	自然植被	260	26.1	3	0.3
2011	1	CWAQX01CTS_01	自然植被	280	26.9	3	0.2
2011	1	CWAQX01CTS_01	自然植被	300	28.3	3	0.1
2011	2	CWAQX01CTS_01	自然植被	10	20.9	3	1.2
2011	2	CWAQX01CTS_01	自然植被	20	24.8	3	0.4
2011	2	CWAQX01CTS_01	自然植被	30	26.1	3	0.8
2011	2	CWAQX01CTS_01	自然植被	40	26.5	3	0.6
2011	2	CWAQX01CTS_01	自然植被	50	25.8	3	0.5
2011	2	CWAQX01CTS_01	自然植被	60	24.4	3	0.8
2011	2	CWAQX01CTS_01	自然植被	70	23.2	3	0.1
2011	2	CWAQX01CTS_01	自然植被	80	23.8	3	0.2
2011	2	CWAQX01CTS_01	自然植被	90	23.8	3	0.3
2011	2	CWAQX01CTS_01	自然植被	100	24.4	3	0.3
2011	2	CWAQX01CTS_01	自然植被	120	25.6	3	0.3
2011	2	CWAQX01CTS_01	自然植被	140	26.0	3	0.4
2011	2	CWAQX01CTS_01	自然植被	160	27.3	3	0.1
2011	2	CWAQX01CTS_01	自然植被	180	27.2	3	0.3
2011	2	CWAQX01CTS_01	自然植被	200	26.4	3	0.2
2011	2	CWAQX01CTS_01	自然植被	220	25.8	3	0.2
2011	2	CWAQX01CTS_01	自然植被	240	25.6	3	0.5
2011	2	CWAQX01CTS_01	自然植被	260	25.7	3	0.3
2011	2	CWAQX01CTS_01	自然植被	280	26.7	3	0.4

（续）

年份	月份	样地代码	作物名称	观测层次（cm）	体积含水量（%）	重复数	标准差
2011	2	CWAQX01CTS_01	自然植被	300	28.1	3	0.1
2011	3	CWAQX01CTS_01	自然植被	10	23.4	6	1.6
2011	3	CWAQX01CTS_01	自然植被	20	25.1	6	0.7
2011	3	CWAQX01CTS_01	自然植被	30	25.8	6	0.6
2011	3	CWAQX01CTS_01	自然植被	40	25.7	6	0.5
2011	3	CWAQX01CTS_01	自然植被	50	24.9	6	0.3
2011	3	CWAQX01CTS_01	自然植被	60	24.0	6	0.4
2011	3	CWAQX01CTS_01	自然植被	70	24.1	6	0.3
2011	3	CWAQX01CTS_01	自然植被	80	24.4	6	0.3
2011	3	CWAQX01CTS_01	自然植被	90	24.4	6	0.3
2011	3	CWAQX01CTS_01	自然植被	100	24.7	6	0.3
2011	3	CWAQX01CTS_01	自然植被	120	25.9	6	0.2
2011	3	CWAQX01CTS_01	自然植被	140	26.0	6	0.4
2011	3	CWAQX01CTS_01	自然植被	160	25.3	6	2.9
2011	3	CWAQX01CTS_01	自然植被	180	26.6	6	0.2
2011	3	CWAQX01CTS_01	自然植被	200	26.0	6	0.3
2011	3	CWAQX01CTS_01	自然植被	220	25.4	6	0.2
2011	3	CWAQX01CTS_01	自然植被	240	25.3	6	0.3
2011	3	CWAQX01CTS_01	自然植被	260	25.7	6	0.4
2011	3	CWAQX01CTS_01	自然植被	280	26.3	6	0.4
2011	3	CWAQX01CTS_01	自然植被	300	28.0	6	0.6
2011	4	CWAQX01CTS_01	自然植被	10	14.1	6	3.5
2011	4	CWAQX01CTS_01	自然植被	20	17.7	6	4.1
2011	4	CWAQX01CTS_01	自然植被	30	20.8	6	3.3
2011	4	CWAQX01CTS_01	自然植被	40	22.7	6	2.2
2011	4	CWAQX01CTS_01	自然植被	50	23.0	6	1.7
2011	4	CWAQX01CTS_01	自然植被	60	23.1	6	0.7
2011	4	CWAQX01CTS_01	自然植被	70	23.8	6	0.3
2011	4	CWAQX01CTS_01	自然植被	80	24.6	6	0.3
2011	4	CWAQX01CTS_01	自然植被	90	25.3	6	1.4
2011	4	CWAQX01CTS_01	自然植被	100	25.4	6	0.8
2011	4	CWAQX01CTS_01	自然植被	120	26.5	6	1.0
2011	4	CWAQX01CTS_01	自然植被	140	26.2	6	0.4

（续）

年份	月份	样地代码	作物名称	观测层次（cm）	体积含水量（%）	重复数	标准差
2011	4	CWAQX01CTS_01	自然植被	160	26.7	6	0.3
2011	4	CWAQX01CTS_01	自然植被	180	26.5	6	0.3
2011	4	CWAQX01CTS_01	自然植被	200	25.8	6	0.2
2011	4	CWAQX01CTS_01	自然植被	220	25.3	6	0.4
2011	4	CWAQX01CTS_01	自然植被	240	25.5	6	0.2
2011	4	CWAQX01CTS_01	自然植被	260	26.0	6	1.5
2011	4	CWAQX01CTS_01	自然植被	280	26.5	6	0.4
2011	4	CWAQX01CTS_01	自然植被	300	27.8	6	0.4
2011	5	CWAQX01CTS_01	自然植被	10	19.1	6	5.4
2011	5	CWAQX01CTS_01	自然植被	20	18.7	6	4.9
2011	5	CWAQX01CTS_01	自然植被	30	19.7	6	5.2
2011	5	CWAQX01CTS_01	自然植被	40	20.5	6	4.2
2011	5	CWAQX01CTS_01	自然植被	50	21.4	6	3.0
2011	5	CWAQX01CTS_01	自然植被	60	22.1	6	2.2
2011	5	CWAQX01CTS_01	自然植被	70	23.5	6	1.3
2011	5	CWAQX01CTS_01	自然植被	80	24.0	6	0.9
2011	5	CWAQX01CTS_01	自然植被	90	24.2	6	0.7
2011	5	CWAQX01CTS_01	自然植被	100	24.4	6	0.6
2011	5	CWAQX01CTS_01	自然植被	120	25.3	6	0.3
2011	5	CWAQX01CTS_01	自然植被	140	25.6	6	0.5
2011	5	CWAQX01CTS_01	自然植被	160	26.0	6	0.7
2011	5	CWAQX01CTS_01	自然植被	180	26.4	6	0.5
2011	5	CWAQX01CTS_01	自然植被	200	25.4	6	0.4
2011	5	CWAQX01CTS_01	自然植被	220	25.0	6	0.7
2011	5	CWAQX01CTS_01	自然植被	240	25.4	6	0.3
2011	5	CWAQX01CTS_01	自然植被	260	25.5	6	0.4
2011	5	CWAQX01CTS_01	自然植被	280	26.5	6	0.7
2011	5	CWAQX01CTS_01	自然植被	300	27.6	6	0.3
2011	6	CWAQX01CTS_01	自然植被	10	8.4	6	1.3
2011	6	CWAQX01CTS_01	自然植被	20	10.0	6	1.0
2011	6	CWAQX01CTS_01	自然植被	30	12.4	6	1.0
2011	6	CWAQX01CTS_01	自然植被	40	14.0	6	2.2
2011	6	CWAQX01CTS_01	自然植被	50	15.5	6	2.2

（续）

年份	月份	样地代码	作物名称	观测层次（cm）	体积含水量（%）	重复数	标准差
2011	6	CWAQX01CTS_01	自然植被	60	17.5	6	2.2
2011	6	CWAQX01CTS_01	自然植被	70	19.2	6	2.5
2011	6	CWAQX01CTS_01	自然植被	80	21.0	6	2.6
2011	6	CWAQX01CTS_01	自然植被	90	21.3	6	2.6
2011	6	CWAQX01CTS_01	自然植被	100	22.1	6	2.5
2011	6	CWAQX01CTS_01	自然植被	120	23.3	6	2.9
2011	6	CWAQX01CTS_01	自然植被	140	24.1	6	2.6
2011	6	CWAQX01CTS_01	自然植被	160	24.6	6	2.5
2011	6	CWAQX01CTS_01	自然植被	180	25.0	6	2.7
2011	6	CWAQX01CTS_01	自然植被	200	24.5	6	2.4
2011	6	CWAQX01CTS_01	自然植被	220	24.3	6	1.9
2011	6	CWAQX01CTS_01	自然植被	240	24.4	6	1.9
2011	6	CWAQX01CTS_01	自然植被	260	24.3	6	1.6
2011	6	CWAQX01CTS_01	自然植被	280	25.1	6	1.7
2011	6	CWAQX01CTS_01	自然植被	300	26.9	6	1.5
2011	7	CWAQX01CTS_01	自然植被	10	12.6	6	6.3
2011	7	CWAQX01CTS_01	自然植被	20	13.0	6	5.6
2011	7	CWAQX01CTS_01	自然植被	30	13.0	6	2.5
2011	7	CWAQX01CTS_01	自然植被	40	14.0	6	0.8
2011	7	CWAQX01CTS_01	自然植被	50	15.4	6	0.4
2011	7	CWAQX01CTS_01	自然植被	60	17.6	6	0.2
2011	7	CWAQX01CTS_01	自然植被	70	20.0	6	0.4
2011	7	CWAQX01CTS_01	自然植被	80	21.1	6	0.3
2011	7	CWAQX01CTS_01	自然植被	90	21.2	6	0.4
2011	7	CWAQX01CTS_01	自然植被	100	22.0	6	0.4
2011	7	CWAQX01CTS_01	自然植被	120	23.4	6	0.5
2011	7	CWAQX01CTS_01	自然植被	140	24.1	6	0.4
2011	7	CWAQX01CTS_01	自然植被	160	24.9	6	0.2
2011	7	CWAQX01CTS_01	自然植被	180	25.0	6	0.5
2011	7	CWAQX01CTS_01	自然植被	200	24.9	6	0.4
2011	7	CWAQX01CTS_01	自然植被	220	24.3	6	0.3
2011	7	CWAQX01CTS_01	自然植被	240	24.6	6	0.4
2011	7	CWAQX01CTS_01	自然植被	260	24.5	6	0.3

（续）

年份	月份	样地代码	作物名称	观测层次（cm）	体积含水量（%）	重复数	标准差
2011	7	CWAQX01CTS_01	自然植被	280	25.4	6	0.5
2011	7	CWAQX01CTS_01	自然植被	300	26.6	6	1.8
2011	8	CWAQX01CTS_01	自然植被	10	20.0	6	7.1
2011	8	CWAQX01CTS_01	自然植被	20	24.1	6	7.0
2011	8	CWAQX01CTS_01	自然植被	30	25.1	6	6.6
2011	8	CWAQX01CTS_01	自然植被	40	23.1	6	5.3
2011	8	CWAQX01CTS_01	自然植被	50	20.7	6	3.9
2011	8	CWAQX01CTS_01	自然植被	60	19.2	6	1.7
2011	8	CWAQX01CTS_01	自然植被	70	20.2	6	0.9
2011	8	CWAQX01CTS_01	自然植被	80	20.8	6	0.4
2011	8	CWAQX01CTS_01	自然植被	90	21.1	6	0.8
2011	8	CWAQX01CTS_01	自然植被	100	21.8	6	0.4
2011	8	CWAQX01CTS_01	自然植被	120	23.2	6	0.6
2011	8	CWAQX01CTS_01	自然植被	140	24.1	6	0.4
2011	8	CWAQX01CTS_01	自然植被	160	24.9	6	0.7
2011	8	CWAQX01CTS_01	自然植被	180	24.9	6	0.5
2011	8	CWAQX01CTS_01	自然植被	200	24.3	6	0.8
2011	8	CWAQX01CTS_01	自然植被	220	24.3	6	0.4
2011	8	CWAQX01CTS_01	自然植被	240	23.8	6	1.1
2011	8	CWAQX01CTS_01	自然植被	260	24.4	6	0.4
2011	8	CWAQX01CTS_01	自然植被	280	25.4	6	0.4
2011	8	CWAQX01CTS_01	自然植被	300	27.4	6	1.1
2011	9	CWAQX01CTS_01	自然植被	10	32.0	6	1.9
2011	9	CWAQX01CTS_01	自然植被	20	34.4	6	2.1
2011	9	CWAQX01CTS_01	自然植被	30	35.0	6	1.9
2011	9	CWAQX01CTS_01	自然植被	40	34.3	6	1.4
2011	9	CWAQX01CTS_01	自然植被	50	32.8	6	1.2
2011	9	CWAQX01CTS_01	自然植被	60	31.7	6	0.9
2011	9	CWAQX01CTS_01	自然植被	70	30.7	6	0.9
2011	9	CWAQX01CTS_01	自然植被	80	29.7	6	2.6
2011	9	CWAQX01CTS_01	自然植被	90	28.7	6	3.9
2011	9	CWAQX01CTS_01	自然植被	100	28.4	6	4.4
2011	9	CWAQX01CTS_01	自然植被	120	28.5	6	4.5

（续）

年份	月份	样地代码	作物名称	观测层次（cm）	体积含水量（%）	重复数	标准差
2011	9	CWAQX01CTS_01	自然植被	140	28.9	6	4.5
2011	9	CWAQX01CTS_01	自然植被	160	28.8	6	4.6
2011	9	CWAQX01CTS_01	自然植被	180	28.6	6	4.2
2011	9	CWAQX01CTS_01	自然植被	200	27.3	6	3.9
2011	9	CWAQX01CTS_01	自然植被	220	25.9	6	3.5
2011	9	CWAQX01CTS_01	自然植被	240	25.9	6	3.2
2011	9	CWAQX01CTS_01	自然植被	260	24.5	6	2.4
2011	9	CWAQX01CTS_01	自然植被	280	26.2	6	1.5
2011	9	CWAQX01CTS_01	自然植被	300	27.6	6	1.2
2011	10	CWAQX01CTS_01	自然植被	10	28.7	6	1.7
2011	10	CWAQX01CTS_01	自然植被	20	31.1	6	1.0
2011	10	CWAQX01CTS_01	自然植被	30	31.6	6	0.9
2011	10	CWAQX01CTS_01	自然植被	40	30.8	6	0.5
2011	10	CWAQX01CTS_01	自然植被	50	30.2	6	0.4
2011	10	CWAQX01CTS_01	自然植被	60	29.6	6	0.8
2011	10	CWAQX01CTS_01	自然植被	70	29.1	6	0.6
2011	10	CWAQX01CTS_01	自然植被	80	28.8	6	0.3
2011	10	CWAQX01CTS_01	自然植被	90	28.9	6	0.3
2011	10	CWAQX01CTS_01	自然植被	100	29.3	6	0.2
2011	10	CWAQX01CTS_01	自然植被	120	30.2	6	0.5
2011	10	CWAQX01CTS_01	自然植被	140	30.4	6	0.5
2011	10	CWAQX01CTS_01	自然植被	160	30.8	6	0.4
2011	10	CWAQX01CTS_01	自然植被	180	31.0	6	0.5
2011	10	CWAQX01CTS_01	自然植被	200	30.2	6	0.5
2011	10	CWAQX01CTS_01	自然植被	220	30.0	6	0.3
2011	10	CWAQX01CTS_01	自然植被	240	29.9	6	0.3
2011	10	CWAQX01CTS_01	自然植被	260	30.2	6	0.3
2011	10	CWAQX01CTS_01	自然植被	280	30.6	6	0.5
2011	10	CWAQX01CTS_01	自然植被	300	32.1	6	0.9
2011	11	CWAQX01CTS_01	自然植被	10	30.6	6	1.0
2011	11	CWAQX01CTS_01	自然植被	20	32.5	6	0.9
2011	11	CWAQX01CTS_01	自然植被	30	33.0	6	1.1
2011	11	CWAQX01CTS_01	自然植被	40	32.5	6	0.8

（续）

年份	月份	样地代码	作物名称	观测层次（cm）	体积含水量（%）	重复数	标准差
2011	11	CWAQX01CTS_01	自然植被	50	31.4	6	1.0
2011	11	CWAQX01CTS_01	自然植被	60	30.8	6	0.9
2011	11	CWAQX01CTS_01	自然植被	70	29.8	6	0.7
2011	11	CWAQX01CTS_01	自然植被	80	29.5	6	0.7
2011	11	CWAQX01CTS_01	自然植被	90	29.7	6	0.5
2011	11	CWAQX01CTS_01	自然植被	100	29.7	6	0.9
2011	11	CWAQX01CTS_01	自然植被	120	30.4	6	0.6
2011	11	CWAQX01CTS_01	自然植被	140	30.7	6	0.5
2011	11	CWAQX01CTS_01	自然植被	160	30.5	6	0.4
2011	11	CWAQX01CTS_01	自然植被	180	30.5	6	0.6
2011	11	CWAQX01CTS_01	自然植被	200	29.9	6	0.2
2011	11	CWAQX01CTS_01	自然植被	220	29.8	6	0.5
2011	11	CWAQX01CTS_01	自然植被	240	29.8	6	0.8
2011	11	CWAQX01CTS_01	自然植被	260	30.8	6	1.4
2011	11	CWAQX01CTS_01	自然植被	280	30.9	6	0.6
2011	11	CWAQX01CTS_01	自然植被	300	32.5	6	0.9
2011	12	CWAQX01CTS_01	自然植被	10	32.2	3	2.1
2011	12	CWAQX01CTS_01	自然植被	20	29.5	3	1.8
2011	12	CWAQX01CTS_01	自然植被	30	29.0	3	1.9
2011	12	CWAQX01CTS_01	自然植被	40	29.9	3	1.3
2011	12	CWAQX01CTS_01	自然植被	50	29.4	3	1.9
2011	12	CWAQX01CTS_01	自然植被	60	29.0	3	1.1
2011	12	CWAQX01CTS_01	自然植被	70	28.5	3	1.2
2011	12	CWAQX01CTS_01	自然植被	80	28.5	3	0.8
2011	12	CWAQX01CTS_01	自然植被	90	28.9	3	0.7
2011	12	CWAQX01CTS_01	自然植被	100	29.2	3	0.4
2011	12	CWAQX01CTS_01	自然植被	120	30.1	3	0.6
2011	12	CWAQX01CTS_01	自然植被	140	30.6	3	0.1
2011	12	CWAQX01CTS_01	自然植被	160	30.8	3	0.1
2011	12	CWAQX01CTS_01	自然植被	180	30.1	3	0.7
2011	12	CWAQX01CTS_01	自然植被	200	29.9	3	0.3
2011	12	CWAQX01CTS_01	自然植被	220	30.0	3	0.3
2011	12	CWAQX01CTS_01	自然植被	240	30.3	3	0.7

（续）

年份	月份	样地代码	作物名称	观测层次（cm）	体积含水量（%）	重复数	标准差
2011	12	CWAQX01CTS_01	自然植被	260	31.4	3	1.3
2011	12	CWAQX01CTS_01	自然植被	280	31.4	3	0.5
2011	12	CWAQX01CTS_01	自然植被	300	32.5	3	0.4
2011	1	CWAFZ04CTS_01	冬小麦	10	14.8	9	1.3
2011	1	CWAFZ04CTS_01	冬小麦	20	21.6	9	0.5
2011	1	CWAFZ04CTS_01	冬小麦	30	25.1	9	1.5
2011	1	CWAFZ04CTS_01	冬小麦	40	23.7	9	2.4
2011	1	CWAFZ04CTS_01	冬小麦	50	21.7	9	2.1
2011	1	CWAFZ04CTS_01	冬小麦	60	21.2	9	1.0
2011	1	CWAFZ04CTS_01	冬小麦	70	21.9	9	0.7
2011	1	CWAFZ04CTS_01	冬小麦	80	22.7	9	0.5
2011	1	CWAFZ04CTS_01	冬小麦	90	23.2	9	0.1
2011	1	CWAFZ04CTS_01	冬小麦	100	23.5	9	0.5
2011	1	CWAFZ04CTS_01	冬小麦	120	25.2	9	1.1
2011	1	CWAFZ04CTS_01	冬小麦	140	27.1	9	1.4
2011	1	CWAFZ04CTS_01	冬小麦	160	28.2	9	1.7
2011	1	CWAFZ04CTS_01	冬小麦	180	28.9	9	2.0
2011	1	CWAFZ04CTS_01	冬小麦	200	28.1	9	1.9
2011	1	CWAFZ04CTS_01	冬小麦	220	27.5	9	1.6
2011	1	CWAFZ04CTS_01	冬小麦	240	27.3	9	1.5
2011	1	CWAFZ04CTS_01	冬小麦	260	27.4	9	1.1
2011	1	CWAFZ04CTS_01	冬小麦	280	27.5	9	0.6
2011	1	CWAFZ04CTS_01	冬小麦	300	27.2	9	0.8
2011	2	CWAFZ04CTS_01	冬小麦	10	17.8	9	2.1
2011	2	CWAFZ04CTS_01	冬小麦	20	22.3	9	0.6
2011	2	CWAFZ04CTS_01	冬小麦	30	25.1	9	1.2
2011	2	CWAFZ04CTS_01	冬小麦	40	24.7	9	1.7
2011	2	CWAFZ04CTS_01	冬小麦	50	22.4	9	2.4
2011	2	CWAFZ04CTS_01	冬小麦	60	21.1	9	1.4
2011	2	CWAFZ04CTS_01	冬小麦	70	21.4	9	0.6
2011	2	CWAFZ04CTS_01	冬小麦	80	21.9	9	0.8
2011	2	CWAFZ04CTS_01	冬小麦	90	22.2	9	0.3
2011	2	CWAFZ04CTS_01	冬小麦	100	23.1	9	0.5

（续）

年份	月份	样地代码	作物名称	观测层次（cm）	体积含水量（%）	重复数	标准差
2011	2	CWAFZ04CTS_01	冬小麦	120	24.9	9	1.0
2011	2	CWAFZ04CTS_01	冬小麦	140	27.2	9	1.4
2011	2	CWAFZ04CTS_01	冬小麦	160	28.4	9	2.0
2011	2	CWAFZ04CTS_01	冬小麦	180	28.5	9	2.3
2011	2	CWAFZ04CTS_01	冬小麦	200	27.9	9	1.8
2011	2	CWAFZ04CTS_01	冬小麦	220	26.6	9	1.4
2011	2	CWAFZ04CTS_01	冬小麦	240	27.2	9	1.5
2011	2	CWAFZ04CTS_01	冬小麦	260	27.3	9	1.2
2011	2	CWAFZ04CTS_01	冬小麦	280	27.3	9	0.5
2011	2	CWAFZ04CTS_01	冬小麦	300	27.2	9	0.7
2011	3	CWAFZ04CTS_01	冬小麦	10	18.1	9	1.6
2011	3	CWAFZ04CTS_01	冬小麦	20	21.0	9	1.4
2011	3	CWAFZ04CTS_01	冬小麦	30	22.7	9	1.0
2011	3	CWAFZ04CTS_01	冬小麦	40	22.6	9	1.5
2011	3	CWAFZ04CTS_01	冬小麦	50	21.9	9	1.8
2011	3	CWAFZ04CTS_01	冬小麦	60	21.9	9	1.4
2011	3	CWAFZ04CTS_01	冬小麦	70	22.4	9	0.7
2011	3	CWAFZ04CTS_01	冬小麦	80	22.3	9	0.6
2011	3	CWAFZ04CTS_01	冬小麦	90	22.6	9	0.2
2011	3	CWAFZ04CTS_01	冬小麦	100	23.0	9	0.6
2011	3	CWAFZ04CTS_01	冬小麦	120	24.7	9	1.1
2011	3	CWAFZ04CTS_01	冬小麦	140	26.7	9	1.5
2011	3	CWAFZ04CTS_01	冬小麦	160	28.2	9	1.7
2011	3	CWAFZ04CTS_01	冬小麦	180	28.2	9	2.4
2011	3	CWAFZ04CTS_01	冬小麦	200	27.4	9	1.6
2011	3	CWAFZ04CTS_01	冬小麦	220	27.1	9	1.5
2011	3	CWAFZ04CTS_01	冬小麦	240	26.8	9	1.3
2011	3	CWAFZ04CTS_01	冬小麦	260	27.1	9	0.9
2011	3	CWAFZ04CTS_01	冬小麦	280	27.3	9	0.3
2011	3	CWAFZ04CTS_01	冬小麦	300	27.2	9	0.4
2011	4	CWAFZ04CTS_01	冬小麦	10	10.9	9	0.1
2011	4	CWAFZ04CTS_01	冬小麦	20	14.2	9	0.2
2011	4	CWAFZ04CTS_01	冬小麦	30	17.6	9	1.1

（续）

年份	月份	样地代码	作物名称	观测层次（cm）	体积含水量（%）	重复数	标准差
2011	4	CWAFZ04CTS_01	冬小麦	40	19.0	9	2.0
2011	4	CWAFZ04CTS_01	冬小麦	50	19.7	9	1.7
2011	4	CWAFZ04CTS_01	冬小麦	60	20.7	9	1.6
2011	4	CWAFZ04CTS_01	冬小麦	70	21.2	9	1.6
2011	4	CWAFZ04CTS_01	冬小麦	80	21.8	9	1.3
2011	4	CWAFZ04CTS_01	冬小麦	90	21.8	9	0.7
2011	4	CWAFZ04CTS_01	冬小麦	100	22.9	9	0.3
2011	4	CWAFZ04CTS_01	冬小麦	120	24.9	9	0.6
2011	4	CWAFZ04CTS_01	冬小麦	140	27.0	9	1.1
2011	4	CWAFZ04CTS_01	冬小麦	160	28.3	9	1.5
2011	4	CWAFZ04CTS_01	冬小麦	180	28.6	9	2.3
2011	4	CWAFZ04CTS_01	冬小麦	200	27.5	9	1.4
2011	4	CWAFZ04CTS_01	冬小麦	220	26.8	9	1.3
2011	4	CWAFZ04CTS_01	冬小麦	240	27.0	9	1.1
2011	4	CWAFZ04CTS_01	冬小麦	260	27.2	9	0.7
2011	4	CWAFZ04CTS_01	冬小麦	280	27.4	9	0.1
2011	4	CWAFZ04CTS_01	冬小麦	300	27.3	9	0.2
2011	5	CWAFZ04CTS_01	冬小麦	10	21.6	9	1.5
2011	5	CWAFZ04CTS_01	冬小麦	20	21.7	9	1.1
2011	5	CWAFZ04CTS_01	冬小麦	30	19.1	9	0.6
2011	5	CWAFZ04CTS_01	冬小麦	40	17.1	9	2.2
2011	5	CWAFZ04CTS_01	冬小麦	50	17.0	9	2.2
2011	5	CWAFZ04CTS_01	冬小麦	60	17.9	9	1.8
2011	5	CWAFZ04CTS_01	冬小麦	70	18.8	9	1.6
2011	5	CWAFZ04CTS_01	冬小麦	80	19.7	9	2.5
2011	5	CWAFZ04CTS_01	冬小麦	90	20.1	9	1.0
2011	5	CWAFZ04CTS_01	冬小麦	100	20.8	9	0.5
2011	5	CWAFZ04CTS_01	冬小麦	120	23.3	9	0.6
2011	5	CWAFZ04CTS_01	冬小麦	140	25.1	9	1.2
2011	5	CWAFZ04CTS_01	冬小麦	160	27.3	9	1.4
2011	5	CWAFZ04CTS_01	冬小麦	180	27.9	9	2.4
2011	5	CWAFZ04CTS_01	冬小麦	200	26.6	9	1.9
2011	5	CWAFZ04CTS_01	冬小麦	220	26.8	9	1.6

（续）

年份	月份	样地代码	作物名称	观测层次（cm）	体积含水量（%）	重复数	标准差
2011	5	CWAFZ04CTS_01	冬小麦	240	26.8	9	1.5
2011	5	CWAFZ04CTS_01	冬小麦	260	27.1	9	1.0
2011	5	CWAFZ04CTS_01	冬小麦	280	27.0	9	0.2
2011	5	CWAFZ04CTS_01	冬小麦	300	27.6	9	0.7
2011	6	CWAFZ04CTS_01	冬小麦	10	6.7	9	1.6
2011	6	CWAFZ04CTS_01	冬小麦	20	8.8	9	1.6
2011	6	CWAFZ04CTS_01	冬小麦	30	10.9	9	1.0
2011	6	CWAFZ04CTS_01	冬小麦	40	12.0	9	1.0
2011	6	CWAFZ04CTS_01	冬小麦	50	13.0	9	0.9
2011	6	CWAFZ04CTS_01	冬小麦	60	14.1	9	1.1
2011	6	CWAFZ04CTS_01	冬小麦	70	14.8	9	0.8
2011	6	CWAFZ04CTS_01	冬小麦	80	15.4	9	1.0
2011	6	CWAFZ04CTS_01	冬小麦	90	16.2	9	0.9
2011	6	CWAFZ04CTS_01	冬小麦	100	17.3	9	0.9
2011	6	CWAFZ04CTS_01	冬小麦	120	19.8	9	1.1
2011	6	CWAFZ04CTS_01	冬小麦	140	22.2	9	1.9
2011	6	CWAFZ04CTS_01	冬小麦	160	24.1	9	1.3
2011	6	CWAFZ04CTS_01	冬小麦	180	25.3	9	2.6
2011	6	CWAFZ04CTS_01	冬小麦	200	24.8	9	2.5
2011	6	CWAFZ04CTS_01	冬小麦	220	24.6	9	2.1
2011	6	CWAFZ04CTS_01	冬小麦	240	25.0	9	1.8
2011	6	CWAFZ04CTS_01	冬小麦	260	25.9	9	0.7
2011	6	CWAFZ04CTS_01	冬小麦	280	26.0	9	0.7
2011	6	CWAFZ04CTS_01	冬小麦	300	26.0	9	0.7
2011	7	CWAFZ04CTS_01	麦茬地	10	18.2	9	3.9
2011	7	CWAFZ04CTS_01	麦茬地	20	20.8	9	3.7
2011	7	CWAFZ04CTS_01	麦茬地	30	19.5	9	3.3
2011	7	CWAFZ04CTS_01	麦茬地	40	17.2	9	3.4
2011	7	CWAFZ04CTS_01	麦茬地	50	16.2	9	2.6
2011	7	CWAFZ04CTS_01	麦茬地	60	16.1	9	1.7
2011	7	CWAFZ04CTS_01	麦茬地	70	15.5	9	1.6
2011	7	CWAFZ04CTS_01	麦茬地	80	16.3	9	0.5
2011	7	CWAFZ04CTS_01	麦茬地	90	16.7	9	0.2

（续）

年份	月份	样地代码	作物名称	观测层次（cm）	体积含水量（%）	重复数	标准差
2011	7	CWAFZ04CTS_01	麦茬地	100	17.5	9	0.3
2011	7	CWAFZ04CTS_01	麦茬地	120	19.9	9	1.0
2011	7	CWAFZ04CTS_01	麦茬地	140	22.1	9	0.8
2011	7	CWAFZ04CTS_01	麦茬地	160	24.0	9	1.2
2011	7	CWAFZ04CTS_01	麦茬地	180	25.1	9	2.2
2011	7	CWAFZ04CTS_01	麦茬地	200	25.0	9	2.3
2011	7	CWAFZ04CTS_01	麦茬地	220	24.7	9	1.7
2011	7	CWAFZ04CTS_01	麦茬地	240	25.1	9	1.7
2011	7	CWAFZ04CTS_01	麦茬地	260	25.5	9	1.5
2011	7	CWAFZ04CTS_01	麦茬地	280	25.9	9	0.6
2011	7	CWAFZ04CTS_01	麦茬地	300	25.8	9	0.7
2011	8	CWAFZ04CTS_01	麦闲地	10	19.4	9	2.1
2011	8	CWAFZ04CTS_01	麦闲地	20	22.5	9	0.3
2011	8	CWAFZ04CTS_01	麦闲地	30	22.7	9	0.5
2011	8	CWAFZ04CTS_01	麦闲地	40	21.7	9	0.3
2011	8	CWAFZ04CTS_01	麦闲地	50	20.1	9	0.6
2011	8	CWAFZ04CTS_01	麦闲地	60	17.7	9	0.5
2011	8	CWAFZ04CTS_01	麦闲地	70	15.7	9	0.5
2011	8	CWAFZ04CTS_01	麦闲地	80	14.5	9	0.9
2011	8	CWAFZ04CTS_01	麦闲地	90	14.8	9	1.0
2011	8	CWAFZ04CTS_01	麦闲地	100	15.5	9	1.3
2011	8	CWAFZ04CTS_01	麦闲地	120	17.4	9	1.0
2011	8	CWAFZ04CTS_01	麦闲地	140	18.5	9	1.1
2011	8	CWAFZ04CTS_01	麦闲地	160	19.4	9	1.4
2011	8	CWAFZ04CTS_01	麦闲地	180	20.8	9	1.8
2011	8	CWAFZ04CTS_01	麦闲地	200	21.9	9	2.3
2011	8	CWAFZ04CTS_01	麦闲地	220	22.0	9	2.6
2011	8	CWAFZ04CTS_01	麦闲地	240	22.4	9	1.8
2011	8	CWAFZ04CTS_01	麦闲地	260	23.2	9	0.4
2011	8	CWAFZ04CTS_01	麦闲地	280	23.8	9	1.1
2011	8	CWAFZ04CTS_01	麦闲地	300	24.1	9	1.0
2011	9	CWAFZ04CTS_01	冬小麦	10	30.8	9	0.9
2011	9	CWAFZ04CTS_01	冬小麦	20	29.9	9	1.1

（续）

年份	月份	样地代码	作物名称	观测层次（cm）	体积含水量（%）	重复数	标准差
2011	9	CWAFZ04CTS_01	冬小麦	30	28.0	9	0.4
2011	9	CWAFZ04CTS_01	冬小麦	40	27.3	9	0.8
2011	9	CWAFZ04CTS_01	冬小麦	50	26.7	9	1.1
2011	9	CWAFZ04CTS_01	冬小麦	60	26.5	9	1.0
2011	9	CWAFZ04CTS_01	冬小麦	70	26.6	9	0.7
2011	9	CWAFZ04CTS_01	冬小麦	80	26.0	9	0.8
2011	9	CWAFZ04CTS_01	冬小麦	90	25.4	9	0.9
2011	9	CWAFZ04CTS_01	冬小麦	100	25.1	9	0.4
2011	9	CWAFZ04CTS_01	冬小麦	120	24.9	9	0.9
2011	9	CWAFZ04CTS_01	冬小麦	140	25.6	9	1.6
2011	9	CWAFZ04CTS_01	冬小麦	160	25.1	9	2.1
2011	9	CWAFZ04CTS_01	冬小麦	180	23.8	9	2.1
2011	9	CWAFZ04CTS_01	冬小麦	200	23.1	9	2.6
2011	9	CWAFZ04CTS_01	冬小麦	220	23.2	9	2.6
2011	9	CWAFZ04CTS_01	冬小麦	240	22.8	9	1.2
2011	9	CWAFZ04CTS_01	冬小麦	260	23.4	9	0.6
2011	9	CWAFZ04CTS_01	冬小麦	280	23.7	9	0.3
2011	9	CWAFZ04CTS_01	冬小麦	300	23.6	9	0.4
2011	10	CWAFZ04CTS_01	冬小麦	10	25.2	9	1.3
2011	10	CWAFZ04CTS_01	冬小麦	20	26.4	9	0.9
2011	10	CWAFZ04CTS_01	冬小麦	30	26.5	9	0.2
2011	10	CWAFZ04CTS_01	冬小麦	40	26.0	9	0.5
2011	10	CWAFZ04CTS_01	冬小麦	50	26.4	9	0.8
2011	10	CWAFZ04CTS_01	冬小麦	60	26.1	9	1.0
2011	10	CWAFZ04CTS_01	冬小麦	70	25.9	9	0.6
2011	10	CWAFZ04CTS_01	冬小麦	80	25.9	9	0.9
2011	10	CWAFZ04CTS_01	冬小麦	90	26.2	9	0.6
2011	10	CWAFZ04CTS_01	冬小麦	100	26.7	9	0.5
2011	10	CWAFZ04CTS_01	冬小麦	120	27.7	9	1.0
2011	10	CWAFZ04CTS_01	冬小麦	140	29.3	9	1.0
2011	10	CWAFZ04CTS_01	冬小麦	160	29.2	9	1.0
2011	10	CWAFZ04CTS_01	冬小麦	180	29.1	9	1.0
2011	10	CWAFZ04CTS_01	冬小麦	200	29.3	9	1.4

（续）

年份	月份	样地代码	作物名称	观测层次（cm）	体积含水量（%）	重复数	标准差
2011	10	CWAFZ04CTS_01	冬小麦	220	28.2	9	1.3
2011	10	CWAFZ04CTS_01	冬小麦	240	27.4	9	0.7
2011	10	CWAFZ04CTS_01	冬小麦	260	26.6	9	2.0
2011	10	CWAFZ04CTS_01	冬小麦	280	26.8	9	0.5
2011	10	CWAFZ04CTS_01	冬小麦	300	25.7	9	0.3
2011	11	CWAFZ04CTS_01	冬小麦	10	28.3	9	0.7
2011	11	CWAFZ04CTS_01	冬小麦	20	28.9	9	0.8
2011	11	CWAFZ04CTS_01	冬小麦	30	28.7	9	0.7
2011	11	CWAFZ04CTS_01	冬小麦	40	28.2	9	0.7
2011	11	CWAFZ04CTS_01	冬小麦	50	27.6	9	0.5
2011	11	CWAFZ04CTS_01	冬小麦	60	27.8	9	1.0
2011	11	CWAFZ04CTS_01	冬小麦	70	27.0	9	0.6
2011	11	CWAFZ04CTS_01	冬小麦	80	26.8	9	0.6
2011	11	CWAFZ04CTS_01	冬小麦	90	26.8	9	0.4
2011	11	CWAFZ04CTS_01	冬小麦	100	27.2	9	0.5
2011	11	CWAFZ04CTS_01	冬小麦	120	27.9	9	1.2
2011	11	CWAFZ04CTS_01	冬小麦	140	29.0	9	0.9
2011	11	CWAFZ04CTS_01	冬小麦	160	29.4	9	0.9
2011	11	CWAFZ04CTS_01	冬小麦	180	29.3	9	1.3
2011	11	CWAFZ04CTS_01	冬小麦	200	29.4	9	1.1
2011	11	CWAFZ04CTS_01	冬小麦	220	28.6	9	1.3
2011	11	CWAFZ04CTS_01	冬小麦	240	28.5	9	0.8
2011	11	CWAFZ04CTS_01	冬小麦	260	28.7	9	0.4
2011	11	CWAFZ04CTS_01	冬小麦	280	28.7	9	0.7
2011	11	CWAFZ04CTS_01	冬小麦	300	28.0	9	0.3
2011	12	CWAFZ04CTS_01	冬小麦	10	28.7	9	1.4
2011	12	CWAFZ04CTS_01	冬小麦	20	26.5	9	1.9
2011	12	CWAFZ04CTS_01	冬小麦	30	25.0	9	0.4
2011	12	CWAFZ04CTS_01	冬小麦	40	24.9	9	0.7
2011	12	CWAFZ04CTS_01	冬小麦	50	25.4	9	0.9
2011	12	CWAFZ04CTS_01	冬小麦	60	25.6	9	0.7
2011	12	CWAFZ04CTS_01	冬小麦	70	25.2	9	0.8
2011	12	CWAFZ04CTS_01	冬小麦	80	25.4	9	0.8

（续）

年份	月份	样地代码	作物名称	观测层次（cm）	体积含水量（%）	重复数	标准差
2011	12	CWAFZ04CTS_01	冬小麦	90	26.1	9	0.4
2011	12	CWAFZ04CTS_01	冬小麦	100	26.7	9	0.4
2011	12	CWAFZ04CTS_01	冬小麦	120	27.6	9	1.1
2011	12	CWAFZ04CTS_01	冬小麦	140	28.5	9	1.0
2011	12	CWAFZ04CTS_01	冬小麦	160	29.1	9	1.0
2011	12	CWAFZ04CTS_01	冬小麦	180	29.4	9	1.0
2011	12	CWAFZ04CTS_01	冬小麦	200	29.8	9	1.2
2011	12	CWAFZ04CTS_01	冬小麦	220	29.2	9	1.3
2011	12	CWAFZ04CTS_01	冬小麦	240	29.3	9	0.9
2011	12	CWAFZ04CTS_01	冬小麦	260	29.5	9	0.8
2011	12	CWAFZ04CTS_01	冬小麦	280	30.0	9	0.9
2011	12	CWAFZ04CTS_01	冬小麦	300	29.4	9	0.5
2012	1	CWAZH01CHG_01	冬小麦	10	21.6	9	1.2
2012	1	CWAZH01CHG_01	冬小麦	20	25.8	9	0.8
2012	1	CWAZH01CHG_01	冬小麦	30	22.2	9	1.9
2012	1	CWAZH01CHG_01	冬小麦	40	19.2	9	1.0
2012	1	CWAZH01CHG_01	冬小麦	50	19.1	9	0.4
2012	1	CWAZH01CHG_01	冬小麦	60	19.6	9	0.5
2012	1	CWAZH01CHG_01	冬小麦	70	19.9	9	0.6
2012	1	CWAZH01CHG_01	冬小麦	80	20.4	9	0.5
2012	1	CWAZH01CHG_01	冬小麦	90	20.7	9	0.4
2012	1	CWAZH01CHG_01	冬小麦	100	20.7	9	0.5
2012	1	CWAZH01CHG_01	冬小麦	120	20.8	9	0.6
2012	1	CWAZH01CHG_01	冬小麦	140	20.6	9	0.3
2012	1	CWAZH01CHG_01	冬小麦	160	21.3	9	0.3
2012	1	CWAZH01CHG_01	冬小麦	180	21.6	9	0.7
2012	1	CWAZH01CHG_01	冬小麦	200	21.8	9	0.7
2012	1	CWAZH01CHG_01	冬小麦	220	21.8	9	0.4
2012	1	CWAZH01CHG_01	冬小麦	240	21.5	9	0.4
2012	1	CWAZH01CHG_01	冬小麦	260	21.6	9	0.4
2012	1	CWAZH01CHG_01	冬小麦	280	22.2	9	0.2
2012	1	CWAZH01CHG_01	冬小麦	300	22.9	9	0.1
2012	2	CWAZH01CHG_01	冬小麦	10	21.6	9	0.9

（续）

年份	月份	样地代码	作物名称	观测层次（cm）	体积含水量（%）	重复数	标准差
2012	2	CWAZH01CHG_01	冬小麦	20	28.3	9	0.5
2012	2	CWAZH01CHG_01	冬小麦	30	25.6	9	0.4
2012	2	CWAZH01CHG_01	冬小麦	40	20.3	9	1.7
2012	2	CWAZH01CHG_01	冬小麦	50	18.1	9	0.9
2012	2	CWAZH01CHG_01	冬小麦	60	18.8	9	0.8
2012	2	CWAZH01CHG_01	冬小麦	70	19.1	9	0.7
2012	2	CWAZH01CHG_01	冬小麦	80	19.5	9	0.6
2012	2	CWAZH01CHG_01	冬小麦	90	19.8	9	0.5
2012	2	CWAZH01CHG_01	冬小麦	100	20.1	9	0.7
2012	2	CWAZH01CHG_01	冬小麦	120	20.3	9	0.6
2012	2	CWAZH01CHG_01	冬小麦	140	19.9	9	0.5
2012	2	CWAZH01CHG_01	冬小麦	160	20.6	9	0.6
2012	2	CWAZH01CHG_01	冬小麦	180	20.8	9	0.4
2012	2	CWAZH01CHG_01	冬小麦	200	21.3	9	0.6
2012	2	CWAZH01CHG_01	冬小麦	220	21.3	9	0.6
2012	2	CWAZH01CHG_01	冬小麦	240	21.1	9	0.3
2012	2	CWAZH01CHG_01	冬小麦	260	21.3	9	0.2
2012	2	CWAZH01CHG_01	冬小麦	280	21.7	9	0.3
2012	2	CWAZH01CHG_01	冬小麦	300	22.7	9	0.2
2012	3	CWAZH01CHG_01	冬小麦	10	19.9	18	0.8
2012	3	CWAZH01CHG_01	冬小麦	20	24.8	18	0.8
2012	3	CWAZH01CHG_01	冬小麦	30	24.2	18	0.5
2012	3	CWAZH01CHG_01	冬小麦	40	22.0	18	0.5
2012	3	CWAZH01CHG_01	冬小麦	50	21.1	18	0.8
2012	3	CWAZH01CHG_01	冬小麦	60	20.8	18	0.7
2012	3	CWAZH01CHG_01	冬小麦	70	20.3	18	0.6
2012	3	CWAZH01CHG_01	冬小麦	80	20.2	18	0.5
2012	3	CWAZH01CHG_01	冬小麦	90	19.9	18	0.8
2012	3	CWAZH01CHG_01	冬小麦	100	20.1	18	0.6
2012	3	CWAZH01CHG_01	冬小麦	120	19.9	18	0.6
2012	3	CWAZH01CHG_01	冬小麦	140	19.8	18	0.4
2012	3	CWAZH01CHG_01	冬小麦	160	20.2	18	0.4
2012	3	CWAZH01CHG_01	冬小麦	180	20.7	18	0.5

（续）

年份	月份	样地代码	作物名称	观测层次（cm）	体积含水量（%）	重复数	标准差
2012	3	CWAZH01CHG_01	冬小麦	200	20.8	18	0.7
2012	3	CWAZH01CHG_01	冬小麦	220	20.8	18	0.5
2012	3	CWAZH01CHG_01	冬小麦	240	20.7	18	0.5
2012	3	CWAZH01CHG_01	冬小麦	260	21.0	18	0.5
2012	3	CWAZH01CHG_01	冬小麦	280	21.7	18	0.3
2012	3	CWAZH01CHG_01	冬小麦	300	22.5	18	0.4
2012	4	CWAZH01CHG_01	冬小麦	10	11.8	18	0.7
2012	4	CWAZH01CHG_01	冬小麦	20	16.6	18	0.3
2012	4	CWAZH01CHG_01	冬小麦	30	18.0	18	0.6
2012	4	CWAZH01CHG_01	冬小麦	40	18.0	18	0.6
2012	4	CWAZH01CHG_01	冬小麦	50	18.7	18	0.7
2012	4	CWAZH01CHG_01	冬小麦	60	19.1	18	0.8
2012	4	CWAZH01CHG_01	冬小麦	70	19.3	18	0.6
2012	4	CWAZH01CHG_01	冬小麦	80	19.4	18	0.4
2012	4	CWAZH01CHG_01	冬小麦	90	19.7	18	0.5
2012	4	CWAZH01CHG_01	冬小麦	100	19.6	18	0.4
2012	4	CWAZH01CHG_01	冬小麦	120	19.8	18	0.5
2012	4	CWAZH01CHG_01	冬小麦	140	19.2	18	0.2
2012	4	CWAZH01CHG_01	冬小麦	160	19.7	18	0.2
2012	4	CWAZH01CHG_01	冬小麦	180	19.9	18	0.6
2012	4	CWAZH01CHG_01	冬小麦	200	20.0	18	0.5
2012	4	CWAZH01CHG_01	冬小麦	220	20.1	18	0.4
2012	4	CWAZH01CHG_01	冬小麦	240	20.0	18	0.4
2012	4	CWAZH01CHG_01	冬小麦	260	20.3	18	0.5
2012	4	CWAZH01CHG_01	冬小麦	280	21.1	18	0.2
2012	4	CWAZH01CHG_01	冬小麦	300	22.0	18	0.3
2012	5	CWAZH01CHG_01	冬小麦	10	11.7	18	1.2
2012	5	CWAZH01CHG_01	冬小麦	20	14.1	18	0.5
2012	5	CWAZH01CHG_01	冬小麦	30	14.3	18	0.6
2012	5	CWAZH01CHG_01	冬小麦	40	14.5	18	0.6
2012	5	CWAZH01CHG_01	冬小麦	50	15.6	18	0.9
2012	5	CWAZH01CHG_01	冬小麦	60	15.8	18	0.9
2012	5	CWAZH01CHG_01	冬小麦	70	16.6	18	0.3

（续）

年份	月份	样地代码	作物名称	观测层次（cm）	体积含水量（%）	重复数	标准差
2012	5	CWAZH01CHG_01	冬小麦	80	17.0	18	0.4
2012	5	CWAZH01CHG_01	冬小麦	90	17.3	18	0.5
2012	5	CWAZH01CHG_01	冬小麦	100	16.9	18	0.6
2012	5	CWAZH01CHG_01	冬小麦	120	17.7	18	0.4
2012	5	CWAZH01CHG_01	冬小麦	140	17.8	18	0.4
2012	5	CWAZH01CHG_01	冬小麦	160	18.3	18	0.4
2012	5	CWAZH01CHG_01	冬小麦	180	18.7	18	0.7
2012	5	CWAZH01CHG_01	冬小麦	200	18.6	18	1.4
2012	5	CWAZH01CHG_01	冬小麦	220	18.9	18	0.4
2012	5	CWAZH01CHG_01	冬小麦	240	19.0	18	0.5
2012	5	CWAZH01CHG_01	冬小麦	260	19.7	18	0.5
2012	5	CWAZH01CHG_01	冬小麦	280	20.5	18	0.3
2012	5	CWAZH01CHG_01	冬小麦	300	21.6	18	0.2
2012	6	CWAZH01CHG_01	冬小麦	10	9.3	18	0.6
2012	6	CWAZH01CHG_01	冬小麦	20	11.5	18	0.8
2012	6	CWAZH01CHG_01	冬小麦	30	11.6	18	0.4
2012	6	CWAZH01CHG_01	冬小麦	40	11.3	18	0.5
2012	6	CWAZH01CHG_01	冬小麦	50	12.4	18	0.7
2012	6	CWAZH01CHG_01	冬小麦	60	13.0	18	0.9
2012	6	CWAZH01CHG_01	冬小麦	70	13.3	18	0.6
2012	6	CWAZH01CHG_01	冬小麦	80	13.5	18	0.4
2012	6	CWAZH01CHG_01	冬小麦	90	13.9	18	0.4
2012	6	CWAZH01CHG_01	冬小麦	100	14.2	18	0.5
2012	6	CWAZH01CHG_01	冬小麦	120	14.7	18	0.3
2012	6	CWAZH01CHG_01	冬小麦	140	15.0	18	0.4
2012	6	CWAZH01CHG_01	冬小麦	160	15.7	18	0.5
2012	6	CWAZH01CHG_01	冬小麦	180	16.1	18	0.9
2012	6	CWAZH01CHG_01	冬小麦	200	16.5	18	1.0
2012	6	CWAZH01CHG_01	冬小麦	220	16.7	18	1.2
2012	6	CWAZH01CHG_01	冬小麦	240	17.5	18	0.7
2012	6	CWAZH01CHG_01	冬小麦	260	18.1	18	0.7
2012	6	CWAZH01CHG_01	冬小麦	280	19.0	18	0.6
2012	6	CWAZH01CHG_01	冬小麦	300	20.5	18	0.2

（续）

年份	月份	样地代码	作物名称	观测层次（cm）	体积含水量（%）	重复数	标准差
2012	7	CWAZH01CHG_01	麦茬地	10	16.7	18	0.8
2012	7	CWAZH01CHG_01	麦茬地	20	21.3	18	0.8
2012	7	CWAZH01CHG_01	麦茬地	30	21.5	18	0.6
2012	7	CWAZH01CHG_01	麦茬地	40	19.4	18	1.3
2012	7	CWAZH01CHG_01	麦茬地	50	16.9	18	1.6
2012	7	CWAZH01CHG_01	麦茬地	60	15.0	18	1.4
2012	7	CWAZH01CHG_01	麦茬地	70	13.4	18	1.3
2012	7	CWAZH01CHG_01	麦茬地	80	12.9	18	0.8
2012	7	CWAZH01CHG_01	麦茬地	90	13.1	18	0.5
2012	7	CWAZH01CHG_01	麦茬地	100	13.3	18	0.5
2012	7	CWAZH01CHG_01	麦茬地	120	13.9	18	0.4
2012	7	CWAZH01CHG_01	麦茬地	140	14.0	18	0.4
2012	7	CWAZH01CHG_01	麦茬地	160	14.7	18	0.7
2012	7	CWAZH01CHG_01	麦茬地	180	15.0	18	0.8
2012	7	CWAZH01CHG_01	麦茬地	200	15.6	18	0.6
2012	7	CWAZH01CHG_01	麦茬地	220	16.0	18	0.8
2012	7	CWAZH01CHG_01	麦茬地	240	16.7	18	0.7
2012	7	CWAZH01CHG_01	麦茬地	260	16.9	18	0.8
2012	7	CWAZH01CHG_01	麦茬地	280	18.4	18	0.5
2012	7	CWAZH01CHG_01	麦茬地	300	19.6	18	0.4
2012	8	CWAZH01CHG_01	麦闲地	10	18.6	18	1.2
2012	8	CWAZH01CHG_01	麦闲地	20	23.5	18	0.9
2012	8	CWAZH01CHG_01	麦闲地	30	23.8	18	1.3
2012	8	CWAZH01CHG_01	麦闲地	40	23.4	18	0.5
2012	8	CWAZH01CHG_01	麦闲地	50	22.4	18	1.0
2012	8	CWAZH01CHG_01	麦闲地	60	21.3	18	1.5
2012	8	CWAZH01CHG_01	麦闲地	70	20.2	18	1.7
2012	8	CWAZH01CHG_01	麦闲地	80	19.0	18	1.8
2012	8	CWAZH01CHG_01	麦闲地	90	17.5	18	1.7
2012	8	CWAZH01CHG_01	麦闲地	100	16.3	18	1.5
2012	8	CWAZH01CHG_01	麦闲地	120	14.9	18	1.0
2012	8	CWAZH01CHG_01	麦闲地	140	14.3	18	0.5
2012	8	CWAZH01CHG_01	麦闲地	160	14.7	18	0.3

（续）

年份	月份	样地代码	作物名称	观测层次（cm）	体积含水量（%）	重复数	标准差
2012	8	CWAZH01CHG_01	麦闲地	180	15.2	18	0.6
2012	8	CWAZH01CHG_01	麦闲地	200	15.6	18	0.6
2012	8	CWAZH01CHG_01	麦闲地	220	15.9	18	0.7
2012	8	CWAZH01CHG_01	麦闲地	240	16.4	18	0.5
2012	8	CWAZH01CHG_01	麦闲地	260	17.0	18	0.6
2012	8	CWAZH01CHG_01	麦闲地	280	18.1	18	0.4
2012	8	CWAZH01CHG_01	麦闲地	300	19.5	18	0.4
2012	9	CWAZH01CHG_01	麦闲地	10	20.5	18	1.2
2012	9	CWAZH01CHG_01	麦闲地	20	24.7	18	1.2
2012	9	CWAZH01CHG_01	麦闲地	30	25.6	18	0.5
2012	9	CWAZH01CHG_01	麦闲地	40	24.4	18	0.3
2012	9	CWAZH01CHG_01	麦闲地	50	23.5	18	0.6
2012	9	CWAZH01CHG_01	麦闲地	60	23.2	18	0.5
2012	9	CWAZH01CHG_01	麦闲地	70	23.1	18	0.4
2012	9	CWAZH01CHG_01	麦闲地	80	23.6	18	0.8
2012	9	CWAZH01CHG_01	麦闲地	90	23.4	18	0.6
2012	9	CWAZH01CHG_01	麦闲地	100	23.4	18	0.8
2012	9	CWAZH01CHG_01	麦闲地	120	22.1	18	1.5
2012	9	CWAZH01CHG_01	麦闲地	140	19.5	18	0.9
2012	9	CWAZH01CHG_01	麦闲地	160	17.2	18	0.9
2012	9	CWAZH01CHG_01	麦闲地	180	15.9	18	0.7
2012	9	CWAZH01CHG_01	麦闲地	200	15.7	18	0.9
2012	9	CWAZH01CHG_01	麦闲地	220	15.9	18	1.1
2012	9	CWAZH01CHG_01	麦闲地	240	16.3	18	0.6
2012	9	CWAZH01CHG_01	麦闲地	260	16.9	18	0.5
2012	9	CWAZH01CHG_01	麦闲地	280	17.9	18	0.5
2012	9	CWAZH01CHG_01	麦闲地	300	19.3	18	0.4
2012	10	CWAZH01CHG_01	麦闲地	10	17.0	18	0.8
2012	10	CWAZH01CHG_01	麦闲地	20	21.5	18	0.9
2012	10	CWAZH01CHG_01	麦闲地	30	22.3	18	0.5
2012	10	CWAZH01CHG_01	麦闲地	40	21.6	18	0.5
2012	10	CWAZH01CHG_01	麦闲地	50	21.2	18	0.6
2012	10	CWAZH01CHG_01	麦闲地	60	21.3	18	0.8

（续）

年份	月份	样地代码	作物名称	观测层次（cm）	体积含水量（%）	重复数	标准差
2012	10	CWAZH01CHG_01	麦闲地	70	21.1	18	0.8
2012	10	CWAZH01CHG_01	麦闲地	80	21.4	18	0.7
2012	10	CWAZH01CHG_01	麦闲地	90	21.8	18	0.6
2012	10	CWAZH01CHG_01	麦闲地	100	21.6	18	0.5
2012	10	CWAZH01CHG_01	麦闲地	120	21.6	18	0.6
2012	10	CWAZH01CHG_01	麦闲地	140	20.3	18	0.9
2012	10	CWAZH01CHG_01	麦闲地	160	19.8	18	0.7
2012	10	CWAZH01CHG_01	麦闲地	180	18.2	18	0.6
2012	10	CWAZH01CHG_01	麦闲地	200	17.0	18	0.5
2012	10	CWAZH01CHG_01	麦闲地	220	16.3	18	0.6
2012	10	CWAZH01CHG_01	麦闲地	240	16.5	18	0.4
2012	10	CWAZH01CHG_01	麦闲地	260	16.9	18	0.6
2012	10	CWAZH01CHG_01	麦闲地	280	18.2	18	0.5
2012	10	CWAZH01CHG_01	麦闲地	300	19.2	18	0.5
2012	11	CWAZH01CHG_01	麦闲地	10	13.5	18	0.7
2012	11	CWAZH01CHG_01	麦闲地	20	17.9	18	1.3
2012	11	CWAZH01CHG_01	麦闲地	30	19.9	18	0.3
2012	11	CWAZH01CHG_01	麦闲地	40	19.1	18	0.5
2012	11	CWAZH01CHG_01	麦闲地	50	19.3	18	0.8
2012	11	CWAZH01CHG_01	麦闲地	60	19.8	18	0.7
2012	11	CWAZH01CHG_01	麦闲地	70	20.0	18	0.7
2012	11	CWAZH01CHG_01	麦闲地	80	20.5	18	0.6
2012	11	CWAZH01CHG_01	麦闲地	90	20.6	18	0.6
2012	11	CWAZH01CHG_01	麦闲地	100	20.6	18	0.7
2012	11	CWAZH01CHG_01	麦闲地	120	20.2	18	0.7
2012	11	CWAZH01CHG_01	麦闲地	140	19.6	18	0.5
2012	11	CWAZH01CHG_01	麦闲地	160	19.4	18	0.7
2012	11	CWAZH01CHG_01	麦闲地	180	18.5	18	0.6
2012	11	CWAZH01CHG_01	麦闲地	200	17.8	18	0.7
2012	11	CWAZH01CHG_01	麦闲地	220	17.1	18	0.7
2012	11	CWAZH01CHG_01	麦闲地	240	17.1	18	0.6
2012	11	CWAZH01CHG_01	麦闲地	260	17.0	18	0.5
2012	11	CWAZH01CHG_01	麦闲地	280	18.0	18	0.3

（续）

年份	月份	样地代码	作物名称	观测层次（cm）	体积含水量（%）	重复数	标准差
2012	11	CWAZH01CHG_01	麦闲地	300	19.2	18	0.4
2012	12	CWAZH01CHG_01	麦闲地	10	11.9	9	0.8
2012	12	CWAZH01CHG_01	麦闲地	20	17.4	9	0.5
2012	12	CWAZH01CHG_01	麦闲地	30	18.5	9	0.5
2012	12	CWAZH01CHG_01	麦闲地	40	18.1	9	0.4
2012	12	CWAZH01CHG_01	麦闲地	50	18.3	9	0.5
2012	12	CWAZH01CHG_01	麦闲地	60	19.0	9	0.8
2012	12	CWAZH01CHG_01	麦闲地	70	19.1	9	0.6
2012	12	CWAZH01CHG_01	麦闲地	80	19.5	9	0.5
2012	12	CWAZH01CHG_01	麦闲地	90	19.3	9	0.4
2012	12	CWAZH01CHG_01	麦闲地	100	19.8	9	0.7
2012	12	CWAZH01CHG_01	麦闲地	120	19.6	9	0.7
2012	12	CWAZH01CHG_01	麦闲地	140	19.0	9	0.4
2012	12	CWAZH01CHG_01	麦闲地	160	19.1	9	0.6
2012	12	CWAZH01CHG_01	麦闲地	180	18.0	9	0.7
2012	12	CWAZH01CHG_01	麦闲地	200	18.1	9	0.5
2012	12	CWAZH01CHG_01	麦闲地	220	17.4	9	0.9
2012	12	CWAZH01CHG_01	麦闲地	240	17.2	9	1.2
2012	12	CWAZH01CHG_01	麦闲地	260	17.2	9	0.4
2012	12	CWAZH01CHG_01	麦闲地	280	17.7	9	0.5
2012	12	CWAZH01CHG_01	麦闲地	300	19.0	9	0.2
2012	1	CWAFZ04CTS_01	冬小麦	10	21.3	9	2.3
2012	1	CWAFZ04CTS_01	冬小麦	20	22.7	9	1.9
2012	1	CWAFZ04CTS_01	冬小麦	30	19.6	9	1.8
2012	1	CWAFZ04CTS_01	冬小麦	40	17.6	9	1.5
2012	1	CWAFZ04CTS_01	冬小麦	50	17.4	9	1.5
2012	1	CWAFZ04CTS_01	冬小麦	60	17.9	9	2.0
2012	1	CWAFZ04CTS_01	冬小麦	70	18.4	9	1.7
2012	1	CWAFZ04CTS_01	冬小麦	80	19.0	9	1.0
2012	1	CWAFZ04CTS_01	冬小麦	90	19.6	9	1.0
2012	1	CWAFZ04CTS_01	冬小麦	100	20.1	9	1.1
2012	1	CWAFZ04CTS_01	冬小麦	120	20.3	9	1.0
2012	1	CWAFZ04CTS_01	冬小麦	140	20.9	9	1.1

（续）

年份	月份	样地代码	作物名称	观测层次（cm）	体积含水量（%）	重复数	标准差
2012	1	CWAFZ04CTS_01	冬小麦	160	21.1	9	0.8
2012	1	CWAFZ04CTS_01	冬小麦	180	20.4	9	1.3
2012	1	CWAFZ04CTS_01	冬小麦	200	21.8	9	0.2
2012	1	CWAFZ04CTS_01	冬小麦	220	21.8	9	0.8
2012	1	CWAFZ04CTS_01	冬小麦	240	21.1	9	1.0
2012	1	CWAFZ04CTS_01	冬小麦	260	21.7	9	0.7
2012	1	CWAFZ04CTS_01	冬小麦	280	22.0	9	0.7
2012	1	CWAFZ04CTS_01	冬小麦	300	23.4	9	0.6
2012	2	CWAFZ04CTS_01	冬小麦	10	24.0	9	1.8
2012	2	CWAFZ04CTS_01	冬小麦	20	26.5	9	2.3
2012	2	CWAFZ04CTS_01	冬小麦	30	21.5	9	2.2
2012	2	CWAFZ04CTS_01	冬小麦	40	17.2	9	1.7
2012	2	CWAFZ04CTS_01	冬小麦	50	16.6	9	1.8
2012	2	CWAFZ04CTS_01	冬小麦	60	17.0	9	2.0
2012	2	CWAFZ04CTS_01	冬小麦	70	17.4	9	1.6
2012	2	CWAFZ04CTS_01	冬小麦	80	18.0	9	1.0
2012	2	CWAFZ04CTS_01	冬小麦	90	18.4	9	0.8
2012	2	CWAFZ04CTS_01	冬小麦	100	19.0	9	0.7
2012	2	CWAFZ04CTS_01	冬小麦	120	19.6	9	0.9
2012	2	CWAFZ04CTS_01	冬小麦	140	20.0	9	1.1
2012	2	CWAFZ04CTS_01	冬小麦	160	20.4	9	1.0
2012	2	CWAFZ04CTS_01	冬小麦	180	20.5	9	0.7
2012	2	CWAFZ04CTS_01	冬小麦	200	21.2	9	0.6
2012	2	CWAFZ04CTS_01	冬小麦	220	21.0	9	0.8
2012	2	CWAFZ04CTS_01	冬小麦	240	20.9	9	0.6
2012	2	CWAFZ04CTS_01	冬小麦	260	21.3	9	0.6
2012	2	CWAFZ04CTS_01	冬小麦	280	21.8	9	0.3
2012	2	CWAFZ04CTS_01	冬小麦	300	23.0	9	0.2
2012	3	CWAFZ04CTS_01	冬小麦	10	21.0	18	1.1
2012	3	CWAFZ04CTS_01	冬小麦	20	23.9	18	2.1
2012	3	CWAFZ04CTS_01	冬小麦	30	22.3	18	2.2
2012	3	CWAFZ04CTS_01	冬小麦	40	20.4	18	1.7
2012	3	CWAFZ04CTS_01	冬小麦	50	19.5	18	1.8

（续）

年份	月份	样地代码	作物名称	观测层次（cm）	体积含水量（%）	重复数	标准差
2012	3	CWAFZ04CTS_01	冬小麦	60	19.1	18	1.8
2012	3	CWAFZ04CTS_01	冬小麦	70	18.9	18	1.2
2012	3	CWAFZ04CTS_01	冬小麦	80	18.8	18	0.8
2012	3	CWAFZ04CTS_01	冬小麦	90	19.0	18	0.7
2012	3	CWAFZ04CTS_01	冬小麦	100	19.1	18	0.9
2012	3	CWAFZ04CTS_01	冬小麦	120	19.3	18	0.8
2012	3	CWAFZ04CTS_01	冬小麦	140	19.7	18	1.0
2012	3	CWAFZ04CTS_01	冬小麦	160	19.9	18	0.6
2012	3	CWAFZ04CTS_01	冬小麦	180	19.9	18	0.3
2012	3	CWAFZ04CTS_01	冬小麦	200	20.6	18	0.5
2012	3	CWAFZ04CTS_01	冬小麦	220	20.6	18	0.7
2012	3	CWAFZ04CTS_01	冬小麦	240	20.4	18	0.9
2012	3	CWAFZ04CTS_01	冬小麦	260	20.9	18	0.6
2012	3	CWAFZ04CTS_01	冬小麦	280	21.7	18	0.7
2012	3	CWAFZ04CTS_01	冬小麦	300	22.8	18	0.4
2012	4	CWAFZ04CTS_01	冬小麦	10	13.4	18	0.7
2012	4	CWAFZ04CTS_01	冬小麦	20	15.9	18	1.1
2012	4	CWAFZ04CTS_01	冬小麦	30	16.8	18	1.4
2012	4	CWAFZ04CTS_01	冬小麦	40	16.5	18	1.1
2012	4	CWAFZ04CTS_01	冬小麦	50	16.9	18	1.6
2012	4	CWAFZ04CTS_01	冬小麦	60	17.1	18	1.6
2012	4	CWAFZ04CTS_01	冬小麦	70	17.3	18	1.3
2012	4	CWAFZ04CTS_01	冬小麦	80	17.7	18	0.8
2012	4	CWAFZ04CTS_01	冬小麦	90	18.2	18	0.8
2012	4	CWAFZ04CTS_01	冬小麦	100	18.5	18	0.8
2012	4	CWAFZ04CTS_01	冬小麦	120	18.8	18	0.8
2012	4	CWAFZ04CTS_01	冬小麦	140	19.2	18	1.0
2012	4	CWAFZ04CTS_01	冬小麦	160	19.1	18	0.7
2012	4	CWAFZ04CTS_01	冬小麦	180	19.2	18	0.4
2012	4	CWAFZ04CTS_01	冬小麦	200	19.7	18	0.6
2012	4	CWAFZ04CTS_01	冬小麦	220	20.0	18	1.0
2012	4	CWAFZ04CTS_01	冬小麦	240	20.0	18	1.1
2012	4	CWAFZ04CTS_01	冬小麦	260	20.5	18	0.9

（续）

年份	月份	样地代码	作物名称	观测层次（cm）	体积含水量（%）	重复数	标准差
2012	4	CWAFZ04CTS_01	冬小麦	280	21.2	18	0.6
2012	4	CWAFZ04CTS_01	冬小麦	300	22.3	18	0.5
2012	5	CWAFZ04CTS_01	冬小麦	10	12.0	18	1.3
2012	5	CWAFZ04CTS_01	冬小麦	20	13.4	18	1.0
2012	5	CWAFZ04CTS_01	冬小麦	30	13.2	18	0.9
2012	5	CWAFZ04CTS_01	冬小麦	40	13.3	18	0.6
2012	5	CWAFZ04CTS_01	冬小麦	50	13.6	18	1.2
2012	5	CWAFZ04CTS_01	冬小麦	60	14.0	18	1.5
2012	5	CWAFZ04CTS_01	冬小麦	70	14.6	18	0.9
2012	5	CWAFZ04CTS_01	冬小麦	80	15.1	18	0.8
2012	5	CWAFZ04CTS_01	冬小麦	90	15.5	18	0.6
2012	5	CWAFZ04CTS_01	冬小麦	100	16.4	18	0.8
2012	5	CWAFZ04CTS_01	冬小麦	120	16.6	18	1.1
2012	5	CWAFZ04CTS_01	冬小麦	140	17.2	18	0.8
2012	5	CWAFZ04CTS_01	冬小麦	160	17.6	18	0.5
2012	5	CWAFZ04CTS_01	冬小麦	180	18.0	18	0.6
2012	5	CWAFZ04CTS_01	冬小麦	200	18.8	18	0.9
2012	5	CWAFZ04CTS_01	冬小麦	220	18.6	18	1.0
2012	5	CWAFZ04CTS_01	冬小麦	240	18.7	18	1.2
2012	5	CWAFZ04CTS_01	冬小麦	260	19.7	18	0.7
2012	5	CWAFZ04CTS_01	冬小麦	280	20.6	18	0.5
2012	5	CWAFZ04CTS_01	冬小麦	300	21.8	18	0.3
2012	6	CWAFZ04CTS_01	冬小麦	10	9.8	18	0.9
2012	6	CWAFZ04CTS_01	冬小麦	20	12.5	18	1.1
2012	6	CWAFZ04CTS_01	冬小麦	30	12.1	18	1.4
2012	6	CWAFZ04CTS_01	冬小麦	40	11.1	18	0.5
2012	6	CWAFZ04CTS_01	冬小麦	50	11.0	18	0.6
2012	6	CWAFZ04CTS_01	冬小麦	60	11.4	18	0.8
2012	6	CWAFZ04CTS_01	冬小麦	70	11.8	18	0.6
2012	6	CWAFZ04CTS_01	冬小麦	80	12.5	18	0.5
2012	6	CWAFZ04CTS_01	冬小麦	90	12.6	18	0.4
2012	6	CWAFZ04CTS_01	冬小麦	100	13.1	18	0.5
2012	6	CWAFZ04CTS_01	冬小麦	120	13.7	18	0.3

（续）

年份	月份	样地代码	作物名称	观测层次（cm）	体积含水量（%）	重复数	标准差
2012	6	CWAFZ04CTS_01	冬小麦	140	14.0	18	0.3
2012	6	CWAFZ04CTS_01	冬小麦	160	14.5	18	0.4
2012	6	CWAFZ04CTS_01	冬小麦	180	14.9	18	0.9
2012	6	CWAFZ04CTS_01	冬小麦	200	15.3	18	1.4
2012	6	CWAFZ04CTS_01	冬小麦	220	16.0	18	1.5
2012	6	CWAFZ04CTS_01	冬小麦	240	16.2	18	1.9
2012	6	CWAFZ04CTS_01	冬小麦	260	17.5	18	1.7
2012	6	CWAFZ04CTS_01	冬小麦	280	17.4	18	2.5
2012	6	CWAFZ04CTS_01	冬小麦	300	20.5	18	1.1
2012	7	CWAFZ04CTS_01	麦茬地	10	16.3	18	1.3
2012	7	CWAFZ04CTS_01	麦茬地	20	20.5	18	1.3
2012	7	CWAFZ04CTS_01	麦茬地	30	20.6	18	1.6
2012	7	CWAFZ04CTS_01	麦茬地	40	19.2	18	1.8
2012	7	CWAFZ04CTS_01	麦茬地	50	16.7	18	1.5
2012	7	CWAFZ04CTS_01	麦茬地	60	14.4	18	1.4
2012	7	CWAFZ04CTS_01	麦茬地	70	13.0	18	1.1
2012	7	CWAFZ04CTS_01	麦茬地	80	12.3	18	0.4
2012	7	CWAFZ04CTS_01	麦茬地	90	12.3	18	0.3
2012	7	CWAFZ04CTS_01	麦茬地	100	12.5	18	0.3
2012	7	CWAFZ04CTS_01	麦茬地	120	12.9	18	0.3
2012	7	CWAFZ04CTS_01	麦茬地	140	13.3	18	0.3
2012	7	CWAFZ04CTS_01	麦茬地	160	13.8	18	0.4
2012	7	CWAFZ04CTS_01	麦茬地	180	14.0	18	0.8
2012	7	CWAFZ04CTS_01	麦茬地	200	14.9	18	1.3
2012	7	CWAFZ04CTS_01	麦茬地	220	15.1	18	1.6
2012	7	CWAFZ04CTS_01	麦茬地	240	15.3	18	2.2
2012	7	CWAFZ04CTS_01	麦茬地	260	16.4	18	2.2
2012	7	CWAFZ04CTS_01	麦茬地	280	17.9	18	1.8
2012	7	CWAFZ04CTS_01	麦茬地	300	20.0	18	1.4
2012	8	CWAFZ04CTS_01	麦闲地	10	16.6	18	1.5
2012	8	CWAFZ04CTS_01	麦闲地	20	21.5	18	1.4
2012	8	CWAFZ04CTS_01	麦闲地	30	21.8	18	1.2
2012	8	CWAFZ04CTS_01	麦闲地	40	21.0	18	1.5

（续）

年份	月份	样地代码	作物名称	观测层次（cm）	体积含水量（%）	重复数	标准差
2012	8	CWAFZ04CTS_01	麦闲地	50	20.1	18	1.5
2012	8	CWAFZ04CTS_01	麦闲地	60	19.4	18	1.5
2012	8	CWAFZ04CTS_01	麦闲地	70	18.4	18	1.1
2012	8	CWAFZ04CTS_01	麦闲地	80	17.0	18	0.7
2012	8	CWAFZ04CTS_01	麦闲地	90	15.6	18	0.7
2012	8	CWAFZ04CTS_01	麦闲地	100	14.2	18	0.9
2012	8	CWAFZ04CTS_01	麦闲地	120	13.2	18	0.3
2012	8	CWAFZ04CTS_01	麦闲地	140	13.5	18	0.3
2012	8	CWAFZ04CTS_01	麦闲地	160	13.6	18	0.4
2012	8	CWAFZ04CTS_01	麦闲地	180	14.2	18	1.0
2012	8	CWAFZ04CTS_01	麦闲地	200	14.9	18	1.3
2012	8	CWAFZ04CTS_01	麦闲地	220	15.3	18	1.7
2012	8	CWAFZ04CTS_01	麦闲地	240	15.3	18	1.8
2012	8	CWAFZ04CTS_01	麦闲地	260	16.7	18	1.9
2012	8	CWAFZ04CTS_01	麦闲地	280	17.7	18	1.7
2012	8	CWAFZ04CTS_01	麦闲地	300	19.9	18	1.3
2012	9	CWAFZ04CTS_01	冬小麦	10	18.6	18	1.9
2012	9	CWAFZ04CTS_01	冬小麦	20	23.8	18	1.6
2012	9	CWAFZ04CTS_01	冬小麦	30	24.0	18	1.6
2012	9	CWAFZ04CTS_01	冬小麦	40	23.3	18	1.7
2012	9	CWAFZ04CTS_01	冬小麦	50	22.2	18	1.6
2012	9	CWAFZ04CTS_01	冬小麦	60	21.8	18	1.7
2012	9	CWAFZ04CTS_01	冬小麦	70	21.5	18	1.4
2012	9	CWAFZ04CTS_01	冬小麦	80	21.6	18	1.1
2012	9	CWAFZ04CTS_01	冬小麦	90	21.8	18	1.1
2012	9	CWAFZ04CTS_01	冬小麦	100	21.5	18	1.0
2012	9	CWAFZ04CTS_01	冬小麦	120	19.1	18	1.8
2012	9	CWAFZ04CTS_01	冬小麦	140	16.9	18	2.1
2012	9	CWAFZ04CTS_01	冬小麦	160	15.8	18	1.8
2012	9	CWAFZ04CTS_01	冬小麦	180	15.0	18	1.4
2012	9	CWAFZ04CTS_01	冬小麦	200	15.9	18	2.1
2012	9	CWAFZ04CTS_01	冬小麦	220	15.7	18	1.5
2012	9	CWAFZ04CTS_01	冬小麦	240	15.9	18	1.8

（续）

年份	月份	样地代码	作物名称	观测层次（cm）	体积含水量（%）	重复数	标准差
2012	9	CWAFZ04CTS_01	冬小麦	260	16.9	18	1.7
2012	9	CWAFZ04CTS_01	冬小麦	280	18.0	18	1.6
2012	9	CWAFZ04CTS_01	冬小麦	300	19.8	18	1.2
2012	10	CWAFZ04CTS_01	冬小麦	10	14.4	18	1.4
2012	10	CWAFZ04CTS_01	冬小麦	20	19.4	18	1.9
2012	10	CWAFZ04CTS_01	冬小麦	30	20.2	18	1.8
2012	10	CWAFZ04CTS_01	冬小麦	40	19.8	18	1.7
2012	10	CWAFZ04CTS_01	冬小麦	50	19.6	18	1.8
2012	10	CWAFZ04CTS_01	冬小麦	60	19.3	18	2.0
2012	10	CWAFZ04CTS_01	冬小麦	70	19.4	18	1.6
2012	10	CWAFZ04CTS_01	冬小麦	80	19.7	18	1.0
2012	10	CWAFZ04CTS_01	冬小麦	90	20.2	18	0.7
2012	10	CWAFZ04CTS_01	冬小麦	100	20.6	18	0.9
2012	10	CWAFZ04CTS_01	冬小麦	120	20.0	18	0.7
2012	10	CWAFZ04CTS_01	冬小麦	140	19.4	18	1.6
2012	10	CWAFZ04CTS_01	冬小麦	160	18.1	18	2.8
2012	10	CWAFZ04CTS_01	冬小麦	180	16.5	18	2.7
2012	10	CWAFZ04CTS_01	冬小麦	200	16.3	18	2.3
2012	10	CWAFZ04CTS_01	冬小麦	220	15.9	18	1.8
2012	10	CWAFZ04CTS_01	冬小麦	240	15.6	18	1.8
2012	10	CWAFZ04CTS_01	冬小麦	260	16.8	18	1.6
2012	10	CWAFZ04CTS_01	冬小麦	280	18.0	18	1.2
2012	10	CWAFZ04CTS_01	冬小麦	300	19.7	18	1.3
2012	11	CWAFZ04CTS_01	冬小麦	10	11.1	18	1.3
2012	11	CWAFZ04CTS_01	冬小麦	20	15.7	18	1.7
2012	11	CWAFZ04CTS_01	冬小麦	30	16.6	18	1.5
2012	11	CWAFZ04CTS_01	冬小麦	40	16.8	18	1.2
2012	11	CWAFZ04CTS_01	冬小麦	50	17.3	18	1.7
2012	11	CWAFZ04CTS_01	冬小麦	60	17.6	18	2.2
2012	11	CWAFZ04CTS_01	冬小麦	70	17.6	18	1.7
2012	11	CWAFZ04CTS_01	冬小麦	80	18.5	18	1.2
2012	11	CWAFZ04CTS_01	冬小麦	90	18.9	18	1.0
2012	11	CWAFZ04CTS_01	冬小麦	100	19.4	18	0.8

（续）

年份	月份	样地代码	作物名称	观测层次（cm）	体积含水量（%）	重复数	标准差
2012	11	CWAFZ04CTS_01	冬小麦	120	19.2	18	0.9
2012	11	CWAFZ04CTS_01	冬小麦	140	18.8	18	1.3
2012	11	CWAFZ04CTS_01	冬小麦	160	18.4	18	1.8
2012	11	CWAFZ04CTS_01	冬小麦	180	17.3	18	2.5
2012	11	CWAFZ04CTS_01	冬小麦	200	17.1	18	2.6
2012	11	CWAFZ04CTS_01	冬小麦	220	16.8	18	2.2
2012	11	CWAFZ04CTS_01	冬小麦	240	16.3	18	2.4
2012	11	CWAFZ04CTS_01	冬小麦	260	17.3	18	1.8
2012	11	CWAFZ04CTS_01	冬小麦	280	18.4	18	1.6
2012	11	CWAFZ04CTS_01	冬小麦	300	19.7	18	1.6
2012	12	CWAFZ04CTS_01	冬小麦	10	9.5	9	1.1
2012	12	CWAFZ04CTS_01	冬小麦	20	16.0	9	2.3
2012	12	CWAFZ04CTS_01	冬小麦	30	16.3	9	1.0
2012	12	CWAFZ04CTS_01	冬小麦	40	16.1	9	2.0
2012	12	CWAFZ04CTS_01	冬小麦	50	15.8	9	1.7
2012	12	CWAFZ04CTS_01	冬小麦	60	16.9	9	2.4
2012	12	CWAFZ04CTS_01	冬小麦	70	17.5	9	1.5
2012	12	CWAFZ04CTS_01	冬小麦	80	17.7	9	1.3
2012	12	CWAFZ04CTS_01	冬小麦	90	18.1	9	0.6
2012	12	CWAFZ04CTS_01	冬小麦	100	18.6	9	0.8
2012	12	CWAFZ04CTS_01	冬小麦	120	18.1	9	1.6
2012	12	CWAFZ04CTS_01	冬小麦	140	18.1	9	1.5
2012	12	CWAFZ04CTS_01	冬小麦	160	17.9	9	0.6
2012	12	CWAFZ04CTS_01	冬小麦	180	17.4	9	1.7
2012	12	CWAFZ04CTS_01	冬小麦	200	17.1	9	1.7
2012	12	CWAFZ04CTS_01	冬小麦	220	16.7	9	1.8
2012	12	CWAFZ04CTS_01	冬小麦	240	16.6	9	2.1
2012	12	CWAFZ04CTS_01	冬小麦	260	17.8	9	2.2
2012	12	CWAFZ04CTS_01	冬小麦	280	18.4	9	1.7
2012	12	CWAFZ04CTS_01	冬小麦	300	20.0	9	1.2
2012	1	CWAQX01CTS_01	自然植被	10	25.0	3	2.0
2012	1	CWAQX01CTS_01	自然植被	20	26.1	3	3.1
2012	1	CWAQX01CTS_01	自然植被	30	23.3	3	3.1

（续）

年份	月份	样地代码	作物名称	观测层次（cm）	体积含水量（%）	重复数	标准差
2012	1	CWAQX01CTS_01	自然植被	40	19.9	3	0.4
2012	1	CWAQX01CTS_01	自然植被	50	19.6	3	0.9
2012	1	CWAQX01CTS_01	自然植被	60	19.8	3	1.0
2012	1	CWAQX01CTS_01	自然植被	70	20.5	3	0.4
2012	1	CWAQX01CTS_01	自然植被	80	20.6	3	0.8
2012	1	CWAQX01CTS_01	自然植被	90	20.7	3	0.2
2012	1	CWAQX01CTS_01	自然植被	100	21.0	3	1.0
2012	1	CWAQX01CTS_01	自然植被	120	22.0	3	0.3
2012	1	CWAQX01CTS_01	自然植被	140	22.7	3	0.3
2012	1	CWAQX01CTS_01	自然植被	160	22.7	3	0.1
2012	1	CWAQX01CTS_01	自然植被	180	22.9	3	0.2
2012	1	CWAQX01CTS_01	自然植被	200	21.6	3	1.0
2012	1	CWAQX01CTS_01	自然植被	220	22.1	3	0.2
2012	1	CWAQX01CTS_01	自然植被	240	22.5	3	0.4
2012	1	CWAQX01CTS_01	自然植被	260	23.0	3	0.2
2012	1	CWAQX01CTS_01	自然植被	280	23.6	3	0.4
2012	1	CWAQX01CTS_01	自然植被	300	25.3	3	0.6
2012	2	CWAQX01CTS_01	自然植被	10	27.8	3	1.3
2012	2	CWAQX01CTS_01	自然植被	20	29.5	3	0.5
2012	2	CWAQX01CTS_01	自然植被	30	25.4	3	0.7
2012	2	CWAQX01CTS_01	自然植被	40	19.2	3	0.6
2012	2	CWAQX01CTS_01	自然植被	50	18.2	3	0.1
2012	2	CWAQX01CTS_01	自然植被	60	18.9	3	0.5
2012	2	CWAQX01CTS_01	自然植被	70	19.4	3	0.0
2012	2	CWAQX01CTS_01	自然植被	80	19.8	3	0.2
2012	2	CWAQX01CTS_01	自然植被	90	19.9	3	0.5
2012	2	CWAQX01CTS_01	自然植被	100	20.1	3	0.5
2012	2	CWAQX01CTS_01	自然植被	120	20.9	3	0.3
2012	2	CWAQX01CTS_01	自然植被	140	22.1	3	0.3
2012	2	CWAQX01CTS_01	自然植被	160	21.9	3	0.2
2012	2	CWAQX01CTS_01	自然植被	180	21.8	3	0.2
2012	2	CWAQX01CTS_01	自然植被	200	21.7	3	0.1
2012	2	CWAQX01CTS_01	自然植被	220	21.4	3	0.1

（续）

年份	月份	样地代码	作物名称	观测层次（cm）	体积含水量（%）	重复数	标准差
2012	2	CWAQX01CTS_01	自然植被	240	21.9	3	0.4
2012	2	CWAQX01CTS_01	自然植被	260	22.6	3	0.5
2012	2	CWAQX01CTS_01	自然植被	280	24.0	3	1.0
2012	2	CWAQX01CTS_01	自然植被	300	24.5	3	0.6
2012	3	CWAQX01CTS_01	自然植被	10	25.0	6	2.8
2012	3	CWAQX01CTS_01	自然植被	20	26.1	6	2.4
2012	3	CWAQX01CTS_01	自然植被	30	24.5	6	1.2
2012	3	CWAQX01CTS_01	自然植被	40	23.0	6	1.8
2012	3	CWAQX01CTS_01	自然植被	50	22.0	6	1.5
2012	3	CWAQX01CTS_01	自然植被	60	22.0	6	1.1
2012	3	CWAQX01CTS_01	自然植被	70	21.1	6	0.7
2012	3	CWAQX01CTS_01	自然植被	80	20.6	6	0.4
2012	3	CWAQX01CTS_01	自然植被	90	20.8	6	0.5
2012	3	CWAQX01CTS_01	自然植被	100	21.0	6	0.7
2012	3	CWAQX01CTS_01	自然植被	120	21.2	6	0.5
2012	3	CWAQX01CTS_01	自然植被	140	21.9	6	0.5
2012	3	CWAQX01CTS_01	自然植被	160	21.8	6	0.5
2012	3	CWAQX01CTS_01	自然植被	180	21.8	6	0.5
2012	3	CWAQX01CTS_01	自然植被	200	21.6	6	0.9
2012	3	CWAQX01CTS_01	自然植被	220	21.5	6	0.6
2012	3	CWAQX01CTS_01	自然植被	240	21.6	6	0.6
2012	3	CWAQX01CTS_01	自然植被	260	22.8	6	1.2
2012	3	CWAQX01CTS_01	自然植被	280	23.3	6	1.1
2012	3	CWAQX01CTS_01	自然植被	300	24.5	6	1.1
2012	4	CWAQX01CTS_01	自然植被	10	15.1	6	3.1
2012	4	CWAQX01CTS_01	自然植被	20	18.1	6	2.3
2012	4	CWAQX01CTS_01	自然植被	30	19.6	6	1.5
2012	4	CWAQX01CTS_01	自然植被	40	20.6	6	1.2
2012	4	CWAQX01CTS_01	自然植被	50	20.1	6	1.0
2012	4	CWAQX01CTS_01	自然植被	60	20.5	6	0.7
2012	4	CWAQX01CTS_01	自然植被	70	20.2	6	0.7
2012	4	CWAQX01CTS_01	自然植被	80	19.7	6	1.2
2012	4	CWAQX01CTS_01	自然植被	90	20.4	6	0.4

（续）

年份	月份	样地代码	作物名称	观测层次（cm）	体积含水量（%）	重复数	标准差
2012	4	CWAQX01CTS_01	自然植被	100	20.6	6	0.4
2012	4	CWAQX01CTS_01	自然植被	120	21.3	6	0.2
2012	4	CWAQX01CTS_01	自然植被	140	21.3	6	0.5
2012	4	CWAQX01CTS_01	自然植被	160	21.5	6	0.5
2012	4	CWAQX01CTS_01	自然植被	180	21.3	6	0.4
2012	4	CWAQX01CTS_01	自然植被	200	20.8	6	0.2
2012	4	CWAQX01CTS_01	自然植被	220	21.0	6	0.2
2012	4	CWAQX01CTS_01	自然植被	240	20.7	6	0.3
2012	4	CWAQX01CTS_01	自然植被	260	21.8	6	0.4
2012	4	CWAQX01CTS_01	自然植被	280	22.5	6	0.4
2012	4	CWAQX01CTS_01	自然植被	300	24.9	6	0.4
2012	5	CWAQX01CTS_01	自然植被	10	12.7	6	1.8
2012	5	CWAQX01CTS_01	自然植被	20	14.6	6	1.6
2012	5	CWAQX01CTS_01	自然植被	30	16.2	6	1.2
2012	5	CWAQX01CTS_01	自然植被	40	16.8	6	1.2
2012	5	CWAQX01CTS_01	自然植被	50	17.5	6	0.6
2012	5	CWAQX01CTS_01	自然植被	60	18.6	6	0.9
2012	5	CWAQX01CTS_01	自然植被	70	18.8	6	0.5
2012	5	CWAQX01CTS_01	自然植被	80	19.3	6	0.4
2012	5	CWAQX01CTS_01	自然植被	90	19.5	6	0.4
2012	5	CWAQX01CTS_01	自然植被	100	19.9	6	0.2
2012	5	CWAQX01CTS_01	自然植被	120	20.5	6	0.4
2012	5	CWAQX01CTS_01	自然植被	140	20.7	6	0.4
2012	5	CWAQX01CTS_01	自然植被	160	21.2	6	0.5
2012	5	CWAQX01CTS_01	自然植被	180	21.2	6	0.4
2012	5	CWAQX01CTS_01	自然植被	200	20.4	6	0.2
2012	5	CWAQX01CTS_01	自然植被	220	20.7	6	0.2
2012	5	CWAQX01CTS_01	自然植被	240	20.7	6	0.2
2012	5	CWAQX01CTS_01	自然植被	260	21.2	6	0.3
2012	5	CWAQX01CTS_01	自然植被	280	22.6	6	0.7
2012	5	CWAQX01CTS_01	自然植被	300	23.7	6	1.5
2012	6	CWAQX01CTS_01	自然植被	10	8.9	6	4.5
2012	6	CWAQX01CTS_01	自然植被	20	9.0	6	2.1

（续）

年份	月份	样地代码	作物名称	观测层次（cm）	体积含水量（%）	重复数	标准差
2012	6	CWAQX01CTS_01	自然植被	30	10.4	6	1.5
2012	6	CWAQX01CTS_01	自然植被	40	11.5	6	1.7
2012	6	CWAQX01CTS_01	自然植被	50	13.1	6	1.4
2012	6	CWAQX01CTS_01	自然植被	60	15.2	6	1.2
2012	6	CWAQX01CTS_01	自然植被	70	17.3	6	0.8
2012	6	CWAQX01CTS_01	自然植被	80	18.2	6	0.6
2012	6	CWAQX01CTS_01	自然植被	90	18.8	6	0.5
2012	6	CWAQX01CTS_01	自然植被	100	18.6	6	0.3
2012	6	CWAQX01CTS_01	自然植被	120	20.0	6	0.6
2012	6	CWAQX01CTS_01	自然植被	140	20.2	6	0.4
2012	6	CWAQX01CTS_01	自然植被	160	20.6	6	0.4
2012	6	CWAQX01CTS_01	自然植被	180	20.8	6	0.4
2012	6	CWAQX01CTS_01	自然植被	200	20.4	6	0.6
2012	6	CWAQX01CTS_01	自然植被	220	20.1	6	0.4
2012	6	CWAQX01CTS_01	自然植被	240	20.9	6	0.5
2012	6	CWAQX01CTS_01	自然植被	260	21.5	6	0.7
2012	6	CWAQX01CTS_01	自然植被	280	22.4	6	0.7
2012	6	CWAQX01CTS_01	自然植被	300	24.5	6	0.5
2012	7	CWAQX01CTS_01	自然植被	10	14.9	6	4.5
2012	7	CWAQX01CTS_01	自然植被	20	15.1	6	3.6
2012	7	CWAQX01CTS_01	自然植被	30	14.0	6	2.2
2012	7	CWAQX01CTS_01	自然植被	40	12.8	6	1.5
2012	7	CWAQX01CTS_01	自然植被	50	12.9	6	0.9
2012	7	CWAQX01CTS_01	自然植被	60	15.9	6	2.4
2012	7	CWAQX01CTS_01	自然植被	70	16.4	6	0.5
2012	7	CWAQX01CTS_01	自然植被	80	17.8	6	0.4
2012	7	CWAQX01CTS_01	自然植被	90	18.1	6	0.4
2012	7	CWAQX01CTS_01	自然植被	100	18.1	6	0.3
2012	7	CWAQX01CTS_01	自然植被	120	19.5	6	0.2
2012	7	CWAQX01CTS_01	自然植被	140	20.3	6	0.4
2012	7	CWAQX01CTS_01	自然植被	160	20.6	6	0.3
2012	7	CWAQX01CTS_01	自然植被	180	20.7	6	0.5
2012	7	CWAQX01CTS_01	自然植被	200	20.3	6	0.4

（续）

年份	月份	样地代码	作物名称	观测层次（cm）	体积含水量（%）	重复数	标准差
2012	7	CWAQX01CTS_01	自然植被	220	20.1	6	0.3
2012	7	CWAQX01CTS_01	自然植被	240	20.6	6	1.0
2012	7	CWAQX01CTS_01	自然植被	260	21.3	6	0.6
2012	7	CWAQX01CTS_01	自然植被	280	22.5	6	0.3
2012	7	CWAQX01CTS_01	自然植被	300	24.1	6	0.4
2012	8	CWAQX01CTS_01	自然植被	10	17.2	6	4.0
2012	8	CWAQX01CTS_01	自然植被	20	19.4	6	3.8
2012	8	CWAQX01CTS_01	自然植被	30	19.5	6	3.5
2012	8	CWAQX01CTS_01	自然植被	40	18.3	6	3.8
2012	8	CWAQX01CTS_01	自然植被	50	17.0	6	4.1
2012	8	CWAQX01CTS_01	自然植被	60	16.9	6	3.3
2012	8	CWAQX01CTS_01	自然植被	70	17.8	6	2.2
2012	8	CWAQX01CTS_01	自然植被	80	18.0	6	1.2
2012	8	CWAQX01CTS_01	自然植被	90	17.7	6	0.5
2012	8	CWAQX01CTS_01	自然植被	100	18.1	6	0.4
2012	8	CWAQX01CTS_01	自然植被	120	18.7	6	0.4
2012	8	CWAQX01CTS_01	自然植被	140	19.4	6	0.3
2012	8	CWAQX01CTS_01	自然植被	160	20.1	6	0.1
2012	8	CWAQX01CTS_01	自然植被	180	20.3	6	0.3
2012	8	CWAQX01CTS_01	自然植被	200	19.8	6	0.3
2012	8	CWAQX01CTS_01	自然植被	220	19.8	6	0.2
2012	8	CWAQX01CTS_01	自然植被	240	20.3	6	0.3
2012	8	CWAQX01CTS_01	自然植被	260	20.8	6	0.7
2012	8	CWAQX01CTS_01	自然植被	280	22.2	6	0.7
2012	8	CWAQX01CTS_01	自然植被	300	24.0	6	0.5
2012	9	CWAQX01CTS_01	自然植被	10	23.2	6	1.6
2012	9	CWAQX01CTS_01	自然植被	20	24.6	6	1.3
2012	9	CWAQX01CTS_01	自然植被	30	25.5	6	1.2
2012	9	CWAQX01CTS_01	自然植被	40	25.4	6	1.1
2012	9	CWAQX01CTS_01	自然植被	50	24.4	6	0.9
2012	9	CWAQX01CTS_01	自然植被	60	23.9	6	1.1
2012	9	CWAQX01CTS_01	自然植被	70	22.9	6	0.8
2012	9	CWAQX01CTS_01	自然植被	80	22.5	6	0.7

（续）

年份	月份	样地代码	作物名称	观测层次（cm）	体积含水量（%）	重复数	标准差
2012	9	CWAQX01CTS_01	自然植被	90	22.1	6	1.0
2012	9	CWAQX01CTS_01	自然植被	100	21.7	6	1.2
2012	9	CWAQX01CTS_01	自然植被	120	21.5	6	1.4
2012	9	CWAQX01CTS_01	自然植被	140	20.9	6	1.3
2012	9	CWAQX01CTS_01	自然植被	160	20.4	6	0.7
2012	9	CWAQX01CTS_01	自然植被	180	20.3	6	0.4
2012	9	CWAQX01CTS_01	自然植被	200	19.8	6	0.1
2012	9	CWAQX01CTS_01	自然植被	220	19.7	6	0.3
2012	9	CWAQX01CTS_01	自然植被	240	20.0	6	0.3
2012	9	CWAQX01CTS_01	自然植被	260	20.4	6	0.5
2012	9	CWAQX01CTS_01	自然植被	280	21.6	6	0.5
2012	9	CWAQX01CTS_01	自然植被	300	23.5	6	0.8
2012	10	CWAQX01CTS_01	自然植被	10	18.7	6	1.5
2012	10	CWAQX01CTS_01	自然植被	20	20.7	6	1.5
2012	10	CWAQX01CTS_01	自然植被	30	22.0	6	1.1
2012	10	CWAQX01CTS_01	自然植被	40	22.2	6	1.1
2012	10	CWAQX01CTS_01	自然植被	50	22.2	6	0.9
2012	10	CWAQX01CTS_01	自然植被	60	21.6	6	0.6
2012	10	CWAQX01CTS_01	自然植被	70	21.7	6	0.5
2012	10	CWAQX01CTS_01	自然植被	80	21.5	6	0.4
2012	10	CWAQX01CTS_01	自然植被	90	21.4	6	0.3
2012	10	CWAQX01CTS_01	自然植被	100	21.6	6	0.4
2012	10	CWAQX01CTS_01	自然植被	120	22.4	6	0.7
2012	10	CWAQX01CTS_01	自然植被	140	21.9	6	0.3
2012	10	CWAQX01CTS_01	自然植被	160	21.5	6	0.2
2012	10	CWAQX01CTS_01	自然植被	180	21.1	6	0.5
2012	10	CWAQX01CTS_01	自然植被	200	20.7	6	1.0
2012	10	CWAQX01CTS_01	自然植被	220	19.9	6	0.3
2012	10	CWAQX01CTS_01	自然植被	240	19.8	6	0.2
2012	10	CWAQX01CTS_01	自然植被	260	20.6	6	1.0
2012	10	CWAQX01CTS_01	自然植被	280	21.5	6	0.5
2012	10	CWAQX01CTS_01	自然植被	300	23.7	6	0.3
2012	11	CWAQX01CTS_01	自然植被	10	14.7	6	0.8

（续）

年份	月份	样地代码	作物名称	观测层次（cm）	体积含水量（%）	重复数	标准差
2012	11	CWAQX01CTS_01	自然植被	20	17.5	6	0.6
2012	11	CWAQX01CTS_01	自然植被	30	19.2	6	0.5
2012	11	CWAQX01CTS_01	自然植被	40	19.4	6	0.5
2012	11	CWAQX01CTS_01	自然植被	50	19.7	6	0.8
2012	11	CWAQX01CTS_01	自然植被	60	20.0	6	0.5
2012	11	CWAQX01CTS_01	自然植被	70	20.1	6	0.2
2012	11	CWAQX01CTS_01	自然植被	80	20.3	6	0.2
2012	11	CWAQX01CTS_01	自然植被	90	20.3	6	0.5
2012	11	CWAQX01CTS_01	自然植被	100	20.2	6	0.5
2012	11	CWAQX01CTS_01	自然植被	120	21.3	6	0.5
2012	11	CWAQX01CTS_01	自然植被	140	21.2	6	0.3
2012	11	CWAQX01CTS_01	自然植被	160	21.0	6	0.3
2012	11	CWAQX01CTS_01	自然植被	180	20.8	6	0.5
2012	11	CWAQX01CTS_01	自然植被	200	20.5	6	0.4
2012	11	CWAQX01CTS_01	自然植被	220	19.9	6	0.2
2012	11	CWAQX01CTS_01	自然植被	240	20.4	6	0.3
2012	11	CWAQX01CTS_01	自然植被	260	20.8	6	0.3
2012	11	CWAQX01CTS_01	自然植被	280	21.7	6	0.2
2012	11	CWAQX01CTS_01	自然植被	300	24.0	6	0.2
2012	12	CWAQX01CTS_01	自然植被	10	14.1	3	0.5
2012	12	CWAQX01CTS_01	自然植被	20	17.8	3	0.8
2012	12	CWAQX01CTS_01	自然植被	30	18.4	3	0.7
2012	12	CWAQX01CTS_01	自然植被	40	18.7	3	0.4
2012	12	CWAQX01CTS_01	自然植被	50	17.7	3	1.9
2012	12	CWAQX01CTS_01	自然植被	60	19.0	3	0.6
2012	12	CWAQX01CTS_01	自然植被	70	19.2	3	0.4
2012	12	CWAQX01CTS_01	自然植被	80	19.3	3	0.6
2012	12	CWAQX01CTS_01	自然植被	90	20.2	3	0.1
2012	12	CWAQX01CTS_01	自然植被	100	19.8	3	0.1
2012	12	CWAQX01CTS_01	自然植被	120	20.6	3	0.3
2012	12	CWAQX01CTS_01	自然植被	140	20.9	3	0.2
2012	12	CWAQX01CTS_01	自然植被	160	21.1	3	0.3
2012	12	CWAQX01CTS_01	自然植被	180	20.6	3	0.6

（续）

年份	月份	样地代码	作物名称	观测层次（cm）	体积含水量（%）	重复数	标准差
2012	12	CWAQX01CTS_01	自然植被	200	19.7	3	0.2
2012	12	CWAQX01CTS_01	自然植被	220	19.8	3	0.5
2012	12	CWAQX01CTS_01	自然植被	240	19.8	3	0.2
2012	12	CWAQX01CTS_01	自然植被	260	20.8	3	0.4
2012	12	CWAQX01CTS_01	自然植被	280	22.1	3	0.3
2012	12	CWAQX01CTS_01	自然植被	300	23.2	3	0.8
2012	1	CWAFZ04CTS_01	冬小麦	10	21.1	9	1.0
2012	1	CWAFZ04CTS_01	冬小麦	20	25.2	9	1.5
2012	1	CWAFZ04CTS_01	冬小麦	30	21.0	9	1.3
2012	1	CWAFZ04CTS_01	冬小麦	40	17.1	9	0.9
2012	1	CWAFZ04CTS_01	冬小麦	50	16.5	9	0.5
2012	1	CWAFZ04CTS_01	冬小麦	60	17.0	9	0.6
2012	1	CWAFZ04CTS_01	冬小麦	70	17.3	9	0.5
2012	1	CWAFZ04CTS_01	冬小麦	80	17.6	9	0.6
2012	1	CWAFZ04CTS_01	冬小麦	90	18.2	9	0.7
2012	1	CWAFZ04CTS_01	冬小麦	100	19.1	9	0.5
2012	1	CWAFZ04CTS_01	冬小麦	120	20.4	9	0.7
2012	1	CWAFZ04CTS_01	冬小麦	140	21.1	9	0.7
2012	1	CWAFZ04CTS_01	冬小麦	160	21.7	9	0.7
2012	1	CWAFZ04CTS_01	冬小麦	180	22.2	9	0.9
2012	1	CWAFZ04CTS_01	冬小麦	200	22.3	9	0.9
2012	1	CWAFZ04CTS_01	冬小麦	220	22.3	9	1.1
2012	1	CWAFZ04CTS_01	冬小麦	240	22.5	9	1.0
2012	1	CWAFZ04CTS_01	冬小麦	260	23.0	9	0.7
2012	1	CWAFZ04CTS_01	冬小麦	280	23.0	9	0.6
2012	1	CWAFZ04CTS_01	冬小麦	300	22.9	9	0.5
2012	2	CWAFZ04CTS_01	冬小麦	10	22.2	9	1.3
2012	2	CWAFZ04CTS_01	冬小麦	20	25.5	9	1.7
2012	2	CWAFZ04CTS_01	冬小麦	30	22.6	9	1.6
2012	2	CWAFZ04CTS_01	冬小麦	40	17.9	9	1.7
2012	2	CWAFZ04CTS_01	冬小麦	50	15.8	9	0.7
2012	2	CWAFZ04CTS_01	冬小麦	60	15.9	9	0.3
2012	2	CWAFZ04CTS_01	冬小麦	70	16.2	9	0.6

（续）

年份	月份	样地代码	作物名称	观测层次（cm）	体积含水量（%）	重复数	标准差
2012	2	CWAFZ04CTS_01	冬小麦	80	16.7	9	0.5
2012	2	CWAFZ04CTS_01	冬小麦	90	17.5	9	0.6
2012	2	CWAFZ04CTS_01	冬小麦	100	18.3	9	0.5
2012	2	CWAFZ04CTS_01	冬小麦	120	19.6	9	0.8
2012	2	CWAFZ04CTS_01	冬小麦	140	20.3	9	0.6
2012	2	CWAFZ04CTS_01	冬小麦	160	21.2	9	0.5
2012	2	CWAFZ04CTS_01	冬小麦	180	21.9	9	0.9
2012	2	CWAFZ04CTS_01	冬小麦	200	21.9	9	1.2
2012	2	CWAFZ04CTS_01	冬小麦	220	21.8	9	1.2
2012	2	CWAFZ04CTS_01	冬小麦	240	22.1	9	1.0
2012	2	CWAFZ04CTS_01	冬小麦	260	22.7	9	0.9
2012	2	CWAFZ04CTS_01	冬小麦	280	22.8	9	0.7
2012	2	CWAFZ04CTS_01	冬小麦	300	22.8	9	0.4
2012	3	CWAFZ04CTS_01	冬小麦	10	20.0	9	1.4
2012	3	CWAFZ04CTS_01	冬小麦	20	21.2	9	2.0
2012	3	CWAFZ04CTS_01	冬小麦	30	20.3	9	1.0
2012	3	CWAFZ04CTS_01	冬小麦	40	18.8	9	0.9
2012	3	CWAFZ04CTS_01	冬小麦	50	18.0	9	0.7
2012	3	CWAFZ04CTS_01	冬小麦	60	17.7	9	0.8
2012	3	CWAFZ04CTS_01	冬小麦	70	17.2	9	0.4
2012	3	CWAFZ04CTS_01	冬小麦	80	17.4	9	0.6
2012	3	CWAFZ04CTS_01	冬小麦	90	17.8	9	0.6
2012	3	CWAFZ04CTS_01	冬小麦	100	18.3	9	0.5
2012	3	CWAFZ04CTS_01	冬小麦	120	19.4	9	0.6
2012	3	CWAFZ04CTS_01	冬小麦	140	20.0	9	0.7
2012	3	CWAFZ04CTS_01	冬小麦	160	20.6	9	0.7
2012	3	CWAFZ04CTS_01	冬小麦	180	21.0	9	1.3
2012	3	CWAFZ04CTS_01	冬小麦	200	21.6	9	1.2
2012	3	CWAFZ04CTS_01	冬小麦	220	21.5	9	1.2
2012	3	CWAFZ04CTS_01	冬小麦	240	21.8	9	0.7
2012	3	CWAFZ04CTS_01	冬小麦	260	22.3	9	0.4
2012	3	CWAFZ04CTS_01	冬小麦	280	22.4	9	0.7
2012	3	CWAFZ04CTS_01	冬小麦	300	22.4	9	0.4

（续）

年份	月份	样地代码	作物名称	观测层次（cm）	体积含水量（%）	重复数	标准差
2012	4	CWAFZ04CTS_01	冬小麦	10	12.0	9	2.0
2012	4	CWAFZ04CTS_01	冬小麦	20	12.2	9	1.5
2012	4	CWAFZ04CTS_01	冬小麦	30	13.4	9	0.3
2012	4	CWAFZ04CTS_01	冬小麦	40	15.4	9	1.9
2012	4	CWAFZ04CTS_01	冬小麦	50	15.2	9	0.4
2012	4	CWAFZ04CTS_01	冬小麦	60	15.8	9	0.5
2012	4	CWAFZ04CTS_01	冬小麦	70	16.0	9	0.8
2012	4	CWAFZ04CTS_01	冬小麦	80	17.0	9	0.8
2012	4	CWAFZ04CTS_01	冬小麦	90	17.9	9	0.8
2012	4	CWAFZ04CTS_01	冬小麦	100	18.3	9	1.0
2012	4	CWAFZ04CTS_01	冬小麦	120	20.0	9	0.5
2012	4	CWAFZ04CTS_01	冬小麦	140	20.7	9	0.7
2012	4	CWAFZ04CTS_01	冬小麦	160	21.6	9	0.7
2012	4	CWAFZ04CTS_01	冬小麦	180	21.9	9	1.0
2012	4	CWAFZ04CTS_01	冬小麦	200	22.3	9	1.3
2012	4	CWAFZ04CTS_01	冬小麦	220	21.9	9	1.3
2012	4	CWAFZ04CTS_01	冬小麦	240	22.0	9	0.8
2012	4	CWAFZ04CTS_01	冬小麦	260	22.5	9	0.9
2012	4	CWAFZ04CTS_01	冬小麦	280	22.9	9	0.9
2012	4	CWAFZ04CTS_01	冬小麦	300	22.7	9	0.9
2012	5	CWAFZ04CTS_01	冬小麦	10	9.0	9	1.3
2012	5	CWAFZ04CTS_01	冬小麦	20	9.4	9	1.1
2012	5	CWAFZ04CTS_01	冬小麦	30	10.5	9	0.3
2012	5	CWAFZ04CTS_01	冬小麦	40	10.9	9	0.5
2012	5	CWAFZ04CTS_01	冬小麦	50	11.6	9	0.5
2012	5	CWAFZ04CTS_01	冬小麦	60	12.2	9	0.7
2012	5	CWAFZ04CTS_01	冬小麦	70	13.1	9	1.0
2012	5	CWAFZ04CTS_01	冬小麦	80	13.8	9	1.0
2012	5	CWAFZ04CTS_01	冬小麦	90	15.1	9	1.1
2012	5	CWAFZ04CTS_01	冬小麦	100	16.1	9	1.0
2012	5	CWAFZ04CTS_01	冬小麦	120	17.9	9	0.7
2012	5	CWAFZ04CTS_01	冬小麦	140	18.7	9	0.9
2012	5	CWAFZ04CTS_01	冬小麦	160	19.7	9	0.7

（续）

年份	月份	样地代码	作物名称	观测层次（cm）	体积含水量（%）	重复数	标准差
2012	5	CWAFZ04CTS_01	冬小麦	180	20.8	9	0.9
2012	5	CWAFZ04CTS_01	冬小麦	200	20.8	9	1.1
2012	5	CWAFZ04CTS_01	冬小麦	220	21.1	9	1.4
2012	5	CWAFZ04CTS_01	冬小麦	240	21.1	9	0.7
2012	5	CWAFZ04CTS_01	冬小麦	260	21.8	9	0.9
2012	5	CWAFZ04CTS_01	冬小麦	280	22.5	9	0.7
2012	5	CWAFZ04CTS_01	冬小麦	300	22.2	9	0.5
2012	6	CWAFZ04CTS_01	冬小麦	10	7.0	9	0.6
2012	6	CWAFZ04CTS_01	冬小麦	20	7.9	9	0.5
2012	6	CWAFZ04CTS_01	冬小麦	30	8.6	9	0.3
2012	6	CWAFZ04CTS_01	冬小麦	40	8.9	9	0.6
2012	6	CWAFZ04CTS_01	冬小麦	50	9.3	9	0.5
2012	6	CWAFZ04CTS_01	冬小麦	60	9.8	9	0.9
2012	6	CWAFZ04CTS_01	冬小麦	70	10.6	9	1.4
2012	6	CWAFZ04CTS_01	冬小麦	80	11.2	9	1.6
2012	6	CWAFZ04CTS_01	冬小麦	90	12.1	9	1.4
2012	6	CWAFZ04CTS_01	冬小麦	100	13.3	9	1.5
2012	6	CWAFZ04CTS_01	冬小麦	120	15.5	9	1.3
2012	6	CWAFZ04CTS_01	冬小麦	140	16.9	9	0.9
2012	6	CWAFZ04CTS_01	冬小麦	160	18.2	9	1.0
2012	6	CWAFZ04CTS_01	冬小麦	180	19.5	9	1.2
2012	6	CWAFZ04CTS_01	冬小麦	200	20.5	9	1.5
2012	6	CWAFZ04CTS_01	冬小麦	220	20.3	9	1.3
2012	6	CWAFZ04CTS_01	冬小麦	240	20.9	9	1.1
2012	6	CWAFZ04CTS_01	冬小麦	260	21.6	9	0.7
2012	6	CWAFZ04CTS_01	冬小麦	280	22.2	9	0.7
2012	6	CWAFZ04CTS_01	冬小麦	300	21.7	9	0.4
2012	7	CWAFZ04CTS_01	麦茬地	10	12.2	9	0.8
2012	7	CWAFZ04CTS_01	麦茬地	20	14.8	9	0.4
2012	7	CWAFZ04CTS_01	麦茬地	30	15.3	9	0.9
2012	7	CWAFZ04CTS_01	麦茬地	40	12.8	9	0.5
2012	7	CWAFZ04CTS_01	麦茬地	50	11.4	9	0.8
2012	7	CWAFZ04CTS_01	麦茬地	60	10.8	9	0.9

（续）

年份	月份	样地代码	作物名称	观测层次（cm）	体积含水量（%）	重复数	标准差
2012	7	CWAFZ04CTS_01	麦茬地	70	11.0	9	1.2
2012	7	CWAFZ04CTS_01	麦茬地	80	11.6	9	1.5
2012	7	CWAFZ04CTS_01	麦茬地	90	12.7	9	1.2
2012	7	CWAFZ04CTS_01	麦茬地	100	14.0	9	1.2
2012	7	CWAFZ04CTS_01	麦茬地	120	16.0	9	1.0
2012	7	CWAFZ04CTS_01	麦茬地	140	17.4	9	1.0
2012	7	CWAFZ04CTS_01	麦茬地	160	18.3	9	0.9
2012	7	CWAFZ04CTS_01	麦茬地	180	19.7	9	1.1
2012	7	CWAFZ04CTS_01	麦茬地	200	20.0	9	1.2
2012	7	CWAFZ04CTS_01	麦茬地	220	20.3	9	1.0
2012	7	CWAFZ04CTS_01	麦茬地	240	20.7	9	0.6
2012	7	CWAFZ04CTS_01	麦茬地	260	21.3	9	0.6
2012	7	CWAFZ04CTS_01	麦茬地	280	21.3	9	0.8
2012	7	CWAFZ04CTS_01	麦茬地	300	21.8	9	0.4
2012	8	CWAFZ04CTS_01	麦闲地	10	17.5	9	0.9
2012	8	CWAFZ04CTS_01	麦闲地	20	19.2	9	0.8
2012	8	CWAFZ04CTS_01	麦闲地	30	19.2	9	0.5
2012	8	CWAFZ04CTS_01	麦闲地	40	18.2	9	0.6
2012	8	CWAFZ04CTS_01	麦闲地	50	17.4	9	1.2
2012	8	CWAFZ04CTS_01	麦闲地	60	15.3	9	0.8
2012	8	CWAFZ04CTS_01	麦闲地	70	13.9	9	1.5
2012	8	CWAFZ04CTS_01	麦闲地	80	13.3	9	1.3
2012	8	CWAFZ04CTS_01	麦闲地	90	13.7	9	1.1
2012	8	CWAFZ04CTS_01	麦闲地	100	14.5	9	1.3
2012	8	CWAFZ04CTS_01	麦闲地	120	16.4	9	0.9
2012	8	CWAFZ04CTS_01	麦闲地	140	17.6	9	0.9
2012	8	CWAFZ04CTS_01	麦闲地	160	18.5	9	1.1
2012	8	CWAFZ04CTS_01	麦闲地	180	19.5	9	1.1
2012	8	CWAFZ04CTS_01	麦闲地	200	19.9	9	1.2
2012	8	CWAFZ04CTS_01	麦闲地	220	19.7	9	1.2
2012	8	CWAFZ04CTS_01	麦闲地	240	20.4	9	0.6
2012	8	CWAFZ04CTS_01	麦闲地	260	21.0	9	0.7
2012	8	CWAFZ04CTS_01	麦闲地	280	21.6	9	0.9

（续）

年份	月份	样地代码	作物名称	观测层次（cm）	体积含水量（%）	重复数	标准差
2012	8	CWAFZ04CTS_01	麦闲地	300	21.6	9	0.6
2012	9	CWAFZ04CTS_01	冬小麦	10	19.1	9	1.3
2012	9	CWAFZ04CTS_01	冬小麦	20	20.7	9	1.2
2012	9	CWAFZ04CTS_01	冬小麦	30	21.1	9	0.5
2012	9	CWAFZ04CTS_01	冬小麦	40	20.8	9	0.5
2012	9	CWAFZ04CTS_01	冬小麦	50	20.6	9	0.4
2012	9	CWAFZ04CTS_01	冬小麦	60	20.5	9	0.3
2012	9	CWAFZ04CTS_01	冬小麦	70	19.7	9	0.9
2012	9	CWAFZ04CTS_01	冬小麦	80	19.5	9	0.8
2012	9	CWAFZ04CTS_01	冬小麦	90	18.6	9	1.7
2012	9	CWAFZ04CTS_01	冬小麦	100	17.9	9	1.3
2012	9	CWAFZ04CTS_01	冬小麦	120	17.8	9	1.6
2012	9	CWAFZ04CTS_01	冬小麦	140	18.0	9	1.6
2012	9	CWAFZ04CTS_01	冬小麦	160	18.4	9	1.8
2012	9	CWAFZ04CTS_01	冬小麦	180	19.6	9	1.2
2012	9	CWAFZ04CTS_01	冬小麦	200	19.9	9	1.3
2012	9	CWAFZ04CTS_01	冬小麦	220	20.0	9	1.1
2012	9	CWAFZ04CTS_01	冬小麦	240	20.3	9	0.7
2012	9	CWAFZ04CTS_01	冬小麦	260	20.6	9	0.4
2012	9	CWAFZ04CTS_01	冬小麦	280	21.3	9	0.6
2012	9	CWAFZ04CTS_01	冬小麦	300	21.5	9	0.5
2012	10	CWAFZ04CTS_01	冬小麦	10	15.3	9	1.1
2012	10	CWAFZ04CTS_01	冬小麦	20	17.7	9	1.0
2012	10	CWAFZ04CTS_01	冬小麦	30	18.6	9	0.2
2012	10	CWAFZ04CTS_01	冬小麦	40	18.6	9	0.5
2012	10	CWAFZ04CTS_01	冬小麦	50	18.8	9	0.4
2012	10	CWAFZ04CTS_01	冬小麦	60	18.9	9	0.5
2012	10	CWAFZ04CTS_01	冬小麦	70	18.6	9	0.4
2012	10	CWAFZ04CTS_01	冬小麦	80	18.3	9	0.8
2012	10	CWAFZ04CTS_01	冬小麦	90	18.7	9	0.8
2012	10	CWAFZ04CTS_01	冬小麦	100	18.5	9	0.7
2012	10	CWAFZ04CTS_01	冬小麦	120	18.6	9	0.9
2012	10	CWAFZ04CTS_01	冬小麦	140	19.0	9	1.3

（续）

年份	月份	样地代码	作物名称	观测层次（cm）	体积含水量（%）	重复数	标准差
2012	10	CWAFZ04CTS_01	冬小麦	160	19.2	9	1.1
2012	10	CWAFZ04CTS_01	冬小麦	180	19.8	9	1.1
2012	10	CWAFZ04CTS_01	冬小麦	200	20.3	9	1.2
2012	10	CWAFZ04CTS_01	冬小麦	220	20.2	9	1.0
2012	10	CWAFZ04CTS_01	冬小麦	240	20.3	9	0.8
2012	10	CWAFZ04CTS_01	冬小麦	260	20.8	9	0.6
2012	10	CWAFZ04CTS_01	冬小麦	280	21.6	9	0.8
2012	10	CWAFZ04CTS_01	冬小麦	300	21.4	9	0.8
2012	11	CWAFZ04CTS_01	冬小麦	10	11.8	9	0.8
2012	11	CWAFZ04CTS_01	冬小麦	20	14.7	9	0.6
2012	11	CWAFZ04CTS_01	冬小麦	30	16.3	9	0.4
2012	11	CWAFZ04CTS_01	冬小麦	40	16.7	9	0.4
2012	11	CWAFZ04CTS_01	冬小麦	50	16.8	9	0.7
2012	11	CWAFZ04CTS_01	冬小麦	60	17.1	9	0.5
2012	11	CWAFZ04CTS_01	冬小麦	70	17.1	9	0.6
2012	11	CWAFZ04CTS_01	冬小麦	80	17.0	9	0.8
2012	11	CWAFZ04CTS_01	冬小麦	90	17.3	9	0.6
2012	11	CWAFZ04CTS_01	冬小麦	100	18.1	9	0.6
2012	11	CWAFZ04CTS_01	冬小麦	120	18.6	9	0.9
2012	11	CWAFZ04CTS_01	冬小麦	140	18.7	9	1.0
2012	11	CWAFZ04CTS_01	冬小麦	160	19.0	9	1.1
2012	11	CWAFZ04CTS_01	冬小麦	180	20.2	9	0.9
2012	11	CWAFZ04CTS_01	冬小麦	200	20.2	9	1.0
2012	11	CWAFZ04CTS_01	冬小麦	220	20.3	9	1.0
2012	11	CWAFZ04CTS_01	冬小麦	240	20.5	9	0.6
2012	11	CWAFZ04CTS_01	冬小麦	260	20.9	9	0.5
2012	11	CWAFZ04CTS_01	冬小麦	280	21.3	9	0.6
2012	11	CWAFZ04CTS_01	冬小麦	300	21.4	9	0.6
2012	12	CWAFZ04CTS_01	冬小麦	10	10.9	9	0.9
2012	12	CWAFZ04CTS_01	冬小麦	20	15.0	9	0.9
2012	12	CWAFZ04CTS_01	冬小麦	30	15.7	9	0.4
2012	12	CWAFZ04CTS_01	冬小麦	40	15.3	9	0.5
2012	12	CWAFZ04CTS_01	冬小麦	50	15.9	9	0.5

（续）

年份	月份	样地代码	作物名称	观测层次（cm）	体积含水量（%）	重复数	标准差
2012	12	CWAFZ04CTS_01	冬小麦	60	16.0	9	0.5
2012	12	CWAFZ04CTS_01	冬小麦	70	16.3	9	0.5
2012	12	CWAFZ04CTS_01	冬小麦	80	16.7	9	1.0
2012	12	CWAFZ04CTS_01	冬小麦	90	17.3	9	0.9
2012	12	CWAFZ04CTS_01	冬小麦	100	17.6	9	0.9
2012	12	CWAFZ04CTS_01	冬小麦	120	18.2	9	0.9
2012	12	CWAFZ04CTS_01	冬小麦	140	18.3	9	1.2
2012	12	CWAFZ04CTS_01	冬小麦	160	19.2	9	1.0
2012	12	CWAFZ04CTS_01	冬小麦	180	19.4	9	1.2
2012	12	CWAFZ04CTS_01	冬小麦	200	19.9	9	1.3
2012	12	CWAFZ04CTS_01	冬小麦	220	20.1	9	1.1
2012	12	CWAFZ04CTS_01	冬小麦	240	20.5	9	0.7
2012	12	CWAFZ04CTS_01	冬小麦	260	21.2	9	0.6
2012	12	CWAFZ04CTS_01	冬小麦	280	21.4	9	0.8
2012	12	CWAFZ04CTS_01	冬小麦	300	21.5	9	0.7
2013	1	CWAZH01CHG_01	麦闲地	10	11.7	9	1.0
2013	1	CWAZH01CHG_01	麦闲地	20	18.5	9	0.5
2013	1	CWAZH01CHG_01	麦闲地	30	19.6	9	0.8
2013	1	CWAZH01CHG_01	麦闲地	40	18.9	9	0.7
2013	1	CWAZH01CHG_01	麦闲地	50	19.8	9	1.1
2013	1	CWAZH01CHG_01	麦闲地	60	19.0	9	0.9
2013	1	CWAZH01CHG_01	麦闲地	70	18.2	9	0.6
2013	1	CWAZH01CHG_01	麦闲地	80	18.8	9	0.7
2013	1	CWAZH01CHG_01	麦闲地	90	18.9	9	0.4
2013	1	CWAZH01CHG_01	麦闲地	100	19.4	9	0.5
2013	1	CWAZH01CHG_01	麦闲地	120	19.3	9	0.6
2013	1	CWAZH01CHG_01	麦闲地	140	18.6	9	0.7
2013	1	CWAZH01CHG_01	麦闲地	160	18.9	9	0.3
2013	1	CWAZH01CHG_01	麦闲地	180	18.5	9	0.3
2013	1	CWAZH01CHG_01	麦闲地	200	17.8	9	0.3
2013	1	CWAZH01CHG_01	麦闲地	220	17.5	9	0.3
2013	1	CWAZH01CHG_01	麦闲地	240	17.2	9	0.3
2013	1	CWAZH01CHG_01	麦闲地	260	17.4	9	0.4

（续）

年份	月份	样地代码	作物名称	观测层次（cm）	体积含水量（%）	重复数	标准差
2013	1	CWAZH01CHG_01	麦闲地	280	18.2	9	0.5
2013	1	CWAZH01CHG_01	麦闲地	300	18.7	9	0.3
2013	2	CWAZH01CHG_01	麦闲地	10	12.1	9	1.2
2013	2	CWAZH01CHG_01	麦闲地	20	17.1	9	0.7
2013	2	CWAZH01CHG_01	麦闲地	30	19.2	9	0.5
2013	2	CWAZH01CHG_01	麦闲地	40	19.1	9	1.0
2013	2	CWAZH01CHG_01	麦闲地	50	19.6	9	1.5
2013	2	CWAZH01CHG_01	麦闲地	60	19.0	9	1.1
2013	2	CWAZH01CHG_01	麦闲地	70	18.6	9	0.9
2013	2	CWAZH01CHG_01	麦闲地	80	19.0	9	0.8
2013	2	CWAZH01CHG_01	麦闲地	90	19.2	9	0.6
2013	2	CWAZH01CHG_01	麦闲地	100	19.0	9	0.8
2013	2	CWAZH01CHG_01	麦闲地	120	19.3	9	0.9
2013	2	CWAZH01CHG_01	麦闲地	140	18.8	9	0.6
2013	2	CWAZH01CHG_01	麦闲地	160	19.2	9	0.8
2013	2	CWAZH01CHG_01	麦闲地	180	18.6	9	0.3
2013	2	CWAZH01CHG_01	麦闲地	200	18.1	9	0.4
2013	2	CWAZH01CHG_01	麦闲地	220	17.6	9	0.5
2013	2	CWAZH01CHG_01	麦闲地	240	17.4	9	0.4
2013	2	CWAZH01CHG_01	麦闲地	260	17.2	9	0.2
2013	2	CWAZH01CHG_01	麦闲地	280	18.0	9	0.2
2013	2	CWAZH01CHG_01	麦闲地	300	19.0	9	0.4
2013	3	CWAZH01CHG_01	麦闲地	10	10.2	18	0.8
2013	3	CWAZH01CHG_01	麦闲地	20	16.0	18	0.4
2013	3	CWAZH01CHG_01	麦闲地	30	17.7	18	0.3
2013	3	CWAZH01CHG_01	麦闲地	40	17.7	18	0.7
2013	3	CWAZH01CHG_01	麦闲地	50	18.0	18	1.0
2013	3	CWAZH01CHG_01	麦闲地	60	18.3	18	0.9
2013	3	CWAZH01CHG_01	麦闲地	70	18.3	18	0.9
2013	3	CWAZH01CHG_01	麦闲地	80	18.8	18	0.6
2013	3	CWAZH01CHG_01	麦闲地	90	19.1	18	0.6
2013	3	CWAZH01CHG_01	麦闲地	100	19.0	18	0.6
2013	3	CWAZH01CHG_01	麦闲地	120	19.1	18	0.5

（续）

年份	月份	样地代码	作物名称	观测层次（cm）	体积含水量（%）	重复数	标准差
2013	3	CWAZH01CHG_01	麦闲地	140	18.4	18	0.5
2013	3	CWAZH01CHG_01	麦闲地	160	18.5	18	0.4
2013	3	CWAZH01CHG_01	麦闲地	180	18.1	18	0.3
2013	3	CWAZH01CHG_01	麦闲地	200	17.8	18	0.3
2013	3	CWAZH01CHG_01	麦闲地	220	17.2	18	0.5
2013	3	CWAZH01CHG_01	麦闲地	240	17.0	18	0.3
2013	3	CWAZH01CHG_01	麦闲地	260	17.1	18	0.4
2013	3	CWAZH01CHG_01	麦闲地	280	17.7	18	0.4
2013	3	CWAZH01CHG_01	麦闲地	300	19.0	18	0.3
2013	4	CWAZH01CHG_01	玉米	10	10.0	18	0.6
2013	4	CWAZH01CHG_01	玉米	20	15.1	18	0.2
2013	4	CWAZH01CHG_01	玉米	30	16.8	18	0.2
2013	4	CWAZH01CHG_01	玉米	40	16.5	18	0.5
2013	4	CWAZH01CHG_01	玉米	50	17.2	18	0.8
2013	4	CWAZH01CHG_01	玉米	60	17.8	18	0.9
2013	4	CWAZH01CHG_01	玉米	70	18.0	18	0.8
2013	4	CWAZH01CHG_01	玉米	80	18.2	18	0.8
2013	4	CWAZH01CHG_01	玉米	90	18.6	18	0.6
2013	4	CWAZH01CHG_01	玉米	100	18.7	18	0.5
2013	4	CWAZH01CHG_01	玉米	120	18.8	18	0.7
2013	4	CWAZH01CHG_01	玉米	140	18.2	18	0.5
2013	4	CWAZH01CHG_01	玉米	160	18.4	18	0.4
2013	4	CWAZH01CHG_01	玉米	180	18.0	18	0.2
2013	4	CWAZH01CHG_01	玉米	200	17.7	18	0.3
2013	4	CWAZH01CHG_01	玉米	220	17.3	18	0.3
2013	4	CWAZH01CHG_01	玉米	240	17.1	18	0.2
2013	4	CWAZH01CHG_01	玉米	260	17.1	18	0.4
2013	4	CWAZH01CHG_01	玉米	280	17.8	18	0.3
2013	4	CWAZH01CHG_01	玉米	300	19.1	18	0.3
2013	5	CWAZH01CHG_01	玉米	10	14.1	18	0.3
2013	5	CWAZH01CHG_01	玉米	20	18.8	18	0.3
2013	5	CWAZH01CHG_01	玉米	30	18.9	18	0.7
2013	5	CWAZH01CHG_01	玉米	40	17.5	18	0.3

（续）

年份	月份	样地代码	作物名称	观测层次（cm）	体积含水量（%）	重复数	标准差
2013	5	CWAZH01CHG_01	玉米	50	17.4	18	0.8
2013	5	CWAZH01CHG_01	玉米	60	17.6	18	1.0
2013	5	CWAZH01CHG_01	玉米	70	17.8	18	0.9
2013	5	CWAZH01CHG_01	玉米	80	18.2	18	0.7
2013	5	CWAZH01CHG_01	玉米	90	18.4	18	0.7
2013	5	CWAZH01CHG_01	玉米	100	18.4	18	0.6
2013	5	CWAZH01CHG_01	玉米	120	18.6	18	0.7
2013	5	CWAZH01CHG_01	玉米	140	18.0	18	0.7
2013	5	CWAZH01CHG_01	玉米	160	18.2	18	0.5
2013	5	CWAZH01CHG_01	玉米	180	18.1	18	0.3
2013	5	CWAZH01CHG_01	玉米	200	17.5	18	0.2
2013	5	CWAZH01CHG_01	玉米	220	17.4	18	0.3
2013	5	CWAZH01CHG_01	玉米	240	17.2	18	0.5
2013	5	CWAZH01CHG_01	玉米	260	16.9	18	0.3
2013	5	CWAZH01CHG_01	玉米	280	17.7	18	0.2
2013	5	CWAZH01CHG_01	玉米	300	18.7	18	0.4
2013	6	CWAZH01CHG_01	玉米	10	14.0	18	1.1
2013	6	CWAZH01CHG_01	玉米	20	18.0	18	1.2
2013	6	CWAZH01CHG_01	玉米	30	18.9	18	0.4
2013	6	CWAZH01CHG_01	玉米	40	17.9	18	0.5
2013	6	CWAZH01CHG_01	玉米	50	18.0	18	0.9
2013	6	CWAZH01CHG_01	玉米	60	18.0	18	1.0
2013	6	CWAZH01CHG_01	玉米	70	17.8	18	1.0
2013	6	CWAZH01CHG_01	玉米	80	18.3	18	0.7
2013	6	CWAZH01CHG_01	玉米	90	18.6	18	0.6
2013	6	CWAZH01CHG_01	玉米	100	18.5	18	0.6
2013	6	CWAZH01CHG_01	玉米	120	18.4	18	0.7
2013	6	CWAZH01CHG_01	玉米	140	18.0	18	0.5
2013	6	CWAZH01CHG_01	玉米	160	18.0	18	0.4
2013	6	CWAZH01CHG_01	玉米	180	17.9	18	0.2
2013	6	CWAZH01CHG_01	玉米	200	17.5	18	0.2
2013	6	CWAZH01CHG_01	玉米	220	17.4	18	0.5
2013	6	CWAZH01CHG_01	玉米	240	17.0	18	0.3

（续）

年份	月份	样地代码	作物名称	观测层次（cm）	体积含水量（%）	重复数	标准差
2013	6	CWAZH01CHG_01	玉米	260	16.9	18	0.3
2013	6	CWAZH01CHG_01	玉米	280	17.8	18	0.2
2013	6	CWAZH01CHG_01	玉米	300	18.9	18	0.3
2013	7	CWAZH01CHG_01	玉米	10	16.5	18	1.1
2013	7	CWAZH01CHG_01	玉米	20	20.1	18	1.1
2013	7	CWAZH01CHG_01	玉米	30	20.1	18	0.5
2013	7	CWAZH01CHG_01	玉米	40	19.0	18	0.5
2013	7	CWAZH01CHG_01	玉米	50	18.5	18	0.8
2013	7	CWAZH01CHG_01	玉米	60	18.6	18	0.9
2013	7	CWAZH01CHG_01	玉米	70	18.5	18	0.7
2013	7	CWAZH01CHG_01	玉米	80	18.7	18	0.5
2013	7	CWAZH01CHG_01	玉米	90	19.1	18	0.4
2013	7	CWAZH01CHG_01	玉米	100	19.2	18	0.5
2013	7	CWAZH01CHG_01	玉米	120	19.6	18	0.6
2013	7	CWAZH01CHG_01	玉米	140	19.2	18	0.8
2013	7	CWAZH01CHG_01	玉米	160	19.7	18	0.5
2013	7	CWAZH01CHG_01	玉米	180	19.2	18	0.7
2013	7	CWAZH01CHG_01	玉米	200	18.8	18	0.8
2013	7	CWAZH01CHG_01	玉米	220	18.3	18	1.0
2013	7	CWAZH01CHG_01	玉米	240	17.4	18	1.1
2013	7	CWAZH01CHG_01	玉米	260	17.4	18	1.1
2013	7	CWAZH01CHG_01	玉米	280	18.1	18	0.6
2013	7	CWAZH01CHG_01	玉米	300	19.1	18	0.6
2013	8	CWAZH01CHG_01	玉米	10	12.7	18	0.4
2013	8	CWAZH01CHG_01	玉米	20	17.3	18	0.9
2013	8	CWAZH01CHG_01	玉米	30	19.6	18	0.6
2013	8	CWAZH01CHG_01	玉米	40	19.1	18	0.5
2013	8	CWAZH01CHG_01	玉米	50	19.0	18	0.9
2013	8	CWAZH01CHG_01	玉米	60	19.6	18	0.8
2013	8	CWAZH01CHG_01	玉米	70	19.6	18	0.8
2013	8	CWAZH01CHG_01	玉米	80	19.9	18	0.7
2013	8	CWAZH01CHG_01	玉米	90	20.4	18	0.5
2013	8	CWAZH01CHG_01	玉米	100	20.4	18	0.6

（续）

年份	月份	样地代码	作物名称	观测层次（cm）	体积含水量（%）	重复数	标准差
2013	8	CWAZH01CHG_01	玉米	120	21.0	18	0.6
2013	8	CWAZH01CHG_01	玉米	140	21.0	18	0.7
2013	8	CWAZH01CHG_01	玉米	160	21.7	18	0.5
2013	8	CWAZH01CHG_01	玉米	180	22.0	18	0.5
2013	8	CWAZH01CHG_01	玉米	200	22.3	18	0.5
2013	8	CWAZH01CHG_01	玉米	220	22.1	18	0.8
2013	8	CWAZH01CHG_01	玉米	240	21.7	18	0.6
2013	8	CWAZH01CHG_01	玉米	260	21.4	18	0.9
2013	8	CWAZH01CHG_01	玉米	280	21.2	18	1.0
2013	8	CWAZH01CHG_01	玉米	300	21.5	18	0.8
2013	9	CWAZH01CHG_01	玉米	10	17.2	18	1.7
2013	9	CWAZH01CHG_01	玉米	20	21.4	18	0.5
2013	9	CWAZH01CHG_01	玉米	30	21.9	18	0.4
2013	9	CWAZH01CHG_01	玉米	40	20.5	18	0.5
2013	9	CWAZH01CHG_01	玉米	50	19.8	18	0.9
2013	9	CWAZH01CHG_01	玉米	60	19.7	18	0.9
2013	9	CWAZH01CHG_01	玉米	70	19.6	18	1.1
2013	9	CWAZH01CHG_01	玉米	80	19.6	18	0.9
2013	9	CWAZH01CHG_01	玉米	90	19.9	18	0.6
2013	9	CWAZH01CHG_01	玉米	100	19.6	18	0.7
2013	9	CWAZH01CHG_01	玉米	120	19.5	18	0.9
2013	9	CWAZH01CHG_01	玉米	140	19.4	18	0.7
2013	9	CWAZH01CHG_01	玉米	160	19.8	18	0.5
2013	9	CWAZH01CHG_01	玉米	180	20.4	18	0.8
2013	9	CWAZH01CHG_01	玉米	200	21.0	18	0.7
2013	9	CWAZH01CHG_01	玉米	220	21.1	18	0.7
2013	9	CWAZH01CHG_01	玉米	240	21.0	18	0.4
2013	9	CWAZH01CHG_01	玉米	260	21.0	18	0.5
2013	9	CWAZH01CHG_01	玉米	280	21.3	18	0.5
2013	9	CWAZH01CHG_01	玉米	300	21.9	18	0.5
2013	10	CWAZH01CHG_01	冬小麦	10	16.1	18	1.5
2013	10	CWAZH01CHG_01	冬小麦	20	20.9	18	0.8
2013	10	CWAZH01CHG_01	冬小麦	30	21.5	18	0.5

（续）

年份	月份	样地代码	作物名称	观测层次（cm）	体积含水量（%）	重复数	标准差
2013	10	CWAZH01CHG_01	冬小麦	40	20.8	18	0.6
2013	10	CWAZH01CHG_01	冬小麦	50	20.4	18	0.9
2013	10	CWAZH01CHG_01	冬小麦	60	20.4	18	0.9
2013	10	CWAZH01CHG_01	冬小麦	70	20.3	18	0.7
2013	10	CWAZH01CHG_01	冬小麦	80	20.4	18	0.6
2013	10	CWAZH01CHG_01	冬小麦	90	20.6	18	0.5
2013	10	CWAZH01CHG_01	冬小麦	100	20.6	18	0.6
2013	10	CWAZH01CHG_01	冬小麦	120	20.2	18	0.7
2013	10	CWAZH01CHG_01	冬小麦	140	19.5	18	0.6
2013	10	CWAZH01CHG_01	冬小麦	160	19.4	18	0.5
2013	10	CWAZH01CHG_01	冬小麦	180	19.3	18	0.4
2013	10	CWAZH01CHG_01	冬小麦	200	19.6	18	0.6
2013	10	CWAZH01CHG_01	冬小麦	220	19.3	18	0.4
2013	10	CWAZH01CHG_01	冬小麦	240	19.4	18	0.4
2013	10	CWAZH01CHG_01	冬小麦	260	19.2	18	0.4
2013	10	CWAZH01CHG_01	冬小麦	280	19.7	18	0.4
2013	10	CWAZH01CHG_01	冬小麦	300	20.2	18	0.3
2013	11	CWAZH01CHG_01	冬小麦	10	16.4	18	1.2
2013	11	CWAZH01CHG_01	冬小麦	20	20.4	18	0.3
2013	11	CWAZH01CHG_01	冬小麦	30	20.9	18	0.6
2013	11	CWAZH01CHG_01	冬小麦	40	19.7	18	0.7
2013	11	CWAZH01CHG_01	冬小麦	50	19.2	18	0.7
2013	11	CWAZH01CHG_01	冬小麦	60	19.3	18	0.6
2013	11	CWAZH01CHG_01	冬小麦	70	19.2	18	0.5
2013	11	CWAZH01CHG_01	冬小麦	80	19.4	18	0.4
2013	11	CWAZH01CHG_01	冬小麦	90	19.4	18	0.5
2013	11	CWAZH01CHG_01	冬小麦	100	19.2	18	0.5
2013	11	CWAZH01CHG_01	冬小麦	120	19.2	18	0.5
2013	11	CWAZH01CHG_01	冬小麦	140	18.4	18	0.6
2013	11	CWAZH01CHG_01	冬小麦	160	18.6	18	0.3
2013	11	CWAZH01CHG_01	冬小麦	180	18.6	18	0.5
2013	11	CWAZH01CHG_01	冬小麦	200	18.8	18	0.4
2013	11	CWAZH01CHG_01	冬小麦	220	18.9	18	0.4

（续）

年份	月份	样地代码	作物名称	观测层次（cm）	体积含水量（%）	重复数	标准差
2013	11	CWAZH01CHG_01	冬小麦	240	18.7	18	0.4
2013	11	CWAZH01CHG_01	冬小麦	260	18.7	18	0.4
2013	11	CWAZH01CHG_01	冬小麦	280	19.1	18	0.3
2013	11	CWAZH01CHG_01	冬小麦	300	19.6	18	0.2
2013	12	CWAZH01CHG_01	冬小麦	10	16.2	9	0.8
2013	12	CWAZH01CHG_01	冬小麦	20	19.5	9	0.6
2013	12	CWAZH01CHG_01	冬小麦	30	19.2	9	0.5
2013	12	CWAZH01CHG_01	冬小麦	40	18.0	9	0.3
2013	12	CWAZH01CHG_01	冬小麦	50	18.3	9	0.5
2013	12	CWAZH01CHG_01	冬小麦	60	18.7	9	0.7
2013	12	CWAZH01CHG_01	冬小麦	70	18.7	9	0.4
2013	12	CWAZH01CHG_01	冬小麦	80	18.8	9	0.4
2013	12	CWAZH01CHG_01	冬小麦	90	18.9	9	0.4
2013	12	CWAZH01CHG_01	冬小麦	100	18.8	9	0.5
2013	12	CWAZH01CHG_01	冬小麦	120	19.0	9	0.4
2013	12	CWAZH01CHG_01	冬小麦	140	18.2	9	0.4
2013	12	CWAZH01CHG_01	冬小麦	160	18.7	9	0.4
2013	12	CWAZH01CHG_01	冬小麦	180	18.7	9	0.5
2013	12	CWAZH01CHG_01	冬小麦	200	18.8	9	0.4
2013	12	CWAZH01CHG_01	冬小麦	220	19.1	9	0.3
2013	12	CWAZH01CHG_01	冬小麦	240	19.1	9	0.2
2013	12	CWAZH01CHG_01	冬小麦	260	19.1	9	0.3
2013	12	CWAZH01CHG_01	冬小麦	280	19.5	9	0.3
2013	12	CWAZH01CHG_01	冬小麦	300	19.9	9	0.3
2013	1	CWAFZ04CTS_01	冬小麦	10	8.4	9	0.7
2013	1	CWAFZ04CTS_01	冬小麦	20	15.3	9	2.1
2013	1	CWAFZ04CTS_01	冬小麦	30	16.6	9	1.5
2013	1	CWAFZ04CTS_01	冬小麦	40	16.8	9	1.3
2013	1	CWAFZ04CTS_01	冬小麦	50	16.9	9	2.2
2013	1	CWAFZ04CTS_01	冬小麦	60	15.5	9	1.9
2013	1	CWAFZ04CTS_01	冬小麦	70	15.9	9	1.5
2013	1	CWAFZ04CTS_01	冬小麦	80	16.5	9	0.9
2013	1	CWAFZ04CTS_01	冬小麦	90	17.4	9	1.0

（续）

年份	月份	样地代码	作物名称	观测层次（cm）	体积含水量（%）	重复数	标准差
2013	1	CWAFZ04CTS_01	冬小麦	100	18.0	9	0.9
2013	1	CWAFZ04CTS_01	冬小麦	120	18.0	9	0.6
2013	1	CWAFZ04CTS_01	冬小麦	140	18.2	9	1.0
2013	1	CWAFZ04CTS_01	冬小麦	160	17.9	9	1.4
2013	1	CWAFZ04CTS_01	冬小麦	180	17.0	9	1.5
2013	1	CWAFZ04CTS_01	冬小麦	200	17.0	9	2.1
2013	1	CWAFZ04CTS_01	冬小麦	220	16.7	9	2.1
2013	1	CWAFZ04CTS_01	冬小麦	240	16.7	9	1.9
2013	1	CWAFZ04CTS_01	冬小麦	260	17.3	9	1.6
2013	1	CWAFZ04CTS_01	冬小麦	280	18.4	9	0.7
2013	1	CWAFZ04CTS_01	冬小麦	300	19.6	9	1.2
2013	2	CWAFZ04CTS_01	冬小麦	10	9.9	9	1.4
2013	2	CWAFZ04CTS_01	冬小麦	20	14.9	9	1.8
2013	2	CWAFZ04CTS_01	冬小麦	30	16.0	9	1.4
2013	2	CWAFZ04CTS_01	冬小麦	40	16.5	9	1.6
2013	2	CWAFZ04CTS_01	冬小麦	50	16.5	9	2.1
2013	2	CWAFZ04CTS_01	冬小麦	60	16.4	9	2.3
2013	2	CWAFZ04CTS_01	冬小麦	70	16.6	9	1.9
2013	2	CWAFZ04CTS_01	冬小麦	80	17.1	9	1.3
2013	2	CWAFZ04CTS_01	冬小麦	90	17.9	9	1.2
2013	2	CWAFZ04CTS_01	冬小麦	100	18.0	9	1.2
2013	2	CWAFZ04CTS_01	冬小麦	120	18.1	9	1.0
2013	2	CWAFZ04CTS_01	冬小麦	140	18.6	9	1.9
2013	2	CWAFZ04CTS_01	冬小麦	160	17.8	9	1.5
2013	2	CWAFZ04CTS_01	冬小麦	180	17.4	9	1.6
2013	2	CWAFZ04CTS_01	冬小麦	200	17.5	9	2.0
2013	2	CWAFZ04CTS_01	冬小麦	220	17.0	9	2.0
2013	2	CWAFZ04CTS_01	冬小麦	240	16.7	9	1.9
2013	2	CWAFZ04CTS_01	冬小麦	260	17.3	9	1.8
2013	2	CWAFZ04CTS_01	冬小麦	280	18.3	9	1.2
2013	2	CWAFZ04CTS_01	冬小麦	300	19.7	9	1.2
2013	3	CWAFZ04CTS_01	冬小麦	10	6.9	18	0.5
2013	3	CWAFZ04CTS_01	冬小麦	20	12.4	18	1.4

（续）

年份	月份	样地代码	作物名称	观测层次（cm）	体积含水量（%）	重复数	标准差
2013	3	CWAFZ04CTS_01	冬小麦	30	14.4	18	1.4
2013	3	CWAFZ04CTS_01	冬小麦	40	14.5	18	1.0
2013	3	CWAFZ04CTS_01	冬小麦	50	15.1	18	1.6
2013	3	CWAFZ04CTS_01	冬小麦	60	15.6	18	1.9
2013	3	CWAFZ04CTS_01	冬小麦	70	16.2	18	2.1
2013	3	CWAFZ04CTS_01	冬小麦	80	16.6	18	1.3
2013	3	CWAFZ04CTS_01	冬小麦	90	17.1	18	0.8
2013	3	CWAFZ04CTS_01	冬小麦	100	17.8	18	0.7
2013	3	CWAFZ04CTS_01	冬小麦	120	17.7	18	0.6
2013	3	CWAFZ04CTS_01	冬小麦	140	17.6	18	1.1
2013	3	CWAFZ04CTS_01	冬小麦	160	17.6	18	1.2
2013	3	CWAFZ04CTS_01	冬小麦	180	17.2	18	1.4
2013	3	CWAFZ04CTS_01	冬小麦	200	17.1	18	1.5
2013	3	CWAFZ04CTS_01	冬小麦	220	16.8	18	1.7
2013	3	CWAFZ04CTS_01	冬小麦	240	16.3	18	1.9
2013	3	CWAFZ04CTS_01	冬小麦	260	17.2	18	1.8
2013	3	CWAFZ04CTS_01	冬小麦	280	18.1	18	1.3
2013	3	CWAFZ04CTS_01	冬小麦	300	19.3	18	1.4
2013	4	CWAFZ04CTS_01	冬小麦	10	8.4	18	0.4
2013	4	CWAFZ04CTS_01	冬小麦	20	12.3	18	1.8
2013	4	CWAFZ04CTS_01	冬小麦	30	12.7	18	1.3
2013	4	CWAFZ04CTS_01	冬小麦	40	12.8	18	1.1
2013	4	CWAFZ04CTS_01	冬小麦	50	13.8	18	1.5
2013	4	CWAFZ04CTS_01	冬小麦	60	14.3	18	1.9
2013	4	CWAFZ04CTS_01	冬小麦	70	14.9	18	1.9
2013	4	CWAFZ04CTS_01	冬小麦	80	15.4	18	1.4
2013	4	CWAFZ04CTS_01	冬小麦	90	16.0	18	1.5
2013	4	CWAFZ04CTS_01	冬小麦	100	16.4	18	1.5
2013	4	CWAFZ04CTS_01	冬小麦	120	17.2	18	1.1
2013	4	CWAFZ04CTS_01	冬小麦	140	17.4	18	1.2
2013	4	CWAFZ04CTS_01	冬小麦	160	17.2	18	0.9
2013	4	CWAFZ04CTS_01	冬小麦	180	17.2	18	0.9
2013	4	CWAFZ04CTS_01	冬小麦	200	17.4	18	1.1

（续）

年份	月份	样地代码	作物名称	观测层次（cm）	体积含水量（%）	重复数	标准差
2013	4	CWAFZ04CTS_01	冬小麦	220	16.9	18	1.2
2013	4	CWAFZ04CTS_01	冬小麦	240	16.8	18	1.6
2013	4	CWAFZ04CTS_01	冬小麦	260	17.6	18	1.4
2013	4	CWAFZ04CTS_01	冬小麦	280	18.5	18	1.2
2013	4	CWAFZ04CTS_01	冬小麦	300	19.8	18	1.1
2013	5	CWAFZ04CTS_01	冬小麦	10	10.7	18	0.8
2013	5	CWAFZ04CTS_01	冬小麦	20	13.4	18	0.7
2013	5	CWAFZ04CTS_01	冬小麦	30	12.3	18	0.8
2013	5	CWAFZ04CTS_01	冬小麦	40	11.8	18	0.6
2013	5	CWAFZ04CTS_01	冬小麦	50	12.1	18	1.0
2013	5	CWAFZ04CTS_01	冬小麦	60	12.5	18	1.6
2013	5	CWAFZ04CTS_01	冬小麦	70	13.0	18	1.4
2013	5	CWAFZ04CTS_01	冬小麦	80	13.6	18	1.0
2013	5	CWAFZ04CTS_01	冬小麦	90	14.4	18	0.7
2013	5	CWAFZ04CTS_01	冬小麦	100	15.0	18	1.0
2013	5	CWAFZ04CTS_01	冬小麦	120	15.3	18	0.8
2013	5	CWAFZ04CTS_01	冬小麦	140	15.8	18	0.7
2013	5	CWAFZ04CTS_01	冬小麦	160	16.1	18	0.6
2013	5	CWAFZ04CTS_01	冬小麦	180	16.2	18	1.1
2013	5	CWAFZ04CTS_01	冬小麦	200	16.3	18	1.1
2013	5	CWAFZ04CTS_01	冬小麦	220	16.3	18	1.4
2013	5	CWAFZ04CTS_01	冬小麦	240	16.3	18	1.8
2013	5	CWAFZ04CTS_01	冬小麦	260	17.2	18	1.6
2013	5	CWAFZ04CTS_01	冬小麦	280	18.2	18	1.3
2013	5	CWAFZ04CTS_01	冬小麦	300	19.5	18	1.2
2013	6	CWAFZ04CTS_01	冬小麦	10	11.7	18	1.0
2013	6	CWAFZ04CTS_01	冬小麦	20	14.2	18	0.5
2013	6	CWAFZ04CTS_01	冬小麦	30	12.9	18	0.5
2013	6	CWAFZ04CTS_01	冬小麦	40	11.9	18	0.3
2013	6	CWAFZ04CTS_01	冬小麦	50	11.8	18	0.8
2013	6	CWAFZ04CTS_01	冬小麦	60	11.9	18	1.2
2013	6	CWAFZ04CTS_01	冬小麦	70	12.2	18	1.1
2013	6	CWAFZ04CTS_01	冬小麦	80	12.9	18	0.8

（续）

年份	月份	样地代码	作物名称	观测层次（cm）	体积含水量（%）	重复数	标准差
2013	6	CWAFZ04CTS_01	冬小麦	90	13.5	18	0.7
2013	6	CWAFZ04CTS_01	冬小麦	100	13.9	18	0.8
2013	6	CWAFZ04CTS_01	冬小麦	120	14.2	18	0.7
2013	6	CWAFZ04CTS_01	冬小麦	140	14.7	18	0.6
2013	6	CWAFZ04CTS_01	冬小麦	160	15.1	18	0.3
2013	6	CWAFZ04CTS_01	冬小麦	180	15.5	18	0.8
2013	6	CWAFZ04CTS_01	冬小麦	200	15.8	18	1.1
2013	6	CWAFZ04CTS_01	冬小麦	220	15.8	18	1.2
2013	6	CWAFZ04CTS_01	冬小麦	240	15.8	18	1.6
2013	6	CWAFZ04CTS_01	冬小麦	260	16.9	18	1.4
2013	6	CWAFZ04CTS_01	冬小麦	280	18.0	18	1.4
2013	6	CWAFZ04CTS_01	冬小麦	300	19.6	18	1.3
2013	7	CWAFZ04CTS_01	麦茬地	10	16.7	18	0.7
2013	7	CWAFZ04CTS_01	麦茬地	20	20.9	18	1.2
2013	7	CWAFZ04CTS_01	麦茬地	30	20.4	18	0.9
2013	7	CWAFZ04CTS_01	麦茬地	40	19.5	18	1.7
2013	7	CWAFZ04CTS_01	麦茬地	50	17.9	18	0.7
2013	7	CWAFZ04CTS_01	麦茬地	60	17.5	18	0.9
2013	7	CWAFZ04CTS_01	麦茬地	70	16.9	18	0.9
2013	7	CWAFZ04CTS_01	麦茬地	80	17.0	18	0.6
2013	7	CWAFZ04CTS_01	麦茬地	90	17.2	18	0.6
2013	7	CWAFZ04CTS_01	麦茬地	100	17.7	18	0.7
2013	7	CWAFZ04CTS_01	麦茬地	120	17.8	18	0.7
2013	7	CWAFZ04CTS_01	麦茬地	140	17.6	18	0.9
2013	7	CWAFZ04CTS_01	麦茬地	160	17.1	18	1.2
2013	7	CWAFZ04CTS_01	麦茬地	180	16.2	18	1.0
2013	7	CWAFZ04CTS_01	麦茬地	200	15.9	18	1.0
2013	7	CWAFZ04CTS_01	麦茬地	220	15.8	18	1.0
2013	7	CWAFZ04CTS_01	麦茬地	240	15.6	18	1.4
2013	7	CWAFZ04CTS_01	麦茬地	260	16.5	18	1.2
2013	7	CWAFZ04CTS_01	麦茬地	280	17.5	18	1.0
2013	7	CWAFZ04CTS_01	麦茬地	300	19.0	18	0.9
2013	8	CWAFZ04CTS_01	麦茬地	10	10.8	18	0.7

（续）

年份	月份	样地代码	作物名称	观测层次（cm）	体积含水量（%）	重复数	标准差
2013	8	CWAFZ04CTS_01	麦茬地	20	16.0	18	1.3
2013	8	CWAFZ04CTS_01	麦茬地	30	17.8	18	0.9
2013	8	CWAFZ04CTS_01	麦茬地	40	18.0	18	1.0
2013	8	CWAFZ04CTS_01	麦茬地	50	18.2	18	1.4
2013	8	CWAFZ04CTS_01	麦茬地	60	18.3	18	1.5
2013	8	CWAFZ04CTS_01	麦茬地	70	18.5	18	1.2
2013	8	CWAFZ04CTS_01	麦茬地	80	19.1	18	0.3
2013	8	CWAFZ04CTS_01	麦茬地	90	19.5	18	0.5
2013	8	CWAFZ04CTS_01	麦茬地	100	20.1	18	0.7
2013	8	CWAFZ04CTS_01	麦茬地	120	20.5	18	1.0
2013	8	CWAFZ04CTS_01	麦茬地	140	20.9	18	0.8
2013	8	CWAFZ04CTS_01	麦茬地	160	20.8	18	1.2
2013	8	CWAFZ04CTS_01	麦茬地	180	19.1	18	1.6
2013	8	CWAFZ04CTS_01	麦茬地	200	18.2	18	2.1
2013	8	CWAFZ04CTS_01	麦茬地	220	17.0	18	2.0
2013	8	CWAFZ04CTS_01	麦茬地	240	16.2	18	1.9
2013	8	CWAFZ04CTS_01	麦茬地	260	16.8	18	1.5
2013	8	CWAFZ04CTS_01	麦茬地	280	17.8	18	1.3
2013	8	CWAFZ04CTS_01	麦茬地	300	19.4	18	1.3
2013	9	CWAFZ04CTS_01	麦闲地	10	16.5	18	1.6
2013	9	CWAFZ04CTS_01	麦闲地	20	20.6	18	1.4
2013	9	CWAFZ04CTS_01	麦闲地	30	20.5	18	1.4
2013	9	CWAFZ04CTS_01	麦闲地	40	19.0	18	1.3
2013	9	CWAFZ04CTS_01	麦闲地	50	18.9	18	1.2
2013	9	CWAFZ04CTS_01	麦闲地	60	18.7	18	1.4
2013	9	CWAFZ04CTS_01	麦闲地	70	18.9	18	1.3
2013	9	CWAFZ04CTS_01	麦闲地	80	19.5	18	0.4
2013	9	CWAFZ04CTS_01	麦闲地	90	19.7	18	0.6
2013	9	CWAFZ04CTS_01	麦闲地	100	20.0	18	0.8
2013	9	CWAFZ04CTS_01	麦闲地	120	19.8	18	0.8
2013	9	CWAFZ04CTS_01	麦闲地	140	19.8	18	0.6
2013	9	CWAFZ04CTS_01	麦闲地	160	19.8	18	0.8
2013	9	CWAFZ04CTS_01	麦闲地	180	19.1	18	0.9

（续）

年份	月份	样地代码	作物名称	观测层次（cm）	体积含水量（%）	重复数	标准差
2013	9	CWAFZ04CTS_01	麦闲地	200	18.5	18	1.6
2013	9	CWAFZ04CTS_01	麦闲地	220	17.5	18	1.9
2013	9	CWAFZ04CTS_01	麦闲地	240	16.8	18	2.0
2013	9	CWAFZ04CTS_01	麦闲地	260	17.4	18	1.9
2013	9	CWAFZ04CTS_01	麦闲地	280	18.2	18	1.5
2013	9	CWAFZ04CTS_01	麦闲地	300	19.2	18	1.2
2013	10	CWAFZ04CTS_01	麦闲地	10	15.0	18	1.4
2013	10	CWAFZ04CTS_01	麦闲地	20	19.7	18	1.4
2013	10	CWAFZ04CTS_01	麦闲地	30	20.5	18	1.2
2013	10	CWAFZ04CTS_01	麦闲地	40	19.9	18	1.2
2013	10	CWAFZ04CTS_01	麦闲地	50	19.4	18	1.1
2013	10	CWAFZ04CTS_01	麦闲地	60	19.2	18	1.2
2013	10	CWAFZ04CTS_01	麦闲地	70	19.0	18	1.3
2013	10	CWAFZ04CTS_01	麦闲地	80	19.2	18	0.9
2013	10	CWAFZ04CTS_01	麦闲地	90	19.6	18	0.8
2013	10	CWAFZ04CTS_01	麦闲地	100	19.8	18	1.1
2013	10	CWAFZ04CTS_01	麦闲地	120	19.5	18	1.2
2013	10	CWAFZ04CTS_01	麦闲地	140	19.9	18	1.1
2013	10	CWAFZ04CTS_01	麦闲地	160	19.7	18	0.3
2013	10	CWAFZ04CTS_01	麦闲地	180	19.0	18	0.6
2013	10	CWAFZ04CTS_01	麦闲地	200	18.4	18	0.7
2013	10	CWAFZ04CTS_01	麦闲地	220	17.8	18	1.2
2013	10	CWAFZ04CTS_01	麦闲地	240	16.7	18	1.7
2013	10	CWAFZ04CTS_01	麦闲地	260	16.9	18	1.8
2013	10	CWAFZ04CTS_01	麦闲地	280	17.2	18	1.3
2013	10	CWAFZ04CTS_01	麦闲地	300	18.3	18	1.4
2013	11	CWAFZ04CTS_01	麦闲地	10	16.3	18	1.8
2013	11	CWAFZ04CTS_01	麦闲地	20	20.2	18	1.5
2013	11	CWAFZ04CTS_01	麦闲地	30	20.4	18	1.4
2013	11	CWAFZ04CTS_01	麦闲地	40	19.3	18	1.3
2013	11	CWAFZ04CTS_01	麦闲地	50	18.9	18	1.2
2013	11	CWAFZ04CTS_01	麦闲地	60	18.4	18	1.5
2013	11	CWAFZ04CTS_01	麦闲地	70	18.3	18	1.3

（续）

年份	月份	样地代码	作物名称	观测层次（cm）	体积含水量（%）	重复数	标准差
2013	11	CWAFZ04CTS_01	麦闲地	80	18.2	18	1.1
2013	11	CWAFZ04CTS_01	麦闲地	90	18.8	18	1.2
2013	11	CWAFZ04CTS_01	麦闲地	100	18.6	18	1.1
2013	11	CWAFZ04CTS_01	麦闲地	120	18.4	18	1.2
2013	11	CWAFZ04CTS_01	麦闲地	140	18.6	18	1.2
2013	11	CWAFZ04CTS_01	麦闲地	160	18.7	18	0.4
2013	11	CWAFZ04CTS_01	麦闲地	180	18.5	18	0.4
2013	11	CWAFZ04CTS_01	麦闲地	200	18.2	18	0.4
2013	11	CWAFZ04CTS_01	麦闲地	220	17.8	18	0.7
2013	11	CWAFZ04CTS_01	麦闲地	240	16.9	18	1.2
2013	11	CWAFZ04CTS_01	麦闲地	260	16.8	18	1.2
2013	11	CWAFZ04CTS_01	麦闲地	280	17.0	18	1.4
2013	11	CWAFZ04CTS_01	麦闲地	300	18.3	18	1.4
2013	12	CWAFZ04CTS_01	麦闲地	10	15.4	9	1.9
2013	12	CWAFZ04CTS_01	麦闲地	20	19.2	9	0.8
2013	12	CWAFZ04CTS_01	麦闲地	30	18.4	9	1.1
2013	12	CWAFZ04CTS_01	麦闲地	40	18.0	9	1.1
2013	12	CWAFZ04CTS_01	麦闲地	50	17.9	9	1.1
2013	12	CWAFZ04CTS_01	麦闲地	60	17.8	9	1.3
2013	12	CWAFZ04CTS_01	麦闲地	70	17.9	9	1.1
2013	12	CWAFZ04CTS_01	麦闲地	80	17.7	9	0.9
2013	12	CWAFZ04CTS_01	麦闲地	90	18.1	9	1.1
2013	12	CWAFZ04CTS_01	麦闲地	100	18.2	9	1.2
2013	12	CWAFZ04CTS_01	麦闲地	120	17.9	9	1.1
2013	12	CWAFZ04CTS_01	麦闲地	140	18.6	9	1.1
2013	12	CWAFZ04CTS_01	麦闲地	160	18.8	9	0.3
2013	12	CWAFZ04CTS_01	麦闲地	180	18.3	9	0.3
2013	12	CWAFZ04CTS_01	麦闲地	200	18.1	9	0.3
2013	12	CWAFZ04CTS_01	麦闲地	220	17.7	9	0.5
2013	12	CWAFZ04CTS_01	麦闲地	240	17.0	9	0.6
2013	12	CWAFZ04CTS_01	麦闲地	260	17.4	9	0.8
2013	12	CWAFZ04CTS_01	麦闲地	280	17.3	9	0.8
2013	12	CWAFZ04CTS_01	麦闲地	300	18.8	9	1.1

（续）

年份	月份	样地代码	作物名称	观测层次（cm）	体积含水量（%）	重复数	标准差
2013	1	CWAQX01CTS_01	自然植被	10	12.9	3	0.8
2013	1	CWAQX01CTS_01	自然植被	20	18.2	3	0.3
2013	1	CWAQX01CTS_01	自然植被	30	20.8	3	0.2
2013	1	CWAQX01CTS_01	自然植被	40	21.0	3	1.1
2013	1	CWAQX01CTS_01	自然植被	50	18.4	3	0.6
2013	1	CWAQX01CTS_01	自然植被	60	17.7	3	0.2
2013	1	CWAQX01CTS_01	自然植被	70	18.7	3	0.1
2013	1	CWAQX01CTS_01	自然植被	80	18.9	3	0.4
2013	1	CWAQX01CTS_01	自然植被	90	18.9	3	0.3
2013	1	CWAQX01CTS_01	自然植被	100	19.7	3	0.6
2013	1	CWAQX01CTS_01	自然植被	120	20.1	3	0.5
2013	1	CWAQX01CTS_01	自然植被	140	20.2	3	0.4
2013	1	CWAQX01CTS_01	自然植被	160	20.9	3	0.4
2013	1	CWAQX01CTS_01	自然植被	180	20.8	3	0.3
2013	1	CWAQX01CTS_01	自然植被	200	19.8	3	0.4
2013	1	CWAQX01CTS_01	自然植被	220	19.9	3	0.6
2013	1	CWAQX01CTS_01	自然植被	240	19.8	3	0.4
2013	1	CWAQX01CTS_01	自然植被	260	20.0	3	0.6
2013	1	CWAQX01CTS_01	自然植被	280	20.9	3	0.7
2013	1	CWAQX01CTS_01	自然植被	300	23.0	3	1.2
2013	2	CWAQX01CTS_01	自然植被	10	12.5	3	1.1
2013	2	CWAQX01CTS_01	自然植被	20	16.9	3	0.1
2013	2	CWAQX01CTS_01	自然植被	30	18.8	3	0.6
2013	2	CWAQX01CTS_01	自然植被	40	19.3	3	0.5
2013	2	CWAQX01CTS_01	自然植被	50	17.8	3	0.5
2013	2	CWAQX01CTS_01	自然植被	60	18.2	3	0.4
2013	2	CWAQX01CTS_01	自然植被	70	18.6	3	0.4
2013	2	CWAQX01CTS_01	自然植被	80	18.9	3	0.3
2013	2	CWAQX01CTS_01	自然植被	90	18.8	3	0.0
2013	2	CWAQX01CTS_01	自然植被	100	18.6	3	0.3
2013	2	CWAQX01CTS_01	自然植被	120	19.8	3	0.3
2013	2	CWAQX01CTS_01	自然植被	140	20.1	3	0.4
2013	2	CWAQX01CTS_01	自然植被	160	20.1	3	0.2

（续）

年份	月份	样地代码	作物名称	观测层次（cm）	体积含水量（%）	重复数	标准差
2013	2	CWAQX01CTS_01	自然植被	180	20.5	3	0.1
2013	2	CWAQX01CTS_01	自然植被	200	19.5	3	0.2
2013	2	CWAQX01CTS_01	自然植被	220	19.3	3	0.1
2013	2	CWAQX01CTS_01	自然植被	240	19.8	3	0.4
2013	2	CWAQX01CTS_01	自然植被	260	20.1	3	0.4
2013	2	CWAQX01CTS_01	自然植被	280	21.1	3	0.5
2013	2	CWAQX01CTS_01	自然植被	300	23.4	3	0.3
2013	3	CWAQX01CTS_01	自然植被	10	10.4	6	1.5
2013	3	CWAQX01CTS_01	自然植被	20	14.9	6	1.5
2013	3	CWAQX01CTS_01	自然植被	30	17.1	6	1.0
2013	3	CWAQX01CTS_01	自然植被	40	17.7	6	0.7
2013	3	CWAQX01CTS_01	自然植被	50	17.4	6	0.3
2013	3	CWAQX01CTS_01	自然植被	60	18.0	6	0.4
2013	3	CWAQX01CTS_01	自然植被	70	18.7	6	0.3
2013	3	CWAQX01CTS_01	自然植被	80	19.0	6	0.3
2013	3	CWAQX01CTS_01	自然植被	90	19.3	6	0.2
2013	3	CWAQX01CTS_01	自然植被	100	19.2	6	0.1
2013	3	CWAQX01CTS_01	自然植被	120	19.8	6	0.2
2013	3	CWAQX01CTS_01	自然植被	140	20.1	6	0.3
2013	3	CWAQX01CTS_01	自然植被	160	20.1	6	0.2
2013	3	CWAQX01CTS_01	自然植被	180	19.7	6	0.2
2013	3	CWAQX01CTS_01	自然植被	200	19.4	6	0.2
2013	3	CWAQX01CTS_01	自然植被	220	19.4	6	0.4
2013	3	CWAQX01CTS_01	自然植被	240	19.4	6	0.4
2013	3	CWAQX01CTS_01	自然植被	260	20.1	6	0.3
2013	3	CWAQX01CTS_01	自然植被	280	21.3	6	1.1
2013	3	CWAQX01CTS_01	自然植被	300	23.3	6	0.4
2013	4	CWAQX01CTS_01	自然植被	10	11.2	6	3.4
2013	4	CWAQX01CTS_01	自然植被	20	11.1	6	2.0
2013	4	CWAQX01CTS_01	自然植被	30	13.4	6	2.6
2013	4	CWAQX01CTS_01	自然植被	40	15.3	6	2.3
2013	4	CWAQX01CTS_01	自然植被	50	16.2	6	1.8
2013	4	CWAQX01CTS_01	自然植被	60	16.9	6	2.4

（续）

年份	月份	样地代码	作物名称	观测层次（cm）	体积含水量（%）	重复数	标准差
2013	4	CWAQX01CTS_01	自然植被	70	19.1	6	1.4
2013	4	CWAQX01CTS_01	自然植被	80	19.2	6	1.1
2013	4	CWAQX01CTS_01	自然植被	90	19.1	6	0.8
2013	4	CWAQX01CTS_01	自然植被	100	19.4	6	1.1
2013	4	CWAQX01CTS_01	自然植被	120	20.2	6	1.0
2013	4	CWAQX01CTS_01	自然植被	140	20.6	6	1.0
2013	4	CWAQX01CTS_01	自然植被	160	20.8	6	0.8
2013	4	CWAQX01CTS_01	自然植被	180	20.9	6	0.9
2013	4	CWAQX01CTS_01	自然植被	200	20.0	6	0.7
2013	4	CWAQX01CTS_01	自然植被	220	20.0	6	1.0
2013	4	CWAQX01CTS_01	自然植被	240	19.8	6	0.5
2013	4	CWAQX01CTS_01	自然植被	260	20.5	6	1.1
2013	4	CWAQX01CTS_01	自然植被	280	21.9	6	1.3
2013	4	CWAQX01CTS_01	自然植被	300	23.3	6	0.4
2013	5	CWAQX01CTS_01	自然植被	10	9.2	6	3.3
2013	5	CWAQX01CTS_01	自然植被	20	9.6	6	1.6
2013	5	CWAQX01CTS_01	自然植被	30	10.4	6	0.5
2013	5	CWAQX01CTS_01	自然植被	40	11.9	6	0.5
2013	5	CWAQX01CTS_01	自然植被	50	13.4	6	0.5
2013	5	CWAQX01CTS_01	自然植被	60	15.3	6	0.4
2013	5	CWAQX01CTS_01	自然植被	70	17.0	6	0.3
2013	5	CWAQX01CTS_01	自然植被	80	17.5	6	0.2
2013	5	CWAQX01CTS_01	自然植被	90	17.8	6	0.2
2013	5	CWAQX01CTS_01	自然植被	100	18.1	6	0.3
2013	5	CWAQX01CTS_01	自然植被	120	19.3	6	0.2
2013	5	CWAQX01CTS_01	自然植被	140	19.6	6	0.2
2013	5	CWAQX01CTS_01	自然植被	160	20.1	6	0.2
2013	5	CWAQX01CTS_01	自然植被	180	19.8	6	0.2
2013	5	CWAQX01CTS_01	自然植被	200	19.4	6	0.2
2013	5	CWAQX01CTS_01	自然植被	220	19.3	6	0.1
2013	5	CWAQX01CTS_01	自然植被	240	19.3	6	0.2
2013	5	CWAQX01CTS_01	自然植被	260	20.0	6	0.2
2013	5	CWAQX01CTS_01	自然植被	280	21.0	6	0.2

（续）

年份	月份	样地代码	作物名称	观测层次（cm）	体积含水量（%）	重复数	标准差
2013	5	CWAQX01CTS_01	自然植被	300	23.4	6	0.2
2013	6	CWAQX01CTS_01	自然植被	10	9.0	6	3.4
2013	6	CWAQX01CTS_01	自然植被	20	8.9	6	1.1
2013	6	CWAQX01CTS_01	自然植被	30	9.6	6	0.5
2013	6	CWAQX01CTS_01	自然植被	40	10.8	6	0.5
2013	6	CWAQX01CTS_01	自然植被	50	11.9	6	0.5
2013	6	CWAQX01CTS_01	自然植被	60	14.0	6	0.4
2013	6	CWAQX01CTS_01	自然植被	70	16.0	6	0.4
2013	6	CWAQX01CTS_01	自然植被	80	16.7	6	0.3
2013	6	CWAQX01CTS_01	自然植被	90	17.0	6	0.3
2013	6	CWAQX01CTS_01	自然植被	100	17.2	6	0.4
2013	6	CWAQX01CTS_01	自然植被	120	18.6	6	0.3
2013	6	CWAQX01CTS_01	自然植被	140	19.1	6	0.2
2013	6	CWAQX01CTS_01	自然植被	160	19.5	6	0.2
2013	6	CWAQX01CTS_01	自然植被	180	19.5	6	0.2
2013	6	CWAQX01CTS_01	自然植被	200	19.2	6	0.1
2013	6	CWAQX01CTS_01	自然植被	220	19.0	6	0.3
2013	6	CWAQX01CTS_01	自然植被	240	19.1	6	0.2
2013	6	CWAQX01CTS_01	自然植被	260	19.7	6	0.3
2013	6	CWAQX01CTS_01	自然植被	280	20.9	6	0.2
2013	6	CWAQX01CTS_01	自然植被	300	23.4	6	0.2
2013	7	CWAQX01CTS_01	自然植被	10	18.3	6	6.1
2013	7	CWAQX01CTS_01	自然植被	20	18.3	6	6.3
2013	7	CWAQX01CTS_01	自然植被	30	17.5	6	7.2
2013	7	CWAQX01CTS_01	自然植被	40	16.9	6	7.2
2013	7	CWAQX01CTS_01	自然植被	50	16.4	6	6.4
2013	7	CWAQX01CTS_01	自然植被	60	16.5	6	5.3
2013	7	CWAQX01CTS_01	自然植被	70	17.8	6	4.0
2013	7	CWAQX01CTS_01	自然植被	80	18.3	6	3.8
2013	7	CWAQX01CTS_01	自然植被	90	18.8	6	3.6
2013	7	CWAQX01CTS_01	自然植被	100	19.2	6	3.4
2013	7	CWAQX01CTS_01	自然植被	120	20.2	6	3.4
2013	7	CWAQX01CTS_01	自然植被	140	20.6	6	2.8

(续)

年份	月份	样地代码	作物名称	观测层次（cm）	体积含水量（%）	重复数	标准差
2013	7	CWAQX01CTS_01	自然植被	160	20.5	6	2.2
2013	7	CWAQX01CTS_01	自然植被	180	19.9	6	1.6
2013	7	CWAQX01CTS_01	自然植被	200	19.7	6	1.7
2013	7	CWAQX01CTS_01	自然植被	220	18.8	6	0.3
2013	7	CWAQX01CTS_01	自然植被	240	18.9	6	0.3
2013	7	CWAQX01CTS_01	自然植被	260	19.3	6	0.2
2013	7	CWAQX01CTS_01	自然植被	280	20.2	6	0.5
2013	7	CWAQX01CTS_01	自然植被	300	22.7	6	0.8
2013	8	CWAQX01CTS_01	自然植被	10	12.8	6	4.4
2013	8	CWAQX01CTS_01	自然植被	20	15.4	6	3.9
2013	8	CWAQX01CTS_01	自然植被	30	18.1	6	3.0
2013	8	CWAQX01CTS_01	自然植被	40	19.7	6	2.2
2013	8	CWAQX01CTS_01	自然植被	50	20.3	6	1.7
2013	8	CWAQX01CTS_01	自然植被	60	20.6	6	1.3
2013	8	CWAQX01CTS_01	自然植被	70	20.8	6	0.8
2013	8	CWAQX01CTS_01	自然植被	80	21.3	6	0.7
2013	8	CWAQX01CTS_01	自然植被	90	21.4	6	0.6
2013	8	CWAQX01CTS_01	自然植被	100	21.7	6	0.8
2013	8	CWAQX01CTS_01	自然植被	120	22.1	6	0.7
2013	8	CWAQX01CTS_01	自然植被	140	23.1	6	0.6
2013	8	CWAQX01CTS_01	自然植被	160	23.3	6	0.5
2013	8	CWAQX01CTS_01	自然植被	180	23.1	6	0.4
2013	8	CWAQX01CTS_01	自然植被	200	22.3	6	0.4
2013	8	CWAQX01CTS_01	自然植被	220	21.4	6	0.4
2013	8	CWAQX01CTS_01	自然植被	240	21.1	6	0.2
2013	8	CWAQX01CTS_01	自然植被	260	20.9	6	0.6
2013	8	CWAQX01CTS_01	自然植被	280	21.4	6	0.6
2013	8	CWAQX01CTS_01	自然植被	300	23.7	6	0.8
2013	9	CWAQX01CTS_01	自然植被	10	17.6	6	5.3
2013	9	CWAQX01CTS_01	自然植被	20	18.6	6	5.6
2013	9	CWAQX01CTS_01	自然植被	30	19.0	6	5.0
2013	9	CWAQX01CTS_01	自然植被	40	19.6	6	4.3
2013	9	CWAQX01CTS_01	自然植被	50	20.0	6	3.9

（续）

年份	月份	样地代码	作物名称	观测层次（cm）	体积含水量（%）	重复数	标准差
2013	9	CWAQX01CTS_01	自然植被	60	20.1	6	3.0
2013	9	CWAQX01CTS_01	自然植被	70	20.8	6	2.4
2013	9	CWAQX01CTS_01	自然植被	80	20.5	6	1.4
2013	9	CWAQX01CTS_01	自然植被	90	20.5	6	1.0
2013	9	CWAQX01CTS_01	自然植被	100	20.6	6	0.9
2013	9	CWAQX01CTS_01	自然植被	120	21.5	6	0.6
2013	9	CWAQX01CTS_01	自然植被	140	21.8	6	0.5
2013	9	CWAQX01CTS_01	自然植被	160	22.1	6	0.6
2013	9	CWAQX01CTS_01	自然植被	180	22.1	6	0.4
2013	9	CWAQX01CTS_01	自然植被	200	21.6	6	0.5
2013	9	CWAQX01CTS_01	自然植被	220	21.0	6	0.4
2013	9	CWAQX01CTS_01	自然植被	240	20.9	6	0.4
2013	9	CWAQX01CTS_01	自然植被	260	21.6	6	0.9
2013	9	CWAQX01CTS_01	自然植被	280	22.1	6	0.5
2013	9	CWAQX01CTS_01	自然植被	300	23.9	6	0.3
2013	10	CWAQX01CTS_01	自然植被	10	17.4	6	2.0
2013	10	CWAQX01CTS_01	自然植被	20	19.8	6	1.9
2013	10	CWAQX01CTS_01	自然植被	30	21.1	6	2.9
2013	10	CWAQX01CTS_01	自然植被	40	20.6	6	1.8
2013	10	CWAQX01CTS_01	自然植被	50	20.3	6	1.7
2013	10	CWAQX01CTS_01	自然植被	60	20.5	6	1.7
2013	10	CWAQX01CTS_01	自然植被	70	20.4	6	1.4
2013	10	CWAQX01CTS_01	自然植被	80	19.9	6	1.2
2013	10	CWAQX01CTS_01	自然植被	90	20.0	6	1.4
2013	10	CWAQX01CTS_01	自然植被	100	20.1	6	1.2
2013	10	CWAQX01CTS_01	自然植被	120	20.6	6	1.3
2013	10	CWAQX01CTS_01	自然植被	140	20.5	6	1.4
2013	10	CWAQX01CTS_01	自然植被	160	20.5	6	1.0
2013	10	CWAQX01CTS_01	自然植被	180	20.4	6	1.0
2013	10	CWAQX01CTS_01	自然植被	200	19.9	6	1.0
2013	10	CWAQX01CTS_01	自然植被	220	19.7	6	1.4
2013	10	CWAQX01CTS_01	自然植被	240	19.6	6	1.4
2013	10	CWAQX01CTS_01	自然植被	260	19.6	6	1.4

（续）

年份	月份	样地代码	作物名称	观测层次（cm）	体积含水量（%）	重复数	标准差
2013	10	CWAQX01CTS_01	自然植被	280	20.4	6	1.1
2013	10	CWAQX01CTS_01	自然植被	300	22.6	6	1.3
2013	11	CWAQX01CTS_01	自然植被	10	19.5	6	1.0
2013	11	CWAQX01CTS_01	自然植被	20	20.7	6	0.6
2013	11	CWAQX01CTS_01	自然植被	30	20.5	6	0.9
2013	11	CWAQX01CTS_01	自然植被	40	20.2	6	0.6
2013	11	CWAQX01CTS_01	自然植被	50	20.1	6	0.4
2013	11	CWAQX01CTS_01	自然植被	60	19.5	6	0.3
2013	11	CWAQX01CTS_01	自然植被	70	19.9	6	0.3
2013	11	CWAQX01CTS_01	自然植被	80	19.3	6	0.2
2013	11	CWAQX01CTS_01	自然植被	90	18.9	6	0.2
2013	11	CWAQX01CTS_01	自然植被	100	19.0	6	0.3
2013	11	CWAQX01CTS_01	自然植被	120	19.7	6	0.2
2013	11	CWAQX01CTS_01	自然植被	140	19.9	6	0.3
2013	11	CWAQX01CTS_01	自然植被	160	20.0	6	0.4
2013	11	CWAQX01CTS_01	自然植被	180	20.1	6	0.2
2013	11	CWAQX01CTS_01	自然植被	200	19.0	6	0.3
2013	11	CWAQX01CTS_01	自然植被	220	18.7	6	0.3
2013	11	CWAQX01CTS_01	自然植被	240	18.6	6	0.3
2013	11	CWAQX01CTS_01	自然植被	260	18.9	6	0.3
2013	11	CWAQX01CTS_01	自然植被	280	20.0	6	0.6
2013	11	CWAQX01CTS_01	自然植被	300	21.1	6	0.6
2013	12	CWAQX01CTS_01	自然植被	10	19.5	3	0.7
2013	12	CWAQX01CTS_01	自然植被	20	19.3	3	0.7
2013	12	CWAQX01CTS_01	自然植被	30	18.5	3	0.7
2013	12	CWAQX01CTS_01	自然植被	40	19.8	3	0.2
2013	12	CWAQX01CTS_01	自然植被	50	19.0	3	0.4
2013	12	CWAQX01CTS_01	自然植被	60	19.3	3	0.2
2013	12	CWAQX01CTS_01	自然植被	70	19.4	3	0.1
2013	12	CWAQX01CTS_01	自然植被	80	20.2	3	0.4
2013	12	CWAQX01CTS_01	自然植被	90	19.2	3	0.1
2013	12	CWAQX01CTS_01	自然植被	100	19.0	3	0.2
2013	12	CWAQX01CTS_01	自然植被	120	19.7	3	0.1

（续）

年份	月份	样地代码	作物名称	观测层次（cm）	体积含水量（%）	重复数	标准差
2013	12	CWAQX01CTS_01	自然植被	140	19.9	3	0.1
2013	12	CWAQX01CTS_01	自然植被	160	20.0	3	0.0
2013	12	CWAQX01CTS_01	自然植被	180	19.8	3	0.5
2013	12	CWAQX01CTS_01	自然植被	200	19.0	3	0.1
2013	12	CWAQX01CTS_01	自然植被	220	18.6	3	0.1
2013	12	CWAQX01CTS_01	自然植被	240	18.8	3	0.2
2013	12	CWAQX01CTS_01	自然植被	260	19.4	3	0.0
2013	12	CWAQX01CTS_01	自然植被	280	19.9	3	0.7
2013	12	CWAQX01CTS_01	自然植被	300	21.6	3	0.4
2013	1	CWAFZ04CTS_01	冬小麦	10	9.9	9	0.6
2013	1	CWAFZ04CTS_01	冬小麦	20	15.1	9	0.7
2013	1	CWAFZ04CTS_01	冬小麦	30	17.0	9	0.3
2013	1	CWAFZ04CTS_01	冬小麦	40	17.0	9	0.4
2013	1	CWAFZ04CTS_01	冬小麦	50	15.9	9	1.3
2013	1	CWAFZ04CTS_01	冬小麦	60	14.7	9	0.4
2013	1	CWAFZ04CTS_01	冬小麦	70	14.9	9	0.5
2013	1	CWAFZ04CTS_01	冬小麦	80	15.3	9	0.8
2013	1	CWAFZ04CTS_01	冬小麦	90	15.9	9	0.7
2013	1	CWAFZ04CTS_01	冬小麦	100	16.8	9	0.7
2013	1	CWAFZ04CTS_01	冬小麦	120	17.8	9	0.8
2013	1	CWAFZ04CTS_01	冬小麦	140	17.8	9	1.3
2013	1	CWAFZ04CTS_01	冬小麦	160	18.9	9	1.2
2013	1	CWAFZ04CTS_01	冬小麦	180	19.6	9	0.9
2013	1	CWAFZ04CTS_01	冬小麦	200	20.2	9	1.3
2013	1	CWAFZ04CTS_01	冬小麦	220	20.1	9	1.2
2013	1	CWAFZ04CTS_01	冬小麦	240	20.5	9	0.4
2013	1	CWAFZ04CTS_01	冬小麦	260	21.0	9	0.8
2013	1	CWAFZ04CTS_01	冬小麦	280	21.3	9	0.9
2013	1	CWAFZ04CTS_01	冬小麦	300	21.6	9	0.7
2013	2	CWAFZ04CTS_01	冬小麦	10	10.8	9	0.5
2013	2	CWAFZ04CTS_01	冬小麦	20	13.9	9	0.4
2013	2	CWAFZ04CTS_01	冬小麦	30	16.0	9	0.2
2013	2	CWAFZ04CTS_01	冬小麦	40	15.7	9	0.4

（续）

年份	月份	样地代码	作物名称	观测层次（cm）	体积含水量（%）	重复数	标准差
2013	2	CWAFZ04CTS_01	冬小麦	50	15.2	9	1.1
2013	2	CWAFZ04CTS_01	冬小麦	60	15.0	9	0.5
2013	2	CWAFZ04CTS_01	冬小麦	70	15.1	9	0.3
2013	2	CWAFZ04CTS_01	冬小麦	80	15.2	9	0.4
2013	2	CWAFZ04CTS_01	冬小麦	90	15.8	9	0.6
2013	2	CWAFZ04CTS_01	冬小麦	100	16.5	9	0.7
2013	2	CWAFZ04CTS_01	冬小麦	120	17.4	9	1.0
2013	2	CWAFZ04CTS_01	冬小麦	140	18.0	9	1.1
2013	2	CWAFZ04CTS_01	冬小麦	160	18.8	9	1.0
2013	2	CWAFZ04CTS_01	冬小麦	180	19.3	9	0.8
2013	2	CWAFZ04CTS_01	冬小麦	200	20.1	9	1.1
2013	2	CWAFZ04CTS_01	冬小麦	220	20.0	9	1.1
2013	2	CWAFZ04CTS_01	冬小麦	240	20.3	9	0.5
2013	2	CWAFZ04CTS_01	冬小麦	260	20.9	9	0.5
2013	2	CWAFZ04CTS_01	冬小麦	280	21.3	9	0.9
2013	2	CWAFZ04CTS_01	冬小麦	300	21.4	9	0.7
2013	3	CWAFZ04CTS_01	冬小麦	10	8.0	9	0.3
2013	3	CWAFZ04CTS_01	冬小麦	20	12.3	9	0.2
2013	3	CWAFZ04CTS_01	冬小麦	30	14.6	9	0.2
2013	3	CWAFZ04CTS_01	冬小麦	40	14.9	9	0.4
2013	3	CWAFZ04CTS_01	冬小麦	50	15.0	9	0.5
2013	3	CWAFZ04CTS_01	冬小麦	60	15.1	9	0.3
2013	3	CWAFZ04CTS_01	冬小麦	70	15.3	9	0.3
2013	3	CWAFZ04CTS_01	冬小麦	80	15.3	9	0.4
2013	3	CWAFZ04CTS_01	冬小麦	90	16.0	9	0.5
2013	3	CWAFZ04CTS_01	冬小麦	100	16.4	9	0.5
2013	3	CWAFZ04CTS_01	冬小麦	120	17.4	9	0.7
2013	3	CWAFZ04CTS_01	冬小麦	140	17.9	9	1.2
2013	3	CWAFZ04CTS_01	冬小麦	160	18.6	9	1.0
2013	3	CWAFZ04CTS_01	冬小麦	180	19.6	9	0.9
2013	3	CWAFZ04CTS_01	冬小麦	200	20.1	9	1.2
2013	3	CWAFZ04CTS_01	冬小麦	220	19.8	9	1.2
2013	3	CWAFZ04CTS_01	冬小麦	240	20.2	9	0.6

（续）

年份	月份	样地代码	作物名称	观测层次（cm）	体积含水量（%）	重复数	标准差
2013	3	CWAFZ04CTS_01	冬小麦	260	20.9	9	0.8
2013	3	CWAFZ04CTS_01	冬小麦	280	21.4	9	0.9
2013	3	CWAFZ04CTS_01	冬小麦	300	21.3	9	0.7
2013	4	CWAFZ04CTS_01	冬小麦	10	8.6	9	0.7
2013	4	CWAFZ04CTS_01	冬小麦	20	11.1	9	0.6
2013	4	CWAFZ04CTS_01	冬小麦	30	12.6	9	0.5
2013	4	CWAFZ04CTS_01	冬小麦	40	13.3	9	0.5
2013	4	CWAFZ04CTS_01	冬小麦	50	14.0	9	0.5
2013	4	CWAFZ04CTS_01	冬小麦	60	14.5	9	0.4
2013	4	CWAFZ04CTS_01	冬小麦	70	14.7	9	0.4
2013	4	CWAFZ04CTS_01	冬小麦	80	15.1	9	0.7
2013	4	CWAFZ04CTS_01	冬小麦	90	15.7	9	0.7
2013	4	CWAFZ04CTS_01	冬小麦	100	16.4	9	0.7
2013	4	CWAFZ04CTS_01	冬小麦	120	17.4	9	0.9
2013	4	CWAFZ04CTS_01	冬小麦	140	17.8	9	0.9
2013	4	CWAFZ04CTS_01	冬小麦	160	18.7	9	1.0
2013	4	CWAFZ04CTS_01	冬小麦	180	19.6	9	0.8
2013	4	CWAFZ04CTS_01	冬小麦	200	20.1	9	1.0
2013	4	CWAFZ04CTS_01	冬小麦	220	19.8	9	1.2
2013	4	CWAFZ04CTS_01	冬小麦	240	20.3	9	0.6
2013	4	CWAFZ04CTS_01	冬小麦	260	20.9	9	0.7
2013	4	CWAFZ04CTS_01	冬小麦	280	21.3	9	0.8
2013	4	CWAFZ04CTS_01	冬小麦	300	21.4	9	0.8
2013	5	CWAFZ04CTS_01	冬小麦	10	11.2	9	0.5
2013	5	CWAFZ04CTS_01	冬小麦	20	12.5	9	0.7
2013	5	CWAFZ04CTS_01	冬小麦	30	12.7	9	1.3
2013	5	CWAFZ04CTS_01	冬小麦	40	12.2	9	1.0
2013	5	CWAFZ04CTS_01	冬小麦	50	12.9	9	0.7
2013	5	CWAFZ04CTS_01	冬小麦	60	13.4	9	0.6
2013	5	CWAFZ04CTS_01	冬小麦	70	13.8	9	0.9
2013	5	CWAFZ04CTS_01	冬小麦	80	14.3	9	1.0
2013	5	CWAFZ04CTS_01	冬小麦	90	15.0	9	0.8
2013	5	CWAFZ04CTS_01	冬小麦	100	15.9	9	0.7

（续）

年份	月份	样地代码	作物名称	观测层次（cm）	体积含水量（%）	重复数	标准差
2013	5	CWAFZ04CTS_01	冬小麦	120	17.2	9	0.8
2013	5	CWAFZ04CTS_01	冬小麦	140	17.8	9	1.0
2013	5	CWAFZ04CTS_01	冬小麦	160	18.3	9	1.4
2013	5	CWAFZ04CTS_01	冬小麦	180	19.6	9	1.0
2013	5	CWAFZ04CTS_01	冬小麦	200	19.9	9	1.2
2013	5	CWAFZ04CTS_01	冬小麦	220	19.7	9	1.1
2013	5	CWAFZ04CTS_01	冬小麦	240	20.2	9	0.6
2013	5	CWAFZ04CTS_01	冬小麦	260	20.9	9	0.7
2013	5	CWAFZ04CTS_01	冬小麦	280	21.3	9	0.9
2013	5	CWAFZ04CTS_01	冬小麦	300	21.4	9	0.6
2013	6	CWAFZ04CTS_01	冬小麦	10	6.1	9	0.6
2013	6	CWAFZ04CTS_01	冬小麦	20	8.7	9	0.9
2013	6	CWAFZ04CTS_01	冬小麦	30	11.0	9	1.3
2013	6	CWAFZ04CTS_01	冬小麦	40	11.9	9	1.2
2013	6	CWAFZ04CTS_01	冬小麦	50	12.4	9	0.7
2013	6	CWAFZ04CTS_01	冬小麦	60	12.9	9	1.0
2013	6	CWAFZ04CTS_01	冬小麦	70	13.2	9	0.8
2013	6	CWAFZ04CTS_01	冬小麦	80	13.8	9	0.9
2013	6	CWAFZ04CTS_01	冬小麦	90	14.8	9	0.7
2013	6	CWAFZ04CTS_01	冬小麦	100	15.6	9	0.8
2013	6	CWAFZ04CTS_01	冬小麦	120	16.7	9	0.8
2013	6	CWAFZ04CTS_01	冬小麦	140	17.5	9	0.9
2013	6	CWAFZ04CTS_01	冬小麦	160	18.5	9	0.9
2013	6	CWAFZ04CTS_01	冬小麦	180	19.4	9	0.8
2013	6	CWAFZ04CTS_01	冬小麦	200	19.8	9	1.1
2013	6	CWAFZ04CTS_01	冬小麦	220	19.6	9	1.2
2013	6	CWAFZ04CTS_01	冬小麦	240	20.2	9	0.6
2013	6	CWAFZ04CTS_01	冬小麦	260	21.1	9	0.7
2013	6	CWAFZ04CTS_01	冬小麦	280	21.3	9	0.8
2013	6	CWAFZ04CTS_01	冬小麦	300	21.2	9	0.7
2013	7	CWAFZ04CTS_01	麦闲地	10	16.8	9	0.7
2013	7	CWAFZ04CTS_01	麦闲地	20	17.5	9	0.5
2013	7	CWAFZ04CTS_01	麦闲地	30	17.2	9	0.3

（续）

年份	月份	样地代码	作物名称	观测层次（cm）	体积含水量（%）	重复数	标准差
2013	7	CWAFZ04CTS_01	麦闲地	40	16.4	9	0.3
2013	7	CWAFZ04CTS_01	麦闲地	50	16.1	9	0.5
2013	7	CWAFZ04CTS_01	麦闲地	60	15.5	9	0.5
2013	7	CWAFZ04CTS_01	麦闲地	70	15.3	9	0.8
2013	7	CWAFZ04CTS_01	麦闲地	80	15.5	9	0.7
2013	7	CWAFZ04CTS_01	麦闲地	90	16.2	9	0.6
2013	7	CWAFZ04CTS_01	麦闲地	100	16.9	9	0.7
2013	7	CWAFZ04CTS_01	麦闲地	120	18.5	9	0.9
2013	7	CWAFZ04CTS_01	麦闲地	140	19.0	9	0.7
2013	7	CWAFZ04CTS_01	麦闲地	160	19.6	9	0.9
2013	7	CWAFZ04CTS_01	麦闲地	180	20.4	9	1.1
2013	7	CWAFZ04CTS_01	麦闲地	200	20.6	9	1.2
2013	7	CWAFZ04CTS_01	麦闲地	220	19.9	9	1.3
2013	7	CWAFZ04CTS_01	麦闲地	240	20.1	9	0.7
2013	7	CWAFZ04CTS_01	麦闲地	260	20.7	9	0.4
2013	7	CWAFZ04CTS_01	麦闲地	280	21.1	9	0.9
2013	7	CWAFZ04CTS_01	麦闲地	300	21.3	9	0.7
2013	8	CWAFZ04CTS_01	麦闲地	10	12.0	9	1.3
2013	8	CWAFZ04CTS_01	麦闲地	20	14.6	9	0.7
2013	8	CWAFZ04CTS_01	麦闲地	30	16.3	9	0.7
2013	8	CWAFZ04CTS_01	麦闲地	40	16.3	9	0.3
2013	8	CWAFZ04CTS_01	麦闲地	50	16.9	9	0.5
2013	8	CWAFZ04CTS_01	麦闲地	60	17.0	9	0.6
2013	8	CWAFZ04CTS_01	麦闲地	70	17.1	9	0.6
2013	8	CWAFZ04CTS_01	麦闲地	80	17.2	9	0.6
2013	8	CWAFZ04CTS_01	麦闲地	90	18.1	9	0.6
2013	8	CWAFZ04CTS_01	麦闲地	100	18.9	9	0.7
2013	8	CWAFZ04CTS_01	麦闲地	120	20.1	9	0.5
2013	8	CWAFZ04CTS_01	麦闲地	140	21.1	9	0.6
2013	8	CWAFZ04CTS_01	麦闲地	160	21.9	9	0.6
2013	8	CWAFZ04CTS_01	麦闲地	180	22.1	9	1.0
2013	8	CWAFZ04CTS_01	麦闲地	200	21.8	9	1.1
2013	8	CWAFZ04CTS_01	麦闲地	220	21.2	9	1.2

年份	月份	样地代码	作物名称	观测层次（cm）	体积含水量（%）	重复数	标准差
2013	8	CWAFZ04CTS_01	麦闲地	240	21.3	9	0.8
2013	8	CWAFZ04CTS_01	麦闲地	260	21.6	9	0.4
2013	8	CWAFZ04CTS_01	麦闲地	280	21.9	9	0.7
2013	8	CWAFZ04CTS_01	麦闲地	300	21.8	9	0.5
2013	9	CWAFZ04CTS_01	冬小麦	10	17.5	9	0.8
2013	9	CWAFZ04CTS_01	冬小麦	20	19.6	9	1.3
2013	9	CWAFZ04CTS_01	冬小麦	30	19.6	9	0.4
2013	9	CWAFZ04CTS_01	冬小麦	40	19.2	9	0.2
2013	9	CWAFZ04CTS_01	冬小麦	50	18.6	9	0.6
2013	9	CWAFZ04CTS_01	冬小麦	60	18.3	9	0.5
2013	9	CWAFZ04CTS_01	冬小麦	70	17.6	9	0.5
2013	9	CWAFZ04CTS_01	冬小麦	80	17.5	9	0.4
2013	9	CWAFZ04CTS_01	冬小麦	90	18.3	9	0.7
2013	9	CWAFZ04CTS_01	冬小麦	100	18.9	9	0.6
2013	9	CWAFZ04CTS_01	冬小麦	120	19.4	9	1.0
2013	9	CWAFZ04CTS_01	冬小麦	140	20.0	9	1.1
2013	9	CWAFZ04CTS_01	冬小麦	160	20.8	9	0.8
2013	9	CWAFZ04CTS_01	冬小麦	180	21.2	9	1.2
2013	9	CWAFZ04CTS_01	冬小麦	200	21.5	9	1.3
2013	9	CWAFZ04CTS_01	冬小麦	220	20.7	9	1.1
2013	9	CWAFZ04CTS_01	冬小麦	240	20.9	9	0.7
2013	9	CWAFZ04CTS_01	冬小麦	260	21.5	9	0.8
2013	9	CWAFZ04CTS_01	冬小麦	280	21.6	9	1.0
2013	9	CWAFZ04CTS_01	冬小麦	300	21.5	9	0.6
2013	10	CWAFZ04CTS_01	冬小麦	10	15.8	9	0.9
2013	10	CWAFZ04CTS_01	冬小麦	20	15.8	9	0.8
2013	10	CWAFZ04CTS_01	冬小麦	30	15.7	9	0.3
2013	10	CWAFZ04CTS_01	冬小麦	40	15.2	9	0.4
2013	10	CWAFZ04CTS_01	冬小麦	50	15.5	9	0.5
2013	10	CWAFZ04CTS_01	冬小麦	60	15.6	9	0.9
2013	10	CWAFZ04CTS_01	冬小麦	70	15.8	9	0.5
2013	10	CWAFZ04CTS_01	冬小麦	80	15.7	9	0.4
2013	10	CWAFZ04CTS_01	冬小麦	90	16.3	9	0.4

（续）

年份	月份	样地代码	作物名称	观测层次（cm）	体积含水量（%）	重复数	标准差
2013	10	CWAFZ04CTS_01	冬小麦	100	16.9	9	0.4
2013	10	CWAFZ04CTS_01	冬小麦	120	17.2	9	0.5
2013	10	CWAFZ04CTS_01	冬小麦	140	17.5	9	0.6
2013	10	CWAFZ04CTS_01	冬小麦	160	18.1	9	0.7
2013	10	CWAFZ04CTS_01	冬小麦	180	18.6	9	0.6
2013	10	CWAFZ04CTS_01	冬小麦	200	18.9	9	0.9
2013	10	CWAFZ04CTS_01	冬小麦	220	18.4	9	0.9
2013	10	CWAFZ04CTS_01	冬小麦	240	18.4	9	0.8
2013	10	CWAFZ04CTS_01	冬小麦	260	19.1	9	0.7
2013	10	CWAFZ04CTS_01	冬小麦	280	19.5	9	1.2
2013	10	CWAFZ04CTS_01	冬小麦	300	19.1	9	0.9
2013	11	CWAFZ04CTS_01	冬小麦	10	16.8	9	0.7
2013	11	CWAFZ04CTS_01	冬小麦	20	16.1	9	0.8
2013	11	CWAFZ04CTS_01	冬小麦	30	15.9	9	0.4
2013	11	CWAFZ04CTS_01	冬小麦	40	15.3	9	0.4
2013	11	CWAFZ04CTS_01	冬小麦	50	15.3	9	0.8
2013	11	CWAFZ04CTS_01	冬小麦	60	15.4	9	0.5
2013	11	CWAFZ04CTS_01	冬小麦	70	15.3	9	0.3
2013	11	CWAFZ04CTS_01	冬小麦	80	15.4	9	0.4
2013	11	CWAFZ04CTS_01	冬小麦	90	15.6	9	0.3
2013	11	CWAFZ04CTS_01	冬小麦	100	16.4	9	0.2
2013	11	CWAFZ04CTS_01	冬小麦	120	17.0	9	0.8
2013	11	CWAFZ04CTS_01	冬小麦	140	17.5	9	0.7
2013	11	CWAFZ04CTS_01	冬小麦	160	17.9	9	0.7
2013	11	CWAFZ04CTS_01	冬小麦	180	18.2	9	0.9
2013	11	CWAFZ04CTS_01	冬小麦	200	19.0	9	1.2
2013	11	CWAFZ04CTS_01	冬小麦	220	18.6	9	1.0
2013	11	CWAFZ04CTS_01	冬小麦	240	18.5	9	0.7
2013	11	CWAFZ04CTS_01	冬小麦	260	19.2	9	1.1
2013	11	CWAFZ04CTS_01	冬小麦	280	19.4	9	1.1
2013	11	CWAFZ04CTS_01	冬小麦	300	19.1	9	0.7
2013	12	CWAFZ04CTS_01	冬小麦	10	15.9	9	1.4
2013	12	CWAFZ04CTS_01	冬小麦	20	15.4	9	1.2

（续）

年份	月份	样地代码	作物名称	观测层次（cm）	体积含水量（%）	重复数	标准差
2013	12	CWAFZ04CTS_01	冬小麦	30	15.0	9	0.8
2013	12	CWAFZ04CTS_01	冬小麦	40	14.8	9	0.2
2013	12	CWAFZ04CTS_01	冬小麦	50	14.8	9	0.5
2013	12	CWAFZ04CTS_01	冬小麦	60	15.2	9	0.6
2013	12	CWAFZ04CTS_01	冬小麦	70	15.8	9	1.0
2013	12	CWAFZ04CTS_01	冬小麦	80	15.4	9	0.4
2013	12	CWAFZ04CTS_01	冬小麦	90	15.9	9	0.9
2013	12	CWAFZ04CTS_01	冬小麦	100	16.4	9	0.8
2013	12	CWAFZ04CTS_01	冬小麦	120	17.2	9	1.0
2013	12	CWAFZ04CTS_01	冬小麦	140	17.9	9	1.2
2013	12	CWAFZ04CTS_01	冬小麦	160	18.5	9	1.1
2013	12	CWAFZ04CTS_01	冬小麦	180	18.7	9	0.7
2013	12	CWAFZ04CTS_01	冬小麦	200	18.9	9	0.7
2013	12	CWAFZ04CTS_01	冬小麦	220	18.1	9	0.8
2013	12	CWAFZ04CTS_01	冬小麦	240	18.0	9	0.7
2013	12	CWAFZ04CTS_01	冬小麦	260	19.2	9	0.8
2013	12	CWAFZ04CTS_01	冬小麦	280	19.4	9	1.2
2013	12	CWAFZ04CTS_01	冬小麦	300	19.5	9	1.0
2014	1	CWAZH01CHG_01	麦闲地	10	13.2	9	1.5
2014	1	CWAZH01CHG_01	麦闲地	20	17.6	9	0.8
2014	1	CWAZH01CHG_01	麦闲地	30	16.7	9	0.8
2014	1	CWAZH01CHG_01	麦闲地	40	15.1	9	0.9
2014	1	CWAZH01CHG_01	麦闲地	50	14.2	9	0.2
2014	1	CWAZH01CHG_01	麦闲地	60	14.6	9	0.2
2014	1	CWAZH01CHG_01	麦闲地	70	14.9	9	0.2
2014	1	CWAZH01CHG_01	麦闲地	80	15.2	9	0.2
2014	1	CWAZH01CHG_01	麦闲地	90	15.3	9	0.2
2014	1	CWAZH01CHG_01	麦闲地	100	15.4	9	0.4
2014	1	CWAZH01CHG_01	麦闲地	120	15.4	9	0.4
2014	1	CWAZH01CHG_01	麦闲地	140	15.3	9	0.5
2014	1	CWAZH01CHG_01	麦闲地	160	15.4	9	0.3
2014	1	CWAZH01CHG_01	麦闲地	180	15.6	9	0.4
2014	1	CWAZH01CHG_01	麦闲地	200	15.6	9	0.5

（续）

年份	月份	样地代码	作物名称	观测层次（cm）	体积含水量（%）	重复数	标准差
2014	1	CWAZH01CHG_01	麦闲地	220	15.4	9	0.6
2014	1	CWAZH01CHG_01	麦闲地	240	15.1	9	0.9
2014	1	CWAZH01CHG_01	麦闲地	260	15.3	9	0.7
2014	1	CWAZH01CHG_01	麦闲地	280	15.4	9	1.0
2014	1	CWAZH01CHG_01	麦闲地	300	16.1	9	0.7
2014	2	CWAZH01CHG_01	麦闲地	10	15.8	9	0.6
2014	2	CWAZH01CHG_01	麦闲地	20	17.7	9	0.4
2014	2	CWAZH01CHG_01	麦闲地	30	17.4	9	0.3
2014	2	CWAZH01CHG_01	麦闲地	40	15.4	9	0.7
2014	2	CWAZH01CHG_01	麦闲地	50	14.8	9	0.9
2014	2	CWAZH01CHG_01	麦闲地	60	14.6	9	0.2
2014	2	CWAZH01CHG_01	麦闲地	70	14.7	9	0.1
2014	2	CWAZH01CHG_01	麦闲地	80	15.0	9	0.2
2014	2	CWAZH01CHG_01	麦闲地	90	15.2	9	0.1
2014	2	CWAZH01CHG_01	麦闲地	100	15.2	9	0.2
2014	2	CWAZH01CHG_01	麦闲地	120	15.3	9	0.2
2014	2	CWAZH01CHG_01	麦闲地	140	15.1	9	0.5
2014	2	CWAZH01CHG_01	麦闲地	160	15.3	9	0.2
2014	2	CWAZH01CHG_01	麦闲地	180	15.4	9	0.3
2014	2	CWAZH01CHG_01	麦闲地	200	15.4	9	0.4
2014	2	CWAZH01CHG_01	麦闲地	220	15.3	9	0.7
2014	2	CWAZH01CHG_01	麦闲地	240	15.0	9	0.6
2014	2	CWAZH01CHG_01	麦闲地	260	15.2	9	0.5
2014	2	CWAZH01CHG_01	麦闲地	280	15.5	9	0.7
2014	2	CWAZH01CHG_01	麦闲地	300	16.2	9	0.5
2014	3	CWAZH01CHG_01	麦闲地	10	15.3	18	1.0
2014	3	CWAZH01CHG_01	麦闲地	20	16.8	18	0.7
2014	3	CWAZH01CHG_01	麦闲地	30	16.5	18	0.6
2014	3	CWAZH01CHG_01	麦闲地	40	15.6	18	0.5
2014	3	CWAZH01CHG_01	麦闲地	50	15.1	18	0.2
2014	3	CWAZH01CHG_01	麦闲地	60	15.3	18	0.3
2014	3	CWAZH01CHG_01	麦闲地	70	15.1	18	0.2
2014	3	CWAZH01CHG_01	麦闲地	80	15.0	18	0.2

（续）

年份	月份	样地代码	作物名称	观测层次（cm）	体积含水量（%）	重复数	标准差
2014	3	CWAZH01CHG_01	麦闲地	90	15.1	18	0.3
2014	3	CWAZH01CHG_01	麦闲地	100	15.2	18	0.5
2014	3	CWAZH01CHG_01	麦闲地	120	15.1	18	0.3
2014	3	CWAZH01CHG_01	麦闲地	140	14.9	18	0.4
2014	3	CWAZH01CHG_01	麦闲地	160	15.1	18	0.2
2014	3	CWAZH01CHG_01	麦闲地	180	15.3	18	0.4
2014	3	CWAZH01CHG_01	麦闲地	200	15.3	18	0.4
2014	3	CWAZH01CHG_01	麦闲地	220	15.1	18	0.6
2014	3	CWAZH01CHG_01	麦闲地	240	15.1	18	0.7
2014	3	CWAZH01CHG_01	麦闲地	260	15.1	18	0.6
2014	3	CWAZH01CHG_01	麦闲地	280	15.5	18	0.6
2014	3	CWAZH01CHG_01	麦闲地	300	16.0	18	0.6
2014	4	CWAZH01CHG_01	玉米	10	16.4	18	1.3
2014	4	CWAZH01CHG_01	玉米	20	18.9	18	0.8
2014	4	CWAZH01CHG_01	玉米	30	18.6	18	1.1
2014	4	CWAZH01CHG_01	玉米	40	17.8	18	0.9
2014	4	CWAZH01CHG_01	玉米	50	17.4	18	0.6
2014	4	CWAZH01CHG_01	玉米	60	17.5	18	0.9
2014	4	CWAZH01CHG_01	玉米	70	16.9	18	0.4
2014	4	CWAZH01CHG_01	玉米	80	16.6	18	0.4
2014	4	CWAZH01CHG_01	玉米	90	16.5	18	0.4
2014	4	CWAZH01CHG_01	玉米	100	16.4	18	0.7
2014	4	CWAZH01CHG_01	玉米	120	16.0	18	0.8
2014	4	CWAZH01CHG_01	玉米	140	15.7	18	0.6
2014	4	CWAZH01CHG_01	玉米	160	15.8	18	0.4
2014	4	CWAZH01CHG_01	玉米	180	16.0	18	0.4
2014	4	CWAZH01CHG_01	玉米	200	15.9	18	0.4
2014	4	CWAZH01CHG_01	玉米	220	15.8	18	0.5
2014	4	CWAZH01CHG_01	玉米	240	15.6	18	0.6
2014	4	CWAZH01CHG_01	玉米	260	15.9	18	0.6
2014	4	CWAZH01CHG_01	玉米	280	16.3	18	0.6
2014	4	CWAZH01CHG_01	玉米	300	16.9	18	0.6
2014	5	CWAZH01CHG_01	玉米	10	12.8	18	1.0

（续）

年份	月份	样地代码	作物名称	观测层次（cm）	体积含水量（%）	重复数	标准差
2014	5	CWAZH01CHG_01	玉米	20	16.0	18	1.8
2014	5	CWAZH01CHG_01	玉米	30	17.0	18	2.0
2014	5	CWAZH01CHG_01	玉米	40	16.6	18	1.9
2014	5	CWAZH01CHG_01	玉米	50	16.4	18	1.3
2014	5	CWAZH01CHG_01	玉米	60	16.8	18	1.5
2014	5	CWAZH01CHG_01	玉米	70	16.6	18	0.8
2014	5	CWAZH01CHG_01	玉米	80	16.8	18	0.8
2014	5	CWAZH01CHG_01	玉米	90	16.9	18	0.8
2014	5	CWAZH01CHG_01	玉米	100	16.9	18	1.2
2014	5	CWAZH01CHG_01	玉米	120	16.8	18	1.3
2014	5	CWAZH01CHG_01	玉米	140	16.3	18	1.4
2014	5	CWAZH01CHG_01	玉米	160	16.3	18	1.2
2014	5	CWAZH01CHG_01	玉米	180	16.2	18	0.8
2014	5	CWAZH01CHG_01	玉米	200	16.3	18	0.8
2014	5	CWAZH01CHG_01	玉米	220	15.9	18	0.4
2014	5	CWAZH01CHG_01	玉米	240	15.6	18	0.4
2014	5	CWAZH01CHG_01	玉米	260	16.0	18	0.3
2014	5	CWAZH01CHG_01	玉米	280	16.3	18	0.5
2014	5	CWAZH01CHG_01	玉米	300	17.1	18	0.4
2014	6	CWAZH01CHG_01	玉米	10	12.0	18	1.9
2014	6	CWAZH01CHG_01	玉米	20	13.2	18	2.5
2014	6	CWAZH01CHG_01	玉米	30	13.6	18	2.4
2014	6	CWAZH01CHG_01	玉米	40	13.5	18	2.1
2014	6	CWAZH01CHG_01	玉米	50	13.7	18	1.7
2014	6	CWAZH01CHG_01	玉米	60	13.9	18	1.8
2014	6	CWAZH01CHG_01	玉米	70	14.2	18	1.7
2014	6	CWAZH01CHG_01	玉米	80	14.5	18	1.5
2014	6	CWAZH01CHG_01	玉米	90	14.6	18	1.6
2014	6	CWAZH01CHG_01	玉米	100	14.9	18	1.8
2014	6	CWAZH01CHG_01	玉米	120	15.3	18	1.8
2014	6	CWAZH01CHG_01	玉米	140	15.2	18	1.7
2014	6	CWAZH01CHG_01	玉米	160	15.3	18	1.5
2014	6	CWAZH01CHG_01	玉米	180	15.5	18	1.2

（续）

年份	月份	样地代码	作物名称	观测层次（cm）	体积含水量（%）	重复数	标准差
2014	6	CWAZH01CHG_01	玉米	200	15.8	18	1.1
2014	6	CWAZH01CHG_01	玉米	220	15.8	18	0.9
2014	6	CWAZH01CHG_01	玉米	240	15.8	18	0.6
2014	6	CWAZH01CHG_01	玉米	260	16.1	18	0.6
2014	6	CWAZH01CHG_01	玉米	280	16.5	18	0.6
2014	6	CWAZH01CHG_01	玉米	300	17.0	18	0.6
2014	7	CWAZH01CHG_01	玉米	10	10.7	18	0.8
2014	7	CWAZH01CHG_01	玉米	20	13.4	18	0.6
2014	7	CWAZH01CHG_01	玉米	30	14.4	18	0.5
2014	7	CWAZH01CHG_01	玉米	40	14.1	18	0.6
2014	7	CWAZH01CHG_01	玉米	50	14.3	18	0.8
2014	7	CWAZH01CHG_01	玉米	60	14.8	18	0.7
2014	7	CWAZH01CHG_01	玉米	70	15.2	18	0.6
2014	7	CWAZH01CHG_01	玉米	80	15.6	18	0.8
2014	7	CWAZH01CHG_01	玉米	90	16.0	18	0.9
2014	7	CWAZH01CHG_01	玉米	100	16.3	18	0.9
2014	7	CWAZH01CHG_01	玉米	120	16.8	18	1.0
2014	7	CWAZH01CHG_01	玉米	140	17.3	18	1.2
2014	7	CWAZH01CHG_01	玉米	160	17.8	18	1.3
2014	7	CWAZH01CHG_01	玉米	180	18.1	18	1.2
2014	7	CWAZH01CHG_01	玉米	200	18.4	18	1.3
2014	7	CWAZH01CHG_01	玉米	220	18.3	18	1.2
2014	7	CWAZH01CHG_01	玉米	240	18.1	18	0.9
2014	7	CWAZH01CHG_01	玉米	260	18.7	18	1.0
2014	7	CWAZH01CHG_01	玉米	280	19.1	18	0.7
2014	7	CWAZH01CHG_01	玉米	300	19.8	18	0.9
2014	8	CWAZH01CHG_01	玉米	10	16.3	18	0.9
2014	8	CWAZH01CHG_01	玉米	20	19.3	18	0.9
2014	8	CWAZH01CHG_01	玉米	30	20.0	18	0.9
2014	8	CWAZH01CHG_01	玉米	40	19.2	18	1.1
2014	8	CWAZH01CHG_01	玉米	50	17.7	18	1.6
2014	8	CWAZH01CHG_01	玉米	60	16.8	18	1.7
2014	8	CWAZH01CHG_01	玉米	70	15.8	18	1.6

（续）

年份	月份	样地代码	作物名称	观测层次（cm）	体积含水量（%）	重复数	标准差
2014	8	CWAZH01CHG_01	玉米	80	15.3	18	1.6
2014	8	CWAZH01CHG_01	玉米	90	15.1	18	1.5
2014	8	CWAZH01CHG_01	玉米	100	15.2	18	1.3
2014	8	CWAZH01CHG_01	玉米	120	15.5	18	1.2
2014	8	CWAZH01CHG_01	玉米	140	15.9	18	0.9
2014	8	CWAZH01CHG_01	玉米	160	16.8	18	0.5
2014	8	CWAZH01CHG_01	玉米	180	17.5	18	0.5
2014	8	CWAZH01CHG_01	玉米	200	18.1	18	0.7
2014	8	CWAZH01CHG_01	玉米	220	18.3	18	0.7
2014	8	CWAZH01CHG_01	玉米	240	18.3	18	0.6
2014	8	CWAZH01CHG_01	玉米	260	18.7	18	0.9
2014	8	CWAZH01CHG_01	玉米	280	19.3	18	0.5
2014	8	CWAZH01CHG_01	玉米	300	20.4	18	0.7
2014	9	CWAZH01CHG_01	玉米	10	20.3	18	1.2
2014	9	CWAZH01CHG_01	玉米	20	23.2	18	0.9
2014	9	CWAZH01CHG_01	玉米	30	23.6	18	1.0
2014	9	CWAZH01CHG_01	玉米	40	22.9	18	0.8
2014	9	CWAZH01CHG_01	玉米	50	22.3	18	1.0
2014	9	CWAZH01CHG_01	玉米	60	21.8	18	1.2
2014	9	CWAZH01CHG_01	玉米	70	21.5	18	1.3
2014	9	CWAZH01CHG_01	玉米	80	21.3	18	1.4
2014	9	CWAZH01CHG_01	玉米	90	21.0	18	1.3
2014	9	CWAZH01CHG_01	玉米	100	20.4	18	1.6
2014	9	CWAZH01CHG_01	玉米	120	19.4	18	2.1
2014	9	CWAZH01CHG_01	玉米	140	18.0	18	2.1
2014	9	CWAZH01CHG_01	玉米	160	17.9	18	1.4
2014	9	CWAZH01CHG_01	玉米	180	17.6	18	0.9
2014	9	CWAZH01CHG_01	玉米	200	17.5	18	0.5
2014	9	CWAZH01CHG_01	玉米	220	17.6	18	0.3
2014	9	CWAZH01CHG_01	玉米	240	17.6	18	0.2
2014	9	CWAZH01CHG_01	玉米	260	18.2	18	0.4
2014	9	CWAZH01CHG_01	玉米	280	18.7	18	0.3
2014	9	CWAZH01CHG_01	玉米	300	19.5	18	0.6

（续）

年份	月份	样地代码	作物名称	观测层次（cm）	体积含水量（%）	重复数	标准差
2014	10	CWAZH01CHG_01	冬小麦	10	16.3	18	0.7
2014	10	CWAZH01CHG_01	冬小麦	20	20.8	18	1.4
2014	10	CWAZH01CHG_01	冬小麦	30	21.9	18	1.0
2014	10	CWAZH01CHG_01	冬小麦	40	21.9	18	0.6
2014	10	CWAZH01CHG_01	冬小麦	50	21.5	18	0.5
2014	10	CWAZH01CHG_01	冬小麦	60	21.3	18	0.3
2014	10	CWAZH01CHG_01	冬小麦	70	21.3	18	0.2
2014	10	CWAZH01CHG_01	冬小麦	80	21.6	18	0.2
2014	10	CWAZH01CHG_01	冬小麦	90	21.8	18	0.2
2014	10	CWAZH01CHG_01	冬小麦	100	22.0	18	0.1
2014	10	CWAZH01CHG_01	冬小麦	120	22.1	18	0.2
2014	10	CWAZH01CHG_01	冬小麦	140	21.4	18	0.5
2014	10	CWAZH01CHG_01	冬小麦	160	21.2	18	1.3
2014	10	CWAZH01CHG_01	冬小麦	180	20.7	18	2.1
2014	10	CWAZH01CHG_01	冬小麦	200	20.4	18	1.9
2014	10	CWAZH01CHG_01	冬小麦	220	19.7	18	1.6
2014	10	CWAZH01CHG_01	冬小麦	240	19.0	18	1.1
2014	10	CWAZH01CHG_01	冬小麦	260	18.7	18	0.6
2014	10	CWAZH01CHG_01	冬小麦	280	19.0	18	0.3
2014	10	CWAZH01CHG_01	冬小麦	300	19.6	18	0.4
2014	11	CWAZH01CHG_01	冬小麦	10	15.9	18	0.7
2014	11	CWAZH01CHG_01	冬小麦	20	19.5	18	1.4
2014	11	CWAZH01CHG_01	冬小麦	30	20.7	18	0.5
2014	11	CWAZH01CHG_01	冬小麦	40	20.6	18	0.5
2014	11	CWAZH01CHG_01	冬小麦	50	20.4	18	0.5
2014	11	CWAZH01CHG_01	冬小麦	60	20.3	18	0.4
2014	11	CWAZH01CHG_01	冬小麦	70	20.4	18	0.2
2014	11	CWAZH01CHG_01	冬小麦	80	20.7	18	0.2
2014	11	CWAZH01CHG_01	冬小麦	90	20.8	18	0.2
2014	11	CWAZH01CHG_01	冬小麦	100	20.9	18	0.2
2014	11	CWAZH01CHG_01	冬小麦	120	20.9	18	0.3
2014	11	CWAZH01CHG_01	冬小麦	140	20.7	18	0.4
2014	11	CWAZH01CHG_01	冬小麦	160	20.7	18	0.6

（续）

年份	月份	样地代码	作物名称	观测层次（cm）	体积含水量（%）	重复数	标准差
2014	11	CWAZH01CHG_01	冬小麦	180	20.7	18	1.1
2014	11	CWAZH01CHG_01	冬小麦	200	20.4	18	1.3
2014	11	CWAZH01CHG_01	冬小麦	220	20.0	18	1.4
2014	11	CWAZH01CHG_01	冬小麦	240	19.6	18	1.3
2014	11	CWAZH01CHG_01	冬小麦	260	19.7	18	0.9
2014	11	CWAZH01CHG_01	冬小麦	280	19.9	18	0.6
2014	11	CWAZH01CHG_01	冬小麦	300	20.4	18	0.3
2014	12	CWAZH01CHG_01	冬小麦	10	15.6	9	0.6
2014	12	CWAZH01CHG_01	冬小麦	20	20.0	9	1.5
2014	12	CWAZH01CHG_01	冬小麦	30	19.9	9	0.5
2014	12	CWAZH01CHG_01	冬小麦	40	19.3	9	0.6
2014	12	CWAZH01CHG_01	冬小麦	50	19.3	9	0.7
2014	12	CWAZH01CHG_01	冬小麦	60	19.7	9	0.4
2014	12	CWAZH01CHG_01	冬小麦	70	19.8	9	0.2
2014	12	CWAZH01CHG_01	冬小麦	80	20.0	9	0.2
2014	12	CWAZH01CHG_01	冬小麦	90	20.2	9	0.1
2014	12	CWAZH01CHG_01	冬小麦	100	20.4	9	0.2
2014	12	CWAZH01CHG_01	冬小麦	120	20.5	9	0.1
2014	12	CWAZH01CHG_01	冬小麦	140	20.2	9	0.3
2014	12	CWAZH01CHG_01	冬小麦	160	20.3	9	0.5
2014	12	CWAZH01CHG_01	冬小麦	180	20.4	9	0.9
2014	12	CWAZH01CHG_01	冬小麦	200	20.5	9	0.9
2014	12	CWAZH01CHG_01	冬小麦	220	20.0	9	1.2
2014	12	CWAZH01CHG_01	冬小麦	240	19.6	9	1.3
2014	12	CWAZH01CHG_01	冬小麦	260	19.7	9	0.9
2014	12	CWAZH01CHG_01	冬小麦	280	20.0	9	0.6
2014	12	CWAZH01CHG_01	冬小麦	300	20.6	9	0.5
2014	1	CWAFZ04CTS_01	麦闲地	10	13.5	9	2.0
2014	1	CWAFZ04CTS_01	麦闲地	20	16.9	9	1.3
2014	1	CWAFZ04CTS_01	麦闲地	30	15.8	9	0.9
2014	1	CWAFZ04CTS_01	麦闲地	40	14.0	9	0.9
2014	1	CWAFZ04CTS_01	麦闲地	50	14.1	9	1.0
2014	1	CWAFZ04CTS_01	麦闲地	60	14.3	9	0.9

（续）

年份	月份	样地代码	作物名称	观测层次（cm）	体积含水量（%）	重复数	标准差
2014	1	CWAFZ04CTS_01	麦闲地	70	14.3	9	0.8
2014	1	CWAFZ04CTS_01	麦闲地	80	14.6	9	0.7
2014	1	CWAFZ04CTS_01	麦闲地	90	15.0	9	0.7
2014	1	CWAFZ04CTS_01	麦闲地	100	15.2	9	0.9
2014	1	CWAFZ04CTS_01	麦闲地	120	15.0	9	0.8
2014	1	CWAFZ04CTS_01	麦闲地	140	15.6	9	0.9
2014	1	CWAFZ04CTS_01	麦闲地	160	15.7	9	0.1
2014	1	CWAFZ04CTS_01	麦闲地	180	15.3	9	0.2
2014	1	CWAFZ04CTS_01	麦闲地	200	15.2	9	0.1
2014	1	CWAFZ04CTS_01	麦闲地	220	15.0	9	0.3
2014	1	CWAFZ04CTS_01	麦闲地	240	14.4	9	0.6
2014	1	CWAFZ04CTS_01	麦闲地	260	14.9	9	0.4
2014	1	CWAFZ04CTS_01	麦闲地	280	15.0	9	1.1
2014	1	CWAFZ04CTS_01	麦闲地	300	15.9	9	0.9
2014	2	CWAFZ04CTS_01	麦闲地	10	15.7	9	0.9
2014	2	CWAFZ04CTS_01	麦闲地	20	17.1	9	1.8
2014	2	CWAFZ04CTS_01	麦闲地	30	16.4	9	1.1
2014	2	CWAFZ04CTS_01	麦闲地	40	14.9	9	0.6
2014	2	CWAFZ04CTS_01	麦闲地	50	14.6	9	1.0
2014	2	CWAFZ04CTS_01	麦闲地	60	14.3	9	1.1
2014	2	CWAFZ04CTS_01	麦闲地	70	14.5	9	0.8
2014	2	CWAFZ04CTS_01	麦闲地	80	14.7	9	0.7
2014	2	CWAFZ04CTS_01	麦闲地	90	14.8	9	0.6
2014	2	CWAFZ04CTS_01	麦闲地	100	14.9	9	0.6
2014	2	CWAFZ04CTS_01	麦闲地	120	15.0	9	0.8
2014	2	CWAFZ04CTS_01	麦闲地	140	15.1	9	0.7
2014	2	CWAFZ04CTS_01	麦闲地	160	15.6	9	0.2
2014	2	CWAFZ04CTS_01	麦闲地	180	15.2	9	0.5
2014	2	CWAFZ04CTS_01	麦闲地	200	15.1	9	0.1
2014	2	CWAFZ04CTS_01	麦闲地	220	14.9	9	0.4
2014	2	CWAFZ04CTS_01	麦闲地	240	14.7	9	0.4
2014	2	CWAFZ04CTS_01	麦闲地	260	14.8	9	0.2
2014	2	CWAFZ04CTS_01	麦闲地	280	15.1	9	0.2

（续）

年份	月份	样地代码	作物名称	观测层次（cm）	体积含水量（%）	重复数	标准差
2014	2	CWAFZ04CTS_01	麦闲地	300	16.0	9	0.3
2014	3	CWAFZ04CTS_01	玉米	10	15.0	18	1.6
2014	3	CWAFZ04CTS_01	玉米	20	16.2	18	1.2
2014	3	CWAFZ04CTS_01	玉米	30	16.1	18	0.9
2014	3	CWAFZ04CTS_01	玉米	40	15.4	18	0.9
2014	3	CWAFZ04CTS_01	玉米	50	15.1	18	1.0
2014	3	CWAFZ04CTS_01	玉米	60	14.8	18	0.9
2014	3	CWAFZ04CTS_01	玉米	70	14.6	18	0.8
2014	3	CWAFZ04CTS_01	玉米	80	14.6	18	0.6
2014	3	CWAFZ04CTS_01	玉米	90	14.9	18	0.6
2014	3	CWAFZ04CTS_01	玉米	100	14.9	18	0.8
2014	3	CWAFZ04CTS_01	玉米	120	14.8	18	0.7
2014	3	CWAFZ04CTS_01	玉米	140	15.3	18	0.7
2014	3	CWAFZ04CTS_01	玉米	160	15.2	18	0.3
2014	3	CWAFZ04CTS_01	玉米	180	15.2	18	0.3
2014	3	CWAFZ04CTS_01	玉米	200	15.0	18	0.2
2014	3	CWAFZ04CTS_01	玉米	220	14.8	18	0.4
2014	3	CWAFZ04CTS_01	玉米	240	14.5	18	0.5
2014	3	CWAFZ04CTS_01	玉米	260	14.8	18	0.4
2014	3	CWAFZ04CTS_01	玉米	280	15.3	18	0.4
2014	3	CWAFZ04CTS_01	玉米	300	15.9	18	0.6
2014	4	CWAFZ04CTS_01	玉米	10	15.6	18	1.1
2014	4	CWAFZ04CTS_01	玉米	20	18.4	18	1.0
2014	4	CWAFZ04CTS_01	玉米	30	18.8	18	1.1
2014	4	CWAFZ04CTS_01	玉米	40	18.1	18	1.2
2014	4	CWAFZ04CTS_01	玉米	50	17.8	18	0.9
2014	4	CWAFZ04CTS_01	玉米	60	17.4	18	1.1
2014	4	CWAFZ04CTS_01	玉米	70	16.9	18	0.9
2014	4	CWAFZ04CTS_01	玉米	80	16.6	18	0.8
2014	4	CWAFZ04CTS_01	玉米	90	16.7	18	0.9
2014	4	CWAFZ04CTS_01	玉米	100	16.7	18	0.8
2014	4	CWAFZ04CTS_01	玉米	120	16.2	18	0.9
2014	4	CWAFZ04CTS_01	玉米	140	16.4	18	0.8

（续）

年份	月份	样地代码	作物名称	观测层次（cm）	体积含水量（%）	重复数	标准差
2014	4	CWAFZ04CTS_01	玉米	160	16.3	18	0.3
2014	4	CWAFZ04CTS_01	玉米	180	15.8	18	0.5
2014	4	CWAFZ04CTS_01	玉米	200	15.9	18	0.3
2014	4	CWAFZ04CTS_01	玉米	220	15.6	18	0.5
2014	4	CWAFZ04CTS_01	玉米	240	15.4	18	0.5
2014	4	CWAFZ04CTS_01	玉米	260	15.6	18	0.5
2014	4	CWAFZ04CTS_01	玉米	280	16.1	18	0.4
2014	4	CWAFZ04CTS_01	玉米	300	16.7	18	0.7
2014	5	CWAFZ04CTS_01	玉米	10	13.9	18	1.0
2014	5	CWAFZ04CTS_01	玉米	20	17.5	18	1.0
2014	5	CWAFZ04CTS_01	玉米	30	18.4	18	1.4
2014	5	CWAFZ04CTS_01	玉米	40	17.9	18	1.4
2014	5	CWAFZ04CTS_01	玉米	50	17.4	18	1.2
2014	5	CWAFZ04CTS_01	玉米	60	17.6	18	1.5
2014	5	CWAFZ04CTS_01	玉米	70	17.1	18	1.0
2014	5	CWAFZ04CTS_01	玉米	80	17.2	18	0.8
2014	5	CWAFZ04CTS_01	玉米	90	17.5	18	0.9
2014	5	CWAFZ04CTS_01	玉米	100	17.8	18	1.0
2014	5	CWAFZ04CTS_01	玉米	120	17.6	18	1.2
2014	5	CWAFZ04CTS_01	玉米	140	18.0	18	0.9
2014	5	CWAFZ04CTS_01	玉米	160	17.9	18	0.2
2014	5	CWAFZ04CTS_01	玉米	180	17.3	18	0.1
2014	5	CWAFZ04CTS_01	玉米	200	17.2	18	0.2
2014	5	CWAFZ04CTS_01	玉米	220	16.5	18	0.3
2014	5	CWAFZ04CTS_01	玉米	240	15.9	18	0.7
2014	5	CWAFZ04CTS_01	玉米	260	16.2	18	0.5
2014	5	CWAFZ04CTS_01	玉米	280	16.4	18	0.7
2014	5	CWAFZ04CTS_01	玉米	300	17.4	18	0.8
2014	6	CWAFZ04CTS_01	玉米	10	13.5	18	1.2
2014	6	CWAFZ04CTS_01	玉米	20	15.4	18	1.2
2014	6	CWAFZ04CTS_01	玉米	30	15.9	18	1.0
2014	6	CWAFZ04CTS_01	玉米	40	15.8	18	0.9
2014	6	CWAFZ04CTS_01	玉米	50	15.9	18	0.9

（续）

年份	月份	样地代码	作物名称	观测层次（cm）	体积含水量（%）	重复数	标准差
2014	6	CWAFZ04CTS_01	玉米	60	15.9	18	0.9
2014	6	CWAFZ04CTS_01	玉米	70	16.0	18	0.9
2014	6	CWAFZ04CTS_01	玉米	80	15.9	18	0.8
2014	6	CWAFZ04CTS_01	玉米	90	16.3	18	0.8
2014	6	CWAFZ04CTS_01	玉米	100	16.7	18	1.0
2014	6	CWAFZ04CTS_01	玉米	120	16.8	18	1.1
2014	6	CWAFZ04CTS_01	玉米	140	17.3	18	0.9
2014	6	CWAFZ04CTS_01	玉米	160	17.5	18	0.2
2014	6	CWAFZ04CTS_01	玉米	180	17.2	18	0.2
2014	6	CWAFZ04CTS_01	玉米	200	17.2	18	0.2
2014	6	CWAFZ04CTS_01	玉米	220	17.1	18	0.3
2014	6	CWAFZ04CTS_01	玉米	240	16.7	18	0.5
2014	6	CWAFZ04CTS_01	玉米	260	17.0	18	0.4
2014	6	CWAFZ04CTS_01	玉米	280	17.2	18	0.5
2014	6	CWAFZ04CTS_01	玉米	300	18.0	18	0.7
2014	7	CWAFZ04CTS_01	玉米	10	10.3	18	1.0
2014	7	CWAFZ04CTS_01	玉米	20	12.5	18	1.1
2014	7	CWAFZ04CTS_01	玉米	30	13.5	18	0.8
2014	7	CWAFZ04CTS_01	玉米	40	13.8	18	1.0
2014	7	CWAFZ04CTS_01	玉米	50	14.1	18	1.3
2014	7	CWAFZ04CTS_01	玉米	60	14.6	18	1.1
2014	7	CWAFZ04CTS_01	玉米	70	15.0	18	0.8
2014	7	CWAFZ04CTS_01	玉米	80	15.4	18	0.6
2014	7	CWAFZ04CTS_01	玉米	90	16.0	18	0.6
2014	7	CWAFZ04CTS_01	玉米	100	16.8	18	0.6
2014	7	CWAFZ04CTS_01	玉米	120	17.7	18	0.6
2014	7	CWAFZ04CTS_01	玉米	140	19.0	18	0.6
2014	7	CWAFZ04CTS_01	玉米	160	19.8	18	0.4
2014	7	CWAFZ04CTS_01	玉米	180	20.0	18	0.3
2014	7	CWAFZ04CTS_01	玉米	200	20.1	18	0.4
2014	7	CWAFZ04CTS_01	玉米	220	20.2	18	0.3
2014	7	CWAFZ04CTS_01	玉米	240	19.8	18	0.7
2014	7	CWAFZ04CTS_01	玉米	260	20.4	18	0.4

（续）

年份	月份	样地代码	作物名称	观测层次（cm）	体积含水量（%）	重复数	标准差
2014	7	CWAFZ04CTS_01	玉米	280	20.5	18	0.4
2014	7	CWAFZ04CTS_01	玉米	300	21.4	18	0.4
2014	8	CWAFZ04CTS_01	玉米	10	16.3	18	1.1
2014	8	CWAFZ04CTS_01	玉米	20	19.3	18	0.8
2014	8	CWAFZ04CTS_01	玉米	30	19.7	18	0.8
2014	8	CWAFZ04CTS_01	玉米	40	19.0	18	0.9
2014	8	CWAFZ04CTS_01	玉米	50	17.6	18	1.3
2014	8	CWAFZ04CTS_01	玉米	60	16.2	18	1.1
2014	8	CWAFZ04CTS_01	玉米	70	15.2	18	0.8
2014	8	CWAFZ04CTS_01	玉米	80	14.9	18	0.5
2014	8	CWAFZ04CTS_01	玉米	90	14.7	18	0.4
2014	8	CWAFZ04CTS_01	玉米	100	14.8	18	0.4
2014	8	CWAFZ04CTS_01	玉米	120	15.1	18	0.4
2014	8	CWAFZ04CTS_01	玉米	140	15.8	18	0.7
2014	8	CWAFZ04CTS_01	玉米	160	17.0	18	0.8
2014	8	CWAFZ04CTS_01	玉米	180	17.9	18	0.7
2014	8	CWAFZ04CTS_01	玉米	200	18.6	18	0.3
2014	8	CWAFZ04CTS_01	玉米	220	18.9	18	0.4
2014	8	CWAFZ04CTS_01	玉米	240	18.8	18	0.5
2014	8	CWAFZ04CTS_01	玉米	260	19.2	18	0.5
2014	8	CWAFZ04CTS_01	玉米	280	19.8	18	0.4
2014	8	CWAFZ04CTS_01	玉米	300	20.9	18	0.4
2014	9	CWAFZ04CTS_01	玉米	10	19.7	18	0.9
2014	9	CWAFZ04CTS_01	玉米	20	22.9	18	0.8
2014	9	CWAFZ04CTS_01	玉米	30	23.2	18	0.8
2014	9	CWAFZ04CTS_01	玉米	40	22.6	18	0.9
2014	9	CWAFZ04CTS_01	玉米	50	21.9	18	0.9
2014	9	CWAFZ04CTS_01	玉米	60	20.9	18	1.1
2014	9	CWAFZ04CTS_01	玉米	70	19.9	18	0.9
2014	9	CWAFZ04CTS_01	玉米	80	19.7	18	0.5
2014	9	CWAFZ04CTS_01	玉米	90	19.5	18	0.8
2014	9	CWAFZ04CTS_01	玉米	100	18.6	18	0.9
2014	9	CWAFZ04CTS_01	玉米	120	17.1	18	0.8

（续）

年份	月份	样地代码	作物名称	观测层次（cm）	体积含水量（%）	重复数	标准差
2014	9	CWAFZ04CTS_01	玉米	140	16.5	18	1.1
2014	9	CWAFZ04CTS_01	玉米	160	16.8	18	0.9
2014	9	CWAFZ04CTS_01	玉米	180	17.5	18	0.9
2014	9	CWAFZ04CTS_01	玉米	200	18.2	18	0.7
2014	9	CWAFZ04CTS_01	玉米	220	18.7	18	0.6
2014	9	CWAFZ04CTS_01	玉米	240	18.5	18	0.7
2014	9	CWAFZ04CTS_01	玉米	260	19.3	18	0.6
2014	9	CWAFZ04CTS_01	玉米	280	19.8	18	0.5
2014	9	CWAFZ04CTS_01	玉米	300	21.0	18	0.5
2014	10	CWAFZ04CTS_01	冬小麦	10	16.5	18	0.7
2014	10	CWAFZ04CTS_01	冬小麦	20	21.4	18	0.8
2014	10	CWAFZ04CTS_01	冬小麦	30	22.1	18	0.9
2014	10	CWAFZ04CTS_01	冬小麦	40	21.6	18	0.9
2014	10	CWAFZ04CTS_01	冬小麦	50	21.2	18	0.9
2014	10	CWAFZ04CTS_01	冬小麦	60	20.8	18	1.0
2014	10	CWAFZ04CTS_01	冬小麦	70	20.7	18	0.9
2014	10	CWAFZ04CTS_01	冬小麦	80	21.0	18	0.5
2014	10	CWAFZ04CTS_01	冬小麦	90	21.2	18	0.7
2014	10	CWAFZ04CTS_01	冬小麦	100	21.6	18	0.7
2014	10	CWAFZ04CTS_01	冬小麦	120	21.6	18	0.7
2014	10	CWAFZ04CTS_01	冬小麦	140	21.7	18	0.7
2014	10	CWAFZ04CTS_01	冬小麦	160	21.1	18	1.2
2014	10	CWAFZ04CTS_01	冬小麦	180	19.7	18	1.4
2014	10	CWAFZ04CTS_01	冬小麦	200	19.3	18	1.1
2014	10	CWAFZ04CTS_01	冬小麦	220	18.8	18	0.9
2014	10	CWAFZ04CTS_01	冬小麦	240	18.6	18	1.0
2014	10	CWAFZ04CTS_01	冬小麦	260	19.0	18	0.7
2014	10	CWAFZ04CTS_01	冬小麦	280	19.6	18	0.6
2014	10	CWAFZ04CTS_01	冬小麦	300	20.9	18	0.5
2014	11	CWAFZ04CTS_01	冬小麦	10	15.7	18	1.1
2014	11	CWAFZ04CTS_01	冬小麦	20	20.0	18	0.9
2014	11	CWAFZ04CTS_01	冬小麦	30	20.3	18	0.9
2014	11	CWAFZ04CTS_01	冬小麦	40	20.3	18	0.9

（续）

年份	月份	样地代码	作物名称	观测层次（cm）	体积含水量（%）	重复数	标准差
2014	11	CWAFZ04CTS_01	冬小麦	50	20.0	18	1.0
2014	11	CWAFZ04CTS_01	冬小麦	60	19.9	18	1.0
2014	11	CWAFZ04CTS_01	冬小麦	70	19.8	18	0.9
2014	11	CWAFZ04CTS_01	冬小麦	80	20.2	18	0.6
2014	11	CWAFZ04CTS_01	冬小麦	90	20.3	18	0.6
2014	11	CWAFZ04CTS_01	冬小麦	100	20.7	18	0.6
2014	11	CWAFZ04CTS_01	冬小麦	120	20.8	18	0.6
2014	11	CWAFZ04CTS_01	冬小麦	140	21.0	18	0.5
2014	11	CWAFZ04CTS_01	冬小麦	160	20.7	18	0.7
2014	11	CWAFZ04CTS_01	冬小麦	180	20.1	18	0.7
2014	11	CWAFZ04CTS_01	冬小麦	200	19.9	18	0.9
2014	11	CWAFZ04CTS_01	冬小麦	220	19.5	18	1.0
2014	11	CWAFZ04CTS_01	冬小麦	240	19.2	18	1.2
2014	11	CWAFZ04CTS_01	冬小麦	260	19.8	18	1.0
2014	11	CWAFZ04CTS_01	冬小麦	280	20.1	18	0.8
2014	11	CWAFZ04CTS_01	冬小麦	300	21.1	18	0.7
2014	12	CWAFZ04CTS_01	冬小麦	10	15.2	9	1.1
2014	12	CWAFZ04CTS_01	冬小麦	20	19.9	9	1.0
2014	12	CWAFZ04CTS_01	冬小麦	30	19.2	9	0.9
2014	12	CWAFZ04CTS_01	冬小麦	40	18.9	9	0.8
2014	12	CWAFZ04CTS_01	冬小麦	50	19.0	9	0.9
2014	12	CWAFZ04CTS_01	冬小麦	60	19.0	9	1.1
2014	12	CWAFZ04CTS_01	冬小麦	70	19.2	9	1.0
2014	12	CWAFZ04CTS_01	冬小麦	80	19.5	9	0.4
2014	12	CWAFZ04CTS_01	冬小麦	90	19.7	9	0.7
2014	12	CWAFZ04CTS_01	冬小麦	100	20.1	9	0.5
2014	12	CWAFZ04CTS_01	冬小麦	120	20.1	9	0.6
2014	12	CWAFZ04CTS_01	冬小麦	140	20.6	9	0.6
2014	12	CWAFZ04CTS_01	冬小麦	160	20.5	9	0.6
2014	12	CWAFZ04CTS_01	冬小麦	180	20.0	9	0.7
2014	12	CWAFZ04CTS_01	冬小麦	200	20.0	9	0.7
2014	12	CWAFZ04CTS_01	冬小麦	220	19.6	9	0.9
2014	12	CWAFZ04CTS_01	冬小麦	240	19.1	9	1.1

（续）

年份	月份	样地代码	作物名称	观测层次（cm）	体积含水量（%）	重复数	标准差
2014	12	CWAFZ04CTS_01	冬小麦	260	19.5	9	0.9
2014	12	CWAFZ04CTS_01	冬小麦	280	20.0	9	0.6
2014	12	CWAFZ04CTS_01	冬小麦	300	21.0	9	0.7
2014	1	CWAQX01CTS_01	自然植被	10	16.4	3	0.8
2014	1	CWAQX01CTS_01	自然植被	20	17.8	3	0.8
2014	1	CWAQX01CTS_01	自然植被	30	17.0	3	1.2
2014	1	CWAQX01CTS_01	自然植被	40	15.2	3	0.4
2014	1	CWAQX01CTS_01	自然植被	50	15.0	3	0.4
2014	1	CWAQX01CTS_01	自然植被	60	15.4	3	0.5
2014	1	CWAQX01CTS_01	自然植被	70	15.9	3	0.0
2014	1	CWAQX01CTS_01	自然植被	80	15.7	3	0.1
2014	1	CWAQX01CTS_01	自然植被	90	15.8	3	0.2
2014	1	CWAQX01CTS_01	自然植被	100	15.9	3	0.3
2014	1	CWAQX01CTS_01	自然植被	120	16.5	3	0.4
2014	1	CWAQX01CTS_01	自然植被	140	16.5	3	0.2
2014	1	CWAQX01CTS_01	自然植被	160	16.8	3	0.4
2014	1	CWAQX01CTS_01	自然植被	180	17.1	3	0.7
2014	1	CWAQX01CTS_01	自然植被	200	16.0	3	0.1
2014	1	CWAQX01CTS_01	自然植被	220	15.8	3	0.1
2014	1	CWAQX01CTS_01	自然植被	240	15.8	3	0.1
2014	1	CWAQX01CTS_01	自然植被	260	15.9	3	0.1
2014	1	CWAQX01CTS_01	自然植被	280	16.8	3	0.4
2014	1	CWAQX01CTS_01	自然植被	300	18.6	3	0.3
2014	2	CWAQX01CTS_01	自然植被	10	19.2	3	0.6
2014	2	CWAQX01CTS_01	自然植被	20	18.9	3	0.8
2014	2	CWAQX01CTS_01	自然植被	30	17.4	3	0.3
2014	2	CWAQX01CTS_01	自然植被	40	16.2	3	0.7
2014	2	CWAQX01CTS_01	自然植被	50	15.5	3	0.5
2014	2	CWAQX01CTS_01	自然植被	60	15.4	3	0.3
2014	2	CWAQX01CTS_01	自然植被	70	15.7	3	0.3
2014	2	CWAQX01CTS_01	自然植被	80	15.5	3	0.3
2014	2	CWAQX01CTS_01	自然植被	90	15.6	3	0.2
2014	2	CWAQX01CTS_01	自然植被	100	15.7	3	0.2

（续）

年份	月份	样地代码	作物名称	观测层次（cm）	体积含水量（%）	重复数	标准差
2014	2	CWAQX01CTS_01	自然植被	120	16.1	3	0.2
2014	2	CWAQX01CTS_01	自然植被	140	15.9	3	0.4
2014	2	CWAQX01CTS_01	自然植被	160	16.3	3	0.2
2014	2	CWAQX01CTS_01	自然植被	180	16.0	3	0.6
2014	2	CWAQX01CTS_01	自然植被	200	15.8	3	0.1
2014	2	CWAQX01CTS_01	自然植被	220	15.6	3	0.2
2014	2	CWAQX01CTS_01	自然植被	240	15.7	3	0.1
2014	2	CWAQX01CTS_01	自然植被	260	16.0	3	0.4
2014	2	CWAQX01CTS_01	自然植被	280	16.6	3	0.1
2014	2	CWAQX01CTS_01	自然植被	300	18.3	3	0.9
2014	3	CWAQX01CTS_01	自然植被	10	16.4	6	2.6
2014	3	CWAQX01CTS_01	自然植被	20	18.0	6	1.1
2014	3	CWAQX01CTS_01	自然植被	30	17.9	6	0.9
2014	3	CWAQX01CTS_01	自然植被	40	17.2	6	0.4
2014	3	CWAQX01CTS_01	自然植被	50	16.7	6	0.4
2014	3	CWAQX01CTS_01	自然植被	60	16.3	6	0.3
2014	3	CWAQX01CTS_01	自然植被	70	15.9	6	0.4
2014	3	CWAQX01CTS_01	自然植被	80	15.7	6	0.2
2014	3	CWAQX01CTS_01	自然植被	90	15.7	6	0.2
2014	3	CWAQX01CTS_01	自然植被	100	15.8	6	0.4
2014	3	CWAQX01CTS_01	自然植被	120	16.2	6	0.2
2014	3	CWAQX01CTS_01	自然植被	140	16.3	6	0.1
2014	3	CWAQX01CTS_01	自然植被	160	16.4	6	0.3
2014	3	CWAQX01CTS_01	自然植被	180	16.2	6	0.4
2014	3	CWAQX01CTS_01	自然植被	200	15.6	6	0.7
2014	3	CWAQX01CTS_01	自然植被	220	15.4	6	0.3
2014	3	CWAQX01CTS_01	自然植被	240	15.5	6	0.1
2014	3	CWAQX01CTS_01	自然植被	260	15.9	6	0.4
2014	3	CWAQX01CTS_01	自然植被	280	16.8	6	0.4
2014	3	CWAQX01CTS_01	自然植被	300	18.4	6	0.5
2014	4	CWAQX01CTS_01	自然植被	10	17.9	6	1.9
2014	4	CWAQX01CTS_01	自然植被	20	19.5	6	1.7
2014	4	CWAQX01CTS_01	自然植被	30	19.6	6	1.5

（续）

年份	月份	样地代码	作物名称	观测层次（cm）	体积含水量（%）	重复数	标准差
2014	4	CWAQX01CTS_01	自然植被	40	19.5	6	1.7
2014	4	CWAQX01CTS_01	自然植被	50	19.1	6	1.7
2014	4	CWAQX01CTS_01	自然植被	60	18.7	6	1.5
2014	4	CWAQX01CTS_01	自然植被	70	18.6	6	1.6
2014	4	CWAQX01CTS_01	自然植被	80	17.7	6	1.4
2014	4	CWAQX01CTS_01	自然植被	90	17.6	6	1.2
2014	4	CWAQX01CTS_01	自然植被	100	18.0	6	1.4
2014	4	CWAQX01CTS_01	自然植被	120	17.9	6	1.1
2014	4	CWAQX01CTS_01	自然植被	140	17.8	6	1.3
2014	4	CWAQX01CTS_01	自然植被	160	17.4	6	0.9
2014	4	CWAQX01CTS_01	自然植被	180	17.0	6	0.7
2014	4	CWAQX01CTS_01	自然植被	200	16.7	6	0.5
2014	4	CWAQX01CTS_01	自然植被	220	16.4	6	0.5
2014	4	CWAQX01CTS_01	自然植被	240	16.4	6	0.6
2014	4	CWAQX01CTS_01	自然植被	260	17.1	6	0.3
2014	4	CWAQX01CTS_01	自然植被	280	17.2	6	0.5
2014	4	CWAQX01CTS_01	自然植被	300	18.7	6	0.8
2014	5	CWAQX01CTS_01	自然植被	10	15.1	6	3.0
2014	5	CWAQX01CTS_01	自然植被	20	16.0	6	1.9
2014	5	CWAQX01CTS_01	自然植被	30	16.6	6	1.5
2014	5	CWAQX01CTS_01	自然植被	40	17.4	6	1.2
2014	5	CWAQX01CTS_01	自然植被	50	17.4	6	1.1
2014	5	CWAQX01CTS_01	自然植被	60	17.6	6	0.9
2014	5	CWAQX01CTS_01	自然植被	70	17.9	6	0.6
2014	5	CWAQX01CTS_01	自然植被	80	17.9	6	0.3
2014	5	CWAQX01CTS_01	自然植被	90	18.1	6	0.5
2014	5	CWAQX01CTS_01	自然植被	100	18.3	6	0.7
2014	5	CWAQX01CTS_01	自然植被	120	18.8	6	0.4
2014	5	CWAQX01CTS_01	自然植被	140	18.9	6	0.5
2014	5	CWAQX01CTS_01	自然植被	160	18.8	6	0.2
2014	5	CWAQX01CTS_01	自然植被	180	18.4	6	0.3
2014	5	CWAQX01CTS_01	自然植被	200	17.7	6	0.6
2014	5	CWAQX01CTS_01	自然植被	220	17.3	6	0.4

（续）

年份	月份	样地代码	作物名称	观测层次（cm）	体积含水量（%）	重复数	标准差
2014	5	CWAQX01CTS_01	自然植被	240	17.3	6	0.2
2014	5	CWAQX01CTS_01	自然植被	260	17.7	6	0.5
2014	5	CWAQX01CTS_01	自然植被	280	18.3	6	0.5
2014	5	CWAQX01CTS_01	自然植被	300	19.6	6	0.8
2014	6	CWAQX01CTS_01	自然植被	10	11.1	6	1.4
2014	6	CWAQX01CTS_01	自然植被	20	11.5	6	0.6
2014	6	CWAQX01CTS_01	自然植被	30	12.3	6	0.8
2014	6	CWAQX01CTS_01	自然植被	40	13.1	6	1.0
2014	6	CWAQX01CTS_01	自然植被	50	13.9	6	0.9
2014	6	CWAQX01CTS_01	自然植被	60	14.8	6	0.6
2014	6	CWAQX01CTS_01	自然植被	70	16.0	6	0.4
2014	6	CWAQX01CTS_01	自然植被	80	16.3	6	0.3
2014	6	CWAQX01CTS_01	自然植被	90	16.6	6	0.4
2014	6	CWAQX01CTS_01	自然植被	100	16.9	6	0.5
2014	6	CWAQX01CTS_01	自然植被	120	17.5	6	0.4
2014	6	CWAQX01CTS_01	自然植被	140	17.9	6	0.3
2014	6	CWAQX01CTS_01	自然植被	160	18.2	6	0.2
2014	6	CWAQX01CTS_01	自然植被	180	18.1	6	0.4
2014	6	CWAQX01CTS_01	自然植被	200	17.7	6	0.4
2014	6	CWAQX01CTS_01	自然植被	220	17.3	6	0.2
2014	6	CWAQX01CTS_01	自然植被	240	17.5	6	0.3
2014	6	CWAQX01CTS_01	自然植被	260	17.9	6	0.3
2014	6	CWAQX01CTS_01	自然植被	280	18.4	6	0.4
2014	6	CWAQX01CTS_01	自然植被	300	20.3	6	0.8
2014	7	CWAQX01CTS_01	自然植被	10	10.4	6	1.7
2014	7	CWAQX01CTS_01	自然植被	20	11.3	6	0.9
2014	7	CWAQX01CTS_01	自然植被	30	12.4	6	0.8
2014	7	CWAQX01CTS_01	自然植被	40	13.0	6	0.8
2014	7	CWAQX01CTS_01	自然植被	50	13.7	6	0.8
2014	7	CWAQX01CTS_01	自然植被	60	15.0	6	0.8
2014	7	CWAQX01CTS_01	自然植被	70	16.6	6	1.0
2014	7	CWAQX01CTS_01	自然植被	80	15.6	6	5.3
2014	7	CWAQX01CTS_01	自然植被	90	18.5	6	0.8

（续）

年份	月份	样地代码	作物名称	观测层次（cm）	体积含水量（%）	重复数	标准差
2014	7	CWAQX01CTS_01	自然植被	100	19.1	6	0.5
2014	7	CWAQX01CTS_01	自然植被	120	20.0	6	0.3
2014	7	CWAQX01CTS_01	自然植被	140	20.2	6	0.3
2014	7	CWAQX01CTS_01	自然植被	160	20.6	6	0.5
2014	7	CWAQX01CTS_01	自然植被	180	20.6	6	0.6
2014	7	CWAQX01CTS_01	自然植被	200	20.5	6	0.4
2014	7	CWAQX01CTS_01	自然植被	220	20.4	6	0.2
2014	7	CWAQX01CTS_01	自然植被	240	20.5	6	0.2
2014	7	CWAQX01CTS_01	自然植被	260	20.8	6	0.1
2014	7	CWAQX01CTS_01	自然植被	280	21.3	6	0.2
2014	7	CWAQX01CTS_01	自然植被	300	22.6	6	0.5
2014	8	CWAQX01CTS_01	自然植被	10	17.2	6	4.5
2014	8	CWAQX01CTS_01	自然植被	20	18.8	6	4.4
2014	8	CWAQX01CTS_01	自然植被	30	19.4	6	4.0
2014	8	CWAQX01CTS_01	自然植被	40	18.7	6	3.3
2014	8	CWAQX01CTS_01	自然植被	50	16.7	6	2.3
2014	8	CWAQX01CTS_01	自然植被	60	15.5	6	1.6
2014	8	CWAQX01CTS_01	自然植被	70	15.8	6	0.7
2014	8	CWAQX01CTS_01	自然植被	80	16.2	6	0.3
2014	8	CWAQX01CTS_01	自然植被	90	17.0	6	0.2
2014	8	CWAQX01CTS_01	自然植被	100	17.7	6	0.2
2014	8	CWAQX01CTS_01	自然植被	120	19.1	6	0.3
2014	8	CWAQX01CTS_01	自然植被	140	20.0	6	0.2
2014	8	CWAQX01CTS_01	自然植被	160	20.3	6	0.4
2014	8	CWAQX01CTS_01	自然植被	180	20.6	6	0.1
2014	8	CWAQX01CTS_01	自然植被	200	20.4	6	0.2
2014	8	CWAQX01CTS_01	自然植被	220	20.1	6	0.2
2014	8	CWAQX01CTS_01	自然植被	240	20.3	6	0.1
2014	8	CWAQX01CTS_01	自然植被	260	20.5	6	0.2
2014	8	CWAQX01CTS_01	自然植被	280	21.4	6	0.2
2014	8	CWAQX01CTS_01	自然植被	300	22.7	6	0.8
2014	9	CWAQX01CTS_01	自然植被	10	22.1	6	3.3
2014	9	CWAQX01CTS_01	自然植被	20	23.1	6	2.8

(续)

年份	月份	样地代码	作物名称	观测层次（cm）	体积含水量（%）	重复数	标准差
2014	9	CWAQX01CTS_01	自然植被	30	23.3	6	2.6
2014	9	CWAQX01CTS_01	自然植被	40	23.3	6	2.6
2014	9	CWAQX01CTS_01	自然植被	50	22.5	6	3.0
2014	9	CWAQX01CTS_01	自然植被	60	21.5	6	3.6
2014	9	CWAQX01CTS_01	自然植被	70	21.3	6	3.3
2014	9	CWAQX01CTS_01	自然植被	80	21.2	6	3.1
2014	9	CWAQX01CTS_01	自然植被	90	20.8	6	2.7
2014	9	CWAQX01CTS_01	自然植被	100	20.5	6	2.6
2014	9	CWAQX01CTS_01	自然植被	120	20.7	6	2.1
2014	9	CWAQX01CTS_01	自然植被	140	20.6	6	1.5
2014	9	CWAQX01CTS_01	自然植被	160	20.6	6	1.0
2014	9	CWAQX01CTS_01	自然植被	180	20.3	6	0.3
2014	9	CWAQX01CTS_01	自然植被	200	20.0	6	0.1
2014	9	CWAQX01CTS_01	自然植被	220	19.9	6	0.1
2014	9	CWAQX01CTS_01	自然植被	240	20.1	6	0.2
2014	9	CWAQX01CTS_01	自然植被	260	20.4	6	0.5
2014	9	CWAQX01CTS_01	自然植被	280	21.2	6	0.6
2014	9	CWAQX01CTS_01	自然植被	300	21.7	6	0.9
2014	10	CWAQX01CTS_01	自然植被	10	19.5	6	0.9
2014	10	CWAQX01CTS_01	自然植被	20	21.2	6	1.1
2014	10	CWAQX01CTS_01	自然植被	30	21.8	6	0.8
2014	10	CWAQX01CTS_01	自然植被	40	22.1	6	0.8
2014	10	CWAQX01CTS_01	自然植被	50	22.1	6	0.6
2014	10	CWAQX01CTS_01	自然植被	60	21.9	6	0.6
2014	10	CWAQX01CTS_01	自然植被	70	21.8	6	0.4
2014	10	CWAQX01CTS_01	自然植被	80	21.7	6	0.5
2014	10	CWAQX01CTS_01	自然植被	90	21.7	6	0.6
2014	10	CWAQX01CTS_01	自然植被	100	22.0	6	0.6
2014	10	CWAQX01CTS_01	自然植被	120	22.6	6	0.7
2014	10	CWAQX01CTS_01	自然植被	140	23.0	6	0.4
2014	10	CWAQX01CTS_01	自然植被	160	22.8	6	0.7
2014	10	CWAQX01CTS_01	自然植被	180	23.0	6	0.3
2014	10	CWAQX01CTS_01	自然植被	200	22.5	6	0.3

（续）

年份	月份	样地代码	作物名称	观测层次（cm）	体积含水量（％）	重复数	标准差
2014	10	CWAQX01CTS_01	自然植被	220	21.6	6	0.4
2014	10	CWAQX01CTS_01	自然植被	240	21.4	6	0.7
2014	10	CWAQX01CTS_01	自然植被	260	21.1	6	0.5
2014	10	CWAQX01CTS_01	自然植被	280	21.5	6	0.6
2014	10	CWAQX01CTS_01	自然植被	300	22.6	6	0.6
2014	11	CWAQX01CTS_01	自然植被	10	18.5	6	0.7
2014	11	CWAQX01CTS_01	自然植被	20	20.1	6	0.4
2014	11	CWAQX01CTS_01	自然植被	30	20.8	6	0.3
2014	11	CWAQX01CTS_01	自然植被	40	21.0	6	0.2
2014	11	CWAQX01CTS_01	自然植被	50	20.8	6	0.3
2014	11	CWAQX01CTS_01	自然植被	60	20.8	6	0.2
2014	11	CWAQX01CTS_01	自然植被	70	20.7	6	0.2
2014	11	CWAQX01CTS_01	自然植被	80	20.9	6	0.2
2014	11	CWAQX01CTS_01	自然植被	90	20.9	6	0.2
2014	11	CWAQX01CTS_01	自然植被	100	21.2	6	0.2
2014	11	CWAQX01CTS_01	自然植被	120	21.7	6	0.2
2014	11	CWAQX01CTS_01	自然植被	140	22.1	6	0.2
2014	11	CWAQX01CTS_01	自然植被	160	22.3	6	0.2
2014	11	CWAQX01CTS_01	自然植被	180	22.3	6	0.3
2014	11	CWAQX01CTS_01	自然植被	200	21.7	6	0.2
2014	11	CWAQX01CTS_01	自然植被	220	21.2	6	0.2
2014	11	CWAQX01CTS_01	自然植被	240	21.5	6	0.2
2014	11	CWAQX01CTS_01	自然植被	260	21.8	6	0.5
2014	11	CWAQX01CTS_01	自然植被	280	22.5	6	0.2
2014	11	CWAQX01CTS_01	自然植被	300	23.3	6	0.2
2014	12	CWAQX01CTS_01	自然植被	10	18.4	3	0.2
2014	12	CWAQX01CTS_01	自然植被	20	20.0	3	0.5
2014	12	CWAQX01CTS_01	自然植被	30	20.0	3	0.5
2014	12	CWAQX01CTS_01	自然植被	40	20.0	3	0.3
2014	12	CWAQX01CTS_01	自然植被	50	20.0	3	0.2
2014	12	CWAQX01CTS_01	自然植被	60	20.0	3	0.4
2014	12	CWAQX01CTS_01	自然植被	70	20.4	3	0.2
2014	12	CWAQX01CTS_01	自然植被	80	20.6	3	0.2

（续）

年份	月份	样地代码	作物名称	观测层次（cm）	体积含水量（%）	重复数	标准差
2014	12	CWAQX01CTS_01	自然植被	90	20.5	3	0.3
2014	12	CWAQX01CTS_01	自然植被	100	20.7	3	0.3
2014	12	CWAQX01CTS_01	自然植被	120	21.2	3	0.3
2014	12	CWAQX01CTS_01	自然植被	140	21.5	3	0.1
2014	12	CWAQX01CTS_01	自然植被	160	21.7	3	0.1
2014	12	CWAQX01CTS_01	自然植被	180	21.6	3	0.1
2014	12	CWAQX01CTS_01	自然植被	200	21.4	3	0.1
2014	12	CWAQX01CTS_01	自然植被	220	21.1	3	0.1
2014	12	CWAQX01CTS_01	自然植被	240	21.1	3	0.2
2014	12	CWAQX01CTS_01	自然植被	260	21.5	3	0.1
2014	12	CWAQX01CTS_01	自然植被	280	22.0	3	0.2
2014	12	CWAQX01CTS_01	自然植被	300	23.2	3	0.5
2014	1	CWAFZ04CTS_01	冬小麦	10	12.7	9	0.7
2014	1	CWAFZ04CTS_01	冬小麦	20	13.9	9	1.3
2014	1	CWAFZ04CTS_01	冬小麦	30	13.2	9	0.8
2014	1	CWAFZ04CTS_01	冬小麦	40	12.3	9	0.8
2014	1	CWAFZ04CTS_01	冬小麦	50	12.2	9	0.4
2014	1	CWAFZ04CTS_01	冬小麦	60	12.5	9	0.6
2014	1	CWAFZ04CTS_01	冬小麦	70	12.8	9	0.5
2014	1	CWAFZ04CTS_01	冬小麦	80	12.9	9	0.3
2014	1	CWAFZ04CTS_01	冬小麦	90	13.4	9	0.2
2014	1	CWAFZ04CTS_01	冬小麦	100	13.9	9	0.2
2014	1	CWAFZ04CTS_01	冬小麦	120	14.6	9	0.3
2014	1	CWAFZ04CTS_01	冬小麦	140	15.0	9	0.2
2014	1	CWAFZ04CTS_01	冬小麦	160	15.5	9	0.3
2014	1	CWAFZ04CTS_01	冬小麦	180	15.7	9	0.6
2014	1	CWAFZ04CTS_01	冬小麦	200	15.6	9	0.7
2014	1	CWAFZ04CTS_01	冬小麦	220	15.3	9	0.7
2014	1	CWAFZ04CTS_01	冬小麦	240	15.5	9	0.5
2014	1	CWAFZ04CTS_01	冬小麦	260	15.9	9	0.5
2014	1	CWAFZ04CTS_01	冬小麦	280	16.1	9	0.5
2014	1	CWAFZ04CTS_01	冬小麦	300	16.0	9	0.5
2014	2	CWAFZ04CTS_01	冬小麦	10	14.7	9	1.0

（续）

年份	月份	样地代码	作物名称	观测层次（cm）	体积含水量（%）	重复数	标准差
2014	2	CWAFZ04CTS_01	冬小麦	20	14.4	9	1.6
2014	2	CWAFZ04CTS_01	冬小麦	30	13.4	9	1.3
2014	2	CWAFZ04CTS_01	冬小麦	40	12.8	9	0.8
2014	2	CWAFZ04CTS_01	冬小麦	50	12.5	9	0.6
2014	2	CWAFZ04CTS_01	冬小麦	60	12.5	9	0.7
2014	2	CWAFZ04CTS_01	冬小麦	70	12.7	9	0.6
2014	2	CWAFZ04CTS_01	冬小麦	80	12.7	9	0.5
2014	2	CWAFZ04CTS_01	冬小麦	90	13.1	9	0.3
2014	2	CWAFZ04CTS_01	冬小麦	100	13.9	9	0.3
2014	2	CWAFZ04CTS_01	冬小麦	120	14.4	9	0.3
2014	2	CWAFZ04CTS_01	冬小麦	140	14.9	9	0.3
2014	2	CWAFZ04CTS_01	冬小麦	160	15.1	9	0.1
2014	2	CWAFZ04CTS_01	冬小麦	180	15.7	9	0.6
2014	2	CWAFZ04CTS_01	冬小麦	200	15.9	9	0.9
2014	2	CWAFZ04CTS_01	冬小麦	220	15.3	9	0.6
2014	2	CWAFZ04CTS_01	冬小麦	240	15.4	9	0.8
2014	2	CWAFZ04CTS_01	冬小麦	260	16.1	9	0.7
2014	2	CWAFZ04CTS_01	冬小麦	280	16.2	9	0.7
2014	2	CWAFZ04CTS_01	冬小麦	300	16.2	9	0.6
2014	3	CWAFZ04CTS_01	冬小麦	10	13.9	9	0.8
2014	3	CWAFZ04CTS_01	冬小麦	20	13.5	9	0.8
2014	3	CWAFZ04CTS_01	冬小麦	30	13.4	9	0.7
2014	3	CWAFZ04CTS_01	冬小麦	40	13.0	9	0.7
2014	3	CWAFZ04CTS_01	冬小麦	50	12.8	9	0.9
2014	3	CWAFZ04CTS_01	冬小麦	60	12.9	9	0.7
2014	3	CWAFZ04CTS_01	冬小麦	70	13.0	9	0.7
2014	3	CWAFZ04CTS_01	冬小麦	80	13.0	9	0.5
2014	3	CWAFZ04CTS_01	冬小麦	90	13.3	9	0.3
2014	3	CWAFZ04CTS_01	冬小麦	100	13.8	9	0.1
2014	3	CWAFZ04CTS_01	冬小麦	120	14.3	9	0.5
2014	3	CWAFZ04CTS_01	冬小麦	140	14.5	9	0.3
2014	3	CWAFZ04CTS_01	冬小麦	160	15.3	9	0.2
2014	3	CWAFZ04CTS_01	冬小麦	180	15.4	9	0.5

（续）

年份	月份	样地代码	作物名称	观测层次（cm）	体积含水量（%）	重复数	标准差
2014	3	CWAFZ04CTS_01	冬小麦	200	15.5	9	0.8
2014	3	CWAFZ04CTS_01	冬小麦	220	15.4	9	0.8
2014	3	CWAFZ04CTS_01	冬小麦	240	15.3	9	0.7
2014	3	CWAFZ04CTS_01	冬小麦	260	16.0	9	0.6
2014	3	CWAFZ04CTS_01	冬小麦	280	16.2	9	0.7
2014	3	CWAFZ04CTS_01	冬小麦	300	16.5	9	0.3
2014	4	CWAFZ04CTS_01	冬小麦	10	15.7	9	0.5
2014	4	CWAFZ04CTS_01	冬小麦	20	15.5	9	0.5
2014	4	CWAFZ04CTS_01	冬小麦	30	15.4	9	0.5
2014	4	CWAFZ04CTS_01	冬小麦	40	15.3	9	0.4
2014	4	CWAFZ04CTS_01	冬小麦	50	14.4	9	0.3
2014	4	CWAFZ04CTS_01	冬小麦	60	14.4	9	0.5
2014	4	CWAFZ04CTS_01	冬小麦	70	14.4	9	0.6
2014	4	CWAFZ04CTS_01	冬小麦	80	14.5	9	0.6
2014	4	CWAFZ04CTS_01	冬小麦	90	14.4	9	0.3
2014	4	CWAFZ04CTS_01	冬小麦	100	14.9	9	0.2
2014	4	CWAFZ04CTS_01	冬小麦	120	15.0	9	0.5
2014	4	CWAFZ04CTS_01	冬小麦	140	15.8	9	0.5
2014	4	CWAFZ04CTS_01	冬小麦	160	16.0	9	0.5
2014	4	CWAFZ04CTS_01	冬小麦	180	16.1	9	0.7
2014	4	CWAFZ04CTS_01	冬小麦	200	16.0	9	0.7
2014	4	CWAFZ04CTS_01	冬小麦	220	16.4	9	0.3
2014	4	CWAFZ04CTS_01	冬小麦	240	16.3	9	0.5
2014	4	CWAFZ04CTS_01	冬小麦	260	16.7	9	0.3
2014	4	CWAFZ04CTS_01	冬小麦	280	16.9	9	0.5
2014	4	CWAFZ04CTS_01	冬小麦	300	17.0	9	0.3
2014	5	CWAFZ04CTS_01	冬小麦	10	10.5	9	1.3
2014	5	CWAFZ04CTS_01	冬小麦	20	11.1	9	0.5
2014	5	CWAFZ04CTS_01	冬小麦	30	12.0	9	0.4
2014	5	CWAFZ04CTS_01	冬小麦	40	12.5	9	0.4
2014	5	CWAFZ04CTS_01	冬小麦	50	13.3	9	0.6
2014	5	CWAFZ04CTS_01	冬小麦	60	13.5	9	0.7
2014	5	CWAFZ04CTS_01	冬小麦	70	13.8	9	0.5

（续）

年份	月份	样地代码	作物名称	观测层次（cm）	体积含水量（%）	重复数	标准差
2014	5	CWAFZ04CTS_01	冬小麦	80	13.9	9	0.4
2014	5	CWAFZ04CTS_01	冬小麦	90	14.3	9	0.5
2014	5	CWAFZ04CTS_01	冬小麦	100	14.7	9	0.4
2014	5	CWAFZ04CTS_01	冬小麦	120	15.4	9	0.8
2014	5	CWAFZ04CTS_01	冬小麦	140	15.6	9	0.7
2014	5	CWAFZ04CTS_01	冬小麦	160	16.0	9	0.4
2014	5	CWAFZ04CTS_01	冬小麦	180	16.4	9	0.4
2014	5	CWAFZ04CTS_01	冬小麦	200	16.5	9	0.8
2014	5	CWAFZ04CTS_01	冬小麦	220	15.8	9	0.8
2014	5	CWAFZ04CTS_01	冬小麦	240	16.2	9	1.0
2014	5	CWAFZ04CTS_01	冬小麦	260	17.2	9	0.8
2014	5	CWAFZ04CTS_01	冬小麦	280	17.4	9	0.9
2014	5	CWAFZ04CTS_01	冬小麦	300	17.3	9	0.8
2014	6	CWAFZ04CTS_01	冬小麦	10	11.1	9	1.0
2014	6	CWAFZ04CTS_01	冬小麦	20	10.7	9	0.2
2014	6	CWAFZ04CTS_01	冬小麦	30	10.4	9	0.2
2014	6	CWAFZ04CTS_01	冬小麦	40	10.8	9	0.4
2014	6	CWAFZ04CTS_01	冬小麦	50	11.4	9	0.4
2014	6	CWAFZ04CTS_01	冬小麦	60	11.7	9	0.4
2014	6	CWAFZ04CTS_01	冬小麦	70	12.1	9	0.5
2014	6	CWAFZ04CTS_01	冬小麦	80	12.4	9	0.3
2014	6	CWAFZ04CTS_01	冬小麦	90	13.2	9	0.5
2014	6	CWAFZ04CTS_01	冬小麦	100	13.8	9	0.6
2014	6	CWAFZ04CTS_01	冬小麦	120	14.8	9	0.9
2014	6	CWAFZ04CTS_01	冬小麦	140	15.3	9	0.4
2014	6	CWAFZ04CTS_01	冬小麦	160	15.7	9	0.5
2014	6	CWAFZ04CTS_01	冬小麦	180	16.5	9	0.6
2014	6	CWAFZ04CTS_01	冬小麦	200	16.3	9	0.7
2014	6	CWAFZ04CTS_01	冬小麦	220	16.4	9	0.7
2014	6	CWAFZ04CTS_01	冬小麦	240	16.5	9	0.7
2014	6	CWAFZ04CTS_01	冬小麦	260	17.0	9	0.9
2014	6	CWAFZ04CTS_01	冬小麦	280	17.3	9	1.0
2014	6	CWAFZ04CTS_01	冬小麦	300	17.2	9	1.0

（续）

年份	月份	样地代码	作物名称	观测层次（cm）	体积含水量（%）	重复数	标准差
2014	7	CWAFZ04CTS_01	麦闲地	10	9.1	9	0.3
2014	7	CWAFZ04CTS_01	麦闲地	20	9.6	9	0.2
2014	7	CWAFZ04CTS_01	麦闲地	30	10.3	9	0.1
2014	7	CWAFZ04CTS_01	麦闲地	40	10.7	9	0.4
2014	7	CWAFZ04CTS_01	麦闲地	50	11.4	9	0.6
2014	7	CWAFZ04CTS_01	麦闲地	60	10.8	9	1.3
2014	7	CWAFZ04CTS_01	麦闲地	70	11.8	9	0.3
2014	7	CWAFZ04CTS_01	麦闲地	80	12.2	9	0.3
2014	7	CWAFZ04CTS_01	麦闲地	90	12.9	9	0.3
2014	7	CWAFZ04CTS_01	麦闲地	100	13.6	9	0.4
2014	7	CWAFZ04CTS_01	麦闲地	120	14.5	9	0.6
2014	7	CWAFZ04CTS_01	麦闲地	140	15.1	9	0.5
2014	7	CWAFZ04CTS_01	麦闲地	160	15.7	9	0.5
2014	7	CWAFZ04CTS_01	麦闲地	180	16.2	9	0.3
2014	7	CWAFZ04CTS_01	麦闲地	200	16.3	9	0.8
2014	7	CWAFZ04CTS_01	麦闲地	220	16.1	9	0.5
2014	7	CWAFZ04CTS_01	麦闲地	240	16.3	9	0.6
2014	7	CWAFZ04CTS_01	麦闲地	260	17.1	9	0.9
2014	7	CWAFZ04CTS_01	麦闲地	280	17.2	9	1.1
2014	7	CWAFZ04CTS_01	麦闲地	300	17.2	9	0.7
2014	8	CWAFZ04CTS_01	麦闲地	10	15.6	9	0.3
2014	8	CWAFZ04CTS_01	麦闲地	20	15.6	9	0.5
2014	8	CWAFZ04CTS_01	麦闲地	30	15.7	9	0.3
2014	8	CWAFZ04CTS_01	麦闲地	40	15.5	9	0.4
2014	8	CWAFZ04CTS_01	麦闲地	50	15.7	9	0.3
2014	8	CWAFZ04CTS_01	麦闲地	60	15.2	9	0.5
2014	8	CWAFZ04CTS_01	麦闲地	70	15.0	9	0.8
2014	8	CWAFZ04CTS_01	麦闲地	80	14.7	9	0.8
2014	8	CWAFZ04CTS_01	麦闲地	90	14.3	9	0.7
2014	8	CWAFZ04CTS_01	麦闲地	100	14.6	9	0.7
2014	8	CWAFZ04CTS_01	麦闲地	120	14.6	9	0.8
2014	8	CWAFZ04CTS_01	麦闲地	140	15.1	9	0.6
2014	8	CWAFZ04CTS_01	麦闲地	160	15.5	9	0.6

（续）

年份	月份	样地代码	作物名称	观测层次（cm）	体积含水量（%）	重复数	标准差
2014	8	CWAFZ04CTS_01	麦闲地	180	16.0	9	0.5
2014	8	CWAFZ04CTS_01	麦闲地	200	16.3	9	0.5
2014	8	CWAFZ04CTS_01	麦闲地	220	15.9	9	0.5
2014	8	CWAFZ04CTS_01	麦闲地	240	16.2	9	0.6
2014	8	CWAFZ04CTS_01	麦闲地	260	17.0	9	0.8
2014	8	CWAFZ04CTS_01	麦闲地	280	17.1	9	1.1
2014	8	CWAFZ04CTS_01	麦闲地	300	17.0	9	0.9
2014	9	CWAFZ04CTS_01	冬小麦	10	17.3	9	0.8
2014	9	CWAFZ04CTS_01	冬小麦	20	16.9	9	0.6
2014	9	CWAFZ04CTS_01	冬小麦	30	16.8	9	0.5
2014	9	CWAFZ04CTS_01	冬小麦	40	16.6	9	0.4
2014	9	CWAFZ04CTS_01	冬小麦	50	16.8	9	0.7
2014	9	CWAFZ04CTS_01	冬小麦	60	16.9	9	0.9
2014	9	CWAFZ04CTS_01	冬小麦	70	17.0	9	0.8
2014	9	CWAFZ04CTS_01	冬小麦	80	16.8	9	0.7
2014	9	CWAFZ04CTS_01	冬小麦	90	16.9	9	0.6
2014	9	CWAFZ04CTS_01	冬小麦	100	17.4	9	0.6
2014	9	CWAFZ04CTS_01	冬小麦	120	17.4	9	0.5
2014	9	CWAFZ04CTS_01	冬小麦	140	17.4	9	0.4
2014	9	CWAFZ04CTS_01	冬小麦	160	17.3	9	0.8
2014	9	CWAFZ04CTS_01	冬小麦	180	17.3	9	0.5
2014	9	CWAFZ04CTS_01	冬小麦	200	17.0	9	0.5
2014	9	CWAFZ04CTS_01	冬小麦	220	16.7	9	0.5
2014	9	CWAFZ04CTS_01	冬小麦	240	16.4	9	0.4
2014	9	CWAFZ04CTS_01	冬小麦	260	17.0	9	0.9
2014	9	CWAFZ04CTS_01	冬小麦	280	17.1	9	1.3
2014	9	CWAFZ04CTS_01	冬小麦	300	17.0	9	0.8
2014	10	CWAFZ04CTS_01	冬小麦	10	14.5	9	0.6
2014	10	CWAFZ04CTS_01	冬小麦	20	14.6	9	0.5
2014	10	CWAFZ04CTS_01	冬小麦	30	15.1	9	0.3
2014	10	CWAFZ04CTS_01	冬小麦	40	15.2	9	0.5
2014	10	CWAFZ04CTS_01	冬小麦	50	15.3	9	0.9
2014	10	CWAFZ04CTS_01	冬小麦	60	15.5	9	1.0

（续）

年份	月份	样地代码	作物名称	观测层次（cm）	体积含水量（%）	重复数	标准差
2014	10	CWAFZ04CTS_01	冬小麦	70	15.8	9	0.8
2014	10	CWAFZ04CTS_01	冬小麦	80	15.9	9	0.6
2014	10	CWAFZ04CTS_01	冬小麦	90	16.3	9	0.4
2014	10	CWAFZ04CTS_01	冬小麦	100	16.6	9	0.9
2014	10	CWAFZ04CTS_01	冬小麦	120	17.3	9	0.5
2014	10	CWAFZ04CTS_01	冬小麦	140	18.0	9	0.5
2014	10	CWAFZ04CTS_01	冬小麦	160	17.9	9	1.1
2014	10	CWAFZ04CTS_01	冬小麦	180	18.6	9	0.5
2014	10	CWAFZ04CTS_01	冬小麦	200	18.6	9	0.7
2014	10	CWAFZ04CTS_01	冬小麦	220	17.6	9	0.9
2014	10	CWAFZ04CTS_01	冬小麦	240	18.0	9	0.7
2014	10	CWAFZ04CTS_01	冬小麦	260	18.5	9	1.0
2014	10	CWAFZ04CTS_01	冬小麦	280	18.7	9	1.2
2014	10	CWAFZ04CTS_01	冬小麦	300	18.9	9	1.1
2014	11	CWAFZ04CTS_01	冬小麦	10	13.2	9	0.7
2014	11	CWAFZ04CTS_01	冬小麦	20	13.5	9	0.4
2014	11	CWAFZ04CTS_01	冬小麦	30	14.1	9	0.2
2014	11	CWAFZ04CTS_01	冬小麦	40	14.3	9	0.6
2014	11	CWAFZ04CTS_01	冬小麦	50	14.5	9	0.8
2014	11	CWAFZ04CTS_01	冬小麦	60	14.6	9	0.9
2014	11	CWAFZ04CTS_01	冬小麦	70	14.9	9	0.6
2014	11	CWAFZ04CTS_01	冬小麦	80	15.1	9	0.4
2014	11	CWAFZ04CTS_01	冬小麦	90	15.8	9	0.5
2014	11	CWAFZ04CTS_01	冬小麦	100	16.2	9	0.3
2014	11	CWAFZ04CTS_01	冬小麦	120	17.0	9	0.2
2014	11	CWAFZ04CTS_01	冬小麦	140	17.6	9	0.3
2014	11	CWAFZ04CTS_01	冬小麦	160	17.4	9	0.9
2014	11	CWAFZ04CTS_01	冬小麦	180	18.2	9	0.8
2014	11	CWAFZ04CTS_01	冬小麦	200	18.1	9	0.8
2014	11	CWAFZ04CTS_01	冬小麦	220	18.0	9	0.9
2014	11	CWAFZ04CTS_01	冬小麦	240	18.0	9	1.2
2014	11	CWAFZ04CTS_01	冬小麦	260	18.8	9	0.9
2014	11	CWAFZ04CTS_01	冬小麦	280	18.6	9	1.0

（续）

年份	月份	样地代码	作物名称	观测层次（cm）	体积含水量（%）	重复数	标准差
2014	11	CWAFZ04CTS_01	冬小麦	300	18.8	9	0.9
2014	12	CWAFZ04CTS_01	冬小麦	10	12.3	9	0.4
2014	12	CWAFZ04CTS_01	冬小麦	20	13.5	9	0.2
2014	12	CWAFZ04CTS_01	冬小麦	30	13.3	9	0.3
2014	12	CWAFZ04CTS_01	冬小麦	40	13.5	9	0.5
2014	12	CWAFZ04CTS_01	冬小麦	50	13.9	9	0.7
2014	12	CWAFZ04CTS_01	冬小麦	60	14.2	9	0.7
2014	12	CWAFZ04CTS_01	冬小麦	70	14.3	9	0.6
2014	12	CWAFZ04CTS_01	冬小麦	80	14.6	9	0.5
2014	12	CWAFZ04CTS_01	冬小麦	90	15.0	9	0.4
2014	12	CWAFZ04CTS_01	冬小麦	100	15.7	9	0.5
2014	12	CWAFZ04CTS_01	冬小麦	120	16.4	9	0.4
2014	12	CWAFZ04CTS_01	冬小麦	140	17.0	9	0.3
2014	12	CWAFZ04CTS_01	冬小麦	160	17.4	9	0.3
2014	12	CWAFZ04CTS_01	冬小麦	180	18.0	9	0.7
2014	12	CWAFZ04CTS_01	冬小麦	200	18.1	9	0.9
2014	12	CWAFZ04CTS_01	冬小麦	220	17.7	9	0.7
2014	12	CWAFZ04CTS_01	冬小麦	240	18.0	9	0.8
2014	12	CWAFZ04CTS_01	冬小麦	260	18.5	9	1.0
2014	12	CWAFZ04CTS_01	冬小麦	280	18.5	9	1.2
2014	12	CWAFZ04CTS_01	冬小麦	300	18.5	9	1.1
2015	1	CWAZH01CHG_01	冬小麦	10	14.0	9	2.3
2015	1	CWAZH01CHG_01	冬小麦	20	18.9	9	2.6
2015	1	CWAZH01CHG_01	冬小麦	30	18.9	9	1.2
2015	1	CWAZH01CHG_01	冬小麦	40	16.6	9	0.7
2015	1	CWAZH01CHG_01	冬小麦	50	16.5	9	0.8
2015	1	CWAZH01CHG_01	冬小麦	60	17.2	9	0.7
2015	1	CWAZH01CHG_01	冬小麦	70	17.1	9	0.4
2015	1	CWAZH01CHG_01	冬小麦	80	17.2	9	0.5
2015	1	CWAZH01CHG_01	冬小麦	90	17.6	9	0.5
2015	1	CWAZH01CHG_01	冬小麦	100	17.6	9	0.7
2015	1	CWAZH01CHG_01	冬小麦	120	18.0	9	0.4
2015	1	CWAZH01CHG_01	冬小麦	140	17.6	9	0.4

（续）

年份	月份	样地代码	作物名称	观测层次（cm）	体积含水量（%）	重复数	标准差
2015	1	CWAZH01CHG_01	冬小麦	160	18.2	9	0.3
2015	1	CWAZH01CHG_01	冬小麦	180	18.2	9	0.4
2015	1	CWAZH01CHG_01	冬小麦	200	18.4	9	0.4
2015	1	CWAZH01CHG_01	冬小麦	220	18.0	9	0.5
2015	1	CWAZH01CHG_01	冬小麦	240	17.6	9	0.6
2015	1	CWAZH01CHG_01	冬小麦	260	17.7	9	0.4
2015	1	CWAZH01CHG_01	冬小麦	280	17.8	9	0.4
2015	1	CWAZH01CHG_01	冬小麦	300	18.7	9	0.6
2015	2	CWAZH01CHG_01	冬小麦	10	13.4	9	1.4
2015	2	CWAZH01CHG_01	冬小麦	20	18.3	9	2.3
2015	2	CWAZH01CHG_01	冬小麦	30	18.7	9	1.3
2015	2	CWAZH01CHG_01	冬小麦	40	16.9	9	0.6
2015	2	CWAZH01CHG_01	冬小麦	50	16.6	9	0.7
2015	2	CWAZH01CHG_01	冬小麦	60	17.0	9	0.7
2015	2	CWAZH01CHG_01	冬小麦	70	17.2	9	0.5
2015	2	CWAZH01CHG_01	冬小麦	80	17.3	9	0.3
2015	2	CWAZH01CHG_01	冬小麦	90	17.5	9	0.3
2015	2	CWAZH01CHG_01	冬小麦	100	17.4	9	0.5
2015	2	CWAZH01CHG_01	冬小麦	120	17.5	9	0.5
2015	2	CWAZH01CHG_01	冬小麦	140	17.5	9	0.2
2015	2	CWAZH01CHG_01	冬小麦	160	17.9	9	0.2
2015	2	CWAZH01CHG_01	冬小麦	180	18.0	9	0.4
2015	2	CWAZH01CHG_01	冬小麦	200	18.0	9	0.3
2015	2	CWAZH01CHG_01	冬小麦	220	17.8	9	0.5
2015	2	CWAZH01CHG_01	冬小麦	240	17.5	9	0.1
2015	2	CWAZH01CHG_01	冬小麦	260	17.6	9	0.2
2015	2	CWAZH01CHG_01	冬小麦	280	17.9	9	0.3
2015	2	CWAZH01CHG_01	冬小麦	300	18.7	9	0.3
2015	3	CWAZH01CHG_01	冬小麦	10	14.6	18	1.2
2015	3	CWAZH01CHG_01	冬小麦	20	17.6	18	1.7
2015	3	CWAZH01CHG_01	冬小麦	30	18.1	18	1.0
2015	3	CWAZH01CHG_01	冬小麦	40	17.4	18	0.7
2015	3	CWAZH01CHG_01	冬小麦	50	17.2	18	0.9

（续）

年份	月份	样地代码	作物名称	观测层次（cm）	体积含水量（%）	重复数	标准差
2015	3	CWAZH01CHG_01	冬小麦	60	17.3	18	0.8
2015	3	CWAZH01CHG_01	冬小麦	70	17.3	18	0.6
2015	3	CWAZH01CHG_01	冬小麦	80	17.5	18	0.6
2015	3	CWAZH01CHG_01	冬小麦	90	17.6	18	0.4
2015	3	CWAZH01CHG_01	冬小麦	100	17.5	18	0.4
2015	3	CWAZH01CHG_01	冬小麦	120	17.6	18	0.5
2015	3	CWAZH01CHG_01	冬小麦	140	17.2	18	0.4
2015	3	CWAZH01CHG_01	冬小麦	160	17.5	18	0.4
2015	3	CWAZH01CHG_01	冬小麦	180	17.8	18	0.4
2015	3	CWAZH01CHG_01	冬小麦	200	17.9	18	0.3
2015	3	CWAZH01CHG_01	冬小麦	220	17.7	18	0.4
2015	3	CWAZH01CHG_01	冬小麦	240	17.4	18	0.2
2015	3	CWAZH01CHG_01	冬小麦	260	17.4	18	0.3
2015	3	CWAZH01CHG_01	冬小麦	280	17.8	18	0.3
2015	3	CWAZH01CHG_01	冬小麦	300	18.5	18	0.2
2015	4	CWAZH01CHG_01	冬小麦	10	15.5	18	0.9
2015	4	CWAZH01CHG_01	冬小麦	20	18.7	18	1.4
2015	4	CWAZH01CHG_01	冬小麦	30	19.1	18	0.9
2015	4	CWAZH01CHG_01	冬小麦	40	18.4	18	0.6
2015	4	CWAZH01CHG_01	冬小麦	50	18.0	18	0.8
2015	4	CWAZH01CHG_01	冬小麦	60	17.7	18	0.9
2015	4	CWAZH01CHG_01	冬小麦	70	17.4	18	0.8
2015	4	CWAZH01CHG_01	冬小麦	80	17.4	18	0.6
2015	4	CWAZH01CHG_01	冬小麦	90	17.5	18	0.5
2015	4	CWAZH01CHG_01	冬小麦	100	17.2	18	0.6
2015	4	CWAZH01CHG_01	冬小麦	120	17.3	18	0.5
2015	4	CWAZH01CHG_01	冬小麦	140	16.8	18	0.4
2015	4	CWAZH01CHG_01	冬小麦	160	17.2	18	0.4
2015	4	CWAZH01CHG_01	冬小麦	180	17.4	18	0.3
2015	4	CWAZH01CHG_01	冬小麦	200	17.5	18	0.3
2015	4	CWAZH01CHG_01	冬小麦	220	17.4	18	0.4
2015	4	CWAZH01CHG_01	冬小麦	240	17.2	18	0.3
2015	4	CWAZH01CHG_01	冬小麦	260	17.3	18	0.3

（续）

年份	月份	样地代码	作物名称	观测层次（cm）	体积含水量（%）	重复数	标准差
2015	4	CWAZH01CHG_01	冬小麦	280	17.5	18	0.3
2015	4	CWAZH01CHG_01	冬小麦	300	18.4	18	0.2
2015	5	CWAZH01CHG_01	冬小麦	10	9.9	18	0.8
2015	5	CWAZH01CHG_01	冬小麦	20	12.5	18	0.9
2015	5	CWAZH01CHG_01	冬小麦	30	13.3	18	0.3
2015	5	CWAZH01CHG_01	冬小麦	40	13.3	18	0.3
2015	5	CWAZH01CHG_01	冬小麦	50	14.0	18	0.7
2015	5	CWAZH01CHG_01	冬小麦	60	14.5	18	0.9
2015	5	CWAZH01CHG_01	冬小麦	70	14.7	18	1.0
2015	5	CWAZH01CHG_01	冬小麦	80	14.7	18	0.6
2015	5	CWAZH01CHG_01	冬小麦	90	14.9	18	0.4
2015	5	CWAZH01CHG_01	冬小麦	100	14.9	18	0.4
2015	5	CWAZH01CHG_01	冬小麦	120	15.3	18	0.6
2015	5	CWAZH01CHG_01	冬小麦	140	15.4	18	0.4
2015	5	CWAZH01CHG_01	冬小麦	160	16.0	18	0.4
2015	5	CWAZH01CHG_01	冬小麦	180	16.3	18	0.2
2015	5	CWAZH01CHG_01	冬小麦	200	16.6	18	0.2
2015	5	CWAZH01CHG_01	冬小麦	220	16.8	18	0.3
2015	5	CWAZH01CHG_01	冬小麦	240	16.7	18	0.2
2015	5	CWAZH01CHG_01	冬小麦	260	16.9	18	0.4
2015	5	CWAZH01CHG_01	冬小麦	280	17.3	18	0.3
2015	5	CWAZH01CHG_01	冬小麦	300	18.2	18	0.2
2015	6	CWAZH01CHG_01	冬小麦	10	13.0	18	0.6
2015	6	CWAZH01CHG_01	冬小麦	20	15.3	18	1.1
2015	6	CWAZH01CHG_01	冬小麦	30	14.4	18	0.9
2015	6	CWAZH01CHG_01	冬小麦	40	13.1	18	0.8
2015	6	CWAZH01CHG_01	冬小麦	50	12.6	18	0.9
2015	6	CWAZH01CHG_01	冬小麦	60	12.5	18	1.0
2015	6	CWAZH01CHG_01	冬小麦	70	12.5	18	0.8
2015	6	CWAZH01CHG_01	冬小麦	80	12.5	18	0.5
2015	6	CWAZH01CHG_01	冬小麦	90	12.7	18	0.3
2015	6	CWAZH01CHG_01	冬小麦	100	12.9	18	0.5
2015	6	CWAZH01CHG_01	冬小麦	120	13.5	18	0.5

（续）

年份	月份	样地代码	作物名称	观测层次（cm）	体积含水量（%）	重复数	标准差
2015	6	CWAZH01CHG_01	冬小麦	140	13.7	18	0.5
2015	6	CWAZH01CHG_01	冬小麦	160	14.2	18	0.6
2015	6	CWAZH01CHG_01	冬小麦	180	14.8	18	0.2
2015	6	CWAZH01CHG_01	冬小麦	200	15.0	18	0.3
2015	6	CWAZH01CHG_01	冬小麦	220	15.6	18	0.2
2015	6	CWAZH01CHG_01	冬小麦	240	15.8	18	0.2
2015	6	CWAZH01CHG_01	冬小麦	260	16.1	18	0.3
2015	6	CWAZH01CHG_01	冬小麦	280	16.8	18	0.3
2015	6	CWAZH01CHG_01	冬小麦	300	17.8	18	0.2
2015	7	CWAZH01CHG_01	麦闲地	10	12.6	18	0.6
2015	7	CWAZH01CHG_01	麦闲地	20	16.1	18	1.1
2015	7	CWAZH01CHG_01	麦闲地	30	17.1	18	0.9
2015	7	CWAZH01CHG_01	麦闲地	40	16.4	18	1.0
2015	7	CWAZH01CHG_01	麦闲地	50	15.7	18	1.1
2015	7	CWAZH01CHG_01	麦闲地	60	14.3	18	1.2
2015	7	CWAZH01CHG_01	麦闲地	70	13.2	18	1.0
2015	7	CWAZH01CHG_01	麦闲地	80	12.8	18	0.8
2015	7	CWAZH01CHG_01	麦闲地	90	12.6	18	0.3
2015	7	CWAZH01CHG_01	麦闲地	100	12.7	18	0.5
2015	7	CWAZH01CHG_01	麦闲地	120	13.1	18	0.5
2015	7	CWAZH01CHG_01	麦闲地	140	13.3	18	0.5
2015	7	CWAZH01CHG_01	麦闲地	160	14.0	18	0.5
2015	7	CWAZH01CHG_01	麦闲地	180	14.4	18	0.3
2015	7	CWAZH01CHG_01	麦闲地	200	14.7	18	0.3
2015	7	CWAZH01CHG_01	麦闲地	220	15.2	18	0.1
2015	7	CWAZH01CHG_01	麦闲地	240	15.4	18	0.1
2015	7	CWAZH01CHG_01	麦闲地	260	15.7	18	0.2
2015	7	CWAZH01CHG_01	麦闲地	280	16.6	18	0.2
2015	7	CWAZH01CHG_01	麦闲地	300	17.6	18	0.2
2015	8	CWAZH01CHG_01	麦闲地	10	12.6	18	1.1
2015	8	CWAZH01CHG_01	麦闲地	20	16.2	18	1.7
2015	8	CWAZH01CHG_01	麦闲地	30	17.4	18	1.5
2015	8	CWAZH01CHG_01	麦闲地	40	17.2	18	1.4

（续）

年份	月份	样地代码	作物名称	观测层次（cm）	体积含水量（%）	重复数	标准差
2015	8	CWAZH01CHG_01	麦闲地	50	16.7	18	1.7
2015	8	CWAZH01CHG_01	麦闲地	60	16.2	18	2.1
2015	8	CWAZH01CHG_01	麦闲地	70	15.5	18	2.2
2015	8	CWAZH01CHG_01	麦闲地	80	15.1	18	2.2
2015	8	CWAZH01CHG_01	麦闲地	90	14.1	18	3.1
2015	8	CWAZH01CHG_01	麦闲地	100	14.5	18	2.3
2015	8	CWAZH01CHG_01	麦闲地	120	14.8	18	2.2
2015	8	CWAZH01CHG_01	麦闲地	140	14.5	18	1.8
2015	8	CWAZH01CHG_01	麦闲地	160	14.9	18	1.6
2015	8	CWAZH01CHG_01	麦闲地	180	15.2	18	1.0
2015	8	CWAZH01CHG_01	麦闲地	200	15.7	18	1.1
2015	8	CWAZH01CHG_01	麦闲地	220	15.7	18	0.8
2015	8	CWAZH01CHG_01	麦闲地	240	15.8	18	0.8
2015	8	CWAZH01CHG_01	麦闲地	260	16.2	18	0.6
2015	8	CWAZH01CHG_01	麦闲地	280	16.9	18	0.4
2015	8	CWAZH01CHG_01	麦闲地	300	17.7	18	0.6
2015	9	CWAZH01CHG_01	麦闲地	10	15.1	18	0.7
2015	9	CWAZH01CHG_01	麦闲地	20	17.7	18	1.8
2015	9	CWAZH01CHG_01	麦闲地	30	18.2	18	1.6
2015	9	CWAZH01CHG_01	麦闲地	40	17.4	18	1.5
2015	9	CWAZH01CHG_01	麦闲地	50	17.1	18	1.8
2015	9	CWAZH01CHG_01	麦闲地	60	16.8	18	2.0
2015	9	CWAZH01CHG_01	麦闲地	70	16.4	18	2.2
2015	9	CWAZH01CHG_01	麦闲地	80	16.0	18	2.3
2015	9	CWAZH01CHG_01	麦闲地	90	15.9	18	2.4
2015	9	CWAZH01CHG_01	麦闲地	100	15.6	18	2.6
2015	9	CWAZH01CHG_01	麦闲地	120	15.4	18	2.6
2015	9	CWAZH01CHG_01	麦闲地	140	15.1	18	2.2
2015	9	CWAZH01CHG_01	麦闲地	160	15.5	18	2.0
2015	9	CWAZH01CHG_01	麦闲地	180	15.5	18	1.5
2015	9	CWAZH01CHG_01	麦闲地	200	15.9	18	1.2
2015	9	CWAZH01CHG_01	麦闲地	220	16.0	18	0.9
2015	9	CWAZH01CHG_01	麦闲地	240	16.1	18	0.9

（续）

年份	月份	样地代码	作物名称	观测层次（cm）	体积含水量（%）	重复数	标准差
2015	9	CWAZH01CHG_01	麦闲地	260	16.3	18	0.8
2015	9	CWAZH01CHG_01	麦闲地	280	17.0	18	0.7
2015	9	CWAZH01CHG_01	麦闲地	300	17.9	18	0.9
2015	10	CWAZH01CHG_01	冬小麦	10	15.7	18	0.9
2015	10	CWAZH01CHG_01	冬小麦	20	18.3	18	1.4
2015	10	CWAZH01CHG_01	冬小麦	30	18.5	18	1.4
2015	10	CWAZH01CHG_01	冬小麦	40	17.8	18	1.2
2015	10	CWAZH01CHG_01	冬小麦	50	17.5	18	1.4
2015	10	CWAZH01CHG_01	冬小麦	60	17.2	18	1.6
2015	10	CWAZH01CHG_01	冬小麦	70	16.9	18	1.8
2015	10	CWAZH01CHG_01	冬小麦	80	16.5	18	1.9
2015	10	CWAZH01CHG_01	冬小麦	90	16.4	18	2.0
2015	10	CWAZH01CHG_01	冬小麦	100	16.1	18	2.1
2015	10	CWAZH01CHG_01	冬小麦	120	16.0	18	2.2
2015	10	CWAZH01CHG_01	冬小麦	140	15.6	18	2.0
2015	10	CWAZH01CHG_01	冬小麦	160	15.7	18	1.8
2015	10	CWAZH01CHG_01	冬小麦	180	15.8	18	1.3
2015	10	CWAZH01CHG_01	冬小麦	200	16.0	18	1.0
2015	10	CWAZH01CHG_01	冬小麦	220	16.3	18	0.8
2015	10	CWAZH01CHG_01	冬小麦	240	16.3	18	0.9
2015	10	CWAZH01CHG_01	冬小麦	260	16.5	18	0.8
2015	10	CWAZH01CHG_01	冬小麦	280	17.2	18	0.8
2015	10	CWAZH01CHG_01	冬小麦	300	18.0	18	0.8
2015	11	CWAZH01CHG_01	冬小麦	10	17.7	18	1.2
2015	11	CWAZH01CHG_01	冬小麦	20	20.4	18	1.6
2015	11	CWAZH01CHG_01	冬小麦	30	20.9	18	1.4
2015	11	CWAZH01CHG_01	冬小麦	40	19.7	18	1.4
2015	11	CWAZH01CHG_01	冬小麦	50	19.2	18	1.1
2015	11	CWAZH01CHG_01	冬小麦	60	18.5	18	1.2
2015	11	CWAZH01CHG_01	冬小麦	70	17.8	18	1.3
2015	11	CWAZH01CHG_01	冬小麦	80	17.3	18	1.4
2015	11	CWAZH01CHG_01	冬小麦	90	16.9	18	1.7
2015	11	CWAZH01CHG_01	冬小麦	100	16.4	18	1.9

（续）

年份	月份	样地代码	作物名称	观测层次（cm）	体积含水量（%）	重复数	标准差
2015	11	CWAZH01CHG_01	冬小麦	120	16.0	18	2.1
2015	11	CWAZH01CHG_01	冬小麦	140	15.6	18	1.6
2015	11	CWAZH01CHG_01	冬小麦	160	15.6	18	1.5
2015	11	CWAZH01CHG_01	冬小麦	180	15.9	18	1.0
2015	11	CWAZH01CHG_01	冬小麦	200	15.8	18	0.8
2015	11	CWAZH01CHG_01	冬小麦	220	15.9	18	0.6
2015	11	CWAZH01CHG_01	冬小麦	240	16.0	18	0.7
2015	11	CWAZH01CHG_01	冬小麦	260	16.3	18	0.5
2015	11	CWAZH01CHG_01	冬小麦	280	16.9	18	0.6
2015	11	CWAZH01CHG_01	冬小麦	300	17.8	18	0.7
2015	12	CWAZH01CHG_01	冬小麦	10	17.9	9	0.9
2015	12	CWAZH01CHG_01	冬小麦	20	19.2	9	1.5
2015	12	CWAZH01CHG_01	冬小麦	30	19.1	9	1.2
2015	12	CWAZH01CHG_01	冬小麦	40	18.5	9	0.9
2015	12	CWAZH01CHG_01	冬小麦	50	18.3	9	0.8
2015	12	CWAZH01CHG_01	冬小麦	60	18.1	9	0.9
2015	12	CWAZH01CHG_01	冬小麦	70	17.9	9	1.0
2015	12	CWAZH01CHG_01	冬小麦	80	17.8	9	1.0
2015	12	CWAZH01CHG_01	冬小麦	90	17.8	9	1.2
2015	12	CWAZH01CHG_01	冬小麦	100	17.3	9	1.4
2015	12	CWAZH01CHG_01	冬小麦	120	16.6	9	1.5
2015	12	CWAZH01CHG_01	冬小麦	140	15.9	9	1.4
2015	12	CWAZH01CHG_01	冬小麦	160	15.8	9	1.4
2015	12	CWAZH01CHG_01	冬小麦	180	15.8	9	1.0
2015	12	CWAZH01CHG_01	冬小麦	200	16.0	9	0.8
2015	12	CWAZH01CHG_01	冬小麦	220	15.9	9	0.6
2015	12	CWAZH01CHG_01	冬小麦	240	16.0	9	0.7
2015	12	CWAZH01CHG_01	冬小麦	260	16.2	9	0.8
2015	12	CWAZH01CHG_01	冬小麦	280	17.1	9	0.5
2015	12	CWAZH01CHG_01	冬小麦	300	18.0	9	0.7
2015	1	CWAFZ04CTS_01	麦闲地	10	11.2	9	1.4
2015	1	CWAFZ04CTS_01	麦闲地	20	18.1	9	2.0
2015	1	CWAFZ04CTS_01	麦闲地	30	16.8	9	0.9

（续）

年份	月份	样地代码	作物名称	观测层次（cm）	体积含水量（%）	重复数	标准差
2015	1	CWAFZ04CTS_01	麦闲地	40	15.9	9	0.7
2015	1	CWAFZ04CTS_01	麦闲地	50	15.6	9	0.7
2015	1	CWAFZ04CTS_01	麦闲地	60	16.0	9	1.2
2015	1	CWAFZ04CTS_01	麦闲地	70	15.7	9	1.4
2015	1	CWAFZ04CTS_01	麦闲地	80	16.7	9	0.6
2015	1	CWAFZ04CTS_01	麦闲地	90	16.8	9	0.6
2015	1	CWAFZ04CTS_01	麦闲地	100	17.2	9	0.6
2015	1	CWAFZ04CTS_01	麦闲地	120	17.3	9	0.6
2015	1	CWAFZ04CTS_01	麦闲地	140	18.1	9	0.5
2015	1	CWAFZ04CTS_01	麦闲地	160	17.6	9	1.3
2015	1	CWAFZ04CTS_01	麦闲地	180	17.4	9	0.5
2015	1	CWAFZ04CTS_01	麦闲地	200	17.5	9	0.7
2015	1	CWAFZ04CTS_01	麦闲地	220	17.2	9	0.6
2015	1	CWAFZ04CTS_01	麦闲地	240	16.9	9	1.0
2015	1	CWAFZ04CTS_01	麦闲地	260	17.3	9	0.7
2015	1	CWAFZ04CTS_01	麦闲地	280	17.8	9	0.8
2015	1	CWAFZ04CTS_01	麦闲地	300	19.0	9	0.6
2015	2	CWAFZ04CTS_01	麦闲地	10	13.0	9	0.8
2015	2	CWAFZ04CTS_01	麦闲地	20	17.8	9	1.4
2015	2	CWAFZ04CTS_01	麦闲地	30	17.1	9	1.0
2015	2	CWAFZ04CTS_01	麦闲地	40	16.4	9	0.9
2015	2	CWAFZ04CTS_01	麦闲地	50	16.1	9	1.0
2015	2	CWAFZ04CTS_01	麦闲地	60	16.0	9	1.2
2015	2	CWAFZ04CTS_01	麦闲地	70	16.1	9	1.0
2015	2	CWAFZ04CTS_01	麦闲地	80	16.5	9	0.5
2015	2	CWAFZ04CTS_01	麦闲地	90	16.6	9	0.5
2015	2	CWAFZ04CTS_01	麦闲地	100	17.0	9	0.7
2015	2	CWAFZ04CTS_01	麦闲地	120	17.2	9	0.6
2015	2	CWAFZ04CTS_01	麦闲地	140	17.4	9	0.4
2015	2	CWAFZ04CTS_01	麦闲地	160	17.7	9	0.5
2015	2	CWAFZ04CTS_01	麦闲地	180	17.3	9	0.5
2015	2	CWAFZ04CTS_01	麦闲地	200	17.3	9	0.6
2015	2	CWAFZ04CTS_01	麦闲地	220	17.0	9	0.7

（续）

年份	月份	样地代码	作物名称	观测层次（cm）	体积含水量（%）	重复数	标准差
2015	2	CWAFZ04CTS_01	麦闲地	240	16.9	9	0.8
2015	2	CWAFZ04CTS_01	麦闲地	260	17.2	9	0.7
2015	2	CWAFZ04CTS_01	麦闲地	280	17.7	9	0.6
2015	2	CWAFZ04CTS_01	麦闲地	300	18.9	9	0.6
2015	3	CWAFZ04CTS_01	麦闲地	10	14.2	18	1.0
2015	3	CWAFZ04CTS_01	麦闲地	20	17.9	18	1.1
2015	3	CWAFZ04CTS_01	麦闲地	30	17.6	18	0.9
2015	3	CWAFZ04CTS_01	麦闲地	40	16.9	18	0.9
2015	3	CWAFZ04CTS_01	麦闲地	50	16.5	18	1.1
2015	3	CWAFZ04CTS_01	麦闲地	60	16.4	18	1.2
2015	3	CWAFZ04CTS_01	麦闲地	70	16.3	18	1.1
2015	3	CWAFZ04CTS_01	麦闲地	80	16.6	18	0.5
2015	3	CWAFZ04CTS_01	麦闲地	90	16.8	18	0.6
2015	3	CWAFZ04CTS_01	麦闲地	100	17.1	18	0.7
2015	3	CWAFZ04CTS_01	麦闲地	120	17.1	18	0.7
2015	3	CWAFZ04CTS_01	麦闲地	140	17.5	18	0.5
2015	3	CWAFZ04CTS_01	麦闲地	160	17.6	18	0.5
2015	3	CWAFZ04CTS_01	麦闲地	180	17.1	18	0.6
2015	3	CWAFZ04CTS_01	麦闲地	200	17.2	18	0.5
2015	3	CWAFZ04CTS_01	麦闲地	220	17.0	18	0.7
2015	3	CWAFZ04CTS_01	麦闲地	240	16.5	18	0.9
2015	3	CWAFZ04CTS_01	麦闲地	260	17.2	18	0.7
2015	3	CWAFZ04CTS_01	麦闲地	280	17.6	18	0.6
2015	3	CWAFZ04CTS_01	麦闲地	300	18.8	18	0.5
2015	4	CWAFZ04CTS_01	玉米	10	14.3	18	0.4
2015	4	CWAFZ04CTS_01	玉米	20	18.8	18	0.9
2015	4	CWAFZ04CTS_01	玉米	30	19.0	18	0.8
2015	4	CWAFZ04CTS_01	玉米	40	18.5	18	0.6
2015	4	CWAFZ04CTS_01	玉米	50	18.0	18	0.6
2015	4	CWAFZ04CTS_01	玉米	60	17.3	18	0.9
2015	4	CWAFZ04CTS_01	玉米	70	17.0	18	0.9
2015	4	CWAFZ04CTS_01	玉米	80	17.2	18	0.5
2015	4	CWAFZ04CTS_01	玉米	90	17.1	18	0.8

（续）

年份	月份	样地代码	作物名称	观测层次（cm）	体积含水量（%）	重复数	标准差
2015	4	CWAFZ04CTS_01	玉米	100	17.3	18	0.7
2015	4	CWAFZ04CTS_01	玉米	120	17.3	18	0.7
2015	4	CWAFZ04CTS_01	玉米	140	17.6	18	0.5
2015	4	CWAFZ04CTS_01	玉米	160	17.5	18	0.5
2015	4	CWAFZ04CTS_01	玉米	180	17.0	18	0.5
2015	4	CWAFZ04CTS_01	玉米	200	17.1	18	0.6
2015	4	CWAFZ04CTS_01	玉米	220	16.7	18	0.7
2015	4	CWAFZ04CTS_01	玉米	240	16.5	18	0.9
2015	4	CWAFZ04CTS_01	玉米	260	17.1	18	0.7
2015	4	CWAFZ04CTS_01	玉米	280	17.6	18	0.6
2015	4	CWAFZ04CTS_01	玉米	300	18.9	18	0.6
2015	5	CWAFZ04CTS_01	玉米	10	9.2	18	0.7
2015	5	CWAFZ04CTS_01	玉米	20	12.9	18	1.6
2015	5	CWAFZ04CTS_01	玉米	30	13.5	18	1.8
2015	5	CWAFZ04CTS_01	玉米	40	13.0	18	0.9
2015	5	CWAFZ04CTS_01	玉米	50	13.4	18	0.6
2015	5	CWAFZ04CTS_01	玉米	60	13.9	18	0.6
2015	5	CWAFZ04CTS_01	玉米	70	14.2	18	0.8
2015	5	CWAFZ04CTS_01	玉米	80	14.9	18	0.8
2015	5	CWAFZ04CTS_01	玉米	90	15.4	18	0.7
2015	5	CWAFZ04CTS_01	玉米	100	15.8	18	0.7
2015	5	CWAFZ04CTS_01	玉米	120	16.2	18	0.6
2015	5	CWAFZ04CTS_01	玉米	140	17.0	18	0.3
2015	5	CWAFZ04CTS_01	玉米	160	17.2	18	0.4
2015	5	CWAFZ04CTS_01	玉米	180	17.0	18	0.5
2015	5	CWAFZ04CTS_01	玉米	200	17.1	18	0.5
2015	5	CWAFZ04CTS_01	玉米	220	16.8	18	0.6
2015	5	CWAFZ04CTS_01	玉米	240	16.4	18	0.8
2015	5	CWAFZ04CTS_01	玉米	260	17.1	18	0.6
2015	5	CWAFZ04CTS_01	玉米	280	17.7	18	0.5
2015	5	CWAFZ04CTS_01	玉米	300	18.8	18	0.6
2015	6	CWAFZ04CTS_01	玉米	10	12.4	18	0.5
2015	6	CWAFZ04CTS_01	玉米	20	15.6	18	0.9

（续）

年份	月份	样地代码	作物名称	观测层次（cm）	体积含水量（%）	重复数	标准差
2015	6	CWAFZ04CTS_01	玉米	30	15.1	18	1.5
2015	6	CWAFZ04CTS_01	玉米	40	13.4	18	1.7
2015	6	CWAFZ04CTS_01	玉米	50	12.4	18	1.6
2015	6	CWAFZ04CTS_01	玉米	60	11.9	18	1.0
2015	6	CWAFZ04CTS_01	玉米	70	12.1	18	0.8
2015	6	CWAFZ04CTS_01	玉米	80	12.7	18	1.0
2015	6	CWAFZ04CTS_01	玉米	90	13.1	18	0.8
2015	6	CWAFZ04CTS_01	玉米	100	13.7	18	0.8
2015	6	CWAFZ04CTS_01	玉米	120	14.6	18	0.5
2015	6	CWAFZ04CTS_01	玉米	140	15.5	18	0.3
2015	6	CWAFZ04CTS_01	玉米	160	16.1	18	0.5
2015	6	CWAFZ04CTS_01	玉米	180	16.2	18	0.6
2015	6	CWAFZ04CTS_01	玉米	200	16.6	18	0.5
2015	6	CWAFZ04CTS_01	玉米	220	16.3	18	0.6
2015	6	CWAFZ04CTS_01	玉米	240	16.1	18	0.8
2015	6	CWAFZ04CTS_01	玉米	260	17.0	18	0.7
2015	6	CWAFZ04CTS_01	玉米	280	17.5	18	0.5
2015	6	CWAFZ04CTS_01	玉米	300	18.8	18	0.5
2015	7	CWAFZ04CTS_01	玉米	10	11.2	18	0.9
2015	7	CWAFZ04CTS_01	玉米	20	15.4	18	0.9
2015	7	CWAFZ04CTS_01	玉米	30	16.0	18	0.4
2015	7	CWAFZ04CTS_01	玉米	40	15.5	18	0.6
2015	7	CWAFZ04CTS_01	玉米	50	14.6	18	0.9
2015	7	CWAFZ04CTS_01	玉米	60	13.4	18	0.7
2015	7	CWAFZ04CTS_01	玉米	70	12.7	18	0.9
2015	7	CWAFZ04CTS_01	玉米	80	12.9	18	1.2
2015	7	CWAFZ04CTS_01	玉米	90	13.0	18	0.9
2015	7	CWAFZ04CTS_01	玉米	100	13.6	18	0.7
2015	7	CWAFZ04CTS_01	玉米	120	14.3	18	0.6
2015	7	CWAFZ04CTS_01	玉米	140	15.3	18	0.4
2015	7	CWAFZ04CTS_01	玉米	160	15.6	18	0.5
2015	7	CWAFZ04CTS_01	玉米	180	15.8	18	0.6
2015	7	CWAFZ04CTS_01	玉米	200	16.2	18	0.6

（续）

年份	月份	样地代码	作物名称	观测层次（cm）	体积含水量（%）	重复数	标准差
2015	7	CWAFZ04CTS_01	玉米	220	16.1	18	0.6
2015	7	CWAFZ04CTS_01	玉米	240	16.0	18	0.8
2015	7	CWAFZ04CTS_01	玉米	260	16.7	18	0.6
2015	7	CWAFZ04CTS_01	玉米	280	17.4	18	0.5
2015	7	CWAFZ04CTS_01	玉米	300	18.7	18	0.6
2015	8	CWAFZ04CTS_01	玉米	10	11.0	18	0.7
2015	8	CWAFZ04CTS_01	玉米	20	14.8	18	0.8
2015	8	CWAFZ04CTS_01	玉米	30	15.7	18	0.7
2015	8	CWAFZ04CTS_01	玉米	40	15.4	18	1.3
2015	8	CWAFZ04CTS_01	玉米	50	15.2	18	1.6
2015	8	CWAFZ04CTS_01	玉米	60	14.7	18	1.3
2015	8	CWAFZ04CTS_01	玉米	70	14.4	18	1.1
2015	8	CWAFZ04CTS_01	玉米	80	14.2	18	1.2
2015	8	CWAFZ04CTS_01	玉米	90	14.0	18	0.9
2015	8	CWAFZ04CTS_01	玉米	100	14.2	18	0.7
2015	8	CWAFZ04CTS_01	玉米	120	14.5	18	0.5
2015	8	CWAFZ04CTS_01	玉米	140	15.2	18	0.4
2015	8	CWAFZ04CTS_01	玉米	160	15.6	18	0.4
2015	8	CWAFZ04CTS_01	玉米	180	15.8	18	0.6
2015	8	CWAFZ04CTS_01	玉米	200	16.1	18	0.4
2015	8	CWAFZ04CTS_01	玉米	220	16.0	18	0.6
2015	8	CWAFZ04CTS_01	玉米	240	15.9	18	0.9
2015	8	CWAFZ04CTS_01	玉米	260	16.6	18	0.7
2015	8	CWAFZ04CTS_01	玉米	280	17.4	18	0.5
2015	8	CWAFZ04CTS_01	玉米	300	18.6	18	0.5
2015	9	CWAFZ04CTS_01	玉米	10	13.4	18	0.9
2015	9	CWAFZ04CTS_01	玉米	20	16.4	18	0.5
2015	9	CWAFZ04CTS_01	玉米	30	15.6	18	0.2
2015	9	CWAFZ04CTS_01	玉米	40	14.8	18	0.9
2015	9	CWAFZ04CTS_01	玉米	50	14.7	18	1.4
2015	9	CWAFZ04CTS_01	玉米	60	14.4	18	1.2
2015	9	CWAFZ04CTS_01	玉米	70	14.2	18	0.9
2015	9	CWAFZ04CTS_01	玉米	80	14.3	18	1.0

（续）

年份	月份	样地代码	作物名称	观测层次（cm）	体积含水量（%）	重复数	标准差
2015	9	CWAFZ04CTS_01	玉米	90	14.2	18	0.8
2015	9	CWAFZ04CTS_01	玉米	100	14.5	18	0.5
2015	9	CWAFZ04CTS_01	玉米	120	14.7	18	0.3
2015	9	CWAFZ04CTS_01	玉米	140	15.4	18	0.3
2015	9	CWAFZ04CTS_01	玉米	160	15.6	18	0.5
2015	9	CWAFZ04CTS_01	玉米	180	15.7	18	0.6
2015	9	CWAFZ04CTS_01	玉米	200	15.9	18	0.5
2015	9	CWAFZ04CTS_01	玉米	220	15.8	18	0.5
2015	9	CWAFZ04CTS_01	玉米	240	15.8	18	0.8
2015	9	CWAFZ04CTS_01	玉米	260	16.6	18	0.6
2015	9	CWAFZ04CTS_01	玉米	280	17.3	18	0.7
2015	9	CWAFZ04CTS_01	玉米	300	18.6	18	0.5
2015	10	CWAFZ04CTS_01	冬小麦	10	14.5	18	0.6
2015	10	CWAFZ04CTS_01	冬小麦	20	16.9	18	0.6
2015	10	CWAFZ04CTS_01	冬小麦	30	16.4	18	0.5
2015	10	CWAFZ04CTS_01	冬小麦	40	15.6	18	1.1
2015	10	CWAFZ04CTS_01	冬小麦	50	15.3	18	1.3
2015	10	CWAFZ04CTS_01	冬小麦	60	15.0	18	1.3
2015	10	CWAFZ04CTS_01	冬小麦	70	14.7	18	0.9
2015	10	CWAFZ04CTS_01	冬小麦	80	14.7	18	0.9
2015	10	CWAFZ04CTS_01	冬小麦	90	14.6	18	0.7
2015	10	CWAFZ04CTS_01	冬小麦	100	14.7	18	0.5
2015	10	CWAFZ04CTS_01	冬小麦	120	14.9	18	0.4
2015	10	CWAFZ04CTS_01	冬小麦	140	15.4	18	0.3
2015	10	CWAFZ04CTS_01	冬小麦	160	15.7	18	0.5
2015	10	CWAFZ04CTS_01	冬小麦	180	15.8	18	0.6
2015	10	CWAFZ04CTS_01	冬小麦	200	16.1	18	0.5
2015	10	CWAFZ04CTS_01	冬小麦	220	16.0	18	0.6
2015	10	CWAFZ04CTS_01	冬小麦	240	16.3	18	0.7
2015	10	CWAFZ04CTS_01	冬小麦	260	16.7	18	0.7
2015	10	CWAFZ04CTS_01	冬小麦	280	17.5	18	0.5
2015	10	CWAFZ04CTS_01	冬小麦	300	18.6	18	0.5
2015	11	CWAFZ04CTS_01	冬小麦	10	17.1	18	0.9

（续）

年份	月份	样地代码	作物名称	观测层次（cm）	体积含水量（%）	重复数	标准差
2015	11	CWAFZ04CTS_01	冬小麦	20	19.7	18	0.6
2015	11	CWAFZ04CTS_01	冬小麦	30	19.3	18	0.5
2015	11	CWAFZ04CTS_01	冬小麦	40	18.3	18	0.7
2015	11	CWAFZ04CTS_01	冬小麦	50	17.5	18	0.8
2015	11	CWAFZ04CTS_01	冬小麦	60	16.2	18	0.8
2015	11	CWAFZ04CTS_01	冬小麦	70	15.4	18	0.9
2015	11	CWAFZ04CTS_01	冬小麦	80	15.3	18	0.7
2015	11	CWAFZ04CTS_01	冬小麦	90	15.1	18	0.6
2015	11	CWAFZ04CTS_01	冬小麦	100	15.4	18	1.3
2015	11	CWAFZ04CTS_01	冬小麦	120	15.2	18	0.4
2015	11	CWAFZ04CTS_01	冬小麦	140	15.5	18	0.4
2015	11	CWAFZ04CTS_01	冬小麦	160	16.0	18	0.5
2015	11	CWAFZ04CTS_01	冬小麦	180	15.8	18	0.5
2015	11	CWAFZ04CTS_01	冬小麦	200	16.0	18	0.5
2015	11	CWAFZ04CTS_01	冬小麦	220	15.9	18	0.4
2015	11	CWAFZ04CTS_01	冬小麦	240	15.9	18	0.8
2015	11	CWAFZ04CTS_01	冬小麦	260	16.3	18	0.6
2015	11	CWAFZ04CTS_01	冬小麦	280	16.9	18	0.4
2015	11	CWAFZ04CTS_01	冬小麦	300	18.0	18	0.5
2015	12	CWAFZ04CTS_01	冬小麦	10	17.7	9	0.9
2015	12	CWAFZ04CTS_01	冬小麦	20	18.2	9	0.5
2015	12	CWAFZ04CTS_01	冬小麦	30	17.6	9	0.4
2015	12	CWAFZ04CTS_01	冬小麦	40	17.3	9	0.8
2015	12	CWAFZ04CTS_01	冬小麦	50	16.8	9	0.6
2015	12	CWAFZ04CTS_01	冬小麦	60	16.4	9	0.8
2015	12	CWAFZ04CTS_01	冬小麦	70	16.3	9	0.5
2015	12	CWAFZ04CTS_01	冬小麦	80	15.8	9	0.7
2015	12	CWAFZ04CTS_01	冬小麦	90	16.1	9	0.6
2015	12	CWAFZ04CTS_01	冬小麦	100	15.7	9	0.6
2015	12	CWAFZ04CTS_01	冬小麦	120	15.6	9	0.5
2015	12	CWAFZ04CTS_01	冬小麦	140	16.0	9	0.4
2015	12	CWAFZ04CTS_01	冬小麦	160	15.9	9	0.7
2015	12	CWAFZ04CTS_01	冬小麦	180	16.0	9	0.5

（续）

年份	月份	样地代码	作物名称	观测层次（cm）	体积含水量（%）	重复数	标准差
2015	12	CWAFZ04CTS_01	冬小麦	200	16.0	9	0.5
2015	12	CWAFZ04CTS_01	冬小麦	220	15.8	9	0.8
2015	12	CWAFZ04CTS_01	冬小麦	240	16.0	9	0.8
2015	12	CWAFZ04CTS_01	冬小麦	260	16.5	9	0.9
2015	12	CWAFZ04CTS_01	冬小麦	280	17.3	9	0.8
2015	12	CWAFZ04CTS_01	冬小麦	300	18.2	9	0.9
2015	1	CWAQX01CTS_01	自然植被	10	14.4	3	0.3
2015	1	CWAQX01CTS_01	自然植被	20	18.6	3	0.2
2015	1	CWAQX01CTS_01	自然植被	30	17.5	3	0.3
2015	1	CWAQX01CTS_01	自然植被	40	17.2	3	0.2
2015	1	CWAQX01CTS_01	自然植被	50	17.0	3	0.2
2015	1	CWAQX01CTS_01	自然植被	60	17.1	3	0.1
2015	1	CWAQX01CTS_01	自然植被	70	17.5	3	0.1
2015	1	CWAQX01CTS_01	自然植被	80	17.8	3	0.1
2015	1	CWAQX01CTS_01	自然植被	90	17.7	3	0.3
2015	1	CWAQX01CTS_01	自然植被	100	18.0	3	0.1
2015	1	CWAQX01CTS_01	自然植被	120	18.7	3	0.1
2015	1	CWAQX01CTS_01	自然植被	140	19.1	3	0.2
2015	1	CWAQX01CTS_01	自然植被	160	19.3	3	0.2
2015	1	CWAQX01CTS_01	自然植被	180	19.4	3	0.0
2015	1	CWAQX01CTS_01	自然植被	200	18.8	3	0.2
2015	1	CWAQX01CTS_01	自然植被	220	18.5	3	0.0
2015	1	CWAQX01CTS_01	自然植被	240	18.6	3	0.1
2015	1	CWAQX01CTS_01	自然植被	260	18.8	3	0.1
2015	1	CWAQX01CTS_01	自然植被	280	19.5	3	0.2
2015	1	CWAQX01CTS_01	自然植被	300	20.8	3	0.2
2015	2	CWAQX01CTS_01	自然植被	10	16.7	3	0.6
2015	2	CWAQX01CTS_01	自然植被	20	18.5	3	0.5
2015	2	CWAQX01CTS_01	自然植被	30	18.1	3	0.5
2015	2	CWAQX01CTS_01	自然植被	40	17.4	3	0.6
2015	2	CWAQX01CTS_01	自然植被	50	17.2	3	0.3
2015	2	CWAQX01CTS_01	自然植被	60	17.0	3	0.3
2015	2	CWAQX01CTS_01	自然植被	70	17.4	3	0.1

（续）

年份	月份	样地代码	作物名称	观测层次（cm）	体积含水量（%）	重复数	标准差
2015	2	CWAQX01CTS_01	自然植被	80	17.7	3	0.1
2015	2	CWAQX01CTS_01	自然植被	90	17.6	3	0.1
2015	2	CWAQX01CTS_01	自然植被	100	17.8	3	0.1
2015	2	CWAQX01CTS_01	自然植被	120	18.7	3	0.2
2015	2	CWAQX01CTS_01	自然植被	140	19.0	3	0.0
2015	2	CWAQX01CTS_01	自然植被	160	18.9	3	0.1
2015	2	CWAQX01CTS_01	自然植被	180	19.0	3	0.1
2015	2	CWAQX01CTS_01	自然植被	200	18.7	3	0.1
2015	2	CWAQX01CTS_01	自然植被	220	18.4	3	0.2
2015	2	CWAQX01CTS_01	自然植被	240	18.6	3	0.1
2015	2	CWAQX01CTS_01	自然植被	260	18.8	3	0.1
2015	2	CWAQX01CTS_01	自然植被	280	19.3	3	0.2
2015	2	CWAQX01CTS_01	自然植被	300	20.7	3	0.5
2015	3	CWAQX01CTS_01	自然植被	10	18.1	6	1.0
2015	3	CWAQX01CTS_01	自然植被	20	19.1	6	0.7
2015	3	CWAQX01CTS_01	自然植被	30	19.2	6	0.6
2015	3	CWAQX01CTS_01	自然植被	40	18.7	6	0.5
2015	3	CWAQX01CTS_01	自然植被	50	17.8	6	0.4
2015	3	CWAQX01CTS_01	自然植被	60	17.7	6	0.2
2015	3	CWAQX01CTS_01	自然植被	70	17.7	6	0.2
2015	3	CWAQX01CTS_01	自然植被	80	17.8	6	0.2
2015	3	CWAQX01CTS_01	自然植被	90	17.9	6	0.2
2015	3	CWAQX01CTS_01	自然植被	100	18.0	6	0.3
2015	3	CWAQX01CTS_01	自然植被	120	18.4	6	0.2
2015	3	CWAQX01CTS_01	自然植被	140	18.7	6	0.3
2015	3	CWAQX01CTS_01	自然植被	160	18.9	6	0.2
2015	3	CWAQX01CTS_01	自然植被	180	19.0	6	0.2
2015	3	CWAQX01CTS_01	自然植被	200	18.3	6	0.1
2015	3	CWAQX01CTS_01	自然植被	220	18.1	6	0.2
2015	3	CWAQX01CTS_01	自然植被	240	18.5	6	0.2
2015	3	CWAQX01CTS_01	自然植被	260	18.6	6	0.1
2015	3	CWAQX01CTS_01	自然植被	280	19.3	6	0.2
2015	3	CWAQX01CTS_01	自然植被	300	21.1	6	0.1

（续）

年份	月份	样地代码	作物名称	观测层次（cm）	体积含水量（%）	重复数	标准差
2015	4	CWAQX01CTS_01	自然植被	10	18.2	6	2.5
2015	4	CWAQX01CTS_01	自然植被	20	20.1	6	1.9
2015	4	CWAQX01CTS_01	自然植被	30	20.8	6	1.4
2015	4	CWAQX01CTS_01	自然植被	40	20.6	6	0.8
2015	4	CWAQX01CTS_01	自然植被	50	20.3	6	0.6
2015	4	CWAQX01CTS_01	自然植被	60	19.6	6	0.5
2015	4	CWAQX01CTS_01	自然植被	70	19.1	6	0.3
2015	4	CWAQX01CTS_01	自然植被	80	18.9	6	0.2
2015	4	CWAQX01CTS_01	自然植被	90	18.6	6	0.4
2015	4	CWAQX01CTS_01	自然植被	100	18.7	6	0.3
2015	4	CWAQX01CTS_01	自然植被	120	19.0	6	0.4
2015	4	CWAQX01CTS_01	自然植被	140	18.9	6	0.3
2015	4	CWAQX01CTS_01	自然植被	160	18.9	6	0.2
2015	4	CWAQX01CTS_01	自然植被	180	18.7	6	0.2
2015	4	CWAQX01CTS_01	自然植被	200	18.0	6	1.0
2015	4	CWAQX01CTS_01	自然植被	220	18.0	6	0.1
2015	4	CWAQX01CTS_01	自然植被	240	17.9	6	0.2
2015	4	CWAQX01CTS_01	自然植被	260	18.4	6	0.1
2015	4	CWAQX01CTS_01	自然植被	280	19.2	6	0.1
2015	4	CWAQX01CTS_01	自然植被	300	20.8	6	0.3
2015	5	CWAQX01CTS_01	自然植被	10	11.4	6	3.1
2015	5	CWAQX01CTS_01	自然植被	20	13.5	6	2.3
2015	5	CWAQX01CTS_01	自然植被	30	15.0	6	1.9
2015	5	CWAQX01CTS_01	自然植被	40	15.9	6	1.7
2015	5	CWAQX01CTS_01	自然植被	50	16.5	6	1.5
2015	5	CWAQX01CTS_01	自然植被	60	17.0	6	1.0
2015	5	CWAQX01CTS_01	自然植被	70	17.6	6	0.8
2015	5	CWAQX01CTS_01	自然植被	80	18.0	6	0.5
2015	5	CWAQX01CTS_01	自然植被	90	18.1	6	0.3
2015	5	CWAQX01CTS_01	自然植被	100	18.3	6	0.4
2015	5	CWAQX01CTS_01	自然植被	120	18.7	6	0.3
2015	5	CWAQX01CTS_01	自然植被	140	18.9	6	0.1
2015	5	CWAQX01CTS_01	自然植被	160	19.0	6	0.3

（续）

年份	月份	样地代码	作物名称	观测层次（cm）	体积含水量（%）	重复数	标准差
2015	5	CWAQX01CTS_01	自然植被	180	19.1	6	0.2
2015	5	CWAQX01CTS_01	自然植被	200	18.5	6	0.1
2015	5	CWAQX01CTS_01	自然植被	220	18.1	6	0.2
2015	5	CWAQX01CTS_01	自然植被	240	18.1	6	0.1
2015	5	CWAQX01CTS_01	自然植被	260	18.4	6	0.3
2015	5	CWAQX01CTS_01	自然植被	280	19.2	6	0.2
2015	5	CWAQX01CTS_01	自然植被	300	20.6	6	0.4
2015	6	CWAQX01CTS_01	自然植被	10	14.4	6	4.8
2015	6	CWAQX01CTS_01	自然植被	20	15.8	6	4.3
2015	6	CWAQX01CTS_01	自然植被	30	15.5	6	3.3
2015	6	CWAQX01CTS_01	自然植被	40	14.9	6	2.4
2015	6	CWAQX01CTS_01	自然植被	50	14.9	6	0.9
2015	6	CWAQX01CTS_01	自然植被	60	15.3	6	0.3
2015	6	CWAQX01CTS_01	自然植被	70	16.4	6	0.3
2015	6	CWAQX01CTS_01	自然植被	80	16.9	6	0.4
2015	6	CWAQX01CTS_01	自然植被	90	17.1	6	0.4
2015	6	CWAQX01CTS_01	自然植被	100	17.3	6	0.4
2015	6	CWAQX01CTS_01	自然植被	120	18.1	6	0.1
2015	6	CWAQX01CTS_01	自然植被	140	18.5	6	0.3
2015	6	CWAQX01CTS_01	自然植被	160	18.6	6	0.3
2015	6	CWAQX01CTS_01	自然植被	180	18.6	6	0.3
2015	6	CWAQX01CTS_01	自然植被	200	18.2	6	0.1
2015	6	CWAQX01CTS_01	自然植被	220	18.1	6	0.2
2015	6	CWAQX01CTS_01	自然植被	240	18.2	6	0.3
2015	6	CWAQX01CTS_01	自然植被	260	18.6	6	0.4
2015	6	CWAQX01CTS_01	自然植被	280	19.3	6	0.3
2015	6	CWAQX01CTS_01	自然植被	300	20.5	6	0.4
2015	7	CWAQX01CTS_01	自然植被	10	11.6	6	3.0
2015	7	CWAQX01CTS_01	自然植被	20	13.8	6	2.9
2015	7	CWAQX01CTS_01	自然植被	30	15.5	6	2.5
2015	7	CWAQX01CTS_01	自然植被	40	16.2	6	1.9
2015	7	CWAQX01CTS_01	自然植被	50	15.8	6	1.3
2015	7	CWAQX01CTS_01	自然植被	60	15.9	6	0.6

(续)

年份	月份	样地代码	作物名称	观测层次（cm）	体积含水量（%）	重复数	标准差
2015	7	CWAQX01CTS_01	自然植被	70	16.6	6	0.3
2015	7	CWAQX01CTS_01	自然植被	80	16.9	6	0.3
2015	7	CWAQX01CTS_01	自然植被	90	16.8	6	0.2
2015	7	CWAQX01CTS_01	自然植被	100	17.0	6	0.3
2015	7	CWAQX01CTS_01	自然植被	120	17.8	6	0.2
2015	7	CWAQX01CTS_01	自然植被	140	18.0	6	0.1
2015	7	CWAQX01CTS_01	自然植被	160	18.4	6	0.2
2015	7	CWAQX01CTS_01	自然植被	180	18.4	6	0.2
2015	7	CWAQX01CTS_01	自然植被	200	18.2	6	0.2
2015	7	CWAQX01CTS_01	自然植被	220	17.8	6	0.2
2015	7	CWAQX01CTS_01	自然植被	240	17.8	6	0.1
2015	7	CWAQX01CTS_01	自然植被	260	18.1	6	0.2
2015	7	CWAQX01CTS_01	自然植被	280	19.4	6	0.7
2015	7	CWAQX01CTS_01	自然植被	300	20.7	6	0.6
2015	8	CWAQX01CTS_01	自然植被	10	13.5	6	3.7
2015	8	CWAQX01CTS_01	自然植被	20	15.2	6	4.7
2015	8	CWAQX01CTS_01	自然植被	30	16.4	6	4.5
2015	8	CWAQX01CTS_01	自然植被	40	17.1	6	3.8
2015	8	CWAQX01CTS_01	自然植被	50	16.9	6	3.1
2015	8	CWAQX01CTS_01	自然植被	60	17.0	6	2.2
2015	8	CWAQX01CTS_01	自然植被	70	17.5	6	1.5
2015	8	CWAQX01CTS_01	自然植被	80	17.6	6	1.0
2015	8	CWAQX01CTS_01	自然植被	90	17.6	6	0.9
2015	8	CWAQX01CTS_01	自然植被	100	17.5	6	0.8
2015	8	CWAQX01CTS_01	自然植被	120	17.9	6	0.4
2015	8	CWAQX01CTS_01	自然植被	140	17.8	6	0.2
2015	8	CWAQX01CTS_01	自然植被	160	18.0	6	0.1
2015	8	CWAQX01CTS_01	自然植被	180	18.1	6	0.2
2015	8	CWAQX01CTS_01	自然植被	200	17.6	6	0.2
2015	8	CWAQX01CTS_01	自然植被	220	17.5	6	0.2
2015	8	CWAQX01CTS_01	自然植被	240	17.7	6	0.2
2015	8	CWAQX01CTS_01	自然植被	260	18.2	6	0.2
2015	8	CWAQX01CTS_01	自然植被	280	19.1	6	0.2

（续）

年份	月份	样地代码	作物名称	观测层次（cm）	体积含水量（%）	重复数	标准差
2015	8	CWAQX01CTS_01	自然植被	300	20.7	6	0.3
2015	9	CWAQX01CTS_01	自然植被	10	16.4	6	1.7
2015	9	CWAQX01CTS_01	自然植被	20	17.3	6	1.3
2015	9	CWAQX01CTS_01	自然植被	30	17.4	6	0.6
2015	9	CWAQX01CTS_01	自然植被	40	17.0	6	0.3
2015	9	CWAQX01CTS_01	自然植被	50	16.8	6	0.3
2015	9	CWAQX01CTS_01	自然植被	60	16.9	6	0.3
2015	9	CWAQX01CTS_01	自然植被	70	17.3	6	0.2
2015	9	CWAQX01CTS_01	自然植被	80	17.6	6	0.2
2015	9	CWAQX01CTS_01	自然植被	90	17.6	6	0.3
2015	9	CWAQX01CTS_01	自然植被	100	17.6	6	0.4
2015	9	CWAQX01CTS_01	自然植被	120	18.0	6	0.3
2015	9	CWAQX01CTS_01	自然植被	140	18.0	6	0.1
2015	9	CWAQX01CTS_01	自然植被	160	18.1	6	0.1
2015	9	CWAQX01CTS_01	自然植被	180	18.1	6	0.4
2015	9	CWAQX01CTS_01	自然植被	200	17.5	6	0.1
2015	9	CWAQX01CTS_01	自然植被	220	17.4	6	0.1
2015	9	CWAQX01CTS_01	自然植被	240	17.7	6	0.3
2015	9	CWAQX01CTS_01	自然植被	260	18.3	6	0.5
2015	9	CWAQX01CTS_01	自然植被	280	19.0	6	1.1
2015	9	CWAQX01CTS_01	自然植被	300	20.5	6	0.4
2015	10	CWAQX01CTS_01	自然植被	10	15.9	6	3.1
2015	10	CWAQX01CTS_01	自然植被	20	16.6	6	1.5
2015	10	CWAQX01CTS_01	自然植被	30	16.2	6	0.6
2015	10	CWAQX01CTS_01	自然植被	40	16.2	6	0.4
2015	10	CWAQX01CTS_01	自然植被	50	15.9	6	0.3
2015	10	CWAQX01CTS_01	自然植被	60	16.2	6	0.5
2015	10	CWAQX01CTS_01	自然植被	70	16.9	6	0.3
2015	10	CWAQX01CTS_01	自然植被	80	17.0	6	0.3
2015	10	CWAQX01CTS_01	自然植被	90	16.9	6	0.3
2015	10	CWAQX01CTS_01	自然植被	100	16.9	6	0.2
2015	10	CWAQX01CTS_01	自然植被	120	17.5	6	0.2
2015	10	CWAQX01CTS_01	自然植被	140	17.8	6	0.3

（续）

年份	月份	样地代码	作物名称	观测层次（cm）	体积含水量（%）	重复数	标准差
2015	10	CWAQX01CTS_01	自然植被	160	17.9	6	0.2
2015	10	CWAQX01CTS_01	自然植被	180	17.9	6	0.2
2015	10	CWAQX01CTS_01	自然植被	200	17.5	6	0.2
2015	10	CWAQX01CTS_01	自然植被	220	17.5	6	0.2
2015	10	CWAQX01CTS_01	自然植被	240	17.2	6	0.3
2015	10	CWAQX01CTS_01	自然植被	260	17.8	6	0.3
2015	10	CWAQX01CTS_01	自然植被	280	18.8	6	0.5
2015	10	CWAQX01CTS_01	自然植被	300	20.4	6	0.8
2015	11	CWAQX01CTS_01	自然植被	10	19.8	6	0.9
2015	11	CWAQX01CTS_01	自然植被	20	20.7	6	1.2
2015	11	CWAQX01CTS_01	自然植被	30	20.1	6	1.0
2015	11	CWAQX01CTS_01	自然植被	40	18.9	6	1.1
2015	11	CWAQX01CTS_01	自然植被	50	18.1	6	0.9
2015	11	CWAQX01CTS_01	自然植被	60	17.6	6	0.8
2015	11	CWAQX01CTS_01	自然植被	70	17.5	6	0.4
2015	11	CWAQX01CTS_01	自然植被	80	17.4	6	0.6
2015	11	CWAQX01CTS_01	自然植被	90	17.3	6	0.5
2015	11	CWAQX01CTS_01	自然植被	100	17.1	6	0.2
2015	11	CWAQX01CTS_01	自然植被	120	17.3	6	0.7
2015	11	CWAQX01CTS_01	自然植被	140	17.8	6	0.2
2015	11	CWAQX01CTS_01	自然植被	160	17.8	6	0.2
2015	11	CWAQX01CTS_01	自然植被	180	17.9	6	0.2
2015	11	CWAQX01CTS_01	自然植被	200	17.3	6	0.2
2015	11	CWAQX01CTS_01	自然植被	220	17.3	6	0.2
2015	11	CWAQX01CTS_01	自然植被	240	17.3	6	0.1
2015	11	CWAQX01CTS_01	自然植被	260	17.7	6	0.2
2015	11	CWAQX01CTS_01	自然植被	280	18.4	6	0.2
2015	11	CWAQX01CTS_01	自然植被	300	19.4	6	0.7
2015	12	CWAQX01CTS_01	自然植被	10	20.3	3	1.0
2015	12	CWAQX01CTS_01	自然植被	20	19.7	3	0.3
2015	12	CWAQX01CTS_01	自然植被	30	19.1	3	0.6
2015	12	CWAQX01CTS_01	自然植被	40	19.2	3	0.5
2015	12	CWAQX01CTS_01	自然植被	50	18.6	3	0.3

（续）

年份	月份	样地代码	作物名称	观测层次（cm）	体积含水量（%）	重复数	标准差
2015	12	CWAQX01CTS_01	自然植被	60	18.2	3	0.2
2015	12	CWAQX01CTS_01	自然植被	70	18.4	3	0.1
2015	12	CWAQX01CTS_01	自然植被	80	18.1	3	0.2
2015	12	CWAQX01CTS_01	自然植被	90	18.0	3	0.4
2015	12	CWAQX01CTS_01	自然植被	100	17.6	3	0.3
2015	12	CWAQX01CTS_01	自然植被	120	17.7	3	0.2
2015	12	CWAQX01CTS_01	自然植被	140	18.0	3	0.0
2015	12	CWAQX01CTS_01	自然植被	160	17.8	3	0.2
2015	12	CWAQX01CTS_01	自然植被	180	17.8	3	0.2
2015	12	CWAQX01CTS_01	自然植被	200	17.2	3	0.0
2015	12	CWAQX01CTS_01	自然植被	220	16.9	3	0.1
2015	12	CWAQX01CTS_01	自然植被	240	17.1	3	0.1
2015	12	CWAQX01CTS_01	自然植被	260	17.7	3	0.4
2015	12	CWAQX01CTS_01	自然植被	280	17.9	3	0.5
2015	12	CWAQX01CTS_01	自然植被	300	18.7	3	0.2
2015	1	CWAFZ04CTS_01	冬小麦	10	11.4	9	0.6
2015	1	CWAFZ04CTS_01	冬小麦	20	14.9	9	0.3
2015	1	CWAFZ04CTS_01	冬小麦	30	14.4	9	1.0
2015	1	CWAFZ04CTS_01	冬小麦	40	13.4	9	0.8
2015	1	CWAFZ04CTS_01	冬小麦	50	13.6	9	1.0
2015	1	CWAFZ04CTS_01	冬小麦	60	14.0	9	0.7
2015	1	CWAFZ04CTS_01	冬小麦	70	14.3	9	0.6
2015	1	CWAFZ04CTS_01	冬小麦	80	14.7	9	0.4
2015	1	CWAFZ04CTS_01	冬小麦	90	15.4	9	0.3
2015	1	CWAFZ04CTS_01	冬小麦	100	16.3	9	0.2
2015	1	CWAFZ04CTS_01	冬小麦	120	17.2	9	0.5
2015	1	CWAFZ04CTS_01	冬小麦	140	17.8	9	0.2
2015	1	CWAFZ04CTS_01	冬小麦	160	18.6	9	0.2
2015	1	CWAFZ04CTS_01	冬小麦	180	19.1	9	0.8
2015	1	CWAFZ04CTS_01	冬小麦	200	19.1	9	1.1
2015	1	CWAFZ04CTS_01	冬小麦	220	18.8	9	0.7
2015	1	CWAFZ04CTS_01	冬小麦	240	19.0	9	0.8
2015	1	CWAFZ04CTS_01	冬小麦	260	19.6	9	1.0

（续）

年份	月份	样地代码	作物名称	观测层次（cm）	体积含水量（%）	重复数	标准差
2015	1	CWAFZ04CTS_01	冬小麦	280	19.8	9	1.8
2015	1	CWAFZ04CTS_01	冬小麦	300	19.7	9	1.2
2015	2	CWAFZ04CTS_01	冬小麦	10	12.8	9	0.4
2015	2	CWAFZ04CTS_01	冬小麦	20	14.4	9	0.4
2015	2	CWAFZ04CTS_01	冬小麦	30	14.6	9	0.6
2015	2	CWAFZ04CTS_01	冬小麦	40	13.6	9	0.7
2015	2	CWAFZ04CTS_01	冬小麦	50	13.7	9	0.8
2015	2	CWAFZ04CTS_01	冬小麦	60	14.0	9	0.8
2015	2	CWAFZ04CTS_01	冬小麦	70	14.3	9	0.6
2015	2	CWAFZ04CTS_01	冬小麦	80	14.3	9	0.3
2015	2	CWAFZ04CTS_01	冬小麦	90	14.5	9	1.0
2015	2	CWAFZ04CTS_01	冬小麦	100	15.5	9	0.7
2015	2	CWAFZ04CTS_01	冬小麦	120	16.6	9	0.6
2015	2	CWAFZ04CTS_01	冬小麦	140	17.4	9	0.3
2015	2	CWAFZ04CTS_01	冬小麦	160	18.1	9	0.5
2015	2	CWAFZ04CTS_01	冬小麦	180	18.6	9	0.8
2015	2	CWAFZ04CTS_01	冬小麦	200	18.9	9	1.1
2015	2	CWAFZ04CTS_01	冬小麦	220	18.0	9	1.3
2015	2	CWAFZ04CTS_01	冬小麦	240	18.9	9	0.8
2015	2	CWAFZ04CTS_01	冬小麦	260	19.5	9	1.2
2015	2	CWAFZ04CTS_01	冬小麦	280	19.9	9	1.4
2015	2	CWAFZ04CTS_01	冬小麦	300	19.4	9	1.2
2015	3	CWAFZ04CTS_01	冬小麦	10	13.9	9	1.2
2015	3	CWAFZ04CTS_01	冬小麦	20	13.9	9	0.7
2015	3	CWAFZ04CTS_01	冬小麦	30	13.9	9	0.4
2015	3	CWAFZ04CTS_01	冬小麦	40	14.1	9	1.0
2015	3	CWAFZ04CTS_01	冬小麦	50	13.5	9	0.7
2015	3	CWAFZ04CTS_01	冬小麦	60	13.9	9	0.9
2015	3	CWAFZ04CTS_01	冬小麦	70	14.5	9	0.6
2015	3	CWAFZ04CTS_01	冬小麦	80	14.4	9	0.5
2015	3	CWAFZ04CTS_01	冬小麦	90	15.0	9	0.7
2015	3	CWAFZ04CTS_01	冬小麦	100	15.4	9	1.0
2015	3	CWAFZ04CTS_01	冬小麦	120	16.0	9	0.9

（续）

年份	月份	样地代码	作物名称	观测层次（cm）	体积含水量（%）	重复数	标准差
2015	3	CWAFZ04CTS_01	冬小麦	140	17.1	9	0.2
2015	3	CWAFZ04CTS_01	冬小麦	160	18.1	9	0.2
2015	3	CWAFZ04CTS_01	冬小麦	180	18.7	9	0.8
2015	3	CWAFZ04CTS_01	冬小麦	200	18.6	9	1.0
2015	3	CWAFZ04CTS_01	冬小麦	220	18.1	9	1.4
2015	3	CWAFZ04CTS_01	冬小麦	240	18.2	9	1.5
2015	3	CWAFZ04CTS_01	冬小麦	260	19.5	9	0.9
2015	3	CWAFZ04CTS_01	冬小麦	280	19.7	9	1.3
2015	3	CWAFZ04CTS_01	冬小麦	300	19.7	9	1.3
2015	4	CWAFZ04CTS_01	冬小麦	10	14.4	9	1.8
2015	4	CWAFZ04CTS_01	冬小麦	20	13.9	9	1.2
2015	4	CWAFZ04CTS_01	冬小麦	30	14.0	9	0.5
2015	4	CWAFZ04CTS_01	冬小麦	40	14.2	9	0.8
2015	4	CWAFZ04CTS_01	冬小麦	50	14.2	9	0.7
2015	4	CWAFZ04CTS_01	冬小麦	60	14.3	9	0.8
2015	4	CWAFZ04CTS_01	冬小麦	70	14.4	9	0.5
2015	4	CWAFZ04CTS_01	冬小麦	80	14.6	9	0.3
2015	4	CWAFZ04CTS_01	冬小麦	90	15.3	9	0.4
2015	4	CWAFZ04CTS_01	冬小麦	100	15.9	9	0.4
2015	4	CWAFZ04CTS_01	冬小麦	120	16.7	9	0.4
2015	4	CWAFZ04CTS_01	冬小麦	140	17.3	9	0.4
2015	4	CWAFZ04CTS_01	冬小麦	160	17.9	9	0.5
2015	4	CWAFZ04CTS_01	冬小麦	180	18.0	9	1.0
2015	4	CWAFZ04CTS_01	冬小麦	200	17.9	9	1.2
2015	4	CWAFZ04CTS_01	冬小麦	220	18.1	9	0.9
2015	4	CWAFZ04CTS_01	冬小麦	240	18.6	9	0.9
2015	4	CWAFZ04CTS_01	冬小麦	260	19.6	9	1.2
2015	4	CWAFZ04CTS_01	冬小麦	280	21.6	9	3.8
2015	4	CWAFZ04CTS_01	冬小麦	300	19.2	9	1.2
2015	5	CWAFZ04CTS_01	冬小麦	10	6.6	9	0.5
2015	5	CWAFZ04CTS_01	冬小麦	20	7.6	9	0.7
2015	5	CWAFZ04CTS_01	冬小麦	30	8.6	9	0.3
2015	5	CWAFZ04CTS_01	冬小麦	40	9.3	9	0.3

（续）

年份	月份	样地代码	作物名称	观测层次（cm）	体积含水量（%）	重复数	标准差
2015	5	CWAFZ04CTS_01	冬小麦	50	9.9	9	0.4
2015	5	CWAFZ04CTS_01	冬小麦	60	10.5	9	0.4
2015	5	CWAFZ04CTS_01	冬小麦	70	11.5	9	0.3
2015	5	CWAFZ04CTS_01	冬小麦	80	12.1	9	0.2
2015	5	CWAFZ04CTS_01	冬小麦	90	13.0	9	0.3
2015	5	CWAFZ04CTS_01	冬小麦	100	14.3	9	0.3
2015	5	CWAFZ04CTS_01	冬小麦	120	15.0	9	1.1
2015	5	CWAFZ04CTS_01	冬小麦	140	16.3	9	0.3
2015	5	CWAFZ04CTS_01	冬小麦	160	17.1	9	0.2
2015	5	CWAFZ04CTS_01	冬小麦	180	17.2	9	1.8
2015	5	CWAFZ04CTS_01	冬小麦	200	18.2	9	1.1
2015	5	CWAFZ04CTS_01	冬小麦	220	18.0	9	0.9
2015	5	CWAFZ04CTS_01	冬小麦	240	18.1	9	0.9
2015	5	CWAFZ04CTS_01	冬小麦	260	19.1	9	1.0
2015	5	CWAFZ04CTS_01	冬小麦	280	21.4	9	3.9
2015	5	CWAFZ04CTS_01	冬小麦	300	19.2	9	1.2
2015	6	CWAFZ04CTS_01	冬小麦	10	11.7	9	1.3
2015	6	CWAFZ04CTS_01	冬小麦	20	12.7	9	1.4
2015	6	CWAFZ04CTS_01	冬小麦	30	13.1	9	0.7
2015	6	CWAFZ04CTS_01	冬小麦	40	12.2	9	0.6
2015	6	CWAFZ04CTS_01	冬小麦	50	10.9	9	0.8
2015	6	CWAFZ04CTS_01	冬小麦	60	10.3	9	0.5
2015	6	CWAFZ04CTS_01	冬小麦	70	10.3	9	0.3
2015	6	CWAFZ04CTS_01	冬小麦	80	11.5	9	1.2
2015	6	CWAFZ04CTS_01	冬小麦	90	12.0	9	0.2
2015	6	CWAFZ04CTS_01	冬小麦	100	13.1	9	0.3
2015	6	CWAFZ04CTS_01	冬小麦	120	14.8	9	0.3
2015	6	CWAFZ04CTS_01	冬小麦	140	15.5	9	0.3
2015	6	CWAFZ04CTS_01	冬小麦	160	16.5	9	0.3
2015	6	CWAFZ04CTS_01	冬小麦	180	17.5	9	0.7
2015	6	CWAFZ04CTS_01	冬小麦	200	17.7	9	1.1
2015	6	CWAFZ04CTS_01	冬小麦	220	17.6	9	1.0
2015	6	CWAFZ04CTS_01	冬小麦	240	17.7	9	0.8

（续）

年份	月份	样地代码	作物名称	观测层次（cm）	体积含水量（%）	重复数	标准差
2015	6	CWAFZ04CTS＿01	冬小麦	260	18.9	9	1.0
2015	6	CWAFZ04CTS＿01	冬小麦	280	19.3	9	1.5
2015	6	CWAFZ04CTS＿01	冬小麦	300	19.0	9	1.3
2015	7	CWAFZ04CTS＿01	麦闲地	10	8.7	9	0.6
2015	7	CWAFZ04CTS＿01	麦闲地	20	11.0	9	0.7
2015	7	CWAFZ04CTS＿01	麦闲地	30	12.6	9	0.2
2015	7	CWAFZ04CTS＿01	麦闲地	40	13.1	9	0.5
2015	7	CWAFZ04CTS＿01	麦闲地	50	13.3	9	0.9
2015	7	CWAFZ04CTS＿01	麦闲地	60	12.7	9	0.5
2015	7	CWAFZ04CTS＿01	麦闲地	70	12.1	9	0.5
2015	7	CWAFZ04CTS＿01	麦闲地	80	11.9	9	0.1
2015	7	CWAFZ04CTS＿01	麦闲地	90	12.5	9	0.4
2015	7	CWAFZ04CTS＿01	麦闲地	100	13.2	9	0.2
2015	7	CWAFZ04CTS＿01	麦闲地	120	14.7	9	0.2
2015	7	CWAFZ04CTS＿01	麦闲地	140	15.3	9	0.3
2015	7	CWAFZ04CTS＿01	麦闲地	160	16.3	9	0.2
2015	7	CWAFZ04CTS＿01	麦闲地	180	17.0	9	0.7
2015	7	CWAFZ04CTS＿01	麦闲地	200	17.2	9	1.0
2015	7	CWAFZ04CTS＿01	麦闲地	220	17.0	9	0.7
2015	7	CWAFZ04CTS＿01	麦闲地	240	17.6	9	0.7
2015	7	CWAFZ04CTS＿01	麦闲地	260	18.6	9	1.2
2015	7	CWAFZ04CTS＿01	麦闲地	280	18.8	9	1.4
2015	7	CWAFZ04CTS＿01	麦闲地	300	18.7	9	1.1
2015	8	CWAFZ04CTS＿01	麦闲地	10	12.2	9	1.4
2015	8	CWAFZ04CTS＿01	麦闲地	20	13.4	9	1.0
2015	8	CWAFZ04CTS＿01	麦闲地	30	14.4	9	0.4
2015	8	CWAFZ04CTS＿01	麦闲地	40	14.8	9	0.5
2015	8	CWAFZ04CTS＿01	麦闲地	50	15.2	9	0.8
2015	8	CWAFZ04CTS＿01	麦闲地	60	15.2	9	0.5
2015	8	CWAFZ04CTS＿01	麦闲地	70	15.1	9	0.4
2015	8	CWAFZ04CTS＿01	麦闲地	80	14.9	9	0.6
2015	8	CWAFZ04CTS＿01	麦闲地	90	15.1	9	0.9
2015	8	CWAFZ04CTS＿01	麦闲地	100	15.6	9	0.9

（续）

年份	月份	样地代码	作物名称	观测层次（cm）	体积含水量（%）	重复数	标准差
2015	8	CWAFZ04CTS_01	麦闲地	120	16.1	9	1.3
2015	8	CWAFZ04CTS_01	麦闲地	140	16.2	9	1.3
2015	8	CWAFZ04CTS_01	麦闲地	160	17.1	9	1.1
2015	8	CWAFZ04CTS_01	麦闲地	180	17.8	9	0.7
2015	8	CWAFZ04CTS_01	麦闲地	200	17.8	9	0.5
2015	8	CWAFZ04CTS_01	麦闲地	220	17.4	9	0.4
2015	8	CWAFZ04CTS_01	麦闲地	240	17.5	9	0.4
2015	8	CWAFZ04CTS_01	麦闲地	260	18.4	9	1.1
2015	8	CWAFZ04CTS_01	麦闲地	280	18.9	9	1.4
2015	8	CWAFZ04CTS_01	麦闲地	300	18.6	9	1.2
2015	9	CWAFZ04CTS_01	冬小麦	10	13.9	9	1.4
2015	9	CWAFZ04CTS_01	冬小麦	20	15.8	9	1.5
2015	9	CWAFZ04CTS_01	冬小麦	30	16.5	9	0.3
2015	9	CWAFZ04CTS_01	冬小麦	40	16.3	9	0.3
2015	9	CWAFZ04CTS_01	冬小麦	50	15.5	9	1.1
2015	9	CWAFZ04CTS_01	冬小麦	60	15.9	9	0.5
2015	9	CWAFZ04CTS_01	冬小麦	70	15.9	9	0.2
2015	9	CWAFZ04CTS_01	冬小麦	80	15.6	9	0.4
2015	9	CWAFZ04CTS_01	冬小麦	90	15.8	9	0.6
2015	9	CWAFZ04CTS_01	冬小麦	100	16.3	9	0.6
2015	9	CWAFZ04CTS_01	冬小麦	120	16.5	9	1.0
2015	9	CWAFZ04CTS_01	冬小麦	140	16.6	9	1.3
2015	9	CWAFZ04CTS_01	冬小麦	160	17.1	9	1.3
2015	9	CWAFZ04CTS_01	冬小麦	180	17.9	9	0.8
2015	9	CWAFZ04CTS_01	冬小麦	200	18.1	9	0.4
2015	9	CWAFZ04CTS_01	冬小麦	220	17.7	9	0.5
2015	9	CWAFZ04CTS_01	冬小麦	240	17.6	9	0.5
2015	9	CWAFZ04CTS_01	冬小麦	260	17.9	9	1.5
2015	9	CWAFZ04CTS_01	冬小麦	280	18.2	9	1.7
2015	9	CWAFZ04CTS_01	冬小麦	300	18.1	9	1.6
2015	10	CWAFZ04CTS_01	冬小麦	10	13.0	9	0.7
2015	10	CWAFZ04CTS_01	冬小麦	20	15.2	9	0.9
2015	10	CWAFZ04CTS_01	冬小麦	30	15.9	9	0.3

（续）

年份	月份	样地代码	作物名称	观测层次（cm）	体积含水量（%）	重复数	标准差
2015	10	CWAFZ04CTS_01	冬小麦	40	16.0	9	0.4
2015	10	CWAFZ04CTS_01	冬小麦	50	16.1	9	0.8
2015	10	CWAFZ04CTS_01	冬小麦	60	15.9	9	0.6
2015	10	CWAFZ04CTS_01	冬小麦	70	15.9	9	0.3
2015	10	CWAFZ04CTS_01	冬小麦	80	15.6	9	0.3
2015	10	CWAFZ04CTS_01	冬小麦	90	16.0	9	0.4
2015	10	CWAFZ04CTS_01	冬小麦	100	16.4	9	0.8
2015	10	CWAFZ04CTS_01	冬小麦	120	16.7	9	1.1
2015	10	CWAFZ04CTS_01	冬小麦	140	17.1	9	1.2
2015	10	CWAFZ04CTS_01	冬小麦	160	17.5	9	0.9
2015	10	CWAFZ04CTS_01	冬小麦	180	18.1	9	0.6
2015	10	CWAFZ04CTS_01	冬小麦	200	18.5	9	0.7
2015	10	CWAFZ04CTS_01	冬小麦	220	17.9	9	0.6
2015	10	CWAFZ04CTS_01	冬小麦	240	18.1	9	0.4
2015	10	CWAFZ04CTS_01	冬小麦	260	18.8	9	1.1
2015	10	CWAFZ04CTS_01	冬小麦	280	19.0	9	1.2
2015	10	CWAFZ04CTS_01	冬小麦	300	19.0	9	1.0
2015	11	CWAFZ04CTS_01	冬小麦	10	18.6	9	1.0
2015	11	CWAFZ04CTS_01	冬小麦	20	20.1	9	1.9
2015	11	CWAFZ04CTS_01	冬小麦	30	20.5	9	2.0
2015	11	CWAFZ04CTS_01	冬小麦	40	19.7	9	2.0
2015	11	CWAFZ04CTS_01	冬小麦	50	20.2	9	1.7
2015	11	CWAFZ04CTS_01	冬小麦	60	21.6	9	4.3
2015	11	CWAFZ04CTS_01	冬小麦	70	19.2	9	1.5
2015	11	CWAFZ04CTS_01	冬小麦	80	18.7	9	1.2
2015	11	CWAFZ04CTS_01	冬小麦	90	18.3	9	1.2
2015	11	CWAFZ04CTS_01	冬小麦	100	18.6	9	1.1
2015	11	CWAFZ04CTS_01	冬小麦	120	18.7	9	1.2
2015	11	CWAFZ04CTS_01	冬小麦	140	18.6	9	1.0
2015	11	CWAFZ04CTS_01	冬小麦	160	18.9	9	0.7
2015	11	CWAFZ04CTS_01	冬小麦	180	19.3	9	1.2
2015	11	CWAFZ04CTS_01	冬小麦	200	19.8	9	1.4
2015	11	CWAFZ04CTS_01	冬小麦	220	19.4	9	1.4

（续）

年份	月份	样地代码	作物名称	观测层次（cm）	体积含水量（%）	重复数	标准差
2015	11	CWAFZ04CTS_01	冬小麦	240	20.1	9	0.9
2015	11	CWAFZ04CTS_01	冬小麦	260	21.3	9	1.0
2015	11	CWAFZ04CTS_01	冬小麦	280	21.9	9	1.2
2015	11	CWAFZ04CTS_01	冬小麦	300	21.8	9	0.8
2015	12	CWAFZ04CTS_01	冬小麦	10	15.6	9	1.3
2015	12	CWAFZ04CTS_01	冬小麦	20	15.9	9	1.1
2015	12	CWAFZ04CTS_01	冬小麦	30	16.3	9	0.5
2015	12	CWAFZ04CTS_01	冬小麦	40	16.3	9	0.6
2015	12	CWAFZ04CTS_01	冬小麦	50	16.7	9	1.2
2015	12	CWAFZ04CTS_01	冬小麦	60	16.7	9	0.8
2015	12	CWAFZ04CTS_01	冬小麦	70	16.5	9	0.7
2015	12	CWAFZ04CTS_01	冬小麦	80	16.7	9	0.7
2015	12	CWAFZ04CTS_01	冬小麦	90	16.6	9	0.5
2015	12	CWAFZ04CTS_01	冬小麦	100	17.0	9	0.4
2015	12	CWAFZ04CTS_01	冬小麦	120	17.2	9	0.6
2015	12	CWAFZ04CTS_01	冬小麦	140	17.4	9	0.9
2015	12	CWAFZ04CTS_01	冬小麦	160	17.5	9	0.7
2015	12	CWAFZ04CTS_01	冬小麦	180	18.1	9	0.5
2015	12	CWAFZ04CTS_01	冬小麦	200	18.2	9	0.5
2015	12	CWAFZ04CTS_01	冬小麦	220	18.1	9	0.4
2015	12	CWAFZ04CTS_01	冬小麦	240	18.2	9	0.7
2015	12	CWAFZ04CTS_01	冬小麦	260	18.9	9	1.1
2015	12	CWAFZ04CTS_01	冬小麦	280	19.2	9	1.2
2015	12	CWAFZ04CTS_01	冬小麦	300	18.7	9	1.1

5.2　土壤质量含水量

5.2.1　概述

本数据集收录了长武站 2009—2015 年 2 个监测样地 4 个监测点每两月采集一次的土壤质量含水量的数据（烘干法），分别是长武站综合观测场（样地代码 CWAZH01CHG_01）、辅助观测场（样地代码 CWAFZ03CHG_01）的场地中取两个采样点采样进行计算分析的数据。剖面观测层次分别为 0~10 cm、10~20 cm、20~30 cm、30~40 cm、40~50 cm、50~60 cm、60~70 cm、70~80 cm、80~90 cm、90~100 cm、100~120 cm、120~140 cm、140~160 cm、160~180 cm、180~200 cm、200~220 cm、220~240 cm、240~260 cm、260~280 cm、280~300 cm。

5.2.2 数据采集和处理方法

（1）观测样地

按照 CERN 长期观测规范，土壤水分监测频率对综合观测场（样地代码 CWAZH01CHG_01）、辅助观测场（样地代码 CWAFZ03CHG_01）场地进行烘干法监测。

（2）采样方法

土壤质量含水量（烘干法）用土钻在每个标准 40 m×40 m 的观测场地中选择两个点进行取样，样地中选点要进行对角选点，这样能保证样点的均一性。

（3）数据产品处理方法

取回土样用天平逐一进行称重记录，再放入烘箱进行烘干。烘箱温度设置为 105℃，烘干 24h 后再进行逐一称量记录，得到每个层次的湿土重、干土重、土盒重，再进行土壤质量含水量的计算。土壤质量含水量＝（土样净湿重－土样净干重）/土样净干重作为本数据产品的结果数据。

5.2.3 数据质量控制和评估

长武站对野外监测观测数据的数据质量高度重视，为确保数据监测的连续与可靠，专门成立由站长负责的数据监测质量评估小组对数据监测来源进行上报，以做质量控制和评估。

（1）参考《中国生态系统研究网络（CERN）长期观测质量管理规范》丛书《陆地生态系统水环境观测质量保证与质量控制》第三篇数据检验与评估。

（2）参考《中国生态系统研究网络（CERN）长期观测质量管理规范》丛书《陆地生态系统水环境观测质量保证与质量控制》第三篇阈值法、过程趋势法检验数据准确性，比对法（有条件的补充校正实验结果）、统计法检验数据的合理性。

5.2.4 数据

土壤质量含水量数据见表 5-2。

表 5-2 土壤质量含水量（烘干法）

年份	月份	样地代码	测管/采样点代码	观测层次（cm）	质量含水量（%）	备注
2009	2	CWAZH01CHG_01	CWAZH01CTS_01_01	10	—	
2009	2	CWAZH01CHG_01	CWAZH01CTS_01_01	20	16.50	
2009	2	CWAZH01CHG_01	CWAZH01CTS_01_01	30	15.78	
2009	2	CWAZH01CHG_01	CWAZH01CTS_01_01	40	14.58	
2009	2	CWAZH01CHG_01	CWAZH01CTS_01_01	50	14.73	
2009	2	CWAZH01CHG_01	CWAZH01CTS_01_01	60	15.17	
2009	2	CWAZH01CHG_01	CWAZH01CTS_01_01	70	16.99	
2009	2	CWAZH01CHG_01	CWAZH01CTS_01_01	80	16.84	
2009	2	CWAZH01CHG_01	CWAZH01CTS_01_01	90	17.06	
2009	2	CWAZH01CHG_01	CWAZH01CTS_01_01	100	17.26	
2009	2	CWAZH01CHG_01	CWAZH01CTS_01_01	120	17.79	
2009	2	CWAZH01CHG_01	CWAZH01CTS_01_01	140	15.99	
2009	2	CWAZH01CHG_01	CWAZH01CTS_01_01	160	14.14	

（续）

年份	月份	样地代码	测管/采样点代码	观测层次（cm）	质量含水量（%）	备注
2009	2	CWAZH01CHG_01	CWAZH01CTS_01_01	180	12.97	
2009	2	CWAZH01CHG_01	CWAZH01CTS_01_01	200	11.86	
2009	2	CWAZH01CHG_01	CWAZH01CTS_01_01	220	11.79	
2009	2	CWAZH01CHG_01	CWAZH01CTS_01_01	240	11.61	
2009	2	CWAZH01CHG_01	CWAZH01CTS_01_01	260	10.82	
2009	2	CWAZH01CHG_01	CWAZH01CTS_01_01	280	11.88	
2009	2	CWAZH01CHG_01	CWAZH01CTS_01_01	300	12.17	
2009	2	CWAZH01CHG_01	CWAZH01CTS_01_03	10	20.31	
2009	2	CWAZH01CHG_01	CWAZH01CTS_01_03	20	16.50	
2009	2	CWAZH01CHG_01	CWAZH01CTS_01_03	30	15.92	
2009	2	CWAZH01CHG_01	CWAZH01CTS_01_03	40	14.76	
2009	2	CWAZH01CHG_01	CWAZH01CTS_01_03	50	15.14	
2009	2	CWAZH01CHG_01	CWAZH01CTS_01_03	60	15.67	
2009	2	CWAZH01CHG_01	CWAZH01CTS_01_03	70	16.10	
2009	2	CWAZH01CHG_01	CWAZH01CTS_01_03	80	16.60	
2009	2	CWAZH01CHG_01	CWAZH01CTS_01_03	90	18.26	
2009	2	CWAZH01CHG_01	CWAZH01CTS_01_03	100	17.00	
2009	2	CWAZH01CHG_01	CWAZH01CTS_01_03	120	18.05	
2009	2	CWAZH01CHG_01	CWAZH01CTS_01_03	140	16.32	
2009	2	CWAZH01CHG_01	CWAZH01CTS_01_03	160	14.98	
2009	2	CWAZH01CHG_01	CWAZH01CTS_01_03	180	13.32	
2009	2	CWAZH01CHG_01	CWAZH01CTS_01_03	200	11.42	
2009	2	CWAZH01CHG_01	CWAZH01CTS_01_03	220	10.56	
2009	2	CWAZH01CHG_01	CWAZH01CTS_01_03	240	10.06	
2009	2	CWAZH01CHG_01	CWAZH01CTS_01_03	260	10.62	
2009	2	CWAZH01CHG_01	CWAZH01CTS_01_03	280	11.46	
2009	2	CWAZH01CHG_01	CWAZH01CTS_01_03	300	11.82	
2009	6	CWAZH01CHG_01	CWAZH01CTS_01_01	10	5.24	
2009	6	CWAZH01CHG_01	CWAZH01CTS_01_01	20	7.17	
2009	6	CWAZH01CHG_01	CWAZH01CTS_01_01	30	7.48	
2009	6	CWAZH01CHG_01	CWAZH01CTS_01_01	40	7.22	
2009	6	CWAZH01CHG_01	CWAZH01CTS_01_01	50	7.37	
2009	6	CWAZH01CHG_01	CWAZH01CTS_01_01	60	9.28	

（续）

年份	月份	样地代码	测管/采样点代码	观测层次（cm）	质量含水量（%）	备注
2009	6	CWAZH01CHG_01	CWAZH01CTS_01_01	70	10.33	
2009	6	CWAZH01CHG_01	CWAZH01CTS_01_01	80	9.80	
2009	6	CWAZH01CHG_01	CWAZH01CTS_01_01	90	10.00	
2009	6	CWAZH01CHG_01	CWAZH01CTS_01_01	100	9.80	
2009	6	CWAZH01CHG_01	CWAZH01CTS_01_01	120	10.09	
2009	6	CWAZH01CHG_01	CWAZH01CTS_01_01	140	10.26	
2009	6	CWAZH01CHG_01	CWAZH01CTS_01_01	160	10.11	
2009	6	CWAZH01CHG_01	CWAZH01CTS_01_01	180	10.51	
2009	6	CWAZH01CHG_01	CWAZH01CTS_01_01	200	10.44	
2009	6	CWAZH01CHG_01	CWAZH01CTS_01_01	220	10.37	
2009	6	CWAZH01CHG_01	CWAZH01CTS_01_01	240	10.00	
2009	6	CWAZH01CHG_01	CWAZH01CTS_01_01	260	10.70	
2009	6	CWAZH01CHG_01	CWAZH01CTS_01_01	280	10.34	
2009	6	CWAZH01CHG_01	CWAZH01CTS_01_01	300	11.49	
2009	6	CWAZH01CHG_01	CWAZH01CTS_01_03	10	5.38	
2009	6	CWAZH01CHG_01	CWAZH01CTS_01_03	20	7.32	
2009	6	CWAZH01CHG_01	CWAZH01CTS_01_03	30	7.55	
2009	6	CWAZH01CHG_01	CWAZH01CTS_01_03	40	7.38	
2009	6	CWAZH01CHG_01	CWAZH01CTS_01_03	50	7.72	
2009	6	CWAZH01CHG_01	CWAZH01CTS_01_03	60	8.69	
2009	6	CWAZH01CHG_01	CWAZH01CTS_01_03	70	9.40	
2009	6	CWAZH01CHG_01	CWAZH01CTS_01_03	80	9.80	
2009	6	CWAZH01CHG_01	CWAZH01CTS_01_03	90	10.18	
2009	6	CWAZH01CHG_01	CWAZH01CTS_01_03	100	8.74	
2009	6	CWAZH01CHG_01	CWAZH01CTS_01_03	120	11.23	
2009	6	CWAZH01CHG_01	CWAZH01CTS_01_03	140	10.46	
2009	6	CWAZH01CHG_01	CWAZH01CTS_01_03	160	10.56	
2009	6	CWAZH01CHG_01	CWAZH01CTS_01_03	180	10.79	
2009	6	CWAZH01CHG_01	CWAZH01CTS_01_03	200	10.36	
2009	6	CWAZH01CHG_01	CWAZH01CTS_01_03	220	10.80	
2009	6	CWAZH01CHG_01	CWAZH01CTS_01_03	240	9.61	
2009	6	CWAZH01CHG_01	CWAZH01CTS_01_03	260	10.91	
2009	6	CWAZH01CHG_01	CWAZH01CTS_01_03	280	11.85	

（续）

年份	月份	样地代码	测管/采样点代码	观测层次（cm）	质量含水量（%）	备注
2009	6	CWAZH01CHG_01	CWAZH01CTS_01_03	300	12.16	
2009	8	CWAZH01CHG_01	CWAZH01CTS_01_01	10	22.91	
2009	8	CWAZH01CHG_01	CWAZH01CTS_01_01	20	22.10	
2009	8	CWAZH01CHG_01	CWAZH01CTS_01_01	30	21.97	
2009	8	CWAZH01CHG_01	CWAZH01CTS_01_01	40	22.50	
2009	8	CWAZH01CHG_01	CWAZH01CTS_01_01	50	22.43	
2009	8	CWAZH01CHG_01	CWAZH01CTS_01_01	60	20.92	
2009	8	CWAZH01CHG_01	CWAZH01CTS_01_01	70	20.02	
2009	8	CWAZH01CHG_01	CWAZH01CTS_01_01	80	17.09	
2009	8	CWAZH01CHG_01	CWAZH01CTS_01_01	90	15.73	
2009	8	CWAZH01CHG_01	CWAZH01CTS_01_01	100	10.86	
2009	8	CWAZH01CHG_01	CWAZH01CTS_01_01	120	10.86	
2009	8	CWAZH01CHG_01	CWAZH01CTS_01_01	140	10.78	
2009	8	CWAZH01CHG_01	CWAZH01CTS_01_01	160	10.83	
2009	8	CWAZH01CHG_01	CWAZH01CTS_01_01	180	10.82	
2009	8	CWAZH01CHG_01	CWAZH01CTS_01_01	200	11.14	
2009	8	CWAZH01CHG_01	CWAZH01CTS_01_01	220	11.36	
2009	8	CWAZH01CHG_01	CWAZH01CTS_01_01	240	11.42	
2009	8	CWAZH01CHG_01	CWAZH01CTS_01_01	260	11.32	
2009	8	CWAZH01CHG_01	CWAZH01CTS_01_01	280	10.86	
2009	8	CWAZH01CHG_01	CWAZH01CTS_01_01	300	12.16	
2009	8	CWAZH01CHG_01	CWAZH01CTS_01_03	10	19.62	
2009	8	CWAZH01CHG_01	CWAZH01CTS_01_03	20	23.96	
2009	8	CWAZH01CHG_01	CWAZH01CTS_01_03	30	20.69	
2009	8	CWAZH01CHG_01	CWAZH01CTS_01_03	40	20.15	
2009	8	CWAZH01CHG_01	CWAZH01CTS_01_03	50	21.16	
2009	8	CWAZH01CHG_01	CWAZH01CTS_01_03	60	21.21	
2009	8	CWAZH01CHG_01	CWAZH01CTS_01_03	70	21.62	
2009	8	CWAZH01CHG_01	CWAZH01CTS_01_03	80	22.34	
2009	8	CWAZH01CHG_01	CWAZH01CTS_01_03	90	20.40	
2009	8	CWAZH01CHG_01	CWAZH01CTS_01_03	100	13.90	
2009	8	CWAZH01CHG_01	CWAZH01CTS_01_03	120	9.66	
2009	8	CWAZH01CHG_01	CWAZH01CTS_01_03	140	8.96	

（续）

年份	月份	样地代码	测管/采样点代码	观测层次（cm）	质量含水量（%）	备注
2009	8	CWAZH01CHG_01	CWAZH01CTS_01_03	160	9.03	
2009	8	CWAZH01CHG_01	CWAZH01CTS_01_03	180	9.43	
2009	8	CWAZH01CHG_01	CWAZH01CTS_01_03	200	9.58	
2009	8	CWAZH01CHG_01	CWAZH01CTS_01_03	220	10.08	
2009	8	CWAZH01CHG_01	CWAZH01CTS_01_03	240	9.37	
2009	8	CWAZH01CHG_01	CWAZH01CTS_01_03	260	10.32	
2009	8	CWAZH01CHG_01	CWAZH01CTS_01_03	280	10.49	
2009	8	CWAZH01CHG_01	CWAZH01CTS_01_03	300	11.37	
2009	10	CWAZH01CHG_01	CWAZH01CTS_01_01	10	16.09	
2009	10	CWAZH01CHG_01	CWAZH01CTS_01_01	20	16.37	
2009	10	CWAZH01CHG_01	CWAZH01CTS_01_01	30	15.44	
2009	10	CWAZH01CHG_01	CWAZH01CTS_01_01	40	15.41	
2009	10	CWAZH01CHG_01	CWAZH01CTS_01_01	50	16.72	
2009	10	CWAZH01CHG_01	CWAZH01CTS_01_01	60	17.49	
2009	10	CWAZH01CHG_01	CWAZH01CTS_01_01	70	18.78	
2009	10	CWAZH01CHG_01	CWAZH01CTS_01_01	80	18.87	
2009	10	CWAZH01CHG_01	CWAZH01CTS_01_01	90	17.74	
2009	10	CWAZH01CHG_01	CWAZH01CTS_01_01	100	19.55	
2009	10	CWAZH01CHG_01	CWAZH01CTS_01_01	120	18.21	
2009	10	CWAZH01CHG_01	CWAZH01CTS_01_01	140	14.47	
2009	10	CWAZH01CHG_01	CWAZH01CTS_01_01	160	12.02	
2009	10	CWAZH01CHG_01	CWAZH01CTS_01_01	180	11.68	
2009	10	CWAZH01CHG_01	CWAZH01CTS_01_01	200	11.66	
2009	10	CWAZH01CHG_01	CWAZH01CTS_01_01	220	11.27	
2009	10	CWAZH01CHG_01	CWAZH01CTS_01_01	240	11.18	
2009	10	CWAZH01CHG_01	CWAZH01CTS_01_01	260	11.97	
2009	10	CWAZH01CHG_01	CWAZH01CTS_01_01	280	11.48	
2009	10	CWAZH01CHG_01	CWAZH01CTS_01_01	300	13.09	
2009	10	CWAZH01CHG_01	CWAZH01CTS_01_03	10	16.33	
2009	10	CWAZH01CHG_01	CWAZH01CTS_01_03	20	17.08	
2009	10	CWAZH01CHG_01	CWAZH01CTS_01_03	30	15.25	
2009	10	CWAZH01CHG_01	CWAZH01CTS_01_03	40	15.89	
2009	10	CWAZH01CHG_01	CWAZH01CTS_01_03	50	17.17	

（续）

年份	月份	样地代码	测管/采样点代码	观测层次（cm）	质量含水量（%）	备注
2009	10	CWAZH01CHG_01	CWAZH01CTS_01_03	60	17.88	
2009	10	CWAZH01CHG_01	CWAZH01CTS_01_03	70	19.04	
2009	10	CWAZH01CHG_01	CWAZH01CTS_01_03	80	18.99	
2009	10	CWAZH01CHG_01	CWAZH01CTS_01_03	90	19.66	
2009	10	CWAZH01CHG_01	CWAZH01CTS_01_03	100	19.39	
2009	10	CWAZH01CHG_01	CWAZH01CTS_01_03	120	18.55	
2009	10	CWAZH01CHG_01	CWAZH01CTS_01_03	140	15.31	
2009	10	CWAZH01CHG_01	CWAZH01CTS_01_03	160	12.04	
2009	10	CWAZH01CHG_01	CWAZH01CTS_01_03	180	11.16	
2009	10	CWAZH01CHG_01	CWAZH01CTS_01_03	200	11.63	
2009	10	CWAZH01CHG_01	CWAZH01CTS_01_03	220	11.00	
2009	10	CWAZH01CHG_01	CWAZH01CTS_01_03	240	10.87	
2009	10	CWAZH01CHG_01	CWAZH01CTS_01_03	260	12.54	
2009	10	CWAZH01CHG_01	CWAZH01CTS_01_03	280	12.72	
2009	10	CWAZH01CHG_01	CWAZH01CTS_01_03	300	13.33	
2009	12	CWAZH01CHG_01	CWAZH01CTS_01_01	10	22.96	
2009	12	CWAZH01CHG_01	CWAZH01CTS_01_01	20	21.26	
2009	12	CWAZH01CHG_01	CWAZH01CTS_01_01	30	16.41	
2009	12	CWAZH01CHG_01	CWAZH01CTS_01_01	40	14.59	
2009	12	CWAZH01CHG_01	CWAZH01CTS_01_01	50	15.58	
2009	12	CWAZH01CHG_01	CWAZH01CTS_01_01	60	16.20	
2009	12	CWAZH01CHG_01	CWAZH01CTS_01_01	70	17.99	
2009	12	CWAZH01CHG_01	CWAZH01CTS_01_01	80	18.23	
2009	12	CWAZH01CHG_01	CWAZH01CTS_01_01	90	18.65	
2009	12	CWAZH01CHG_01	CWAZH01CTS_01_01	100	18.71	
2009	12	CWAZH01CHG_01	CWAZH01CTS_01_01	120	15.95	
2009	12	CWAZH01CHG_01	CWAZH01CTS_01_01	140	13.03	
2009	12	CWAZH01CHG_01	CWAZH01CTS_01_01	160	12.33	
2009	12	CWAZH01CHG_01	CWAZH01CTS_01_01	180	11.73	
2009	12	CWAZH01CHG_01	CWAZH01CTS_01_01	200	11.16	
2009	12	CWAZH01CHG_01	CWAZH01CTS_01_01	220	11.05	
2009	12	CWAZH01CHG_01	CWAZH01CTS_01_01	240	11.57	
2009	12	CWAZH01CHG_01	CWAZH01CTS_01_01	260	11.60	

（续）

年份	月份	样地代码	测管/采样点代码	观测层次（cm）	质量含水量（%）	备注
2009	12	CWAZH01CHG_01	CWAZH01CTS_01_01	280	11.48	
2009	12	CWAZH01CHG_01	CWAZH01CTS_01_01	300	12.26	
2009	12	CWAZH01CHG_01	CWAZH01CTS_01_03	10	27.79	
2009	12	CWAZH01CHG_01	CWAZH01CTS_01_03	20	23.09	
2009	12	CWAZH01CHG_01	CWAZH01CTS_01_03	30	16.97	
2009	12	CWAZH01CHG_01	CWAZH01CTS_01_03	40	15.16	
2009	12	CWAZH01CHG_01	CWAZH01CTS_01_03	50	16.13	
2009	12	CWAZH01CHG_01	CWAZH01CTS_01_03	60	18.27	
2009	12	CWAZH01CHG_01	CWAZH01CTS_01_03	70	19.31	
2009	12	CWAZH01CHG_01	CWAZH01CTS_01_03	80	18.82	
2009	12	CWAZH01CHG_01	CWAZH01CTS_01_03	90	19.48	
2009	12	CWAZH01CHG_01	CWAZH01CTS_01_03	100	19.10	
2009	12	CWAZH01CHG_01	CWAZH01CTS_01_03	120	17.83	
2009	12	CWAZH01CHG_01	CWAZH01CTS_01_03	140	16.59	
2009	12	CWAZH01CHG_01	CWAZH01CTS_01_03	160	14.95	
2009	12	CWAZH01CHG_01	CWAZH01CTS_01_03	180	12.78	
2009	12	CWAZH01CHG_01	CWAZH01CTS_01_03	200	11.26	
2009	12	CWAZH01CHG_01	CWAZH01CTS_01_03	220	11.16	
2009	12	CWAZH01CHG_01	CWAZH01CTS_01_03	240	10.96	
2009	12	CWAZH01CHG_01	CWAZH01CTS_01_03	260	11.07	
2009	12	CWAZH01CHG_01	CWAZH01CTS_01_03	280	12.40	
2009	12	CWAZH01CHG_01	CWAZH01CTS_01_03	300	13.06	
2009	2	CWAFZ03CHG_01	CWAFZ03CTS_01_01	10	17.37	
2009	2	CWAFZ03CHG_01	CWAFZ03CTS_01_01	20	16.26	
2009	2	CWAFZ03CHG_01	CWAFZ03CTS_01_01	30	15.06	
2009	2	CWAFZ03CHG_01	CWAFZ03CTS_01_01	40	14.95	
2009	2	CWAFZ03CHG_01	CWAFZ03CTS_01_01	50	14.16	
2009	2	CWAFZ03CHG_01	CWAFZ03CTS_01_01	60	13.90	
2009	2	CWAFZ03CHG_01	CWAFZ03CTS_01_01	70	13.55	
2009	2	CWAFZ03CHG_01	CWAFZ03CTS_01_01	80	16.92	
2009	2	CWAFZ03CHG_01	CWAFZ03CTS_01_01	90	17.60	
2009	2	CWAFZ03CHG_01	CWAFZ03CTS_01_01	100	17.24	
2009	2	CWAFZ03CHG_01	CWAFZ03CTS_01_01	120	15.72	

（续）

年份	月份	样地代码	测管/采样点代码	观测层次（cm）	质量含水量（%）	备注
2009	2	CWAFZ03CHG_01	CWAFZ03CTS_01_01	140	16.57	
2009	2	CWAFZ03CHG_01	CWAFZ03CTS_01_01	160	14.64	
2009	2	CWAFZ03CHG_01	CWAFZ03CTS_01_01	180	13.85	
2009	2	CWAFZ03CHG_01	CWAFZ03CTS_01_01	200	13.17	
2009	2	CWAFZ03CHG_01	CWAFZ03CTS_01_01	220	12.10	
2009	2	CWAFZ03CHG_01	CWAFZ03CTS_01_01	240	11.99	
2009	2	CWAFZ03CHG_01	CWAFZ03CTS_01_01	260	11.00	
2009	2	CWAFZ03CHG_01	CWAFZ03CTS_01_01	280	12.46	
2009	2	CWAFZ03CHG_01	CWAFZ03CTS_01_01	300	13.25	
2009	2	CWAFZ03CHG_01	CWAFZ03CTS_01_03	10	18.03	
2009	2	CWAFZ03CHG_01	CWAFZ03CTS_01_03	20	16.13	
2009	2	CWAFZ03CHG_01	CWAFZ03CTS_01_03	30	14.83	
2009	2	CWAFZ03CHG_01	CWAFZ03CTS_01_03	40	15.73	
2009	2	CWAFZ03CHG_01	CWAFZ03CTS_01_03	50	16.45	
2009	2	CWAFZ03CHG_01	CWAFZ03CTS_01_03	60	16.02	
2009	2	CWAFZ03CHG_01	CWAFZ03CTS_01_03	70	17.67	
2009	2	CWAFZ03CHG_01	CWAFZ03CTS_01_03	80	18.65	
2009	2	CWAFZ03CHG_01	CWAFZ03CTS_01_03	90	18.43	
2009	2	CWAFZ03CHG_01	CWAFZ03CTS_01_03	100	17.57	
2009	2	CWAFZ03CHG_01	CWAFZ03CTS_01_03	120	15.63	
2009	2	CWAFZ03CHG_01	CWAFZ03CTS_01_03	140	16.70	
2009	2	CWAFZ03CHG_01	CWAFZ03CTS_01_03	160	15.86	
2009	2	CWAFZ03CHG_01	CWAFZ03CTS_01_03	180	14.90	
2009	2	CWAFZ03CHG_01	CWAFZ03CTS_01_03	200	14.39	
2009	2	CWAFZ03CHG_01	CWAFZ03CTS_01_03	220	13.71	
2009	2	CWAFZ03CHG_01	CWAFZ03CTS_01_03	240	12.63	
2009	2	CWAFZ03CHG_01	CWAFZ03CTS_01_03	260	12.95	
2009	2	CWAFZ03CHG_01	CWAFZ03CTS_01_03	280	13.97	
2009	2	CWAFZ03CHG_01	CWAFZ03CTS_01_03	300	14.15	
2009	6	CWAFZ03CHG_01	CWAFZ03CTS_01_01	10	5.17	
2009	6	CWAFZ03CHG_01	CWAFZ03CTS_01_01	20	4.22	
2009	6	CWAFZ03CHG_01	CWAFZ03CTS_01_01	30	7.30	
2009	6	CWAFZ03CHG_01	CWAFZ03CTS_01_01	40	6.95	

（续）

年份	月份	样地代码	测管/采样点代码	观测层次（cm）	质量含水量（%）	备注
2009	6	CWAFZ03CHG_01	CWAFZ03CTS_01_01	50	7.04	
2009	6	CWAFZ03CHG_01	CWAFZ03CTS_01_01	60	9.03	
2009	6	CWAFZ03CHG_01	CWAFZ03CTS_01_01	70	10.06	
2009	6	CWAFZ03CHG_01	CWAFZ03CTS_01_01	80	10.58	
2009	6	CWAFZ03CHG_01	CWAFZ03CTS_01_01	90	11.19	
2009	6	CWAFZ03CHG_01	CWAFZ03CTS_01_01	100	11.47	
2009	6	CWAFZ03CHG_01	CWAFZ03CTS_01_01	120	11.99	
2009	6	CWAFZ03CHG_01	CWAFZ03CTS_01_01	140	12.61	
2009	6	CWAFZ03CHG_01	CWAFZ03CTS_01_01	160	12.31	
2009	6	CWAFZ03CHG_01	CWAFZ03CTS_01_01	180	12.30	
2009	6	CWAFZ03CHG_01	CWAFZ03CTS_01_01	200	11.51	
2009	6	CWAFZ03CHG_01	CWAFZ03CTS_01_01	220	11.42	
2009	6	CWAFZ03CHG_01	CWAFZ03CTS_01_01	240	11.11	
2009	6	CWAFZ03CHG_01	CWAFZ03CTS_01_01	260	11.89	
2009	6	CWAFZ03CHG_01	CWAFZ03CTS_01_01	280	12.83	
2009	6	CWAFZ03CHG_01	CWAFZ03CTS_01_01	300	19.50	
2009	6	CWAFZ03CHG_01	CWAFZ03CTS_01_03	10	6.07	
2009	6	CWAFZ03CHG_01	CWAFZ03CTS_01_03	20	7.35	
2009	6	CWAFZ03CHG_01	CWAFZ03CTS_01_03	30	7.30	
2009	6	CWAFZ03CHG_01	CWAFZ03CTS_01_03	40	8.01	
2009	6	CWAFZ03CHG_01	CWAFZ03CTS_01_03	50	8.98	
2009	6	CWAFZ03CHG_01	CWAFZ03CTS_01_03	60	9.05	
2009	6	CWAFZ03CHG_01	CWAFZ03CTS_01_03	70	9.96	
2009	6	CWAFZ03CHG_01	CWAFZ03CTS_01_03	80	10.43	
2009	6	CWAFZ03CHG_01	CWAFZ03CTS_01_03	90	10.60	
2009	6	CWAFZ03CHG_01	CWAFZ03CTS_01_03	100	10.51	
2009	6	CWAFZ03CHG_01	CWAFZ03CTS_01_03	120	10.26	
2009	6	CWAFZ03CHG_01	CWAFZ03CTS_01_03	140	10.35	
2009	6	CWAFZ03CHG_01	CWAFZ03CTS_01_03	160	10.44	
2009	6	CWAFZ03CHG_01	CWAFZ03CTS_01_03	180	10.18	
2009	6	CWAFZ03CHG_01	CWAFZ03CTS_01_03	200	10.70	
2009	6	CWAFZ03CHG_01	CWAFZ03CTS_01_03	220	10.84	
2009	6	CWAFZ03CHG_01	CWAFZ03CTS_01_03	240	11.54	

（续）

年份	月份	样地代码	测管/采样点代码	观测层次（cm）	质量含水量（%）	备注
2009	6	CWAFZ03CHG _ 01	CWAFZ03CTS_01_03	260	12.16	
2009	6	CWAFZ03CHG _ 01	CWAFZ03CTS_01_03	280	13.29	
2009	6	CWAFZ03CHG _ 01	CWAFZ03CTS_01_03	300	13.79	
2009	8	CWAFZ03CHG _ 01	CWAFZ03CTS_01_01	10	22.54	
2009	8	CWAFZ03CHG _ 01	CWAFZ03CTS_01_01	20	20.98	
2009	8	CWAFZ03CHG _ 01	CWAFZ03CTS_01_01	30	20.03	
2009	8	CWAFZ03CHG _ 01	CWAFZ03CTS_01_01	40	19.76	
2009	8	CWAFZ03CHG _ 01	CWAFZ03CTS_01_01	50	19.72	
2009	8	CWAFZ03CHG _ 01	CWAFZ03CTS_01_01	60	18.60	
2009	8	CWAFZ03CHG _ 01	CWAFZ03CTS_01_01	70	16.54	
2009	8	CWAFZ03CHG _ 01	CWAFZ03CTS_01_01	80	11.24	
2009	8	CWAFZ03CHG _ 01	CWAFZ03CTS_01_01	90	9.96	
2009	8	CWAFZ03CHG _ 01	CWAFZ03CTS_01_01	100	10.11	
2009	8	CWAFZ03CHG _ 01	CWAFZ03CTS_01_01	120	10.99	
2009	8	CWAFZ03CHG _ 01	CWAFZ03CTS_01_01	140	11.23	
2009	8	CWAFZ03CHG _ 01	CWAFZ03CTS_01_01	160	10.64	
2009	8	CWAFZ03CHG _ 01	CWAFZ03CTS_01_01	180	11.25	
2009	8	CWAFZ03CHG _ 01	CWAFZ03CTS_01_01	200	11.12	
2009	8	CWAFZ03CHG _ 01	CWAFZ03CTS_01_01	220	10.93	
2009	8	CWAFZ03CHG _ 01	CWAFZ03CTS_01_01	240	9.76	
2009	8	CWAFZ03CHG _ 01	CWAFZ03CTS_01_01	260	11.27	
2009	8	CWAFZ03CHG _ 01	CWAFZ03CTS_01_01	280	12.98	
2009	8	CWAFZ03CHG _ 01	CWAFZ03CTS_01_01	300	13.45	
2009	8	CWAFZ03CHG _ 01	CWAFZ03CTS_01_03	10	23.03	
2009	8	CWAFZ03CHG _ 01	CWAFZ03CTS_01_03	20	20.85	
2009	8	CWAFZ03CHG _ 01	CWAFZ03CTS_01_03	30	21.26	
2009	8	CWAFZ03CHG _ 01	CWAFZ03CTS_01_03	40	21.49	
2009	8	CWAFZ03CHG _ 01	CWAFZ03CTS_01_03	50	21.08	
2009	8	CWAFZ03CHG _ 01	CWAFZ03CTS_01_03	60	20.20	
2009	8	CWAFZ03CHG _ 01	CWAFZ03CTS_01_03	70	20.21	
2009	8	CWAFZ03CHG _ 01	CWAFZ03CTS_01_03	80	18.81	
2009	8	CWAFZ03CHG _ 01	CWAFZ03CTS_01_03	90	13.81	
2009	8	CWAFZ03CHG _ 01	CWAFZ03CTS_01_03	100	20.41	

（续）

年份	月份	样地代码	测管/采样点代码	观测层次（cm）	质量含水量（%）	备注
2009	8	CWAFZ03CHG_01	CWAFZ03CTS_01_03	120	11.21	
2009	8	CWAFZ03CHG_01	CWAFZ03CTS_01_03	140	11.29	
2009	8	CWAFZ03CHG_01	CWAFZ03CTS_01_03	160	11.58	
2009	8	CWAFZ03CHG_01	CWAFZ03CTS_01_03	180	11.84	
2009	8	CWAFZ03CHG_01	CWAFZ03CTS_01_03	200	12.06	
2009	8	CWAFZ03CHG_01	CWAFZ03CTS_01_03	220	12.22	
2009	8	CWAFZ03CHG_01	CWAFZ03CTS_01_03	240	11.85	
2009	8	CWAFZ03CHG_01	CWAFZ03CTS_01_03	260	13.57	
2009	8	CWAFZ03CHG_01	CWAFZ03CTS_01_03	280	13.50	
2009	8	CWAFZ03CHG_01	CWAFZ03CTS_01_03	300	14.10	
2009	10	CWAFZ03CHG_01	CWAFZ03CTS_01_01	10	16.08	
2009	10	CWAFZ03CHG_01	CWAFZ03CTS_01_01	20	18.99	
2009	10	CWAFZ03CHG_01	CWAFZ03CTS_01_01	30	17.33	
2009	10	CWAFZ03CHG_01	CWAFZ03CTS_01_01	40	16.67	
2009	10	CWAFZ03CHG_01	CWAFZ03CTS_01_01	50	16.78	
2009	10	CWAFZ03CHG_01	CWAFZ03CTS_01_01	60	16.52	
2009	10	CWAFZ03CHG_01	CWAFZ03CTS_01_01	70	17.41	
2009	10	CWAFZ03CHG_01	CWAFZ03CTS_01_01	80	19.10	
2009	10	CWAFZ03CHG_01	CWAFZ03CTS_01_01	90	19.58	
2009	10	CWAFZ03CHG_01	CWAFZ03CTS_01_01	100	19.96	
2009	10	CWAFZ03CHG_01	CWAFZ03CTS_01_01	120	17.75	
2009	10	CWAFZ03CHG_01	CWAFZ03CTS_01_01	140	15.38	
2009	10	CWAFZ03CHG_01	CWAFZ03CTS_01_01	160	12.40	
2009	10	CWAFZ03CHG_01	CWAFZ03CTS_01_01	180	12.40	
2009	10	CWAFZ03CHG_01	CWAFZ03CTS_01_01	200	11.47	
2009	10	CWAFZ03CHG_01	CWAFZ03CTS_01_01	220	11.58	
2009	10	CWAFZ03CHG_01	CWAFZ03CTS_01_01	240	11.23	
2009	10	CWAFZ03CHG_01	CWAFZ03CTS_01_01	260	12.10	
2009	10	CWAFZ03CHG_01	CWAFZ03CTS_01_01	280	13.04	
2009	10	CWAFZ03CHG_01	CWAFZ03CTS_01_01	300	13.94	
2009	10	CWAFZ03CHG_01	CWAFZ03CTS_01_03	10	15.79	
2009	10	CWAFZ03CHG_01	CWAFZ03CTS_01_03	20	16.19	
2009	10	CWAFZ03CHG_01	CWAFZ03CTS_01_03	30	17.04	

(续)

年份	月份	样地代码	测管/采样点代码	观测层次（cm）	质量含水量（%）	备注
2009	10	CWAFZ03CHG_01	CWAFZ03CTS_01_03	40	17.81	
2009	10	CWAFZ03CHG_01	CWAFZ03CTS_01_03	50	18.37	
2009	10	CWAFZ03CHG_01	CWAFZ03CTS_01_03	60	19.76	
2009	10	CWAFZ03CHG_01	CWAFZ03CTS_01_03	70	20.63	
2009	10	CWAFZ03CHG_01	CWAFZ03CTS_01_03	80	20.81	
2009	10	CWAFZ03CHG_01	CWAFZ03CTS_01_03	90	20.15	
2009	10	CWAFZ03CHG_01	CWAFZ03CTS_01_03	100	19.39	
2009	10	CWAFZ03CHG_01	CWAFZ03CTS_01_03	120	17.53	
2009	10	CWAFZ03CHG_01	CWAFZ03CTS_01_03	140	15.61	
2009	10	CWAFZ03CHG_01	CWAFZ03CTS_01_03	160	12.38	
2009	10	CWAFZ03CHG_01	CWAFZ03CTS_01_03	180	11.69	
2009	10	CWAFZ03CHG_01	CWAFZ03CTS_01_03	200	11.01	
2009	10	CWAFZ03CHG_01	CWAFZ03CTS_01_03	220	11.11	
2009	10	CWAFZ03CHG_01	CWAFZ03CTS_01_03	240	12.66	
2009	10	CWAFZ03CHG_01	CWAFZ03CTS_01_03	260	12.56	
2009	10	CWAFZ03CHG_01	CWAFZ03CTS_01_03	280	13.98	
2009	10	CWAFZ03CHG_01	CWAFZ03CTS_01_03	300	14.50	
2009	12	CWAFZ03CHG_01	CWAFZ03CTS_01_01	10	17.19	
2009	12	CWAFZ03CHG_01	CWAFZ03CTS_01_01	20	25.16	
2009	12	CWAFZ03CHG_01	CWAFZ03CTS_01_01	30	20.46	
2009	12	CWAFZ03CHG_01	CWAFZ03CTS_01_01	40	14.61	
2009	12	CWAFZ03CHG_01	CWAFZ03CTS_01_01	50	15.99	
2009	12	CWAFZ03CHG_01	CWAFZ03CTS_01_01	60	15.33	
2009	12	CWAFZ03CHG_01	CWAFZ03CTS_01_01	70	17.83	
2009	12	CWAFZ03CHG_01	CWAFZ03CTS_01_01	80	18.55	
2009	12	CWAFZ03CHG_01	CWAFZ03CTS_01_01	90	18.06	
2009	12	CWAFZ03CHG_01	CWAFZ03CTS_01_01	100	17.68	
2009	12	CWAFZ03CHG_01	CWAFZ03CTS_01_01	120	17.66	
2009	12	CWAFZ03CHG_01	CWAFZ03CTS_01_01	140	14.83	
2009	12	CWAFZ03CHG_01	CWAFZ03CTS_01_01	160	12.68	
2009	12	CWAFZ03CHG_01	CWAFZ03CTS_01_01	180	11.19	
2009	12	CWAFZ03CHG_01	CWAFZ03CTS_01_01	200	7.78	
2009	12	CWAFZ03CHG_01	CWAFZ03CTS_01_01	220	9.92	

（续）

年份	月份	样地代码	测管/采样点代码	观测层次（cm）	质量含水量（%）	备注
2009	12	CWAFZ03CHG_01	CWAFZ03CTS_01_01	240	9.61	
2009	12	CWAFZ03CHG_01	CWAFZ03CTS_01_01	260	10.86	
2009	12	CWAFZ03CHG_01	CWAFZ03CTS_01_01	280	12.90	
2009	12	CWAFZ03CHG_01	CWAFZ03CTS_01_01	300	13.05	
2009	12	CWAFZ03CHG_01	CWAFZ03CTS_01_03	10	21.77	
2009	12	CWAFZ03CHG_01	CWAFZ03CTS_01_03	20	23.98	
2009	12	CWAFZ03CHG_01	CWAFZ03CTS_01_03	30	16.97	
2009	12	CWAFZ03CHG_01	CWAFZ03CTS_01_03	40	17.56	
2009	12	CWAFZ03CHG_01	CWAFZ03CTS_01_03	50	18.32	
2009	12	CWAFZ03CHG_01	CWAFZ03CTS_01_03	60	18.98	
2009	12	CWAFZ03CHG_01	CWAFZ03CTS_01_03	70	19.43	
2009	12	CWAFZ03CHG_01	CWAFZ03CTS_01_03	80	18.94	
2009	12	CWAFZ03CHG_01	CWAFZ03CTS_01_03	90	19.85	
2009	12	CWAFZ03CHG_01	CWAFZ03CTS_01_03	100	19.25	
2009	12	CWAFZ03CHG_01	CWAFZ03CTS_01_03	120	17.67	
2009	12	CWAFZ03CHG_01	CWAFZ03CTS_01_03	140	13.02	
2009	12	CWAFZ03CHG_01	CWAFZ03CTS_01_03	160	13.74	
2009	12	CWAFZ03CHG_01	CWAFZ03CTS_01_03	180	15.47	
2009	12	CWAFZ03CHG_01	CWAFZ03CTS_01_03	200	13.65	
2009	12	CWAFZ03CHG_01	CWAFZ03CTS_01_03	220	11.46	
2009	12	CWAFZ03CHG_01	CWAFZ03CTS_01_03	240	12.30	
2009	12	CWAFZ03CHG_01	CWAFZ03CTS_01_03	260	14.81	
2009	12	CWAFZ03CHG_01	CWAFZ03CTS_01_03	280	12.19	
2009	12	CWAFZ03CHG_01	CWAFZ03CTS_01_03	300	12.23	
2010	2	CWAZH01CHG_01	CWAZH01CTS_01_01	10	20.42	
2010	2	CWAZH01CHG_01	CWAZH01CTS_01_01	20	21.23	
2010	2	CWAZH01CHG_01	CWAZH01CTS_01_01	30	20.86	
2010	2	CWAZH01CHG_01	CWAZH01CTS_01_01	40	21.94	
2010	2	CWAZH01CHG_01	CWAZH01CTS_01_01	50	14.81	
2010	2	CWAZH01CHG_01	CWAZH01CTS_01_01	60	16.71	
2010	2	CWAZH01CHG_01	CWAZH01CTS_01_01	70	17.32	
2010	2	CWAZH01CHG_01	CWAZH01CTS_01_01	80	17.50	
2010	2	CWAZH01CHG_01	CWAZH01CTS_01_01	90	17.77	

（续）

年份	月份	样地代码	测管/采样点代码	观测层次（cm）	质量含水量（%）	备注
2010	2	CWAZH01CHG_01	CWAZH01CTS_01_01	100	18.25	
2010	2	CWAZH01CHG_01	CWAZH01CTS_01_01	120	17.21	
2010	2	CWAZH01CHG_01	CWAZH01CTS_01_01	140	15.11	
2010	2	CWAZH01CHG_01	CWAZH01CTS_01_01	160	12.56	
2010	2	CWAZH01CHG_01	CWAZH01CTS_01_01	180	13.02	
2010	2	CWAZH01CHG_01	CWAZH01CTS_01_01	200	12.04	
2010	2	CWAZH01CHG_01	CWAZH01CTS_01_01	220	11.98	
2010	2	CWAZH01CHG_01	CWAZH01CTS_01_01	240	11.85	
2010	2	CWAZH01CHG_01	CWAZH01CTS_01_01	260	11.83	
2010	2	CWAZH01CHG_01	CWAZH01CTS_01_01	280	12.18	
2010	2	CWAZH01CHG_01	CWAZH01CTS_01_01	300	12.88	
2010	2	CWAZH01CHG_01	CWAZH01CTS_01_03	10	22.22	
2010	2	CWAZH01CHG_01	CWAZH01CTS_01_03	20	22.07	
2010	2	CWAZH01CHG_01	CWAZH01CTS_01_03	30	18.88	
2010	2	CWAZH01CHG_01	CWAZH01CTS_01_03	40	22.53	
2010	2	CWAZH01CHG_01	CWAZH01CTS_01_03	50	14.07	
2010	2	CWAZH01CHG_01	CWAZH01CTS_01_03	60	15.45	
2010	2	CWAZH01CHG_01	CWAZH01CTS_01_03	70	17.02	
2010	2	CWAZH01CHG_01	CWAZH01CTS_01_03	80	17.77	
2010	2	CWAZH01CHG_01	CWAZH01CTS_01_03	90	19.00	
2010	2	CWAZH01CHG_01	CWAZH01CTS_01_03	100	18.28	
2010	2	CWAZH01CHG_01	CWAZH01CTS_01_03	120	17.24	
2010	2	CWAZH01CHG_01	CWAZH01CTS_01_03	140	16.54	
2010	2	CWAZH01CHG_01	CWAZH01CTS_01_03	160	14.98	
2010	2	CWAZH01CHG_01	CWAZH01CTS_01_03	180	13.53	
2010	2	CWAZH01CHG_01	CWAZH01CTS_01_03	200	12.55	
2010	2	CWAZH01CHG_01	CWAZH01CTS_01_03	220	11.56	
2010	2	CWAZH01CHG_01	CWAZH01CTS_01_03	240	11.09	
2010	2	CWAZH01CHG_01	CWAZH01CTS_01_03	260	12.00	
2010	2	CWAZH01CHG_01	CWAZH01CTS_01_03	280	12.25	
2010	2	CWAZH01CHG_01	CWAZH01CTS_01_03	300	13.23	
2010	4	CWAZH01CHG_01	CWAZH01CTS_01_01	10	13.53	
2010	4	CWAZH01CHG_01	CWAZH01CTS_01_01	20	17.54	

（续）

年份	月份	样地代码	测管/采样点代码	观测层次（cm）	质量含水量（%）	备注
2010	4	CWAZH01CHG_01	CWAZH01CTS_01_01	30	18.34	
2010	4	CWAZH01CHG_01	CWAZH01CTS_01_01	40	17.71	
2010	4	CWAZH01CHG_01	CWAZH01CTS_01_01	50	17.80	
2010	4	CWAZH01CHG_01	CWAZH01CTS_01_01	60	17.79	
2010	4	CWAZH01CHG_01	CWAZH01CTS_01_01	70	17.60	
2010	4	CWAZH01CHG_01	CWAZH01CTS_01_01	80	17.54	
2010	4	CWAZH01CHG_01	CWAZH01CTS_01_01	90	17.33	
2010	4	CWAZH01CHG_01	CWAZH01CTS_01_01	100	17.41	
2010	4	CWAZH01CHG_01	CWAZH01CTS_01_01	120	14.72	
2010	4	CWAZH01CHG_01	CWAZH01CTS_01_01	140	14.21	
2010	4	CWAZH01CHG_01	CWAZH01CTS_01_01	160	12.90	
2010	4	CWAZH01CHG_01	CWAZH01CTS_01_01	180	11.45	
2010	4	CWAZH01CHG_01	CWAZH01CTS_01_01	200	11.21	
2010	4	CWAZH01CHG_01	CWAZH01CTS_01_01	220	11.32	
2010	4	CWAZH01CHG_01	CWAZH01CTS_01_01	240	11.33	
2010	4	CWAZH01CHG_01	CWAZH01CTS_01_01	260	10.55	
2010	4	CWAZH01CHG_01	CWAZH01CTS_01_01	280	11.98	
2010	4	CWAZH01CHG_01	CWAZH01CTS_01_01	300	11.75	
2010	4	CWAZH01CHG_01	CWAZH01CTS_01_03	10	15.82	
2010	4	CWAZH01CHG_01	CWAZH01CTS_01_03	20	17.76	
2010	4	CWAZH01CHG_01	CWAZH01CTS_01_03	30	16.41	
2010	4	CWAZH01CHG_01	CWAZH01CTS_01_03	40	15.94	
2010	4	CWAZH01CHG_01	CWAZH01CTS_01_03	50	15.42	
2010	4	CWAZH01CHG_01	CWAZH01CTS_01_03	60	15.64	
2010	4	CWAZH01CHG_01	CWAZH01CTS_01_03	70	16.22	
2010	4	CWAZH01CHG_01	CWAZH01CTS_01_03	80	17.00	
2010	4	CWAZH01CHG_01	CWAZH01CTS_01_03	90	17.86	
2010	4	CWAZH01CHG_01	CWAZH01CTS_01_03	100	17.82	
2010	4	CWAZH01CHG_01	CWAZH01CTS_01_03	120	17.25	
2010	4	CWAZH01CHG_01	CWAZH01CTS_01_03	140	16.19	
2010	4	CWAZH01CHG_01	CWAZH01CTS_01_03	160	14.03	
2010	4	CWAZH01CHG_01	CWAZH01CTS_01_03	180	13.37	
2010	4	CWAZH01CHG_01	CWAZH01CTS_01_03	200	11.96	

（续）

年份	月份	样地代码	测管/采样点代码	观测层次（cm）	质量含水量（%）	备注
2010	4	CWAZH01CHG_01	CWAZH01CTS_01_03	220	11.34	
2010	4	CWAZH01CHG_01	CWAZH01CTS_01_03	240	11.53	
2010	4	CWAZH01CHG_01	CWAZH01CTS_01_03	260	11.55	
2010	4	CWAZH01CHG_01	CWAZH01CTS_01_03	280	12.11	
2010	4	CWAZH01CHG_01	CWAZH01CTS_01_03	300	12.62	
2010	6	CWAZH01CHG_01	CWAZH01CTS_01_01	10	9.15	
2010	6	CWAZH01CHG_01	CWAZH01CTS_01_01	20	11.23	
2010	6	CWAZH01CHG_01	CWAZH01CTS_01_01	30	10.68	
2010	6	CWAZH01CHG_01	CWAZH01CTS_01_01	40	10.50	
2010	6	CWAZH01CHG_01	CWAZH01CTS_01_01	50	12.25	
2010	6	CWAZH01CHG_01	CWAZH01CTS_01_01	60	14.27	
2010	6	CWAZH01CHG_01	CWAZH01CTS_01_01	70	14.76	
2010	6	CWAZH01CHG_01	CWAZH01CTS_01_01	80	15.16	
2010	6	CWAZH01CHG_01	CWAZH01CTS_01_01	90	15.91	
2010	6	CWAZH01CHG_01	CWAZH01CTS_01_01	100	15.42	
2010	6	CWAZH01CHG_01	CWAZH01CTS_01_01	120	14.47	
2010	6	CWAZH01CHG_01	CWAZH01CTS_01_01	140	14.00	
2010	6	CWAZH01CHG_01	CWAZH01CTS_01_01	160	12.28	
2010	6	CWAZH01CHG_01	CWAZH01CTS_01_01	180	11.66	
2010	6	CWAZH01CHG_01	CWAZH01CTS_01_01	200	11.99	
2010	6	CWAZH01CHG_01	CWAZH01CTS_01_01	220	11.73	
2010	6	CWAZH01CHG_01	CWAZH01CTS_01_01	240	11.33	
2010	6	CWAZH01CHG_01	CWAZH01CTS_01_01	260	11.36	
2010	6	CWAZH01CHG_01	CWAZH01CTS_01_01	280	10.52	
2010	6	CWAZH01CHG_01	CWAZH01CTS_01_01	300	12.28	
2010	6	CWAZH01CHG_01	CWAZH01CTS_01_03	10	9.46	
2010	6	CWAZH01CHG_01	CWAZH01CTS_01_03	20	11.01	
2010	6	CWAZH01CHG_01	CWAZH01CTS_01_03	30	11.37	
2010	6	CWAZH01CHG_01	CWAZH01CTS_01_03	40	10.81	
2010	6	CWAZH01CHG_01	CWAZH01CTS_01_03	50	12.82	
2010	6	CWAZH01CHG_01	CWAZH01CTS_01_03	60	15.06	
2010	6	CWAZH01CHG_01	CWAZH01CTS_01_03	70	14.89	
2010	6	CWAZH01CHG_01	CWAZH01CTS_01_03	80	15.35	

（续）

年份	月份	样地代码	测管/采样点代码	观测层次（cm）	质量含水量（%）	备注
2010	6	CWAZH01CHG_01	CWAZH01CTS_01_03	90	15.86	
2010	6	CWAZH01CHG_01	CWAZH01CTS_01_03	100	16.40	
2010	6	CWAZH01CHG_01	CWAZH01CTS_01_03	120	15.56	
2010	6	CWAZH01CHG_01	CWAZH01CTS_01_03	140	14.01	
2010	6	CWAZH01CHG_01	CWAZH01CTS_01_03	160	12.56	
2010	6	CWAZH01CHG_01	CWAZH01CTS_01_03	180	11.39	
2010	6	CWAZH01CHG_01	CWAZH01CTS_01_03	200	11.07	
2010	6	CWAZH01CHG_01	CWAZH01CTS_01_03	220	10.45	
2010	6	CWAZH01CHG_01	CWAZH01CTS_01_03	240	10.74	
2010	6	CWAZH01CHG_01	CWAZH01CTS_01_03	260	10.64	
2010	6	CWAZH01CHG_01	CWAZH01CTS_01_03	280	11.67	
2010	6	CWAZH01CHG_01	CWAZH01CTS_01_03	300	11.78	
2010	8	CWAZH01CHG_01	CWAZH01CTS_01_01	10	20.12	
2010	8	CWAZH01CHG_01	CWAZH01CTS_01_01	20	21.48	
2010	8	CWAZH01CHG_01	CWAZH01CTS_01_01	30	19.47	
2010	8	CWAZH01CHG_01	CWAZH01CTS_01_01	40	20.17	
2010	8	CWAZH01CHG_01	CWAZH01CTS_01_01	50	20.58	
2010	8	CWAZH01CHG_01	CWAZH01CTS_01_01	60	19.96	
2010	8	CWAZH01CHG_01	CWAZH01CTS_01_01	70	21.38	
2010	8	CWAZH01CHG_01	CWAZH01CTS_01_01	80	22.39	
2010	8	CWAZH01CHG_01	CWAZH01CTS_01_01	90	22.27	
2010	8	CWAZH01CHG_01	CWAZH01CTS_01_01	100	19.33	
2010	8	CWAZH01CHG_01	CWAZH01CTS_01_01	120	23.51	
2010	8	CWAZH01CHG_01	CWAZH01CTS_01_01	140	22.34	
2010	8	CWAZH01CHG_01	CWAZH01CTS_01_01	160	20.37	
2010	8	CWAZH01CHG_01	CWAZH01CTS_01_01	180	16.54	
2010	8	CWAZH01CHG_01	CWAZH01CTS_01_01	200	11.74	
2010	8	CWAZH01CHG_01	CWAZH01CTS_01_01	220	11.72	
2010	8	CWAZH01CHG_01	CWAZH01CTS_01_01	240	11.92	
2010	8	CWAZH01CHG_01	CWAZH01CTS_01_01	260	11.98	
2010	8	CWAZH01CHG_01	CWAZH01CTS_01_01	280	12.28	
2010	8	CWAZH01CHG_01	CWAZH01CTS_01_01	300	13.23	
2010	8	CWAZH01CHG_01	CWAZH01CTS_01_03	10	21.39	

（续）

年份	月份	样地代码	测管/采样点代码	观测层次（cm）	质量含水量（%）	备注
2010	8	CWAZH01CHG_01	CWAZH01CTS_01_03	20	20.34	
2010	8	CWAZH01CHG_01	CWAZH01CTS_01_03	30	18.88	
2010	8	CWAZH01CHG_01	CWAZH01CTS_01_03	40	20.00	
2010	8	CWAZH01CHG_01	CWAZH01CTS_01_03	50	19.30	
2010	8	CWAZH01CHG_01	CWAZH01CTS_01_03	60	20.55	
2010	8	CWAZH01CHG_01	CWAZH01CTS_01_03	70	22.80	
2010	8	CWAZH01CHG_01	CWAZH01CTS_01_03	80	23.40	
2010	8	CWAZH01CHG_01	CWAZH01CTS_01_03	90	23.18	
2010	8	CWAZH01CHG_01	CWAZH01CTS_01_03	100	23.80	
2010	8	CWAZH01CHG_01	CWAZH01CTS_01_03	120	21.42	
2010	8	CWAZH01CHG_01	CWAZH01CTS_01_03	140	25.23	
2010	8	CWAZH01CHG_01	CWAZH01CTS_01_03	160	25.80	
2010	8	CWAZH01CHG_01	CWAZH01CTS_01_03	180	21.30	
2010	8	CWAZH01CHG_01	CWAZH01CTS_01_03	200	17.97	
2010	8	CWAZH01CHG_01	CWAZH01CTS_01_03	220	12.28	
2010	8	CWAZH01CHG_01	CWAZH01CTS_01_03	240	12.44	
2010	8	CWAZH01CHG_01	CWAZH01CTS_01_03	260	11.70	
2010	8	CWAZH01CHG_01	CWAZH01CTS_01_03	280	12.98	
2010	8	CWAZH01CHG_01	CWAZH01CTS_01_03	300	13.21	
2010	10	CWAZH01CHG_01	CWAZH01CTS_01_01	10	18.05	
2010	10	CWAZH01CHG_01	CWAZH01CTS_01_01	20	19.85	
2010	10	CWAZH01CHG_01	CWAZH01CTS_01_01	30	18.59	
2010	10	CWAZH01CHG_01	CWAZH01CTS_01_01	40	18.59	
2010	10	CWAZH01CHG_01	CWAZH01CTS_01_01	50	18.77	
2010	10	CWAZH01CHG_01	CWAZH01CTS_01_01	60	18.78	
2010	10	CWAZH01CHG_01	CWAZH01CTS_01_01	70	19.91	
2010	10	CWAZH01CHG_01	CWAZH01CTS_01_01	80	20.34	
2010	10	CWAZH01CHG_01	CWAZH01CTS_01_01	90	20.80	
2010	10	CWAZH01CHG_01	CWAZH01CTS_01_01	100	20.28	
2010	10	CWAZH01CHG_01	CWAZH01CTS_01_01	120	20.58	
2010	10	CWAZH01CHG_01	CWAZH01CTS_01_01	140	21.19	
2010	10	CWAZH01CHG_01	CWAZH01CTS_01_01	160	19.41	
2010	10	CWAZH01CHG_01	CWAZH01CTS_01_01	180	18.49	

（续）

年份	月份	样地代码	测管/采样点代码	观测层次（cm）	质量含水量（%）	备注
2010	10	CWAZH01CHG_01	CWAZH01CTS_01_01	200	17.27	
2010	10	CWAZH01CHG_01	CWAZH01CTS_01_01	220	14.33	
2010	10	CWAZH01CHG_01	CWAZH01CTS_01_01	240	11.45	
2010	10	CWAZH01CHG_01	CWAZH01CTS_01_01	260	11.36	
2010	10	CWAZH01CHG_01	CWAZH01CTS_01_01	280	11.16	
2010	10	CWAZH01CHG_01	CWAZH01CTS_01_01	300	12.47	
2010	10	CWAZH01CHG_01	CWAZH01CTS_01_03	10	19.04	
2010	10	CWAZH01CHG_01	CWAZH01CTS_01_03	20	18.87	
2010	10	CWAZH01CHG_01	CWAZH01CTS_01_03	30	17.34	
2010	10	CWAZH01CHG_01	CWAZH01CTS_01_03	40	17.83	
2010	10	CWAZH01CHG_01	CWAZH01CTS_01_03	50	18.24	
2010	10	CWAZH01CHG_01	CWAZH01CTS_01_03	60	18.56	
2010	10	CWAZH01CHG_01	CWAZH01CTS_01_03	70	19.40	
2010	10	CWAZH01CHG_01	CWAZH01CTS_01_03	80	18.94	
2010	10	CWAZH01CHG_01	CWAZH01CTS_01_03	90	19.30	
2010	10	CWAZH01CHG_01	CWAZH01CTS_01_03	100	21.08	
2010	10	CWAZH01CHG_01	CWAZH01CTS_01_03	120	20.33	
2010	10	CWAZH01CHG_01	CWAZH01CTS_01_03	140	20.30	
2010	10	CWAZH01CHG_01	CWAZH01CTS_01_03	160	19.92	
2010	10	CWAZH01CHG_01	CWAZH01CTS_01_03	180	18.98	
2010	10	CWAZH01CHG_01	CWAZH01CTS_01_03	200	18.16	
2010	10	CWAZH01CHG_01	CWAZH01CTS_01_03	220	17.71	
2010	10	CWAZH01CHG_01	CWAZH01CTS_01_03	240	16.08	
2010	10	CWAZH01CHG_01	CWAZH01CTS_01_03	260	14.81	
2010	10	CWAZH01CHG_01	CWAZH01CTS_01_03	280	13.07	
2010	10	CWAZH01CHG_01	CWAZH01CTS_01_03	300	13.20	
2010	12	CWAZH01CHG_01	CWAZH01CTS_01_01	10	17.58	
2010	12	CWAZH01CHG_01	CWAZH01CTS_01_01	20	15.65	
2010	12	CWAZH01CHG_01	CWAZH01CTS_01_01	30	16.28	
2010	12	CWAZH01CHG_01	CWAZH01CTS_01_01	40	14.33	
2010	12	CWAZH01CHG_01	CWAZH01CTS_01_01	50	15.86	
2010	12	CWAZH01CHG_01	CWAZH01CTS_01_01	60	16.28	
2010	12	CWAZH01CHG_01	CWAZH01CTS_01_01	70	17.57	

（续）

年份	月份	样地代码	测管/采样点代码	观测层次（cm）	质量含水量（%）	备注
2010	12	CWAZH01CHG_01	CWAZH01CTS_01_01	80	17.74	
2010	12	CWAZH01CHG_01	CWAZH01CTS_01_01	90	18.48	
2010	12	CWAZH01CHG_01	CWAZH01CTS_01_01	100	19.59	
2010	12	CWAZH01CHG_01	CWAZH01CTS_01_01	120	18.76	
2010	12	CWAZH01CHG_01	CWAZH01CTS_01_01	140	19.35	
2010	12	CWAZH01CHG_01	CWAZH01CTS_01_01	160	18.94	
2010	12	CWAZH01CHG_01	CWAZH01CTS_01_01	180	18.53	
2010	12	CWAZH01CHG_01	CWAZH01CTS_01_01	200	17.82	
2010	12	CWAZH01CHG_01	CWAZH01CTS_01_01	220	18.13	
2010	12	CWAZH01CHG_01	CWAZH01CTS_01_01	240	17.30	
2010	12	CWAZH01CHG_01	CWAZH01CTS_01_01	260	16.04	
2010	12	CWAZH01CHG_01	CWAZH01CTS_01_01	280	14.78	
2010	12	CWAZH01CHG_01	CWAZH01CTS_01_01	300	14.28	
2010	12	CWAZH01CHG_01	CWAZH01CTS_01_03	10	16.90	
2010	12	CWAZH01CHG_01	CWAZH01CTS_01_03	20	13.47	
2010	12	CWAZH01CHG_01	CWAZH01CTS_01_03	30	13.96	
2010	12	CWAZH01CHG_01	CWAZH01CTS_01_03	40	14.38	
2010	12	CWAZH01CHG_01	CWAZH01CTS_01_03	50	15.30	
2010	12	CWAZH01CHG_01	CWAZH01CTS_01_03	60	16.26	
2010	12	CWAZH01CHG_01	CWAZH01CTS_01_03	70	16.78	
2010	12	CWAZH01CHG_01	CWAZH01CTS_01_03	80	18.04	
2010	12	CWAZH01CHG_01	CWAZH01CTS_01_03	90	20.49	
2010	12	CWAZH01CHG_01	CWAZH01CTS_01_03	100	18.45	
2010	12	CWAZH01CHG_01	CWAZH01CTS_01_03	120	18.72	
2010	12	CWAZH01CHG_01	CWAZH01CTS_01_03	140	15.63	
2010	12	CWAZH01CHG_01	CWAZH01CTS_01_03	160	18.49	
2010	12	CWAZH01CHG_01	CWAZH01CTS_01_03	180	18.11	
2010	12	CWAZH01CHG_01	CWAZH01CTS_01_03	200	17.92	
2010	12	CWAZH01CHG_01	CWAZH01CTS_01_03	220	17.44	
2010	12	CWAZH01CHG_01	CWAZH01CTS_01_03	240	17.18	
2010	12	CWAZH01CHG_01	CWAZH01CTS_01_03	260	15.09	
2010	12	CWAZH01CHG_01	CWAZH01CTS_01_03	280	15.40	
2010	12	CWAZH01CHG_01	CWAZH01CTS_01_03	300	14.92	

（续）

年份	月份	样地代码	测管/采样点代码	观测层次（cm）	质量含水量（%）	备注
2010	2	CWAFZ03CHG _ 01	CWAFZ03CTS _ 01 _ 01	10	19.48	
2010	2	CWAFZ03CHG _ 01	CWAFZ03CTS _ 01 _ 01	20	20.72	
2010	2	CWAFZ03CHG _ 01	CWAFZ03CTS _ 01 _ 01	30	19.92	
2010	2	CWAFZ03CHG _ 01	CWAFZ03CTS _ 01 _ 01	40	17.34	
2010	2	CWAFZ03CHG _ 01	CWAFZ03CTS _ 01 _ 01	50	14.19	
2010	2	CWAFZ03CHG _ 01	CWAFZ03CTS _ 01 _ 01	60	15.66	
2010	2	CWAFZ03CHG _ 01	CWAFZ03CTS _ 01 _ 01	70	17.23	
2010	2	CWAFZ03CHG _ 01	CWAFZ03CTS _ 01 _ 01	80	17.33	
2010	2	CWAFZ03CHG _ 01	CWAFZ03CTS _ 01 _ 01	90	17.05	
2010	2	CWAFZ03CHG _ 01	CWAFZ03CTS _ 01 _ 01	100	17.06	
2010	2	CWAFZ03CHG _ 01	CWAFZ03CTS _ 01 _ 01	120	18.58	
2010	2	CWAFZ03CHG _ 01	CWAFZ03CTS _ 01 _ 01	140	14.70	
2010	2	CWAFZ03CHG _ 01	CWAFZ03CTS _ 01 _ 01	160	12.77	
2010	2	CWAFZ03CHG _ 01	CWAFZ03CTS _ 01 _ 01	180	12.12	
2010	2	CWAFZ03CHG _ 01	CWAFZ03CTS _ 01 _ 01	200	12.55	
2010	2	CWAFZ03CHG _ 01	CWAFZ03CTS _ 01 _ 01	220	16.52	
2010	2	CWAFZ03CHG _ 01	CWAFZ03CTS _ 01 _ 01	240	9.41	
2010	2	CWAFZ03CHG _ 01	CWAFZ03CTS _ 01 _ 01	260	11.75	
2010	2	CWAFZ03CHG _ 01	CWAFZ03CTS _ 01 _ 01	280	13.13	
2010	2	CWAFZ03CHG _ 01	CWAFZ03CTS _ 01 _ 01	300	12.87	
2010	2	CWAFZ03CHG _ 01	CWAFZ03CTS _ 01 _ 03	10	18.46	
2010	2	CWAFZ03CHG _ 01	CWAFZ03CTS _ 01 _ 03	20	20.03	
2010	2	CWAFZ03CHG _ 01	CWAFZ03CTS _ 01 _ 03	30	19.60	
2010	2	CWAFZ03CHG _ 01	CWAFZ03CTS _ 01 _ 03	40	18.08	
2010	2	CWAFZ03CHG _ 01	CWAFZ03CTS _ 01 _ 03	50	18.90	
2010	2	CWAFZ03CHG _ 01	CWAFZ03CTS _ 01 _ 03	60	18.28	
2010	2	CWAFZ03CHG _ 01	CWAFZ03CTS _ 01 _ 03	70	19.10	
2010	2	CWAFZ03CHG _ 01	CWAFZ03CTS _ 01 _ 03	80	19.75	
2010	2	CWAFZ03CHG _ 01	CWAFZ03CTS _ 01 _ 03	90	18.90	
2010	2	CWAFZ03CHG _ 01	CWAFZ03CTS _ 01 _ 03	100	18.25	
2010	2	CWAFZ03CHG _ 01	CWAFZ03CTS _ 01 _ 03	120	17.37	
2010	2	CWAFZ03CHG _ 01	CWAFZ03CTS _ 01 _ 03	140	15.84	
2010	2	CWAFZ03CHG _ 01	CWAFZ03CTS _ 01 _ 03	160	14.44	

(续)

年份	月份	样地代码	测管/采样点代码	观测层次（cm）	质量含水量（%）	备注
2010	2	CWAFZ03CHG_01	CWAFZ03CTS_01_03	180	13.17	
2010	2	CWAFZ03CHG_01	CWAFZ03CTS_01_03	200	12.49	
2010	2	CWAFZ03CHG_01	CWAFZ03CTS_01_03	220	12.66	
2010	2	CWAFZ03CHG_01	CWAFZ03CTS_01_03	240	12.38	
2010	2	CWAFZ03CHG_01	CWAFZ03CTS_01_03	260	12.42	
2010	2	CWAFZ03CHG_01	CWAFZ03CTS_01_03	280	14.00	
2010	2	CWAFZ03CHG_01	CWAFZ03CTS_01_03	300	14.26	
2010	4	CWAFZ03CHG_01	CWAFZ03CTS_01_01	10	9.94	
2010	4	CWAFZ03CHG_01	CWAFZ03CTS_01_01	20	10.86	
2010	4	CWAFZ03CHG_01	CWAFZ03CTS_01_01	30	10.10	
2010	4	CWAFZ03CHG_01	CWAFZ03CTS_01_01	40	11.01	
2010	4	CWAFZ03CHG_01	CWAFZ03CTS_01_01	50	11.84	
2010	4	CWAFZ03CHG_01	CWAFZ03CTS_01_01	60	13.26	
2010	4	CWAFZ03CHG_01	CWAFZ03CTS_01_01	70	14.88	
2010	4	CWAFZ03CHG_01	CWAFZ03CTS_01_01	80	15.59	
2010	4	CWAFZ03CHG_01	CWAFZ03CTS_01_01	90	14.24	
2010	4	CWAFZ03CHG_01	CWAFZ03CTS_01_01	100	14.51	
2010	4	CWAFZ03CHG_01	CWAFZ03CTS_01_01	120	16.24	
2010	4	CWAFZ03CHG_01	CWAFZ03CTS_01_01	140	13.93	
2010	4	CWAFZ03CHG_01	CWAFZ03CTS_01_01	160	12.79	
2010	4	CWAFZ03CHG_01	CWAFZ03CTS_01_01	180	12.41	
2010	4	CWAFZ03CHG_01	CWAFZ03CTS_01_01	200	11.45	
2010	4	CWAFZ03CHG_01	CWAFZ03CTS_01_01	220	11.65	
2010	4	CWAFZ03CHG_01	CWAFZ03CTS_01_01	240	11.18	
2010	4	CWAFZ03CHG_01	CWAFZ03CTS_01_01	260	11.14	
2010	4	CWAFZ03CHG_01	CWAFZ03CTS_01_01	280	8.22	
2010	4	CWAFZ03CHG_01	CWAFZ03CTS_01_01	300	13.09	
2010	4	CWAFZ03CHG_01	CWAFZ03CTS_01_03	10	9.76	
2010	4	CWAFZ03CHG_01	CWAFZ03CTS_01_03	20	10.91	
2010	4	CWAFZ03CHG_01	CWAFZ03CTS_01_03	30	12.17	
2010	4	CWAFZ03CHG_01	CWAFZ03CTS_01_03	40	12.38	
2010	4	CWAFZ03CHG_01	CWAFZ03CTS_01_03	50	14.22	
2010	4	CWAFZ03CHG_01	CWAFZ03CTS_01_03	60	15.40	

（续）

年份	月份	样地代码	测管/采样点代码	观测层次（cm）	质量含水量（%）	备注
2010	4	CWAFZ03CHG_01	CWAFZ03CTS_01_03	70	14.27	
2010	4	CWAFZ03CHG_01	CWAFZ03CTS_01_03	80	16.22	
2010	4	CWAFZ03CHG_01	CWAFZ03CTS_01_03	90	15.94	
2010	4	CWAFZ03CHG_01	CWAFZ03CTS_01_03	100	15.83	
2010	4	CWAFZ03CHG_01	CWAFZ03CTS_01_03	120	14.59	
2010	4	CWAFZ03CHG_01	CWAFZ03CTS_01_03	140	14.29	
2010	4	CWAFZ03CHG_01	CWAFZ03CTS_01_03	160	13.33	
2010	4	CWAFZ03CHG_01	CWAFZ03CTS_01_03	180	11.95	
2010	4	CWAFZ03CHG_01	CWAFZ03CTS_01_03	200	11.71	
2010	4	CWAFZ03CHG_01	CWAFZ03CTS_01_03	220	11.18	
2010	4	CWAFZ03CHG_01	CWAFZ03CTS_01_03	240	11.82	
2010	4	CWAFZ03CHG_01	CWAFZ03CTS_01_03	260	13.12	
2010	4	CWAFZ03CHG_01	CWAFZ03CTS_01_03	280	13.03	
2010	4	CWAFZ03CHG_01	CWAFZ03CTS_01_03	300	12.98	
2010	6	CWAFZ03CHG_01	CWAFZ03CTS_01_01	10	4.65	
2010	6	CWAFZ03CHG_01	CWAFZ03CTS_01_01	20	6.59	
2010	6	CWAFZ03CHG_01	CWAFZ03CTS_01_01	30	6.93	
2010	6	CWAFZ03CHG_01	CWAFZ03CTS_01_01	40	6.07	
2010	6	CWAFZ03CHG_01	CWAFZ03CTS_01_01	50	6.08	
2010	6	CWAFZ03CHG_01	CWAFZ03CTS_01_01	60	6.28	
2010	6	CWAFZ03CHG_01	CWAFZ03CTS_01_01	70	7.75	
2010	6	CWAFZ03CHG_01	CWAFZ03CTS_01_01	80	8.34	
2010	6	CWAFZ03CHG_01	CWAFZ03CTS_01_01	90	9.16	
2010	6	CWAFZ03CHG_01	CWAFZ03CTS_01_01	100	9.80	
2010	6	CWAFZ03CHG_01	CWAFZ03CTS_01_01	120	9.36	
2010	6	CWAFZ03CHG_01	CWAFZ03CTS_01_01	140	10.04	
2010	6	CWAFZ03CHG_01	CWAFZ03CTS_01_01	160	10.33	
2010	6	CWAFZ03CHG_01	CWAFZ03CTS_01_01	180	9.83	
2010	6	CWAFZ03CHG_01	CWAFZ03CTS_01_01	200	9.98	
2010	6	CWAFZ03CHG_01	CWAFZ03CTS_01_01	220	10.56	
2010	6	CWAFZ03CHG_01	CWAFZ03CTS_01_01	240	10.46	
2010	6	CWAFZ03CHG_01	CWAFZ03CTS_01_01	260	10.43	
2010	6	CWAFZ03CHG_01	CWAFZ03CTS_01_01	280	11.92	

（续）

年份	月份	样地代码	测管/采样点代码	观测层次（cm）	质量含水量（%）	备注
2010	6	CWAFZ03CHG_01	CWAFZ03CTS_01_01	300	12.46	
2010	6	CWAFZ03CHG_01	CWAFZ03CTS_01_03	10	7.17	
2010	6	CWAFZ03CHG_01	CWAFZ03CTS_01_03	20	8.08	
2010	6	CWAFZ03CHG_01	CWAFZ03CTS_01_03	30	7.44	
2010	6	CWAFZ03CHG_01	CWAFZ03CTS_01_03	40	8.18	
2010	6	CWAFZ03CHG_01	CWAFZ03CTS_01_03	50	9.27	
2010	6	CWAFZ03CHG_01	CWAFZ03CTS_01_03	60	9.56	
2010	6	CWAFZ03CHG_01	CWAFZ03CTS_01_03	70	10.54	
2010	6	CWAFZ03CHG_01	CWAFZ03CTS_01_03	80	11.55	
2010	6	CWAFZ03CHG_01	CWAFZ03CTS_01_03	90	11.52	
2010	6	CWAFZ03CHG_01	CWAFZ03CTS_01_03	100	11.28	
2010	6	CWAFZ03CHG_01	CWAFZ03CTS_01_03	120	11.19	
2010	6	CWAFZ03CHG_01	CWAFZ03CTS_01_03	140	11.21	
2010	6	CWAFZ03CHG_01	CWAFZ03CTS_01_03	160	10.84	
2010	6	CWAFZ03CHG_01	CWAFZ03CTS_01_03	180	10.45	
2010	6	CWAFZ03CHG_01	CWAFZ03CTS_01_03	200	10.55	
2010	6	CWAFZ03CHG_01	CWAFZ03CTS_01_03	220	10.93	
2010	6	CWAFZ03CHG_01	CWAFZ03CTS_01_03	240	11.32	
2010	6	CWAFZ03CHG_01	CWAFZ03CTS_01_03	260	12.05	
2010	6	CWAFZ03CHG_01	CWAFZ03CTS_01_03	280	12.74	
2010	6	CWAFZ03CHG_01	CWAFZ03CTS_01_03	300	13.17	
2010	8	CWAFZ03CHG_01	CWAFZ03CTS_01_01	10	35.64	
2010	8	CWAFZ03CHG_01	CWAFZ03CTS_01_01	20	21.15	
2010	8	CWAFZ03CHG_01	CWAFZ03CTS_01_01	30	18.13	
2010	8	CWAFZ03CHG_01	CWAFZ03CTS_01_01	40	22.95	
2010	8	CWAFZ03CHG_01	CWAFZ03CTS_01_01	50	20.55	
2010	8	CWAFZ03CHG_01	CWAFZ03CTS_01_01	60	20.90	
2010	8	CWAFZ03CHG_01	CWAFZ03CTS_01_01	70	22.02	
2010	8	CWAFZ03CHG_01	CWAFZ03CTS_01_01	80	23.07	
2010	8	CWAFZ03CHG_01	CWAFZ03CTS_01_01	90	23.00	
2010	8	CWAFZ03CHG_01	CWAFZ03CTS_01_01	100	22.68	
2010	8	CWAFZ03CHG_01	CWAFZ03CTS_01_01	120	22.36	
2010	8	CWAFZ03CHG_01	CWAFZ03CTS_01_01	140	21.09	

（续）

年份	月份	样地代码	测管/采样点代码	观测层次（cm）	质量含水量（%）	备注
2010	8	CWAFZ03CHG_01	CWAFZ03CTS_01_01	160	21.18	
2010	8	CWAFZ03CHG_01	CWAFZ03CTS_01_01	180	14.59	
2010	8	CWAFZ03CHG_01	CWAFZ03CTS_01_01	200	11.41	
2010	8	CWAFZ03CHG_01	CWAFZ03CTS_01_01	220	11.29	
2010	8	CWAFZ03CHG_01	CWAFZ03CTS_01_01	240	11.38	
2010	8	CWAFZ03CHG_01	CWAFZ03CTS_01_01	260	11.99	
2010	8	CWAFZ03CHG_01	CWAFZ03CTS_01_01	280	13.14	
2010	8	CWAFZ03CHG_01	CWAFZ03CTS_01_01	300	13.20	
2010	8	CWAFZ03CHG_01	CWAFZ03CTS_01_03	10	19.75	
2010	8	CWAFZ03CHG_01	CWAFZ03CTS_01_03	20	21.02	
2010	8	CWAFZ03CHG_01	CWAFZ03CTS_01_03	30	20.08	
2010	8	CWAFZ03CHG_01	CWAFZ03CTS_01_03	40	20.42	
2010	8	CWAFZ03CHG_01	CWAFZ03CTS_01_03	50	20.93	
2010	8	CWAFZ03CHG_01	CWAFZ03CTS_01_03	60	26.37	
2010	8	CWAFZ03CHG_01	CWAFZ03CTS_01_03	70	29.90	
2010	8	CWAFZ03CHG_01	CWAFZ03CTS_01_03	80	23.28	
2010	8	CWAFZ03CHG_01	CWAFZ03CTS_01_03	90	14.67	
2010	8	CWAFZ03CHG_01	CWAFZ03CTS_01_03	100	16.76	
2010	8	CWAFZ03CHG_01	CWAFZ03CTS_01_03	120	21.72	
2010	8	CWAFZ03CHG_01	CWAFZ03CTS_01_03	140	22.13	
2010	8	CWAFZ03CHG_01	CWAFZ03CTS_01_03	160	21.65	
2010	8	CWAFZ03CHG_01	CWAFZ03CTS_01_03	180	20.58	
2010	8	CWAFZ03CHG_01	CWAFZ03CTS_01_03	200	18.32	
2010	8	CWAFZ03CHG_01	CWAFZ03CTS_01_03	220	12.66	
2010	8	CWAFZ03CHG_01	CWAFZ03CTS_01_03	240	11.87	
2010	8	CWAFZ03CHG_01	CWAFZ03CTS_01_03	260	12.54	
2010	8	CWAFZ03CHG_01	CWAFZ03CTS_01_03	280	13.54	
2010	8	CWAFZ03CHG_01	CWAFZ03CTS_01_03	300	14.58	
2010	10	CWAFZ03CHG_01	CWAFZ03CTS_01_01	10	21.32	
2010	10	CWAFZ03CHG_01	CWAFZ03CTS_01_01	20	20.56	
2010	10	CWAFZ03CHG_01	CWAFZ03CTS_01_01	30	18.55	
2010	10	CWAFZ03CHG_01	CWAFZ03CTS_01_01	40	18.58	
2010	10	CWAFZ03CHG_01	CWAFZ03CTS_01_01	50	18.62	

（续）

年份	月份	样地代码	测管/采样点代码	观测层次（cm）	质量含水量（%）	备注
2010	10	CWAFZ03CHG_01	CWAFZ03CTS_01_01	60	20.14	
2010	10	CWAFZ03CHG_01	CWAFZ03CTS_01_01	70	20.92	
2010	10	CWAFZ03CHG_01	CWAFZ03CTS_01_01	80	20.97	
2010	10	CWAFZ03CHG_01	CWAFZ03CTS_01_01	90	22.31	
2010	10	CWAFZ03CHG_01	CWAFZ03CTS_01_01	100	21.54	
2010	10	CWAFZ03CHG_01	CWAFZ03CTS_01_01	120	21.74	
2010	10	CWAFZ03CHG_01	CWAFZ03CTS_01_01	140	20.71	
2010	10	CWAFZ03CHG_01	CWAFZ03CTS_01_01	160	21.00	
2010	10	CWAFZ03CHG_01	CWAFZ03CTS_01_01	180	19.13	
2010	10	CWAFZ03CHG_01	CWAFZ03CTS_01_01	200	17.65	
2010	10	CWAFZ03CHG_01	CWAFZ03CTS_01_01	220	15.65	
2010	10	CWAFZ03CHG_01	CWAFZ03CTS_01_01	240	12.33	
2010	10	CWAFZ03CHG_01	CWAFZ03CTS_01_01	260	12.87	
2010	10	CWAFZ03CHG_01	CWAFZ03CTS_01_01	280	13.00	
2010	10	CWAFZ03CHG_01	CWAFZ03CTS_01_01	300	13.12	
2010	10	CWAFZ03CHG_01	CWAFZ03CTS_01_03	10	18.18	
2010	10	CWAFZ03CHG_01	CWAFZ03CTS_01_03	20	18.24	
2010	10	CWAFZ03CHG_01	CWAFZ03CTS_01_03	30	17.68	
2010	10	CWAFZ03CHG_01	CWAFZ03CTS_01_03	40	18.76	
2010	10	CWAFZ03CHG_01	CWAFZ03CTS_01_03	50	19.50	
2010	10	CWAFZ03CHG_01	CWAFZ03CTS_01_03	60	20.06	
2010	10	CWAFZ03CHG_01	CWAFZ03CTS_01_03	70	19.86	
2010	10	CWAFZ03CHG_01	CWAFZ03CTS_01_03	80	20.04	
2010	10	CWAFZ03CHG_01	CWAFZ03CTS_01_03	90	20.58	
2010	10	CWAFZ03CHG_01	CWAFZ03CTS_01_03	100	19.97	
2010	10	CWAFZ03CHG_01	CWAFZ03CTS_01_03	120	19.69	
2010	10	CWAFZ03CHG_01	CWAFZ03CTS_01_03	140	20.23	
2010	10	CWAFZ03CHG_01	CWAFZ03CTS_01_03	160	19.15	
2010	10	CWAFZ03CHG_01	CWAFZ03CTS_01_03	180	18.63	
2010	10	CWAFZ03CHG_01	CWAFZ03CTS_01_03	200	18.02	
2010	10	CWAFZ03CHG_01	CWAFZ03CTS_01_03	220	15.88	
2010	10	CWAFZ03CHG_01	CWAFZ03CTS_01_03	240	14.49	
2010	10	CWAFZ03CHG_01	CWAFZ03CTS_01_03	260	12.98	

（续）

年份	月份	样地代码	测管/采样点代码	观测层次（cm）	质量含水量（%）	备注
2010	10	CWAFZ03CHG_01	CWAFZ03CTS_01_03	280	13.18	
2010	10	CWAFZ03CHG_01	CWAFZ03CTS_01_03	300	13.84	
2010	12	CWAFZ03CHG_01	CWAFZ03CTS_01_01	10	16.25	
2010	12	CWAFZ03CHG_01	CWAFZ03CTS_01_01	20	17.61	
2010	12	CWAFZ03CHG_01	CWAFZ03CTS_01_01	30	16.91	
2010	12	CWAFZ03CHG_01	CWAFZ03CTS_01_01	40	15.38	
2010	12	CWAFZ03CHG_01	CWAFZ03CTS_01_01	50	15.29	
2010	12	CWAFZ03CHG_01	CWAFZ03CTS_01_01	60	16.81	
2010	12	CWAFZ03CHG_01	CWAFZ03CTS_01_01	70	17.50	
2010	12	CWAFZ03CHG_01	CWAFZ03CTS_01_01	80	17.99	
2010	12	CWAFZ03CHG_01	CWAFZ03CTS_01_01	90	19.42	
2010	12	CWAFZ03CHG_01	CWAFZ03CTS_01_01	100	19.20	
2010	12	CWAFZ03CHG_01	CWAFZ03CTS_01_01	120	19.25	
2010	12	CWAFZ03CHG_01	CWAFZ03CTS_01_01	140	19.13	
2010	12	CWAFZ03CHG_01	CWAFZ03CTS_01_01	160	18.96	
2010	12	CWAFZ03CHG_01	CWAFZ03CTS_01_01	180	17.46	
2010	12	CWAFZ03CHG_01	CWAFZ03CTS_01_01	200	16.63	
2010	12	CWAFZ03CHG_01	CWAFZ03CTS_01_01	220	16.80	
2010	12	CWAFZ03CHG_01	CWAFZ03CTS_01_01	240	16.15	
2010	12	CWAFZ03CHG_01	CWAFZ03CTS_01_01	260	13.45	
2010	12	CWAFZ03CHG_01	CWAFZ03CTS_01_01	280	12.78	
2010	12	CWAFZ03CHG_01	CWAFZ03CTS_01_01	300	12.60	
2010	12	CWAFZ03CHG_01	CWAFZ03CTS_01_03	10	21.04	
2010	12	CWAFZ03CHG_01	CWAFZ03CTS_01_03	20	16.53	
2010	12	CWAFZ03CHG_01	CWAFZ03CTS_01_03	30	16.17	
2010	12	CWAFZ03CHG_01	CWAFZ03CTS_01_03	40	15.08	
2010	12	CWAFZ03CHG_01	CWAFZ03CTS_01_03	50	15.76	
2010	12	CWAFZ03CHG_01	CWAFZ03CTS_01_03	60	17.73	
2010	12	CWAFZ03CHG_01	CWAFZ03CTS_01_03	70	18.86	
2010	12	CWAFZ03CHG_01	CWAFZ03CTS_01_03	80	19.54	
2010	12	CWAFZ03CHG_01	CWAFZ03CTS_01_03	90	19.61	
2010	12	CWAFZ03CHG_01	CWAFZ03CTS_01_03	100	19.10	
2010	12	CWAFZ03CHG_01	CWAFZ03CTS_01_03	120	19.35	

(续)

年份	月份	样地代码	测管/采样点代码	观测层次（cm）	质量含水量（%）	备注
2010	12	CWAFZ03CHG _ 01	CWAFZ03CTS _ 01 _ 03	140	18.79	
2010	12	CWAFZ03CHG _ 01	CWAFZ03CTS _ 01 _ 03	160	18.54	
2010	12	CWAFZ03CHG _ 01	CWAFZ03CTS _ 01 _ 03	180	18.53	
2010	12	CWAFZ03CHG _ 01	CWAFZ03CTS _ 01 _ 03	200	17.97	
2010	12	CWAFZ03CHG _ 01	CWAFZ03CTS _ 01 _ 03	220	17.19	
2010	12	CWAFZ03CHG _ 01	CWAFZ03CTS _ 01 _ 03	240	15.86	
2010	12	CWAFZ03CHG _ 01	CWAFZ03CTS _ 01 _ 03	260	15.96	
2010	12	CWAFZ03CHG _ 01	CWAFZ03CTS _ 01 _ 03	280	15.06	
2010	12	CWAFZ03CHG _ 01	CWAFZ03CTS _ 01 _ 03	300	14.59	
2011	2	CWAZH01CHG _ 01	CWAZH01CTS _ 01 _ 01	10	17.27	
2011	2	CWAZH01CHG _ 01	CWAZH01CTS _ 01 _ 01	20	17.63	
2011	2	CWAZH01CHG _ 01	CWAZH01CTS _ 01 _ 01	30	16.17	
2011	2	CWAZH01CHG _ 01	CWAZH01CTS _ 01 _ 01	40	15.22	
2011	2	CWAZH01CHG _ 01	CWAZH01CTS _ 01 _ 01	50	19.23	
2011	2	CWAZH01CHG _ 01	CWAZH01CTS _ 01 _ 01	60	17.58	
2011	2	CWAZH01CHG _ 01	CWAZH01CTS _ 01 _ 01	70	17.42	
2011	2	CWAZH01CHG _ 01	CWAZH01CTS _ 01 _ 01	80	18.48	
2011	2	CWAZH01CHG _ 01	CWAZH01CTS _ 01 _ 01	90	18.82	
2011	2	CWAZH01CHG _ 01	CWAZH01CTS _ 01 _ 01	100	18.76	
2011	2	CWAZH01CHG _ 01	CWAZH01CTS _ 01 _ 01	120	18.99	
2011	2	CWAZH01CHG _ 01	CWAZH01CTS _ 01 _ 01	140	19.11	
2011	2	CWAZH01CHG _ 01	CWAZH01CTS _ 01 _ 01	160	19.66	
2011	2	CWAZH01CHG _ 01	CWAZH01CTS _ 01 _ 01	180	18.04	
2011	2	CWAZH01CHG _ 01	CWAZH01CTS _ 01 _ 01	200	18.21	
2011	2	CWAZH01CHG _ 01	CWAZH01CTS _ 01 _ 01	220	17.74	
2011	2	CWAZH01CHG _ 01	CWAZH01CTS _ 01 _ 01	240	17.15	
2011	2	CWAZH01CHG _ 01	CWAZH01CTS _ 01 _ 01	260	16.07	
2011	2	CWAZH01CHG _ 01	CWAZH01CTS _ 01 _ 01	280	15.55	
2011	2	CWAZH01CHG _ 01	CWAZH01CTS _ 01 _ 01	300	16.24	
2011	2	CWAZH01CHG _ 01	CWAZH01CTS _ 01 _ 03	10	18.02	
2011	2	CWAZH01CHG _ 01	CWAZH01CTS _ 01 _ 03	20	17.77	
2011	2	CWAZH01CHG _ 01	CWAZH01CTS _ 01 _ 03	30	16.41	
2011	2	CWAZH01CHG _ 01	CWAZH01CTS _ 01 _ 03	40	17.10	

（续）

年份	月份	样地代码	测管/采样点代码	观测层次（cm）	质量含水量（%）	备注
2011	2	CWAZH01CHG_01	CWAZH01CTS_01_03	50	16.06	
2011	2	CWAZH01CHG_01	CWAZH01CTS_01_03	60	17.57	
2011	2	CWAZH01CHG_01	CWAZH01CTS_01_03	70	17.14	
2011	2	CWAZH01CHG_01	CWAZH01CTS_01_03	80	18.08	
2011	2	CWAZH01CHG_01	CWAZH01CTS_01_03	90	18.71	
2011	2	CWAZH01CHG_01	CWAZH01CTS_01_03	100	18.43	
2011	2	CWAZH01CHG_01	CWAZH01CTS_01_03	120	18.40	
2011	2	CWAZH01CHG_01	CWAZH01CTS_01_03	140	18.49	
2011	2	CWAZH01CHG_01	CWAZH01CTS_01_03	160	18.56	
2011	2	CWAZH01CHG_01	CWAZH01CTS_01_03	180	18.13	
2011	2	CWAZH01CHG_01	CWAZH01CTS_01_03	200	18.28	
2011	2	CWAZH01CHG_01	CWAZH01CTS_01_03	220	17.27	
2011	2	CWAZH01CHG_01	CWAZH01CTS_01_03	240	16.64	
2011	2	CWAZH01CHG_01	CWAZH01CTS_01_03	260	15.77	
2011	2	CWAZH01CHG_01	CWAZH01CTS_01_03	280	15.60	
2011	2	CWAZH01CHG_01	CWAZH01CTS_01_03	300	15.51	
2011	5	CWAZH01CHG_01	CWAZH01CTS_01_01	10	7.64	
2011	5	CWAZH01CHG_01	CWAZH01CTS_01_01	20	6.88	
2011	5	CWAZH01CHG_01	CWAZH01CTS_01_01	30	7.85	
2011	5	CWAZH01CHG_01	CWAZH01CTS_01_01	40	8.46	
2011	5	CWAZH01CHG_01	CWAZH01CTS_01_01	50	9.84	
2011	5	CWAZH01CHG_01	CWAZH01CTS_01_01	60	12.27	
2011	5	CWAZH01CHG_01	CWAZH01CTS_01_01	70	12.94	
2011	5	CWAZH01CHG_01	CWAZH01CTS_01_01	80	13.93	
2011	5	CWAZH01CHG_01	CWAZH01CTS_01_01	90	14.31	
2011	5	CWAZH01CHG_01	CWAZH01CTS_01_01	100	14.90	
2011	5	CWAZH01CHG_01	CWAZH01CTS_01_01	120	14.77	
2011	5	CWAZH01CHG_01	CWAZH01CTS_01_01	140	14.70	
2011	5	CWAZH01CHG_01	CWAZH01CTS_01_01	160	14.90	
2011	5	CWAZH01CHG_01	CWAZH01CTS_01_01	180	14.87	
2011	5	CWAZH01CHG_01	CWAZH01CTS_01_01	200	13.84	
2011	5	CWAZH01CHG_01	CWAZH01CTS_01_01	220	13.01	
2011	5	CWAZH01CHG_01	CWAZH01CTS_01_01	240	13.00	

（续）

年份	月份	样地代码	测管/采样点代码	观测层次（cm）	质量含水量（%）	备注
2011	5	CWAZH01CHG_01	CWAZH01CTS_01_01	260	11.76	
2011	5	CWAZH01CHG_01	CWAZH01CTS_01_01	280	11.81	
2011	5	CWAZH01CHG_01	CWAZH01CTS_01_01	300	11.92	
2011	5	CWAZH01CHG_01	CWAZH01CTS_01_03	10	9.41	
2011	5	CWAZH01CHG_01	CWAZH01CTS_01_03	20	6.77	
2011	5	CWAZH01CHG_01	CWAZH01CTS_01_03	30	7.27	
2011	5	CWAZH01CHG_01	CWAZH01CTS_01_03	40	7.51	
2011	5	CWAZH01CHG_01	CWAZH01CTS_01_03	50	8.83	
2011	5	CWAZH01CHG_01	CWAZH01CTS_01_03	60	9.63	
2011	5	CWAZH01CHG_01	CWAZH01CTS_01_03	70	11.84	
2011	5	CWAZH01CHG_01	CWAZH01CTS_01_03	80	13.73	
2011	5	CWAZH01CHG_01	CWAZH01CTS_01_03	90	14.72	
2011	5	CWAZH01CHG_01	CWAZH01CTS_01_03	100	15.05	
2011	5	CWAZH01CHG_01	CWAZH01CTS_01_03	120	14.99	
2011	5	CWAZH01CHG_01	CWAZH01CTS_01_03	140	15.30	
2011	5	CWAZH01CHG_01	CWAZH01CTS_01_03	160	15.44	
2011	5	CWAZH01CHG_01	CWAZH01CTS_01_03	180	14.63	
2011	5	CWAZH01CHG_01	CWAZH01CTS_01_03	200	14.74	
2011	5	CWAZH01CHG_01	CWAZH01CTS_01_03	220	14.34	
2011	5	CWAZH01CHG_01	CWAZH01CTS_01_03	240	13.12	
2011	5	CWAZH01CHG_01	CWAZH01CTS_01_03	260	13.44	
2011	5	CWAZH01CHG_01	CWAZH01CTS_01_03	280	13.29	
2011	5	CWAZH01CHG_01	CWAZH01CTS_01_03	300	13.36	
2011	6	CWAZH01CHG_01	CWAZH01CTS_01_01	10	11.18	
2011	6	CWAZH01CHG_01	CWAZH01CTS_01_01	20	8.88	
2011	6	CWAZH01CHG_01	CWAZH01CTS_01_01	30	17.82	
2011	6	CWAZH01CHG_01	CWAZH01CTS_01_01	40	8.58	
2011	6	CWAZH01CHG_01	CWAZH01CTS_01_01	50	10.17	
2011	6	CWAZH01CHG_01	CWAZH01CTS_01_01	60	11.78	
2011	6	CWAZH01CHG_01	CWAZH01CTS_01_01	70	11.93	
2011	6	CWAZH01CHG_01	CWAZH01CTS_01_01	80	11.99	
2011	6	CWAZH01CHG_01	CWAZH01CTS_01_01	90	11.99	
2011	6	CWAZH01CHG_01	CWAZH01CTS_01_01	100	12.70	

（续）

年份	月份	样地代码	测管/采样点代码	观测层次（cm）	质量含水量（%）	备注
2011	6	CWAZH01CHG _ 01	CWAZH01CTS _ 01 _ 01	120	13.31	
2011	6	CWAZH01CHG _ 01	CWAZH01CTS _ 01 _ 01	140	14.10	
2011	6	CWAZH01CHG _ 01	CWAZH01CTS _ 01 _ 01	160	13.96	
2011	6	CWAZH01CHG _ 01	CWAZH01CTS _ 01 _ 01	180	14.42	
2011	6	CWAZH01CHG _ 01	CWAZH01CTS _ 01 _ 01	200	14.57	
2011	6	CWAZH01CHG _ 01	CWAZH01CTS _ 01 _ 01	220	14.54	
2011	6	CWAZH01CHG _ 01	CWAZH01CTS _ 01 _ 01	240	14.42	
2011	6	CWAZH01CHG _ 01	CWAZH01CTS _ 01 _ 01	260	13.95	
2011	6	CWAZH01CHG _ 01	CWAZH01CTS _ 01 _ 01	280	13.84	
2011	6	CWAZH01CHG _ 01	CWAZH01CTS _ 01 _ 01	300	13.86	
2011	6	CWAZH01CHG _ 01	CWAZH01CTS _ 01 _ 03	10	11.78	
2011	6	CWAZH01CHG _ 01	CWAZH01CTS _ 01 _ 03	20	8.48	
2011	6	CWAZH01CHG _ 01	CWAZH01CTS _ 01 _ 03	30	8.23	
2011	6	CWAZH01CHG _ 01	CWAZH01CTS _ 01 _ 03	40	7.97	
2011	6	CWAZH01CHG _ 01	CWAZH01CTS _ 01 _ 03	50	9.51	
2011	6	CWAZH01CHG _ 01	CWAZH01CTS _ 01 _ 03	60	10.41	
2011	6	CWAZH01CHG _ 01	CWAZH01CTS _ 01 _ 03	70	11.37	
2011	6	CWAZH01CHG _ 01	CWAZH01CTS _ 01 _ 03	80	11.68	
2011	6	CWAZH01CHG _ 01	CWAZH01CTS _ 01 _ 03	90	12.06	
2011	6	CWAZH01CHG _ 01	CWAZH01CTS _ 01 _ 03	100	12.56	
2011	6	CWAZH01CHG _ 01	CWAZH01CTS _ 01 _ 03	120	13.32	
2011	6	CWAZH01CHG _ 01	CWAZH01CTS _ 01 _ 03	140	14.05	
2011	6	CWAZH01CHG _ 01	CWAZH01CTS _ 01 _ 03	160	14.90	
2011	6	CWAZH01CHG _ 01	CWAZH01CTS _ 01 _ 03	180	14.98	
2011	6	CWAZH01CHG _ 01	CWAZH01CTS _ 01 _ 03	200	14.70	
2011	6	CWAZH01CHG _ 01	CWAZH01CTS _ 01 _ 03	220	15.30	
2011	6	CWAZH01CHG _ 01	CWAZH01CTS _ 01 _ 03	240	14.20	
2011	6	CWAZH01CHG _ 01	CWAZH01CTS _ 01 _ 03	260	14.64	
2011	6	CWAZH01CHG _ 01	CWAZH01CTS _ 01 _ 03	280	15.32	
2011	6	CWAZH01CHG _ 01	CWAZH01CTS _ 01 _ 03	300	14.99	
2011	8	CWAZH01CHG _ 01	CWAZH01CTS _ 01 _ 01	10	17.51	
2011	8	CWAZH01CHG _ 01	CWAZH01CTS _ 01 _ 01	20	22.10	
2011	8	CWAZH01CHG _ 01	CWAZH01CTS _ 01 _ 01	30	19.59	

（续）

年份	月份	样地代码	测管/采样点代码	观测层次（cm）	质量含水量（%）	备注
2011	8	CWAZH01CHG_01	CWAZH01CTS_01_01	40	19.24	
2011	8	CWAZH01CHG_01	CWAZH01CTS_01_01	50	18.63	
2011	8	CWAZH01CHG_01	CWAZH01CTS_01_01	60	19.58	
2011	8	CWAZH01CHG_01	CWAZH01CTS_01_01	70	19.73	
2011	8	CWAZH01CHG_01	CWAZH01CTS_01_01	80	18.74	
2011	8	CWAZH01CHG_01	CWAZH01CTS_01_01	90	16.28	
2011	8	CWAZH01CHG_01	CWAZH01CTS_01_01	100	14.04	
2011	8	CWAZH01CHG_01	CWAZH01CTS_01_01	120	14.43	
2011	8	CWAZH01CHG_01	CWAZH01CTS_01_01	140	14.94	
2011	8	CWAZH01CHG_01	CWAZH01CTS_01_01	160	15.50	
2011	8	CWAZH01CHG_01	CWAZH01CTS_01_01	180	15.43	
2011	8	CWAZH01CHG_01	CWAZH01CTS_01_01	200	15.35	
2011	8	CWAZH01CHG_01	CWAZH01CTS_01_01	220	15.23	
2011	8	CWAZH01CHG_01	CWAZH01CTS_01_01	240	15.04	
2011	8	CWAZH01CHG_01	CWAZH01CTS_01_01	260	14.89	
2011	8	CWAZH01CHG_01	CWAZH01CTS_01_01	280	14.07	
2011	8	CWAZH01CHG_01	CWAZH01CTS_01_01	300	15.49	
2011	8	CWAZH01CHG_01	CWAZH01CTS_01_03	10	17.71	
2011	8	CWAZH01CHG_01	CWAZH01CTS_01_03	20	20.40	
2011	8	CWAZH01CHG_01	CWAZH01CTS_01_03	30	18.62	
2011	8	CWAZH01CHG_01	CWAZH01CTS_01_03	40	18.79	
2011	8	CWAZH01CHG_01	CWAZH01CTS_01_03	50	18.34	
2011	8	CWAZH01CHG_01	CWAZH01CTS_01_03	60	19.28	
2011	8	CWAZH01CHG_01	CWAZH01CTS_01_03	70	19.52	
2011	8	CWAZH01CHG_01	CWAZH01CTS_01_03	80	18.98	
2011	8	CWAZH01CHG_01	CWAZH01CTS_01_03	90	17.86	
2011	8	CWAZH01CHG_01	CWAZH01CTS_01_03	100	15.84	
2011	8	CWAZH01CHG_01	CWAZH01CTS_01_03	120	13.36	
2011	8	CWAZH01CHG_01	CWAZH01CTS_01_03	140	13.62	
2011	8	CWAZH01CHG_01	CWAZH01CTS_01_03	160	14.09	
2011	8	CWAZH01CHG_01	CWAZH01CTS_01_03	180	14.43	
2011	8	CWAZH01CHG_01	CWAZH01CTS_01_03	200	14.59	
2011	8	CWAZH01CHG_01	CWAZH01CTS_01_03	220	15.19	

（续）

年份	月份	样地代码	测管/采样点代码	观测层次（cm）	质量含水量（%）	备注
2011	8	CWAZH01CHG_01	CWAZH01CTS_01_03	240	14.10	
2011	8	CWAZH01CHG_01	CWAZH01CTS_01_03	260	14.94	
2011	8	CWAZH01CHG_01	CWAZH01CTS_01_03	280	15.42	
2011	8	CWAZH01CHG_01	CWAZH01CTS_01_03	300	15.39	
2011	10	CWAZH01CHG_01	CWAZH01CTS_01_01	10	17.97	
2011	10	CWAZH01CHG_01	CWAZH01CTS_01_01	20	19.31	
2011	10	CWAZH01CHG_01	CWAZH01CTS_01_01	30	18.28	
2011	10	CWAZH01CHG_01	CWAZH01CTS_01_01	40	17.08	
2011	10	CWAZH01CHG_01	CWAZH01CTS_01_01	50	17.12	
2011	10	CWAZH01CHG_01	CWAZH01CTS_01_01	60	16.69	
2011	10	CWAZH01CHG_01	CWAZH01CTS_01_01	70	17.98	
2011	10	CWAZH01CHG_01	CWAZH01CTS_01_01	80	18.55	
2011	10	CWAZH01CHG_01	CWAZH01CTS_01_01	90	18.72	
2011	10	CWAZH01CHG_01	CWAZH01CTS_01_01	100	18.83	
2011	10	CWAZH01CHG_01	CWAZH01CTS_01_01	120	19.71	
2011	10	CWAZH01CHG_01	CWAZH01CTS_01_01	140	18.12	
2011	10	CWAZH01CHG_01	CWAZH01CTS_01_01	160	18.16	
2011	10	CWAZH01CHG_01	CWAZH01CTS_01_01	180	18.03	
2011	10	CWAZH01CHG_01	CWAZH01CTS_01_01	200	17.11	
2011	10	CWAZH01CHG_01	CWAZH01CTS_01_01	220	17.54	
2011	10	CWAZH01CHG_01	CWAZH01CTS_01_01	240	17.58	
2011	10	CWAZH01CHG_01	CWAZH01CTS_01_01	260	17.40	
2011	10	CWAZH01CHG_01	CWAZH01CTS_01_01	280	16.66	
2011	10	CWAZH01CHG_01	CWAZH01CTS_01_01	300	16.79	
2011	10	CWAZH01CHG_01	CWAZH01CTS_01_03	10	18.86	
2011	10	CWAZH01CHG_01	CWAZH01CTS_01_03	20	19.12	
2011	10	CWAZH01CHG_01	CWAZH01CTS_01_03	30	16.80	
2011	10	CWAZH01CHG_01	CWAZH01CTS_01_03	40	17.33	
2011	10	CWAZH01CHG_01	CWAZH01CTS_01_03	50	17.34	
2011	10	CWAZH01CHG_01	CWAZH01CTS_01_03	60	16.94	
2011	10	CWAZH01CHG_01	CWAZH01CTS_01_03	70	18.51	
2011	10	CWAZH01CHG_01	CWAZH01CTS_01_03	80	18.81	
2011	10	CWAZH01CHG_01	CWAZH01CTS_01_03	90	19.01	

（续）

年份	月份	样地代码	测管/采样点代码	观测层次（cm）	质量含水量（%）	备注
2011	10	CWAZH01CHG_01	CWAZH01CTS_01_03	100	16.97	
2011	10	CWAZH01CHG_01	CWAZH01CTS_01_03	120	19.54	
2011	10	CWAZH01CHG_01	CWAZH01CTS_01_03	140	18.30	
2011	10	CWAZH01CHG_01	CWAZH01CTS_01_03	160	18.84	
2011	10	CWAZH01CHG_01	CWAZH01CTS_01_03	180	18.49	
2011	10	CWAZH01CHG_01	CWAZH01CTS_01_03	200	18.29	
2011	10	CWAZH01CHG_01	CWAZH01CTS_01_03	220	17.58	
2011	10	CWAZH01CHG_01	CWAZH01CTS_01_03	240	17.45	
2011	10	CWAZH01CHG_01	CWAZH01CTS_01_03	260	16.31	
2011	10	CWAZH01CHG_01	CWAZH01CTS_01_03	280	18.04	
2011	10	CWAZH01CHG_01	CWAZH01CTS_01_03	300	17.26	
2011	12	CWAZH01CHG_01	CWAZH01CTS_01_01	10	35.41	
2011	12	CWAZH01CHG_01	CWAZH01CTS_01_01	20	22.89	
2011	12	CWAZH01CHG_01	CWAZH01CTS_01_01	30	18.75	
2011	12	CWAZH01CHG_01	CWAZH01CTS_01_01	40	18.36	
2011	12	CWAZH01CHG_01	CWAZH01CTS_01_01	50	20.45	
2011	12	CWAZH01CHG_01	CWAZH01CTS_01_01	60	19.96	
2011	12	CWAZH01CHG_01	CWAZH01CTS_01_01	70	20.64	
2011	12	CWAZH01CHG_01	CWAZH01CTS_01_01	80	21.02	
2011	12	CWAZH01CHG_01	CWAZH01CTS_01_01	90	20.44	
2011	12	CWAZH01CHG_01	CWAZH01CTS_01_01	100	22.01	
2011	12	CWAZH01CHG_01	CWAZH01CTS_01_01	120	22.18	
2011	12	CWAZH01CHG_01	CWAZH01CTS_01_01	140	21.49	
2011	12	CWAZH01CHG_01	CWAZH01CTS_01_01	160	21.98	
2011	12	CWAZH01CHG_01	CWAZH01CTS_01_01	180	21.31	
2011	12	CWAZH01CHG_01	CWAZH01CTS_01_01	200	21.57	
2011	12	CWAZH01CHG_01	CWAZH01CTS_01_01	220	20.96	
2011	12	CWAZH01CHG_01	CWAZH01CTS_01_01	240	20.86	
2011	12	CWAZH01CHG_01	CWAZH01CTS_01_01	260	19.69	
2011	12	CWAZH01CHG_01	CWAZH01CTS_01_01	280	18.74	
2011	12	CWAZH01CHG_01	CWAZH01CTS_01_01	300	19.98	
2011	12	CWAZH01CHG_01	CWAZH01CTS_01_03	10	32.87	
2011	12	CWAZH01CHG_01	CWAZH01CTS_01_03	20	22.87	

（续）

年份	月份	样地代码	测管/采样点代码	观测层次（cm）	质量含水量（%）	备注
2011	12	CWAZH01CHG_01	CWAZH01CTS_01_03	30	17.36	
2011	12	CWAZH01CHG_01	CWAZH01CTS_01_03	40	17.63	
2011	12	CWAZH01CHG_01	CWAZH01CTS_01_03	50	18.40	
2011	12	CWAZH01CHG_01	CWAZH01CTS_01_03	60	18.86	
2011	12	CWAZH01CHG_01	CWAZH01CTS_01_03	70	19.80	
2011	12	CWAZH01CHG_01	CWAZH01CTS_01_03	80	21.22	
2011	12	CWAZH01CHG_01	CWAZH01CTS_01_03	90	22.08	
2011	12	CWAZH01CHG_01	CWAZH01CTS_01_03	100	22.20	
2011	12	CWAZH01CHG_01	CWAZH01CTS_01_03	120	21.14	
2011	12	CWAZH01CHG_01	CWAZH01CTS_01_03	140	22.07	
2011	12	CWAZH01CHG_01	CWAZH01CTS_01_03	160	21.78	
2011	12	CWAZH01CHG_01	CWAZH01CTS_01_03	180	20.48	
2011	12	CWAZH01CHG_01	CWAZH01CTS_01_03	200	20.44	
2011	12	CWAZH01CHG_01	CWAZH01CTS_01_03	220	20.66	
2011	12	CWAZH01CHG_01	CWAZH01CTS_01_03	240	19.36	
2011	12	CWAZH01CHG_01	CWAZH01CTS_01_03	260	19.49	
2011	12	CWAZH01CHG_01	CWAZH01CTS_01_03	280	21.07	
2011	12	CWAZH01CHG_01	CWAZH01CTS_01_03	300	20.28	
2011	2	CWAFZ03CHG_01	CWAFZ03CTS_01_01	10	18.12	
2011	2	CWAFZ03CHG_01	CWAFZ03CTS_01_01	20	19.42	
2011	2	CWAFZ03CHG_01	CWAFZ03CTS_01_01	30	21.58	
2011	2	CWAFZ03CHG_01	CWAFZ03CTS_01_01	40	16.10	
2011	2	CWAFZ03CHG_01	CWAFZ03CTS_01_01	50	14.92	
2011	2	CWAFZ03CHG_01	CWAFZ03CTS_01_01	60	17.08	
2011	2	CWAFZ03CHG_01	CWAFZ03CTS_01_01	70	16.21	
2011	2	CWAFZ03CHG_01	CWAFZ03CTS_01_01	80	17.07	
2011	2	CWAFZ03CHG_01	CWAFZ03CTS_01_01	90	18.20	
2011	2	CWAFZ03CHG_01	CWAFZ03CTS_01_01	100	19.35	
2011	2	CWAFZ03CHG_01	CWAFZ03CTS_01_01	120	19.05	
2011	2	CWAFZ03CHG_01	CWAFZ03CTS_01_01	140	18.96	
2011	2	CWAFZ03CHG_01	CWAFZ03CTS_01_01	160	18.87	
2011	2	CWAFZ03CHG_01	CWAFZ03CTS_01_01	180	17.97	
2011	2	CWAFZ03CHG_01	CWAFZ03CTS_01_01	200	17.13	

（续）

年份	月份	样地代码	测管/采样点代码	观测层次（cm）	质量含水量（%）	备注
2011	2	CWAFZ03CHG _ 01	CWAFZ03CTS _ 01 _ 01	220	16.25	
2011	2	CWAFZ03CHG _ 01	CWAFZ03CTS _ 01 _ 01	240	15.87	
2011	2	CWAFZ03CHG _ 01	CWAFZ03CTS _ 01 _ 01	260	15.30	
2011	2	CWAFZ03CHG _ 01	CWAFZ03CTS _ 01 _ 01	280	14.60	
2011	2	CWAFZ03CHG _ 01	CWAFZ03CTS _ 01 _ 01	300	14.01	
2011	2	CWAFZ03CHG _ 01	CWAFZ03CTS _ 01 _ 03	10	18.83	
2011	2	CWAFZ03CHG _ 01	CWAFZ03CTS _ 01 _ 03	20	19.03	
2011	2	CWAFZ03CHG _ 01	CWAFZ03CTS _ 01 _ 03	30	23.26	
2011	2	CWAFZ03CHG _ 01	CWAFZ03CTS _ 01 _ 03	40	17.78	
2011	2	CWAFZ03CHG _ 01	CWAFZ03CTS _ 01 _ 03	50	17.94	
2011	2	CWAFZ03CHG _ 01	CWAFZ03CTS _ 01 _ 03	60	17.12	
2011	2	CWAFZ03CHG _ 01	CWAFZ03CTS _ 01 _ 03	70	17.42	
2011	2	CWAFZ03CHG _ 01	CWAFZ03CTS _ 01 _ 03	80	17.09	
2011	2	CWAFZ03CHG _ 01	CWAFZ03CTS _ 01 _ 03	90	19.77	
2011	2	CWAFZ03CHG _ 01	CWAFZ03CTS _ 01 _ 03	100	18.93	
2011	2	CWAFZ03CHG _ 01	CWAFZ03CTS _ 01 _ 03	120	18.90	
2011	2	CWAFZ03CHG _ 01	CWAFZ03CTS _ 01 _ 03	140	18.38	
2011	2	CWAFZ03CHG _ 01	CWAFZ03CTS _ 01 _ 03	160	18.27	
2011	2	CWAFZ03CHG _ 01	CWAFZ03CTS _ 01 _ 03	180	17.97	
2011	2	CWAFZ03CHG _ 01	CWAFZ03CTS _ 01 _ 03	200	17.53	
2011	2	CWAFZ03CHG _ 01	CWAFZ03CTS _ 01 _ 03	220	17.01	
2011	2	CWAFZ03CHG _ 01	CWAFZ03CTS _ 01 _ 03	240	14.35	
2011	2	CWAFZ03CHG _ 01	CWAFZ03CTS _ 01 _ 03	260	16.15	
2011	2	CWAFZ03CHG _ 01	CWAFZ03CTS _ 01 _ 03	280	15.45	
2011	2	CWAFZ03CHG _ 01	CWAFZ03CTS _ 01 _ 03	300	15.44	
2011	5	CWAFZ03CHG _ 01	CWAFZ03CTS _ 01 _ 01	10	7.59	
2011	5	CWAFZ03CHG _ 01	CWAFZ03CTS _ 01 _ 01	20	15.03	
2011	5	CWAFZ03CHG _ 01	CWAFZ03CTS _ 01 _ 01	30	13.14	
2011	5	CWAFZ03CHG _ 01	CWAFZ03CTS _ 01 _ 01	40	13.25	
2011	5	CWAFZ03CHG _ 01	CWAFZ03CTS _ 01 _ 01	50	13.68	
2011	5	CWAFZ03CHG _ 01	CWAFZ03CTS _ 01 _ 01	60	14.31	
2011	5	CWAFZ03CHG _ 01	CWAFZ03CTS _ 01 _ 01	70	15.02	
2011	5	CWAFZ03CHG _ 01	CWAFZ03CTS _ 01 _ 01	80	15.24	

（续）

年份	月份	样地代码	测管/采样点代码	观测层次（cm）	质量含水量（%）	备注
2011	5	CWAFZ03CHG_01	CWAFZ03CTS_01_01	90	16.51	
2011	5	CWAFZ03CHG_01	CWAFZ03CTS_01_01	100	16.36	
2011	5	CWAFZ03CHG_01	CWAFZ03CTS_01_01	120	16.15	
2011	5	CWAFZ03CHG_01	CWAFZ03CTS_01_01	140	15.83	
2011	5	CWAFZ03CHG_01	CWAFZ03CTS_01_01	160	16.07	
2011	5	CWAFZ03CHG_01	CWAFZ03CTS_01_01	180	14.89	
2011	5	CWAFZ03CHG_01	CWAFZ03CTS_01_01	200	14.02	
2011	5	CWAFZ03CHG_01	CWAFZ03CTS_01_01	220	13.91	
2011	5	CWAFZ03CHG_01	CWAFZ03CTS_01_01	240	12.89	
2011	5	CWAFZ03CHG_01	CWAFZ03CTS_01_01	260	12.72	
2011	5	CWAFZ03CHG_01	CWAFZ03CTS_01_01	280	13.03	
2011	5	CWAFZ03CHG_01	CWAFZ03CTS_01_01	300	12.40	
2011	5	CWAFZ03CHG_01	CWAFZ03CTS_01_03	10	8.28	
2011	5	CWAFZ03CHG_01	CWAFZ03CTS_01_03	20	15.25	
2011	5	CWAFZ03CHG_01	CWAFZ03CTS_01_03	30	14.45	
2011	5	CWAFZ03CHG_01	CWAFZ03CTS_01_03	40	14.27	
2011	5	CWAFZ03CHG_01	CWAFZ03CTS_01_03	50	15.26	
2011	5	CWAFZ03CHG_01	CWAFZ03CTS_01_03	60	15.83	
2011	5	CWAFZ03CHG_01	CWAFZ03CTS_01_03	70	15.71	
2011	5	CWAFZ03CHG_01	CWAFZ03CTS_01_03	80	15.75	
2011	5	CWAFZ03CHG_01	CWAFZ03CTS_01_03	90	16.05	
2011	5	CWAFZ03CHG_01	CWAFZ03CTS_01_03	100	15.91	
2011	5	CWAFZ03CHG_01	CWAFZ03CTS_01_03	120	15.16	
2011	5	CWAFZ03CHG_01	CWAFZ03CTS_01_03	140	16.41	
2011	5	CWAFZ03CHG_01	CWAFZ03CTS_01_03	160	15.72	
2011	5	CWAFZ03CHG_01	CWAFZ03CTS_01_03	180	15.41	
2011	5	CWAFZ03CHG_01	CWAFZ03CTS_01_03	200	14.96	
2011	5	CWAFZ03CHG_01	CWAFZ03CTS_01_03	220	13.99	
2011	5	CWAFZ03CHG_01	CWAFZ03CTS_01_03	240	13.89	
2011	5	CWAFZ03CHG_01	CWAFZ03CTS_01_03	260	13.78	
2011	5	CWAFZ03CHG_01	CWAFZ03CTS_01_03	280	13.83	
2011	5	CWAFZ03CHG_01	CWAFZ03CTS_01_03	300	13.86	
2011	6	CWAFZ03CHG_01	CWAFZ03CTS_01_01	10	10.87	

（续）

年份	月份	样地代码	测管/采样点代码	观测层次（cm）	质量含水量（%）	备注
2011	6	CWAFZ03CHG _ 01	CWAFZ03CTS _ 01 _ 01	20	12.88	
2011	6	CWAFZ03CHG _ 01	CWAFZ03CTS _ 01 _ 01	30	12.64	
2011	6	CWAFZ03CHG _ 01	CWAFZ03CTS _ 01 _ 01	40	12.21	
2011	6	CWAFZ03CHG _ 01	CWAFZ03CTS _ 01 _ 01	50	11.24	
2011	6	CWAFZ03CHG _ 01	CWAFZ03CTS _ 01 _ 01	60	13.11	
2011	6	CWAFZ03CHG _ 01	CWAFZ03CTS _ 01 _ 01	70	14.91	
2011	6	CWAFZ03CHG _ 01	CWAFZ03CTS _ 01 _ 01	80	15.92	
2011	6	CWAFZ03CHG _ 01	CWAFZ03CTS _ 01 _ 01	90	17.32	
2011	6	CWAFZ03CHG _ 01	CWAFZ03CTS _ 01 _ 01	100	18.31	
2011	6	CWAFZ03CHG _ 01	CWAFZ03CTS _ 01 _ 01	120	16.94	
2011	6	CWAFZ03CHG _ 01	CWAFZ03CTS _ 01 _ 01	140	17.58	
2011	6	CWAFZ03CHG _ 01	CWAFZ03CTS _ 01 _ 01	160	17.94	
2011	6	CWAFZ03CHG _ 01	CWAFZ03CTS _ 01 _ 01	180	17.27	
2011	6	CWAFZ03CHG _ 01	CWAFZ03CTS _ 01 _ 01	200	17.08	
2011	6	CWAFZ03CHG _ 01	CWAFZ03CTS _ 01 _ 01	220	15.99	
2011	6	CWAFZ03CHG _ 01	CWAFZ03CTS _ 01 _ 01	240	15.84	
2011	6	CWAFZ03CHG _ 01	CWAFZ03CTS _ 01 _ 01	260	14.20	
2011	6	CWAFZ03CHG _ 01	CWAFZ03CTS _ 01 _ 01	280	14.46	
2011	6	CWAFZ03CHG _ 01	CWAFZ03CTS _ 01 _ 01	300	14.16	
2011	6	CWAFZ03CHG _ 01	CWAFZ03CTS _ 01 _ 03	10	12.93	
2011	6	CWAFZ03CHG _ 01	CWAFZ03CTS _ 01 _ 03	20	13.80	
2011	6	CWAFZ03CHG _ 01	CWAFZ03CTS _ 01 _ 03	30	12.27	
2011	6	CWAFZ03CHG _ 01	CWAFZ03CTS _ 01 _ 03	40	13.19	
2011	6	CWAFZ03CHG _ 01	CWAFZ03CTS _ 01 _ 03	50	15.31	
2011	6	CWAFZ03CHG _ 01	CWAFZ03CTS _ 01 _ 03	60	16.22	
2011	6	CWAFZ03CHG _ 01	CWAFZ03CTS _ 01 _ 03	70	16.97	
2011	6	CWAFZ03CHG _ 01	CWAFZ03CTS _ 01 _ 03	80	17.03	
2011	6	CWAFZ03CHG _ 01	CWAFZ03CTS _ 01 _ 03	90	15.36	
2011	6	CWAFZ03CHG _ 01	CWAFZ03CTS _ 01 _ 03	100	17.44	
2011	6	CWAFZ03CHG _ 01	CWAFZ03CTS _ 01 _ 03	120	17.73	
2011	6	CWAFZ03CHG _ 01	CWAFZ03CTS _ 01 _ 03	140	17.53	
2011	6	CWAFZ03CHG _ 01	CWAFZ03CTS _ 01 _ 03	160	17.50	
2011	6	CWAFZ03CHG _ 01	CWAFZ03CTS _ 01 _ 03	180	17.04	

（续）

年份	月份	样地代码	测管/采样点代码	观测层次（cm）	质量含水量（%）	备注
2011	6	CWAFZ03CHG_01	CWAFZ03CTS_01_03	200	16.61	
2011	6	CWAFZ03CHG_01	CWAFZ03CTS_01_03	220	15.59	
2011	6	CWAFZ03CHG_01	CWAFZ03CTS_01_03	240	14.96	
2011	6	CWAFZ03CHG_01	CWAFZ03CTS_01_03	260	15.61	
2011	6	CWAFZ03CHG_01	CWAFZ03CTS_01_03	280	15.40	
2011	6	CWAFZ03CHG_01	CWAFZ03CTS_01_03	300	15.07	
2011	8	CWAFZ03CHG_01	CWAFZ03CTS_01_01	10	16.16	
2011	8	CWAFZ03CHG_01	CWAFZ03CTS_01_01	20	19.13	
2011	8	CWAFZ03CHG_01	CWAFZ03CTS_01_01	30	18.10	
2011	8	CWAFZ03CHG_01	CWAFZ03CTS_01_01	40	17.00	
2011	8	CWAFZ03CHG_01	CWAFZ03CTS_01_01	50	15.75	
2011	8	CWAFZ03CHG_01	CWAFZ03CTS_01_01	60	15.71	
2011	8	CWAFZ03CHG_01	CWAFZ03CTS_01_01	70	14.79	
2011	8	CWAFZ03CHG_01	CWAFZ03CTS_01_01	80	13.82	
2011	8	CWAFZ03CHG_01	CWAFZ03CTS_01_01	90	13.27	
2011	8	CWAFZ03CHG_01	CWAFZ03CTS_01_01	100	14.09	
2011	8	CWAFZ03CHG_01	CWAFZ03CTS_01_01	120	14.23	
2011	8	CWAFZ03CHG_01	CWAFZ03CTS_01_01	140	14.15	
2011	8	CWAFZ03CHG_01	CWAFZ03CTS_01_01	160	14.37	
2011	8	CWAFZ03CHG_01	CWAFZ03CTS_01_01	180	14.69	
2011	8	CWAFZ03CHG_01	CWAFZ03CTS_01_01	200	15.39	
2011	8	CWAFZ03CHG_01	CWAFZ03CTS_01_01	220	15.52	
2011	8	CWAFZ03CHG_01	CWAFZ03CTS_01_01	240	15.12	
2011	8	CWAFZ03CHG_01	CWAFZ03CTS_01_01	260	14.69	
2011	8	CWAFZ03CHG_01	CWAFZ03CTS_01_01	280	15.43	
2011	8	CWAFZ03CHG_01	CWAFZ03CTS_01_01	300	15.17	
2011	8	CWAFZ03CHG_01	CWAFZ03CTS_01_03	10	16.29	
2011	8	CWAFZ03CHG_01	CWAFZ03CTS_01_03	20	18.62	
2011	8	CWAFZ03CHG_01	CWAFZ03CTS_01_03	30	18.20	
2011	8	CWAFZ03CHG_01	CWAFZ03CTS_01_03	40	18.84	
2011	8	CWAFZ03CHG_01	CWAFZ03CTS_01_03	50	19.65	
2011	8	CWAFZ03CHG_01	CWAFZ03CTS_01_03	60	19.98	
2011	8	CWAFZ03CHG_01	CWAFZ03CTS_01_03	70	20.81	

（续）

年份	月份	样地代码	测管/采样点代码	观测层次（cm）	质量含水量（%）	备注
2011	8	CWAFZ03CHG_01	CWAFZ03CTS_01_03	80	17.36	
2011	8	CWAFZ03CHG_01	CWAFZ03CTS_01_03	90	15.34	
2011	8	CWAFZ03CHG_01	CWAFZ03CTS_01_03	100	14.41	
2011	8	CWAFZ03CHG_01	CWAFZ03CTS_01_03	120	14.76	
2011	8	CWAFZ03CHG_01	CWAFZ03CTS_01_03	140	15.13	
2011	8	CWAFZ03CHG_01	CWAFZ03CTS_01_03	160	15.20	
2011	8	CWAFZ03CHG_01	CWAFZ03CTS_01_03	180	15.69	
2011	8	CWAFZ03CHG_01	CWAFZ03CTS_01_03	200	15.78	
2011	8	CWAFZ03CHG_01	CWAFZ03CTS_01_03	220	15.69	
2011	8	CWAFZ03CHG_01	CWAFZ03CTS_01_03	240	15.15	
2011	8	CWAFZ03CHG_01	CWAFZ03CTS_01_03	260	15.25	
2011	8	CWAFZ03CHG_01	CWAFZ03CTS_01_03	280	15.57	
2011	8	CWAFZ03CHG_01	CWAFZ03CTS_01_03	300	15.98	
2011	10	CWAFZ03CHG_01	CWAFZ03CTS_01_01	10	16.47	
2011	10	CWAFZ03CHG_01	CWAFZ03CTS_01_01	20	17.77	
2011	10	CWAFZ03CHG_01	CWAFZ03CTS_01_01	30	17.35	
2011	10	CWAFZ03CHG_01	CWAFZ03CTS_01_01	40	17.61	
2011	10	CWAFZ03CHG_01	CWAFZ03CTS_01_01	50	17.68	
2011	10	CWAFZ03CHG_01	CWAFZ03CTS_01_01	60	17.87	
2011	10	CWAFZ03CHG_01	CWAFZ03CTS_01_01	70	18.48	
2011	10	CWAFZ03CHG_01	CWAFZ03CTS_01_01	80	18.99	
2011	10	CWAFZ03CHG_01	CWAFZ03CTS_01_01	90	20.63	
2011	10	CWAFZ03CHG_01	CWAFZ03CTS_01_01	100	20.49	
2011	10	CWAFZ03CHG_01	CWAFZ03CTS_01_01	120	18.73	
2011	10	CWAFZ03CHG_01	CWAFZ03CTS_01_01	140	18.97	
2011	10	CWAFZ03CHG_01	CWAFZ03CTS_01_01	160	19.19	
2011	10	CWAFZ03CHG_01	CWAFZ03CTS_01_01	180	18.32	
2011	10	CWAFZ03CHG_01	CWAFZ03CTS_01_01	200	18.48	
2011	10	CWAFZ03CHG_01	CWAFZ03CTS_01_01	220	17.79	
2011	10	CWAFZ03CHG_01	CWAFZ03CTS_01_01	240	17.55	
2011	10	CWAFZ03CHG_01	CWAFZ03CTS_01_01	260	17.20	
2011	10	CWAFZ03CHG_01	CWAFZ03CTS_01_01	280	17.11	
2011	10	CWAFZ03CHG_01	CWAFZ03CTS_01_01	300	16.82	

（续）

年份	月份	样地代码	测管/采样点代码	观测层次（cm）	质量含水量（%）	备注
2011	10	CWAFZ03CHG _ 01	CWAFZ03CTS _ 01 _ 03	10	17.14	
2011	10	CWAFZ03CHG _ 01	CWAFZ03CTS _ 01 _ 03	20	17.60	
2011	10	CWAFZ03CHG _ 01	CWAFZ03CTS _ 01 _ 03	30	16.38	
2011	10	CWAFZ03CHG _ 01	CWAFZ03CTS _ 01 _ 03	40	18.01	
2011	10	CWAFZ03CHG _ 01	CWAFZ03CTS _ 01 _ 03	50	18.23	
2011	10	CWAFZ03CHG _ 01	CWAFZ03CTS _ 01 _ 03	60	18.78	
2011	10	CWAFZ03CHG _ 01	CWAFZ03CTS _ 01 _ 03	70	19.79	
2011	10	CWAFZ03CHG _ 01	CWAFZ03CTS _ 01 _ 03	80	19.28	
2011	10	CWAFZ03CHG _ 01	CWAFZ03CTS _ 01 _ 03	90	19.83	
2011	10	CWAFZ03CHG _ 01	CWAFZ03CTS _ 01 _ 03	100	19.54	
2011	10	CWAFZ03CHG _ 01	CWAFZ03CTS _ 01 _ 03	120	19.34	
2011	10	CWAFZ03CHG _ 01	CWAFZ03CTS _ 01 _ 03	140	18.57	
2011	10	CWAFZ03CHG _ 01	CWAFZ03CTS _ 01 _ 03	160	19.58	
2011	10	CWAFZ03CHG _ 01	CWAFZ03CTS _ 01 _ 03	180	19.31	
2011	10	CWAFZ03CHG _ 01	CWAFZ03CTS _ 01 _ 03	200	19.16	
2011	10	CWAFZ03CHG _ 01	CWAFZ03CTS _ 01 _ 03	220	18.22	
2011	10	CWAFZ03CHG _ 01	CWAFZ03CTS _ 01 _ 03	240	18.79	
2011	10	CWAFZ03CHG _ 01	CWAFZ03CTS _ 01 _ 03	260	19.68	
2011	10	CWAFZ03CHG _ 01	CWAFZ03CTS _ 01 _ 03	280	20.07	
2011	10	CWAFZ03CHG _ 01	CWAFZ03CTS _ 01 _ 03	300	19.70	
2011	12	CWAFZ03CHG _ 01	CWAFZ03CTS _ 01 _ 01	10	38.66	
2011	12	CWAFZ03CHG _ 01	CWAFZ03CTS _ 01 _ 01	20	28.09	
2011	12	CWAFZ03CHG _ 01	CWAFZ03CTS _ 01 _ 01	30	17.46	
2011	12	CWAFZ03CHG _ 01	CWAFZ03CTS _ 01 _ 01	40	17.51	
2011	12	CWAFZ03CHG _ 01	CWAFZ03CTS _ 01 _ 01	50	18.45	
2011	12	CWAFZ03CHG _ 01	CWAFZ03CTS _ 01 _ 01	60	20.01	
2011	12	CWAFZ03CHG _ 01	CWAFZ03CTS _ 01 _ 01	70	19.90	
2011	12	CWAFZ03CHG _ 01	CWAFZ03CTS _ 01 _ 01	80	26.38	
2011	12	CWAFZ03CHG _ 01	CWAFZ03CTS _ 01 _ 01	90	15.80	
2011	12	CWAFZ03CHG _ 01	CWAFZ03CTS _ 01 _ 01	100	22.35	
2011	12	CWAFZ03CHG _ 01	CWAFZ03CTS _ 01 _ 01	120	21.19	
2011	12	CWAFZ03CHG _ 01	CWAFZ03CTS _ 01 _ 01	140	20.76	
2011	12	CWAFZ03CHG _ 01	CWAFZ03CTS _ 01 _ 01	160	21.14	

（续）

年份	月份	样地代码	测管/采样点代码	观测层次（cm）	质量含水量（%）	备注
2011	12	CWAFZ03CHG _ 01	CWAFZ03CTS _ 01 _ 01	180	21.71	
2011	12	CWAFZ03CHG _ 01	CWAFZ03CTS _ 01 _ 01	200	20.34	
2011	12	CWAFZ03CHG _ 01	CWAFZ03CTS _ 01 _ 01	220	19.77	
2011	12	CWAFZ03CHG _ 01	CWAFZ03CTS _ 01 _ 01	240	19.45	
2011	12	CWAFZ03CHG _ 01	CWAFZ03CTS _ 01 _ 01	260	19.93	
2011	12	CWAFZ03CHG _ 01	CWAFZ03CTS _ 01 _ 01	280	20.22	
2011	12	CWAFZ03CHG _ 01	CWAFZ03CTS _ 01 _ 01	300	20.38	
2011	12	CWAFZ03CHG _ 01	CWAFZ03CTS _ 01 _ 03	10	46.72	
2011	12	CWAFZ03CHG _ 01	CWAFZ03CTS _ 01 _ 03	20	18.68	
2011	12	CWAFZ03CHG _ 01	CWAFZ03CTS _ 01 _ 03	30	17.11	
2011	12	CWAFZ03CHG _ 01	CWAFZ03CTS _ 01 _ 03	40	18.10	
2011	12	CWAFZ03CHG _ 01	CWAFZ03CTS _ 01 _ 03	50	20.17	
2011	12	CWAFZ03CHG _ 01	CWAFZ03CTS _ 01 _ 03	60	20.31	
2011	12	CWAFZ03CHG _ 01	CWAFZ03CTS _ 01 _ 03	70	22.61	
2011	12	CWAFZ03CHG _ 01	CWAFZ03CTS _ 01 _ 03	80	21.62	
2011	12	CWAFZ03CHG _ 01	CWAFZ03CTS _ 01 _ 03	90	21.10	
2011	12	CWAFZ03CHG _ 01	CWAFZ03CTS _ 01 _ 03	100	21.30	
2011	12	CWAFZ03CHG _ 01	CWAFZ03CTS _ 01 _ 03	120	19.98	
2011	12	CWAFZ03CHG _ 01	CWAFZ03CTS _ 01 _ 03	140	20.77	
2011	12	CWAFZ03CHG _ 01	CWAFZ03CTS _ 01 _ 03	160	20.95	
2011	12	CWAFZ03CHG _ 01	CWAFZ03CTS _ 01 _ 03	180	20.56	
2011	12	CWAFZ03CHG _ 01	CWAFZ03CTS _ 01 _ 03	200	20.49	
2011	12	CWAFZ03CHG _ 01	CWAFZ03CTS _ 01 _ 03	220	18.73	
2011	12	CWAFZ03CHG _ 01	CWAFZ03CTS _ 01 _ 03	240	20.02	
2011	12	CWAFZ03CHG _ 01	CWAFZ03CTS _ 01 _ 03	260	20.78	
2011	12	CWAFZ03CHG _ 01	CWAFZ03CTS _ 01 _ 03	280	20.21	
2011	12	CWAFZ03CHG _ 01	CWAFZ03CTS _ 01 _ 03	300	21.60	
2012	2	CWAZH01CHG _ 01	CWAZH01CTS _ 01 _ 01	10	30.35	
2012	2	CWAZH01CHG _ 01	CWAZH01CTS _ 01 _ 01	20	37.19	
2012	2	CWAZH01CHG _ 01	CWAZH01CTS _ 01 _ 01	30	28.33	
2012	2	CWAZH01CHG _ 01	CWAZH01CTS _ 01 _ 01	40	16.43	
2012	2	CWAZH01CHG _ 01	CWAZH01CTS _ 01 _ 01	50	14.66	
2012	2	CWAZH01CHG _ 01	CWAZH01CTS _ 01 _ 01	60	16.53	

（续）

年份	月份	样地代码	测管/采样点代码	观测层次（cm）	质量含水量（%）	备注
2012	2	CWAZH01CHG_01	CWAZH01CTS_01_01	70	18.49	
2012	2	CWAZH01CHG_01	CWAZH01CTS_01_01	80	18.89	
2012	2	CWAZH01CHG_01	CWAZH01CTS_01_01	90	18.53	
2012	2	CWAZH01CHG_01	CWAZH01CTS_01_01	100	19.52	
2012	2	CWAZH01CHG_01	CWAZH01CTS_01_01	120	20.49	
2012	2	CWAZH01CHG_01	CWAZH01CTS_01_01	140	20.09	
2012	2	CWAZH01CHG_01	CWAZH01CTS_01_01	160	20.47	
2012	2	CWAZH01CHG_01	CWAZH01CTS_01_01	180	19.59	
2012	2	CWAZH01CHG_01	CWAZH01CTS_01_01	200	20.04	
2012	2	CWAZH01CHG_01	CWAZH01CTS_01_01	220	19.32	
2012	2	CWAZH01CHG_01	CWAZH01CTS_01_01	240	19.25	
2012	2	CWAZH01CHG_01	CWAZH01CTS_01_01	260	18.10	
2012	2	CWAZH01CHG_01	CWAZH01CTS_01_01	280	18.82	
2012	2	CWAZH01CHG_01	CWAZH01CTS_01_01	300	19.73	
2012	2	CWAZH01CHG_01	CWAZH01CTS_01_03	10	31.25	
2012	2	CWAZH01CHG_01	CWAZH01CTS_01_03	20	38.70	
2012	2	CWAZH01CHG_01	CWAZH01CTS_01_03	30	25.18	
2012	2	CWAZH01CHG_01	CWAZH01CTS_01_03	40	21.98	
2012	2	CWAZH01CHG_01	CWAZH01CTS_01_03	50	16.36	
2012	2	CWAZH01CHG_01	CWAZH01CTS_01_03	60	17.24	
2012	2	CWAZH01CHG_01	CWAZH01CTS_01_03	70	18.75	
2012	2	CWAZH01CHG_01	CWAZH01CTS_01_03	80	19.11	
2012	2	CWAZH01CHG_01	CWAZH01CTS_01_03	90	19.15	
2012	2	CWAZH01CHG_01	CWAZH01CTS_01_03	100	19.90	
2012	2	CWAZH01CHG_01	CWAZH01CTS_01_03	120	19.91	
2012	2	CWAZH01CHG_01	CWAZH01CTS_01_03	140	19.09	
2012	2	CWAZH01CHG_01	CWAZH01CTS_01_03	160	19.18	
2012	2	CWAZH01CHG_01	CWAZH01CTS_01_03	180	19.64	
2012	2	CWAZH01CHG_01	CWAZH01CTS_01_03	200	19.56	
2012	2	CWAZH01CHG_01	CWAZH01CTS_01_03	220	20.02	
2012	2	CWAZH01CHG_01	CWAZH01CTS_01_03	240	20.75	
2012	2	CWAZH01CHG_01	CWAZH01CTS_01_03	260	21.55	
2012	2	CWAZH01CHG_01	CWAZH01CTS_01_03	280	21.37	

（续）

年份	月份	样地代码	测管/采样点代码	观测层次（cm）	质量含水量（%）	备注
2012	2	CWAZH01CHG_01	CWAZH01CTS_01_03	300	22.01	
2012	4	CWAZH01CHG_01	CWAZH01CTS_01_01	10	17.58	
2012	4	CWAZH01CHG_01	CWAZH01CTS_01_01	20	15.65	
2012	4	CWAZH01CHG_01	CWAZH01CTS_01_01	30	16.28	
2012	4	CWAZH01CHG_01	CWAZH01CTS_01_01	40	14.30	
2012	4	CWAZH01CHG_01	CWAZH01CTS_01_01	50	15.86	
2012	4	CWAZH01CHG_01	CWAZH01CTS_01_01	60	16.28	
2012	4	CWAZH01CHG_01	CWAZH01CTS_01_01	70	17.57	
2012	4	CWAZH01CHG_01	CWAZH01CTS_01_01	80	17.74	
2012	4	CWAZH01CHG_01	CWAZH01CTS_01_01	90	18.48	
2012	4	CWAZH01CHG_01	CWAZH01CTS_01_01	100	19.59	
2012	4	CWAZH01CHG_01	CWAZH01CTS_01_01	120	19.25	
2012	4	CWAZH01CHG_01	CWAZH01CTS_01_01	140	19.35	
2012	4	CWAZH01CHG_01	CWAZH01CTS_01_01	160	18.94	
2012	4	CWAZH01CHG_01	CWAZH01CTS_01_01	180	18.53	
2012	4	CWAZH01CHG_01	CWAZH01CTS_01_01	200	17.82	
2012	4	CWAZH01CHG_01	CWAZH01CTS_01_01	220	17.89	
2012	4	CWAZH01CHG_01	CWAZH01CTS_01_01	240	17.30	
2012	4	CWAZH01CHG_01	CWAZH01CTS_01_01	260	16.04	
2012	4	CWAZH01CHG_01	CWAZH01CTS_01_01	280	14.78	
2012	4	CWAZH01CHG_01	CWAZH01CTS_01_01	300	14.28	
2012	4	CWAZH01CHG_01	CWAZH01CTS_01_03	10	16.90	
2012	4	CWAZH01CHG_01	CWAZH01CTS_01_03	20	13.47	
2012	4	CWAZH01CHG_01	CWAZH01CTS_01_03	30	13.96	
2012	4	CWAZH01CHG_01	CWAZH01CTS_01_03	40	14.38	
2012	4	CWAZH01CHG_01	CWAZH01CTS_01_03	50	15.30	
2012	4	CWAZH01CHG_01	CWAZH01CTS_01_03	60	16.26	
2012	4	CWAZH01CHG_01	CWAZH01CTS_01_03	70	16.78	
2012	4	CWAZH01CHG_01	CWAZH01CTS_01_03	80	18.04	
2012	4	CWAZH01CHG_01	CWAZH01CTS_01_03	90	19.09	
2012	4	CWAZH01CHG_01	CWAZH01CTS_01_03	100	18.45	
2012	4	CWAZH01CHG_01	CWAZH01CTS_01_03	120	18.72	
2012	4	CWAZH01CHG_01	CWAZH01CTS_01_03	140	18.43	

（续）

年份	月份	样地代码	测管/采样点代码	观测层次（cm）	质量含水量（%）	备注
2012	4	CWAZH01CHG_01	CWAZH01CTS_01_03	160	18.49	
2012	4	CWAZH01CHG_01	CWAZH01CTS_01_03	180	18.11	
2012	4	CWAZH01CHG_01	CWAZH01CTS_01_03	200	17.92	
2012	4	CWAZH01CHG_01	CWAZH01CTS_01_03	220	17.38	
2012	4	CWAZH01CHG_01	CWAZH01CTS_01_03	240	17.18	
2012	4	CWAZH01CHG_01	CWAZH01CTS_01_03	260	15.73	
2012	4	CWAZH01CHG_01	CWAZH01CTS_01_03	280	15.40	
2012	4	CWAZH01CHG_01	CWAZH01CTS_01_03	300	15.11	
2012	6	CWAZH01CHG_01	CWAZH01CTS_01_01	10	22.47	
2012	6	CWAZH01CHG_01	CWAZH01CTS_01_01	20	20.39	
2012	6	CWAZH01CHG_01	CWAZH01CTS_01_01	30	11.26	
2012	6	CWAZH01CHG_01	CWAZH01CTS_01_01	40	10.89	
2012	6	CWAZH01CHG_01	CWAZH01CTS_01_01	50	12.47	
2012	6	CWAZH01CHG_01	CWAZH01CTS_01_01	60	11.16	
2012	6	CWAZH01CHG_01	CWAZH01CTS_01_01	70	12.22	
2012	6	CWAZH01CHG_01	CWAZH01CTS_01_01	80	12.46	
2012	6	CWAZH01CHG_01	CWAZH01CTS_01_01	90	13.04	
2012	6	CWAZH01CHG_01	CWAZH01CTS_01_01	100	13.52	
2012	6	CWAZH01CHG_01	CWAZH01CTS_01_01	120	14.02	
2012	6	CWAZH01CHG_01	CWAZH01CTS_01_01	140	14.61	
2012	6	CWAZH01CHG_01	CWAZH01CTS_01_01	160	14.40	
2012	6	CWAZH01CHG_01	CWAZH01CTS_01_01	180	15.71	
2012	6	CWAZH01CHG_01	CWAZH01CTS_01_01	200	14.06	
2012	6	CWAZH01CHG_01	CWAZH01CTS_01_01	220	14.17	
2012	6	CWAZH01CHG_01	CWAZH01CTS_01_01	240	14.74	
2012	6	CWAZH01CHG_01	CWAZH01CTS_01_01	260	15.06	
2012	6	CWAZH01CHG_01	CWAZH01CTS_01_01	280	17.47	
2012	6	CWAZH01CHG_01	CWAZH01CTS_01_01	300	18.05	
2012	6	CWAZH01CHG_01	CWAZH01CTS_01_03	10	18.66	
2012	6	CWAZH01CHG_01	CWAZH01CTS_01_03	20	22.04	
2012	6	CWAZH01CHG_01	CWAZH01CTS_01_03	30	13.28	
2012	6	CWAZH01CHG_01	CWAZH01CTS_01_03	40	9.65	
2012	6	CWAZH01CHG_01	CWAZH01CTS_01_03	50	11.11	

（续）

年份	月份	样地代码	测管/采样点代码	观测层次（cm）	质量含水量（%）	备注
2012	6	CWAZH01CHG_01	CWAZH01CTS_01_03	60	11.69	
2012	6	CWAZH01CHG_01	CWAZH01CTS_01_03	70	12.55	
2012	6	CWAZH01CHG_01	CWAZH01CTS_01_03	80	12.69	
2012	6	CWAZH01CHG_01	CWAZH01CTS_01_03	90	14.13	
2012	6	CWAZH01CHG_01	CWAZH01CTS_01_03	100	13.13	
2012	6	CWAZH01CHG_01	CWAZH01CTS_01_03	120	13.70	
2012	6	CWAZH01CHG_01	CWAZH01CTS_01_03	140	13.76	
2012	6	CWAZH01CHG_01	CWAZH01CTS_01_03	160	13.81	
2012	6	CWAZH01CHG_01	CWAZH01CTS_01_03	180	13.80	
2012	6	CWAZH01CHG_01	CWAZH01CTS_01_03	200	13.83	
2012	6	CWAZH01CHG_01	CWAZH01CTS_01_03	220	13.51	
2012	6	CWAZH01CHG_01	CWAZH01CTS_01_03	240	13.94	
2012	6	CWAZH01CHG_01	CWAZH01CTS_01_03	260	16.99	
2012	6	CWAZH01CHG_01	CWAZH01CTS_01_03	280	18.25	
2012	6	CWAZH01CHG_01	CWAZH01CTS_01_03	300	18.36	
2012	9	CWAZH01CHG_01	CWAZH01CTS_01_01	10	22.10	
2012	9	CWAZH01CHG_01	CWAZH01CTS_01_01	20	22.24	
2012	9	CWAZH01CHG_01	CWAZH01CTS_01_01	30	22.15	
2012	9	CWAZH01CHG_01	CWAZH01CTS_01_01	40	21.54	
2012	9	CWAZH01CHG_01	CWAZH01CTS_01_01	50	21.27	
2012	9	CWAZH01CHG_01	CWAZH01CTS_01_01	60	21.86	
2012	9	CWAZH01CHG_01	CWAZH01CTS_01_01	70	22.21	
2012	9	CWAZH01CHG_01	CWAZH01CTS_01_01	80	22.78	
2012	9	CWAZH01CHG_01	CWAZH01CTS_01_01	90	23.13	
2012	9	CWAZH01CHG_01	CWAZH01CTS_01_01	100	23.58	
2012	9	CWAZH01CHG_01	CWAZH01CTS_01_01	120	18.05	
2012	9	CWAZH01CHG_01	CWAZH01CTS_01_01	140	12.91	
2012	9	CWAZH01CHG_01	CWAZH01CTS_01_01	160	12.78	
2012	9	CWAZH01CHG_01	CWAZH01CTS_01_01	180	11.38	
2012	9	CWAZH01CHG_01	CWAZH01CTS_01_01	200	10.23	
2012	9	CWAZH01CHG_01	CWAZH01CTS_01_01	220	12.75	
2012	9	CWAZH01CHG_01	CWAZH01CTS_01_01	240	13.16	
2012	9	CWAZH01CHG_01	CWAZH01CTS_01_01	260	13.28	

368 中国生态系统定位观测与研究数据集
农田生态系统卷 | 陕西长武站（2009—2015）

（续）

年份	月份	样地代码	测管/采样点代码	观测层次（cm）	质量含水量（%）	备注
2012	9	CWAZH01CHG_01	CWAZH01CTS_01_01	280	12.92	
2012	9	CWAZH01CHG_01	CWAZH01CTS_01_01	300	14.21	
2012	9	CWAZH01CHG_01	CWAZH01CTS_01_03	10	20.27	
2012	9	CWAZH01CHG_01	CWAZH01CTS_01_03	20	21.38	
2012	9	CWAZH01CHG_01	CWAZH01CTS_01_03	30	19.46	
2012	9	CWAZH01CHG_01	CWAZH01CTS_01_03	40	21.80	
2012	9	CWAZH01CHG_01	CWAZH01CTS_01_03	50	19.78	
2012	9	CWAZH01CHG_01	CWAZH01CTS_01_03	60	20.65	
2012	9	CWAZH01CHG_01	CWAZH01CTS_01_03	70	22.32	
2012	9	CWAZH01CHG_01	CWAZH01CTS_01_03	80	23.36	
2012	9	CWAZH01CHG_01	CWAZH01CTS_01_03	90	23.12	
2012	9	CWAZH01CHG_01	CWAZH01CTS_01_03	100	21.19	
2012	9	CWAZH01CHG_01	CWAZH01CTS_01_03	120	19.18	
2012	9	CWAZH01CHG_01	CWAZH01CTS_01_03	140	13.45	
2012	9	CWAZH01CHG_01	CWAZH01CTS_01_03	160	13.86	
2012	9	CWAZH01CHG_01	CWAZH01CTS_01_03	180	14.20	
2012	9	CWAZH01CHG_01	CWAZH01CTS_01_03	200	14.52	
2012	9	CWAZH01CHG_01	CWAZH01CTS_01_03	220	13.97	
2012	9	CWAZH01CHG_01	CWAZH01CTS_01_03	240	14.06	
2012	9	CWAZH01CHG_01	CWAZH01CTS_01_03	260	15.88	
2012	9	CWAZH01CHG_01	CWAZH01CTS_01_03	280	15.84	
2012	9	CWAZH01CHG_01	CWAZH01CTS_01_03	300	16.53	
2012	10	CWAZH01CHG_01	CWAZH01CTS_01_01	10	16.34	
2012	10	CWAZH01CHG_01	CWAZH01CTS_01_01	20	16.12	
2012	10	CWAZH01CHG_01	CWAZH01CTS_01_01	30	16.66	
2012	10	CWAZH01CHG_01	CWAZH01CTS_01_01	40	16.35	
2012	10	CWAZH01CHG_01	CWAZH01CTS_01_01	50	17.44	
2012	10	CWAZH01CHG_01	CWAZH01CTS_01_01	60	18.49	
2012	10	CWAZH01CHG_01	CWAZH01CTS_01_01	70	19.22	
2012	10	CWAZH01CHG_01	CWAZH01CTS_01_01	80	19.58	
2012	10	CWAZH01CHG_01	CWAZH01CTS_01_01	90	20.35	
2012	10	CWAZH01CHG_01	CWAZH01CTS_01_01	100	20.31	
2012	10	CWAZH01CHG_01	CWAZH01CTS_01_01	120	20.20	

（续）

年份	月份	样地代码	测管/采样点代码	观测层次（cm）	质量含水量（%）	备注
2012	10	CWAZH01CHG_01	CWAZH01CTS_01_01	140	18.89	
2012	10	CWAZH01CHG_01	CWAZH01CTS_01_01	160	16.03	
2012	10	CWAZH01CHG_01	CWAZH01CTS_01_01	180	16.97	
2012	10	CWAZH01CHG_01	CWAZH01CTS_01_01	200	15.36	
2012	10	CWAZH01CHG_01	CWAZH01CTS_01_01	220	13.65	
2012	10	CWAZH01CHG_01	CWAZH01CTS_01_01	240	14.24	
2012	10	CWAZH01CHG_01	CWAZH01CTS_01_01	260	12.95	
2012	10	CWAZH01CHG_01	CWAZH01CTS_01_01	280	13.69	
2012	10	CWAZH01CHG_01	CWAZH01CTS_01_01	300	15.38	
2012	10	CWAZH01CHG_01	CWAZH01CTS_01_03	10	15.75	
2012	10	CWAZH01CHG_01	CWAZH01CTS_01_03	20	15.70	
2012	10	CWAZH01CHG_01	CWAZH01CTS_01_03	30	17.73	
2012	10	CWAZH01CHG_01	CWAZH01CTS_01_03	40	15.68	
2012	10	CWAZH01CHG_01	CWAZH01CTS_01_03	50	16.34	
2012	10	CWAZH01CHG_01	CWAZH01CTS_01_03	60	17.33	
2012	10	CWAZH01CHG_01	CWAZH01CTS_01_03	70	18.00	
2012	10	CWAZH01CHG_01	CWAZH01CTS_01_03	80	19.60	
2012	10	CWAZH01CHG_01	CWAZH01CTS_01_03	90	20.53	
2012	10	CWAZH01CHG_01	CWAZH01CTS_01_03	100	20.70	
2012	10	CWAZH01CHG_01	CWAZH01CTS_01_03	120	19.88	
2012	10	CWAZH01CHG_01	CWAZH01CTS_01_03	140	19.09	
2012	10	CWAZH01CHG_01	CWAZH01CTS_01_03	160	18.49	
2012	10	CWAZH01CHG_01	CWAZH01CTS_01_03	180	17.97	
2012	10	CWAZH01CHG_01	CWAZH01CTS_01_03	200	16.65	
2012	10	CWAZH01CHG_01	CWAZH01CTS_01_03	220	15.02	
2012	10	CWAZH01CHG_01	CWAZH01CTS_01_03	240	14.06	
2012	10	CWAZH01CHG_01	CWAZH01CTS_01_03	260	14.34	
2012	10	CWAZH01CHG_01	CWAZH01CTS_01_03	280	15.59	
2012	10	CWAZH01CHG_01	CWAZH01CTS_01_03	300	15.47	
2012	12	CWAZH01CHG_01	CWAZH01CTS_01_01	10	14.08	
2012	12	CWAZH01CHG_01	CWAZH01CTS_01_01	20	18.32	
2012	12	CWAZH01CHG_01	CWAZH01CTS_01_01	30	15.24	
2012	12	CWAZH01CHG_01	CWAZH01CTS_01_01	40	15.09	

（续）

年份	月份	样地代码	测管/采样点代码	观测层次（cm）	质量含水量（%）	备注
2012	12	CWAZH01CHG_01	CWAZH01CTS_01_01	50	15.30	
2012	12	CWAZH01CHG_01	CWAZH01CTS_01_01	60	16.90	
2012	12	CWAZH01CHG_01	CWAZH01CTS_01_01	70	18.71	
2012	12	CWAZH01CHG_01	CWAZH01CTS_01_01	80	19.32	
2012	12	CWAZH01CHG_01	CWAZH01CTS_01_01	90	19.52	
2012	12	CWAZH01CHG_01	CWAZH01CTS_01_01	100	20.19	
2012	12	CWAZH01CHG_01	CWAZH01CTS_01_01	120	20.64	
2012	12	CWAZH01CHG_01	CWAZH01CTS_01_01	140	20.14	
2012	12	CWAZH01CHG_01	CWAZH01CTS_01_01	160	19.12	
2012	12	CWAZH01CHG_01	CWAZH01CTS_01_01	180	18.70	
2012	12	CWAZH01CHG_01	CWAZH01CTS_01_01	200	17.25	
2012	12	CWAZH01CHG_01	CWAZH01CTS_01_01	220	16.80	
2012	12	CWAZH01CHG_01	CWAZH01CTS_01_01	240	16.18	
2012	12	CWAZH01CHG_01	CWAZH01CTS_01_01	260	14.41	
2012	12	CWAZH01CHG_01	CWAZH01CTS_01_01	280	14.13	
2012	12	CWAZH01CHG_01	CWAZH01CTS_01_01	300	15.13	
2012	12	CWAZH01CHG_01	CWAZH01CTS_01_03	10	12.39	
2012	12	CWAZH01CHG_01	CWAZH01CTS_01_03	20	15.34	
2012	12	CWAZH01CHG_01	CWAZH01CTS_01_03	30	14.30	
2012	12	CWAZH01CHG_01	CWAZH01CTS_01_03	40	14.87	
2012	12	CWAZH01CHG_01	CWAZH01CTS_01_03	50	16.37	
2012	12	CWAZH01CHG_01	CWAZH01CTS_01_03	60	16.46	
2012	12	CWAZH01CHG_01	CWAZH01CTS_01_03	70	17.63	
2012	12	CWAZH01CHG_01	CWAZH01CTS_01_03	80	19.47	
2012	12	CWAZH01CHG_01	CWAZH01CTS_01_03	90	19.91	
2012	12	CWAZH01CHG_01	CWAZH01CTS_01_03	100	19.72	
2012	12	CWAZH01CHG_01	CWAZH01CTS_01_03	120	19.96	
2012	12	CWAZH01CHG_01	CWAZH01CTS_01_03	140	17.80	
2012	12	CWAZH01CHG_01	CWAZH01CTS_01_03	160	18.68	
2012	12	CWAZH01CHG_01	CWAZH01CTS_01_03	180	17.25	
2012	12	CWAZH01CHG_01	CWAZH01CTS_01_03	200	16.64	
2012	12	CWAZH01CHG_01	CWAZH01CTS_01_03	220	16.03	
2012	12	CWAZH01CHG_01	CWAZH01CTS_01_03	240	15.25	

（续）

年份	月份	样地代码	测管/采样点代码	观测层次（cm）	质量含水量（%）	备注
2012	12	CWAZH01CHG _ 01	CWAZH01CTS _ 01 _ 03	260	15.10	
2012	12	CWAZH01CHG _ 01	CWAZH01CTS _ 01 _ 03	280	15.51	
2012	12	CWAZH01CHG _ 01	CWAZH01CTS _ 01 _ 03	300	16.26	
2012	2	CWAFZ03CHG _ 01	CWAFZ03CTS _ 01 _ 01	10	27.08	
2012	2	CWAFZ03CHG _ 01	CWAFZ03CTS _ 01 _ 01	20	30.47	
2012	2	CWAFZ03CHG _ 01	CWAFZ03CTS _ 01 _ 01	30	29.82	
2012	2	CWAFZ03CHG _ 01	CWAFZ03CTS _ 01 _ 01	40	19.16	
2012	2	CWAFZ03CHG _ 01	CWAFZ03CTS _ 01 _ 01	50	14.28	
2012	2	CWAFZ03CHG _ 01	CWAFZ03CTS _ 01 _ 01	60	16.64	
2012	2	CWAFZ03CHG _ 01	CWAFZ03CTS _ 01 _ 01	70	18.48	
2012	2	CWAFZ03CHG _ 01	CWAFZ03CTS _ 01 _ 01	80	18.99	
2012	2	CWAFZ03CHG _ 01	CWAFZ03CTS _ 01 _ 01	90	19.84	
2012	2	CWAFZ03CHG _ 01	CWAFZ03CTS _ 01 _ 01	100	20.42	
2012	2	CWAFZ03CHG _ 01	CWAFZ03CTS _ 01 _ 01	120	19.66	
2012	2	CWAFZ03CHG _ 01	CWAFZ03CTS _ 01 _ 01	140	19.61	
2012	2	CWAFZ03CHG _ 01	CWAFZ03CTS _ 01 _ 01	160	20.18	
2012	2	CWAFZ03CHG _ 01	CWAFZ03CTS _ 01 _ 01	180	21.21	
2012	2	CWAFZ03CHG _ 01	CWAFZ03CTS _ 01 _ 01	200	19.91	
2012	2	CWAFZ03CHG _ 01	CWAFZ03CTS _ 01 _ 01	220	19.14	
2012	2	CWAFZ03CHG _ 01	CWAFZ03CTS _ 01 _ 01	240	18.41	
2012	2	CWAFZ03CHG _ 01	CWAFZ03CTS _ 01 _ 01	260	19.10	
2012	2	CWAFZ03CHG _ 01	CWAFZ03CTS _ 01 _ 01	280	20.09	
2012	2	CWAFZ03CHG _ 01	CWAFZ03CTS _ 01 _ 01	300	20.20	
2012	2	CWAFZ03CHG _ 01	CWAZF03CTS _ 01 _ 03	10	39.42	
2012	2	CWAFZ03CHG _ 01	CWAFZ03CTS _ 01 _ 03	20	30.98	
2012	2	CWAFZ03CHG _ 01	CWAFZ03CTS _ 01 _ 03	30	23.80	
2012	2	CWAFZ03CHG _ 01	CWAFZ03CTS _ 01 _ 03	40	16.40	
2012	2	CWAFZ03CHG _ 01	CWAFZ03CTS _ 01 _ 03	50	19.03	
2012	2	CWAFZ03CHG _ 01	CWAFZ03CTS _ 01 _ 03	60	19.16	
2012	2	CWAFZ03CHG _ 01	CWAFZ03CTS _ 01 _ 03	70	19.26	
2012	2	CWAFZ03CHG _ 01	CWAFZ03CTS _ 01 _ 03	80	19.26	
2012	2	CWAFZ03CHG _ 01	CWAFZ03CTS _ 01 _ 03	90	19.85	
2012	2	CWAFZ03CHG _ 01	CWAFZ03CTS _ 01 _ 03	100	19.58	

（续）

年份	月份	样地代码	测管/采样点代码	观测层次（cm）	质量含水量（%）	备注
2012	2	CWAFZ03CHG_01	CWAFZ03CTS_01_03	120	19.39	
2012	2	CWAFZ03CHG_01	CWAFZ03CTS_01_03	140	19.45	
2012	2	CWAFZ03CHG_01	CWAFZ03CTS_01_03	160	19.60	
2012	2	CWAFZ03CHG_01	CWAFZ03CTS_01_03	180	19.14	
2012	2	CWAFZ03CHG_01	CWAFZ03CTS_01_03	200	18.89	
2012	2	CWAFZ03CHG_01	CWAFZ03CTS_01_03	220	19.08	
2012	2	CWAFZ03CHG_01	CWAFZ03CTS_01_03	240	18.93	
2012	2	CWAFZ03CHG_01	CWAFZ03CTS_01_03	260	19.30	
2012	2	CWAFZ03CHG_01	CWAFZ03CTS_01_03	280	19.78	
2012	2	CWAFZ03CHG_01	CWAFZ03CTS_01_03	300	19.79	
2012	4	CWAFZ03CHG_01	CWAFZ03CTS_01_01	10	16.25	
2012	4	CWAFZ03CHG_01	CWAFZ03CTS_01_01	20	17.61	
2012	4	CWAFZ03CHG_01	CWAFZ03CTS_01_01	30	16.91	
2012	4	CWAFZ03CHG_01	CWAFZ03CTS_01_01	40	15.38	
2012	4	CWAFZ03CHG_01	CWAFZ03CTS_01_01	50	15.29	
2012	4	CWAFZ03CHG_01	CWAFZ03CTS_01_01	60	16.81	
2012	4	CWAFZ03CHG_01	CWAFZ03CTS_01_01	70	17.50	
2012	4	CWAFZ03CHG_01	CWAFZ03CTS_01_01	80	17.99	
2012	4	CWAFZ03CHG_01	CWAFZ03CTS_01_01	90	19.42	
2012	4	CWAFZ03CHG_01	CWAFZ03CTS_01_01	100	19.20	
2012	4	CWAFZ03CHG_01	CWAFZ03CTS_01_01	120	19.25	
2012	4	CWAFZ03CHG_01	CWAFZ03CTS_01_01	140	19.13	
2012	4	CWAFZ03CHG_01	CWAFZ03CTS_01_01	160	18.96	
2012	4	CWAFZ03CHG_01	CWAFZ03CTS_01_01	180	17.46	
2012	4	CWAFZ03CHG_01	CWAFZ03CTS_01_01	200	16.63	
2012	4	CWAFZ03CHG_01	CWAFZ03CTS_01_01	220	16.80	
2012	4	CWAFZ03CHG_01	CWAFZ03CTS_01_01	240	17.49	
2012	4	CWAFZ03CHG_01	CWAFZ03CTS_01_01	260	13.45	
2012	4	CWAFZ03CHG_01	CWAFZ03CTS_01_01	280	12.78	
2012	4	CWAFZ03CHG_01	CWAFZ03CTS_01_01	300	12.60	
2012	4	CWAFZ03CHG_01	CWAFZ03CTS_01_03	10	21.04	
2012	4	CWAFZ03CHG_01	CWAFZ03CTS_01_03	20	16.53	
2012	4	CWAFZ03CHG_01	CWAFZ03CTS_01_03	30	16.17	

（续）

年份	月份	样地代码	测管/采样点代码	观测层次（cm）	质量含水量（%）	备注
2012	4	CWAFZ03CHG_01	CWAFZ03CTS_01_03	40	15.08	
2012	4	CWAFZ03CHG_01	CWAFZ03CTS_01_03	50	15.76	
2012	4	CWAFZ03CHG_01	CWAFZ03CTS_01_03	60	17.73	
2012	4	CWAFZ03CHG_01	CWAFZ03CTS_01_03	70	18.86	
2012	4	CWAFZ03CHG_01	CWAFZ03CTS_01_03	80	19.54	
2012	4	CWAFZ03CHG_01	CWAFZ03CTS_01_03	90	19.61	
2012	4	CWAFZ03CHG_01	CWAFZ03CTS_01_03	100	19.39	
2012	4	CWAFZ03CHG_01	CWAFZ03CTS_01_03	120	19.35	
2012	4	CWAFZ03CHG_01	CWAFZ03CTS_01_03	140	18.79	
2012	4	CWAFZ03CHG_01	CWAFZ03CTS_01_03	160	18.54	
2012	4	CWAFZ03CHG_01	CWAFZ03CTS_01_03	180	18.53	
2012	4	CWAFZ03CHG_01	CWAFZ03CTS_01_03	200	17.97	
2012	4	CWAFZ03CHG_01	CWAFZ03CTS_01_03	220	17.19	
2012	4	CWAFZ03CHG_01	CWAFZ03CTS_01_03	240	15.86	
2012	4	CWAFZ03CHG_01	CWAFZ03CTS_01_03	260	15.96	
2012	4	CWAFZ03CHG_01	CWAFZ03CTS_01_03	280	15.06	
2012	4	CWAFZ03CHG_01	CWAFZ03CTS_01_03	300	13.83	
2012	6	CWAFZ03CHG_01	CWAFZ03CTS_01_01	10	20.61	
2012	6	CWAFZ03CHG_01	CWAFZ03CTS_01_01	20	17.86	
2012	6	CWAFZ03CHG_01	CWAFZ03CTS_01_01	30	14.14	
2012	6	CWAFZ03CHG_01	CWAFZ03CTS_01_01	40	8.51	
2012	6	CWAFZ03CHG_01	CWAFZ03CTS_01_01	50	8.65	
2012	6	CWAFZ03CHG_01	CWAFZ03CTS_01_01	60	9.75	
2012	6	CWAFZ03CHG_01	CWAFZ03CTS_01_01	70	11.75	
2012	6	CWAFZ03CHG_01	CWAFZ03CTS_01_01	80	12.11	
2012	6	CWAFZ03CHG_01	CWAFZ03CTS_01_01	90	13.11	
2012	6	CWAFZ03CHG_01	CWAFZ03CTS_01_01	100	12.27	
2012	6	CWAFZ03CHG_01	CWAFZ03CTS_01_01	120	13.01	
2012	6	CWAFZ03CHG_01	CWAFZ03CTS_01_01	140	12.71	
2012	6	CWAFZ03CHG_01	CWAFZ03CTS_01_01	160	13.54	
2012	6	CWAFZ03CHG_01	CWAFZ03CTS_01_01	180	14.74	
2012	6	CWAFZ03CHG_01	CWAFZ03CTS_01_01	200	14.71	
2012	6	CWAFZ03CHG_01	CWAFZ03CTS_01_01	220	16.12	

（续）

年份	月份	样地代码	测管/采样点代码	观测层次（cm）	质量含水量（%）	备注
2012	6	CWAFZ03CHG_01	CWAFZ03CTS_01_01	240	17.06	
2012	6	CWAFZ03CHG_01	CWAFZ03CTS_01_01	260	18.16	
2012	6	CWAFZ03CHG_01	CWAFZ03CTS_01_01	280	16.31	
2012	6	CWAFZ03CHG_01	CWAFZ03CTS_01_01	300	13.71	
2012	6	CWAFZ03CHG_01	CWAFZ03CTS_01_03	10	20.37	
2012	6	CWAFZ03CHG_01	CWAFZ03CTS_01_03	20	20.24	
2012	6	CWAFZ03CHG_01	CWAFZ03CTS_01_03	30	15.94	
2012	6	CWAFZ03CHG_01	CWAFZ03CTS_01_03	40	10.77	
2012	6	CWAFZ03CHG_01	CWAFZ03CTS_01_03	50	13.21	
2012	6	CWAFZ03CHG_01	CWAFZ03CTS_01_03	60	13.50	
2012	6	CWAFZ03CHG_01	CWAFZ03CTS_01_03	70	14.04	
2012	6	CWAFZ03CHG_01	CWAFZ03CTS_01_03	80	14.77	
2012	6	CWAFZ03CHG_01	CWAFZ03CTS_01_03	90	14.02	
2012	6	CWAFZ03CHG_01	CWAFZ03CTS_01_03	100	14.12	
2012	6	CWAFZ03CHG_01	CWAFZ03CTS_01_03	120	14.05	
2012	6	CWAFZ03CHG_01	CWAFZ03CTS_01_03	140	15.06	
2012	6	CWAFZ03CHG_01	CWAFZ03CTS_01_03	160	14.29	
2012	6	CWAFZ03CHG_01	CWAFZ03CTS_01_03	180	14.25	
2012	6	CWAFZ03CHG_01	CWAFZ03CTS_01_03	200	14.80	
2012	6	CWAFZ03CHG_01	CWAFZ03CTS_01_03	220	15.68	
2012	6	CWAFZ03CHG_01	CWAFZ03CTS_01_03	240	15.71	
2012	6	CWAFZ03CHG_01	CWAFZ03CTS_01_03	260	18.14	
2012	6	CWAFZ03CHG_01	CWAFZ03CTS_01_03	280	17.85	
2012	6	CWAFZ03CHG_01	CWAFZ03CTS_01_03	300	19.02	
2012	9	CWAFZ03CHG_01	CWAFZ03CTS_01_01	10	22.18	
2012	9	CWAFZ03CHG_01	CWAFZ03CTS_01_01	20	22.42	
2012	9	CWAFZ03CHG_01	CWAFZ03CTS_01_01	30	20.49	
2012	9	CWAFZ03CHG_01	CWAFZ03CTS_01_01	40	20.00	
2012	9	CWAFZ03CHG_01	CWAFZ03CTS_01_01	50	19.29	
2012	9	CWAFZ03CHG_01	CWAFZ03CTS_01_01	60	19.74	
2012	9	CWAFZ03CHG_01	CWAFZ03CTS_01_01	70	21.68	
2012	9	CWAFZ03CHG_01	CWAFZ03CTS_01_01	80	22.37	
2012	9	CWAFZ03CHG_01	CWAFZ03CTS_01_01	90	22.32	

（续）

年份	月份	样地代码	测管/采样点代码	观测层次（cm）	质量含水量（%）	备注
2012	9	CWAFZ03CHG _ 01	CWAFZ03CTS _ 01 _ 01	100	20.57	
2012	9	CWAFZ03CHG _ 01	CWAFZ03CTS _ 01 _ 01	120	12.28	
2012	9	CWAFZ03CHG _ 01	CWAFZ03CTS _ 01 _ 01	140	12.70	
2012	9	CWAFZ03CHG _ 01	CWAFZ03CTS _ 01 _ 01	160	12.73	
2012	9	CWAFZ03CHG _ 01	CWAFZ03CTS _ 01 _ 01	180	11.95	
2012	9	CWAFZ03CHG _ 01	CWAFZ03CTS _ 01 _ 01	200	11.58	
2012	9	CWAFZ03CHG _ 01	CWAFZ03CTS _ 01 _ 01	220	12.13	
2012	9	CWAFZ03CHG _ 01	CWAFZ03CTS _ 01 _ 01	240	12.47	
2012	9	CWAFZ03CHG _ 01	CWAFZ03CTS _ 01 _ 01	260	13.96	
2012	9	CWAFZ03CHG _ 01	CWAFZ03CTS _ 01 _ 01	280	15.02	
2012	9	CWAFZ03CHG _ 01	CWAFZ03CTS _ 01 _ 01	300	15.62	
2012	9	CWAFZ03CHG _ 01	CWAFZ03CTS _ 01 _ 03	10	23.63	
2012	9	CWAFZ03CHG _ 01	CWAFZ03CTS _ 01 _ 03	20	23.34	
2012	9	CWAFZ03CHG _ 01	CWAFZ03CTS _ 01 _ 03	30	21.59	
2012	9	CWAFZ03CHG _ 01	CWAFZ03CTS _ 01 _ 03	40	21.54	
2012	9	CWAFZ03CHG _ 01	CWAFZ03CTS _ 01 _ 03	50	21.16	
2012	9	CWAFZ03CHG _ 01	CWAFZ03CTS _ 01 _ 03	60	20.38	
2012	9	CWAFZ03CHG _ 01	CWAFZ03CTS _ 01 _ 03	70	22.16	
2012	9	CWAFZ03CHG _ 01	CWAFZ03CTS _ 01 _ 03	80	24.05	
2012	9	CWAFZ03CHG _ 01	CWAFZ03CTS _ 01 _ 03	90	23.28	
2012	9	CWAFZ03CHG _ 01	CWAFZ03CTS _ 01 _ 03	100	23.36	
2012	9	CWAFZ03CHG _ 01	CWAFZ03CTS _ 01 _ 03	120	20.96	
2012	9	CWAFZ03CHG _ 01	CWAFZ03CTS _ 01 _ 03	140	13.75	
2012	9	CWAFZ03CHG _ 01	CWAFZ03CTS _ 01 _ 03	160	13.56	
2012	9	CWAFZ03CHG _ 01	CWAFZ03CTS _ 01 _ 03	180	14.36	
2012	9	CWAFZ03CHG _ 01	CWAFZ03CTS _ 01 _ 03	200	14.64	
2012	9	CWAFZ03CHG _ 01	CWAFZ03CTS _ 01 _ 03	220	15.32	
2012	9	CWAFZ03CHG _ 01	CWAFZ03CTS _ 01 _ 03	240	15.16	
2012	9	CWAFZ03CHG _ 01	CWAFZ03CTS _ 01 _ 03	260	16.39	
2012	9	CWAFZ03CHG _ 01	CWAFZ03CTS _ 01 _ 03	280	17.06	
2012	9	CWAFZ03CHG _ 01	CWAFZ03CTS _ 01 _ 03	300	16.88	
2012	10	CWAFZ03CHG _ 01	CWAFZ03CTS _ 01 _ 01	10	16.18	
2012	10	CWAFZ03CHG _ 01	CWAFZ03CTS _ 01 _ 01	20	16.80	

（续）

年份	月份	样地代码	测管/采样点代码	观测层次（cm）	质量含水量（%）	备注
2012	10	CWAFZ03CHG _ 01	CWAFZ03CTS _ 01 _ 01	30	16.74	
2012	10	CWAFZ03CHG _ 01	CWAFZ03CTS _ 01 _ 01	40	15.85	
2012	10	CWAFZ03CHG _ 01	CWAFZ03CTS _ 01 _ 01	50	16.68	
2012	10	CWAFZ03CHG _ 01	CWAFZ03CTS _ 01 _ 01	60	17.18	
2012	10	CWAFZ03CHG _ 01	CWAFZ03CTS _ 01 _ 01	70	18.85	
2012	10	CWAFZ03CHG _ 01	CWAFZ03CTS _ 01 _ 01	80	19.09	
2012	10	CWAFZ03CHG _ 01	CWAFZ03CTS _ 01 _ 01	90	19.35	
2012	10	CWAFZ03CHG _ 01	CWAFZ03CTS _ 01 _ 01	100	20.23	
2012	10	CWAFZ03CHG _ 01	CWAFZ03CTS _ 01 _ 01	120	20.27	
2012	10	CWAFZ03CHG _ 01	CWAFZ03CTS _ 01 _ 01	140	17.84	
2012	10	CWAFZ03CHG _ 01	CWAFZ03CTS _ 01 _ 01	160	16.08	
2012	10	CWAFZ03CHG _ 01	CWAFZ03CTS _ 01 _ 01	180	13.71	
2012	10	CWAFZ03CHG _ 01	CWAFZ03CTS _ 01 _ 01	200	12.17	
2012	10	CWAFZ03CHG _ 01	CWAFZ03CTS _ 01 _ 01	220	12.49	
2012	10	CWAFZ03CHG _ 01	CWAFZ03CTS _ 01 _ 01	240	12.63	
2012	10	CWAFZ03CHG _ 01	CWAFZ03CTS _ 01 _ 01	260	12.95	
2012	10	CWAFZ03CHG _ 01	CWAFZ03CTS _ 01 _ 01	280	14.44	
2012	10	CWAFZ03CHG _ 01	CWAFZ03CTS _ 01 _ 01	300	14.70	
2012	10	CWAFZ03CHG _ 01	CWAFZ03CTS _ 01 _ 03	10	16.25	
2012	10	CWAFZ03CHG _ 01	CWAFZ03CTS _ 01 _ 03	20	16.92	
2012	10	CWAFZ03CHG _ 01	CWAFZ03CTS _ 01 _ 03	30	16.09	
2012	10	CWAFZ03CHG _ 01	CWAFZ03CTS _ 01 _ 03	40	16.20	
2012	10	CWAFZ03CHG _ 01	CWAFZ03CTS _ 01 _ 03	50	18.10	
2012	10	CWAFZ03CHG _ 01	CWAFZ03CTS _ 01 _ 03	60	18.15	
2012	10	CWAFZ03CHG _ 01	CWAFZ03CTS _ 01 _ 03	70	20.86	
2012	10	CWAFZ03CHG _ 01	CWAFZ03CTS _ 01 _ 03	80	19.49	
2012	10	CWAFZ03CHG _ 01	CWAFZ03CTS _ 01 _ 03	90	20.31	
2012	10	CWAFZ03CHG _ 01	CWAFZ03CTS _ 01 _ 03	100	19.56	
2012	10	CWAFZ03CHG _ 01	CWAFZ03CTS _ 01 _ 03	120	20.19	
2012	10	CWAFZ03CHG _ 01	CWAFZ03CTS _ 01 _ 03	140	19.64	
2012	10	CWAFZ03CHG _ 01	CWAFZ03CTS _ 01 _ 03	160	19.47	
2012	10	CWAFZ03CHG _ 01	CWAFZ03CTS _ 01 _ 03	180	19.30	
2012	10	CWAFZ03CHG _ 01	CWAFZ03CTS _ 01 _ 03	200	18.84	

（续）

年份	月份	样地代码	测管/采样点代码	观测层次（cm）	质量含水量（%）	备注
2012	10	CWAFZ03CHG_01	CWAFZ03CTS_01_03	220	17.38	
2012	10	CWAFZ03CHG_01	CWAFZ03CTS_01_03	240	16.77	
2012	10	CWAFZ03CHG_01	CWAFZ03CTS_01_03	260	16.55	
2012	10	CWAFZ03CHG_01	CWAFZ03CTS_01_03	280	16.59	
2012	10	CWAFZ03CHG_01	CWAFZ03CTS_01_03	300	16.73	
2012	12	CWAFZ03CHG_01	CWAFZ03CTS_01_01	10	11.56	
2012	12	CWAFZ03CHG_01	CWAFZ03CTS_01_01	20	15.88	
2012	12	CWAFZ03CHG_01	CWAFZ03CTS_01_01	30	16.03	
2012	12	CWAFZ03CHG_01	CWAFZ03CTS_01_01	40	13.34	
2012	12	CWAFZ03CHG_01	CWAFZ03CTS_01_01	50	14.43	
2012	12	CWAFZ03CHG_01	CWAFZ03CTS_01_01	60	16.79	
2012	12	CWAFZ03CHG_01	CWAFZ03CTS_01_01	70	17.84	
2012	12	CWAFZ03CHG_01	CWAFZ03CTS_01_01	80	19.10	
2012	12	CWAFZ03CHG_01	CWAFZ03CTS_01_01	90	19.21	
2012	12	CWAFZ03CHG_01	CWAFZ03CTS_01_01	100	19.43	
2012	12	CWAFZ03CHG_01	CWAFZ03CTS_01_01	120	19.73	
2012	12	CWAFZ03CHG_01	CWAFZ03CTS_01_01	140	18.10	
2012	12	CWAFZ03CHG_01	CWAFZ03CTS_01_01	160	17.80	
2012	12	CWAFZ03CHG_01	CWAFZ03CTS_01_01	180	16.82	
2012	12	CWAFZ03CHG_01	CWAFZ03CTS_01_01	200	15.45	
2012	12	CWAFZ03CHG_01	CWAFZ03CTS_01_01	220	15.34	
2012	12	CWAFZ03CHG_01	CWAFZ03CTS_01_01	240	14.95	
2012	12	CWAFZ03CHG_01	CWAFZ03CTS_01_01	260	15.51	
2012	12	CWAFZ03CHG_01	CWAFZ03CTS_01_01	280	15.87	
2012	12	CWAFZ03CHG_01	CWAFZ03CTS_01_01	300	15.82	
2012	12	CWAFZ03CHG_01	CWAFZ03CTS_01_03	10	14.69	
2012	12	CWAFZ03CHG_01	CWAFZ03CTS_01_03	20	13.39	
2012	12	CWAFZ03CHG_01	CWAFZ03CTS_01_03	30	13.02	
2012	12	CWAFZ03CHG_01	CWAFZ03CTS_01_03	40	13.42	
2012	12	CWAFZ03CHG_01	CWAFZ03CTS_01_03	50	16.36	
2012	12	CWAFZ03CHG_01	CWAFZ03CTS_01_03	60	17.62	
2012	12	CWAFZ03CHG_01	CWAFZ03CTS_01_03	70	16.78	
2012	12	CWAFZ03CHG_01	CWAFZ03CTS_01_03	80	19.12	

（续）

年份	月份	样地代码	测管/采样点代码	观测层次（cm）	质量含水量（%）	备注
2012	12	CWAFZ03CHG _ 01	CWAFZ03CTS _ 01 _ 03	90	19. 29	
2012	12	CWAFZ03CHG _ 01	CWAFZ03CTS _ 01 _ 03	100	18. 70	
2012	12	CWAFZ03CHG _ 01	CWAFZ03CTS _ 01 _ 03	120	18. 68	
2012	12	CWAFZ03CHG _ 01	CWAFZ03CTS _ 01 _ 03	140	18. 13	
2012	12	CWAFZ03CHG _ 01	CWAFZ03CTS _ 01 _ 03	160	18. 18	
2012	12	CWAFZ03CHG _ 01	CWAFZ03CTS _ 01 _ 03	180	17. 88	
2012	12	CWAFZ03CHG _ 01	CWAFZ03CTS _ 01 _ 03	200	17. 76	
2012	12	CWAFZ03CHG _ 01	CWAFZ03CTS _ 01 _ 03	220	16. 77	
2012	12	CWAFZ03CHG _ 01	CWAFZ03CTS _ 01 _ 03	240	16. 64	
2012	12	CWAFZ03CHG _ 01	CWAFZ03CTS _ 01 _ 03	260	16. 83	
2012	12	CWAFZ03CHG _ 01	CWAFZ03CTS _ 01 _ 03	280	17. 43	
2012	12	CWAFZ03CHG _ 01	CWAFZ03CTS _ 01 _ 03	300	17. 56	
2013	2	CWAZH01CHG _ 01	CWAZH01CTS _ 01 _ 01	10	14. 65	
2013	2	CWAZH01CHG _ 01	CWAZH01CTS _ 01 _ 01	20	15. 53	
2013	2	CWAZH01CHG _ 01	CWAZH01CTS _ 01 _ 01	30	15. 09	
2013	2	CWAZH01CHG _ 01	CWAZH01CTS _ 01 _ 01	40	14. 48	
2013	2	CWAZH01CHG _ 01	CWAZH01CTS _ 01 _ 01	50	15. 04	
2013	2	CWAZH01CHG _ 01	CWAZH01CTS _ 01 _ 01	60	15. 15	
2013	2	CWAZH01CHG _ 01	CWAZH01CTS _ 01 _ 01	70	16. 73	
2013	2	CWAZH01CHG _ 01	CWAZH01CTS _ 01 _ 01	80	17. 17	
2013	2	CWAZH01CHG _ 01	CWAZH01CTS _ 01 _ 01	90	17. 28	
2013	2	CWAZH01CHG _ 01	CWAZH01CTS _ 01 _ 01	100	18. 17	
2013	2	CWAZH01CHG _ 01	CWAZH01CTS _ 01 _ 01	120	18. 07	
2013	2	CWAZH01CHG _ 01	CWAZH01CTS _ 01 _ 01	140	17. 16	
2013	2	CWAZH01CHG _ 01	CWAZH01CTS _ 01 _ 01	160	16. 90	
2013	2	CWAZH01CHG _ 01	CWAZH01CTS _ 01 _ 01	180	15. 97	
2013	2	CWAZH01CHG _ 01	CWAZH01CTS _ 01 _ 01	200	15. 23	
2013	2	CWAZH01CHG _ 01	CWAZH01CTS _ 01 _ 01	220	15. 26	
2013	2	CWAZH01CHG _ 01	CWAZH01CTS _ 01 _ 01	240	14. 80	
2013	2	CWAZH01CHG _ 01	CWAZH01CTS _ 01 _ 01	260	15. 57	
2013	2	CWAZH01CHG _ 01	CWAZH01CTS _ 01 _ 01	280	16. 13	
2013	2	CWAZH01CHG _ 01	CWAZH01CTS _ 01 _ 01	300	16. 04	
2013	2	CWAZH01CHG _ 01	CWAZH01CTS _ 01 _ 03	10	14. 11	

（续）

年份	月份	样地代码	测管/采样点代码	观测层次（cm）	质量含水量（%）	备注
2013	2	CWAZH01CHG_01	CWAZH01CTS_01_03	20	16.05	
2013	2	CWAZH01CHG_01	CWAZH01CTS_01_03	30	14.71	
2013	2	CWAZH01CHG_01	CWAZH01CTS_01_03	40	14.40	
2013	2	CWAZH01CHG_01	CWAZH01CTS_01_03	50	15.45	
2013	2	CWAZH01CHG_01	CWAZH01CTS_01_03	60	15.75	
2013	2	CWAZH01CHG_01	CWAZH01CTS_01_03	70	16.46	
2013	2	CWAZH01CHG_01	CWAZH01CTS_01_03	80	18.18	
2013	2	CWAZH01CHG_01	CWAZH01CTS_01_03	90	18.02	
2013	2	CWAZH01CHG_01	CWAZH01CTS_01_03	100	18.53	
2013	2	CWAZH01CHG_01	CWAZH01CTS_01_03	120	17.96	
2013	2	CWAZH01CHG_01	CWAZH01CTS_01_03	140	17.86	
2013	2	CWAZH01CHG_01	CWAZH01CTS_01_03	160	17.18	
2013	2	CWAZH01CHG_01	CWAZH01CTS_01_03	180	17.27	
2013	2	CWAZH01CHG_01	CWAZH01CTS_01_03	200	16.90	
2013	2	CWAZH01CHG_01	CWAZH01CTS_01_03	220	16.02	
2013	2	CWAZH01CHG_01	CWAZH01CTS_01_03	240	16.01	
2013	2	CWAZH01CHG_01	CWAZH01CTS_01_03	260	16.38	
2013	2	CWAZH01CHG_01	CWAZH01CTS_01_03	280	17.06	
2013	2	CWAZH01CHG_01	CWAZH01CTS_01_03	300	17.30	
2013	4	CWAZH01CHG_01	CWAZH01CTS_01_01	10	12.59	
2013	4	CWAZH01CHG_01	CWAZH01CTS_01_01	20	14.58	
2013	4	CWAZH01CHG_01	CWAZH01CTS_01_01	30	14.75	
2013	4	CWAZH01CHG_01	CWAZH01CTS_01_01	40	16.13	
2013	4	CWAZH01CHG_01	CWAZH01CTS_01_01	50	17.46	
2013	4	CWAZH01CHG_01	CWAZH01CTS_01_01	60	18.28	
2013	4	CWAZH01CHG_01	CWAZH01CTS_01_01	70	18.25	
2013	4	CWAZH01CHG_01	CWAZH01CTS_01_01	80	17.86	
2013	4	CWAZH01CHG_01	CWAZH01CTS_01_01	90	18.91	
2013	4	CWAZH01CHG_01	CWAZH01CTS_01_01	100	18.71	
2013	4	CWAZH01CHG_01	CWAZH01CTS_01_01	120	18.56	
2013	4	CWAZH01CHG_01	CWAZH01CTS_01_01	140	18.50	
2013	4	CWAZH01CHG_01	CWAZH01CTS_01_01	160	17.51	
2013	4	CWAZH01CHG_01	CWAZH01CTS_01_01	180	17.53	

（续）

年份	月份	样地代码	测管/采样点代码	观测层次（cm）	质量含水量（%）	备注
2013	4	CWAZH01CHG_01	CWAZH01CTS_01_01	200	16.64	
2013	4	CWAZH01CHG_01	CWAZH01CTS_01_01	220	15.99	
2013	4	CWAZH01CHG_01	CWAZH01CTS_01_01	240	15.37	
2013	4	CWAZH01CHG_01	CWAZH01CTS_01_01	260	14.67	
2013	4	CWAZH01CHG_01	CWAZH01CTS_01_01	280	14.41	
2013	4	CWAZH01CHG_01	CWAZH01CTS_01_01	300	14.99	
2013	4	CWAZH01CHG_01	CWAZH01CTS_01_03	10	12.90	
2013	4	CWAZH01CHG_01	CWAZH01CTS_01_03	20	14.39	
2013	4	CWAZH01CHG_01	CWAZH01CTS_01_03	30	13.93	
2013	4	CWAZH01CHG_01	CWAZH01CTS_01_03	40	14.38	
2013	4	CWAZH01CHG_01	CWAZH01CTS_01_03	50	15.98	
2013	4	CWAZH01CHG_01	CWAZH01CTS_01_03	60	16.61	
2013	4	CWAZH01CHG_01	CWAZH01CTS_01_03	70	16.32	
2013	4	CWAZH01CHG_01	CWAZH01CTS_01_03	80	17.03	
2013	4	CWAZH01CHG_01	CWAZH01CTS_01_03	90	18.11	
2013	4	CWAZH01CHG_01	CWAZH01CTS_01_03	100	17.77	
2013	4	CWAZH01CHG_01	CWAZH01CTS_01_03	120	18.63	
2013	4	CWAZH01CHG_01	CWAZH01CTS_01_03	140	18.43	
2013	4	CWAZH01CHG_01	CWAZH01CTS_01_03	160	17.07	
2013	4	CWAZH01CHG_01	CWAZH01CTS_01_03	180	16.78	
2013	4	CWAZH01CHG_01	CWAZH01CTS_01_03	200	15.99	
2013	4	CWAZH01CHG_01	CWAZH01CTS_01_03	220	15.66	
2013	4	CWAZH01CHG_01	CWAZH01CTS_01_03	240	14.63	
2013	4	CWAZH01CHG_01	CWAZH01CTS_01_03	260	14.82	
2013	4	CWAZH01CHG_01	CWAZH01CTS_01_03	280	15.49	
2013	4	CWAZH01CHG_01	CWAZH01CTS_01_03	300	15.70	
2013	6	CWAZH01CHG_01	CWAZH01CTS_01_01	10	8.98	
2013	6	CWAZH01CHG_01	CWAZH01CTS_01_01	20	10.43	
2013	6	CWAZH01CHG_01	CWAZH01CTS_01_01	30	9.60	
2013	6	CWAZH01CHG_01	CWAZH01CTS_01_01	40	9.33	
2013	6	CWAZH01CHG_01	CWAZH01CTS_01_01	50	9.84	
2013	6	CWAZH01CHG_01	CWAZH01CTS_01_01	60	11.94	
2013	6	CWAZH01CHG_01	CWAZH01CTS_01_01	70	13.07	

（续）

年份	月份	样地代码	测管/采样点代码	观测层次（cm）	质量含水量（%）	备注
2013	6	CWAZH01CHG_01	CWAZH01CTS_01_01	80	14.16	
2013	6	CWAZH01CHG_01	CWAZH01CTS_01_01	90	14.45	
2013	6	CWAZH01CHG_01	CWAZH01CTS_01_01	100	15.09	
2013	6	CWAZH01CHG_01	CWAZH01CTS_01_01	120	15.78	
2013	6	CWAZH01CHG_01	CWAZH01CTS_01_01	140	15.07	
2013	6	CWAZH01CHG_01	CWAZH01CTS_01_01	160	14.82	
2013	6	CWAZH01CHG_01	CWAZH01CTS_01_01	180	14.37	
2013	6	CWAZH01CHG_01	CWAZH01CTS_01_01	200	14.23	
2013	6	CWAZH01CHG_01	CWAZH01CTS_01_01	220	14.30	
2013	6	CWAZH01CHG_01	CWAZH01CTS_01_01	240	14.14	
2013	6	CWAZH01CHG_01	CWAZH01CTS_01_01	260	14.53	
2013	6	CWAZH01CHG_01	CWAZH01CTS_01_01	280	14.81	
2013	6	CWAZH01CHG_01	CWAZH01CTS_01_01	300	15.55	
2013	6	CWAZH01CHG_01	CWAZH01CTS_01_03	10	9.45	
2013	6	CWAZH01CHG_01	CWAZH01CTS_01_03	20	8.76	
2013	6	CWAZH01CHG_01	CWAZH01CTS_01_03	30	8.71	
2013	6	CWAZH01CHG_01	CWAZH01CTS_01_03	40	10.10	
2013	6	CWAZH01CHG_01	CWAZH01CTS_01_03	50	10.85	
2013	6	CWAZH01CHG_01	CWAZH01CTS_01_03	60	11.48	
2013	6	CWAZH01CHG_01	CWAZH01CTS_01_03	70	11.88	
2013	6	CWAZH01CHG_01	CWAZH01CTS_01_03	80	13.16	
2013	6	CWAZH01CHG_01	CWAZH01CTS_01_03	90	13.58	
2013	6	CWAZH01CHG_01	CWAZH01CTS_01_03	100	13.49	
2013	6	CWAZH01CHG_01	CWAZH01CTS_01_03	120	13.86	
2013	6	CWAZH01CHG_01	CWAZH01CTS_01_03	140	14.07	
2013	6	CWAZH01CHG_01	CWAZH01CTS_01_03	160	14.57	
2013	6	CWAZH01CHG_01	CWAZH01CTS_01_03	180	14.68	
2013	6	CWAZH01CHG_01	CWAZH01CTS_01_03	200	14.81	
2013	6	CWAZH01CHG_01	CWAZH01CTS_01_03	220	14.73	
2013	6	CWAZH01CHG_01	CWAZH01CTS_01_03	240	15.30	
2013	6	CWAZH01CHG_01	CWAZH01CTS_01_03	260	15.90	
2013	6	CWAZH01CHG_01	CWAZH01CTS_01_03	280	16.26	
2013	6	CWAZH01CHG_01	CWAZH01CTS_01_03	300	16.44	

（续）

年份	月份	样地代码	测管/采样点代码	观测层次（cm）	质量含水量（%）	备注
2013	9	CWAZH01CHG_01	CWAZH01CTS_01_01	10	11.57	
2013	9	CWAZH01CHG_01	CWAZH01CTS_01_01	20	12.55	
2013	9	CWAZH01CHG_01	CWAZH01CTS_01_01	30	11.24	
2013	9	CWAZH01CHG_01	CWAZH01CTS_01_01	40	13.68	
2013	9	CWAZH01CHG_01	CWAZH01CTS_01_01	50	14.74	
2013	9	CWAZH01CHG_01	CWAZH01CTS_01_01	60	14.88	
2013	9	CWAZH01CHG_01	CWAZH01CTS_01_01	70	15.63	
2013	9	CWAZH01CHG_01	CWAZH01CTS_01_01	80	15.81	
2013	9	CWAZH01CHG_01	CWAZH01CTS_01_01	90	17.26	
2013	9	CWAZH01CHG_01	CWAZH01CTS_01_01	100	17.50	
2013	9	CWAZH01CHG_01	CWAZH01CTS_01_01	120	17.12	
2013	9	CWAZH01CHG_01	CWAZH01CTS_01_01	140	17.42	
2013	9	CWAZH01CHG_01	CWAZH01CTS_01_01	160	16.66	
2013	9	CWAZH01CHG_01	CWAZH01CTS_01_01	180	16.65	
2013	9	CWAZH01CHG_01	CWAZH01CTS_01_01	200	16.39	
2013	9	CWAZH01CHG_01	CWAZH01CTS_01_01	220	15.25	
2013	9	CWAZH01CHG_01	CWAZH01CTS_01_01	240	15.17	
2013	9	CWAZH01CHG_01	CWAZH01CTS_01_01	260	13.84	
2013	9	CWAZH01CHG_01	CWAZH01CTS_01_01	280	13.65	
2013	9	CWAZH01CHG_01	CWAZH01CTS_01_01	300	16.32	
2013	9	CWAZH01CHG_01	CWAZH01CTS_01_03	10	10.54	
2013	9	CWAZH01CHG_01	CWAZH01CTS_01_03	20	11.04	
2013	9	CWAZH01CHG_01	CWAZH01CTS_01_03	30	10.72	
2013	9	CWAZH01CHG_01	CWAZH01CTS_01_03	40	11.05	
2013	9	CWAZH01CHG_01	CWAZH01CTS_01_03	50	12.35	
2013	9	CWAZH01CHG_01	CWAZH01CTS_01_03	60	14.00	
2013	9	CWAZH01CHG_01	CWAZH01CTS_01_03	70	15.14	
2013	9	CWAZH01CHG_01	CWAZH01CTS_01_03	80	16.22	
2013	9	CWAZH01CHG_01	CWAZH01CTS_01_03	90	16.09	
2013	9	CWAZH01CHG_01	CWAZH01CTS_01_03	100	17.06	
2013	9	CWAZH01CHG_01	CWAZH01CTS_01_03	120	17.70	
2013	9	CWAZH01CHG_01	CWAZH01CTS_01_03	140	17.14	
2013	9	CWAZH01CHG_01	CWAZH01CTS_01_03	160	17.04	

（续）

年份	月份	样地代码	测管/采样点代码	观测层次（cm）	质量含水量（%）	备注
2013	9	CWAZH01CHG_01	CWAZH01CTS_01_03	180	16.18	
2013	9	CWAZH01CHG_01	CWAZH01CTS_01_03	200	15.12	
2013	9	CWAZH01CHG_01	CWAZH01CTS_01_03	220	14.53	
2013	9	CWAZH01CHG_01	CWAZH01CTS_01_03	240	14.25	
2013	9	CWAZH01CHG_01	CWAZH01CTS_01_03	260	14.57	
2013	9	CWAZH01CHG_01	CWAZH01CTS_01_03	280	14.93	
2013	9	CWAZH01CHG_01	CWAZH01CTS_01_03	300	15.82	
2013	10	CWAZH01CHG_01	CWAZH01CTS_01_01	10	12.76	
2013	10	CWAZH01CHG_01	CWAZH01CTS_01_01	20	12.82	
2013	10	CWAZH01CHG_01	CWAZH01CTS_01_01	30	9.82	
2013	10	CWAZH01CHG_01	CWAZH01CTS_01_01	40	8.97	
2013	10	CWAZH01CHG_01	CWAZH01CTS_01_01	50	9.55	
2013	10	CWAZH01CHG_01	CWAZH01CTS_01_01	60	11.40	
2013	10	CWAZH01CHG_01	CWAZH01CTS_01_01	70	12.22	
2013	10	CWAZH01CHG_01	CWAZH01CTS_01_01	80	12.80	
2013	10	CWAZH01CHG_01	CWAZH01CTS_01_01	90	13.05	
2013	10	CWAZH01CHG_01	CWAZH01CTS_01_01	100	13.64	
2013	10	CWAZH01CHG_01	CWAZH01CTS_01_01	120	13.96	
2013	10	CWAZH01CHG_01	CWAZH01CTS_01_01	140	14.23	
2013	10	CWAZH01CHG_01	CWAZH01CTS_01_01	160	13.85	
2013	10	CWAZH01CHG_01	CWAZH01CTS_01_01	180	13.95	
2013	10	CWAZH01CHG_01	CWAZH01CTS_01_01	200	13.85	
2013	10	CWAZH01CHG_01	CWAZH01CTS_01_01	220	13.70	
2013	10	CWAZH01CHG_01	CWAZH01CTS_01_01	240	13.41	
2013	10	CWAZH01CHG_01	CWAZH01CTS_01_01	260	13.62	
2013	10	CWAZH01CHG_01	CWAZH01CTS_01_01	280	15.44	
2013	10	CWAZH01CHG_01	CWAZH01CTS_01_01	300	15.96	
2013	10	CWAZH01CHG_01	CWAZH01CTS_01_03	10	14.27	
2013	10	CWAZH01CHG_01	CWAZH01CTS_01_03	20	12.98	
2013	10	CWAZH01CHG_01	CWAZH01CTS_01_03	30	11.82	
2013	10	CWAZH01CHG_01	CWAZH01CTS_01_03	40	10.67	
2013	10	CWAZH01CHG_01	CWAZH01CTS_01_03	50	10.50	
2013	10	CWAZH01CHG_01	CWAZH01CTS_01_03	60	11.12	

（续）

年份	月份	样地代码	测管/采样点代码	观测层次（cm）	质量含水量（%）	备注
2013	10	CWAZH01CHG_01	CWAZH01CTS_01_03	70	11.85	
2013	10	CWAZH01CHG_01	CWAZH01CTS_01_03	80	11.88	
2013	10	CWAZH01CHG_01	CWAZH01CTS_01_03	90	11.48	
2013	10	CWAZH01CHG_01	CWAZH01CTS_01_03	100	12.00	
2013	10	CWAZH01CHG_01	CWAZH01CTS_01_03	120	12.04	
2013	10	CWAZH01CHG_01	CWAZH01CTS_01_03	140	11.84	
2013	10	CWAZH01CHG_01	CWAZH01CTS_01_03	160	11.80	
2013	10	CWAZH01CHG_01	CWAZH01CTS_01_03	180	12.25	
2013	10	CWAZH01CHG_01	CWAZH01CTS_01_03	200	13.47	
2013	10	CWAZH01CHG_01	CWAZH01CTS_01_03	220	13.21	
2013	10	CWAZH01CHG_01	CWAZH01CTS_01_03	240	14.46	
2013	10	CWAZH01CHG_01	CWAZH01CTS_01_03	260	16.34	
2013	10	CWAZH01CHG_01	CWAZH01CTS_01_03	280	15.97	
2013	10	CWAZH01CHG_01	CWAZH01CTS_01_03	300	16.17	
2013	12	CWAZH01CHG_01	CWAZH01CTS_01_01	10	12.67	
2013	12	CWAZH01CHG_01	CWAZH01CTS_01_01	20	15.75	
2013	12	CWAZH01CHG_01	CWAZH01CTS_01_01	30	16.27	
2013	12	CWAZH01CHG_01	CWAZH01CTS_01_01	40	16.17	
2013	12	CWAZH01CHG_01	CWAZH01CTS_01_01	50	17.01	
2013	12	CWAZH01CHG_01	CWAZH01CTS_01_01	60	17.30	
2013	12	CWAZH01CHG_01	CWAZH01CTS_01_01	70	17.85	
2013	12	CWAZH01CHG_01	CWAZH01CTS_01_01	80	17.84	
2013	12	CWAZH01CHG_01	CWAZH01CTS_01_01	90	17.56	
2013	12	CWAZH01CHG_01	CWAZH01CTS_01_01	100	17.49	
2013	12	CWAZH01CHG_01	CWAZH01CTS_01_01	120	18.54	
2013	12	CWAZH01CHG_01	CWAZH01CTS_01_01	140	17.92	
2013	12	CWAZH01CHG_01	CWAZH01CTS_01_01	160	17.86	
2013	12	CWAZH01CHG_01	CWAZH01CTS_01_01	180	17.57	
2013	12	CWAZH01CHG_01	CWAZH01CTS_01_01	200	16.14	
2013	12	CWAZH01CHG_01	CWAZH01CTS_01_01	220	15.45	
2013	12	CWAZH01CHG_01	CWAZH01CTS_01_01	240	16.14	
2013	12	CWAZH01CHG_01	CWAZH01CTS_01_01	260	14.12	
2013	12	CWAZH01CHG_01	CWAZH01CTS_01_01	280	15.63	

（续）

年份	月份	样地代码	测管/采样点代码	观测层次（cm）	质量含水量（%）	备注
2013	12	CWAZH01CHG_01	CWAZH01CTS_01_01	300	15.87	
2013	12	CWAZH01CHG_01	CWAZH01CTS_01_03	10	11.94	
2013	12	CWAZH01CHG_01	CWAZH01CTS_01_03	20	11.01	
2013	12	CWAZH01CHG_01	CWAZH01CTS_01_03	30	13.27	
2013	12	CWAZH01CHG_01	CWAZH01CTS_01_03	40	15.07	
2013	12	CWAZH01CHG_01	CWAZH01CTS_01_03	50	15.26	
2013	12	CWAZH01CHG_01	CWAZH01CTS_01_03	60	16.05	
2013	12	CWAZH01CHG_01	CWAZH01CTS_01_03	70	17.66	
2013	12	CWAZH01CHG_01	CWAZH01CTS_01_03	80	17.85	
2013	12	CWAZH01CHG_01	CWAZH01CTS_01_03	90	18.32	
2013	12	CWAZH01CHG_01	CWAZH01CTS_01_03	100	18.45	
2013	12	CWAZH01CHG_01	CWAZH01CTS_01_03	120	17.97	
2013	12	CWAZH01CHG_01	CWAZH01CTS_01_03	140	17.45	
2013	12	CWAZH01CHG_01	CWAZH01CTS_01_03	160	17.54	
2013	12	CWAZH01CHG_01	CWAZH01CTS_01_03	180	16.52	
2013	12	CWAZH01CHG_01	CWAZH01CTS_01_03	200	16.00	
2013	12	CWAZH01CHG_01	CWAZH01CTS_01_03	220	15.16	
2013	12	CWAZH01CHG_01	CWAZH01CTS_01_03	240	15.16	
2013	12	CWAZH01CHG_01	CWAZH01CTS_01_03	260	15.97	
2013	12	CWAZH01CHG_01	CWAZH01CTS_01_03	280	15.37	
2013	12	CWAZH01CHG_01	CWAZH01CTS_01_03	300	15.67	
2013	2	CWAFZ03CHG_01	CWAFZ03CTS_01_01	10	15.16	
2013	2	CWAFZ03CHG_01	CWAFZ03CTS_01_01	20	15.39	
2013	2	CWAFZ03CHG_01	CWAFZ03CTS_01_01	30	15.45	
2013	2	CWAFZ03CHG_01	CWAFZ03CTS_01_01	40	14.32	
2013	2	CWAFZ03CHG_01	CWAFZ03CTS_01_01	50	14.84	
2013	2	CWAFZ03CHG_01	CWAFZ03CTS_01_01	60	18.12	
2013	2	CWAFZ03CHG_01	CWAFZ03CTS_01_01	70	19.21	
2013	2	CWAFZ03CHG_01	CWAFZ03CTS_01_01	80	19.39	
2013	2	CWAFZ03CHG_01	CWAFZ03CTS_01_01	90	17.95	
2013	2	CWAFZ03CHG_01	CWAFZ03CTS_01_01	100	18.02	
2013	2	CWAFZ03CHG_01	CWAFZ03CTS_01_01	120	19.69	
2013	2	CWAFZ03CHG_01	CWAFZ03CTS_01_01	140	20.37	

（续）

年份	月份	样地代码	测管/采样点代码	观测层次（cm）	质量含水量（%）	备注
2013	2	CWAFZ03CHG _ 01	CWAFZ03CTS _ 01 _ 01	160	19.01	
2013	2	CWAFZ03CHG _ 01	CWAFZ03CTS _ 01 _ 01	180	18.11	
2013	2	CWAFZ03CHG _ 01	CWAFZ03CTS _ 01 _ 01	200	17.46	
2013	2	CWAFZ03CHG _ 01	CWAFZ03CTS _ 01 _ 01	220	15.75	
2013	2	CWAFZ03CHG _ 01	CWAFZ03CTS _ 01 _ 01	240	14.28	
2013	2	CWAFZ03CHG _ 01	CWAFZ03CTS _ 01 _ 01	260	13.70	
2013	2	CWAFZ03CHG _ 01	CWAFZ03CTS _ 01 _ 01	280	14.34	
2013	2	CWAFZ03CHG _ 01	CWAFZ03CTS _ 01 _ 01	300	15.72	
2013	2	CWAFZ03CHG _ 01	CWAFZ03CTS _ 01 _ 03	10	13.20	
2013	2	CWAFZ03CHG _ 01	CWAFZ03CTS _ 01 _ 03	20	14.23	
2013	2	CWAFZ03CHG _ 01	CWAFZ03CTS _ 01 _ 03	30	14.29	
2013	2	CWAFZ03CHG _ 01	CWAFZ03CTS _ 01 _ 03	40	16.51	
2013	2	CWAFZ03CHG _ 01	CWAFZ03CTS _ 01 _ 03	50	17.33	
2013	2	CWAFZ03CHG _ 01	CWAFZ03CTS _ 01 _ 03	60	18.35	
2013	2	CWAFZ03CHG _ 01	CWAFZ03CTS _ 01 _ 03	70	18.68	
2013	2	CWAFZ03CHG _ 01	CWAFZ03CTS _ 01 _ 03	80	19.49	
2013	2	CWAFZ03CHG _ 01	CWAFZ03CTS _ 01 _ 03	90	19.75	
2013	2	CWAFZ03CHG _ 01	CWAFZ03CTS _ 01 _ 03	100	19.67	
2013	2	CWAFZ03CHG _ 01	CWAFZ03CTS _ 01 _ 03	120	19.90	
2013	2	CWAFZ03CHG _ 01	CWAFZ03CTS _ 01 _ 03	140	18.08	
2013	2	CWAFZ03CHG _ 01	CWAFZ03CTS _ 01 _ 03	160	17.79	
2013	2	CWAFZ03CHG _ 01	CWAFZ03CTS _ 01 _ 03	180	18.85	
2013	2	CWAFZ03CHG _ 01	CWAFZ03CTS _ 01 _ 03	200	17.54	
2013	2	CWAFZ03CHG _ 01	CWAFZ03CTS _ 01 _ 03	220	16.74	
2013	2	CWAFZ03CHG _ 01	CWAFZ03CTS _ 01 _ 03	240	15.55	
2013	2	CWAFZ03CHG _ 01	CWAFZ03CTS _ 01 _ 03	260	15.47	
2013	2	CWAFZ03CHG _ 01	CWAFZ03CTS _ 01 _ 03	280	15.81	
2013	2	CWAFZ03CHG _ 01	CWAFZ03CTS _ 01 _ 03	300	16.88	
2013	4	CWAFZ03CHG _ 01	CWAFZ03CTS _ 01 _ 01	10	13.50	
2013	4	CWAFZ03CHG _ 01	CWAFZ03CTS _ 01 _ 01	20	13.95	
2013	4	CWAFZ03CHG _ 01	CWAFZ03CTS _ 01 _ 01	30	13.80	
2013	4	CWAFZ03CHG _ 01	CWAFZ03CTS _ 01 _ 01	40	13.82	
2013	4	CWAFZ03CHG _ 01	CWAFZ03CTS _ 01 _ 01	50	13.74	

（续）

年份	月份	样地代码	测管/采样点代码	观测层次（cm）	质量含水量（%）	备注
2013	4	CWAFZ03CHG _ 01	CWAFZ03CTS _ 01 _ 01	60	15.99	
2013	4	CWAFZ03CHG _ 01	CWAFZ03CTS _ 01 _ 01	70	14.21	
2013	4	CWAFZ03CHG _ 01	CWAFZ03CTS _ 01 _ 01	80	17.52	
2013	4	CWAFZ03CHG _ 01	CWAFZ03CTS _ 01 _ 01	90	17.32	
2013	4	CWAFZ03CHG _ 01	CWAFZ03CTS _ 01 _ 01	100	17.92	
2013	4	CWAFZ03CHG _ 01	CWAFZ03CTS _ 01 _ 01	120	18.96	
2013	4	CWAFZ03CHG _ 01	CWAFZ03CTS _ 01 _ 01	140	19.60	
2013	4	CWAFZ03CHG _ 01	CWAFZ03CTS _ 01 _ 01	160	18.71	
2013	4	CWAFZ03CHG _ 01	CWAFZ03CTS _ 01 _ 01	180	19.55	
2013	4	CWAFZ03CHG _ 01	CWAFZ03CTS _ 01 _ 01	200	19.84	
2013	4	CWAFZ03CHG _ 01	CWAFZ03CTS _ 01 _ 01	220	19.03	
2013	4	CWAFZ03CHG _ 01	CWAFZ03CTS _ 01 _ 01	240	19.16	
2013	4	CWAFZ03CHG _ 01	CWAFZ03CTS _ 01 _ 01	260	18.16	
2013	4	CWAFZ03CHG _ 01	CWAFZ03CTS _ 01 _ 01	280	18.27	
2013	4	CWAFZ03CHG _ 01	CWAFZ03CTS _ 01 _ 01	300	18.34	
2013	4	CWAFZ03CHG _ 01	CWAFZ03CTS _ 01 _ 03	10	12.98	
2013	4	CWAFZ03CHG _ 01	CWAFZ03CTS _ 01 _ 03	20	13.69	
2013	4	CWAFZ03CHG _ 01	CWAFZ03CTS _ 01 _ 03	30	13.20	
2013	4	CWAFZ03CHG _ 01	CWAFZ03CTS _ 01 _ 03	40	13.01	
2013	4	CWAFZ03CHG _ 01	CWAFZ03CTS _ 01 _ 03	50	13.91	
2013	4	CWAFZ03CHG _ 01	CWAFZ03CTS _ 01 _ 03	60	15.52	
2013	4	CWAFZ03CHG _ 01	CWAFZ03CTS _ 01 _ 03	70	16.47	
2013	4	CWAFZ03CHG _ 01	CWAFZ03CTS _ 01 _ 03	80	16.87	
2013	4	CWAFZ03CHG _ 01	CWAFZ03CTS _ 01 _ 03	90	16.93	
2013	4	CWAFZ03CHG _ 01	CWAFZ03CTS _ 01 _ 03	100	17.23	
2013	4	CWAFZ03CHG _ 01	CWAFZ03CTS _ 01 _ 03	120	17.44	
2013	4	CWAFZ03CHG _ 01	CWAFZ03CTS _ 01 _ 03	140	18.59	
2013	4	CWAFZ03CHG _ 01	CWAFZ03CTS _ 01 _ 03	160	18.65	
2013	4	CWAFZ03CHG _ 01	CWAFZ03CTS _ 01 _ 03	180	19.39	
2013	4	CWAFZ03CHG _ 01	CWAFZ03CTS _ 01 _ 03	200	18.76	
2013	4	CWAFZ03CHG _ 01	CWAFZ03CTS _ 01 _ 03	220	18.47	
2013	4	CWAFZ03CHG _ 01	CWAFZ03CTS _ 01 _ 03	240	17.30	
2013	4	CWAFZ03CHG _ 01	CWAFZ03CTS _ 01 _ 03	260	18.08	

（续）

年份	月份	样地代码	测管/采样点代码	观测层次（cm）	质量含水量（%）	备注
2013	4	CWAFZ03CHG_01	CWAFZ03CTS_01_03	280	17.83	
2013	4	CWAFZ03CHG_01	CWAFZ03CTS_01_03	300	17.20	
2013	6	CWAFZ03CHG_01	CWAFZ03CTS_01_01	10	21.03	
2013	6	CWAFZ03CHG_01	CWAFZ03CTS_01_01	20	20.21	
2013	6	CWAFZ03CHG_01	CWAFZ03CTS_01_01	30	19.53	
2013	6	CWAFZ03CHG_01	CWAFZ03CTS_01_01	40	18.50	
2013	6	CWAFZ03CHG_01	CWAFZ03CTS_01_01	50	18.94	
2013	6	CWAFZ03CHG_01	CWAFZ03CTS_01_01	60	19.12	
2013	6	CWAFZ03CHG_01	CWAFZ03CTS_01_01	70	19.08	
2013	6	CWAFZ03CHG_01	CWAFZ03CTS_01_01	80	19.24	
2013	6	CWAFZ03CHG_01	CWAFZ03CTS_01_01	90	19.39	
2013	6	CWAFZ03CHG_01	CWAFZ03CTS_01_01	100	19.87	
2013	6	CWAFZ03CHG_01	CWAFZ03CTS_01_01	120	19.04	
2013	6	CWAFZ03CHG_01	CWAFZ03CTS_01_01	140	19.01	
2013	6	CWAFZ03CHG_01	CWAFZ03CTS_01_01	160	19.99	
2013	6	CWAFZ03CHG_01	CWAFZ03CTS_01_01	180	19.44	
2013	6	CWAFZ03CHG_01	CWAFZ03CTS_01_01	200	18.97	
2013	6	CWAFZ03CHG_01	CWAFZ03CTS_01_01	220	19.04	
2013	6	CWAFZ03CHG_01	CWAFZ03CTS_01_01	240	19.71	
2013	6	CWAFZ03CHG_01	CWAFZ03CTS_01_01	260	18.00	
2013	6	CWAFZ03CHG_01	CWAFZ03CTS_01_01	280	18.16	
2013	6	CWAFZ03CHG_01	CWAFZ03CTS_01_01	300	16.21	
2013	6	CWAFZ03CHG_01	CWAFZ03CTS_01_03	10	21.58	
2013	6	CWAFZ03CHG_01	CWAFZ03CTS_01_03	20	20.75	
2013	6	CWAFZ03CHG_01	CWAFZ03CTS_01_03	30	18.44	
2013	6	CWAFZ03CHG_01	CWAFZ03CTS_01_03	40	17.76	
2013	6	CWAFZ03CHG_01	CWAFZ03CTS_01_03	50	20.15	
2013	6	CWAFZ03CHG_01	CWAFZ03CTS_01_03	60	20.68	
2013	6	CWAFZ03CHG_01	CWAFZ03CTS_01_03	70	21.38	
2013	6	CWAFZ03CHG_01	CWAFZ03CTS_01_03	80	21.27	
2013	6	CWAFZ03CHG_01	CWAFZ03CTS_01_03	90	21.02	
2013	6	CWAFZ03CHG_01	CWAFZ03CTS_01_03	100	20.67	
2013	6	CWAFZ03CHG_01	CWAFZ03CTS_01_03	120	19.67	

（续）

年份	月份	样地代码	测管/采样点代码	观测层次（cm）	质量含水量（%）	备注
2013	6	CWAFZ03CHG_01	CWAFZ03CTS_01_03	140	20.08	
2013	6	CWAFZ03CHG_01	CWAFZ03CTS_01_03	160	18.95	
2013	6	CWAFZ03CHG_01	CWAFZ03CTS_01_03	180	18.72	
2013	6	CWAFZ03CHG_01	CWAFZ03CTS_01_03	200	17.53	
2013	6	CWAFZ03CHG_01	CWAFZ03CTS_01_03	220	17.24	
2013	6	CWAFZ03CHG_01	CWAFZ03CTS_01_03	240	17.11	
2013	6	CWAFZ03CHG_01	CWAFZ03CTS_01_03	260	17.15	
2013	6	CWAFZ03CHG_01	CWAFZ03CTS_01_03	280	16.45	
2013	6	CWAFZ03CHG_01	CWAFZ03CTS_01_03	300	16.65	
2013	9	CWAFZ03CHG_01	CWAFZ03CTS_01_01	10	23.73	
2013	9	CWAFZ03CHG_01	CWAFZ03CTS_01_01	20	19.27	
2013	9	CWAFZ03CHG_01	CWAFZ03CTS_01_01	30	18.53	
2013	9	CWAFZ03CHG_01	CWAFZ03CTS_01_01	40	17.70	
2013	9	CWAFZ03CHG_01	CWAFZ03CTS_01_01	50	18.67	
2013	9	CWAFZ03CHG_01	CWAFZ03CTS_01_01	60	19.69	
2013	9	CWAFZ03CHG_01	CWAFZ03CTS_01_01	70	19.95	
2013	9	CWAFZ03CHG_01	CWAFZ03CTS_01_01	80	19.65	
2013	9	CWAFZ03CHG_01	CWAFZ03CTS_01_01	90	20.21	
2013	9	CWAFZ03CHG_01	CWAFZ03CTS_01_01	100	20.90	
2013	9	CWAFZ03CHG_01	CWAFZ03CTS_01_01	120	20.45	
2013	9	CWAFZ03CHG_01	CWAFZ03CTS_01_01	140	20.68	
2013	9	CWAFZ03CHG_01	CWAFZ03CTS_01_01	160	19.85	
2013	9	CWAFZ03CHG_01	CWAFZ03CTS_01_01	180	19.77	
2013	9	CWAFZ03CHG_01	CWAFZ03CTS_01_01	200	19.09	
2013	9	CWAFZ03CHG_01	CWAFZ03CTS_01_01	220	17.90	
2013	9	CWAFZ03CHG_01	CWAFZ03CTS_01_01	240	18.20	
2013	9	CWAFZ03CHG_01	CWAFZ03CTS_01_01	260	16.82	
2013	9	CWAFZ03CHG_01	CWAFZ03CTS_01_01	280	16.73	
2013	9	CWAFZ03CHG_01	CWAFZ03CTS_01_01	300	16.87	
2013	9	CWAFZ03CHG_01	CWAFZ03CTS_01_03	10	21.97	
2013	9	CWAFZ03CHG_01	CWAFZ03CTS_01_03	20	20.49	
2013	9	CWAFZ03CHG_01	CWAFZ03CTS_01_03	30	17.62	
2013	9	CWAFZ03CHG_01	CWAFZ03CTS_01_03	40	17.47	

（续）

年份	月份	样地代码	测管/采样点代码	观测层次（cm）	质量含水量（%）	备注
2013	9	CWAFZ03CHG _ 01	CWAFZ03CTS _ 01 _ 03	50	17. 11	
2013	9	CWAFZ03CHG _ 01	CWAFZ03CTS _ 01 _ 03	60	17. 81	
2013	9	CWAFZ03CHG _ 01	CWAFZ03CTS _ 01 _ 03	70	18. 50	
2013	9	CWAFZ03CHG _ 01	CWAFZ03CTS _ 01 _ 03	80	19. 06	
2013	9	CWAFZ03CHG _ 01	CWAFZ03CTS _ 01 _ 03	90	19. 40	
2013	9	CWAFZ03CHG _ 01	CWAFZ03CTS _ 01 _ 03	100	20. 34	
2013	9	CWAFZ03CHG _ 01	CWAFZ03CTS _ 01 _ 03	120	20. 17	
2013	9	CWAFZ03CHG _ 01	CWAFZ03CTS _ 01 _ 03	140	19. 26	
2013	9	CWAFZ03CHG _ 01	CWAFZ03CTS _ 01 _ 03	160	18. 77	
2013	9	CWAFZ03CHG _ 01	CWAFZ03CTS _ 01 _ 03	180	18. 42	
2013	9	CWAFZ03CHG _ 01	CWAFZ03CTS _ 01 _ 03	200	18. 20	
2013	9	CWAFZ03CHG _ 01	CWAFZ03CTS _ 01 _ 03	220	17. 53	
2013	9	CWAFZ03CHG _ 01	CWAFZ03CTS _ 01 _ 03	240	17. 66	
2013	9	CWAFZ03CHG _ 01	CWAFZ03CTS _ 01 _ 03	260	17. 45	
2013	9	CWAFZ03CHG _ 01	CWAFZ03CTS _ 01 _ 03	280	17. 90	
2013	9	CWAFZ03CHG _ 01	CWAFZ03CTS _ 01 _ 03	300	18. 65	
2013	10	CWAFZ03CHG _ 01	CWAFZ03CTS _ 01 _ 01	10	22. 16	
2013	10	CWAFZ03CHG _ 01	CWAFZ03CTS _ 01 _ 01	20	19. 95	
2013	10	CWAFZ03CHG _ 01	CWAFZ03CTS _ 01 _ 01	30	14. 01	
2013	10	CWAFZ03CHG _ 01	CWAFZ03CTS _ 01 _ 01	40	15. 99	
2013	10	CWAFZ03CHG _ 01	CWAFZ03CTS _ 01 _ 01	50	16. 42	
2013	10	CWAFZ03CHG _ 01	CWAFZ03CTS _ 01 _ 01	60	19. 13	
2013	10	CWAFZ03CHG _ 01	CWAFZ03CTS _ 01 _ 01	70	19. 03	
2013	10	CWAFZ03CHG _ 01	CWAFZ03CTS _ 01 _ 01	80	18. 72	
2013	10	CWAFZ03CHG _ 01	CWAFZ03CTS _ 01 _ 01	90	20. 23	
2013	10	CWAFZ03CHG _ 01	CWAFZ03CTS _ 01 _ 01	100	20. 65	
2013	10	CWAFZ03CHG _ 01	CWAFZ03CTS _ 01 _ 01	120	19. 91	
2013	10	CWAFZ03CHG _ 01	CWAFZ03CTS _ 01 _ 01	140	19. 73	
2013	10	CWAFZ03CHG _ 01	CWAFZ03CTS _ 01 _ 01	160	19. 54	
2013	10	CWAFZ03CHG _ 01	CWAFZ03CTS _ 01 _ 01	180	18. 98	
2013	10	CWAFZ03CHG _ 01	CWAFZ03CTS _ 01 _ 01	200	17. 94	
2013	10	CWAFZ03CHG _ 01	CWAFZ03CTS _ 01 _ 01	220	18. 04	
2013	10	CWAFZ03CHG _ 01	CWAFZ03CTS _ 01 _ 01	240	17. 33	

（续）

年份	月份	样地代码	测管/采样点代码	观测层次（cm）	质量含水量（%）	备注
2013	10	CWAFZ03CHG_01	CWAFZ03CTS_01_01	260	17.09	
2013	10	CWAFZ03CHG_01	CWAFZ03CTS_01_01	280	17.52	
2013	10	CWAFZ03CHG_01	CWAFZ03CTS_01_01	300	17.30	
2013	10	CWAFZ03CHG_01	CWAFZ03CTS_01_03	10	22.67	
2013	10	CWAFZ03CHG_01	CWAFZ03CTS_01_03	20	22.82	
2013	10	CWAFZ03CHG_01	CWAFZ03CTS_01_03	30	13.36	
2013	10	CWAFZ03CHG_01	CWAFZ03CTS_01_03	40	14.50	
2013	10	CWAFZ03CHG_01	CWAFZ03CTS_01_03	50	18.73	
2013	10	CWAFZ03CHG_01	CWAFZ03CTS_01_03	60	18.79	
2013	10	CWAFZ03CHG_01	CWAFZ03CTS_01_03	70	20.16	
2013	10	CWAFZ03CHG_01	CWAFZ03CTS_01_03	80	20.68	
2013	10	CWAFZ03CHG_01	CWAFZ03CTS_01_03	90	20.62	
2013	10	CWAFZ03CHG_01	CWAFZ03CTS_01_03	100	20.32	
2013	10	CWAFZ03CHG_01	CWAFZ03CTS_01_03	120	20.02	
2013	10	CWAFZ03CHG_01	CWAFZ03CTS_01_03	140	19.23	
2013	10	CWAFZ03CHG_01	CWAFZ03CTS_01_03	160	19.05	
2013	10	CWAFZ03CHG_01	CWAFZ03CTS_01_03	180	18.39	
2013	10	CWAFZ03CHG_01	CWAFZ03CTS_01_03	200	18.49	
2013	10	CWAFZ03CHG_01	CWAFZ03CTS_01_03	220	18.29	
2013	10	CWAFZ03CHG_01	CWAFZ03CTS_01_03	240	18.12	
2013	10	CWAFZ03CHG_01	CWAFZ03CTS_01_03	260	18.09	
2013	10	CWAFZ03CHG_01	CWAFZ03CTS_01_03	280	17.73	
2013	10	CWAFZ03CHG_01	CWAFZ03CTS_01_03	300	18.35	
2013	12	CWAFZ03CHG_01	CWAFZ03CTS_01_01	10	24.94	
2013	12	CWAFZ03CHG_01	CWAFZ03CTS_01_01	20	19.22	
2013	12	CWAFZ03CHG_01	CWAFZ03CTS_01_01	30	15.23	
2013	12	CWAFZ03CHG_01	CWAFZ03CTS_01_01	40	15.48	
2013	12	CWAFZ03CHG_01	CWAFZ03CTS_01_01	50	17.29	
2013	12	CWAFZ03CHG_01	CWAFZ03CTS_01_01	60	18.66	
2013	12	CWAFZ03CHG_01	CWAFZ03CTS_01_01	70	19.48	
2013	12	CWAFZ03CHG_01	CWAFZ03CTS_01_01	80	19.74	
2013	12	CWAFZ03CHG_01	CWAFZ03CTS_01_01	90	19.02	
2013	12	CWAFZ03CHG_01	CWAFZ03CTS_01_01	100	19.54	

（续）

年份	月份	样地代码	测管/采样点代码	观测层次（cm）	质量含水量（%）	备注
2013	12	CWAFZ03CHG_01	CWAFZ03CTS_01_01	120	19.84	
2013	12	CWAFZ03CHG_01	CWAFZ03CTS_01_01	140	19.35	
2013	12	CWAFZ03CHG_01	CWAFZ03CTS_01_01	160	18.90	
2013	12	CWAFZ03CHG_01	CWAFZ03CTS_01_01	180	18.28	
2013	12	CWAFZ03CHG_01	CWAFZ03CTS_01_01	200	19.20	
2013	12	CWAFZ03CHG_01	CWAFZ03CTS_01_01	220	18.29	
2013	12	CWAFZ03CHG_01	CWAFZ03CTS_01_01	240	18.07	
2013	12	CWAFZ03CHG_01	CWAFZ03CTS_01_01	260	16.76	
2013	12	CWAFZ03CHG_01	CWAFZ03CTS_01_01	280	16.87	
2013	12	CWAFZ03CHG_01	CWAFZ03CTS_01_01	300	17.66	
2013	12	CWAFZ03CHG_01	CWAFZ03CTS_01_03	10	20.97	
2013	12	CWAFZ03CHG_01	CWAFZ03CTS_01_03	20	22.07	
2013	12	CWAFZ03CHG_01	CWAFZ03CTS_01_03	30	16.09	
2013	12	CWAFZ03CHG_01	CWAFZ03CTS_01_03	40	15.02	
2013	12	CWAFZ03CHG_01	CWAFZ03CTS_01_03	50	16.71	
2013	12	CWAFZ03CHG_01	CWAFZ03CTS_01_03	60	17.88	
2013	12	CWAFZ03CHG_01	CWAFZ03CTS_01_03	70	18.79	
2013	12	CWAFZ03CHG_01	CWAFZ03CTS_01_03	80	19.35	
2013	12	CWAFZ03CHG_01	CWAFZ03CTS_01_03	90	20.26	
2013	12	CWAFZ03CHG_01	CWAFZ03CTS_01_03	100	19.93	
2013	12	CWAFZ03CHG_01	CWAFZ03CTS_01_03	120	19.07	
2013	12	CWAFZ03CHG_01	CWAFZ03CTS_01_03	140	19.21	
2013	12	CWAFZ03CHG_01	CWAFZ03CTS_01_03	160	18.74	
2013	12	CWAFZ03CHG_01	CWAFZ03CTS_01_03	180	18.46	
2013	12	CWAFZ03CHG_01	CWAFZ03CTS_01_03	200	18.60	
2013	12	CWAFZ03CHG_01	CWAFZ03CTS_01_03	220	17.95	
2013	12	CWAFZ03CHG_01	CWAFZ03CTS_01_03	240	18.30	
2013	12	CWAFZ03CHG_01	CWAFZ03CTS_01_03	260	18.41	
2013	12	CWAFZ03CHG_01	CWAFZ03CTS_01_03	280	19.27	
2013	12	CWAFZ03CHG_01	CWAFZ03CTS_01_03	300	19.52	
2014	3	CWAZH01CHG_01	CWAZH01CTS_01_01	10	19.80	
2014	3	CWAZH01CHG_01	CWAZH01CTS_01_01	20	19.19	
2014	3	CWAZH01CHG_01	CWAZH01CTS_01_01	30	19.13	

（续）

年份	月份	样地代码	测管/采样点代码	观测层次（cm）	质量含水量（%）	备注
2014	3	CWAZH01CHG_01	CWAZH01CTS_01_01	40	16.98	
2014	3	CWAZH01CHG_01	CWAZH01CTS_01_01	50	15.11	
2014	3	CWAZH01CHG_01	CWAZH01CTS_01_01	60	16.60	
2014	3	CWAZH01CHG_01	CWAZH01CTS_01_01	70	17.18	
2014	3	CWAZH01CHG_01	CWAZH01CTS_01_01	80	17.39	
2014	3	CWAZH01CHG_01	CWAZH01CTS_01_01	90	15.76	
2014	3	CWAZH01CHG_01	CWAZH01CTS_01_01	100	16.79	
2014	3	CWAZH01CHG_01	CWAZH01CTS_01_01	120	17.92	
2014	3	CWAZH01CHG_01	CWAZH01CTS_01_01	140	18.61	
2014	3	CWAZH01CHG_01	CWAZH01CTS_01_01	160	17.06	
2014	3	CWAZH01CHG_01	CWAZH01CTS_01_01	180	17.59	
2014	3	CWAZH01CHG_01	CWAZH01CTS_01_01	200	14.23	
2014	3	CWAZH01CHG_01	CWAZH01CTS_01_01	220	16.07	
2014	3	CWAZH01CHG_01	CWAZH01CTS_01_01	240	16.46	
2014	3	CWAZH01CHG_01	CWAZH01CTS_01_01	260	15.81	
2014	3	CWAZH01CHG_01	CWAZH01CTS_01_01	280	16.14	
2014	3	CWAZH01CHG_01	CWAZH01CTS_01_01	300	16.70	
2014	3	CWAZH01CHG_01	CWAZH01CTS_01_03	10	20.19	
2014	3	CWAZH01CHG_01	CWAZH01CTS_01_03	20	21.21	
2014	3	CWAZH01CHG_01	CWAZH01CTS_01_03	30	20.99	
2014	3	CWAZH01CHG_01	CWAZH01CTS_01_03	40	20.19	
2014	3	CWAZH01CHG_01	CWAZH01CTS_01_03	50	15.66	
2014	3	CWAZH01CHG_01	CWAZH01CTS_01_03	60	14.57	
2014	3	CWAZH01CHG_01	CWAZH01CTS_01_03	70	16.21	
2014	3	CWAZH01CHG_01	CWAZH01CTS_01_03	80	17.26	
2014	3	CWAZH01CHG_01	CWAZH01CTS_01_03	90	17.77	
2014	3	CWAZH01CHG_01	CWAZH01CTS_01_03	100	18.39	
2014	3	CWAZH01CHG_01	CWAZH01CTS_01_03	120	16.40	
2014	3	CWAZH01CHG_01	CWAZH01CTS_01_03	140	17.11	
2014	3	CWAZH01CHG_01	CWAZH01CTS_01_03	160	17.13	
2014	3	CWAZH01CHG_01	CWAZH01CTS_01_03	180	16.83	
2014	3	CWAZH01CHG_01	CWAZH01CTS_01_03	200	17.44	
2014	3	CWAZH01CHG_01	CWAZH01CTS_01_03	220	16.42	

（续）

年份	月份	样地代码	测管/采样点代码	观测层次（cm）	质量含水量（%）	备注
2014	3	CWAZH01CHG_01	CWAZH01CTS_01_03	240	16.36	
2014	3	CWAZH01CHG_01	CWAZH01CTS_01_03	260	16.82	
2014	3	CWAZH01CHG_01	CWAZH01CTS_01_03	280	17.90	
2014	3	CWAZH01CHG_01	CWAZH01CTS_01_03	300	17.08	
2014	4	CWAZH01CHG_01	CWAZH01CTS_01_01	10	44.62	
2014	4	CWAZH01CHG_01	CWAZH01CTS_01_01	20	20.88	
2014	4	CWAZH01CHG_01	CWAZH01CTS_01_01	30	20.01	
2014	4	CWAZH01CHG_01	CWAZH01CTS_01_01	40	20.84	
2014	4	CWAZH01CHG_01	CWAZH01CTS_01_01	50	20.20	
2014	4	CWAZH01CHG_01	CWAZH01CTS_01_01	60	20.16	
2014	4	CWAZH01CHG_01	CWAZH01CTS_01_01	70	20.93	
2014	4	CWAZH01CHG_01	CWAZH01CTS_01_01	80	20.67	
2014	4	CWAZH01CHG_01	CWAZH01CTS_01_01	90	20.91	
2014	4	CWAZH01CHG_01	CWAZH01CTS_01_01	100	20.05	
2014	4	CWAZH01CHG_01	CWAZH01CTS_01_01	120	18.59	
2014	4	CWAZH01CHG_01	CWAZH01CTS_01_01	140	18.40	
2014	4	CWAZH01CHG_01	CWAZH01CTS_01_01	160	17.41	
2014	4	CWAZH01CHG_01	CWAZH01CTS_01_01	180	17.49	
2014	4	CWAZH01CHG_01	CWAZH01CTS_01_01	200	17.33	
2014	4	CWAZH01CHG_01	CWAZH01CTS_01_01	220	16.80	
2014	4	CWAZH01CHG_01	CWAZH01CTS_01_01	240	17.31	
2014	4	CWAZH01CHG_01	CWAZH01CTS_01_01	260	16.81	
2014	4	CWAZH01CHG_01	CWAZH01CTS_01_01	280	16.49	
2014	4	CWAZH01CHG_01	CWAZH01CTS_01_01	300	17.32	
2014	4	CWAZH01CHG_01	CWAZH01CTS_01_03	10	18.51	
2014	4	CWAZH01CHG_01	CWAZH01CTS_01_03	20	20.10	
2014	4	CWAZH01CHG_01	CWAZH01CTS_01_03	30	19.60	
2014	4	CWAZH01CHG_01	CWAZH01CTS_01_03	40	19.88	
2014	4	CWAZH01CHG_01	CWAZH01CTS_01_03	50	19.38	
2014	4	CWAZH01CHG_01	CWAZH01CTS_01_03	60	20.01	
2014	4	CWAZH01CHG_01	CWAZH01CTS_01_03	70	20.91	
2014	4	CWAZH01CHG_01	CWAZH01CTS_01_03	80	21.03	
2014	4	CWAZH01CHG_01	CWAZH01CTS_01_03	90	21.27	

（续）

年份	月份	样地代码	测管/采样点代码	观测层次（cm）	质量含水量（%）	备注
2014	4	CWAZH01CHG_01	CWAZH01CTS_01_03	100	21.08	
2014	4	CWAZH01CHG_01	CWAZH01CTS_01_03	120	20.06	
2014	4	CWAZH01CHG_01	CWAZH01CTS_01_03	140	18.44	
2014	4	CWAZH01CHG_01	CWAZH01CTS_01_03	160	17.45	
2014	4	CWAZH01CHG_01	CWAZH01CTS_01_03	180	17.72	
2014	4	CWAZH01CHG_01	CWAZH01CTS_01_03	200	17.09	
2014	4	CWAZH01CHG_01	CWAZH01CTS_01_03	220	16.82	
2014	4	CWAZH01CHG_01	CWAZH01CTS_01_03	240	16.56	
2014	4	CWAZH01CHG_01	CWAZH01CTS_01_03	260	16.46	
2014	4	CWAZH01CHG_01	CWAZH01CTS_01_03	280	18.54	
2014	4	CWAZH01CHG_01	CWAZH01CTS_01_03	300	17.46	
2014	6	CWAZH01CHG_01	CWAZH01CTS_01_01	10	10.42	
2014	6	CWAZH01CHG_01	CWAZH01CTS_01_01	20	9.78	
2014	6	CWAZH01CHG_01	CWAZH01CTS_01_01	30	9.62	
2014	6	CWAZH01CHG_01	CWAZH01CTS_01_01	40	9.42	
2014	6	CWAZH01CHG_01	CWAZH01CTS_01_01	50	10.92	
2014	6	CWAZH01CHG_01	CWAZH01CTS_01_01	60	11.55	
2014	6	CWAZH01CHG_01	CWAZH01CTS_01_01	70	12.62	
2014	6	CWAZH01CHG_01	CWAZH01CTS_01_01	80	12.48	
2014	6	CWAZH01CHG_01	CWAZH01CTS_01_01	90	12.77	
2014	6	CWAZH01CHG_01	CWAZH01CTS_01_01	100	13.23	
2014	6	CWAZH01CHG_01	CWAZH01CTS_01_01	120	13.25	
2014	6	CWAZH01CHG_01	CWAZH01CTS_01_01	140	13.43	
2014	6	CWAZH01CHG_01	CWAZH01CTS_01_01	160	13.32	
2014	6	CWAZH01CHG_01	CWAZH01CTS_01_01	180	13.63	
2014	6	CWAZH01CHG_01	CWAZH01CTS_01_01	200	13.08	
2014	6	CWAZH01CHG_01	CWAZH01CTS_01_01	220	13.89	
2014	6	CWAZH01CHG_01	CWAZH01CTS_01_01	240	13.93	
2014	6	CWAZH01CHG_01	CWAZH01CTS_01_01	260	14.52	
2014	6	CWAZH01CHG_01	CWAZH01CTS_01_01	280	14.48	
2014	6	CWAZH01CHG_01	CWAZH01CTS_01_01	300	17.44	
2014	6	CWAZH01CHG_01	CWAZH01CTS_01_03	10	12.90	
2014	6	CWAZH01CHG_01	CWAZH01CTS_01_03	20	11.38	

（续）

年份	月份	样地代码	测管/采样点代码	观测层次（cm）	质量含水量（%）	备注
2014	6	CWAZH01CHG_01	CWAZH01CTS_01_03	30	9.81	
2014	6	CWAZH01CHG_01	CWAZH01CTS_01_03	40	9.93	
2014	6	CWAZH01CHG_01	CWAZH01CTS_01_03	50	10.85	
2014	6	CWAZH01CHG_01	CWAZH01CTS_01_03	60	12.94	
2014	6	CWAZH01CHG_01	CWAZH01CTS_01_03	70	12.96	
2014	6	CWAZH01CHG_01	CWAZH01CTS_01_03	80	13.43	
2014	6	CWAZH01CHG_01	CWAZH01CTS_01_03	90	14.73	
2014	6	CWAZH01CHG_01	CWAZH01CTS_01_03	100	14.84	
2014	6	CWAZH01CHG_01	CWAZH01CTS_01_03	120	14.46	
2014	6	CWAZH01CHG_01	CWAZH01CTS_01_03	140	14.31	
2014	6	CWAZH01CHG_01	CWAZH01CTS_01_03	160	14.51	
2014	6	CWAZH01CHG_01	CWAZH01CTS_01_03	180	15.18	
2014	6	CWAZH01CHG_01	CWAZH01CTS_01_03	200	14.13	
2014	6	CWAZH01CHG_01	CWAZH01CTS_01_03	220	14.56	
2014	6	CWAZH01CHG_01	CWAZH01CTS_01_03	240	15.30	
2014	6	CWAZH01CHG_01	CWAZH01CTS_01_03	260	15.25	
2014	6	CWAZH01CHG_01	CWAZH01CTS_01_03	280	16.56	
2014	6	CWAZH01CHG_01	CWAZH01CTS_01_03	300	15.87	
2014	8	CWAZH01CHG_01	CWAZH01CTS_01_01	10	24.08	
2014	8	CWAZH01CHG_01	CWAZH01CTS_01_01	20	22.05	
2014	8	CWAZH01CHG_01	CWAZH01CTS_01_01	30	20.58	
2014	8	CWAZH01CHG_01	CWAZH01CTS_01_01	40	19.57	
2014	8	CWAZH01CHG_01	CWAZH01CTS_01_01	50	18.94	
2014	8	CWAZH01CHG_01	CWAZH01CTS_01_01	60	18.64	
2014	8	CWAZH01CHG_01	CWAZH01CTS_01_01	70	18.50	
2014	8	CWAZH01CHG_01	CWAZH01CTS_01_01	80	18.78	
2014	8	CWAZH01CHG_01	CWAZH01CTS_01_01	90	17.08	
2014	8	CWAZH01CHG_01	CWAZH01CTS_01_01	100	15.75	
2014	8	CWAZH01CHG_01	CWAZH01CTS_01_01	120	14.70	
2014	8	CWAZH01CHG_01	CWAZH01CTS_01_01	140	14.31	
2014	8	CWAZH01CHG_01	CWAZH01CTS_01_01	160	14.42	
2014	8	CWAZH01CHG_01	CWAZH01CTS_01_01	180	14.09	
2014	8	CWAZH01CHG_01	CWAZH01CTS_01_01	200	13.99	

（续）

年份	月份	样地代码	测管/采样点代码	观测层次（cm）	质量含水量（%）	备注
2014	8	CWAZH01CHG_01	CWAZH01CTS_01_01	220	14.80	
2014	8	CWAZH01CHG_01	CWAZH01CTS_01_01	240	15.23	
2014	8	CWAZH01CHG_01	CWAZH01CTS_01_01	260	16.24	
2014	8	CWAZH01CHG_01	CWAZH01CTS_01_01	280	16.73	
2014	8	CWAZH01CHG_01	CWAZH01CTS_01_01	300	15.93	
2014	8	CWAZH01CHG_01	CWAZH01CTS_01_03	10	23.41	
2014	8	CWAZH01CHG_01	CWAZH01CTS_01_03	20	20.99	
2014	8	CWAZH01CHG_01	CWAZH01CTS_01_03	30	19.46	
2014	8	CWAZH01CHG_01	CWAZH01CTS_01_03	40	19.04	
2014	8	CWAZH01CHG_01	CWAZH01CTS_01_03	50	18.41	
2014	8	CWAZH01CHG_01	CWAZH01CTS_01_03	60	18.96	
2014	8	CWAZH01CHG_01	CWAZH01CTS_01_03	70	19.04	
2014	8	CWAZH01CHG_01	CWAZH01CTS_01_03	80	18.95	
2014	8	CWAZH01CHG_01	CWAZH01CTS_01_03	90	17.88	
2014	8	CWAZH01CHG_01	CWAZH01CTS_01_03	100	17.19	
2014	8	CWAZH01CHG_01	CWAZH01CTS_01_03	120	16.83	
2014	8	CWAZH01CHG_01	CWAZH01CTS_01_03	140	15.82	
2014	8	CWAZH01CHG_01	CWAZH01CTS_01_03	160	15.76	
2014	8	CWAZH01CHG_01	CWAZH01CTS_01_03	180	15.62	
2014	8	CWAZH01CHG_01	CWAZH01CTS_01_03	200	15.35	
2014	8	CWAZH01CHG_01	CWAZH01CTS_01_03	220	14.60	
2014	8	CWAZH01CHG_01	CWAZH01CTS_01_03	240	14.75	
2014	8	CWAZH01CHG_01	CWAZH01CTS_01_03	260	15.21	
2014	8	CWAZH01CHG_01	CWAZH01CTS_01_03	280	15.39	
2014	8	CWAZH01CHG_01	CWAZH01CTS_01_03	300	15.05	
2014	10	CWAZH01CHG_01	CWAZH01CTS_01_01	10	24.12	
2014	10	CWAZH01CHG_01	CWAZH01CTS_01_01	20	22.85	
2014	10	CWAZH01CHG_01	CWAZH01CTS_01_01	30	19.94	
2014	10	CWAZH01CHG_01	CWAZH01CTS_01_01	40	18.88	
2014	10	CWAZH01CHG_01	CWAZH01CTS_01_01	50	18.59	
2014	10	CWAZH01CHG_01	CWAZH01CTS_01_01	60	18.93	
2014	10	CWAZH01CHG_01	CWAZH01CTS_01_01	70	17.54	
2014	10	CWAZH01CHG_01	CWAZH01CTS_01_01	80	20.09	

（续）

年份	月份	样地代码	测管/采样点代码	观测层次（cm）	质量含水量（%）	备注
2014	10	CWAZH01CHG_01	CWAZH01CTS_01_01	90	20.19	
2014	10	CWAZH01CHG_01	CWAZH01CTS_01_01	100	20.48	
2014	10	CWAZH01CHG_01	CWAZH01CTS_01_01	120	20.73	
2014	10	CWAZH01CHG_01	CWAZH01CTS_01_01	140	19.95	
2014	10	CWAZH01CHG_01	CWAZH01CTS_01_01	160	21.05	
2014	10	CWAZH01CHG_01	CWAZH01CTS_01_01	180	20.68	
2014	10	CWAZH01CHG_01	CWAZH01CTS_01_01	200	19.66	
2014	10	CWAZH01CHG_01	CWAZH01CTS_01_01	220	18.65	
2014	10	CWAZH01CHG_01	CWAZH01CTS_01_01	240	18.21	
2014	10	CWAZH01CHG_01	CWAZH01CTS_01_01	260	16.96	
2014	10	CWAZH01CHG_01	CWAZH01CTS_01_01	280	14.47	
2014	10	CWAZH01CHG_01	CWAZH01CTS_01_01	300	14.74	
2014	10	CWAZH01CHG_01	CWAZH01CTS_01_03	10	21.29	
2014	10	CWAZH01CHG_01	CWAZH01CTS_01_03	20	21.22	
2014	10	CWAZH01CHG_01	CWAZH01CTS_01_03	30	19.44	
2014	10	CWAZH01CHG_01	CWAZH01CTS_01_03	40	18.19	
2014	10	CWAZH01CHG_01	CWAZH01CTS_01_03	50	18.18	
2014	10	CWAZH01CHG_01	CWAZH01CTS_01_03	60	18.25	
2014	10	CWAZH01CHG_01	CWAZH01CTS_01_03	70	20.21	
2014	10	CWAZH01CHG_01	CWAZH01CTS_01_03	80	19.45	
2014	10	CWAZH01CHG_01	CWAZH01CTS_01_03	90	22.62	
2014	10	CWAZH01CHG_01	CWAZH01CTS_01_03	100	22.02	
2014	10	CWAZH01CHG_01	CWAZH01CTS_01_03	120	21.46	
2014	10	CWAZH01CHG_01	CWAZH01CTS_01_03	140	20.91	
2014	10	CWAZH01CHG_01	CWAZH01CTS_01_03	160	21.28	
2014	10	CWAZH01CHG_01	CWAZH01CTS_01_03	180	18.48	
2014	10	CWAZH01CHG_01	CWAZH01CTS_01_03	200	20.11	
2014	10	CWAZH01CHG_01	CWAZH01CTS_01_03	220	19.27	
2014	10	CWAZH01CHG_01	CWAZH01CTS_01_03	240	18.67	
2014	10	CWAZH01CHG_01	CWAZH01CTS_01_03	260	18.36	
2014	10	CWAZH01CHG_01	CWAZH01CTS_01_03	280	18.17	
2014	10	CWAZH01CHG_01	CWAZH01CTS_01_03	300	18.20	
2014	12	CWAZH01CHG_01	CWAZH01CTS_01_01	10	20.75	

（续）

年份	月份	样地代码	测管/采样点代码	观测层次（cm）	质量含水量（%）	备注
2014	12	CWAZH01CHG_01	CWAZH01CTS_01_01	20	21.00	
2014	12	CWAZH01CHG_01	CWAZH01CTS_01_01	30	14.80	
2014	12	CWAZH01CHG_01	CWAZH01CTS_01_01	40	15.74	
2014	12	CWAZH01CHG_01	CWAZH01CTS_01_01	50	16.21	
2014	12	CWAZH01CHG_01	CWAZH01CTS_01_01	60	17.49	
2014	12	CWAZH01CHG_01	CWAZH01CTS_01_01	70	19.45	
2014	12	CWAZH01CHG_01	CWAZH01CTS_01_01	80	19.77	
2014	12	CWAZH01CHG_01	CWAZH01CTS_01_01	90	20.75	
2014	12	CWAZH01CHG_01	CWAZH01CTS_01_01	100	21.56	
2014	12	CWAZH01CHG_01	CWAZH01CTS_01_01	120	20.20	
2014	12	CWAZH01CHG_01	CWAZH01CTS_01_01	140	20.30	
2014	12	CWAZH01CHG_01	CWAZH01CTS_01_01	160	19.90	
2014	12	CWAZH01CHG_01	CWAZH01CTS_01_01	180	19.41	
2014	12	CWAZH01CHG_01	CWAZH01CTS_01_01	200	19.12	
2014	12	CWAZH01CHG_01	CWAZH01CTS_01_01	220	19.00	
2014	12	CWAZH01CHG_01	CWAZH01CTS_01_01	240	18.39	
2014	12	CWAZH01CHG_01	CWAZH01CTS_01_01	260	17.77	
2014	12	CWAZH01CHG_01	CWAZH01CTS_01_01	280	17.39	
2014	12	CWAZH01CHG_01	CWAZH01CTS_01_01	300	17.65	
2014	12	CWAZH01CHG_01	CWAZH01CTS_01_03	10	20.63	
2014	12	CWAZH01CHG_01	CWAZH01CTS_01_03	20	19.13	
2014	12	CWAZH01CHG_01	CWAZH01CTS_01_03	30	18.79	
2014	12	CWAZH01CHG_01	CWAZH01CTS_01_03	40	13.39	
2014	12	CWAZH01CHG_01	CWAZH01CTS_01_03	50	15.20	
2014	12	CWAZH01CHG_01	CWAZH01CTS_01_03	60	16.97	
2014	12	CWAZH01CHG_01	CWAZH01CTS_01_03	70	18.82	
2014	12	CWAZH01CHG_01	CWAZH01CTS_01_03	80	19.46	
2014	12	CWAZH01CHG_01	CWAZH01CTS_01_03	90	19.36	
2014	12	CWAZH01CHG_01	CWAZH01CTS_01_03	100	20.48	
2014	12	CWAZH01CHG_01	CWAZH01CTS_01_03	120	20.67	
2014	12	CWAZH01CHG_01	CWAZH01CTS_01_03	140	20.42	
2014	12	CWAZH01CHG_01	CWAZH01CTS_01_03	160	20.03	
2014	12	CWAZH01CHG_01	CWAZH01CTS_01_03	180	19.20	

（续）

年份	月份	样地代码	测管/采样点代码	观测层次（cm）	质量含水量（%）	备注
2014	12	CWAZH01CHG_01	CWAZH01CTS_01_03	200	19.68	
2014	12	CWAZH01CHG_01	CWAZH01CTS_01_03	220	19.50	
2014	12	CWAZH01CHG_01	CWAZH01CTS_01_03	240	18.35	
2014	12	CWAZH01CHG_01	CWAZH01CTS_01_03	260	18.17	
2014	12	CWAZH01CHG_01	CWAZH01CTS_01_03	280	17.53	
2014	12	CWAZH01CHG_01	CWAZH01CTS_01_03	300	18.45	
2014	3	CWAFZ03CHG_01	CWAFZ03CTS_01_01	10	21.76	
2014	3	CWAFZ03CHG_01	CWAFZ03CTS_01_01	20	25.41	
2014	3	CWAFZ03CHG_01	CWAFZ03CTS_01_01	30	25.69	
2014	3	CWAFZ03CHG_01	CWAFZ03CTS_01_01	40	19.18	
2014	3	CWAFZ03CHG_01	CWAFZ03CTS_01_01	50	14.19	
2014	3	CWAFZ03CHG_01	CWAFZ03CTS_01_01	60	14.78	
2014	3	CWAFZ03CHG_01	CWAFZ03CTS_01_01	70	16.63	
2014	3	CWAFZ03CHG_01	CWAFZ03CTS_01_01	80	17.39	
2014	3	CWAFZ03CHG_01	CWAFZ03CTS_01_01	90	17.44	
2014	3	CWAFZ03CHG_01	CWAFZ03CTS_01_01	100	18.54	
2014	3	CWAFZ03CHG_01	CWAFZ03CTS_01_01	120	19.45	
2014	3	CWAFZ03CHG_01	CWAFZ03CTS_01_01	140	18.48	
2014	3	CWAFZ03CHG_01	CWAFZ03CTS_01_01	160	18.09	
2014	3	CWAFZ03CHG_01	CWAFZ03CTS_01_01	180	18.26	
2014	3	CWAFZ03CHG_01	CWAFZ03CTS_01_01	200	17.58	
2014	3	CWAFZ03CHG_01	CWAFZ03CTS_01_01	220	16.86	
2014	3	CWAFZ03CHG_01	CWAFZ03CTS_01_01	240	16.70	
2014	3	CWAFZ03CHG_01	CWAFZ03CTS_01_01	260	16.70	
2014	3	CWAFZ03CHG_01	CWAFZ03CTS_01_01	280	16.63	
2014	3	CWAFZ03CHG_01	CWAFZ03CTS_01_01	300	16.47	
2014	3	CWAFZ03CHG_01	CWAFZ03CTS_01_03	10	23.16	
2014	3	CWAFZ03CHG_01	CWAFZ03CTS_01_03	20	19.41	
2014	3	CWAFZ03CHG_01	CWAFZ03CTS_01_03	30	18.50	
2014	3	CWAFZ03CHG_01	CWAFZ03CTS_01_03	40	18.21	
2014	3	CWAFZ03CHG_01	CWAFZ03CTS_01_03	50	17.86	
2014	3	CWAFZ03CHG_01	CWAFZ03CTS_01_03	60	17.02	
2014	3	CWAFZ03CHG_01	CWAFZ03CTS_01_03	70	17.64	

(续)

年份	月份	样地代码	测管/采样点代码	观测层次（cm）	质量含水量（%）	备注
2014	3	CWAFZ03CHG _ 01	CWAFZ03CTS _ 01 _ 03	80	18.49	
2014	3	CWAFZ03CHG _ 01	CWAFZ03CTS _ 01 _ 03	90	18.98	
2014	3	CWAFZ03CHG _ 01	CWAFZ03CTS _ 01 _ 03	100	18.53	
2014	3	CWAFZ03CHG _ 01	CWAFZ03CTS _ 01 _ 03	120	17.99	
2014	3	CWAFZ03CHG _ 01	CWAFZ03CTS _ 01 _ 03	140	17.85	
2014	3	CWAFZ03CHG _ 01	CWAFZ03CTS _ 01 _ 03	160	17.65	
2014	3	CWAFZ03CHG _ 01	CWAFZ03CTS _ 01 _ 03	180	17.33	
2014	3	CWAFZ03CHG _ 01	CWAFZ03CTS _ 01 _ 03	200	17.06	
2014	3	CWAFZ03CHG _ 01	CWAFZ03CTS _ 01 _ 03	220	17.00	
2014	3	CWAFZ03CHG _ 01	CWAFZ03CTS _ 01 _ 03	240	16.95	
2014	3	CWAFZ03CHG _ 01	CWAFZ03CTS _ 01 _ 03	260	17.96	
2014	3	CWAFZ03CHG _ 01	CWAFZ03CTS _ 01 _ 03	280	16.87	
2014	3	CWAFZ03CHG _ 01	CWAFZ03CTS _ 01 _ 03	300	17.63	
2014	4	CWAFZ03CHG _ 01	CWAFZ03CTS _ 01 _ 01	10	19.80	
2014	4	CWAFZ03CHG _ 01	CWAFZ03CTS _ 01 _ 01	20	19.64	
2014	4	CWAFZ03CHG _ 01	CWAFZ03CTS _ 01 _ 01	30	19.45	
2014	4	CWAFZ03CHG _ 01	CWAFZ03CTS _ 01 _ 01	40	19.41	
2014	4	CWAFZ03CHG _ 01	CWAFZ03CTS _ 01 _ 01	50	19.87	
2014	4	CWAFZ03CHG _ 01	CWAFZ03CTS _ 01 _ 01	60	20.82	
2014	4	CWAFZ03CHG _ 01	CWAFZ03CTS _ 01 _ 01	70	21.82	
2014	4	CWAFZ03CHG _ 01	CWAFZ03CTS _ 01 _ 01	80	22.70	
2014	4	CWAFZ03CHG _ 01	CWAFZ03CTS _ 01 _ 01	90	23.41	
2014	4	CWAFZ03CHG _ 01	CWAFZ03CTS _ 01 _ 01	100	22.81	
2014	4	CWAFZ03CHG _ 01	CWAFZ03CTS _ 01 _ 01	120	22.86	
2014	4	CWAFZ03CHG _ 01	CWAFZ03CTS _ 01 _ 01	140	21.45	
2014	4	CWAFZ03CHG _ 01	CWAFZ03CTS _ 01 _ 01	160	19.71	
2014	4	CWAFZ03CHG _ 01	CWAFZ03CTS _ 01 _ 01	180	18.99	
2014	4	CWAFZ03CHG _ 01	CWAFZ03CTS _ 01 _ 01	200	17.95	
2014	4	CWAFZ03CHG _ 01	CWAFZ03CTS _ 01 _ 01	220	17.37	
2014	4	CWAFZ03CHG _ 01	CWAFZ03CTS _ 01 _ 01	240	16.78	
2014	4	CWAFZ03CHG _ 01	CWAFZ03CTS _ 01 _ 01	260	16.21	
2014	4	CWAFZ03CHG _ 01	CWAFZ03CTS _ 01 _ 01	280	17.17	
2014	4	CWAFZ03CHG _ 01	CWAFZ03CTS _ 01 _ 01	300	17.29	

（续）

年份	月份	样地代码	测管/采样点代码	观测层次（cm）	质量含水量（%）	备注
2014	4	CWAFZ03CHG_01	CWAFZ03CTS_01_03	10	18.16	
2014	4	CWAFZ03CHG_01	CWAFZ03CTS_01_03	20	18.98	
2014	4	CWAFZ03CHG_01	CWAFZ03CTS_01_03	30	19.98	
2014	4	CWAFZ03CHG_01	CWAFZ03CTS_01_03	40	20.31	
2014	4	CWAFZ03CHG_01	CWAFZ03CTS_01_03	50	19.84	
2014	4	CWAFZ03CHG_01	CWAFZ03CTS_01_03	60	21.11	
2014	4	CWAFZ03CHG_01	CWAFZ03CTS_01_03	70	23.15	
2014	4	CWAFZ03CHG_01	CWAFZ03CTS_01_03	80	22.89	
2014	4	CWAFZ03CHG_01	CWAFZ03CTS_01_03	90	23.21	
2014	4	CWAFZ03CHG_01	CWAFZ03CTS_01_03	100	23.31	
2014	4	CWAFZ03CHG_01	CWAFZ03CTS_01_03	120	22.23	
2014	4	CWAFZ03CHG_01	CWAFZ03CTS_01_03	140	19.15	
2014	4	CWAFZ03CHG_01	CWAFZ03CTS_01_03	160	20.20	
2014	4	CWAFZ03CHG_01	CWAFZ03CTS_01_03	180	18.71	
2014	4	CWAFZ03CHG_01	CWAFZ03CTS_01_03	200	18.34	
2014	4	CWAFZ03CHG_01	CWAFZ03CTS_01_03	220	17.50	
2014	4	CWAFZ03CHG_01	CWAFZ03CTS_01_03	240	16.72	
2014	4	CWAFZ03CHG_01	CWAFZ03CTS_01_03	260	17.30	
2014	4	CWAFZ03CHG_01	CWAFZ03CTS_01_03	280	17.97	
2014	4	CWAFZ03CHG_01	CWAFZ03CTS_01_03	300	18.34	
2014	6	CWAFZ03CHG_01	CWAFZ03CTS_01_01	10	13.68	
2014	6	CWAFZ03CHG_01	CWAFZ03CTS_01_01	20	13.58	
2014	6	CWAFZ03CHG_01	CWAFZ03CTS_01_01	30	12.25	
2014	6	CWAFZ03CHG_01	CWAFZ03CTS_01_01	40	12.83	
2014	6	CWAFZ03CHG_01	CWAFZ03CTS_01_01	50	12.81	
2014	6	CWAFZ03CHG_01	CWAFZ03CTS_01_01	60	16.56	
2014	6	CWAFZ03CHG_01	CWAFZ03CTS_01_01	70	18.19	
2014	6	CWAFZ03CHG_01	CWAFZ03CTS_01_01	80	19.06	
2014	6	CWAFZ03CHG_01	CWAFZ03CTS_01_01	90	19.95	
2014	6	CWAFZ03CHG_01	CWAFZ03CTS_01_01	100	19.82	
2014	6	CWAFZ03CHG_01	CWAFZ03CTS_01_01	120	19.70	
2014	6	CWAFZ03CHG_01	CWAFZ03CTS_01_01	140	19.79	
2014	6	CWAFZ03CHG_01	CWAFZ03CTS_01_01	160	16.44	

（续）

年份	月份	样地代码	测管/采样点代码	观测层次（cm）	质量含水量（%）	备注
2014	6	CWAFZ03CHG_01	CWAFZ03CTS_01_01	180	19.31	
2014	6	CWAFZ03CHG_01	CWAFZ03CTS_01_01	200	19.19	
2014	6	CWAFZ03CHG_01	CWAFZ03CTS_01_01	220	18.36	
2014	6	CWAFZ03CHG_01	CWAFZ03CTS_01_01	240	18.72	
2014	6	CWAFZ03CHG_01	CWAFZ03CTS_01_01	260	18.85	
2014	6	CWAFZ03CHG_01	CWAFZ03CTS_01_01	280	19.75	
2014	6	CWAFZ03CHG_01	CWAFZ03CTS_01_01	300	19.73	
2014	6	CWAFZ03CHG_01	CWAFZ03CTS_01_03	10	16.22	
2014	6	CWAFZ03CHG_01	CWAFZ03CTS_01_03	20	15.40	
2014	6	CWAFZ03CHG_01	CWAFZ03CTS_01_03	30	14.12	
2014	6	CWAFZ03CHG_01	CWAFZ03CTS_01_03	40	15.17	
2014	6	CWAFZ03CHG_01	CWAFZ03CTS_01_03	50	17.05	
2014	6	CWAFZ03CHG_01	CWAFZ03CTS_01_03	60	17.53	
2014	6	CWAFZ03CHG_01	CWAFZ03CTS_01_03	70	16.78	
2014	6	CWAFZ03CHG_01	CWAFZ03CTS_01_03	80	18.64	
2014	6	CWAFZ03CHG_01	CWAFZ03CTS_01_03	90	19.09	
2014	6	CWAFZ03CHG_01	CWAFZ03CTS_01_03	100	18.81	
2014	6	CWAFZ03CHG_01	CWAFZ03CTS_01_03	120	18.46	
2014	6	CWAFZ03CHG_01	CWAFZ03CTS_01_03	140	18.70	
2014	6	CWAFZ03CHG_01	CWAFZ03CTS_01_03	160	18.59	
2014	6	CWAFZ03CHG_01	CWAFZ03CTS_01_03	180	18.64	
2014	6	CWAFZ03CHG_01	CWAFZ03CTS_01_03	200	17.81	
2014	6	CWAFZ03CHG_01	CWAFZ03CTS_01_03	220	17.54	
2014	6	CWAFZ03CHG_01	CWAFZ03CTS_01_03	240	17.69	
2014	6	CWAFZ03CHG_01	CWAFZ03CTS_01_03	260	18.42	
2014	6	CWAFZ03CHG_01	CWAFZ03CTS_01_03	280	18.88	
2014	6	CWAFZ03CHG_01	CWAFZ03CTS_01_03	300	18.70	
2014	8	CWAFZ03CHG_01	CWAFZ03CTS_01_01	10	20.53	
2014	8	CWAFZ03CHG_01	CWAFZ03CTS_01_01	20	17.16	
2014	8	CWAFZ03CHG_01	CWAFZ03CTS_01_01	30	14.35	
2014	8	CWAFZ03CHG_01	CWAFZ03CTS_01_01	40	13.65	
2014	8	CWAFZ03CHG_01	CWAFZ03CTS_01_01	50	12.93	
2014	8	CWAFZ03CHG_01	CWAFZ03CTS_01_01	60	14.75	

（续）

年份	月份	样地代码	测管/采样点代码	观测层次（cm）	质量含水量（%）	备注
2014	8	CWAFZ03CHG_01	CWAFZ03CTS_01_01	70	12.13	
2014	8	CWAFZ03CHG_01	CWAFZ03CTS_01_01	80	11.78	
2014	8	CWAFZ03CHG_01	CWAFZ03CTS_01_01	90	11.46	
2014	8	CWAFZ03CHG_01	CWAFZ03CTS_01_01	100	11.64	
2014	8	CWAFZ03CHG_01	CWAFZ03CTS_01_01	120	15.61	
2014	8	CWAFZ03CHG_01	CWAFZ03CTS_01_01	140	12.86	
2014	8	CWAFZ03CHG_01	CWAFZ03CTS_01_01	160	13.20	
2014	8	CWAFZ03CHG_01	CWAFZ03CTS_01_01	180	14.26	
2014	8	CWAFZ03CHG_01	CWAFZ03CTS_01_01	200	15.67	
2014	8	CWAFZ03CHG_01	CWAFZ03CTS_01_01	220	16.60	
2014	8	CWAFZ03CHG_01	CWAFZ03CTS_01_01	240	17.07	
2014	8	CWAFZ03CHG_01	CWAFZ03CTS_01_01	260	17.81	
2014	8	CWAFZ03CHG_01	CWAFZ03CTS_01_01	280	18.10	
2014	8	CWAFZ03CHG_01	CWAFZ03CTS_01_01	300	18.14	
2014	8	CWAFZ03CHG_01	CWAFZ03CTS_01_03	10	19.97	
2014	8	CWAFZ03CHG_01	CWAFZ03CTS_01_03	20	16.44	
2014	8	CWAFZ03CHG_01	CWAFZ03CTS_01_03	30	14.80	
2014	8	CWAFZ03CHG_01	CWAFZ03CTS_01_03	40	15.74	
2014	8	CWAFZ03CHG_01	CWAFZ03CTS_01_03	50	15.55	
2014	8	CWAFZ03CHG_01	CWAFZ03CTS_01_03	60	16.09	
2014	8	CWAFZ03CHG_01	CWAFZ03CTS_01_03	70	13.39	
2014	8	CWAFZ03CHG_01	CWAFZ03CTS_01_03	80	12.24	
2014	8	CWAFZ03CHG_01	CWAFZ03CTS_01_03	90	11.91	
2014	8	CWAFZ03CHG_01	CWAFZ03CTS_01_03	100	11.48	
2014	8	CWAFZ03CHG_01	CWAFZ03CTS_01_03	120	12.20	
2014	8	CWAFZ03CHG_01	CWAFZ03CTS_01_03	140	12.56	
2014	8	CWAFZ03CHG_01	CWAFZ03CTS_01_03	160	13.97	
2014	8	CWAFZ03CHG_01	CWAFZ03CTS_01_03	180	15.10	
2014	8	CWAFZ03CHG_01	CWAFZ03CTS_01_03	200	16.47	
2014	8	CWAFZ03CHG_01	CWAFZ03CTS_01_03	220	16.75	
2014	8	CWAFZ03CHG_01	CWAFZ03CTS_01_03	240	17.25	
2014	8	CWAFZ03CHG_01	CWAFZ03CTS_01_03	260	17.81	
2014	8	CWAFZ03CHG_01	CWAFZ03CTS_01_03	280	18.32	

（续）

年份	月份	样地代码	测管/采样点代码	观测层次（cm）	质量含水量（%）	备注
2014	8	CWAFZ03CHG_01	CWAFZ03CTS_01_03	300	18.79	
2014	10	CWAFZ03CHG_01	CWAFZ03CTS_01_01	10	21.61	
2014	10	CWAFZ03CHG_01	CWAFZ03CTS_01_01	20	20.40	
2014	10	CWAFZ03CHG_01	CWAFZ03CTS_01_01	30	19.38	
2014	10	CWAFZ03CHG_01	CWAFZ03CTS_01_01	40	18.55	
2014	10	CWAFZ03CHG_01	CWAFZ03CTS_01_01	50	18.62	
2014	10	CWAFZ03CHG_01	CWAFZ03CTS_01_01	60	19.14	
2014	10	CWAFZ03CHG_01	CWAFZ03CTS_01_01	70	19.93	
2014	10	CWAFZ03CHG_01	CWAFZ03CTS_01_01	80	19.64	
2014	10	CWAFZ03CHG_01	CWAFZ03CTS_01_01	90	20.43	
2014	10	CWAFZ03CHG_01	CWAFZ03CTS_01_01	100	20.95	
2014	10	CWAFZ03CHG_01	CWAFZ03CTS_01_01	120	20.83	
2014	10	CWAFZ03CHG_01	CWAFZ03CTS_01_01	140	20.03	
2014	10	CWAFZ03CHG_01	CWAFZ03CTS_01_01	160	19.46	
2014	10	CWAFZ03CHG_01	CWAFZ03CTS_01_01	180	17.87	
2014	10	CWAFZ03CHG_01	CWAFZ03CTS_01_01	200	16.24	
2014	10	CWAFZ03CHG_01	CWAFZ03CTS_01_01	220	16.14	
2014	10	CWAFZ03CHG_01	CWAFZ03CTS_01_01	240	15.92	
2014	10	CWAFZ03CHG_01	CWAFZ03CTS_01_01	260	15.87	
2014	10	CWAFZ03CHG_01	CWAFZ03CTS_01_01	280	16.48	
2014	10	CWAFZ03CHG_01	CWAFZ03CTS_01_01	300	17.07	
2014	10	CWAFZ03CHG_01	CWAFZ03CTS_01_03	10	20.20	
2014	10	CWAFZ03CHG_01	CWAFZ03CTS_01_03	20	20.33	
2014	10	CWAFZ03CHG_01	CWAFZ03CTS_01_03	30	18.82	
2014	10	CWAFZ03CHG_01	CWAFZ03CTS_01_03	40	18.60	
2014	10	CWAFZ03CHG_01	CWAFZ03CTS_01_03	50	19.86	
2014	10	CWAFZ03CHG_01	CWAFZ03CTS_01_03	60	20.10	
2014	10	CWAFZ03CHG_01	CWAFZ03CTS_01_03	70	20.17	
2014	10	CWAFZ03CHG_01	CWAFZ03CTS_01_03	80	21.03	
2014	10	CWAFZ03CHG_01	CWAFZ03CTS_01_03	90	21.43	
2014	10	CWAFZ03CHG_01	CWAFZ03CTS_01_03	100	20.92	
2014	10	CWAFZ03CHG_01	CWAFZ03CTS_01_03	120	20.80	
2014	10	CWAFZ03CHG_01	CWAFZ03CTS_01_03	140	20.17	

（续）

年份	月份	样地代码	测管/采样点代码	观测层次（cm）	质量含水量（%）	备注
2014	10	CWAFZ03CHG_01	CWAFZ03CTS_01_03	160	19.11	
2014	10	CWAFZ03CHG_01	CWAFZ03CTS_01_03	180	18.74	
2014	10	CWAFZ03CHG_01	CWAFZ03CTS_01_03	200	18.64	
2014	10	CWAFZ03CHG_01	CWAFZ03CTS_01_03	220	17.88	
2014	10	CWAFZ03CHG_01	CWAFZ03CTS_01_03	240	17.46	
2014	10	CWAFZ03CHG_01	CWAFZ03CTS_01_03	260	17.53	
2014	10	CWAFZ03CHG_01	CWAFZ03CTS_01_03	280	17.35	
2014	10	CWAFZ03CHG_01	CWAFZ03CTS_01_03	300	17.19	
2014	12	CWAFZ03CHG_01	CWAFZ03CTS_01_01	10	20.13	
2014	12	CWAFZ03CHG_01	CWAFZ03CTS_01_01	20	22.48	
2014	12	CWAFZ03CHG_01	CWAFZ03CTS_01_01	30	18.98	
2014	12	CWAFZ03CHG_01	CWAFZ03CTS_01_01	40	14.42	
2014	12	CWAFZ03CHG_01	CWAFZ03CTS_01_01	50	15.18	
2014	12	CWAFZ03CHG_01	CWAFZ03CTS_01_01	60	18.13	
2014	12	CWAFZ03CHG_01	CWAFZ03CTS_01_01	70	19.11	
2014	12	CWAFZ03CHG_01	CWAFZ03CTS_01_01	80	19.92	
2014	12	CWAFZ03CHG_01	CWAFZ03CTS_01_01	90	20.99	
2014	12	CWAFZ03CHG_01	CWAFZ03CTS_01_01	100	20.19	
2014	12	CWAFZ03CHG_01	CWAFZ03CTS_01_01	120	20.23	
2014	12	CWAFZ03CHG_01	CWAFZ03CTS_01_01	140	19.72	
2014	12	CWAFZ03CHG_01	CWAFZ03CTS_01_01	160	19.15	
2014	12	CWAFZ03CHG_01	CWAFZ03CTS_01_01	180	17.76	
2014	12	CWAFZ03CHG_01	CWAFZ03CTS_01_01	200	17.48	
2014	12	CWAFZ03CHG_01	CWAFZ03CTS_01_01	220	17.38	
2014	12	CWAFZ03CHG_01	CWAFZ03CTS_01_01	240	16.36	
2014	12	CWAFZ03CHG_01	CWAFZ03CTS_01_01	260	17.50	
2014	12	CWAFZ03CHG_01	CWAFZ03CTS_01_01	280	17.92	
2014	12	CWAFZ03CHG_01	CWAFZ03CTS_01_01	300	18.29	
2014	12	CWAFZ03CHG_01	CWAFZ03CTS_01_03	10	21.64	
2014	12	CWAFZ03CHG_01	CWAFZ03CTS_01_03	20	20.89	
2014	12	CWAFZ03CHG_01	CWAFZ03CTS_01_03	30	20.72	
2014	12	CWAFZ03CHG_01	CWAFZ03CTS_01_03	40	17.56	
2014	12	CWAFZ03CHG_01	CWAFZ03CTS_01_03	50	18.40	

（续）

年份	月份	样地代码	测管/采样点代码	观测层次（cm）	质量含水量（%）	备注
2014	12	CWAFZ03CHG_01	CWAFZ03CTS_01_03	60	19.58	
2014	12	CWAFZ03CHG_01	CWAFZ03CTS_01_03	70	19.81	
2014	12	CWAFZ03CHG_01	CWAFZ03CTS_01_03	80	20.26	
2014	12	CWAFZ03CHG_01	CWAFZ03CTS_01_03	90	20.51	
2014	12	CWAFZ03CHG_01	CWAFZ03CTS_01_03	100	19.70	
2014	12	CWAFZ03CHG_01	CWAFZ03CTS_01_03	120	19.57	
2014	12	CWAFZ03CHG_01	CWAFZ03CTS_01_03	140	19.78	
2014	12	CWAFZ03CHG_01	CWAFZ03CTS_01_03	160	19.67	
2014	12	CWAFZ03CHG_01	CWAFZ03CTS_01_03	180	19.17	
2014	12	CWAFZ03CHG_01	CWAFZ03CTS_01_03	200	18.53	
2014	12	CWAFZ03CHG_01	CWAFZ03CTS_01_03	220	18.35	
2014	12	CWAFZ03CHG_01	CWAFZ03CTS_01_03	240	18.55	
2014	12	CWAFZ03CHG_01	CWAFZ03CTS_01_03	260	18.34	
2014	12	CWAFZ03CHG_01	CWAFZ03CTS_01_03	280	19.17	
2014	12	CWAFZ03CHG_01	CWAFZ03CTS_01_03	300	19.54	
2015	2	CWAZH01CHG_01	CWAZH01CTS_01_01	10	21.14	
2015	2	CWAZH01CHG_01	CWAZH01CTS_01_01	20	20.70	
2015	2	CWAZH01CHG_01	CWAZH01CTS_01_01	30	18.64	
2015	2	CWAZH01CHG_01	CWAZH01CTS_01_01	40	17.09	
2015	2	CWAZH01CHG_01	CWAZH01CTS_01_01	50	16.90	
2015	2	CWAZH01CHG_01	CWAZH01CTS_01_01	60	17.16	
2015	2	CWAZH01CHG_01	CWAZH01CTS_01_01	70	17.85	
2015	2	CWAZH01CHG_01	CWAZH01CTS_01_01	80	19.23	
2015	2	CWAZH01CHG_01	CWAZH01CTS_01_01	90	18.96	
2015	2	CWAZH01CHG_01	CWAZH01CTS_01_01	100	20.00	
2015	2	CWAZH01CHG_01	CWAZH01CTS_01_01	120	18.72	
2015	2	CWAZH01CHG_01	CWAZH01CTS_01_01	140	19.42	
2015	2	CWAZH01CHG_01	CWAZH01CTS_01_01	160	18.60	
2015	2	CWAZH01CHG_01	CWAZH01CTS_01_01	180	18.33	
2015	2	CWAZH01CHG_01	CWAZH01CTS_01_01	200	18.01	
2015	2	CWAZH01CHG_01	CWAZH01CTS_01_01	220	17.56	
2015	2	CWAZH01CHG_01	CWAZH01CTS_01_01	240	17.55	
2015	2	CWAZH01CHG_01	CWAZH01CTS_01_01	260	16.63	

（续）

年份	月份	样地代码	测管/采样点代码	观测层次（cm）	质量含水量（%）	备注
2015	2	CWAZH01CHG_01	CWAZH01CTS_01_01	280	16.39	
2015	2	CWAZH01CHG_01	CWAZH01CTS_01_01	300	17.79	
2015	2	CWAZH01CHG_01	CWAZH01CTS_01_03	10	18.37	
2015	2	CWAZH01CHG_01	CWAZH01CTS_01_03	20	17.98	
2015	2	CWAZH01CHG_01	CWAZH01CTS_01_03	30	17.26	
2015	2	CWAZH01CHG_01	CWAZH01CTS_01_03	40	16.07	
2015	2	CWAZH01CHG_01	CWAZH01CTS_01_03	50	15.58	
2015	2	CWAZH01CHG_01	CWAZH01CTS_01_03	60	16.24	
2015	2	CWAZH01CHG_01	CWAZH01CTS_01_03	70	17.78	
2015	2	CWAZH01CHG_01	CWAZH01CTS_01_03	80	18.42	
2015	2	CWAZH01CHG_01	CWAZH01CTS_01_03	90	18.94	
2015	2	CWAZH01CHG_01	CWAZH01CTS_01_03	100	18.25	
2015	2	CWAZH01CHG_01	CWAZH01CTS_01_03	120	19.61	
2015	2	CWAZH01CHG_01	CWAZH01CTS_01_03	140	18.57	
2015	2	CWAZH01CHG_01	CWAZH01CTS_01_03	160	19.14	
2015	2	CWAZH01CHG_01	CWAZH01CTS_01_03	180	19.46	
2015	2	CWAZH01CHG_01	CWAZH01CTS_01_03	200	19.11	
2015	2	CWAZH01CHG_01	CWAZH01CTS_01_03	220	19.09	
2015	2	CWAZH01CHG_01	CWAZH01CTS_01_03	240	18.84	
2015	2	CWAZH01CHG_01	CWAZH01CTS_01_03	260	16.87	
2015	2	CWAZH01CHG_01	CWAZH01CTS_01_03	280	18.01	
2015	2	CWAZH01CHG_01	CWAZH01CTS_01_03	300	18.75	
2015	4	CWAZH01CHG_01	CWAZH01CTS_01_01	10	15.14	
2015	4	CWAZH01CHG_01	CWAZH01CTS_01_01	20	15.74	
2015	4	CWAZH01CHG_01	CWAZH01CTS_01_01	30	15.21	
2015	4	CWAZH01CHG_01	CWAZH01CTS_01_01	40	16.08	
2015	4	CWAZH01CHG_01	CWAZH01CTS_01_01	50	16.49	
2015	4	CWAZH01CHG_01	CWAZH01CTS_01_01	60	17.41	
2015	4	CWAZH01CHG_01	CWAZH01CTS_01_01	70	18.72	
2015	4	CWAZH01CHG_01	CWAZH01CTS_01_01	80	18.40	
2015	4	CWAZH01CHG_01	CWAZH01CTS_01_01	90	18.72	
2015	4	CWAZH01CHG_01	CWAZH01CTS_01_01	100	18.84	
2015	4	CWAZH01CHG_01	CWAZH01CTS_01_01	120	19.37	

（续）

年份	月份	样地代码	测管/采样点代码	观测层次（cm）	质量含水量（%）	备注
2015	4	CWAZH01CHG_01	CWAZH01CTS_01_01	140	18.92	
2015	4	CWAZH01CHG_01	CWAZH01CTS_01_01	160	18.60	
2015	4	CWAZH01CHG_01	CWAZH01CTS_01_01	180	18.40	
2015	4	CWAZH01CHG_01	CWAZH01CTS_01_01	200	18.53	
2015	4	CWAZH01CHG_01	CWAZH01CTS_01_01	220	17.45	
2015	4	CWAZH01CHG_01	CWAZH01CTS_01_01	240	17.66	
2015	4	CWAZH01CHG_01	CWAZH01CTS_01_01	260	17.38	
2015	4	CWAZH01CHG_01	CWAZH01CTS_01_01	280	17.69	
2015	4	CWAZH01CHG_01	CWAZH01CTS_01_01	300	18.49	
2015	4	CWAZH01CHG_01	CWAZH01CTS_01_03	10	15.07	
2015	4	CWAZH01CHG_01	CWAZH01CTS_01_03	20	15.16	
2015	4	CWAZH01CHG_01	CWAZH01CTS_01_03	30	14.59	
2015	4	CWAZH01CHG_01	CWAZH01CTS_01_03	40	15.99	
2015	4	CWAZH01CHG_01	CWAZH01CTS_01_03	50	16.27	
2015	4	CWAZH01CHG_01	CWAZH01CTS_01_03	60	17.28	
2015	4	CWAZH01CHG_01	CWAZH01CTS_01_03	70	18.10	
2015	4	CWAZH01CHG_01	CWAZH01CTS_01_03	80	18.81	
2015	4	CWAZH01CHG_01	CWAZH01CTS_01_03	90	19.34	
2015	4	CWAZH01CHG_01	CWAZH01CTS_01_03	100	18.89	
2015	4	CWAZH01CHG_01	CWAZH01CTS_01_03	120	18.42	
2015	4	CWAZH01CHG_01	CWAZH01CTS_01_03	140	18.35	
2015	4	CWAZH01CHG_01	CWAZH01CTS_01_03	160	18.08	
2015	4	CWAZH01CHG_01	CWAZH01CTS_01_03	180	17.90	
2015	4	CWAZH01CHG_01	CWAZH01CTS_01_03	200	18.49	
2015	4	CWAZH01CHG_01	CWAZH01CTS_01_03	220	17.03	
2015	4	CWAZH01CHG_01	CWAZH01CTS_01_03	240	16.92	
2015	4	CWAZH01CHG_01	CWAZH01CTS_01_03	260	17.40	
2015	4	CWAZH01CHG_01	CWAZH01CTS_01_03	280	17.19	
2015	4	CWAZH01CHG_01	CWAZH01CTS_01_03	300	17.39	
2015	6	CWAZH01CHG_01	CWAZH01CTS_01_01	10	23.03	
2015	6	CWAZH01CHG_01	CWAZH01CTS_01_01	20	21.50	
2015	6	CWAZH01CHG_01	CWAZH01CTS_01_01	30	21.39	
2015	6	CWAZH01CHG_01	CWAZH01CTS_01_01	40	16.99	

（续）

年份	月份	样地代码	测管/采样点代码	观测层次（cm）	质量含水量（%）	备注
2015	6	CWAZH01CHG_01	CWAZH01CTS_01_01	50	11.56	
2015	6	CWAZH01CHG_01	CWAZH01CTS_01_01	60	12.34	
2015	6	CWAZH01CHG_01	CWAZH01CTS_01_01	70	12.15	
2015	6	CWAZH01CHG_01	CWAZH01CTS_01_01	80	12.26	
2015	6	CWAZH01CHG_01	CWAZH01CTS_01_01	90	14.17	
2015	6	CWAZH01CHG_01	CWAZH01CTS_01_01	100	13.09	
2015	6	CWAZH01CHG_01	CWAZH01CTS_01_01	120	14.04	
2015	6	CWAZH01CHG_01	CWAZH01CTS_01_01	140	14.29	
2015	6	CWAZH01CHG_01	CWAZH01CTS_01_01	160	16.64	
2015	6	CWAZH01CHG_01	CWAZH01CTS_01_01	180	15.31	
2015	6	CWAZH01CHG_01	CWAZH01CTS_01_01	200	17.29	
2015	6	CWAZH01CHG_01	CWAZH01CTS_01_01	220	15.37	
2015	6	CWAZH01CHG_01	CWAZH01CTS_01_01	240	14.97	
2015	6	CWAZH01CHG_01	CWAZH01CTS_01_01	260	15.05	
2015	6	CWAZH01CHG_01	CWAZH01CTS_01_01	280	15.47	
2015	6	CWAZH01CHG_01	CWAZH01CTS_01_01	300	17.56	
2015	6	CWAZH01CHG_01	CWAZH01CTS_01_03	10	23.65	
2015	6	CWAZH01CHG_01	CWAZH01CTS_01_03	20	22.65	
2015	6	CWAZH01CHG_01	CWAZH01CTS_01_03	30	19.89	
2015	6	CWAZH01CHG_01	CWAZH01CTS_01_03	40	14.76	
2015	6	CWAZH01CHG_01	CWAZH01CTS_01_03	50	10.69	
2015	6	CWAZH01CHG_01	CWAZH01CTS_01_03	60	9.67	
2015	6	CWAZH01CHG_01	CWAZH01CTS_01_03	70	13.09	
2015	6	CWAZH01CHG_01	CWAZH01CTS_01_03	80	11.91	
2015	6	CWAZH01CHG_01	CWAZH01CTS_01_03	90	11.83	
2015	6	CWAZH01CHG_01	CWAZH01CTS_01_03	100	11.96	
2015	6	CWAZH01CHG_01	CWAZH01CTS_01_03	120	12.72	
2015	6	CWAZH01CHG_01	CWAZH01CTS_01_03	140	13.14	
2015	6	CWAZH01CHG_01	CWAZH01CTS_01_03	160	16.53	
2015	6	CWAZH01CHG_01	CWAZH01CTS_01_03	180	18.63	
2015	6	CWAZH01CHG_01	CWAZH01CTS_01_03	200	16.72	
2015	6	CWAZH01CHG_01	CWAZH01CTS_01_03	220	16.12	
2015	6	CWAZH01CHG_01	CWAZH01CTS_01_03	240	16.02	

（续）

年份	月份	样地代码	测管/采样点代码	观测层次（cm）	质量含水量（%）	备注
2015	6	CWAZH01CHG_01	CWAZH01CTS_01_03	260	13.87	
2015	6	CWAZH01CHG_01	CWAZH01CTS_01_03	280	15.61	
2015	6	CWAZH01CHG_01	CWAZH01CTS_01_03	300	17.19	
2015	8	CWAZH01CHG_01	CWAZH01CTS_01_01	10	13.00	
2015	8	CWAZH01CHG_01	CWAZH01CTS_01_01	20	14.46	
2015	8	CWAZH01CHG_01	CWAZH01CTS_01_01	30	14.54	
2015	8	CWAZH01CHG_01	CWAZH01CTS_01_01	40	15.75	
2015	8	CWAZH01CHG_01	CWAZH01CTS_01_01	50	16.16	
2015	8	CWAZH01CHG_01	CWAZH01CTS_01_01	60	17.03	
2015	8	CWAZH01CHG_01	CWAZH01CTS_01_01	70	17.72	
2015	8	CWAZH01CHG_01	CWAZH01CTS_01_01	80	17.66	
2015	8	CWAZH01CHG_01	CWAZH01CTS_01_01	90	19.03	
2015	8	CWAZH01CHG_01	CWAZH01CTS_01_01	100	19.96	
2015	8	CWAZH01CHG_01	CWAZH01CTS_01_01	120	18.83	
2015	8	CWAZH01CHG_01	CWAZH01CTS_01_01	140	19.60	
2015	8	CWAZH01CHG_01	CWAZH01CTS_01_01	160	19.69	
2015	8	CWAZH01CHG_01	CWAZH01CTS_01_01	180	19.44	
2015	8	CWAZH01CHG_01	CWAZH01CTS_01_01	200	18.66	
2015	8	CWAZH01CHG_01	CWAZH01CTS_01_01	220	18.53	
2015	8	CWAZH01CHG_01	CWAZH01CTS_01_01	240	18.88	
2015	8	CWAZH01CHG_01	CWAZH01CTS_01_01	260	18.76	
2015	8	CWAZH01CHG_01	CWAZH01CTS_01_01	280	19.71	
2015	8	CWAZH01CHG_01	CWAZH01CTS_01_01	300	20.94	
2015	8	CWAZH01CHG_01	CWAZH01CTS_01_03	10	13.58	
2015	8	CWAZH01CHG_01	CWAZH01CTS_01_03	20	14.73	
2015	8	CWAZH01CHG_01	CWAZH01CTS_01_03	30	15.77	
2015	8	CWAZH01CHG_01	CWAZH01CTS_01_03	40	15.52	
2015	8	CWAZH01CHG_01	CWAZH01CTS_01_03	50	15.94	
2015	8	CWAZH01CHG_01	CWAZH01CTS_01_03	60	18.34	
2015	8	CWAZH01CHG_01	CWAZH01CTS_01_03	70	17.34	
2015	8	CWAZH01CHG_01	CWAZH01CTS_01_03	80	18.22	
2015	8	CWAZH01CHG_01	CWAZH01CTS_01_03	90	18.12	
2015	8	CWAZH01CHG_01	CWAZH01CTS_01_03	100	18.10	

（续）

年份	月份	样地代码	测管/采样点代码	观测层次（cm）	质量含水量（%）	备注
2015	8	CWAZH01CHG _ 01	CWAZH01CTS _ 01 _ 03	120	16.91	
2015	8	CWAZH01CHG _ 01	CWAZH01CTS _ 01 _ 03	140	13.62	
2015	8	CWAZH01CHG _ 01	CWAZH01CTS _ 01 _ 03	160	15.56	
2015	8	CWAZH01CHG _ 01	CWAZH01CTS _ 01 _ 03	180	15.04	
2015	8	CWAZH01CHG _ 01	CWAZH01CTS _ 01 _ 03	200	15.70	
2015	8	CWAZH01CHG _ 01	CWAZH01CTS _ 01 _ 03	220	15.87	
2015	8	CWAZH01CHG _ 01	CWAZH01CTS _ 01 _ 03	240	15.81	
2015	8	CWAZH01CHG _ 01	CWAZH01CTS _ 01 _ 03	260	15.97	
2015	8	CWAZH01CHG _ 01	CWAZH01CTS _ 01 _ 03	280	16.12	
2015	8	CWAZH01CHG _ 01	CWAZH01CTS _ 01 _ 03	300	16.01	
2015	10	CWAZH01CHG _ 01	CWAZH01CTS _ 01 _ 01	10	19.81	
2015	10	CWAZH01CHG _ 01	CWAZH01CTS _ 01 _ 01	20	19.76	
2015	10	CWAZH01CHG _ 01	CWAZH01CTS _ 01 _ 01	30	19.21	
2015	10	CWAZH01CHG _ 01	CWAZH01CTS _ 01 _ 01	40	17.96	
2015	10	CWAZH01CHG _ 01	CWAZH01CTS _ 01 _ 01	50	17.81	
2015	10	CWAZH01CHG _ 01	CWAZH01CTS _ 01 _ 01	60	17.46	
2015	10	CWAZH01CHG _ 01	CWAZH01CTS _ 01 _ 01	70	17.21	
2015	10	CWAZH01CHG _ 01	CWAZH01CTS _ 01 _ 01	80	16.46	
2015	10	CWAZH01CHG _ 01	CWAZH01CTS _ 01 _ 01	90	16.17	
2015	10	CWAZH01CHG _ 01	CWAZH01CTS _ 01 _ 01	100	15.96	
2015	10	CWAZH01CHG _ 01	CWAZH01CTS _ 01 _ 01	120	15.54	
2015	10	CWAZH01CHG _ 01	CWAZH01CTS _ 01 _ 01	140	15.56	
2015	10	CWAZH01CHG _ 01	CWAZH01CTS _ 01 _ 01	160	15.87	
2015	10	CWAZH01CHG _ 01	CWAZH01CTS _ 01 _ 01	180	16.11	
2015	10	CWAZH01CHG _ 01	CWAZH01CTS _ 01 _ 01	200	16.65	
2015	10	CWAZH01CHG _ 01	CWAZH01CTS _ 01 _ 01	220	16.21	
2015	10	CWAZH01CHG _ 01	CWAZH01CTS _ 01 _ 01	240	16.91	
2015	10	CWAZH01CHG _ 01	CWAZH01CTS _ 01 _ 01	260	15.66	
2015	10	CWAZH01CHG _ 01	CWAZH01CTS _ 01 _ 01	280	15.96	
2015	10	CWAZH01CHG _ 01	CWAZH01CTS _ 01 _ 01	300	17.44	
2015	10	CWAZH01CHG _ 01	CWAZH01CTS _ 01 _ 03	10	18.83	
2015	10	CWAZH01CHG _ 01	CWAZH01CTS _ 01 _ 03	20	17.11	
2015	10	CWAZH01CHG _ 01	CWAZH01CTS _ 01 _ 03	30	16.10	

（续）

年份	月份	样地代码	测管/采样点代码	观测层次（cm）	质量含水量（%）	备注
2015	10	CWAZH01CHG_01	CWAZH01CTS_01_03	40	14.91	
2015	10	CWAZH01CHG_01	CWAZH01CTS_01_03	50	13.85	
2015	10	CWAZH01CHG_01	CWAZH01CTS_01_03	60	12.53	
2015	10	CWAZH01CHG_01	CWAZH01CTS_01_03	70	12.26	
2015	10	CWAZH01CHG_01	CWAZH01CTS_01_03	80	12.52	
2015	10	CWAZH01CHG_01	CWAZH01CTS_01_03	90	12.71	
2015	10	CWAZH01CHG_01	CWAZH01CTS_01_03	100	13.19	
2015	10	CWAZH01CHG_01	CWAZH01CTS_01_03	120	13.25	
2015	10	CWAZH01CHG_01	CWAZH01CTS_01_03	140	13.46	
2015	10	CWAZH01CHG_01	CWAZH01CTS_01_03	160	13.25	
2015	10	CWAZH01CHG_01	CWAZH01CTS_01_03	180	14.01	
2015	10	CWAZH01CHG_01	CWAZH01CTS_01_03	200	14.17	
2015	10	CWAZH01CHG_01	CWAZH01CTS_01_03	220	14.53	
2015	10	CWAZH01CHG_01	CWAZH01CTS_01_03	240	14.52	
2015	10	CWAZH01CHG_01	CWAZH01CTS_01_03	260	15.37	
2015	10	CWAZH01CHG_01	CWAZH01CTS_01_03	280	15.49	
2015	10	CWAZH01CHG_01	CWAZH01CTS_01_03	300	15.78	
2015	12	CWAZH01CHG_01	CWAZH01CTS_01_01	10	31.28	
2015	12	CWAZH01CHG_01	CWAZH01CTS_01_01	20	18.09	
2015	12	CWAZH01CHG_01	CWAZH01CTS_01_01	30	18.05	
2015	12	CWAZH01CHG_01	CWAZH01CTS_01_01	40	17.56	
2015	12	CWAZH01CHG_01	CWAZH01CTS_01_01	50	18.07	
2015	12	CWAZH01CHG_01	CWAZH01CTS_01_01	60	17.70	
2015	12	CWAZH01CHG_01	CWAZH01CTS_01_01	70	17.86	
2015	12	CWAZH01CHG_01	CWAZH01CTS_01_01	80	18.36	
2015	12	CWAZH01CHG_01	CWAZH01CTS_01_01	90	18.60	
2015	12	CWAZH01CHG_01	CWAZH01CTS_01_01	100	18.20	
2015	12	CWAZH01CHG_01	CWAZH01CTS_01_01	120	17.46	
2015	12	CWAZH01CHG_01	CWAZH01CTS_01_01	140	15.61	
2015	12	CWAZH01CHG_01	CWAZH01CTS_01_01	160	16.20	
2015	12	CWAZH01CHG_01	CWAZH01CTS_01_01	180	16.56	
2015	12	CWAZH01CHG_01	CWAZH01CTS_01_01	200	16.74	
2015	12	CWAZH01CHG_01	CWAZH01CTS_01_01	220	15.66	

（续）

年份	月份	样地代码	测管/采样点代码	观测层次（cm）	质量含水量（%）	备注
2015	12	CWAZH01CHG_01	CWAZH01CTS_01_01	240	15.66	
2015	12	CWAZH01CHG_01	CWAZH01CTS_01_01	260	14.85	
2015	12	CWAZH01CHG_01	CWAZH01CTS_01_01	280	14.96	
2015	12	CWAZH01CHG_01	CWAZH01CTS_01_01	300	16.03	
2015	12	CWAZH01CHG_01	CWAZH01CTS_01_03	10	30.19	
2015	12	CWAZH01CHG_01	CWAZH01CTS_01_03	20	34.33	
2015	12	CWAZH01CHG_01	CWAZH01CTS_01_03	30	15.66	
2015	12	CWAZH01CHG_01	CWAZH01CTS_01_03	40	16.60	
2015	12	CWAZH01CHG_01	CWAZH01CTS_01_03	50	17.29	
2015	12	CWAZH01CHG_01	CWAZH01CTS_01_03	60	19.05	
2015	12	CWAZH01CHG_01	CWAZH01CTS_01_03	70	19.68	
2015	12	CWAZH01CHG_01	CWAZH01CTS_01_03	80	20.21	
2015	12	CWAZH01CHG_01	CWAZH01CTS_01_03	90	20.67	
2015	12	CWAZH01CHG_01	CWAZH01CTS_01_03	100	20.67	
2015	12	CWAZH01CHG_01	CWAZH01CTS_01_03	120	20.02	
2015	12	CWAZH01CHG_01	CWAZH01CTS_01_03	140	19.05	
2015	12	CWAZH01CHG_01	CWAZH01CTS_01_03	160	18.72	
2015	12	CWAZH01CHG_01	CWAZH01CTS_01_03	180	18.16	
2015	12	CWAZH01CHG_01	CWAZH01CTS_01_03	200	17.33	
2015	12	CWAZH01CHG_01	CWAZH01CTS_01_03	220	17.33	
2015	12	CWAZH01CHG_01	CWAZH01CTS_01_03	240	16.97	
2015	12	CWAZH01CHG_01	CWAZH01CTS_01_03	260	17.23	
2015	12	CWAZH01CHG_01	CWAZH01CTS_01_03	280	17.21	
2015	12	CWAZH01CHG_01	CWAZH01CTS_01_03	300	17.29	
2015	2	CWAFZ03CHG_01	CWAFZ03CTS_01_01	10	21.12	
2015	2	CWAFZ03CHG_01	CWAFZ03CTS_01_01	20	19.78	
2015	2	CWAFZ03CHG_01	CWAFZ03CTS_01_01	30	20.23	
2015	2	CWAFZ03CHG_01	CWAFZ03CTS_01_01	40	17.75	
2015	2	CWAFZ03CHG_01	CWAFZ03CTS_01_01	50	16.32	
2015	2	CWAFZ03CHG_01	CWAFZ03CTS_01_01	60	16.01	
2015	2	CWAFZ03CHG_01	CWAFZ03CTS_01_01	70	16.82	
2015	2	CWAFZ03CHG_01	CWAFZ03CTS_01_01	80	18.37	
2015	2	CWAFZ03CHG_01	CWAFZ03CTS_01_01	90	19.31	

（续）

年份	月份	样地代码	测管/采样点代码	观测层次（cm）	质量含水量（%）	备注
2015	2	CWAFZ03CHG _ 01	CWAFZ03CTS _ 01 _ 01	100	19.73	
2015	2	CWAFZ03CHG _ 01	CWAFZ03CTS _ 01 _ 01	120	19.01	
2015	2	CWAFZ03CHG _ 01	CWAFZ03CTS _ 01 _ 01	140	19.48	
2015	2	CWAFZ03CHG _ 01	CWAFZ03CTS _ 01 _ 01	160	18.90	
2015	2	CWAFZ03CHG _ 01	CWAFZ03CTS _ 01 _ 01	180	17.33	
2015	2	CWAFZ03CHG _ 01	CWAFZ03CTS _ 01 _ 01	200	16.91	
2015	2	CWAFZ03CHG _ 01	CWAFZ03CTS _ 01 _ 01	220	16.80	
2015	2	CWAFZ03CHG _ 01	CWAFZ03CTS _ 01 _ 01	240	16.90	
2015	2	CWAFZ03CHG _ 01	CWAFZ03CTS _ 01 _ 01	260	16.56	
2015	2	CWAFZ03CHG _ 01	CWAFZ03CTS _ 01 _ 01	280	17.64	
2015	2	CWAFZ03CHG _ 01	CWAFZ03CTS _ 01 _ 01	300	17.57	
2015	2	CWAFZ03CHG _ 01	CWAFZ03CTS _ 01 _ 03	10	21.03	
2015	2	CWAFZ03CHG _ 01	CWAFZ03CTS _ 01 _ 03	20	20.10	
2015	2	CWAFZ03CHG _ 01	CWAFZ03CTS _ 01 _ 03	30	18.81	
2015	2	CWAFZ03CHG _ 01	CWAFZ03CTS _ 01 _ 03	40	18.91	
2015	2	CWAFZ03CHG _ 01	CWAFZ03CTS _ 01 _ 03	50	19.30	
2015	2	CWAFZ03CHG _ 01	CWAFZ03CTS _ 01 _ 03	60	19.09	
2015	2	CWAFZ03CHG _ 01	CWAFZ03CTS _ 01 _ 03	70	18.90	
2015	2	CWAFZ03CHG _ 01	CWAFZ03CTS _ 01 _ 03	80	19.15	
2015	2	CWAFZ03CHG _ 01	CWAFZ03CTS _ 01 _ 03	90	19.42	
2015	2	CWAFZ03CHG _ 01	CWAFZ03CTS _ 01 _ 03	100	19.51	
2015	2	CWAFZ03CHG _ 01	CWAFZ03CTS _ 01 _ 03	120	18.64	
2015	2	CWAFZ03CHG _ 01	CWAFZ03CTS _ 01 _ 03	140	17.88	
2015	2	CWAFZ03CHG _ 01	CWAFZ03CTS _ 01 _ 03	160	18.43	
2015	2	CWAFZ03CHG _ 01	CWAFZ03CTS _ 01 _ 03	180	17.94	
2015	2	CWAFZ03CHG _ 01	CWAFZ03CTS _ 01 _ 03	200	17.37	
2015	2	CWAFZ03CHG _ 01	CWAFZ03CTS _ 01 _ 03	220	17.28	
2015	2	CWAFZ03CHG _ 01	CWAFZ03CTS _ 01 _ 03	240	16.93	
2015	2	CWAFZ03CHG _ 01	CWAFZ03CTS _ 01 _ 03	260	18.40	
2015	2	CWAFZ03CHG _ 01	CWAFZ03CTS _ 01 _ 03	280	17.85	
2015	2	CWAFZ03CHG _ 01	CWAFZ03CTS _ 01 _ 03	300	18.40	
2015	4	CWAFZ03CHG _ 01	CWAFZ03CTS _ 01 _ 01	10	14.17	
2015	4	CWAFZ03CHG _ 01	CWAFZ03CTS _ 01 _ 01	20	14.73	

（续）

年份	月份	样地代码	测管/采样点代码	观测层次（cm）	质量含水量（%）	备注
2015	4	CWAFZ03CHG_01	CWAFZ03CTS_01_01	30	15.47	
2015	4	CWAFZ03CHG_01	CWAFZ03CTS_01_01	40	15.37	
2015	4	CWAFZ03CHG_01	CWAFZ03CTS_01_01	50	16.77	
2015	4	CWAFZ03CHG_01	CWAFZ03CTS_01_01	60	16.57	
2015	4	CWAFZ03CHG_01	CWAFZ03CTS_01_01	70	16.90	
2015	4	CWAFZ03CHG_01	CWAFZ03CTS_01_01	80	19.00	
2015	4	CWAFZ03CHG_01	CWAFZ03CTS_01_01	90	17.89	
2015	4	CWAFZ03CHG_01	CWAFZ03CTS_01_01	100	18.16	
2015	4	CWAFZ03CHG_01	CWAFZ03CTS_01_01	120	20.02	
2015	4	CWAFZ03CHG_01	CWAFZ03CTS_01_01	140	18.58	
2015	4	CWAFZ03CHG_01	CWAFZ03CTS_01_01	160	19.03	
2015	4	CWAFZ03CHG_01	CWAFZ03CTS_01_01	180	17.43	
2015	4	CWAFZ03CHG_01	CWAFZ03CTS_01_01	200	17.37	
2015	4	CWAFZ03CHG_01	CWAFZ03CTS_01_01	220	16.91	
2015	4	CWAFZ03CHG_01	CWAFZ03CTS_01_01	240	16.64	
2015	4	CWAFZ03CHG_01	CWAFZ03CTS_01_01	260	16.49	
2015	4	CWAFZ03CHG_01	CWAFZ03CTS_01_01	280	17.49	
2015	4	CWAFZ03CHG_01	CWAFZ03CTS_01_01	300	17.39	
2015	4	CWAFZ03CHG_01	CWAFZ03CTS_01_03	10	13.60	
2015	4	CWAFZ03CHG_01	CWAFZ03CTS_01_03	20	14.86	
2015	4	CWAFZ03CHG_01	CWAFZ03CTS_01_03	30	14.20	
2015	4	CWAFZ03CHG_01	CWAFZ03CTS_01_03	40	16.96	
2015	4	CWAFZ03CHG_01	CWAFZ03CTS_01_03	50	17.67	
2015	4	CWAFZ03CHG_01	CWAFZ03CTS_01_03	60	17.53	
2015	4	CWAFZ03CHG_01	CWAFZ03CTS_01_03	70	19.96	
2015	4	CWAFZ03CHG_01	CWAFZ03CTS_01_03	80	19.19	
2015	4	CWAFZ03CHG_01	CWAFZ03CTS_01_03	90	19.91	
2015	4	CWAFZ03CHG_01	CWAFZ03CTS_01_03	100	19.96	
2015	4	CWAFZ03CHG_01	CWAFZ03CTS_01_03	120	19.48	
2015	4	CWAFZ03CHG_01	CWAFZ03CTS_01_03	140	18.85	
2015	4	CWAFZ03CHG_01	CWAFZ03CTS_01_03	160	18.10	
2015	4	CWAFZ03CHG_01	CWAFZ03CTS_01_03	180	18.10	
2015	4	CWAFZ03CHG_01	CWAFZ03CTS_01_03	200	17.83	

（续）

年份	月份	样地代码	测管/采样点代码	观测层次（cm）	质量含水量（%）	备注
2015	4	CWAFZ03CHG_01	CWAFZ03CTS_01_03	220	17.78	
2015	4	CWAFZ03CHG_01	CWAFZ03CTS_01_03	240	18.31	
2015	4	CWAFZ03CHG_01	CWAFZ03CTS_01_03	260	19.32	
2015	4	CWAFZ03CHG_01	CWAFZ03CTS_01_03	280	19.08	
2015	4	CWAFZ03CHG_01	CWAFZ03CTS_01_03	300	18.95	
2015	6	CWAFZ03CHG_01	CWAFZ03CTS_01_01	10	22.60	
2015	6	CWAFZ03CHG_01	CWAFZ03CTS_01_01	20	21.03	
2015	6	CWAFZ03CHG_01	CWAFZ03CTS_01_01	30	74.06	
2015	6	CWAFZ03CHG_01	CWAFZ03CTS_01_01	40	18.53	
2015	6	CWAFZ03CHG_01	CWAFZ03CTS_01_01	50	12.43	
2015	6	CWAFZ03CHG_01	CWAFZ03CTS_01_01	60	9.78	
2015	6	CWAFZ03CHG_01	CWAFZ03CTS_01_01	70	10.95	
2015	6	CWAFZ03CHG_01	CWAFZ03CTS_01_01	80	12.88	
2015	6	CWAFZ03CHG_01	CWAFZ03CTS_01_01	90	12.27	
2015	6	CWAFZ03CHG_01	CWAFZ03CTS_01_01	100	13.16	
2015	6	CWAFZ03CHG_01	CWAFZ03CTS_01_01	120	15.18	
2015	6	CWAFZ03CHG_01	CWAFZ03CTS_01_01	140	17.12	
2015	6	CWAFZ03CHG_01	CWAFZ03CTS_01_01	160	16.99	
2015	6	CWAFZ03CHG_01	CWAFZ03CTS_01_01	180	19.37	
2015	6	CWAFZ03CHG_01	CWAFZ03CTS_01_01	200	16.79	
2015	6	CWAFZ03CHG_01	CWAFZ03CTS_01_01	220	16.64	
2015	6	CWAFZ03CHG_01	CWAFZ03CTS_01_01	240	17.02	
2015	6	CWAFZ03CHG_01	CWAFZ03CTS_01_01	260	16.68	
2015	6	CWAFZ03CHG_01	CWAFZ03CTS_01_01	280	16.44	
2015	6	CWAFZ03CHG_01	CWAFZ03CTS_01_01	300	17.59	
2015	6	CWAFZ03CHG_01	CWAFZ03CTS_01_03	10	21.15	
2015	6	CWAFZ03CHG_01	CWAFZ03CTS_01_03	20	19.95	
2015	6	CWAFZ03CHG_01	CWAFZ03CTS_01_03	30	20.63	
2015	6	CWAFZ03CHG_01	CWAFZ03CTS_01_03	40	18.60	
2015	6	CWAFZ03CHG_01	CWAFZ03CTS_01_03	50	13.87	
2015	6	CWAFZ03CHG_01	CWAFZ03CTS_01_03	60	14.41	
2015	6	CWAFZ03CHG_01	CWAFZ03CTS_01_03	70	13.21	
2015	6	CWAFZ03CHG_01	CWAFZ03CTS_01_03	80	12.13	

（续）

年份	月份	样地代码	测管/采样点代码	观测层次（cm）	质量含水量（%）	备注
2015	6	CWAFZ03CHG_01	CWAFZ03CTS_01_03	90	14.81	
2015	6	CWAFZ03CHG_01	CWAFZ03CTS_01_03	100	13.51	
2015	6	CWAFZ03CHG_01	CWAFZ03CTS_01_03	120	12.25	
2015	6	CWAFZ03CHG_01	CWAFZ03CTS_01_03	140	13.47	
2015	6	CWAFZ03CHG_01	CWAFZ03CTS_01_03	160	14.88	
2015	6	CWAFZ03CHG_01	CWAFZ03CTS_01_03	180	15.37	
2015	6	CWAFZ03CHG_01	CWAFZ03CTS_01_03	200	16.92	
2015	6	CWAFZ03CHG_01	CWAFZ03CTS_01_03	220	17.08	
2015	6	CWAFZ03CHG_01	CWAFZ03CTS_01_03	240	18.38	
2015	6	CWAFZ03CHG_01	CWAFZ03CTS_01_03	260	17.36	
2015	6	CWAFZ03CHG_01	CWAFZ03CTS_01_03	280	19.19	
2015	6	CWAFZ03CHG_01	CWAFZ03CTS_01_03	300	17.63	
2015	8	CWAFZ03CHG_01	CWAFZ03CTS_01_01	10	8.08	
2015	8	CWAFZ03CHG_01	CWAFZ03CTS_01_01	20	8.86	
2015	8	CWAFZ03CHG_01	CWAFZ03CTS_01_01	30	9.15	
2015	8	CWAFZ03CHG_01	CWAFZ03CTS_01_01	40	8.27	
2015	8	CWAFZ03CHG_01	CWAFZ03CTS_01_01	50	8.06	
2015	8	CWAFZ03CHG_01	CWAFZ03CTS_01_01	60	8.83	
2015	8	CWAFZ03CHG_01	CWAFZ03CTS_01_01	70	10.04	
2015	8	CWAFZ03CHG_01	CWAFZ03CTS_01_01	80	10.62	
2015	8	CWAFZ03CHG_01	CWAFZ03CTS_01_01	90	11.70	
2015	8	CWAFZ03CHG_01	CWAFZ03CTS_01_01	100	12.69	
2015	8	CWAFZ03CHG_01	CWAFZ03CTS_01_01	120	14.14	
2015	8	CWAFZ03CHG_01	CWAFZ03CTS_01_01	140	14.18	
2015	8	CWAFZ03CHG_01	CWAFZ03CTS_01_01	160	14.68	
2015	8	CWAFZ03CHG_01	CWAFZ03CTS_01_01	180	14.46	
2015	8	CWAFZ03CHG_01	CWAFZ03CTS_01_01	200	14.96	
2015	8	CWAFZ03CHG_01	CWAFZ03CTS_01_01	220	14.71	
2015	8	CWAFZ03CHG_01	CWAFZ03CTS_01_01	240	14.80	
2015	8	CWAFZ03CHG_01	CWAFZ03CTS_01_01	260	15.25	
2015	8	CWAFZ03CHG_01	CWAFZ03CTS_01_01	280	15.78	
2015	8	CWAFZ03CHG_01	CWAFZ03CTS_01_01	300	16.43	
2015	8	CWAFZ03CHG_01	CWAFZ03CTS_01_03	10	8.33	

（续）

年份	月份	样地代码	测管/采样点代码	观测层次（cm）	质量含水量（%）	备注
2015	8	CWAFZ03CHG _ 01	CWAFZ03CTS _ 01 _ 03	20	8.94	
2015	8	CWAFZ03CHG _ 01	CWAFZ03CTS _ 01 _ 03	30	9.06	
2015	8	CWAFZ03CHG _ 01	CWAFZ03CTS _ 01 _ 03	40	11.89	
2015	8	CWAFZ03CHG _ 01	CWAFZ03CTS _ 01 _ 03	50	13.94	
2015	8	CWAFZ03CHG _ 01	CWAFZ03CTS _ 01 _ 03	60	14.88	
2015	8	CWAFZ03CHG _ 01	CWAFZ03CTS _ 01 _ 03	70	16.49	
2015	8	CWAFZ03CHG _ 01	CWAFZ03CTS _ 01 _ 03	80	16.03	
2015	8	CWAFZ03CHG _ 01	CWAFZ03CTS _ 01 _ 03	90	15.71	
2015	8	CWAFZ03CHG _ 01	CWAFZ03CTS _ 01 _ 03	100	15.39	
2015	8	CWAFZ03CHG _ 01	CWAFZ03CTS _ 01 _ 03	120	15.04	
2015	8	CWAFZ03CHG _ 01	CWAFZ03CTS _ 01 _ 03	140	16.04	
2015	8	CWAFZ03CHG _ 01	CWAFZ03CTS _ 01 _ 03	160	15.21	
2015	8	CWAFZ03CHG _ 01	CWAFZ03CTS _ 01 _ 03	180	15.27	
2015	8	CWAFZ03CHG _ 01	CWAFZ03CTS _ 01 _ 03	200	15.33	
2015	8	CWAFZ03CHG _ 01	CWAFZ03CTS _ 01 _ 03	220	15.06	
2015	8	CWAFZ03CHG _ 01	CWAFZ03CTS _ 01 _ 03	240	15.22	
2015	8	CWAFZ03CHG _ 01	CWAFZ03CTS _ 01 _ 03	260	15.77	
2015	8	CWAFZ03CHG _ 01	CWAFZ03CTS _ 01 _ 03	280	15.72	
2015	8	CWAFZ03CHG _ 01	CWAFZ03CTS _ 01 _ 03	300	16.39	
2015	10	CWAFZ03CHG _ 01	CWAFZ03CTS _ 01 _ 01	10	19.27	
2015	10	CWAFZ03CHG _ 01	CWAFZ03CTS _ 01 _ 01	20	18.29	
2015	10	CWAFZ03CHG _ 01	CWAFZ03CTS _ 01 _ 01	30	17.99	
2015	10	CWAFZ03CHG _ 01	CWAFZ03CTS _ 01 _ 01	40	17.53	
2015	10	CWAFZ03CHG _ 01	CWAFZ03CTS _ 01 _ 01	50	16.89	
2015	10	CWAFZ03CHG _ 01	CWAFZ03CTS _ 01 _ 01	60	17.02	
2015	10	CWAFZ03CHG _ 01	CWAFZ03CTS _ 01 _ 01	70	17.64	
2015	10	CWAFZ03CHG _ 01	CWAFZ03CTS _ 01 _ 01	80	17.33	
2015	10	CWAFZ03CHG _ 01	CWAFZ03CTS _ 01 _ 01	90	17.12	
2015	10	CWAFZ03CHG _ 01	CWAFZ03CTS _ 01 _ 01	100	16.41	
2015	10	CWAFZ03CHG _ 01	CWAFZ03CTS _ 01 _ 01	120	15.95	
2015	10	CWAFZ03CHG _ 01	CWAFZ03CTS _ 01 _ 01	140	15.85	
2015	10	CWAFZ03CHG _ 01	CWAFZ03CTS _ 01 _ 01	160	15.64	
2015	10	CWAFZ03CHG _ 01	CWAFZ03CTS _ 01 _ 01	180	15.54	

（续）

年份	月份	样地代码	测管/采样点代码	观测层次（cm）	质量含水量（%）	备注
2015	10	CWAFZ03CHG_01	CWAFZ03CTS_01_01	200	15.37	
2015	10	CWAFZ03CHG_01	CWAFZ03CTS_01_01	220	15.22	
2015	10	CWAFZ03CHG_01	CWAFZ03CTS_01_01	240	15.04	
2015	10	CWAFZ03CHG_01	CWAFZ03CTS_01_01	260	15.70	
2015	10	CWAFZ03CHG_01	CWAFZ03CTS_01_01	280	17.42	
2015	10	CWAFZ03CHG_01	CWAFZ03CTS_01_01	300	17.47	
2015	10	CWAFZ03CHG_01	CWAFZ03CTS_01_03	10	21.30	
2015	10	CWAFZ03CHG_01	CWAFZ03CTS_01_03	20	19.51	
2015	10	CWAFZ03CHG_01	CWAFZ03CTS_01_03	30	18.63	
2015	10	CWAFZ03CHG_01	CWAFZ03CTS_01_03	40	19.25	
2015	10	CWAFZ03CHG_01	CWAFZ03CTS_01_03	50	19.07	
2015	10	CWAFZ03CHG_01	CWAFZ03CTS_01_03	60	18.67	
2015	10	CWAFZ03CHG_01	CWAFZ03CTS_01_03	70	19.72	
2015	10	CWAFZ03CHG_01	CWAFZ03CTS_01_03	80	19.49	
2015	10	CWAFZ03CHG_01	CWAFZ03CTS_01_03	90	19.92	
2015	10	CWAFZ03CHG_01	CWAFZ03CTS_01_03	100	19.25	
2015	10	CWAFZ03CHG_01	CWAFZ03CTS_01_03	120	18.44	
2015	10	CWAFZ03CHG_01	CWAFZ03CTS_01_03	140	16.61	
2015	10	CWAFZ03CHG_01	CWAFZ03CTS_01_03	160	16.72	
2015	10	CWAFZ03CHG_01	CWAFZ03CTS_01_03	180	16.59	
2015	10	CWAFZ03CHG_01	CWAFZ03CTS_01_03	200	16.52	
2015	10	CWAFZ03CHG_01	CWAFZ03CTS_01_03	220	16.23	
2015	10	CWAFZ03CHG_01	CWAFZ03CTS_01_03	240	16.58	
2015	10	CWAFZ03CHG_01	CWAFZ03CTS_01_03	260	17.25	
2015	10	CWAFZ03CHG_01	CWAFZ03CTS_01_03	280	17.51	
2015	10	CWAFZ03CHG_01	CWAFZ03CTS_01_03	300	19.15	
2015	12	CWAFZ03CHG_01	CWAFZ03CTS_01_01	10	32.72	
2015	12	CWAFZ03CHG_01	CWAFZ03CTS_01_01	20	22.65	
2015	12	CWAFZ03CHG_01	CWAFZ03CTS_01_01	30	16.57	
2015	12	CWAFZ03CHG_01	CWAFZ03CTS_01_01	40	15.74	
2015	12	CWAFZ03CHG_01	CWAFZ03CTS_01_01	50	15.50	
2015	12	CWAFZ03CHG_01	CWAFZ03CTS_01_01	60	17.70	
2015	12	CWAFZ03CHG_01	CWAFZ03CTS_01_01	70	17.35	

（续）

年份	月份	样地代码	测管/采样点代码	观测层次（cm）	质量含水量（％）	备注
2015	12	CWAFZ03CHG_01	CWAFZ03CTS_01_01	80	17.31	
2015	12	CWAFZ03CHG_01	CWAFZ03CTS_01_01	90	17.61	
2015	12	CWAFZ03CHG_01	CWAFZ03CTS_01_01	100	16.75	
2015	12	CWAFZ03CHG_01	CWAFZ03CTS_01_01	120	16.29	
2015	12	CWAFZ03CHG_01	CWAFZ03CTS_01_01	140	16.28	
2015	12	CWAFZ03CHG_01	CWAFZ03CTS_01_01	160	15.88	
2015	12	CWAFZ03CHG_01	CWAFZ03CTS_01_01	180	15.71	
2015	12	CWAFZ03CHG_01	CWAFZ03CTS_01_01	200	15.33	
2015	12	CWAFZ03CHG_01	CWAFZ03CTS_01_01	220	15.30	
2015	12	CWAFZ03CHG_01	CWAFZ03CTS_01_01	240	15.15	
2015	12	CWAFZ03CHG_01	CWAFZ03CTS_01_01	260	14.86	
2015	12	CWAFZ03CHG_01	CWAFZ03CTS_01_01	280	16.94	
2015	12	CWAFZ03CHG_01	CWAFZ03CTS_01_01	300	16.19	
2015	12	CWAFZ03CHG_01	CWAFZ03CTS_01_03	10	31.41	
2015	12	CWAFZ03CHG_01	CWAFZ03CTS_01_03	20	21.24	
2015	12	CWAFZ03CHG_01	CWAFZ03CTS_01_03	30	17.18	
2015	12	CWAFZ03CHG_01	CWAFZ03CTS_01_03	40	17.82	
2015	12	CWAFZ03CHG_01	CWAFZ03CTS_01_03	50	19.15	
2015	12	CWAFZ03CHG_01	CWAFZ03CTS_01_03	60	19.16	
2015	12	CWAFZ03CHG_01	CWAFZ03CTS_01_03	70	18.73	
2015	12	CWAFZ03CHG_01	CWAFZ03CTS_01_03	80	21.08	
2015	12	CWAFZ03CHG_01	CWAFZ03CTS_01_03	90	20.10	
2015	12	CWAFZ03CHG_01	CWAFZ03CTS_01_03	100	20.20	
2015	12	CWAFZ03CHG_01	CWAFZ03CTS_01_03	120	17.95	
2015	12	CWAFZ03CHG_01	CWAFZ03CTS_01_03	140	18.00	
2015	12	CWAFZ03CHG_01	CWAFZ03CTS_01_03	160	18.04	
2015	12	CWAFZ03CHG_01	CWAFZ03CTS_01_03	180	15.67	
2015	12	CWAFZ03CHG_01	CWAFZ03CTS_01_03	200	17.05	
2015	12	CWAFZ03CHG_01	CWAFZ03CTS_01_03	220	16.88	
2015	12	CWAFZ03CHG_01	CWAFZ03CTS_01_03	240	17.47	
2015	12	CWAFZ03CHG_01	CWAFZ03CTS_01_03	260	19.50	
2015	12	CWAFZ03CHG_01	CWAFZ03CTS_01_03	280	19.35	
2015	12	CWAFZ03CHG_01	CWAFZ03CTS_01_03	300	18.80	

5.3 地表水和地下水水质状况

5.3.1 概述

本章收录的是长武站 2009—2015 年地表水和地下水的水质数据。监测点分别为长武站四组泉水观测点（样地代码 CWAFZ11CDX_01）、长武站三组泉水观测点（样地代码 CWAFZ11CDX_02）、长武站黑河水观测点（样地代码 CWAFZ12CDB_01）、长武站井水观测点（样地代码 CWAFZ10CDX_01）。每年 1 月、4 月、7 月、10 月采集水样进行分析。

5.3.2 数据采集和处理方法

（1）观测样地

按照 CERN《陆地生态系统水环境观测指标与规范长期观测规范》，地表水和地下水的水质监测频率为 4 次/年，分别为每年的 1 月、4 月、7 月和 10 月。4 个长期水质监测点包括：长武四组泉水观测点（样点代码 CWAFZ11CDX_01）、长武三组泉水观测点（样点代码 CWAFZ11CDX_02）、长武黑河水观测点（样点代码 CWAFZ12CDB_01）、长武井水观测点（样点代码 CWAFZ10CDX_01）。

（2）采样方法

遵循 CERN《陆地生态系统水环境观测指标与规范长期观测规范》对长武站的 4 个长期水质监测点的水样进行取样，每个监测点取 6 瓶 1 000 mL 水。

（3）分析方法

指标名称、数据计量单位、小数位数和数据获取方法见表 5-3。

表 5-3 指标名称、数据计量单位、小数位数和数据获取方法

指标名称	数据计量单位	小数位数	数据获取方法
水温	℃	2	便携式多参数水质分析仪
pH	无量纲	2	便携式多参数水质分析仪
钙离子（Ca^{2+}）	mg/L	2	原子吸收分光光度法
镁离子（Mg^{2+}）	mg/L	2	原子吸收分光光度法
钾离子（K^+）	mg/L	2	原子吸收分光光度法
钠离子（Na^+）	mg/L	2	原子吸收分光光度法
碳酸根离子（CO_3^{2-}）	mg/L	2	酸碱滴定法
碳酸氢根离子（HCO_3^-）	mg/L	2	酸碱滴定法
氯离子（Cl^-）	mg/L	2	硫氰酸汞法
硫酸根离子（SO_4^{2-}）	mg/L	2	硫酸盐比浊法
磷酸根离子（PO_4^{3-}）	mg/L	2	磷钼蓝分光光度法
硝酸根离子（NO_3^-）	mg/L	2	分光光度法
化学需氧量（高锰酸盐指数）	mg/L	2	重铬酸钾法
水中溶解氧（DO）	mg/L	2	便携式多参数水质分析仪
矿化度	mg/L	2	重量法
总氮（N）	mg/L	2	碱性过硫酸钾消解/紫外分光光度法
总磷（P）	mg/L	2	钼酸铵分光光度法

5.3.3　数据质量控制和评估

（1）按照《中国生态系统研究网络（CERN）长期观测质量管理规范》丛书《陆地生态系统水环境观测质量保证与质量控制》的相关规定执行，样品采集和运输过程增加采样空白和运输空白，实验室分析测定时插入国家标准样品进行质控。

（2）使用八大离子加和法、阴阳离子平衡法、电导率校核、pH 校核等方法分析数据的正确性。

5.3.4　数据

地表水、地下水质状况见表 5-4、表 5-5。

表 5-4　地表水、地下水质状况 1

样地代码	采样日期 （年/月/日）	水温 （℃）	pH	Ca^{2+} (mg/L)	Mg^{2+} (mg/L)	K^+ (mg/L)	Na^+ (mg/L)	CO_3^{2-} (mg/L)	HCO_3^- (mg/L)	Cl^- (mg/L)
CWAFZ11CDX_01	2009/1/18	13.60	8.30	53.4	18.7	1.17	37.7	21.62	259.40	12.84
CWAFZ11CDX_02	2009/1/18	13.10	8.14	53.8	18.8	1.27	34.7	24.51	328.28	42.87
CWAFZ12CDB_01	2009/1/18	2.90	8.48	51.6	36.2	3.42	106	14.42	265.26	10.13
CWAFZ10CDX_01	2009/1/18	12.10	8.55	48.8	18.9	1.56	31.5	21.62	276.98	9.22
CWAFZ11CDX_01	2009/4/18	13.70	8.22	43.5	18.8	1.15	37.1	24.51	250.60	11.39
CWAFZ11CDX_02	2009/4/18	14.10	8.40	55.6	19.3	1.09	33.9	21.62	269.66	33.46
CWAFZ12CDB_01	2009/4/18	13.90	8.83	31	32.1	2.68	89.1	17.30	268.19	9.22
CWAFZ10CDX_01	2009/4/18	16.00	8.49	52.3	19.9	1.44	30.7	24.51	231.55	8.86
CWAFZ11CDX_01	2009/7/18	18.20	8.32	50	17.9	1.18	37.6	23.06	241.81	9.04
CWAFZ11CDX_02	2009/7/18	18.10	8.51	48.7	16.9	1.19	31.8	21.62	266.73	45.40
CWAFZ12CDB_01	2009/7/18	21.70	8.56	40.4	32.7	3.43	87.8	18.74	268.19	8.86
CWAFZ10CDX_01	2009/7/18	19.10	8.54	52.5	19.8	1.35	31.4	21.62	274.05	7.60
CWAFZ11CDX_01	2009/10/18	14.20	8.69	50	17.9	1.15	37.7	23.06	282.85	10.85
CWAFZ11CDX_02	2009/10/18	13.70	8.91	52.8	18.5	1.09	34.6	18.74	265.26	27.31
CWAFZ12CDB_01	2009/10/18	15.10	8.47	38.6	29.8	3.63	66.9	20.08	234.48	10.85
CWAFZ10CDX_01	2009/10/18	14.40	8.84	61	20.9	1.34	31	25.95	253.54	9.22
CWAFZ11CDX_01	2010/1/18	13.20	8.96	19.48	7.02	1.02	33.77	0.20	4.20	7.00
CWAFZ11CDX_02	2010/1/18	0.30	8.90	19.72	11.13	2.76	94.52	0.30	4.10	30.77
CWAFZ12CDB_01	2010/1/18	14.01	9.01	17.80	7.73	1.31	31.68	0.25	4.10	6.70
CWAFZ10CDX_01	2010/1/18	13.42	9.47	18.64	6.70	1.09	38.29	0.10	4.25	6.34
CWAFZ11CDX_01	2010/4/18	13.98	9.49	19.16	7.00	1.03	34.69	0.10	4.45	7.27
CWAFZ11CDX_02	2010/4/18	22.50	9.10	10.97	10.82	2.51	91.83	0.20	3.80	28.77
CWAFZ12CDB_01	2010/4/18	16.22	9.01	27.25	8.57	1.34	32.71	0.30	3.90	4.77
CWAFZ10CDX_01	2010/4/18	13.76	9.16	19.92	7.10	1.29	38.14	0.20	4.20	6.07

（续）

样地代码	采样日期 （年/月/日）	水温 （℃）	pH	Ca^{2+} （mg/L）	Mg^{2+} （mg/L）	K$^+$ （mg/L）	Na$^+$ （mg/L）	CO$_3^{2-}$ （mg/L）	HCO$_3^-$ （mg/L）	Cl$^-$ （mg/L）
CWAFZ11CDX_01	2010/7/18	13.69	9.38	17.61	7.55	0.99	34.62	0.20	3.80	8.02
CWAFZ11CDX_02	2010/7/18	27.10	9.00	15.47	11.92	3.40	96.24	0.30	4.05	30.50
CWAFZ12CDB_01	2010/7/18	17.48	9.06	27.04	8.43	1.30	30.92	0.25	3.85	5.17
CWAFZ10CDX_01	2010/7/18	13.83	9.15	16.53	7.19	1.07	37.54	0.10	3.90	6.07
CWAFZ11CDX_01	2010/10/18	13.63	8.66	19.18	6.78	1.03	34.59	0.25	4.40	20.57
CWAFZ11CDX_02	2010/10/18	16.50	9.00	19.08	8.98	2.84	60.53	0.30	3.70	19.25
CWAFZ12CDB_01	2010/10/18	15.99	8.97	19.83	6.71	1.14	30.29	0.20	4.40	6.26
CWAFZ10CDX_01	2010/10/18	13.77	8.61	19.18	6.22	1.09	37.28	0.20	4.35	6.56
CWAFZ11CDX_01	2011/1/18	13.04	8.91	27.88	12.70	1.09	52.90	9.77	294.00	5.18
CWAFZ11CDX_02	2011/1/18	12.90	9.09	29.83	13.30	1.17	46.40	9.45	298.00	6.54
CWAFZ12CDB_01	2011/1/18	0.50	9.05	38.37	20.40	2.19	87.30	11.21	282.00	36.94
CWAFZ10CDX_01	2011/1/18	12.42	9.02	47.67	15.20	1.26	48.90	9.29	251.00	5.36
CWAFZ11CDX_01	2011/4/18	13.76	8.80	23.19	18.80	0.58	28.50	9.29	241.00	5.73
CWAFZ11CDX_02	2011/4/18	13.60	8.85	28.45	19.60	1.01	43.50	9.29	288.00	7.54
CWAFZ12CDB_01	2011/4/18	22.28	9.04	15.05	28.30	1.80	53.10	9.77	255.00	39.70
CWAFZ10CDX_01	2011/4/18	15.30	8.98	32.37	15.10	0.97	46.60	9.93	257.00	5.54
CWAFZ11CDX_01	2011/7/18	14.09	8.66	17.54	18.50	0.72	27.00	16.82	224.00	6.38
CWAFZ11CDX_02	2011/7/18	16.00	8.61	20.19	20.10	0.63	27.10	20.03	257.00	8.42
CWAFZ12CDB_01	2011/7/18	19.20	8.64	114.03	44.70	1.12	32.40	17.14	175.00	26.28
CWAFZ10CDX_01	2011/7/18	15.70	8.34	28.09	21.60	0.56	24.70	12.02	281.00	5.82
CWAFZ11CDX_01	2011/10/18	13.64	9.17	44.88	18.30	0.43	28.10	15.38	259.00	6.22
CWAFZ11CDX_02	2011/10/18	13.60	9.27	32.61	20.60	0.41	27.20	19.70	275.00	8.17
CWAFZ12CDB_01	2011/10/18	10.10	9.80	46.30	28.00	1.86	38.80	19.86	222.00	24.64
CWAFZ10CDX_01	2011/10/18	15.46	9.51	48.27	16.80	0.66	23.90	20.03	276.00	6.06
CWAFZ11CDX_01	2012/1/18	12.89	9.34	45.15	17.00	0.99	33.00	24.71	277.47	未检出
CWAFZ11CDX_02	2012/1/18	13.37	9.55	52.00	18.30	0.86	31.00	13.79	292.66	12.48
CWAFZ12CDB_01	2012/1/18	0.18	9.28	43.85	28.70	2.18	57.60	19.54	255.86	13.25
CWAFZ10CDX_01	2012/1/18	13.15	9.50	47.20	18.05	1.14	28.85	15.51	268.13	3.64
CWAFZ11CDX_01	2012/4/18	13.80	9.19	44.15	17.05	1.01	32.60	20.11	264.62	未检出
CWAFZ11CDX_02	2012/4/18	13.74	9.43	50.20	18.10	0.89	30.70	16.09	279.81	未检出
CWAFZ12CDB_01	2012/4/18	12.25	9.80	27.10	28.15	2.38	66.90	18.39	223.15	13.98
CWAFZ10CDX_01	2012/4/18	15.32	9.75	45.00	18.10	1.17	27.80	18.39	254.69	未检出

（续）

样地代码	采样日期 (年/月/日)	水温 (℃)	pH	Ca²⁺ (mg/L)	Mg²⁺ (mg/L)	K⁺ (mg/L)	Na⁺ (mg/L)	CO₃²⁻ (mg/L)	HCO₃⁻ (mg/L)	Cl⁻ (mg/L)
CWAFZ11CDX_01	2012/7/18	14.02	8.86	43.30	16.90	0.98	34.20	22.41	259.95	2.74
CWAFZ11CDX_02	2012/7/18	1.38	9.30	48.95	18.50	0.89	31.20	17.81	266.38	未检出
CWAFZ12CDB_01	2012/7/18	22.75	9.28	23.50	28.70	2.73	94.25	12.64	246.51	25.34
CWAFZ10CDX_01	2012/7/18	17.23	9.10	49.40	19.10	0.98	26.75	30.45	250.02	未检出
CWAFZ11CDX_01	2012/10/18	13.59	9.33	44.40	17.10	0.97	34.00	16.66	276.31	3.28
CWAFZ11CDX_02	2012/10/18	13.40	9.30	47.85	18.55	0.85	31.30	16.66	271.05	3.67
CWAFZ12CDB_01	2012/10/18	9.75	9.70	35.70	26.60	2.89	46.50	17.81	235.41	18.59
CWAFZ10CDX_01	2012/10/18	14.57	9.40	47.40	18.65	1.08	26.15	23.56	269.30	3.95
CWAFZ11CDX_01	2013/1/18	13.15	7.85	37.85	17.82	1.12	35.84	43.28	202.51	3.14
CWAFZ11CDX_02	2013/1/18	13.15	7.94	37.80	18.69	0.94	31.88	11.29	223.01	3.12
CWAFZ12CDB_01	2013/1/18	0.05	7.87	32.85	33.61	3.05	93.45	15.59	227.66	3.73
CWAFZ10CDX_01	2013/1/18	14.39	7.95	39.30	20.33	1.07	28.77	13.44	233.12	5.91
CWAFZ11CDX_01	2013/4/18	13.58	8.11	28.40	18.78	1.09	35.90	11.02	200.60	3.13
CWAFZ11CDX_02	2013/4/18	13.80	8.05	27.30	20.14	0.95	34.01	10.22	199.78	3.15
CWAFZ12CDB_01	2013/4/18	22.28	8.03	27.00	35.65	2.69	91.05	22.58	233.12	3.85
CWAFZ10CDX_01	2013/4/18	15.41	8.05	34.00	27.24	3.37	51.75	9.95	213.45	3.43
CWAFZ11CDX_01	2013/7/18	14.84	7.98	45.65	6.92	0.30	9.71	5.11	177.10	未检出
CWAFZ11CDX_02	2013/7/18	13.96	7.81	30.15	3.19	0.20	4.13	19.36	227.39	未检出
CWAFZ12CDB_01	2013/7/18	23.80	8.11	30.65	19.50	2.20	35.97	7.53	188.30	3.23
CWAFZ10CDX_01	2013/7/18	15.52	8.02	43.10	19.58	1.01	27.22	18.55	241.60	3.13
CWAFZ11CDX_01	2013/10/18	13.56	7.83	40.50	18.91	1.08	33.92	20.43	241.87	3.12
CWAFZ11CDX_02	2013/10/18	13.68	8.07	0.21	0.03	0.14	2.70	未检出	27.60	3.28
CWAFZ12CDB_01	2013/10/18	12.85	8.17	31.20	27.17	3.47	51.19	14.79	203.33	3.43
CWAFZ10CDX_01	2013/10/18	15.45	7.89	45.45	20.00	1.01	26.96	27.42	241.60	6.86
CWAFZ11CDX_01	2014/1/18	13.13	8.64	40.10	17.30	0.93	31.55	44.15	204.09	7.59
CWAFZ11CDX_02	2014/1/18	14.2	8.24	23.00	15.80	0.95	34.70	11.52	224.75	8.15
CWAFZ12CDB_01	2014/1/18	25.3	8.27	34.20	29.60	2.52	83.25	15.90	229.43	38.14
CWAFZ10CDX_01	2014/1/18	15.6	8.37	24.75	16.30	0.91	25.15	13.71	234.94	3.47
CWAFZ11CDX_01	2014/4/18	13.82	8.47	27.70	15.45	0.92	33.20	11.24	202.17	24.45
CWAFZ11CDX_02	2014/4/18	13.86	8.20	34.00	16.30	0.86	31.15	10.42	201.34	17.62
CWAFZ12CDB_01	2014/4/18	24.5	8.25	32.10	24.00	2.48	64.25	23.03	234.94	6.41
CWAFZ10CDX_01	2014/4/18	15.24	8.52	27.50	17.60	0.93	28.45	10.15	215.11	8.58

（续）

样地代码	采样日期 （年/月/日）	水温 （℃）	pH	Ca^{2+} (mg/L)	Mg^{2+} (mg/L)	K^+ (mg/L)	Na^+ (mg/L)	CO_3^{2-} (mg/L)	HCO_3^- (mg/L)	Cl^- (mg/L)
CWAFZ11CDX_01	2014/7/18	14.52	8.55	38.45	16.00	0.95	34.90	5.21	178.48	5.59
CWAFZ11CDX_02	2014/7/18	14.23	8.36	28.70	17.50	0.86	31.15	19.74	229.16	5.07
CWAFZ12CDB_01	2014/7/18	25.63	8.59	17.55	28.30	3.19	99.00	7.68	189.77	23.17
CWAFZ10CDX_01	2014/7/18	15.34	8.58	40.25	18.20	0.90	27.15	18.92	243.48	5.37
CWAFZ11CDX_01	2014/10/18	13.46	8.56	37.00	17.10	1.02	34.25	20.84	243.76	5.30
CWAFZ11CDX_02	2014/10/18	13.54	7.61	38.65	17.75	0.94	31.30	8.69	27.82	7.14
CWAFZ12CDB_01	2014/10/18	13.24	8.46	31.15	27.25	3.04	62.00	15.08	204.92	24.29
CWAFZ10CDX_01	2014/10/18	15.38	8.40	41.20	19.25	0.96	25.60	27.97	243.48	5.08
CWAFZ11CDX_01	2015/1/18	11.2	8.27	40.00	16.30	0.90	33.80	43.59	206.13	3.85
CWAFZ11CDX_02	2015/1/18	12.6	8.16	35.30	17.05	0.84	33.10	11.63	227.99	7.13
CWAFZ12CDB_01	2015/1/18	1.3	8.34	29.20	31.10	2.72	96.75	16.05	231.72	34.05
CWAFZ10CDX_01	2015/1/18	11.3	8.37	40.70	17.55	0.97	26.55	13.86	237.24	3.66
CWAFZ11CDX_01	2015/4/18	12.8	8.40	38.55	16.60	0.88	34.15	11.45	214.19	4.06
CWAFZ11CDX_02	2015/4/18	13.4	8.42	42.05	17.15	0.81	31.70	11.52	203.35	7.26
CWAFZ12CDB_01	2015/4/18	16.5	8.39	30.70	24.40	2.55	60.25	23.26	237.28	21.97
CWAFZ10CDX_01	2015/4/18	15.9	8.40	16.80	18.45	0.89	27.15	10.25	217.26	3.71
CWAFZ11CDX_01	2015/7/18	14.8	8.42	32.55	17.40	0.86	34.40	8.26	202.31	3.38
CWAFZ11CDX_02	2015/7/18	14.5	8.45	45.30	17.10	0.81	31.55	19.93	228.46	5.94
CWAFZ12CDB_01	2015/7/18	18.5	8.43	13.60	23.85	3.33	20.80	8.75	227.54	30.58
CWAFZ10CDX_01	2015/7/18	15.7	8.44	46.25	18.10	0.86	25.75	19.10	231.51	4.62
CWAFZ11CDX_01	2015/10/18	13.6	8.42	40.25	17.00	0.86	33.80	21.04	199.74	4.01
CWAFZ11CDX_02	2015/10/18	13.4	8.38	44.05	18.30	0.80	31.50	8.77	211.07	6.04
CWAFZ12CDB_01	2015/10/18	13.8	8.44	28.00	26.80	2.79	17.30	15.23	232.90	31.21
CWAFZ10CDX_01	2015/10/18	16.2	8.45	44.95	18.30	0.89	31.60	23.24	212.68	3.40

表5-5　地表水、地下水质状况2

样地代码	采样日期 （年/月/日）	SO_4^{2-} (mg/L)	NO_3^- (mg/L)	矿化度 (mg/L)	COD (mg/L)	DO (mg/L)	总氮 (mg/L)	总磷 (mg/L)	电导率 (mS/cm)
CWAFZ11CDX_01	2009/1/18	1.88	2.78	246.00	41.37	8.28	8.65	0.04	492.00
CWAFZ11CDX_02	2009/1/18	147.39	0.63	506.80	43.39	8.94	1.58	0.03	679.33
CWAFZ12CDB_01	2009/1/18	1.88	0.05	142.00	134.64	5.12	10.76	0.11	453.00
CWAFZ10CDX_01	2009/1/18	4.69	1.70	326.80	36.50	7.24	2.43	0.08	474.83
CWAFZ11CDX_01	2009/4/18	6.57	2.63	320.40	41.37	5.77	2.00	0.05	499.60

（续）

样地代码	采样日期 （年/月/日）	SO_4^{2-} （mg/L）	NO_3^- （mg/L）	矿化度 （mg/L）	COD （mg/L）	DO （mg/L）	总氮 （mg/L）	总磷 （mg/L）	电导率 （mS/cm）
CWAFZ11CDX_02	2009/4/18	113.57	0.28	474.40	49.48	6.14	1.58	0.03	738.50
CWAFZ12CDB_01	2009/4/18	1.88	0.04	233.60	79.89	4.54	9.07	0.10	448.83
CWAFZ10CDX_01	2009/4/18	6.57	1.36	162.40	43.39	7.82	2.52	0.03	479.83
CWAFZ11CDX_01	2009/7/18	11.27	2.38	324.40	73.81	8.02	4.11	0.07	465.67
CWAFZ11CDX_02	2009/7/18	100.45	0.15	353.20	71.78	7.52	2.32	0.03	727.00
CWAFZ12CDB_01	2009/7/18	6.57	0.05	164.00	57.59	3.79	5.38	0.09	453.71
CWAFZ10CDX_01	2009/7/18	6.57	1.35	248.00	53.53	8.52	1.48	0.04	480.20
CWAFZ11CDX_01	2009/10/18	3.76	2.60	274.00	57.59	7.46	9.71	0.06	492.20
CWAFZ11CDX_02	2009/10/18	106.08	0.32	451.60	31.23	9.49	2.74	0.03	649.50
CWAFZ12CDB_01	2009/10/18	1.88	0.02	329.60	49.48	5.72	5.70	0.06	449.00
CWAFZ10CDX_01	2009/10/18	2.82	1.48	180.80	106.25	7.94	1.16	0.04	475.67
CWAFZ11CDX_01	2010/1/18	9.31	2.24	274.50	未检出	14.23	未检出	4.33	490.80
CWAFZ11CDX_02	2010/1/18	104.20	0.37	467.50	未检出	14.43	0.01	3.50	841.40
CWAFZ12CDB_01	2010/1/18	5.54	0.41	276.50	未检出	13.32	0.31	4.87	401.40
CWAFZ10CDX_01	2010/1/18	9.57	1.21	275.50	未检出	12.44	0.04	3.18	472.86
CWAFZ11CDX_01	2010/4/18	10.91	1.63	285.50	13.00	9.78	0.02	0.89	492.83
CWAFZ11CDX_02	2010/4/18	110.03	0.26	428.00	未检出	9.13	0.01	5.56	684.57
CWAFZ12CDB_01	2010/4/18	7.34	0.83	269.50	12.00	7.85	0.01	6.21	466.00
CWAFZ10CDX_01	2010/4/18	8.24	0.52	277.00	未检出	10.03	1.86	8.45	479.29
CWAFZ11CDX_01	2010/7/18	8.20	1.61	284.00	未检出	6.35	0.01	4.65	496.60
CWAFZ11CDX_02	2010/7/18	120.04	0.15	462.00	24.00	5.70	未检出	4.48	732.00
CWAFZ12CDB_01	2010/7/18	4.51	0.43	257.00	未检出	11.32	0.34	4.70	459.00
CWAFZ10CDX_01	2010/7/18	5.96	1.06	270.00	6.00	6.74	0.05	4.27	479.33
CWAFZ11CDX_01	2010/10/18	10.28	0.34	300.50	未检出	5.73	0.03	4.65	493.00
CWAFZ11CDX_02	2010/10/18	91.12	1.16	370.50	未检出	9.05	0.04	5.16	594.00
CWAFZ12CDB_01	2010/10/18	7.77	0.75	264.00	未检出	8.49	0.10	8.33	468.60
CWAFZ10CDX_01	2010/10/18	13.22	0.77	271.50	7.00	6.42	0.02	4.22	478.20
CWAFZ11CDX_01	2011/1/18	10.77	2.44	284.00	未检出	2.69	0.04	2.76	475.00
CWAFZ11CDX_02	2011/1/18	11.62	3.37	296.00	未检出	3.56	0.06	1.62	489.00
CWAFZ12CDB_01	2011/1/18	149.74	3.87	471.00	1.70	5.63	0.02	6.97	823.00
CWAFZ10CDX_01	2011/1/18	8.34	0.67	240.00	未检出	6.34	0.27	1.73	462.00
CWAFZ11CDX_01	2011/4/18	12.03	2.65	245.00	未检出	22.67	0.04	1.66	481.00

（续）

样地代码	采样日期 （年/月/日）	SO₄²⁻ (mg/L)	NO₃⁻ (mg/L)	矿化度 (mg/L)	COD (mg/L)	DO (mg/L)	总氮 (mg/L)	总磷 (mg/L)	电导率 (mS/cm)
CWAFZ11CDX_02	2011/4/18	13.18	3.77	293.00	0.30	19.36	0.62	2.60	494.00
CWAFZ12CDB_01	2011/4/18	148.55	2.25	424.00	0.80	14.45	0.05	1.00	710.00
CWAFZ10CDX_01	2011/4/18	9.81	1.49	243.00	未检出	18.50	0.08	4.30	462.00
CWAFZ11CDX_01	2011/7/18	13.25	2.70	247.00	0.70	12.72	未检出	1.93	483.00
CWAFZ11CDX_02	2011/7/18	14.03	3.84	294.00	未检出	12.03	未检出	2.26	496.00
CWAFZ12CDB_01	2011/7/18	94.03	4.04	311.00	41.80	8.31	4.91	16.12	434.00
CWAFZ10CDX_01	2011/7/18	10.57	2.66	285.00	0.80	7.57	0.60	3.06	477.00
CWAFZ11CDX_01	2011/10/18	12.97	2.77	284.00	未检出	12.06	0.06	4.03	476.00
CWAFZ11CDX_02	2011/10/18	14.16	3.90	289.00	0.60	10.78	0.07	6.82	493.00
CWAFZ12CDB_01	2011/10/18	119.44	3.21	349.00	1.00	13.50	0.15	3.50	593.00
CWAFZ10CDX_01	2011/10/18	10.87	3.08	283.00	0.90	12.81	0.86	1.66	467.80
CWAFZ11CDX_01	2012/1/18	未检出	2.27	297.70	未检出	9.57	3.24	0.02	496.00
CWAFZ11CDX_02	2012/1/18	未检出	1.97	303.41	未检出	9.57	3.81	0.03	503.00
CWAFZ12CDB_01	2012/1/18	98.74	2.08	451.14	1.90	9.60	2.68	0.00	684.00
CWAFZ10CDX_01	2012/1/18	76.92	2.74	268.31	未检出	9.75	5.04	0.04	460.00
CWAFZ11CDX_01	2012/4/18	未检出	未检出	285.45	未检出	9.53	2.42	0.03	481.00
CWAFZ11CDX_02	2012/4/18	37.73	2.17	305.04	0.83	9.47	3.33	0.04	505.00
CWAFZ12CDB_01	2012/4/18	104.33	2.08	442.98	8.52	9.61	1.38	0.01	674.00
CWAFZ10CDX_01	2012/4/18	未检出	未检出	262.60	未检出	9.64	1.03	0.08	453.00
CWAFZ11CDX_01	2012/7/18	未检出	3.03	291.17	0.21	9.10	2.11	0.03	488.00
CWAFZ11CDX_02	2012/7/18	12.90	未检出	302.59	0.76	9.53	3.27	0.03	502.00
CWAFZ12CDB_01	2012/7/18	20.38	3.70	528.68	9.17	9.52	0.57	0.02	773.00
CWAFZ10CDX_01	2012/7/18	未检出	1.93	291.17	1.34	9.34	1.43	0.13	488.00
CWAFZ11CDX_01	2012/10/18	29.57	2.44	296.06	0.57	9.58	2.20	0.04	490.00
CWAFZ11CDX_02	2012/10/18	未检出	4.66	308.31	0.81	9.50	3.35	0.04	519.00
CWAFZ12CDB_01	2012/10/18	123.83	2.01	395.64	6.29	9.63	1.91	0.01	605.00
CWAFZ10CDX_01	2012/10/18	8.87	1.02	289.53	0.57	9.53	0.28	0.13	472.00
CWAFZ11CDX_01	2013/1/18	1.95	未检出	236.27	未检出	10.45	0.04	3.26	395.00
CWAFZ11CDX_02	2013/1/18	2.07	未检出	229.06	未检出	10.34	0.03	3.57	384.00
CWAFZ12CDB_01	2013/1/18	4.90	未检出	410.62	7.91	10.56	0.01	3.64	680.00
CWAFZ10CDX_01	2013/1/18	10.22	2.32	218.24	3.64	10.83	0.10	0.76	372.00
CWAFZ11CDX_01	2013/4/18	1.70	未检出	202.00	未检出	10.87	0.03	2.17	356.00

（续）

样地代码	采样日期 (年/月/日)	SO₄²⁻ (mg/L)	NO₃⁻ (mg/L)	矿化度 (mg/L)	COD (mg/L)	DO (mg/L)	总氮 (mg/L)	总磷 (mg/L)	电导率 (mS/cm)
CWAFZ11CDX _ 02	2013/4/18	2.71	未检出	209.82	4.25	10.94	0.02	3.74	328.00
CWAFZ12CDB _ 01	2013/4/18	4.66	未检出	413.63	8.24	10.78	0.02	2.43	668.00
CWAFZ10CDX _ 01	2013/4/18	3.41	未检出	306.61	5.78	10.71	0.02	1.22	500.00
CWAFZ11CDX _ 01	2013/7/18	1.63	未检出	159.32	未检出	10.92	0.04	1.44	275.00
CWAFZ11CDX _ 02	2013/7/18	2.04	未检出	104.85	4.86	10.84	0.03	0.85	184.40
CWAFZ12CDB _ 01	2013/7/18	2.92	未检出	247.09	3.87	10.68	0.03	1.83	411.00
CWAFZ10CDX _ 01	2013/7/18	1.85	2.05	243.49	未检出	10.73	0.24	2.95	425.00
CWAFZ11CDX _ 01	2013/10/18	1.78	1.90	247.09	5.64	10.76	0.05	2.36	401.00
CWAFZ11CDX _ 02	2013/10/18	6.28	2.12	324.53	5.32	10.64	0.01	0.41	50.80
CWAFZ12CDB _ 01	2013/10/18	3.34	1.84	301.80	5.67	10.77	0.02	1.97	532.00
CWAFZ10CDX _ 01	2013/10/18	9.16	未检出	252.50		10.69	0.17	2.52	420.00
CWAFZ11CDX _ 01	2014/1/18	0.52	2.03	268.46	5.32	9.81	1.35	0.04	433.00
CWAFZ11CDX _ 02	2014/1/18	0.10	0.46	229.40	5.21	10.01	2.48	0.00	370.00
CWAFZ12CDB _ 01	2014/1/18	未检出	0.09	417.88	6.87	9.97	2.44	0.01	674.00
CWAFZ10CDX _ 01	2014/1/18	0.11	1.09	209.56	3.58	9.88	1.62	0.01	338.00
CWAFZ11CDX _ 01	2014/4/18	3.55	2.99	245.52	5.21	9.95	2.49	0.01	396.00
CWAFZ11CDX _ 02	2014/4/18	0.12	3.95	212.04	4.25	9.98	3.71	0.00	342.00
CWAFZ12CDB _ 01	2014/4/18	3.04	2.19	352.16	7.63	9.83	2.38	0.01	568.00
CWAFZ10CDX _ 01	2014/4/18	0.74	3.61	308.76	5.78	9.82	2.78	0.08	498.00
CWAFZ11CDX _ 01	2014/7/18	0.37	2.01	234.98	3.21	10.20	2.70	0.04	379.00
CWAFZ11CDX _ 02	2014/7/18	0.37	3.53	221.96	4.86	9.37	3.44	0.01	358.00
CWAFZ12CDB _ 01	2014/7/18	1.26	2.80	429.04	3.87	10.21	0.79	0.00	692.00
CWAFZ10CDX _ 01	2014/7/18	0.22	3.82	175.46	4.25	9.90	2.63	0.04	283.00
CWAFZ11CDX _ 01	2014/10/18	0.10	2.37	238.08	5.64	10.07	2.28	0.04	384.00
CWAFZ11CDX _ 02	2014/10/18	0.06	3.72	225.06	5.32	10.22	3.26	0.04	363.00
CWAFZ12CDB _ 01	2014/10/18	0.06	1.97	364.56	5.67	10.20	1.67	未检出	588.00
CWAFZ10CDX _ 01	2014/10/18	1.12	2.98	219.48	6.82	10.90	2.63	0.13	354.00
CWAFZ11CDX _ 01	2015/1/18	7.90	2.14	269.52	5.37	9.35	2.07	0.04	449.00
CWAFZ11CDX _ 02	2015/1/18	7.77	2.89	263.57	5.26	9.30	2.89	0.03	425.00
CWAFZ12CDB _ 01	2015/1/18	73.68	2.07	421.31	6.93	9.33	2.13	0.01	743.00
CWAFZ10CDX _ 01	2015/1/18	5.75	1.70	231.21	3.61	9.25	0.13	0.13	414.00
CWAFZ11CDX _ 01	2015/4/18	8.77	1.99	234.25	5.26	9.34	1.87	0.02	436.00

（续）

样地代码	采样日期 （年/月/日）	SO₄²⁻ (mg/L)	NO₃⁻ (mg/L)	矿化度 (mg/L)	COD (mg/L)	DO (mg/L)	总氮 (mg/L)	总磷 (mg/L)	电导率 (mS/cm)
CWAFZ11CDX_02	2015/4/18	8.70	2.81	261.31	4.29	9.36	3.07	0.02	461.00
CWAFZ12CDB_01	2015/4/18	55.92	2.86	365.32	7.70	9.34	1.91	0.02	556.00
CWAFZ10CDX_01	2015/4/18	7.53	2.17	332.14	5.83	9.30	2.10	0.01	444.00
CWAFZ11CDX_01	2015/7/18	5.72	2.74	234.65	3.24	9.35	2.10	0.02	414.00
CWAFZ11CDX_02	2015/7/18	6.53	3.93	283.69	4.90	9.41	3.25	0.03	461.00
CWAFZ12CDB_01	2015/7/18	76.28	5.93	438.32	3.90	9.33	0.53	0.01	679.00
CWAFZ10CDX_01	2015/7/18	3.44	3.46	265.67	4.29	9.34	2.54	0.12	451.00
CWAFZ11CDX_01	2015/10/18	5.62	2.84	229.36	5.69	9.40	2.17	0.01	431.00
CWAFZ11CDX_02	2015/10/18	6.19	4.00	225.36	5.37	9.35	3.20	0.01	387.00
CWAFZ12CDB_01	2015/10/18	40.68	4.38	367.24	5.72	9.32	1.05	0.01	684.00
CWAFZ10CDX_01	2015/10/18	6.89	3.27	256.54	6.88	9.34	2.49	0.11	456.00

5.4 雨水水质

5.4.1 概述

本章数据收录的是长武站2009—2015年的雨水水质数据。监测点是长武站气象观测点（样地代码 CWAQX01CYS_01）。每年的1—12月进行采集雨水水样，按每月降雨混合后进行分析。

5.4.2 数据采集和处理方法

（1）观测样地

按照 CERN《陆地生态系统水环境观测指标与规范长期观测规范》，雨水水质监测频率为1次/月混合样，样地位于长武站气象场内长武站雨水观测场（样地代码 CWAQX01CYS_01）。

（2）采样方法

遵循 CERN《陆地生态系统水环境观测指标与规范长期观测规范》对长武的长期雨水水质监测点的雨水进行取样。每次监测点取1瓶500～1 000 mL 的雨水样品，月末对采集的样品进行充分混合后取1 000 mL 放入冰箱冷藏。

（3）分析方法

指标名称、数据计量单位、小数位数和数据获取方法见表5-6。

表5-6 指标名称、数据计量单位、小数位数和数据获取方法

指标名称	数据计量单位	小数位数	数据获取方法
水温	℃	2	便携式多参数水质分析仪
pH	无量纲	2	便携式多参数水质分析仪
矿化度	mg/L	2	便携式多参数水质分析仪
硫酸根离子（SO₄²⁻）	mg/L	2	硫酸盐比浊法
非溶性物质总含量	mg/L	2	质量法

5.4.3　数据质量控制和评估

按照《中国生态系统研究网络（CERN）长期观测质量管理规范》丛书《陆地生态系统水环境观测质量保证与质量控制》的相关规定执行，样品采集和运输过程增加采样空白和运输空白，实验室分析测定时插入国家标准样品进行质量控制。

5.4.4　数据

雨水水质数据见表 5-7。

表 5-7　雨水水质

年份	月份	样地代码	水温（℃）	pH	矿化度（mg/L）	SO_4^{2-}（mg/L）	非溶性物质总含量（mg/L）	电导率（mS/cm）
2009	4	CWAQX01CYS_01		7.85	36	24.41	120	
2009	7	CWAQX01CYS_01		7.8	70	3.76	320	
2009	10	CWAQX01CYS_01		7.61	362.4	4.85	160	
2010	4	CWAQX01CYS_01	10.78	10.11	51	5.87	8	4
2010	7	CWAQX01CYS_01	20.50	8.25	51	9.38	11	15.83
2010	9	CWAQX01CYS_01	18.51	9.77	90	13.37	9	41.6
2011	1	CWAQX01CYS_01	9.87	10.76	11	38.4	15	60
2011	5	CWAQX01CYS_01	14.6	10.3	31	12.48	0	75.2
2011	7	CWAQX01CYS_01	17.9	9.77	68	12.66	12	68.7
2011	10	CWAQX01CYS_01	10.4	10.89	57	17.6	5	17
2012	1	CWAQX01CYS_01	0.2	8.6	14.64	17.78	16	149.2
2012	4	CWAQX01CYS_01	12.25	8.6	54.39	未检出	3	197.9
2012	7	CWAQX01CYS_01	21.56	10.05	78.1	13.21	15	85.5
2012	10	CWAQX01CYS_01	9.75	8.7	19	未检出	6	132.6
2013	2	CWAQX01CYS_01		9.14	56.28	12.42	616.8	86.38
2013	3	CWAQX01CYS_01		8.9	189.1	47.35	126.6	281.6
2013	4	CWAQX01CYS_01		9.42	47.73	6.515	49.8	73.5
2013	5	CWAQX01CYS_01		9.57	35.22	5.297	56.8	54.39
2013	6	CWAQX01CYS_01		9.34	41.28	7.418	39.8	63.61
2013	7	CWAQX01CYS_01		8.26	49	3.303	59.4	75.56
2013	8	CWAQX01CYS_01		7.32	74.56	15.7	59.4	114.8
2013	9	CWAQX01CYS_01		7.61	65.43	11.06	59.4	100.6
2013	10	CWAQX01CYS_01		7.59	63.39	16.88	59.4	97.7
2013	11	CWAQX01CYS_01		7.3	67.27	11.94	10.3	103.7
2014	2	CWAQX01CYS_01		6.9	63.44	16.77	0	100.2
2014	3	CWAQX01CYS_01		7.67	160.9	20.57	83.9	249.3

（续）

年份	月份	样地代码	水温（℃）	pH	矿化度 （mg/L）	SO_4^{2-} （mg/L）	非溶性物质 总含量（mg/L）	电导率 （mS/cm）
2014	4	CWAQX01CYS_01		8.85	39.36	4.803	14.4	62.19
2014	5	CWAQX01CYS_01		8.25	76.33	6.536	14.4	120.7
2014	6	CWAQX01CYS_01		7.68	66.69	4.26	35.9	105.3
2014	7	CWAQX01CYS_01		8.01	63.02	8.204	2.9	97.03
2014	8	CWAQX01CYS_01		8.33	39.11	2.951	14.4	60.24
2014	9	CWAQX01CYS_01		8.78	27.67	1.464	35.3	42.69
2014	10	CWAQX01CYS_01		7.99	103.7	20.86	14.4	159.1
2014	11	CWAQX01CYS_01		8.34	72.5	9.432	14.4	111.7
2014	12	CWAQX01CYS_01		8.87	141.8	32.09	14.4	213.9
2015	1	CWAQX01CYS_01		8.93	157.7	48.5	57.6	235.4
2015	2	CWAQX01CYS_01		9.11	11.5	30.63	41.6	167.6
2015	3	CWAQX01CYS_01		9.17	44.6	6.858	174.8	67.52
2015	4	CWAQX01CYS_01		8.49	60.33	7.481	409.6	91.03
2015	5	CWAQX01CYS_01		8.31	69.8	5.909	74.5	107.8
2015	6	CWAQX01CYS_01		7.48	57.48	7.405	261.6	88.84
2015	7	CWAQX01CYS_01		7.45	127.5	7.782	94.5	193.9
2015	8	CWAQX01CYS_01		6.87	84	8.761	331.6	129.7
2015	9	CWAQX01CYS_01		6.84	56.07	6.28	127.6	86.92
2015	10	CWAQX01CYS_01		8.34	25.74	4.376	95.6	40.08
2015	11	CWAQX01CYS_01		7.66	46.65	8.358	62.0	72.41
2015	12	CWAQX01CYS_01		8.08	33.71	4.021	55.6	52.26

5.5　土壤水分常数

5.5.1　概述

　　本章数据收录的是长武站 2010 年观测气象场一个场地的土壤水分常数，2015 年观测四个场地的土壤水分常数。原始数据观测频率为每 5 年 1 次。数据产品处理方法：压力板测定，采用推荐的水分特征曲线拟合方法拟合曲线，并计算特征参数，测定层次以经验公式 Van Genuchten 模型等拟合。

5.5.2　数据采集和处理方法

　　（1）观测样地

　　按照 CERN《陆地生态系统水环境观测指标与规范长期观测规范》，土壤水分常数观测样地共 4 块，分别是长武站综合观测场（样地代码 CWAZH01CTS_01）、长武站辅助观测场 1（样地代码 CWAFZ03CTS_01）、长武站气象观测场（样地代码 CWAQX01CTS_01）、长武站杜家坪辅助观测场 2（样地代码 CWAFZ04CTS_01_03）。

（2）采样方法

遵循 CERN《陆地生态系统水环境观测指标与规范长期观测规范》，每 5 年对观测样地挖 3 m 深剖面，按层次划分进行环刀采样，对每层次环刀采样 4 个数据进行测定分析。剖面观测层面分别为 0～10 cm、10～20 cm、20～30 cm、30～40 cm、40～50 cm、50～60 cm、60～70 cm、70～80 cm、80～90 cm、90～100 cm、100～120 cm、120～140 cm、140～160 cm、160～180 cm、180～200 cm、200～220 cm、220～240 cm、240～260 cm、260～280 cm、280～300 cm。

（3）分析方法

采样分析、离心机法、压力板测定、压力膜法、水分特征曲线拟合方法拟合曲线并计算特征参数。各指标名称、数据计量单位、小数位数及数据获取方法见表 5-8。

表 5-8 指标名称、数据计量单位、小数位数和数据获取方法

指标名称	数据计量单位	小数位数	数据获取方法
土壤完全持水量	%	2	计算或实测
土壤田间持水量	%	2	计算或实测
土壤凋萎含水量	%	2	计算或实测
土壤孔隙度	%	2	计算或实测
容重	g/cm³	2	实测
水分特征曲线方程			拟合方法

5.5.3 数据质量控制和评估

按照《中国生态系统研究网络（CERN）长期观测质量管理规范》丛书《陆地生态系统水环境观测质量保证与质量控制》进行数据分析，由长期从事土壤物理分析研究的老师进行数据研判。为确保数据监测的连续与可靠，专门成立由站长负责数据监测的质量评估小组，对数据监测来源上报以进行质量控制和评估。按测定层次以经验公式 Van Genuchten 模型等拟合出版质量控制后的数据。

5.5.4 数据

土壤水分常数数据见表 5-9、表 5-10。

表 5-9 土壤水分常数数据 1

年份	月份	样地代码	观测层次(cm)	土壤类型	土壤质地	土壤完全持水量(%)	土壤田间持水量(%)	土壤凋萎含水量(%)	土壤孔隙度(%)	容重(g/cm³)
2010	10	CWAQX01C00_01	10	黑垆土	重壤	38.60	21.51	8.58	0.51	1.31
2010	10	CWAQX01C00_01	20	黑垆土	中壤	40.39	21.65	7.71	0.52	1.28
2010	10	CWAQX01C00_01	30	黑垆土	轻壤	33.69	19.94	4.70	0.47	1.40
2010	10	CWAQX01C00_01	40	黑垆土	重壤	36.89	21.39	9.21	0.49	1.34
2010	10	CWAQX01C00_01	60	黑垆土	中壤	34.21	20.82	7.90	0.48	1.39
2010	10	CWAQX01C00_01	80	黑垆土	中壤	33.19	20.65	7.74	0.47	1.41
2010	10	CWAQX01C00_01	100	黑垆土	中壤	43.56	22.07	7.13	0.54	1.23
2010	10	CWAQX01C00_01	120	黑垆土	中壤	45.60	22.33	6.93	0.55	1.20

（续）

年份	月份	样地代码	观测层次 （cm）	土壤类型	土壤质地	土壤完全 持水量 （%）	土壤田间 持水量 （%）	土壤凋萎 含水量 （%）	土壤 孔隙度 （%）	容重 （g/cm³）
2010	10	CWAQX01C00_01	150	黑垆土	中壤	42.26	21.78	6.73	0.53	1.25
2010	10	CWAQX01C00_01	180	黑垆土	轻壤	39.78	20.54	4.03	0.51	1.29
2010	10	CWAQX01C00_01	210	黑垆土	轻壤	39.19	20.39	3.89	0.51	1.30
2010	10	CWAQX01C00_01	240	黑垆土	中壤	38.60	21.41	7.92	0.51	1.31
2010	10	CWAQX01C00_01	270	黑垆土	轻壤	38.02	20.02	3.68	0.50	1.32
2010	10	CWAQX01C00_01	300	黑垆土	轻壤	38.02	19.89	3.43	0.50	1.32
2015	10	CWAZH01CTS_01	0～10	黑垆土	中壤	33.62	21.06	10.92	46.74	1.41
2015	10	CWAZH01CTS_01	10～20	黑垆土	中壤	29.97	20.40	11.22	41.48	1.55
2015	10	CWAZH01CTS_01	20～30	黑垆土	中壤	30.73	21.10	11.64	42.68	1.52
2015	10	CWAZH01CTS_01	30～40	黑垆土	中壤	34.37	20.77	10.29	44.13	1.48
2015	10	CWAZH01CTS_01	40～50	黑垆土	中壤	36.50	20.73	10.34	47.43	1.39
2015	10	CWAZH01CTS_01	50～60	黑垆土	中壤	32.32	21.59	10.95	42.85	1.51
2015	10	CWAZH01CTS_01	60～70	黑垆土	中壤	39.14	22.09	12.69	48.34	1.37
2015	10	CWAZH01CTS_01	70～80	黑垆土	中壤	37.91	22.21	12.11	48.57	1.36
2015	10	CWAZH01CTS_01	80～90	黑垆土	中壤	36.70	22.62	12.66	52.20	1.27
2015	10	CWAZH01CTS_01	90～100	黑垆土	中壤	37.78	21.71	12.33	51.65	1.28
2015	10	CWAZH01CTS_01	100～120	黑垆土	中壤	38.68	22.48	12.37	49.67	1.33
2015	10	CWAZH01CTS_01	120～140	黑垆土	中壤	42.29	22.60	13.50	53.18	1.24
2015	10	CWAZH01CTS_01	140～160	黑垆土	中壤	42.68	23.01	11.80	53.23	1.24
2015	10	CWAZH01CTS_01	160～180	黑垆土	中壤	39.04	21.85	11.87	50.42	1.31
2015	10	CWAZH01CTS_01	180～200	黑垆土	中壤	38.86	22.01	11.37	51.48	1.29
2015	10	CWAZH01CTS_01	200～220	黄绵土	轻壤土	36.11	19.33	11.51	51.22	1.29
2015	10	CWAZH01CTS_01	220～240	黄绵土	轻壤土	41.41	20.56	11.36	52.29	1.26
2015	10	CWAZH01CTS_01	240～260	黄绵土	轻壤土	42.23	19.17	10.08	50.23	1.32
2015	10	CWAZH01CTS_01	260～280	黄绵土	轻壤土	39.38	21.92	10.70	50.45	1.31
2015	10	CWAZH01CTS_01	280～300	黄绵土	轻壤土	36.37	21.96	10.95	48.49	1.37
2015	10	CWAQX01CTS_01	0～10	黑垆土	中壤	40.69	23.24	11.49	46.90	1.41
2015	10	CWAQX01CTS_01	10～20	黑垆土	中壤	31.63	21.12	10.80	45.93	1.43
2015	10	CWAQX01CTS_01	20～30	黑垆土	中壤	30.16	20.87	10.19	45.77	1.44
2015	10	CWAQX01CTS_01	30～40	黑垆土	中壤	28.57	19.74	9.81	43.89	1.49
2015	10	CWAQX01CTS_01	40～50	黑垆土	中壤	31.91	19.21	9.58	45.80	1.44
2015	10	CWAQX01CTS_01	50～60	黑垆土	中壤	31.97	20.16	10.37	43.65	1.49
2015	10	CWAQX01CTS_01	60～70	黑垆土	中壤	28.29	20.24	11.15	45.71	1.44

（续）

年份	月份	样地代码	观测层次 (cm)	土壤类型	土壤质地	土壤完全持水量 (%)	土壤田间持水量 (%)	土壤凋萎含水量 (%)	土壤孔隙度 (%)	容重 (g/cm³)
2015	10	CWAQX01CTS_01	70~80	黑垆土	中壤	33.94	20.54	12.57	46.25	1.42
2015	10	CWAQX01CTS_01	80~90	黑垆土	中壤	36.09	21.73	11.41	49.42	1.34
2015	10	CWAQX01CTS_01	90~100	黑垆土	中壤	37.96	23.45	12.93	48.95	1.35
2015	10	CWAQX01CTS_01	100~120	黑垆土	中壤	38.23	24.56	13.27	52.02	1.27
2015	10	CWAQX01CTS_01	120~140	黑垆土	中壤	36.24	24.38	12.63	49.05	1.35
2015	10	CWAQX01CTS_01	140~160	黑垆土	中壤	37.09	23.74	12.69	47.98	1.38
2015	10	CWAQX01CTS_01	160~180	黑垆土	中壤	35.05	19.94	12.66	47.42	1.39
2015	10	CWAQX01CTS_01	180~200	黑垆土	中壤	38.70	23.70	12.29	47.42	1.39
2015	10	CWAQX01CTS_01	200~220	黄绵土	轻壤土	38.69	21.21	11.81	50.26	1.32
2015	10	CWAQX01CTS_01	220~240	黄绵土	轻壤土	37.14	19.67	11.80	47.43	1.39
2015	10	CWAQX01CTS_01	240~260	黄绵土	轻壤土	37.75	19.09	10.91	48.88	1.35
2015	10	CWAQX01CTS_01	260~280	黄绵土	轻壤土	36.91	19.31	11.07	47.02	1.40
2015	10	CWAQX01CTS_01	280~300	黄绵土	轻壤土	39.33	20.27	11.49	47.98	1.38
2015	10	CWAFZ03CTS_01	0~10	黑垆土	中壤	35.93	21.49	11.23	51.78	1.28
2015	10	CWAFZ03CTS_01	10~20	黑垆土	中壤	32.73	20.36	10.95	44.87	1.46
2015	10	CWAFZ03CTS_01	20~30	黑垆土	中壤	33.69	20.39	10.70	46.53	1.42
2015	10	CWAFZ03CTS_01	30~40	黑垆土	中壤	29.06	18.95	9.49	42.89	1.51
2015	10	CWAFZ03CTS_01	40~50	黑垆土	中壤	31.59	19.22	9.55	45.19	1.45
2015	10	CWAFZ03CTS_01	50~60	黑垆土	中壤	36.54	21.67	11.65	48.68	1.36
2015	10	CWAFZ03CTS_01	60~70	黑垆土	中壤	39.52	21.13	11.65	49.18	1.35
2015	10	CWAFZ03CTS_01	70~80	黑垆土	中壤	38.53	22.82	12.41	55.46	1.18
2015	10	CWAFZ03CTS_01	80~90	黑垆土	中壤	41.80	21.81	12.90	52.72	1.25
2015	10	CWAFZ03CTS_01	90~100	黑垆土	中壤	44.20	21.57	12.86	52.25	1.27
2015	10	CWAFZ03CTS_01	100~120	黑垆土	中壤	42.34	23.04	12.41	52.18	1.27
2015	10	CWAFZ03CTS_01	120~140	黑垆土	中壤	41.53	22.90	12.12	52.61	1.26
2015	10	CWAFZ03CTS_01	140~160	黑垆土	中壤	37.23	20.73	11.97	52.37	1.26
2015	10	CWAFZ03CTS_01	160~180	黑垆土	中壤	37.97	21.08	11.31	51.25	1.29
2015	10	CWAFZ03CTS_01	180~200	黑垆土	中壤	37.68	21.96	10.87	54.34	1.21
2015	10	CWAFZ03CTS_01	200~220	黄绵土	轻壤土	43.28	22.44	11.59	50.23	1.32
2015	10	CWAFZ03CTS_01	220~240	黄绵土	轻壤土	34.87	18.27	7.62	50.14	1.32
2015	10	CWAFZ03CTS_01	240~260	黄绵土	轻壤土	42.59	25.17	13.60	50.78	1.30
2015	10	CWAFZ03CTS_01	260~280	黄绵土	轻壤土	39.01	22.63	11.24	51.08	1.30
2015	10	CWAFZ03CTS_01	280~300	黄绵土	轻壤土	37.81	22.37	11.33	47.74	1.38

（续）

年份	月份	样地代码	观测层次（cm）	土壤类型	土壤质地	土壤完全持水量（%）	土壤田间持水量（%）	土壤凋萎含水量（%）	土壤孔隙度（%）	容重（g/cm³）
2015	10	CWAFZ04CTS_01_03 0~10		黄绵土	轻壤土	41.44	21.55	10.24	54.17	1.21
2015	10	CWAFZ04CTS_01_03 10~20		黄绵土	轻壤土	39.90	23.93	12.08	46.92	1.41
2015	10	CWAFZ04CTS_01_03 20~30		黄绵土	轻壤土	36.55	18.88	9.16	47.49	1.39
2015	10	CWAFZ04CTS_01_03 30~40		黄绵土	轻壤土	35.68	20.13	9.43	46.77	1.41
2015	10	CWAFZ04CTS_01_03 40~50		黄绵土	轻壤土	41.32	17.92	8.63	46.16	1.43
2015	10	CWAFZ04CTS_01_03 50~60		黄绵土	轻壤土	36.79	17.40	8.64	49.95	1.33
2015	10	CWAFZ04CTS_01_03 60~70		黄绵土	轻壤土	37.82	18.04	8.77	47.91	1.38
2015	10	CWAFZ04CTS_01_03 70~80		黄绵土	轻壤土	36.44	18.10	8.75	52.30	1.26
2015	10	CWAFZ04CTS_01_03 80~90		黄绵土	轻壤土	42.53	18.23	8.94	52.43	1.26
2015	10	CWAFZ04CTS_01_03 90~100		黄绵土	轻壤土	33.79	19.18	9.10	54.55	1.20
2015	10	CWAFZ04CTS_01_03 100~120		黄绵土	轻壤土	35.92	20.00	9.35	50.24	1.32
2015	10	CWAFZ04CTS_01_03 120~140		黄绵土	轻壤土	37.50	19.47	9.32	50.77	1.30
2015	10	CWAFZ04CTS_01_03 140~160		黄绵土	轻壤土	41.10	21.11	10.59	47.31	1.40
2015	10	CWAFZ04CTS_01_03 160~180		黄绵土	轻壤土	40.40	21.35	11.01	49.86	1.33
2015	10	CWAFZ04CTS_01_03 180~200		黄绵土	轻壤土	40.92	21.83	11.14	51.12	1.30
2015	10	CWAFZ04CTS_01_03 200~220		黄绵土	轻壤土	42.32	21.62	10.97	50.22	1.32
2015	10	CWAFZ04CTS_01_03 220~240		黄绵土	轻壤土	44.01	21.82	11.56	52.24	1.27
2015	10	CWAFZ04CTS_01_03 240~260		黄绵土	轻壤土	43.01	21.05	11.07	52.73	1.25
2015	10	CWAFZ04CTS_01_03 260~280		黄绵土	轻壤土	42.40	21.79	10.99	54.31	1.21
2015	10	CWAFZ04CTS_01_03 280~300		黄绵土	轻壤土	42.33	21.75	11.51	52.65	1.25

表5-10　土壤水分常数数据2

年份	月份	样地代码	观测层次（cm）	水分特征曲线方程	备注
2010	10	CWAQX01C00_01	10	$\theta=40.927\Psi_m^{-0.1848}$	θ 为土壤重量含水量（%），
2010	10	CWAQX01C00_01	20	$\theta=40.010\Psi_m^{-0.1832}$	Ψ_m 为土壤基质势（kPa）
2010	10	CWAQX01C00_01	30	$\theta=36.008\Psi_m^{-0.1774}$	
2010	10	CWAQX01C00_01	40	$\theta=36.332\Psi_m^{-0.1675}$	
2010	10	CWAQX01C00_01	60	$\theta=36.015\Psi_m^{-0.1872}$	
2010	10	CWAQX01C00_01	80	$\theta=36.146\Psi_m^{-0.1849}$	
2010	10	CWAQX01C00_01	100	$\theta=40.255\Psi_m^{-0.1762}$	
2010	10	CWAQX01C00_01	120	$\theta=37.956\Psi_m^{-0.1619}$	
2010	10	CWAQX01C00_01	150	$\theta=38.529\Psi_m^{-0.1704}$	

（续）

年份	月份	样地代码	观测层次 (cm)	水分特征曲线方程	备注
2010	10	CWAQX01C00_01	180	$\theta=36.856\Psi_m^{-0.1793}$	
2010	10	CWAQX01C00_01	210	$\theta=36.2\Psi_m^{-0.1681}$	
2010	10	CWAQX01C00_01	240	$\theta=33.97\Psi_m^{-0.167}$	
2010	10	CWAQX01C00_01	270	$\theta=36.361\Psi_m^{-0.1783}$	
2010	10	CWAQX01C00_01	300	$\theta=36.906\Psi_m^{-0.1812}$	
2015	10	CWAZH01CTS_01	0～10	$\theta=18.425\Psi_m^{-0.1931}$	
2015	10	CWAZH01CTS_01	10～20	$\theta=18.0585\Psi_m^{-0.1757}$	
2015	10	CWAZH01CTS_01	20～30	$\theta=18.687\Psi_m^{-0.1749}$	
2015	10	CWAZH01CTS_01	30～40	$\theta=18.003\Psi_m^{-0.2066}$	
2015	10	CWAZH01CTS_01	40～50	$\theta=17.990\Psi_m^{-0.2046}$	
2015	10	CWAZH01CTS_01	50～60	$\theta=18.800\Psi_m^{-0.1997}$	
2015	10	CWAZH01CTS_01	60～70	$\theta=19.726\Psi_m^{-0.163}$	
2015	10	CWAZH01CTS_01	70～80	$\theta=19.626\Psi_m^{-0.1782}$	
2015	10	CWAZH01CTS_01	80～90	$\theta=20.098\Psi_m^{-0.1707}$	
2015	10	CWAZH01CTS_01	90～100	$\theta=19.345\Psi_m^{-0.1664}$	
2015	10	CWAZH01CTS_01	100～120	$\theta=19.901\Psi_m^{-0.1757}$	
2015	10	CWAZH01CTS_01	120～140	$\theta=20.344\Psi_m^{-0.1515}$	
2015	10	CWAZH01CTS_01	140～160	$\theta=20.082\Psi_m^{-0.1965}$	
2015	10	CWAZH01CTS_01	160～180	$\theta=19.297\Psi_m^{-0.1794}$	
2015	10	CWAZH01CTS_01	180～200	$\theta=19.239\Psi_m^{-0.1941}$	
2015	10	CWAZH01CTS_01	200～220	$\theta=17.396\Psi_m^{-0.1524}$	
2015	10	CWAZH01CTS_01	220～240	$\theta=18.216\Psi_m^{-0.1743}$	
2015	10	CWAZH01CTS_01	240～260	$\theta=16.816\Psi_m^{-0.1891}$	
2015	10	CWAZH01CTS_01	260～280	$\theta=18.941\Psi_m^{-0.2108}$	
2015	10	CWAZH01CTS_01	280～300	$\theta=19.057\Psi_m^{-0.2047}$	
2015	10	CWAQX01CTS_01	0～10	$\theta=20.134\Psi_m^{-0.207}$	
2015	10	CWAQX01CTS_01	10～20	$\theta=18.422\Psi_m^{-0.1971}$	
2015	10	CWAQX01CTS_01	20～30	$\theta=18.032\Psi_m^{-0.2108}$	
2015	10	CWAQX01CTS_01	30～40	$\theta=17.120\Psi_m^{-0.2058}$	
2015	10	CWAQX01CTS_01	40～50	$\theta=16.672\Psi_m^{-0.2047}$	
2015	10	CWAQX01CTS_01	50～60	$\theta=17.604\Psi_m^{-0.1955}$	
2015	10	CWAQX01CTS_01	60～70	$\theta=17.923\Psi_m^{-0.1754}$	

（续）

年份	月份	样地代码	观测层次 （cm）	水分特征曲 线方程	备注
2015	10	CWAQX01CTS_01	70～80	$\theta=18.585\Psi_m^{-0.1444}$	
2015	10	CWAQX01CTS_01	80～90	$\theta=19.054\Psi_m^{-0.1894}$	
2015	10	CWAQX01CTS_01	90～100	$\theta=20.771\Psi_m^{-0.1749}$	
2015	10	CWAQX01CTS_01	100～120	$\theta=21.663\Psi_m^{-0.1811}$	
2015	10	CWAQX01CTS_01	120～140	$\theta=21.321\Psi_m^{-0.1934}$	
2015	10	CWAQX01CTS_01	140～160	$\theta=20.897\Psi_m^{-0.1842}$	
2015	10	CWAQX01CTS_01	160～180	$\theta=18.174\Psi_m^{-0.1335}$	
2015	10	CWAQX01CTS_01	180～200	$\theta=20.729\Psi_m^{-0.1931}$	
2015	10	CWAQX01CTS_01	200～220	$\theta=18.824\Psi_m^{-0.1721}$	
2015	10	CWAQX01CTS_01	220～240	$\theta=17.724\Psi_m^{-0.1503}$	
2015	10	CWAQX01CTS_01	240～260	$\theta=17.032\Psi_m^{-0.1645}$	
2015	10	CWAQX01CTS_01	260～280	$\theta=17.238\Psi_m^{-0.1634}$	
2015	10	CWAQX01CTS_01	280～300	$\theta=18.052\Psi_m^{-0.1669}$	
2015	10	CWAFZ03CTS_01	0～10	$\theta=18.830\Psi_m^{-0.1909}$	
2015	10	CWAFZ03CTS_01	10～20	$\theta=17.945\Psi_m^{-0.1823}$	
2015	10	CWAFZ03CTS_01	20～30	$\theta=17.882\Psi_m^{-0.1895}$	
2015	10	CWAFZ03CTS_01	30～40	$\theta=16.462\Psi_m^{-0.2034}$	
2015	10	CWAFZ03CTS_01	40～50	$\theta=16.664\Psi_m^{-0.2057}$	
2015	10	CWAFZ03CTS_01	50～60	$\theta=19.094\Psi_m^{-0.1825}$	
2015	10	CWAFZ03CTS_01	60～70	$\theta=18.716\Psi_m^{-0.1751}$	
2015	10	CWAFZ03CTS_01	70～80	$\theta=20.158\Psi_m^{-0.1791}$	
2015	10	CWAFZ03CTS_01	80～90	$\theta=19.596\Psi_m^{-0.1543}$	
2015	10	CWAFZ03CTS_01	90～100	$\theta=19.412\Psi_m^{-0.152}$	
2015	10	CWAFZ03CTS_01	100～120	$\theta=20.311\Psi_m^{-0.1818}$	
2015	10	CWAFZ03CTS_01	120～140	$\theta=20.115\Psi_m^{-0.1872}$	
2015	10	CWAFZ03CTS_01	140～160	$\theta=18.534\Psi_m^{-0.1613}$	
2015	10	CWAFZ03CTS_01	160～180	$\theta=18.571\Psi_m^{-0.183}$	
2015	10	CWAFZ03CTS_01	180～200	$\theta=19.026\Psi_m^{-0.2066}$	
2015	10	CWAFZ03CTS_01	200～220	$\theta=19.612\Psi_m^{-0.1941}$	
2015	10	CWAFZ03CTS_01	220～240	$\theta=15.288\Psi_m^{-0.257}$	
2015	10	CWAFZ03CTS_01	240～260	$\theta=22.203\Psi_m^{-0.1811}$	
2015	10	CWAFZ03CTS_01	260～280	$\theta=19.622\Psi_m^{-0.2056}$	

(续)

年份	月份	样地代码	观测层次 (cm)	水分特征曲线方程	备注
2015	10	CWAFZ03CTS_01	280~300	$\theta=19.474\Psi_m^{-0.1999}$	
2015	10	CWAFZ04CTS_01	0~10	$\theta=18.515\Psi_m^{-0.2188}$	
2015	10	CWAFZ04CTS_01	10~20	$\theta=20.820\Psi_m^{-0.2011}$	
2015	10	CWAFZ04CTS_01	20~30	$\theta=16.595\Psi_m^{-0.2128}$	
2015	10	CWAFZ04CTS_01	30~40	$\theta=17.251\Psi_m^{-0.2229}$	
2015	10	CWAFZ04CTS_01	40~50	$\theta=15.439\Psi_m^{-0.2148}$	
2015	10	CWAFZ04CTS_01	50~60	$\theta=15.082\Psi_m^{-0.2059}$	
2015	10	CWAFZ04CTS_01	60~70	$\theta=15.575\Psi_m^{-0.212}$	
2015	10	CWAFZ04CTS_01	70~80	$\theta=15.606\Psi_m^{-0.2137}$	
2015	10	CWAFZ04CTS_01	80~90	$\theta=15.766\Psi_m^{-0.2095}$	
2015	10	CWAFZ04CTS_01	90~100	$\theta=16.478\Psi_m^{-0.2192}$	
2015	10	CWAFZ04CTS_01	100~120	$\theta=17.13\Psi_m^{-0.2234}$	
2015	10	CWAFZ04CTS_01	120~140	$\theta=16.754\Psi_m^{-0.2165}$	
2015	10	CWAFZ04CTS_01	140~160	$\theta=18.342\Psi_m^{-0.203}$	
2015	10	CWAFZ04CTS_01	160~180	$\theta=18.652\Psi_m^{-0.1946}$	
2015	10	CWAFZ04CTS_01	180~200	$\theta=19.032\Psi_m^{-0.1978}$	
2015	10	CWAFZ04CTS_01	200~220	$\theta=18.828\Psi_m^{-0.1999}$	
2015	10	CWAFZ04CTS_01	220~240	$\theta=19.173\Psi_m^{-0.1867}$	
2015	10	CWAFZ04CTS_01	240~260	$\theta=18.469\Psi_m^{-0.189}$	
2015	10	CWAFZ04CTS_01	260~280	$\theta=18.954\Psi_m^{-0.2014}$	
2015	10	CWAFZ04CTS_01	280~300	$\theta=19.103\Psi_m^{-0.1871}$	

5.6 水面蒸发量

5.6.1 概述

本章数据收录的是长武站 2009—2015 年 E601 蒸发器皿和 20 cm 小型蒸发器皿人工观测的数据，样地代码是 CWAQX01CTS_01。每年 4—11 月为人工 E601 蒸发器皿数据，12 月到翌年 3 月为 20 cm 小型蒸发器皿数据换算数据（转换公式 E601＝E20×0.55）。原始数据观测频率为日，数据产品观测频率为 1~12 月。

5.6.2 数据采集和处理方法

（1）观测样地

按照 CERN《陆地生态系统水环境观测指标与规范长期观测规范》，水面蒸发观测场设置在长武站气象观测场内，样地代码是 CWAQX01CTS_01。

（2）采样方法

遵循 CERN《陆地生态系统水环境观测指标与规范长期观测规范》，E601 蒸发器皿和 20 cm 小型蒸发器皿采用人工观测方法进行观测。每月 E601 蒸发器皿进行一次换水，每天 8：00 和 20：00 进行观测并记录数据。

（3）分析方法

对逐日水面蒸发量与逐日降水量进行对照。对突出偏大、偏小确属不合理的水面蒸发量应参照有关因素和邻站资料予以改正。蒸发量是每月总和，温度数据是日平均。

5.6.3 数据质量控制和评估

按照《中国生态系统研究网络（CERN）长期观测质量管理规范》丛书《陆地生态系统水环境观测质量保证与质量控制》严格执行 E601 蒸发器皿的维护要求进行维护和观测。长武站数据监测质量评估小组对数据监测来源上报以进行质量控制和评估。对逐日水面蒸发量数据和气象数据进行比对，校对出版质量控制后的月蒸发量数据产品。

5.6.4 数据

水面蒸发量数据见表 5-11。

表 5-11 水面蒸发量

年份	月份	样地代码	月蒸发量（mm）	水温（℃）
2009	1	CWAQX01CZF_01	30.1	−2.9
2009	2	CWAQX01CZF_01	36.5	2.6
2009	3	CWAQX01CZF_01	66.4	6.9
2009	4	CWAQX01CZF_01	96.6	13.4
2009	5	CWAQX01CZF_01	89.1	15.1
2009	6	CWAQX01CZF_01	145.9	21.2
2009	7	CWAQX01CZF_01	122.9	21.8
2009	8	CWAQX01CZF_01	76.5	18.9
2009	9	CWAQX01CZF_01	58.9	15.7
2009	10	CWAQX01CZF_01	351.4	1.5
2009	11	CWAQX01CZF_01	24.4	1.1
2009	12	CWAQX01CZF_01	13.7	−2.7
2010	1	CWAQX01CZF_01	17.2	−0.9
2010	2	CWAQX01CZF_01	8.1	1.5
2010	3	CWAQX01CZF_01	63.8	7.3
2010	4	CWAQX01CZF_01	83.6	11.8
2010	5	CWAQX01CZF_01	96.6	17.7
2010	6	CWAQX01CZF_01	117.8	21.1
2010	7	CWAQX01CZF_01	93.5	23.6
2010	8	CWAQX01CZF_01	69.8	20.5

（续）

年份	月份	样地代码	月蒸发量（mm）	水温（℃）
2010	9	CWAQX01CZF_01	62.3	17.4
2010	10	CWAQX01CZF_01	48.1	9.8
2010	11	CWAQX01CZF_01	32.6	4.4
2010	12	CWAQX01CZF_01	29.0	−0.6
2011	1	CWAQX01CZF_01	15.3	−7.5
2011	2	CWAQX01CZF_01	27.1	2.2
2011	3	CWAQX01CZF_01	52.7	4.3
2011	4	CWAQX01CZF_01	120.6	14.8
2011	5	CWAQX01CZF_01	91.6	16.4
2011	6	CWAQX01CZF_01	116.8	22.0
2011	7	CWAQX01CZF_01	107.9	21.6
2011	8	CWAQX01CZF_01	95.9	20.7
2011	9	CWAQX01CZF_01	48.3	14.4
2011	10	CWAQX01CZF_01	49.3	10.3
2011	11	CWAQX01CZF_01	23.0	5.2
2011	12	CWAQX01CZF_01	14.7	−2.0
2012	1	CWAQX01CZF_01	15.0	−4.6
2012	2	CWAQX01CZF_01	21.3	−1.5
2012	3	CWAQX01CZF_01	46.8	5.7
2012	4	CWAQX01CZF_01	89.0	13.7
2012	5	CWAQX01CZF_01	90.3	17.0
2012	6	CWAQX01CZF_01	127.0	21.3
2012	7	CWAQX01CZF_01	105.5	22.8
2012	8	CWAQX01CZF_01	94.4	21.2
2012	9	CWAQX01CZF_01	64.8	14.9
2012	10	CWAQX01CZF_01	52.4	10.4
2012	11	CWAQX01CZF_01	34.8	1.9
2012	12	CWAQX01CZF_01	20.1	−2.4
2013	1	CWAQX01CZF_01	25.3	−1.2
2013	2	CWAQX01CZF_01	36.5	2.4
2013	3	CWAQX01CZF_01	108.6	12.2
2013	4	CWAQX01CZF_01	104.3	19.1
2013	5	CWAQX01CZF_01	91.0	17.5

（续）

年份	月份	样地代码	月蒸发量（mm）	水温（℃）
2013	6	CWAQX01CZF_01	127.6	21.9
2013	7	CWAQX01CZF_01	77.0	22.8
2013	8	CWAQX01CZF_01	106.5	22.8
2013	9	CWAQX01CZF_01	59.5	16.4
2013	10	CWAQX01CZF_01	59.6	11.2
2013	11	CWAQX01CZF_01	35.9	2.4
2013	12	CWAQX01CZF_01	22.5	−1.5
2014	1	CWAQX01CZF_01	34.1	−7.5
2014	2	CWAQX01CZF_01	18.6	−4.4
2014	3	CWAQX01CZF_01	63.0	2.8
2014	4	CWAQX01CZF_01	44.0	8.5
2014	5	CWAQX01CZF_01	98.9	13.1
2014	6	CWAQX01CZF_01	96.1	17.3
2014	7	CWAQX01CZF_01	133.5	20.5
2014	8	CWAQX01CZF_01	107.8	17.3
2014	9	CWAQX01CZF_01	41.6	14.0
2014	10	CWAQX01CZF_01	40.0	7.7
2014	11	CWAQX01CZF_01	31.1	−0.3
2014	12	CWAQX01CZF_01	25.0	−8.0
2015	1	CWAQX01CZF_01	28.4	−1.7
2015	2	CWAQX01CZF_01	35.7	1.0
2015	3	CWAQX01CZF_01	51.1	6.3
2015	4	CWAQX01CZF_01	69.5	11.7
2015	5	CWAQX01CZF_01	102.8	15.9
2015	6	CWAQX01CZF_01	76.5	18.8
2015	7	CWAQX01CZF_01	147.3	22.1
2015	8	CWAQX01CZF_01	98.0	19.9
2015	9	CWAQX01CZF_01	67.1	21.1
2015	10	CWAQX01CZF_01	64.7	10.4
2015	11	CWAQX01CZF_01	19.5	4.5
2015	12	CWAQX01CZF_01	17.4	−2.2

5.7　地下水位

5.7.1　概述

本章数据收录的是长武站井水观测点（样地代码 CWAFZ10CDX＿01）2009—2015 年的地下水位观测数据。地下水位是利用仪器自动测量，CERN 统一采用的是压力式传感器，每天获取 1 次数据。数据产品观测频率为月，原始数据观测频率为 1 次/日，以实际观测频率为准。对每月采集的数据进行统计，计算出每月的平均值。

5.7.2　数据采集和处理方法

（1）观测样地

按照 CERN《陆地生态系统水环境观测指标与规范长期观测规范》，地下水位采用自动观测，每月进行 1 次数据采集。观测井位于长武站院内，样地代码为 CWAFZ10CDX＿01。

（2）采样方法

遵循 CERN《陆地生态系统水环境观测指标与规范长期观测规范》，地下水位是利用仪器自动测量，CERN 统一采用的是压力式传感器，每天获取 1 次数据。

（3）分析方法

对采集的地下水位进行月平均值计算。删除异常值或标注说明，列出数据有效数据条数和计算标准差。

5.7.3　数据质量控制和评估

按照《中国生态系统研究网络（CERN）长期观测质量管理规范》丛书《陆地生态系统水环境观测质量保证与质量控制》长武站数据监测质量评估小组对数据监测来源上报以进行质量控制和评估。根据经验和多年数据对采集的地下水位数据进行有效性检查比对并计算。计算的月平均数据作为本数据产品的结果数据。

5.7.4　数据

长武井水观测点地下水位数据见表 5-12。

表 5-12　长武井水观测点地下水位

年份	月份	植被名称	地下水深埋（m）	标准差	有效数据（条）	地面高程（m）
2009	1	果园	85.61	0.02	28	1 220
2009	5	果园	85.07	0.02	11	1 220
2009	6	果园	85.09	0.02	30	1 220
2009	7	果园	84.87	0.36	24	1 220
2009	9	果园	84.23	0.09	12	1 220
2009	10	果园	84.27	0.01	18	1 220
2009	11	果园	83.64	0.65	25	1 220
2009	12	果园	82.56	0.39	31	1 220
2010	1	果园	81.17	0.12	31	1 220

（续）

年份	月份	植被名称	地下水深埋（m）	标准差	有效数据（条）	地面高程（m）
2010	2	果园	81.00	0.06	28	1 220
2010	3	果园	81.70	1.10	18	1 220
2010	4	果园	81.92	1.01	30	1 220
2010	5	果园	84.38	3.50	31	1 220
2010	6	果园	86.50	2.45	30	1 220
2010	7	果园	83.37	0.15	31	1 220
2010	8	果园	82.57	1.10	31	1 220
2010	9	果园	84.20	3.14	30	1 220
2010	10	果园	85.24	2.55	31	1 220
2010	11	果园	88.49	0.00	30	1 220
2010	12	果园	88.49	0.00	31	1 220
2011	1	果园	83.13	1.47	31	1 220
2011	2	果园	83.77	3.36	28	1 220
2011	3	果园	88.49	0.00	31	1 220
2011	4	果园	88.46	0.15	30	1 220
2011	5	果园	87.11	1.03	31	1 220
2011	6	果园	86.58	0.65	30	1 220
2011	7	果园	86.83	1.10	28	1 220
2011	8	果园	88.49	0.00	14	1 220
2011	9	果园	83.36	1.77	22	1 220
2011	10	果园	82.42	0.94	31	1 220
2011	11	果园	82.07	3.34	28	1 220
2011	12	果园	85.14	0.01	26	1 220
2012	1	果园	84.27	1.20	31	1 220
2012	2	果园	85.59	0.00	29	1 220
2012	3	果园	85.28	0.78	31	1 220
2012	4	果园	82.80	0.82	30	1 220
2012	5	果园	85.88	2.86	31	1 220
2012	6	果园	83.69	2.06	30	1 220
2012	7	果园	82.52	0.89	31	1 220
2012	8	果园	82.37	0.77	31	1 220
2012	9	果园	86.06	3.20	30	1 220
2012	10	果园	88.49	0.00	31	1 220

（续）

年份	月份	植被名称	地下水深埋（m）	标准差	有效数据（条）	地面高程（m）
2012	11	果园	88.49	0.00	30	1 220
2012	12	果园	88.49	0.00	31	1 220
2013	1	果园	85.32	2.61	31	1 220
2013	2	果园	81.79	0.49	28	1 220
2013	3	果园	82.12	2.08	31	1 220
2013	4	果园	82.22	5.63	30	1 220
2013	5	果园	84.21	2.16	31	1 220
2013	6	果园	83.20	1.48	30	1 220
2013	7	果园	84.12	2.07	31	1 220
2013	8	果园	84.76	2.19	31	1 220
2013	9	果园	82.91	1.38	30	1 220
2013	10	果园	82.28	1.27	31	1 220
2013	11	果园	82.04	1.75	30	1 220
2013	12	果园	87.84	0.47	31	1 220
2014	1	果园	80.68	3.22	31	1 220
2014	2	果园	84.79	0.02	28	1 220
2014	3	果园	84.80	0.02	31	1 220
2014	4	果园	83.68	1.46	30	1 220
2014	5	果园	83.07	2.08	31	1 220
2014	6	果园	79.90	1.57	30	1 220
2014	7	果园	78.92	0.03	31	1 220
2014	8	果园	78.93	0.02	31	1 220
2014	9	果园	80.41	2.47	30	1 220
2014	10	果园	80.17	2.64	31	1 220
2014	11	果园	78.01	0.00	30	1 220
2014	12	果园	80.12	3.06	31	1 220
2015	1	果园	83.42	0.65	31	1 220
2015	2	果园	84.06	0.17	28	1 220
2015	3	果园	84.10	0.64	31	1 220
2015	4	果园	82.92	1.99	30	1 220
2015	5	果园	84.33	1.23	31	1 220
2015	6	果园	82.33	1.12	30	1 220
2015	7	果园	81.85	0.71	31	1 220

（续）

年份	月份	植被名称	地下水深埋（m）	标准差	有效数据（条）	地面高程（m）
2015	8	果园	82.03	0.83	31	1 220
2015	9	果园	83.05	1.48	30	1 220
2015	10	果园	83.65	1.13	31	1 220
2015	11	果园	82.85	0.58	30	1 220
2015	12	果园	85.49	1.06	31	1 220

第6章

气象长期观测数据

本数据集包括长武站 2009—2015 年常规气象观测数据，包括温度、湿度、气压、降水量、风速和风向、地表温度和辐射数据相关指标的月值。

6.1 温度

6.1.1 概述

本数据集包括 2009—2015 年自动观测温度数据，包括大气温度（T 表）和露点温度（TD 表）月极大值、月极小值和月平均日平均值、日最大值、日最小值。

6.1.2 数据采集和处理方法

采用 HMP45D 温度传感器观测。每 10 s 采测 1 个温度值，每分钟采测 6 个温度值，去除 1 个最大值和 1 个最小值后取平均值，作为每分钟的温度值存储。正点时采测 00 min 的温度值作为正点数据存储。

6.1.3 数据质量控制和评估

数据质量控制采用以下原则：

（1）超出气候学界限值域−80～60 ℃的数据为错误数据。

（2）1 min 内允许的最大变化值为 3 ℃，1 h 内变化幅度的最小值为 0.1 ℃。

（3）定时气温大于等于日最低地温且小于等于日最高气温。

（4）气温大于等于露点温度。

（5）24 h 气温变化范围小于 50 ℃。

（6）利用与台站下垫面及周围环境相似的一个或多个邻近站观测数据计算本站气温值，比较台站观测值和计算值，如果超出阈值即认为观测数据可疑。

（7）某一定时气温缺测时，用前、后两定时数据内插求得，按正常数据统计，若连续两个或以上定时数据缺测时，不能内插，仍按缺测处理。

（8）一日中若 24 次定时观测记录有缺测时，该日按照 02 时、08 时、14 时、20 时 4 次定时记录做日平均，若 4 次定时记录缺测 1 次或以上，但该日各定时记录缺测 5 次或以下时，按实有记录做日统计，缺测 6 次或以上时，不做日平均。

6.1.4 数据价值/数据使用方法和建议

用质量控制后的日均值合计值除以日数获得月平均值。日平均值缺测 6 次或者以上时，不做月统计。

6.1.5　数据

自动观测气象要素-大气温度和自动观测气象要素-露点温度数据见表6-1、表6-2。

表6-1　自动观测气象要素-大气温度

单位：℃

年份	项目	月份											
		1	2	3	4	5	6	7	8	9	10	11	12
2009	日平均值月平均	−2.8	1.3	6.6	14.1	17.6	24.6	25.1	21.6	17.1	12.5	0.8	−1.1
	日最大值月平均	3.1	4.9	13.3	21.3	24.6	33.8	33.7	27.0	20.1	16.2	5.3	−0.1
	日最小值月平均	−6.2	−0.3	2.5	8.4	12.4	17.3	19.2	18.1	14.7	9.3	1.6	−2.0
	月极大值	7.6	10.7	21.2	28.1	33.5	48.4	49.9	33.8	23.3	22.1	15.1	2.3
	月极小值	−10.3	−1.8	−0.7	3.5	8.3	12.1	16.8	14.4	8.8	4.8	−0.5	−5.1
2010	日平均值月平均	−1.7	0.2	5.3	10.1	17.4	23.0	24.7	22.7	19.5	12.0	4.6	−0.7
	日最大值月平均	0.3	2.7	10.1	16.3	24.0	31.4	31.9	27.5	22.9	15.3	8.8	1.4
	日最小值月平均	−3.3	−1.3	2.1	5.5	12.4	17.0	19.9	19.6	17.4	9.4	1.9	−2.0
	月极大值	1.6	12.1	19.3	23.8	32.2	42.2	38.7	34.0	27.0	20.6	12.6	6.6
	月极小值	−5.6	−3.9	−1.4	0.5	6.1	11.9	14.1	15.3	14.1	3.9	−0.5	−6.4
2011	日平均值月平均	−3.8	−0.2	3.1	12.5	17.7	23.7	23.9	22.6	16.5	11.8	6.7	0.1
	日最大值月平均	−1.6	2.5	8.0	18.5	25.3	32.9	31.2	28.4	19.7	15.0	9.3	1.0
	日最小值月平均	−5.4	−1.6	0.6	7.9	12.1	17.1	18.9	18.7	14.4	9.4	4.9	−0.7
	月极大值	−0.4	9.3	15.3	26.7	31.8	43.3	38.8	34.5	29.2	19.4	12.5	6.8
	月极小值	−8.0	−7.0	−0.5	3.7	8.4	13.7	14.5	15.2	8.4	4.9	1.1	−3.0
2012	日平均值月平均	−5.0	−2.2	4.6	12.8	16.0	20.2	22.1	20.6	14.7	9.9	1.9	−3.6
	日最大值月平均	0.8	2.8	10.2	20.0	22.5	27.3	27.8	26.1	20.4	16.7	8.8	2.6
	日最小值月平均	−10.0	−6.2	0.0	5.9	10.2	13.1	17.5	16.7	10.0	4.0	−4.2	−9.1
	月极大值	9.9	8.9	19.5	26.1	28.0	33.4	32.7	30.1	26.6	22.6	18.1	9.4
	月极小值	−20.2	−12.3	−4.7	−1.0	2.8	9.1	12.9	10.1	2.0	−3.9	−10.2	−19.0
2013	日平均值月平均	−2.5	1.6	10.1	12.0	—	21.1	21.8	22.6	16.2	11.1	3.1	−2.7
	日最大值月平均	5.0	8.3	17.9	19.9	—	27.6	27.4	29.0	21.9	18.7	9.5	4.1
	日最小值月平均	−9.4	−4.0	2.9	4.6	—	15.4	17.3	17.1	11.6	4.8	−1.7	−8.4
	月极大值	13.1	16.4	29.0	29.1	26.2	35.0	34.8	32.1	30.6	26.8	13.9	12.1
	月极小值	−15.0	−12.3	−4.7	−3.3	7.2	5.9	2.9	11.5	4.8	−0.6	−10.2	−15.5
2014	日平均值月平均	−1.8	−0.5	4.1	11.4	14.3	20.4	22.8	21.6	—	—	6.0	−0.6
	日最大值月平均	−0.8	−0.2	6.8	13.7	17.3	23.8	25.5	24.5	—	—	8.2	0.1
	日最小值月平均	−2.7	−0.7	2.7	9.4	12.0	17.6	20.1	19.4	—	—	4.4	−1.2
	月极大值	0.1	0.5	13.5	16.5	21.1	28.4	27.8	28.0	23.9	16.5	11.4	3.0
	月极小值	−3.9	−1.8	0.0	6.2	8.3	14.7	17.9	17.2	15.2	8.1	1.4	−2.6
2015	日平均值月平均	−0.8	−0.1	5.8	11.9	16.4	19.0	24.1	23.6	18.9	12.2	7.1	1.1
	日最大值月平均	−0.2	0.6	8.8	15.3	20.5	21.5	28.8	27.6	21.6	14.9	8.4	1.5
	日最小值月平均	−1.5	−0.6	3.9	8.9	13.0	17.0	20.0	20.4	16.7	10.1	6.2	0.8
	月极大值	0.2	3.6	15.6	19.6	25.7	26.2	40.0	32.2	28.9	18.5	10.8	5.7
	月极小值	−2.8	−1.9	0.0	5.0	7.8	14.7	12.4	17.3	13.9	6.3	2.7	−1.0

注："—"表示未有数据或漏测。

表 6-2 自动观测气象要素-露点温度

单位:℃

年份	项目	月份											
		1	2	3	4	5	6	7	8	9	10	11	12
2009	日平均值月平均	−14.9	−5.5	−3.5	2.8	7.6	9.5	15.7	16.6	12.3	5.5	−3.7	−8.5
	日最大值月平均	−12.3	−1.0	0.6	6.4	11.8	13.5	19.3	19.0	15.5	9.9	−0.7	−5.7
	日最小值月平均	−17.4	−6.2	−7.2	−1.6	4.7	4.9	13.8	15.0	11.2	4.4	−6.3	−11.1
	月极大值	−4.4	3.5	8.9	13.9	16.3	20.4	23.8	22.0	18.9	16.0	11.4	−0.1
	月极小值	−31.8	−20.1	−15.5	−15.9	−11.0	−4.3	1.1	8.2	−2.3	−5.7	−17.1	−21.8
2010	日平均值月平均	−12.4	−6.3	−5.1	−0.6	7.5	13.4	—	—	—	—	−4.5	−14.0
	日最大值月平均	−9.8	−3.7	−1.1	3.5	11.6	16.1	20.5	20.2	17.2	9.4	−0.8	−10.0
	日最小值月平均	−14.5	−8.4	−8.5	−4.3	3.6	10.2	16.0	16.2	14.0	3.9	−7.4	−17.1
	月极大值	−3.0	4.7	8.3	11.8	17.8	20.5	25.3	25.1	22.6	14.3	7.4	0.4
	月极小值	−22.1	−17.3	−23.3	−14.9	−12.2	0.6	2.9	11.8	8.3	−3.6	−17.8	−26.5
2011	日平均值月平均	−15.6	−7.5	−9.8	−2.4	7.1	11.8	15.6	16.6	11.7	6.1	2.5	−7.7
	日最大值月平均	−12.9	−5.1	−5.6	2.1	10.6	14.5	18.2	18.2	13.5	8.5	4.5	−5.6
	日最小值月平均	−18.3	−9.9	−14.3	−7.4	3.1	8.4	12.8	14.9	9.6	3.5	0.4	−9.9
	月极大值	−7.0	1.6	2.8	12.5	16.6	18.2	21.1	22.5	20.0	13.2	9.7	0.8
	月极小值	−23.7	−18.3	−25.6	−15.6	−15.6	1.1	−1.5	9.8	0.2	−4.8	−6.3	−20.4
2012	日平均值月平均	−11.8	−11.0	−3.7	0.6	9.4	11.9	18.0	17.3	10.9	4.5	−6.8	−11.9
	日最大值月平均	−9.1	−7.3	−0.6	4.5	12.2	15.3	20.0	19.2	13.3	7.5	−3.0	−9.2
	日最小值月平均	−14.9	−13.7	−7.3	−3.9	6.2	9.0	16.0	15.5	8.3	1.3	−10.6	−14.9
	月极大值	−3.6	−1.8	6.4	14.3	18.0	33.0	24.3	22.2	17.0	13.6	4.3	−1.9
	月极小值	−22.0	−24.7	−21.1	−13.0	−5.6	−2.6	10.4	8.3	−0.7	−7.6	−19.1	−28.3
2013	日平均值月平均	−14.2	−8.0	−7.1	−2.1	—	13.7	18.0	17.3	12.4	6.0	−2.5	−10.6
	日最大值月平均	−11.7	−4.7	−2.7	2.3	—	15.9	19.3	19.3	14.5	8.8	0.1	−8.2
	日最小值月平均	−16.8	−12.0	−11.2	−6.8	—	11.1	16.0	15.3	10.0	2.8	−5.9	−13.2
	月极大值	−3.1	−0.3	7.6	10.3	13.3	20.0	22.7	21.1	18.0	14.4	7.6	−3.4
	月极小值	−26.3	−23.4	−26.1	−23.7	−1.6	2.5	8.5	7.5	3.1	−2.4	−15.8	−22.9
2014	日平均值月平均	−15.8	−6.2	−3.4	6.4	5.6	13.3	15.2	14.9	—	—	−1.6	−14.0
	日最大值月平均	−12.2	−4.2	0.0	8.6	9.3	15.9	17.2	16.9	—	—	1.0	−11.2
	日最小值月平均	−18.7	−8.5	−6.7	3.2	0.9	10.2	12.6	12.7	—	—	−4.5	−16.5
	月极大值	−1.0	2.5	9.5	13.1	16.1	17.9	21.6	20.2	17.6	11.2	4.5	−3.2
	月极小值	−25.4	−16.9	−15.6	−8.0	−13.3	5.6	7.5	7.0	−5.1	−16.6	−24.8
2015	日平均值月平均	−10.9	−8.9	−1.3	3.8	7.4	13.0	15.0	15.1	12.4	4.8	2.2	−7.8
	日最大值月平均	−8.1	−6.1	1.6	6.3	10.9	15.3	17.2	17.4	14.4	7.9	4.0	−5.5
	日最小值月平均	−14.0	−12.1	−4.9	−0.4	3.1	10.0	12.0	12.0	10.0	1.5	0.5	−10.3
	月极大值	−1.7	0.3	11.1	14.1	16.0	20.1	20.4	21.2	17.9	12.5	8.3	0.3
	月极小值	−19.8	−18.4	−20.3	−13.8	−11.4	−2.8	6.6	5.1	1.1	−5.4	−7.8	−20.0

注:"—"表示未有数据或漏测。

6.2　相对湿度

6.2.1　概述

本数据集包括2009—2015年自动观测的相对湿度数据（RH表），包括月极小值和月平均日平均值、日最小值。

6.2.2　数据采集和处理方法

HMP45D湿度传感器观测。每10 s采测1个湿度值，每分钟采测6个湿度值，去除1个最大值和1个最小值后取平均值，作为每分钟的湿度值存储。正点时采测00 min的湿度值作为正点数据存储。

6.2.3　数据质量控制和评估

数据质量控制采用以下原则：

（1）相对湿度介于0～100%之间。

（2）定时相对湿度大于等于日最小相对湿度。

（3）干球温度大于等于湿球温度（结冰期除外）。

（4）某一定时相对湿度缺测时，用前、后两定时数据内插求得，按正常数据统计，若连续两个或以上定时数据缺测时，不能内插，仍按缺测处理。

（5）一日中若24次定时观测记录有缺测时，该日按照02时、08时、14时、20时4次定时记录做日平均，若4次定时记录缺测1次或以上，但该日各定时记录缺测5次或以下时，按实有记录做日统计，缺测6次或以上时，不做日平均。

6.2.4　数据价值/数据使用方法和建议

用质量控制后的日均值合计值除以日数获得月平均值。日平均值缺测6次或以上时，不做月统计。

6.2.5　数据

自动观测气象要素-大气相对湿度数据见表6-3。

表6-3　自动观测气象要素-大气相对湿度

单位：%

年份	项目	月份											
		1	2	3	4	5	6	7	8	9	10	11	12
2009	日平均值月平均	44	62	54	55	62	51	69	87	84	69	77	69
	日最小值月平均	27	54	33	31	42	27	52	68	68	49	52	46
	月极小值	14	14	13	12	10	2	13	29	25	19	16	20
2010	日平均值月平均	48	65	54	54	66	70	—	—	—	—	58	41
	日最小值月平均	29	46	34	33	37	42	53	64	66	56	28	22
	月极小值	15	20	9	12	11	14	14	39	34	24	14	9
2011	日平均值月平均	58	59	43	40	64	63	75	82	87	80	86	70
	日最小值月平均	33	35	22	18	35	35	46	58	63	53	66	47
	月极小值	−9	15	9	6	10	11	13	24	23	17	24	17

（续）

年份	项目	月份											
		1	2	3	4	5	6	7	8	9	10	11	12
2012	日平均值月平均	63	54	62	49	69	64	80	84	81	74	57	58
	日最小值月平均	38	34	37	23	39	36	53	56	51	42	30	36
	月极小值	15	17	9	9	12	11	28	23	24	17	16	9
2013	日平均值月平均	44	54	34	47	—	66	82	75	81	75	71	59
	日最小值月平均	23	28	16	23	—	41	58	47	53	41	40	34
	月极小值	12	8	6	7	19	12	20	25	18	18	15	10
2014	日平均值月平均	36	76	54	75	57	70	64	77	—	—	72	46
	日最小值月平均	17	55	27	46	27	36	38	48	—	—	46	24
	月极小值	9	13	10	13	10	17	17	22	29	20	14	10
2015	日平均值月平均	54	54	64	64	63	74	67	77	82	76	87	69
	日最小值月平均	30	29	39	37	30	46	36	45	57	45	68	47
	月极小值	13	10	10	8	12	14	18	20	29	16	36	17

注："—"表示未有数据或漏测。

6.3　气压

6.3.1　概述

本数据集包括 2009—2015 年自动观测气压数据，包括大气压（P 表）、水汽压（HB 表）和海平面气压（P0 表）月极大值、月极小值和月平均日平均值、日最大值、日最小值。

6.3.2　数据采集和处理方法

数据获取方法：DPA501 数字气压表观测，每 10 s 采测 1 个气压值，每分钟采测 6 个气压值，去掉 1 个最大值和 1 个最小值后取平均值，作为每分钟的气压值，正点时采测 00 min 的气压值作为正点数据存储。

6.3.3　数据质量控制和评估

（1）超出气候学界限值域 300~1 100 hPa 的数据为错误数据。

（2）所观测的气压不小于日最低气压且不大于日最高气压，海拔高度大于 0 m 时，台站气压小于海平面气压，海拔高度等于 0 m 时，台站气压等于海平面气压，海拔高度小于 0 m 时，台站气压大于海平面气压。

（3）24h 变压的绝对值小于 50 hPa。

（4）1 min 内允许的最大变化值为 1.0 hPa，1 h 内变化幅度的最小值为 0.1 hPa。

（5）某一定时气压缺测时，用前、后两定时数据内插求得，按正常数据统计，若连续两个或以上定时数据缺测时，不能内插，仍按缺测处理。

（6）一日中若 24 次定时观测记录有缺测时，该日按照 02 时、08 时、14 时、20 时 4 次定时记录做日平均，若 4 次定时记录缺测 1 次或以上但该日各定时记录缺测 5 次或以下时，按实有记录做日统计，缺测 6 次或以上时，不做日平均。

6.3.4 数据价值/数据使用方法和建议

用质量控制后的日均值合计值除以日数获得月平均值。日平均值缺测 6 次或者以上时，不做月统计。

6.3.5 数据

自动观测气象要素-大气压、自动观测气象要素-水汽压、自动观测气象要素-海平面气压数据见表 6-4 至表 6-6。

表 6-4 自动观测气象要素-大气压

单位：hPa

年份	项目	月份											
		1	2	3	4	5	6	7	8	9	10	11	12
2009	日平均值月平均	885	878	879	877	877	872	871	876	879	882	884	883
	日最大值月平均	889	881	882	879	880	874	878	878	881	884	887	887
	日最小值月平均	882	875	875	874	874	869	870	875	877	880	882	880
	月极大值	899	887	895	889	888	879	1009	884	887	890	901	894
	月极小值	871	858	866	866	868	865	867	871	871	875	872	871
2010	日平均值月平均	883	879	880	879	875	875	873	877	879	884	884	882
	日最大值月平均	886	882	884	883	877	876	875	878	881	886	887	885
	日最小值月平均	880	875	876	875	872	873	872	875	877	881	881	878
	月极大值	896	892	899	888	883	883	879	884	890	894	894	897
	月极小值	873	862	866	868	865	868	867	870	870	871	871	871
2011	日平均值月平均	887	879	884	878	877	872	872	875	880	883	883	887
	日最大值月平均	889	881	887	881	879	874	874	876	882	885	886	889
	日最小值月平均	884	876	880	875	874	870	870	873	878	881	881	885
	月极大值	897	889	898	888	886	878	877	880	888	891	891	896
	月极小值	877	868	870	865	865	867	865	869	873	875	876	878
2012	日平均值月平均	884	881	880	876	876	872	872	876	881	883	882	883
	日最大值月平均	886	884	882	879	878	873	873	877	882	885	885	887
	日最小值月平均	881	878	877	873	874	870	870	874	879	880	878	879
	月极大值	894	891	893	888	883	879	877	883	891	891	891	898
	月极小值	872	870	870	862	870	866	867	871	874	877	872	874
2013	日平均值月平均	883	881	878	877	—	872	871	874	880	884	886	885
	日最大值月平均	886	884	881	880	—	874	872	875	881	886	888	888
	日最小值月平均	880	878	875	873	—	870	869	872	877	881	883	883
	月极大值	897	891	892	888	880	883	877	881	890	892	895	895
	月极小值	874	871	867	864	872	864	866	866	871	875	876	876
2014	日平均值月平均	883	881	880	879	876	874	873	876	—	—	884	887
	日最大值月平均	886	884	883	881	878	875	875	878	—	—	886	890
	日最小值月平均	880	879	877	876	873	871	871	874	—	—	881	884
	月极大值	895	888	893	887	888	878	882	882	882	895	894	898
	月极小值	870	872	871	871	867	866	867	868	872	877	874	877

（续）

年份	项目	月份											
		1	2	3	4	5	6	7	8	9	10	11	12
2015	日平均值月平均	884	882	881	878	875	873	873	876	880	884	883	886
	日最大值月平均	887	884	884	881	878	875	875	877	882	887	885	888
	日最小值月平均	882	879	878	876	872	871	872	874	878	882	880	884
	月极大值	893	895	891	894	884	882	880	882	891	896	892	895
	月极小值	872	871	865	864	867	866	869	869	873	874	875	877

表6-5　自动观测气象要素-水汽压

单位：hPa

年份	项目	月份											
		1	2	3	4	5	6	7	8	9	10	11	12
2009	日平均值月平均	2.1	4.3	5.1	8.1	11.0	12.4	18.3	19.1	14.6	9.3	5.1	3.4
	日最大值月平均	2.5	5.9	5.2	10.2	14.1	15.7	22.8	22.1	17.8	12.4	6.2	4.2
	日最小值月平均	1.7	4.2	5.0	6.0	9.0	9.2	16.4	17.3	13.8	8.8	4.2	2.8
	月极大值	4.4	7.8	8.0	15.8	18.5	23.9	29.5	26.3	21.9	18.2	13.4	6.1
	月极小值	0.4	1.2	2.5	1.8	2.6	4.4	6.6	10.9	5.1	4.0	1.6	1.1
2010	日平均值月平均	2.4	4.1	4.5	6.3	11.1	15.7	—	—	—	—	4.7	2.2
	日最大值月平均	3.0	4.9	6.0	8.2	14.0	18.4	24.3	23.8	19.9	12.1	6.0	3.1
	日最小值月平均	2.1	3.4	3.5	5.0	8.5	12.9	18.8	18.8	16.3	8.2	3.7	1.7
	月极大值	4.9	8.5	10.9	13.8	20.3	24.1	32.3	31.8	27.4	16.3	10.3	6.3
	月极小值	1.0	1.6	0.9	1.9	2.4	6.4	7.5	13.8	10.9	4.7	1.5	0.7
2011	日平均值月平均	1.9	3.7	3.2	5.5	10.5	14.2	18.0	19.0	14.1	9.7	7.6	3.6
	日最大值月平均	2.3	4.3	4.2	7.4	13.0	16.6	20.6	21.0	15.6	11.2	8.5	4.1
	日最小值月平均	1.5	3.1	2.2	3.7	8.1	11.3	15.2	17.0	12.2	8.2	6.6	3.0
	月极大值	3.6	6.8	7.4	14.4	18.9	20.7	24.9	27.2	23.3	15.2	12.1	6.4
	月极小值	0.9	1.4	0.8	1.8	1.8	6.6	5.5	12.1	6.2	4.3	3.8	1.2
2012	日平均值月平均	2.6	2.9	4.9	7.0	12.2	14.4	20.8	20.0	13.4	8.8	4.0	2.7
	日最大值月平均	3.2	3.7	6.0	14.4	17.0	23.4	22.4	15.4	10.6	4.8	2.1	
	日最小值月平均	2.0	2.3	3.8	5.0	9.9	12.0	18.3	17.9	11.4	7.1	3.0	2.1
	月极大值	4.7	5.3	9.6	16.2	20.6	21.9	30.4	26.8	19.3	15.5	8.3	5.3
	月极小值	0.0	0.3	1.1	2.2	4.0	5.0	12.6	10.9	5.8	3.5	1.4	0.6
2013	日平均值月平均	2.2	3.5	4.0	6.0	—	16.0	20.7	20.0	14.6	9.5	5.5	2.8
	日最大值月平均	2.6	4.4	5.4	7.9	—	18.2	23.3	22.4	16.7	11.5	6.5	3.4
	日最小值月平均	1.7	2.5	2.9	4.3	—	13.7	18.5	17.5	12.5	7.7	4.3	2.3
	月极大值	4.9	6.0	9.8	12.5	15.3	23.3	27.5	25.0	20.6	16.4	10.5	4.7

（续）

年份	项目	月份											
		1	2	3	4	5	6	7	8	9	10	11	12
	月极小值	0.7	0.9	0.7	0.9	5.4	7.3	11.1	10.3	7.6	5.1	1.8	1.0
2014	日平均值月平均	1.8	4.0	5.0	9.8	9.5	15.4	17.4	17.0	—	—	5.5	2.1
	日最大值月平均	2.4	4.6	6.4	11.2	11.9	18.1	19.7	19.2	—	—	6.6	2.7
	日最小值月平均	1.4	3.4	3.9	8.0	6.9	12.5	14.7	14.8	—	—	4.5	1.7
	月极大值	5.0	7.3	11.9	15.0	18.2	20.4	25.8	23.6	20.1	13.3	8.4	4.8
	月极小值	0.8	1.6	1.8	3.4	2.2	7.8	9.0	10.3	10.0	4.2	1.7	0.8
2015	日平均值月平均	2.7	3.3	6.1	8.4	10.6	15.4	17.2	17.3	14.6	8.9	7.4	3.6
	日最大值月平均	3.4	4.0	7.3	10.0	13.2	17.7	19.6	20.0	16.5	10.8	8.3	4.2
	日最小值月平均	2.1	2.5	4.8	6.3	7.9	13.0	14.2	14.3	12.5	7.1	6.6	3.0
	月极大值	5.4	6.3	13.2	16.1	18.2	23.5	23.9	25.1	19.9	14.5	10.9	6.2
	月极小值	1.3	1.4	1.2	2.1	2.6	5.0	9.7	8.8	6.6	4.1	3.4	1.3

表6-6　自动观测气象要素-海平面气压

单位：hPa

年份	项目	月份											
		1	2	3	4	5	6	7	8	9	10	11	12
2009	日平均值月平均	1 033	1 022	1 021	1 014	1 014	1 004	1 004	1 011	1 016	1 021	1 029	1 031
	日最大值月平均	1 039	1 026	1 025	1 019	1 018	1 009	1 007	1 014	1 018	1 025	1 034	1 035
	日最小值月平均	1 026	1 017	1 014	1 009	1 008	999	1 000	1 007	1 012	1 016	1 024	1 025
	月极大值	1 057	1 035	1 043	1 033	1 028	1 017	1 010	1 022	1 028	1 032	1 053	1 048
	月极小值	1 012	996	999	997	999	992	995	1 001	1 004	1 009	1 006	1 015
2010	日平均值月平均	1 030	1 023	1 022	1 019	1 011	1 008	1 005	1 010	1 015	1 024	1 027	1 028
	日最大值月平均	1 034	1 028	1 028	1 024	1 015	1 012	1 008	1 013	1 017	1 028	1 032	1 033
	日最小值月平均	1 023	1 017	1 015	1 012	1 005	1 004	1 002	1 007	1 010	1 019	1 021	1 021
	月极大值	1 050	1 044	1 052	1 035	1 024	1 022	1 012	1 022	1 029	1 040	1 043	1 050
	月极小值	1 013	995	999	1 001	995	995	995	998	1 000	1 004	1 006	1 008
2011	日平均值月平均	1 038	1 023	1 028	1 016	1 013	1 005	1 005	1 009	1 017	1 023	1 026	1 035
	日最大值月平均	1 042	1 028	1 033	1 021	1 017	1 009	1 008	1 011	1 020	1 027	1 029	1 038
	日最小值月平均	1 032	1 018	1 021	1 010	1 007	1 001	1 001	1 005	1 013	1 019	1 022	1 030
	月极大值	1 053	1 040	1 047	1 032	1 026	1 016	1 013	1 018	1 031	1 034	1 038	1 050
	月极小值	1 024	1 006	1 003	994	994	995	995	997	1 003	1 011	1 015	1 019
2012	日平均值月平均	1 032	1 028	1 022	1 014	1 012	1 005	1 004	1 009	1 018	1 023	1 026	1 031
	日最大值月平均	1 036	1 032	1 026	1 019	1 016	1 009	1 007	1 012	1 021	1 027	1 031	1 036

（续）

年份	项目	月份											
		1	2	3	4	5	6	7	8	9	10	11	12
	日最小值月平均	1 027	1 022	1 017	1 007	1 007	1 000	1 000	1 005	1 014	1 017	1 019	1 024
	月极大值	1 046	1 043	1 038	1 032	1 023	1 016	1 011	1 022	1 035	1 037	1 039	1 053
	月极小值	1 015	1 009	1 004	992	1 001	993	995	1 001	1 007	1 011	1 006	1 017
2013	日平均值月平均	1 030	1 026	1 018	1 015	—	1 005	1 000	1 006	1 016	1 023	1 030	1 033
	日最大值月平均	1 035	1 031	1 023	1 021	—	1 009	1 006	1 009	1 019	1 027	1 034	1 037
	日最小值月平均	1 023	1 019	1 011	1 008	—	1 000	1 000	1 002	1 012	1 018	1 024	1 027
	月极大值	1 050	1 040	1 039	1 033	1 020	1 020	1 012	1 018	1 030	1 036	1 046	1 047
	月极小值	1 012	1 008	998	992	1 003	991	993	993	1 002	1 006	1 015	1 015
2014	日平均值月平均	1 030	1 028	1 021	1 018	1 012	1 007	1 005	1 010	—	—	1 028	1 035
	日最大值月平均	1 035	1 031	1 026	1 022	1 017	1 011	1 009	1 013	—	—	1 032	1 040
	日最小值月平均	1 023	1 023	1 015	1 012	1 006	1 002	1 001	1 006	—	—	1 022	1 028
	月极大值	1 047	1 041	1 038	1 032	1 029	1 015	1 014	1 019	1 021	1 041	1 042	1 052
	月极小值	1 007	1 008	1 002	1 003	997	994	994	995	1 002	1 011	1 014	1 016
2015	日平均值月平均	1 031	1 027	1 022	1 017	1 011	1 007	1 006	1 010	965	886	955	1 033
	日最大值月平均	1 035	1 031	1 027	1 022	1 016	1 011	1 009	1 013	969	889	958	1 037
	日最小值月平均	1 025	1 021	1 017	1 011	1 005	1 003	1 001	1 005	959	884	948	1 028
	月极大值	1 046	1 045	1 037	1 037	1 028	1 021	1 016	1 018	1 030	898	1 038	1 052
	月极小值	1 011	1 007	997	996	995	995	997	997	875	876	877	1 022

6.4　降水量

6.4.1　概述

本数据集包括 2009—2015 年人工观测的降水量数据（D22 表），包括月降水量、日最大值和日最大值日期。

6.4.2　数据采集和处理方法

利用雨（雪）量器每天 08 时和 20 时观测前 12 h 的累积降水量。距地面高度 70 cm，冬季积雪超过 30 cm 时距地面高度 1.0～1.2 m。

6.4.3　数据质量控制和评估

当降水量大于 0.0 mm 或者微量时，应有降水或者雪暴天气现象。

6.4.4　数据价值/数据使用方法和建议

（1）降水量的日总量由该日降水量各时值累加获得。一日中定时记录缺测 1 次，另一定时记录未缺测时，按实有记录做日合计，全天缺测时不做日合计。

　　（2）月累计降水量由日总量累加而得。一月中降水量缺测 7 天或以上时，该月不做月合计，按缺测处理。

6.4.5　数据

　　人工观测气象要素-降水量数据见表 6-7。

表 6-7　人工观测气象要素-降水量

单位：mm

年份	项目	月份											
		1	2	3	4	5	6	7	8	9	10	11	12
2009	月降水量	—	19.6	21.4	16.1	63.8	14.9	149.4	102.9	53.7	17.9	37.7	2.6
	日最大值	—	7.9	8.6	7.3	12.4	4.2	50.4	25.5	16	7.6	14	2.2
	日最大值日期	—	26	27	18	27	8	8	21	13	11	11	14
2010	月降水量	—	18.2	21.2	42.3	35.9	31.4	173.9	156.6	75	19.3	—	5.7
	日最大值	—	5.6	5.7	28.2	21.2	17.3	127.2	44.7	25.8	10.7	—	5.7
	日最大值日期	—	10	31	20	26	7	23	12	24	10	—	24
2011	月降水量	3	6	14.8	6.8	69.6	30.4	112	84.2	216.4	49.1	80.5	5
	日最大值	2.2	2.9	8	6.8	24.8	12.4	12.2	33.5	41.6	12.8	26.1	1.6
	日最大值日期	2	9	20	20	9	21	16	20	11	11	29	6
2012	月降水量	12.3	1.3	18.2	32.2	52	57.1	113.9	99	131.7	10.7	3	3.4
	日最大值	6.7	0.5	6.1	9.2	15.9	28.8	31	22.3	57.1	5.2	1.3	2.9
	日最大值日期	21	25	28	30	11	24	8	31	1	18	9	20
2013	月降水量	0.3	5.1	4.7	4.7	60.8	45.4	232.5	41.4	126.4	33.3	18.4	—
	日最大值	0.3	3.9	4.7	4.7	14.6	15.6	134.8	28	32	14.6	9.3	—
	日最大值日期	20	18	25	25	25	20	22	7	22	30	22	—
2014	月降水量	—	20.5	29.9	95.2	31.7	54.6	24.6	146.2	188.9	13.8	10.5	1
	日最大值	—	4.3	17.7	35.1	10.8	21.8	15	46.7	28.1	8.9	3.1	1
	日最大值日期	—	28	30	18	10	19	9	6	11	28	22	9
2015	月降水量	6.6	7.3	17.7	69.4	50.6	99.5	33.3	138.5	62.8	48	33.4	11.1
	日最大值	4	5.8	7.1	26.2	24.2	38.2	17	93	11.9	22	9.6	5.9
	日最大值日期	28	27	24	1	30	23	19	12	3	24	6	12

6.5　风速和风向

6.5.1　概述

　　本数据集包括 2009—2015 年自动观测风速和风向的数据，包括风速和风向、10 min 平均风速（W10A 表）的月平均风速、月最多风向、最大风速、最大风风向及 10 min 极大风速和风向（W10 M

表）、60 min 极大风速和风向（W60 表）的最大风速、最大风风向、最大风日期数据。

6.5.2　数据采集和处理方法

WAA151 或 WAC151 风速传感器观测，每秒采测 1 次风速数据，以 1 s 为步长求 3 s 滑动平均值，以 3 s 为步长求 1 min 滑动平均风速，然后以 1 min 为步长求 10 min 滑动平均风速。正点时存储 00 min 的 10 min 平均风速值。

6.5.3　数据质量控制和评估

数据质量控制采用以下原则：

（1）超出气候学界限值域 0～75 m/s 的数据为错误数据。

（2）10 min 平均风速小于最大风速。

（3）一日中若 24 次定时观测记录有缺测时，该日按照 02 时、08 时、14 时、20 时 4 次定时记录做日平均，若 4 次定时记录缺测 1 次或以上，但该日各定时记录缺测 5 次或以下时，按实有记录做日统计，缺测 6 次或以上时，不做日平均。

6.5.4　数据价值/数据使用方法和建议

用质量控制后的日均值合计值除以日数获得月平均值。日平均值缺测 6 次或者以上时，不做月统计。

6.5.5　数据

自动气象观测要素-风速和风向、自动气象观测要素-10 min 平均风速、自动气象现测要素-10 min 极大风速和风向、自动气象观测要素-60 min 极大风速和风向见表 6-8 至表 6-11。

表 6-8　自动气象观测要素-风速和风向

年份	项目	月份											
		1	2	3	4	5	6	7	8	9	10	11	12
2009	月平均风速（m/s）	1.2	1.3	1.4	1.6	1.4	1.3	1.1	1	1.1	1	1	1.1
	月最多风向	NNE	SSW	NNE	SSW	SSW	SSW	S	SSE	S	SSE	C	NNW
	最大风速（m/s）	7.1	5.6	9.2	7.9	6.8	7.5	6.3	5.8	6.5	7.8	4.2	9.3
	最大风风向（°）	350	328	348	353	5	20	182	337	27	349	1	352
2010	月平均风速（m/s）	1.2	1.4	1.7	1.8	1.3	1.2	1.3	1	1.2	1	1.1	1.4
	月最多风向	NNE	SSE	SSW	NNE	SSE	SSE	S	SSW	S	SSW	NNW	NNW
	最大风速（m/s）	8	6.8	9	11.2	8.7	6	4.8	5.6	4.8	7.1	8.4	7.1
	最大风风向（°）	1	350	19	340	351	181	4	348	11	350	350	351
2011	月平均风速（m/s）	1	1.3	1.4	1.7	1.3	1.2	1	1	1.1	1	1.1	1
	月最多风向	NNE	SSW	NNE	NNE	SSW	S	C	SSW	SSW	S	SSE	SSW
	最大风速（m/s）	5.8	4.8	9.1	8.4	6.7	4.6	8.1	4.3	4.7	6.9	5.5	7.6
	最大风风向（°）	26	353	26	351	4	182	102	125	26	332	348	349
2012	月平均风速（m/s）	0.9	1.2	1.4	1.5	1.2	1.3	1.1	1.1	1.1	0.7	0.9	1.3
	月最多风向	NNE	SSW	SSE	SSW	SSE	SSW	SSW	S	SSE	C	C	SSW

（续）

年份	项目	月份											
		1	2	3	4	5	6	7	8	9	10	11	12
	最大风速（m/s）	5.3	5.4	7.5	9.3	9.1	8.2	5.7	6.8	6.5	7.2	10	7.6
	最大风风向（°）	25	252	336	27	338	102	24	340	350	13	352	357
2013	月平均风速（m/s）	1.0	1.4	1.6	1.5	—	1.5	1.2	1.3	1.0	0.9	1.0	1.0
	月最多风向	SSE	SSW	SSW	SSW	SSE	S	NNW	SSW	C	C	C	NNW
	最大风速（m/s）	5.7	5.7	10.6	7.4	4.7	10.7	5.9	5.8	6.2	5.4	10.2	6.1
	最大风风向（°）	7	35	337	18	164	341	335	2	356	340	354	347
2014	月平均风速（m/s）	1.1	1.2	1.3	1.3	1.4	1	1.4	1.1			0.7	0.6
	月最多风向	NNE	SSE	SSW	SSW	S	SSW	SSW	SSW	SSE	C	C	C
	最大风速（m/s）	7.3	6.8	6.4	6.8	9.9	6.6	7.4	5.4	6	6	6	7.4
	最大风风向（°）	342	18	12	2	343	6	0	11	27	358	21	15
2015	月平均风速（m/s）	0.3	0.5	0.7	1	0.6	1		0.8	1.1	1.1	1.1	1
	月最多风向	C	C	C	C	C	C	C	C	C	SSW	SSW	C
	最大风速（m/s）	5.7	6.2	6.8	7.3	8.7	10.7	4.6	7.1	8.3	8.7	8.6	6.4
	最大风风向（°）	1	350	3	147	11	346	164	77	27	23	18	33

注：（1）风向分16个方位，分别为E（东）、S（南）、W（西）、N（北）及其组合，下同。
　　（2）C为静风（风速小于0.2 m/s），下同。

表6-9　自动气象观测要素-10 min 平均风速

年份	项目	月份											
		1	2	3	4	5	6	7	8	9	10	11	12
2009	月平均风速（m/s）	1.2	1.3	1.4	1.6	1.4	1.3	1.1	1.0	1.1	1.0	1.0	1.1
	月最多风向	NNE	SSW	S	S	S	S	S	S	S	S	S	NNW
	最大风速（m/s）	6.8	5.8	10.1	7.2	6.9	6.8	5.2	5.9	6.6	8.6	4.3	8.3
	最大风风向（°）	351.0	343.0	341.0	352.0	6.0	24.0	1.0	352.0	22.0	349.0	100.0	341.0
2010	月平均风速（m/s）	1.2	1.4	1.7	1.8	1.3	1.2	1.3	1.0	1.2	1.0	1.1	1.4
	月最多风向	NNE	SSE	S	NNE	S	S	S	SSW	S	SSW	NNW	NNW
	最大风速（m/s）	6.6	6.3	9.0	10.6	8.3	5.6	5.2	4.2	5.4	7.6	7.8	6.4
	最大风风向（°）	18.0	342.0	347.0	325.0	354.0	179.0	99.0	343.0	12.0	357.0	20.0	343.0
2011	月平均风速（m/s）	1.0	1.3	1.4	1.7	1.3	1.2	1.1	1.0	1.0	1.1	1.0	1.0
	月最多风向	NNE	S	NNE	NNE	SSW	S	C	S	SSW	S	SSE	NNW
	最大风速（m/s）	5.5	4.8	8.0	7.2	7.2	4.5	6.2	4.2	4.2	6.6	5.3	7.0
	最大风风向（°）	15.0	352.0	347.0	348.0	1.0	244.0	106.0	55.0	30.0	7.0	348.0	352.0
2012	月平均风速（m/s）	0.9	1.2	1.4	1.5	1.1	1.3	1.1	1.1	1.1	0.7	0.9	1.3

（续）

年份	项目	月份											
		1	2	3	4	5	6	7	8	9	10	11	12
	月最多风向	NNE	NNE	S	SSW	S	S	S	S	SSE	C	C	SSW
	最大风速（m/s）	4.4	5.3	7.4	9.5	5.7	7.6	5.9	6.5	6.3	6.6	8.7	7.5
	最大风风向（°）	345	247	348	3	2	94	348	96	352	18	2	345
2013	月平均风速（m/s）	1.0	1.3	1.6	1.5	—	1.5	1.2	1.3	1.0	0.9	1.0	1.0
	月最多风向	NNW	SSW	S	S	SSE	S	NNW	S	C	C	C	NNW
	最大风速（m/s）	5.0	5.8	9.4	6.6	4.4	7.6	5.2	5.3	5.3	5.5	7.9	5.7
	最大风风向（°）	350	35	342	332	168	345	7	6	346	345	353	335
2014	月平均风速（m/s）	1.1	1.2	1.3	1.4	1.4	1.4	1.1		—	—	0.7	0.6
	月最多风向	NNE	S	SSW	S	S	SSW	S	SSW	S	C	C	C
	最大风速（m/s）	6.4	6.5	6.0	7.7	8.4	5.6	6.6	5.0	6.5	6.1	6.3	7.5
	最大风风向（°）	339.0	20.0	2.0	352.0	340.0	337.0	353.0	68.0	358.0	356.0	2.0	354.0
2015	月平均风速（m/s）	0.3	0.5	0.7	1.1	0.6			0.8	1.1	1.1	1.1	1.0
	月最多风向	C	C	C	C	C	C	C	C	SSW	SSW	SSW	C
	最大风速（m/s）	5.8	6.0	5.9	6.2	7.3	9.7	5.2	6.5	7.8	8.6	7.2	5.6
	最大风风向（°）	348.0	358.0	6.0	18.0	351.0	342.0	95.0	113.0	29.0	21.0	14.0	30.0

表 6-10　自动气象观测要素-10 min 极大风速和风向

年份	项目	月份											
		1	2	3	4	5	6	7	8	9	10	11	12
2009	最大风速（m/s）	12.7	10	18	12.2	12.1	13.8	10.5	10.4	11.8	15.1	7.6	14.9
	最大风风向（°）	7	331	340	346	5	18	180	358	17	351	101	1
	最大风日期（日）	22	13	21	30	28	19	3	18	19	18	15	26
2010	最大风速（m/s）	12.8	10.7	16.8	20.5	14.2	10.3	9.3	8.8	13.4	14.1	17.5	11.5
	最大风风向（°）	10	15	19	335	354	154	103	360	355	348	20	335
	最大风日期（日）	12	24	20	26	17	20	23	4	20	10	21	7
2011	最大风速（m/s）	9.8	9.6	14.9	15.3	15.1	8.1	17	9.2	8.4	13.4	9.6	11.2
	最大风风向（°）	17	357	345	343	359	240	1	59	4	7	344	353
	最大风日期（日）	14	13	13	26	18	2	16	25	28	14	7	23
2012	最大风速（m/s）	8	9.1	13.7	18.9	14	14.8	11.7	12.6	11.3	13.8	18.3	14
	最大风风向（°）	3	359	348	352	333	83	115	94	350	17	353	348
	最大风日期（日）	3	6	23	2	11	22	13	28	1	16	3	7
2013	最大风速（m/s）	10.7	12.4	15.5	13.2	8	16.2	9.9	11.2	10.1	10	15.6	12.9
	最大风风向（°）	349	15	343	51	180	297	2	351	338	352	355	343

（续）

年份	项目	月份											
		1	2	3	4	5	6	7	8	9	10	11	12
	最大风日期（日）	31	28	9	8	5	26	28	1	18	7	26	8
2014	最大风速（m/s）	9.5	11	11.4	12.3	14.7	11.3	11.2	9.9	11.6	9.3	13.1	14.5
	最大风风向（°）	349	21	9	351	343	7	2	70	357	353	1	352
	最大风日期（日）	19	3	12	24	1	6	22	5	2	31	1	15
2015	最大风速（m/s）	11.3	13.3	14.2	13.2	14.8	15.1	12.3	16.5	18.6	15.3	16	12.7
	最大风风向（°）	348	347	7	23	357	340	91	23	28	28	17	23
	最大风日期（日）	20	15	3	12	10	10	19	3	30	1	25	15

表 6-11　自动气象观测要素-60 min 极大风速和风向

年份	项目	月份											
		1	2	3	4	5	6	7	8	9	10	11	12
2009	最大风速（m/s）	13	10.9	18	14.9	13.7	18.6	13	13.4	14.7	16.8	8.5	14.9
	最大风风向（°）	6	4	330	156	4	188	349	336	13	17	13	328
	最大风日期（日）	22	12	21	15	28	3	19	18	19	18	12	26
2010	最大风速（m/s）	12.8	11.4	18.7	22.3	16.9	15.3	9.3	12.5	13.4	14.1	20.7	12.7
	最大风风向（°）	351	21	13	339	345	19	9	109	26	354	11	341
	最大风日期（日）	12	24	20	26	17	16	9	1	20	10	11	15
2011	最大风速（m/s）	10.9	11	17	17.8	15.1	9.4	17	12.1	10.4	15.6	10.3	13
	最大风风向（°）	334	354	0	283	358	354	338	24	24	354	0	358
	最大风日期（日）	14	13	13	26	18	22	16	15	17	13	11	23
2012	最大风速（m/s）	9	10.9	16.5	20.4	15.4	15.3	11.7	15.9	15	17.6	18.3	14
	最大风风向（°）	354	105	321	354	0	88	146	15	0	13	345	356
	最大风日期（日）	2	16	23	2	11	22	13	26	1	16	3	6
2013	最大风速（m/s）	10.7	12.4	16.4	13.6	12.4	16.2	11.6	17.8	10.7	15.4	15.6	12.9
	最大风风向（°）	0	345	17	19	13	336	356	26	193	354	24	13
	最大风日期（日）	31	28	9	5	2	26	28	1	18	7	26	8
2014	最大风速（m/s）	10.9	12.4	12.7	12.5	15.3	11	11.8	10.3	11.8	11.2	14.3	14.6
	最大风风向（°）	339	32	354	354	315	26	26	304	0	0	26	0
	最大风日期（日）	19	3	12	25	1	6	1	23	2	31	5	15
2015	最大风速（m/s）	12.4	18.6	19.7	13.6	14.4	13.3	14.6	14.8	16.1	15.3	15.6	11.3
	最大风风向（°）	356	315	334	139	96	13	11	291	23	28	17	23
	最大风日期（日）	21	30	10	19	30	10	3	26	30	1	25	15

6.6　地表温度

6.6.1　概述

本数据集包括 2009—2015 年自动观测地表温度的数据（Tg0 表），包括月极大值、月极小值和月平均日平均值、日最大值、日最小值。

6.6.2　数据采集和处理方法

QMT110 地温传感器。每 10 s 采测 1 次地表温度值，每分钟采测 6 次，去除 1 个最大值和 1 个最小值后取平均值，作为每分钟的地表温度值存储。正点时采测 00 min 的地表温度值作为正点数据存储。

6.6.3　数据质量控制和评估

数据质量控制采用以下原则：

（1）超出气候学界限值域−80～80 ℃的数据为错误数据。

（2）1 min 内允许的最大变化值为 1 ℃，2 h 内变化幅度的最小值为 0.1 ℃。

（3）5 cm 地温 24 h 变化范围小于 40 ℃。

（4）某一定时土壤温度（5 cm）缺测时，用前、后两定时数据内插求得，按正常数据统计，若连续两个或以上定时数据缺测时，不能内插，仍按缺测处理。

（5）一日中若 24 次定时观测记录有缺测时，该日按照 02 时、08 时、14 时、20 时 4 次定时记录做日平均，若 4 次定时记录缺测 1 次或以上但该日各定时记录缺测 5 次或以下时，按实有记录做日统计，缺测 6 次或以上时，不做日平均。

6.6.4　数据价值/数据使用方法和建议

用质量控制后的日均值合计值除以日数获得月平均值。日平均值缺测 6 次或者以上时，不做月统计。

6.6.5　数据

自动观测气象要素-地表温度数据见表 6−12。

表 6−12　自动观测气象要素-地表温度

单位：℃

年份	项目	月份											
		1	2	3	4	5	6	7	8	9	10	11	12
2009	日平均值月平均	−2.8	1.3	6.6	14.1	17.6	24.6	25.1	21.6	17.1	12.5	—	−1.1
	日最大值月平均	3.1	4.9	13.3	21.3	24.6	33.8	33.7	27.0	20.1	16.2	5.3	−0.1
	日最小值月平均	−6.2	−0.3	2.5	8.4	12.4	17.3	19.2	18.1	14.7	9.3	1.6	−2.0
	月极大值	7.6	10.7	21.2	28.1	33.5	48.4	49.9	33.8	23.3	22.1	15.1	2.3
	月极小值	−10.3	−1.8	−0.7	3.5	8.3	12.1	16.8	14.4	8.8	4.8	−0.5	−5.1
2010	日平均值月平均	−1.7	0.2	5.3	10.1	17.4	23.0	24.7	22.7	19.5	12.0	4.6	−0.7
	日最大值月平均	0.3	2.7	10.1	16.3	24.0	31.4	31.9	27.5	22.9	15.3	8.8	1.4
	日最小值月平均	−3.3	−1.3	2.1	5.5	12.4	17.0	19.9	19.6	17.4	9.4	1.9	−2.0

（续）

年份	项目	月份											
		1	2	3	4	5	6	7	8	9	10	11	12
	月极大值	1.6	12.1	19.3	23.8	32.2	42.2	38.7	34.0	27.0	20.6	12.6	6.6
	月极小值	−5.6	−3.9	−1.4	0.5	6.1	11.9	14.1	15.3	14.1	3.9	−0.5	−6.4
2011	日平均值月平均	−3.8	−0.2	3.1	12.5	17.7	23.7	23.9	22.6	16.5	11.8	6.7	0.1
	日最大值月平均	−1.6	2.5	8.0	18.5	25.3	32.9	31.2	28.4	19.7	15.0	9.3	1.0
	日最小值月平均	−5.4	−1.6	0.6	7.9	12.1	17.1	18.9	18.7	14.4	9.4	4.9	−0.7
	月极大值	−0.4	9.3	15.3	26.7	31.8	43.3	38.8	34.5	29.2	19.4	12.5	6.8
	月极小值	−8.0	−7.0	−0.5	3.7	8.0	13.7	14.5	15.2	8.4	4.9	1.1	−3.0
2012	日平均值月平均	−1.2	−0.7	3.8	12.9	18.3	23.1	23.9	22.8	16.7	11.0	3.0	−1.5
	日最大值月平均	−0.3	0.2	8.0	19.5	24.0	30.1	28.0	26.7	19.4	13.6	5.3	−0.6
	日最小值月平均	−2.1	−1.5	1.6	8.1	14.0	17.7	21.0	20.2	14.5	8.8	1.2	−2.5
	月极大值	0.3	2.1	15.9	26.2	30.6	38.3	32.9	31.8	23.7	18.4	10.6	0.3
	月极小值	−4.1	−3.8	−0.1	2.3	9.4	14.4	18.5	16.2	9.9	2.7	−2.1	−7.5
2013	日平均值月平均	−2.6	0.3	7.8	6.8	—	—	—	—	—	—	2.0	−0.8
	日最大值月平均	−0.3	2.7	12.7	10.5	—	—	—	—	—	—	3.0	−0.2
	日最小值月平均	−4.5	−1.0	4.3	4.1	—	—	—	—	—	—	1.4	−1.2
	月极大值	2.6	9.1	17.7	22.1	—	—	—	—	—	—	8.5	0.4
	月极小值	−6.6	−2.7	−0.3	0.0	—	—	—	—	—	—	−0.2	−3.5
2014	日平均值月平均	−1.8	−0.5	4.1	11.4	14.3	20.4	22.8	21.6	—	—	6.0	−0.6
	日最大值月平均	−0.8	−0.2	6.8	13.7	17.3	23.8	25.5	24.5	—	—	8.2	0.1
	日最小值月平均	−2.7	−0.7	2.7	9.4	12.0	17.6	20.1	19.4	—	—	4.4	−1.2
	月极大值	0.1	0.5	13.5	16.5	21.1	28.4	27.8	28.0	23.9	16.5	11.4	3.0
	月极小值	−3.9	−1.8	0.0	6.2	8.3	14.7	17.9	17.2	15.2	8.1	1.4	−2.6
2015	日平均值月平均	−0.8	−0.1	5.8	11.9	16.4	19.0	24.1	23.6	18.9	12.2	7.1	1.1
	日最大值月平均	−0.2	0.6	8.6	15.3	20.5	21.5	28.8	27.6	21.6	14.9	8.4	1.5
	日最小值月平均	−1.5	−0.6	3.9	8.9	13.0	17.0	20.0	20.4	16.7	10.1	6.2	0.8
	月极大值	0.2	3.6	15.6	19.6	25.7	26.2	40.0	32.2	28.9	18.5	10.8	5.7
	月极小值	−2.8	−1.9	0.0	5.0	7.8	14.7	12.4	17.3	13.9	6.3	2.7	−1.0

6.7 辐射

6.7.1 概述

本数据集包括 2009—2015 年自动观测总辐射、反射辐射、紫外辐射、净辐射、光合有效辐射月值（D3、D4 表）的观测数据。

6.7.2　数据采集和处理方法

总辐射表观测。每 10 s 采测 1 次，每分钟采测 6 次辐照度（瞬时值），去除 1 个最大值和 1 个最小值后取平均值。正点（地方平均太阳时）00 min 采集存储辐照度，同时计存储曝辐量（累积值）。

6.7.3　数据质量控制和评估

数据质量控制采用以下原则：

（1）总辐射最大值不能超过气候学界限值 2 000 W/m²。

（2）当前瞬时值与前一次值的差异小于最大变幅 800 W/m²。

（3）小时总辐射量大于等于小时净辐射、反射辐射和紫外辐射，除阴天、雨天和雪天外总辐射一般在中午前后出现极大值。

（4）小时总辐射累积值应小于同一地理位置大气层顶的辐射总量，小时总辐射累积值可以稍微大于同一地理位置在大气具有很大透过率和非常晴朗天空状态下的小时总辐射累积值，所有夜间观测的小时总辐射累积值小于 0 时用 0 代替。

（5）辐射曝辐量缺测数小时但不是全天缺测时，按实有记录做日合计，全天缺测时，不做日合计。

6.7.4　数据价值/数据使用方法和建议

一月中辐射曝辐量日总量缺测 9 天或以下时，月平均日合计等于实有记录之和除以实有记录天数。缺测 10 d 或以上时，该月不做月统计，按缺测处理。

6.7.5　数据

自动观测气象要素-月平均辐射总量数据见表 6-13。

表 6-13　动观测气象要素-月平均辐射总量

单位：MJ/（m²·d）

年份	项目	月份											
		1	2	3	4	5	6	7	8	9	10	11	12
2009	总辐射	20.4	15.9	14.3	34.6	18.1	16.7	17.0	14.0	10.7	11.8	9.3	8.9
	反射辐射	2.6	2.4	2.6	3.6	3.2	3.4	3.0	2.7	2.4	2.5	3.9	1.9
	紫外辐射	0.3	0.3	0.5	0.7	0.7	0.7	0.7	0.6	0.4	0.4	0.3	0.2
	净辐射	2.0	2.2	5.4	7.3	8.7	10.1	8.3	6.8	4.7	4.7	1.5	1.6
	光合有效辐射	3.9	3.1	5.5	7.0	7.6	8.7	7.0	6.1	4.8	4.9	3.5	3.1
2010	总辐射	9.1	11.1	13.1	17.2	17.8	20.0	17.3	14.3	12.0	11.2	14.0	10.3
	反射辐射	1.9	3.4	2.6	3.2	3.2	3.3	2.8	3.3	2.6	2.7	3.0	3.3
	紫外辐射	0.2	0.3	0.5	0.6	0.7	0.7	0.7	0.6	0.4			
	净辐射	1.7	2.8	5.0	8.0	8.7	10.1	8.5	7.1	5.5	4.2	2.9	0.3
	光合有效辐射	3.0	3.6	4.5	6.8	7.2	8.5	7.3	6.0	5.4	—	—	4.0
2011	总辐射	8.4	10.3	16.7	20.5	19.2	19.9	17.8	16.2	10.0	10.8	6.8	8.2
	反射辐射	4.0	3.0	4.4	4.3	3.9	3.5	4.5	3.3	2.1	—	1.6	1.8

（续）

年份	项目	月份											
		1	2	3	4	5	6	7	8	9	10	11	12
	紫外辐射	—	0.3	0.6	0.7	0.8	0.8	0.7	0.7	0.4	0.4	0.2	0.2
	净辐射	−0.1	2.0	4.7	8.2	8.5	8.8	8.1	7.8	3.9	3.8	1.7	0.9
	光合有效辐射	3.5	3.8	6.8	8.5	8.5	8.7	7.9	6.9	4.4	4.5	2.8	3.0
2012	总辐射	8.5	10.1	12.7	19.5	18.4	22.5	17.9	15.4	14.4	11.7	10.6	8.9
	反射辐射	4.7	5.9	24.2	4.7	21.8	18.2	3.5	3.1	2.3	0.2	0.2	0.2
	紫外辐射	0.2	0.3	0.4	0.7	0.7	0.9	0.8	0.7	3.2	6.2	4.8	3.4
	净辐射	−0.3	2.1	4.3	8.4	8.5	10.7	9.0	7.2	6.2	4.7	3.0	1.1
	光合有效辐射	3.3	4.0	5.1	8.1	8.2	10.0	8.3	7.0	6.1	4.9	4.2	3.1
2013	总辐射	10.2	10.6	15.3	17.8	—	18.8	14.9	20.9	11.6	13.8	9.3	—
	反射辐射	0.2	0.2	7.0	9.5	—	0.2	10.3	12.9	7.4	0.2	5.0	—
	紫外辐射	3.8	4.3	0.2	0.3	—	11.8	0.2	0.3	0.1	7.5	0.1	—
	净辐射	1.6	2.6	5.6	8.0	—	10.9	8.3	12.1	5.8	5.8	2.1	—
	光合有效辐射	3.5	3.7	5.8	7.4	—	8.5	7.2	10.7	6.5	6.5	3.8	—
2014	总辐射	11.1	7.9	15.1	14.3	20.4	20.5	20.2	18.0	—	—	9.7	10.0
	反射辐射	5.2	4.7	5.3	2.8	4.2	3.5	3.1	3.3	—	—	2.0	2.2
	紫外辐射	0.2	0.3	0.5	0.7	0.9	1.0	1.0	0.9	—	—	0.4	0.3
	净辐射	1.8	1.2	6.1	7.1	10.9	12.2	12.1	10.2	—	—	2.8	1.5
	光合有效辐射	3.8	3.1	5.9	5.9	8.3	8.7	8.6	7.6	—	—	3.5	3.3
2015	总辐射	9.6	11.7	11.8	—	20.1	15.9	21.0	19.4	8.6	—	2.9	7.9
	反射辐射	2.5	2.8	2.6	—	4.1	3.1	4.3	3.9	1.8	—	0.6	3.0
	紫外辐射	0.3	0.4	0.5	—	1.0	0.8	0.8	0.5	0.5	—	0.3	0.3
	净辐射	1.5	3.3	4.6	—	10.9	9.1	11.6	9.3	4.0	—	0.7	0.7
	光合有效辐射	3.3	4.1	4.4	—	8.2	6.8	8.9	8.5	3.8	—	1.2	3.0

第7章

....

台站特色数据集

7.1 概述

土壤呼吸是指土壤释放二氧化碳的过程，严格意义上讲是指未扰动土壤中产生二氧化碳的所有代谢作用，主要包括自养和异养呼吸、三个生物学过程（土壤微生物呼吸、根系呼吸、土壤动物呼吸）和一个非生物学过程（少量的土壤有机物氧化而产生二氧化碳）。它是土壤有机碳库以二氧化碳的形式归还大气的重要途径，也是全球碳循环中主要的通量过程。每年通过土壤呼吸释放的二氧化碳是燃烧化石燃料贡献量的近 10 倍，约占大气二氧化碳的 10%，为陆地生态系统的第二大碳通量组分。土壤呼吸的田间监测数据不仅可以直接了解陆地生态系统的碳动态变化，而且可以预测气候变化、校正陆地生态系统碳循环模型。因此，整理和汇编土壤呼吸的长时段高质量的监测数据具有重要的生态学价值。所以，基于一个课题组同一仪器型号监测设备，该数据集已通过了同行评审和相关论文发表，希望能服务于更多的相关研究。

7.2 数据采集和处理方法

长武站特色数据基于 1984 年设立的长期定位监测试验，①选取裸地处理（不种植作物，随时清除杂草）表征土壤碳排放的基础值。小麦不施肥处理表征种植作物的基础地力条件下土壤碳排放值。小麦品种为实验地所在区域典型小麦品种（长武 134），9 月下旬播种，翌年 6 月下旬收获，行距 20 cm。裸地和小麦田块均重复 3 次，试验小区面积为 66.7 m²（10.26 m×6.5 m）。②不同氮肥施用量（氮 0 kg/hm²、45 kg/hm²、135 kg/hm²；39 kg/hm²）小麦土壤呼吸速率。小麦品种为长武 134，小区面积 24 m²（6.0 m×4.0 m），9 月下旬播种，6 月下旬收获，行距 20 cm。③玉米土壤呼吸速率。设置氮 0 kg/hm² 加磷 26 kg/hm² 和氮 160 kg/hm² 加磷 26 kg/hm² 两个处理，玉米品种为先玉335，采用微覆膜种植方式，供试地膜为 0.008 mm×750 mm，株行距 30 cm×60 cm，密度为每公顷57 000 株，小区面积 96.25 m²（147.5 m×5.5 m）。④果园土壤呼吸速率。主要品种为红富士，面积为 2 000 m² 左右，株行距 4 m×4 m，每年 11 月沟施基肥（氮 100 kg/hm²，磷 375 kg/hm²），翌年 7月人工撒施氮肥掩埋（氮 100 kg/hm²）；每年春秋两次修剪，春季进行疏花和疏果；9 月底采摘果实，多年平均产量为 4 000 kg/hm²。

2008—2015 年，于晴好天气 9：00 至 11：00，利用便携式土壤碳通量测量系统（LI‐COR，Lincoln，NE，USA）测定土壤呼吸速率。为了避免基座安装过程中对土壤造成的扰动，继而引起短期总土壤呼吸速率的剧烈波动，在初次测定土壤呼吸速率测定前的 24 h 安装基座，安装好的基座留在试验小区内；测定前去除基座里面的一切可见动植物活体。每个基座上连续测定两次，两次测量之间的时间间隔为 30 s，这两次总土壤呼吸速率值之间的变异控制在 15% 之内。每个基座的测量时间为 150 s，其中包括 30 s 的前期预处理、30 s 的后期预处理及 90 s 的观测期。

7.3　数据

裸地和小麦土壤呼吸速率见表 7－1，不同氮肥施用量下土壤呼吸率见表 7－2，玉米、苹果园土壤呼吸速率见表 7－3、表 7－4。

表 7－1　裸地和小麦土壤呼吸速率

单位：$\mu mol/ (m^2 \cdot s)$

日期（年/月/日）	裸地		小麦	
	呼吸速率	标准差	呼吸速率	标准差
2008/3/31	1.02	0.51	1.14	0.30
2008/4/13	1.40	0.19	2.13	0.08
2008/4/17	0.98	0.03	2.05	0.09
2008/4/23	1.13	0.27	1.95	0.16
2008/5/14	0.82	0.33	1.56	0.35
2008/5/28	1.21	0.23	2.09	0.40
2008/6/8	2.16	0.49	2.60	0.64
2008/6/21	1.18	0.05	1.71	0.19
2008/7/7	1.57	0.23	2.43	0.19
2008/6/17	1.82	0.09	2.24	0.14
2008/8/4	1.59	0.50	1.69	0.14
2008/8/11	1.35	0.21	1.43	0.26
2008/8/27	1.43	0.04	1.59	0.15
2008/9/5	1.54	0.10	1.84	0.34
2008/10/1	0.76	0.28	1.22	0.41
2008/10/18	0.88	0.14	1.21	0.27
2008/11/18	0.31	0.05	0.62	0.07
2009/3/17	1.11	0.12	1.05	0.10
2009/4/8	1.23	0.28	1.49	0.27
2009/4/26	0.62	0.14	1.13	0.11
2009/5/22	1.07	0.17	2.03	0.10
2009/6/13	0.83	0.17	1.39	0.13
2009/7/7	0.69	0.05	0.88	0.09
2009/7/22	0.49	0.04	0.91	0.12
2009/7/29	1.02	0.19	1.64	0.10
2009/7/30	0.87	0.05	1.45	0.05

（续）

日期（年/月/日）	裸地		小麦	
	呼吸速率	标准差	呼吸速率	标准差
2009/8/6	1.22	0.29	1.77	0.06
2009/8/23	0.92	0.06	0.61	0.05
2009/8/30	0.67	0.04	0.40	0.01
2009/9/2	0.71	0.07	0.57	0.05
2009/9/10	0.90	0.01	0.75	0.08
2009/9/24	1.14	0.11	1.28	0.11
2009/10/3	1.56	0.31	1.76	0.33
2009/10/4	0.93	0.11	1.18	0.07
2009/10/5	1.44	0.17	1.72	0.06
2009/10/6	0.92	0.04	1.10	0.06
2009/10/24	1.08	0.15	1.40	0.13
2010/4/5	0.64	0.22	1.42	0.31
2010/4/16	1.33	0.29	1.61	0.25
2010/5/4	1.08	0.24	2.27	0.20
2010/5/6	1.14	0.41	2.30	0.42
2010/5/8	1.06	0.19	2.15	0.08
2010/5/29	1.46	0.27	2.21	0.22
2010/6/14	1.33	0.35	2.28	0.23
2010/6/26	1.09	0.57	1.22	0.05
2010/6/28	1.28	0.69	1.42	0.17
2010/7/3	1.20	0.73	1.29	0.21
2010/7/16	0.94	0.42	1.15	0.15
2010/7/22	1.07	0.19	1.37	0.28
2010/8/2	0.66	0.43	0.67	0.52
2010/8/28	0.91	0.33	0.97	0.20
2010/9/4	0.32	0.25	0.32	0.19
2010/9/12	1.20	0.37	1.28	0.28
2010/9/19	0.78	0.08	1.45	0.10
2010/10/3	0.58	0.06	1.08	0.02
2010/10/18	0.57	0.06	1.08	0.00
2010/11/10	0.77	0.25	1.06	0.21
2010/11/12	0.32	0.04	0.66	0.20

（续）

日期（年/月/日）	裸地		小麦	
	呼吸速率	标准差	呼吸速率	标准差
2011/3/26	0.62	0.30	0.61	0.29
2011/4/2	1.12	0.61	1.42	0.30
2011/4/23	1.17	0.35	1.64	0.24
2011/5/17	1.28	0.34	2.35	0.51
2011/6/2	1.46	0.36	2.27	0.40
2011/6/10	1.04	0.01	2.20	0.08
2011/6/24	1.68	0.24	1.89	0.05
2011/6/25	1.16	0.27	1.62	0.19
2011/7/17	0.66	0.16	0.94	0.23
2011/7/21	0.75	0.16	1.53	0.38
2011/8/2	0.79	0.81	0.59	0.41
2011/8/31	1.24	0.27	1.59	0.37
2011/9/8	0.23	0.18	0.66	0.09
2011/9/23	0.06	0.63	0.78	0.46
2011/10/6	0.15	0.76	1.24	0.16
2011/10/24	0.10	0.06	0.69	0.14
2011/11/11	0.19	0.07	0.72	0.10
2011/11/22	0.19	0.06	0.59	0.09
2012/3/12	0.23	0.21	0.55	0.16
2012/4/5	0.64	0.22	1.42	0.30
2012/5/8	0.80	0.18	1.55	0.42
2012/5/10	0.97	0.15	1.68	0.53
2012/6/21	1.02	0.19	1.70	0.06
2012/7/4	0.96	0.21	1.79	0.20
2012/7/16	1.19	0.20	1.67	1.02
2012/7/27	0.95	0.19	1.84	0.41
2012/8/2	1.21	0.15	1.87	0.16
2012/8/13	1.24	0.18	1.90	0.45
2012/8/23	1.08	0.35	1.38	0.30
2012/8/25	1.35	0.17	1.66	0.44
2012/8/27	1.23	0.26	1.40	0.16
2012/9/5	0.76	0.14	1.28	0.10

（续）

日期（年/月/日）	裸地		小麦	
	呼吸速率	标准差	呼吸速率	标准差
2012/9/13	0.42	0.09	0.94	0.05
2012/9/23	0.57	0.16	0.92	0.12
2012/10/12	0.69	0.14	0.98	0.17
2012/10/28	0.73	0.25	0.92	0.27
2012/11/18	0.54	0.06	0.64	0.10
2013/3/25	0.47	0.10	0.95	0.11
2013/4/2	0.58	0.11	1.14	0.11
2013/4/14	0.92	0.33	1.08	0.33
2013/5/12	1.00	0.09	2.00	0.33
2013/5/26	0.67	0.09	2.33	0.51
2013/6/17	0.86	0.14	1.46	0.13
2013/6/24	1.47	0.26	2.13	0.33
2013/7/6	1.23	0.26	1.56	0.04
2013/8/5	1.28	0.15	1.73	0.05
2013/8/14	1.77	0.29	1.86	0.20
2013/8/29	0.85	0.14	1.13	0.45
2013/9/8	0.85	0.28	0.59	0.05
2013/10/2	1.34	0.18	1.37	0.39
2013/10/27	0.62	0.49	0.91	0.07
2013/11/14	0.26	0.01	0.45	0.13
2014/3/21	0.69	0.42	1.11	0.33
2014/4/9	0.68	0.09	1.00	0.00
2014/4/17	1.15	0.08	1.90	0.18
2014/5/1	0.57	0.10	1.02	0.10
2014/5/12	0.87	0.03	1.56	0.34
2014/6/1	1.27	0.10	2.13	0.09
2014/6/16	1.68	0.42	2.00	0.11
2014/6/22	1.75	0.43	1.99	0.13
2014/7/13	1.65	0.34	1.97	0.20
2014/7/29	1.88	0.40	1.92	0.28
2014/8/16	2.11	0.46	1.87	0.37
2014/8/27	1.57	0.18	2.35	0.21

（续）

日期（年/月/日）	裸地		小麦	
	呼吸速率	标准差	呼吸速率	标准差
2014/9/5	1.62	0.18	1.77	0.41
2014/9/29	0.48	0.22	0.60	0.14
2014/4/10	0.75	0.15	0.55	0.10
2014/10/29	0.40	0.10	0.47	0.14
2014/11/15	0.28	0.04	0.49	0.00
2015/3/13	0.73	0.03	0.90	0.15
2015/4/17	1.22	0.37	1.21	0.40
2015/5/2	1.27	0.42	1.58	0.56
2015/5/15	1.20	0.29	1.73	0.58
2015/6/9	1.03	3.71	1.74	0.69
2015/7/1	1.49	1.15	1.75	0.21
2015/7/24	1.60	0.26	1.55	0.42
2015/7/25	1.58	3.64	2.07	0.38
2015/8/2	1.45	0.40	1.84	0.14
2015/8/16	1.15	0.39	1.15	0.29
2015/8/20	1.20	0.44	1.17	0.30
2015/9/1	1.11	0.46	1.09	0.38
2015/9/7	0.96	0.29	1.10	0.20
2015/9/30	0.48	0.22	0.60	0.14
2015/10/15	0.75	0.15	0.55	0.10
2015/11/15	0.26	0.01	0.45	0.13

表7-2 不同氮肥施用量下土壤呼吸速率

单位：$\mu mol/(m^2 \cdot s)$

日期（年/月/日）	N0		N45		N90	
	呼吸速率	标准差	呼吸速率	标准差	呼吸速率	标准差
2009/1/16	0.77	0.10	0.86	0.13	1.05	0.13
2009/2/15	0.89	0.13	1.03	0.10	1.28	0.14
2009/3/17	1.04	0.04	1.43	0.03	1.69	0.25
2009/4/8	1.35	0.10	1.80	0.02	2.31	0.17
2009/4/26	1.28	0.21	1.52	0.07	2.11	0.22
2009/5/8	1.39	0.22	1.77	0.14	2.35	0.21
2009/5/22	1.69	0.23	1.88	0.21	2.71	0.19

（续）

日期（年/月/日）	N0		N45		N90	
	呼吸速率	标准差	呼吸速率	标准差	呼吸速率	标准差
2009/6/13	1.62	0.17	1.71	0.24	1.94	0.21
2009/6/22	1.65	0.17	2.10	0.18	2.74	0.17
2009/7/7	0.64	0.17	0.70	0.11	0.97	0.13
2009/7/20	1.50	0.25	1.68	0.19	2.18	0.15
2009/7/23	1.72	0.24	2.08	0.11	2.20	0.15
2009/7/30	1.50	0.16	1.64	0.27	1.72	0.12
2009/8/10	0.74	0.10	0.87	0.19	1.21	0.11
2009/8/22	0.32	0.12	0.59	0.02	0.84	0.11
2009/8/30	0.73	0.11	0.89	0.13	1.11	0.04
2009/9/2	0.70	0.01	0.78	0.01	0.91	0.05
2009/9/10	0.73	0.08	0.84	0.05	1.35	0.10
2009/9/18	1.05	0.00	1.28	0.00	1.35	0.00
2009/10/6	1.05	0.17	1.31	0.18	1.60	0.19
2009/10/25	1.32	0.21	1.47	0.23	1.57	0.14
2009/11/10	0.59	0.11	0.61	0.06	0.79	0.14
2009/12/10	0.24	0.01	0.31	0.06	0.35	0.02
2010/1/15	0.74	0.12	0.82	0.12	0.88	0.12
2010/2/15	0.76	0.10	0.85	0.10	0.91	0.10
2010/3/28	0.81	0.13	1.06	0.09	1.26	0.16
2010/4/6	1.40	0.08	1.47	0.13	1.60	0.08
2010/5/3	1.40	0.03	1.94	0.12	2.33	0.16
2010/5/5	1.48	0.15	1.68	0.07	1.91	0.21
2010/5/29	1.69	0.17	2.04	0.10	2.63	0.19
2010/6/15	1.39	0.07	1.54	0.11	2.13	0.18
2010/6/27	0.96	0.11	1.06	0.06	1.12	0.12
2010/6/30	0.94	0.03	1.01	0.07	1.19	0.11
2010/7/14	0.83	0.19	0.93	0.07	0.99	0.04
2010/7/20	1.55	0.26	1.87	0.04	2.09	0.09
2010/7/27	1.84	0.10	2.36	0.10	2.63	0.05
2010/7/31	2.20	0.25	2.27	0.15	2.47	0.08
2010/8/8	1.45	0.10	1.73	0.11	1.79	0.20
2010/8/29	1.22	0.05	1.29	0.18	1.51	0.20

（续）

日期（年/月/日）	N0		N45		N90	
	呼吸速率	标准差	呼吸速率	标准差	呼吸速率	标准差
2010/9/3	1.03	0.07	1.11	0.25	1.14	0.06
2010/9/10	1.04	0.18	1.26	0.08	1.35	0.01
2010/10/3	1.11	0.07	1.18	0.09	1.29	0.06
2010/10/17	1.10	0.06	1.18	0.06	1.22	0.04
2010/11/9	0.85	0.11	0.95	0.03	1.17	0.11
2010/12/11	0.80	0.12	0.83	0.10	0.92	0.09
2011/1/16	0.44	0.14	0.55	0.06	0.70	0.01
2011/2/23	0.50	0.11	0.53	0.06	0.76	0.06
2011/3/17	0.77	0.19	1.03	0.11	1.23	0.08
2011/3/31	1.22	0.17	1.35	0.10	1.97	0.17
2011/4/21	1.81	0.23	2.42	0.16	2.85	0.02
2011/4/30	1.02	0.04	1.24	0.06	1.31	0.06
2011/5/15	1.69	0.19	2.06	0.18	2.25	0.17
2011/5/30	1.35	0.04	1.72	0.11	2.38	0.10
2011/6/9	1.27	0.06	1.57	0.05	1.78	0.11
2011/6/24	1.60	0.04	1.70	0.07	2.35	0.20
2011/7/10	0.95	0.10	1.23	0.10	1.40	0.09
2011/7/19	0.85	0.06	1.35	0.08	1.51	0.16
2011/7/21	1.15	0.09	1.54	0.10	1.75	0.02
2011/8/5	1.41	0.18	1.90	0.10	2.27	0.14
2011/8/14	1.26	0.10	1.62	0.08	1.91	0.10
2011/8/26	0.89	0.10	1.14	0.12	1.33	0.14
2011/9/23	0.71	0.13	0.99	0.11	1.66	0.05
2011/10/27	0.43	0.23	0.54	0.03	0.55	0.04
2011/11/10	0.28	0.17	0.36	0.19	0.50	0.14
2011/12/18	0.27	0.03	0.36	0.09	0.40	0.04
2012/1/15	0.43	0.08	0.52	0.13	0.63	0.04
2012/2/15	0.45	0.06	0.54	0.07	0.66	0.14
2012/3/18	0.17	0.09	0.36	0.13	0.40	0.11
2012/4/8	1.53	0.13	1.83	0.10	2.31	0.14
2012/4/29	2.14	0.16	2.41	0.20	3.27	0.15
2012/5/7	1.78	0.03	2.18	0.09	2.53	0.06

（续）

日期（年/月/日）	N0		N45		N90	
	呼吸速率	标准差	呼吸速率	标准差	呼吸速率	标准差
2012/5/20	1.27	0.12	1.72	0.12	1.88	0.10
2012/6/1	1.69	0.04	1.96	0.06	2.54	0.10
2012/6/9	1.63	0.24	1.73	0.01	2.12	0.16
2012/6/20	1.52	0.05	1.67	0.07	1.72	0.01
2012/7/3	1.19	0.12	1.84	0.11	2.26	0.08
2012/7/15	0.59	0.01	0.89	0.07	1.13	0.10
2012/7/22	1.32	0.18	1.89	0.10	2.56	0.18
2012/8/1	1.18	0.14	1.46	0.04	1.79	0.10
2012/8/9	1.14	0.09	1.38	0.08	1.53	0.10
2012/8/19	0.70	0.13	1.06	0.09	1.36	0.07
2012/8/24	0.80	0.10	1.20	0.14	1.39	0.03
2012/8/28	0.46	0.11	0.58	0.17	0.79	0.10
2012/9/6	0.78	0.05	1.28	0.01	1.49	0.09
2012/9/12	0.49	0.07	0.81	0.12	1.21	0.01
2012/9/22	0.81	0.09	1.26	0.12	1.79	0.10
2012/9/28	0.73	0.06	0.94	0.06	1.12	0.09
2012/10/2	0.86	0.24	1.12	0.24	1.16	0.19
2012/10/11	0.72	0.26	0.89	0.22	0.89	0.20
2012/10/25	0.81	0.11	0.86	0.18	1.13	0.11
2012/11/1	0.34	0.07	0.45	0.02	0.47	0.09
2012/11/19	0.20	0.10	0.25	0.08	0.27	0.10
2012/12/22	0.37	0.12	0.48	0.12	0.50	0.11
2013/1/20	0.37	0.12	0.48	0.12	0.50	0.11
2013/2/20	0.39	0.10	0.51	0.10	0.55	0.09
2013/3/24	0.87	0.16	1.15	0.08	1.27	0.19
2013/4/1	0.81	0.11	1.10	0.16	1.16	0.19
2013/4/12	1.12	0.11	1.43	0.07	1.66	0.10
2013/5/11	1.29	0.01	2.14	0.09	2.24	0.14
2013/5/18	1.36	0.12	1.68	0.21	1.93	0.25
2013/6/6	1.39	0.09	1.76	0.17	2.09	0.17
2013/6/15	1.09	0.20	1.32	0.01	1.87	0.09
2013/6/19	1.15	0.26	1.34	0.06	1.64	0.18

（续）

日期（年/月/日）	N0		N45		N90	
	呼吸速率	标准差	呼吸速率	标准差	呼吸速率	标准差
2013/6/23	2.00	0.16	2.39	0.16	2.82	0.20
2013/7/6	1.34	0.09	1.55	0.23	1.70	0.14
2013/7/21	1.52	0.26	1.80	0.08	2.03	0.16
2013/7/25	1.03	0.09	1.38	0.14	1.75	0.15
2013/7/30	2.24	0.23	2.67	0.06	2.98	0.24
2013/8/4	1.97	0.31	2.22	0.29	2.73	0.07
2013/8/11	1.05	0.07	1.19	0.04	1.33	0.01
2013/8/16	1.93	0.26	2.00	0.21	2.15	0.20
2013/8/22	1.63	0.30	1.78	0.15	2.01	0.04
2013/8/25	0.82	0.24	1.07	0.09	1.22	0.04
2013/8/30	0.80	0.36	0.81	0.27	1.09	0.32
2013/9/6	0.72	0.27	0.75	0.31	0.97	0.24
2013/9/10	0.99	0.18	1.05	0.22	1.18	0.17
2013/10/1	0.79	0.28	1.12	0.36	1.41	0.07
2013/10/27	0.92	0.18	0.96	0.01	1.17	0.01
2013/11/14	0.45	0.12	0.47	0.06	0.63	0.09
2013/12/4	0.32	0.08	0.45	0.09	0.60	0.08
2014/1/22	0.56	0.20	0.60	0.10	0.90	0.01
2014/2/23	0.63	0.21	0.85	0.10	1.01	0.05
2014/3/22	1.16	0.19	1.46	0.20	1.62	0.29
2014/3/25	0.90	0.03	1.52	0.15	1.64	0.18
2014/4/4	1.56	0.00	1.88	0.09	2.20	0.16
2014/4/22	1.25	0.18	1.48	0.08	1.62	0.00
2014/4/26	0.72	0.36	1.06	0.15	1.61	0.27
2014/5/3	1.53	0.34	2.21	0.13	2.52	0.23
2014/5/11	1.35	0.48	1.54	0.21	1.75	0.09
2014/5/21	1.87	0.21	2.30	0.20	2.54	0.20
2014/5/26	1.84	0.35	2.22	0.24	2.62	0.53
2014/6/1	1.24	0.04	1.69	0.12	2.32	0.12
2014/6/18	1.68	0.21	2.09	0.13	2.25	0.47
2014/6/23	1.44	0.06	1.81	0.04	2.11	0.29
2014/6/26	1.23	0.24	1.69	0.12	2.01	0.34

（续）

日期（年/月/日）	N0		N45		N90	
	呼吸速率	标准差	呼吸速率	标准差	呼吸速率	标准差
2014/7/1	1.14	0.20	1.50	0.20	1.66	0.13
2014/7/7	1.29	0.21	1.74	0.31	2.02	0.30
2014/7/15	1.67	0.22	1.92	0.01	2.15	0.15
2014/7/30	2.01	0.13	2.39	0.25	2.68	0.06
2014/8/6	1.57	0.22	1.62	0.17	1.78	0.23
2014/8/13	1.03	0.31	1.27	0.02	1.45	0.62
2014/8/29	1.12	0.26	1.36	0.21	1.55	0.14
2014/9/6	0.94	0.32	1.38	0.33	1.50	0.12
2014/9/17	0.85	0.05	1.10	0.10	1.28	0.10
2014/10/1	1.03	0.05	1.48	0.10	1.70	0.15
2014/10/6	0.99	0.04	1.39	0.35	2.20	0.11
2014/10/31	0.56	0.01	0.61	0.33	0.74	0.05
2014/11/14	0.70	0.01	1.10	0.33	1.50	0.23
2014/12/11	0.21	0.06	0.23	0.05	0.29	0.25
2015/1/13	0.22	0.01	0.26	0.02	0.38	0.05
2015/2/15	0.23	0.01	0.28	0.03	0.40	0.04
2015/3/13	1.18	0.07	1.42	0.08	1.46	0.20
2015/4/23	1.91	0.78	2.55	0.21	3.18	0.13
2015/4/29	1.91	0.12	2.29	0.34	2.91	0.24
2015/5/4	1.56	0.18	1.74	0.09	2.35	0.27
2015/5/16	1.90	0.17	2.13	0.11	2.35	0.12
2015/6/8	1.95	0.16	2.23	0.13	2.49	0.08
2015/6/18	1.85	0.16	2.03	0.13	2.29	0.08
2015/7/2	2.12	0.55	2.61	0.01	3.02	0.34
2015/7/11	1.86	1.06	2.06	0.12	2.53	0.85
2015/7/24	1.51	0.62	1.75	0.33	1.95	0.32
2015/8/11	1.79	0.30	2.17	0.32	2.68	0.84
2015/8/20	1.54	0.17	1.62	0.04	2.05	0.83
2015/8/30	1.71	0.05	1.88	0.19	1.98	0.18
2015/9/9	1.16	0.32	1.46	0.33	1.96	0.12
2015/9/18	0.94	0.32	1.28	0.33	1.40	0.12
2015/10/2	0.59	0.05	0.80	0.12	0.91	0.00

（续）

日期（年/月/日）	N0		N45		N90	
	呼吸速率	标准差	呼吸速率	标准差	呼吸速率	标准差
2015/10/23	1.08	0.10	1.53	0.11	2.28	0.20
2015/11/14	0.76	0.08	1.05	0.08	1.48	0.11
2015/12/7	0.25	0.11	0.30	0.01	0.42	0.10

数据来源：Wang et al.，2019。

注：N0 中氮为 0 kg/hm²，N90 中氮为 45 kg/hm²；N135 中氮为 135 kg/hm²。

表 7-3 玉米土壤呼吸速率

单位：$\mu mol/ (m^2 \cdot s)$

日期（年/月/日）	N0		NP	
	呼吸速率	标准差	呼吸速率	标准差
2013/4/25	1.08	1.11	2.10	2.17
2013/5/13	1.28	1.33	1.96	2.03
2013/5/29	0.70	0.72	1.41	1.46
2013/6/8	3.06	3.17	3.49	3.62
2013/6/18	3.30	3.42	4.52	4.68
2013/6/25	4.16	4.31	5.45	5.65
2013/7/5	3.00	3.11	3.86	4.00
2013/7/29	2.76	2.86	3.20	3.31
2013/8/2	3.42	3.55	3.94	4.08
2013/8/18	2.92	3.02	4.11	4.26
2013/8/26	2.43	2.52	3.41	3.54
2013/9/12	1.46	1.51	2.56	2.65
2014/4/30	1.00	1.04	1.25	1.30
2014/5/4	1.20	1.24	1.50	1.56
2014/5/13	0.95	0.98	1.40	1.45
2014/5/21	1.60	1.66	1.72	1.78
2014/5/29	1.27	1.32	1.56	1.62
2014/6/15	2.16	2.24	2.17	2.25
2014/6/20	2.20	2.28	2.53	2.62
2014/6/29	2.29	2.37	2.84	2.94
2014/7/5	2.96	3.07	3.55	3.68
2014/7/10	1.99	2.06	3.05	3.16
2014/7/17	2.52	2.61	3.58	3.71

(续)

日期（年/月/日）	N0		NP	
	呼吸速率	标准差	呼吸速率	标准差
2014/7/24	2.04	2.12	2.65	2.75
2014/8/2	2.22	2.30	2.50	2.59
2014/8/18	2.44	2.53	3.46	3.59
2014/9/1	1.65	1.71	2.53	2.62
2014/9/15	0.91	0.94	1.25	1.30

数据来源：姜继韶等，2015。

注：N0 中氮为 0 kg/hm^2，NP 中氮 160 kg/hm^2 加磷 26 kg/hm^2。

表 7-4　苹果园土壤呼吸速率

单位：（μmol/m^2 · s）

日期（年/月/日）	0.5 m		2 m	
	呼吸速率	标准差	呼吸速率	标准差
2011/3/14	0.73	0.18	0.63	0.09
2011/3/30	1.12	0.15	1.54	0.12
2011/4/20	2.66	0.52	2.54	0.46
2011/4/30	1.18	0.04	0.90	0.31
2011/5/14	1.55	0.07	1.75	0.08
2011/5/29	2.44	0.29	2.09	0.10
2011/6/25	2.30	0.18	1.98	0.23
2011/7/16	2.15	0.20	1.68	0.24
2011/7/22	2.27	0.25	1.79	0.31
2011/8/3	2.77	0.10	2.38	0.14
2011/9/2	2.80	0.24	2.38	0.18
2011/9/27	2.96	0.05	1.56	0.26
2011/9/29	1.88	0.32	1.16	0.06
2011/10/4	1.85	0.14	1.12	0.06
2011/10/30	1.41	0.15	1.28	0.16
2011/11/21	1.02	0.12	0.87	0.03
2011/11/28	0.95	0.08	0.95	0.04
2012/3/19	0.93	0.09	0.77	0.04
2012/4/14	1.48	0.18	1.46	0.18
2012/4/30	2.22	0.45	1.75	0.41
2012/5/10	2.19	1.25	1.50	0.32

（续）

日期（年/月/日）	0.5 m		2 m	
	呼吸速率	标准差	呼吸速率	标准差
2012/5/18	2.77	0.26	2.08	0.38
2012/6/3	2.21	0.16	1.72	0.24
2012/6/15	2.02	0.05	1.50	0.17
2012/6/26	1.92	0.04	1.52	0.07
2012/7/13	3.55	0.44	2.36	0.37
2012/7/25	3.74	0.61	2.46	0.77
2012/7/30	3.56	0.43	2.51	0.37
2012/8/5	2.95	0.25	1.76	0.17
2012/8/10	2.40	0.22	1.53	0.14
2012/8/20	1.92	0.39	1.27	0.32
2012/9/7	2.56	0.33	1.60	0.22
2012/9/18	2.18	0.31	1.32	0.25
2012/10/6	2.32	0.19	1.71	0.13
2012/10/16	1.56	0.21	1.39	0.17
2012/10/29	1.60	0.00	2.05	0.06
2012/11/8	1.11	0.26	1.07	0.30
2013/3/28	1.76	0.42	1.62	0.20
2013/4/5	1.09	0.26	0.89	0.25
2013/4/20	1.73	0.46	1.12	0.27
2013/5/19	3.43	0.43	3.35	0.80
2013/5/27	3.37	0.49	2.31	0.53
2013/6/7	3.20	0.66	2.12	0.49
2013/7/14	3.72	0.77	2.34	0.39
2013/7/24	4.84	0.80	2.07	0.52
2013/8/3	4.89	0.72	3.49	0.50
2013/8/21	3.53	0.83	2.27	0.49
2013/9/14	2.83	0.50	2.29	0.52
2013/9/25	1.46	0.41	0.76	0.33
2013/10/5	2.98	0.87	2.21	0.55
2013/10/26	1.88	0.80	1.57	0.51
2013/11/16	1.32	0.38	1.26	0.48
2013/12/5	0.91	0.36	0.58	0.18

数据来源：Wang et al.，2015。

注：0.5 m 表示距树干 0.5 m，2 m 表示距树干 2 m。

参 考 文 献

姜继韶，郭胜利，王蕊，等，2015. 施氮对黄土旱塬区春玉米土壤呼吸和温度敏感性的影响 [J]. 环境科学，36 (5)：1802 - 1809.

Wang R, Guo S, Jiang J, et al., 2015. Tree-scale spatial variation of soil respiration and its influence factors in apple orchard in Loess Plateau [J]. Nutrient Cycling in Agroecosystem, 102：285 - 297.

Wang R, Hu Y, Wang Y, et al., 2019. Nitrogen application increases soil respiration but decreases temperature sensitivity: Combined effects of crop and soil properties in a semiarid agroecosystem [J]. Geoderma, 353：320 - 330.

Zhang Y J, Guo S, Zhao M, et al., 2015. Soil moisture influenced the interannual variation in temperature sensitivity of soil organic carbon mineralization in the Loess Plateau [J]. Biogeosciences Discussions, 12, 3655 - 3664.

图书在版编目（CIP）数据

中国生态系统定位观测与研究数据集．农田生态系统
卷．陕西长武站：2009-2015 / 陈宜瑜总主编；郭胜利
等主编．—北京：中国农业出版社，2023.9
　　ISBN 978-7-109-30757-5

　　Ⅰ．①中…　Ⅱ．①陈…②郭…　Ⅲ．①生态系—统计
数据—中国②农田—生态系—统计数据—长武县—2009-
2015　Ⅳ．①Q147②S181

中国国家版本馆CIP数据核字（2023）第099471号

ZHONGGUO SHENGTAI XITONG DINGWEI GUANCE YU YANJIU SHUJUJI

中国农业出版社出版

地址：北京市朝阳区麦子店街18号楼
邮编：100125
责任编辑：李昕昱　　文字编辑：刘金华
版式设计：李　文　　责任校对：吴丽婷
印刷：北京印刷一厂
版次：2023年9月第1版
印次：2023年9月北京第1次印刷
发行：新华书店北京发行所
开本：889mm×1194mm　1/16
印张：31
字数：910千字
定价：158.00元